T0208946

Analysis – Grundlagen und Exkurse

Adrian Hirn · Christian Weiß

Analysis – Grundlagen und Exkurse

Grundprinzipien der Differential- und Integralrechnung

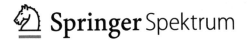 Springer Spektrum

Prof. Dr. Adrian Hirn
Fakultät Grundlagen
Hochschule Esslingen
Göppingen
Deutschland

Prof. Dr. Christian Weiß
Institut Naturwissenschaften
Hochschule Ruhr West
Mülheim an der Ruhr
Deutschland

Die Darstellung von manchen Formeln und Strukturelementen war in einigen elektronischen Ausgaben nicht korrekt, dies ist nun korrigiert. Wir bitten damit verbundene Unannehmlichkeiten zu entschuldigen und danken den Lesern für Hinweise.

ISBN 978-3-662-55537-8   ISBN 978-3-662-55538-5 (eBook)
https://doi.org/10.1007/978-3-662-55538-5

Die Deutsche Nationalbibliothek verzeichnet diese Publikation in der Deutschen Nationalbibliografie; detaillierte bibliografische Daten sind im Internet über http://dnb.d-nb.de abrufbar.

Springer Spektrum
© Springer-Verlag GmbH Deutschland 2017

Das Werk einschließlich aller seiner Teile ist urheberrechtlich geschützt. Jede Verwertung, die nicht ausdrücklich vom Urheberrechtsgesetz zugelassen ist, bedarf der vorherigen Zustimmung des Verlags. Das gilt insbesondere für Vervielfältigungen, Bearbeitungen, Übersetzungen, Mikroverfilmungen und die Einspeicherung und Verarbeitung in elektronischen Systemen.
Die Wiedergabe von Gebrauchsnamen, Handelsnamen, Warenbezeichnungen usw. in diesem Werk berechtigt auch ohne besondere Kennzeichnung nicht zu der Annahme, dass solche Namen im Sinne der Warenzeichen- und Markenschutz-Gesetzgebung als frei zu betrachten wären und daher von jedermann benutzt werden dürften.
Der Verlag, die Autoren und die Herausgeber gehen davon aus, dass die Angaben und Informationen in diesem Werk zum Zeitpunkt der Veröffentlichung vollständig und korrekt sind. Weder der Verlag, noch die Autoren oder die Herausgeber übernehmen, ausdrücklich oder implizit, Gewähr für den Inhalt des Werkes, etwaige Fehler oder Äußerungen. Der Verlag bleibt im Hinblick auf geografische Zuordnungen und Gebietsbezeichnungen in veröffentlichten Karten und Institutionsadressen neutral.

Planung: Dr. Annika Denkert

Gedruckt auf säurefreiem und chlorfrei gebleichtem Papier

Springer Spektrum ist ein Imprint der eingetragenen Gesellschaft Springer-Verlag GmbH Deutschland und ist Teil von Springer Nature
Die Anschrift der Gesellschaft ist: Heidelberger Platz 3, 14197 Berlin, Germany

Vorwort

Als Teilgebiet der Mathematik umfasst die klassische Analysis die Differential- und Integralrechnung, deren Grundlagen von Gottfried W. Leibniz (1646–1716) und Sir Isaac Newton (1643–1727) bereits im 17. Jahrhundert unabhängig voneinander geschaffen wurden. In den über 400 Jahren, die seitdem vergangen sind, hat sich der Blickwinkel auf die Analysis immer wieder gewandelt. Zunächst wurden die verschiedenen mathematischen Disziplinen – neben der Analysis ist hier die Algebra das andere klassische Beispiel – als weitgehend unabhängig voneinander gesehen und entsprechend verliefen diverse Entwicklungen parallel. Spätestens in der zweiten Hälfte des 20. Jahrhunderts rückte aber die Erforschung der Interaktion der verschiedenen Zweige der Mathematik immer mehr in den Vordergrund. Erst dadurch konnten viele langjährig offenen mathematischen Fragestellungen beantwortet werden. Ein Musterbeispiel hierfür ist der sogenannte *letzte Satz von Fermat*, der besagt, dass es für jede natürliche Zahl n größer 2 keine Lösung der Gleichung

$$x^n + y^n = z^n$$

gibt, für die x, y und z selbst natürliche Zahlen sind. Der Beweis von Andrew Wiles (*1953) verknüpft auf geradezu virtuose Weise Erkenntnisse aus Algebra und Analysis. Anwendungen der Analysis finden sich jedoch nicht nur in vielen anderen Teilgebieten der Mathematik, sondern beispielsweise auch in den Naturwissenschaften, der Ingenieurstechnik und in der Erforschung der Finanzmärkte. Für einen vollständig ausgebildeten Mathematiker ist dies keine Neuigkeit, jedoch erfordert es viele Jahre intensiven Studiums, diese Zusammenhänge selbstständig zu erkennen. Das vorliegende Lehrbuch versucht deshalb, genau diesen Aspekt der Anwendungen verstärkt aufzugreifen. Gemeinsam mit dem zweiten Band beinhaltet es den gesamten Lehrstoff einer zwei bis dreisemestrigen Analysis-Grundvorlesung, wie er an deutschen Universitäten typischerweise gelehrt wird.

Um Analysis (sinnvoll) betreiben zu können, ist es zunächst notwendig, die Grundlagen von Folgen und Reihen zu erarbeiten. Hierauf fußt letztlich der gesamte weitere Inhalt dieses Buchs. Um möglichst schnell zu diesem Themengebiet vorzustoßen und dennoch eine in sich abgeschlossene Darstellung zu haben, haben wir uns dazu entschlossen, die reellen Zahlen axiomatisch einzuführen. Das heißt, dass wir auf eine algebraisch exakte Definition, die auf der Axiomatik von Giuseppe Peano (1858–1932) und der Konstruktion via Äquivalenzklassen beruht, nur am Rande eingehen. Diese alternative Herangehensweise ist in zahlreichen Lehrbüchern der Algebra zu finden, wie zum Beispiel in dem gleichsam lesenswerten wie verständlichen Buch [Ebb92]. Danach klären wir elementare Grundbegriffe der Analysis: Grenzwerte von Funktionen, Stetigkeit, Differentiation, Integration nach Riemann. In diesem Zusammenhang werden auch gewöhnliche Differentialgleichungen und die numerische Approximation ihrer Lösungen besprochen. Schließlich befassen wir uns mit Wegintegralen und geben Einblicke in die komplexe Analysis. Damit ist der Inhalt abgedeckt, der einem Studierenden nach den ersten beiden Semestern bekannt sein sollte.

Beim Verfassen haben wir großen Wert darauf gelegt,

- mit klarer Struktur möglichst schnell zu den zentralen Aussagen der Analysis vorzustoßen.
- ein in sich geschlossenes Lehrbuch zu verfassen, also ein vollständiges Gedankengerüst zu erschaffen, für dessen Entwicklung keine weitere Literatur benötigt wird.
- die Beziehung der Analysis zu anderen Teilgebieten der Mathematik aufzuzeigen.
- die Bedeutung der Analysis für praktische Anwendungen sichtbar zu machen.

Es wird in Fachkreisen immer wieder die Frage diskutiert, ob Analysis sinnvollerweise bereits zu Beginn des Studiums mehrdimensional behandelt werden soll oder ob man sich zunächst auf den eindimensionalen Fall beschränken soll. Für den mehrdimensionalen Ansatz ist das wesentliche Argument seine Allgemeinheit und das Vermeiden von Wiederholungen. Jedoch haben wir die zweite Variante gewählt: Einerseits halten wir diese Herangehensweise für didaktisch besser, weil sie den zu Beginn doch recht steilen Weg zur Analysis wenigstens ein bisschen ebnet, andererseits erschließt man bereits im Eindimensionalen viele der wesentlichen Denkweisen und Erkenntnisse der Analysis. Dem Leser wird der mehrdimensionale Fall so wesentlich einfacher fallen, ohne dass er dabei einen Verlust erlitten hätte.

In diesem Lehrbuch werden alle wesentlichen Aussagen der Analysis ausführlich bewiesen und notwendige Resultate aus der linearen Algebra in Kap. 10 umfangreich zusammengefasst. Für ein intensives Studium der linearen Algebra, die sozusagen das zweite Standbein der Grundausbildung eines modernen Mathematikers ist, empfehlen wir beispielsweise das Lehrbuch [Fis13], das vor Kurzem in einer rundum überarbeiteten Neuauflage erschienen ist. Wir haben uns ganz bewusst dazu entschieden, die klassische Satz-Beweis-Struktur beizubehalten, um den Blickpunkt auf das Wesentliche zu lenken.[1] Mit klarer Struktur kommen wir so zu den zentralen Aussagen der Analysis voran. Regelmäßig werden dabei inhaltliche Beziehungen zu anderen Teilgebieten der Mathematik herausgearbeitet und Anwendungen in der Praxis aufgezeigt. So wird dem Leser die weitreichende Bedeutung der Analysis vermittelt und dem Studierenden ermöglicht, beurteilen zu können, welche Fachrichtung für sein weitergehendes Mathematik-Studium interessant sein könnte. Dazu ergänzen wir den üblichen Lehrstoff um sogenannte *-Kapitel, welche für die weitere Entwicklung des analytischen Grundgerüsts nicht zwingend notwendig sind.[2] Durch die *-Kapitel kann sich der Leser einen Überblick verschaffen, mit welchen Inhalten sich andere inner- und außermathematische Fachbereiche beschäftigen, bei denen eine Beziehung zur Analysis besteht.

Dieses Lehrbuch basiert auf der Grundvorlesung zur Analysis I–III, welche von Friedrich Tomi an der Universität Heidelberg in den Jahren 2004–2005 gehalten wurde. Wir, die Autoren, wollen Friedrich Tomi von ganzem Herzen danken, denn er hat nicht nur das Fundament unseres eigenen Analysiswissens gelegt, sondern auch unser allgemeines Verständnis von Mathematik entscheidend mitgeprägt. Einige der *-Kapitel sind an ein Skriptum von Rolf Rannacher angelehnt, von welchem die Autoren ihre numerische Grundausbildung erhalten haben. Dafür möchten sich die Autoren bei Rolf Rannacher herzlichst bedanken. Außerdem dankt der zweitgenannte Autor Martin Möller, ohne den er niemals in dieser Weise gelernt hätte, sein Wissen aus den verschiedenen mathematischen Teildisziplinen miteinander zu verknüpfen.

Des Weiteren bedanken wir uns bei David John, Clemens Kienzler, Cornelia Spreitzer und Christoph Zimmer für ihre konstruktiven Verbesserungsvorschläge. Andreas Sauer danken wir für seinen Hinweis auf den Zwischenwertsatz der Ableitung. Für die überaus freundliche und kompetente Betreuung seitens des Springer-Verlags sind wir Annika Denkert und Bianca Alton sehr dankbar.

Für die liebevolle Unterstützung und ihr Verständnis, wenn die Abende vor dem Rechner etwas länger wurden, möchte sich Adrian Hirn herzlichst bei Regina Fischer bedanken, die ihm unendlich viel bedeutet.

---

[1]Unter einem *Lemma* verstehen wir eine Hilfsaussage. Diese werden oft zum Beweis eines größeren Resultats, genannt *Satz*, herangezogen. Kleinere Resultate werden *Proposition* genannt. Eine *Folgerung* ist eine unmittelbare Konsequenz aus einem Satz.

[2]Sie können deshalb beim ersten Durcharbeiten dieses Lehrbuchs bedenkenlos übergangen werden, ohne dabei das weitere Verständnis des Stoffes irgendwie zu gefährden.

Inhaltsverzeichnis

Abbildungsverzeichnis

Grundlegendes

Eine der großen Herausforderungen zu Beginn eines Studiums der Mathematik ist es, sich in den bestehenden Formalismus dieser Wissenschaft hineinzudenken. Zum korrekten – und letzten Endes einfachen – Ziehen von Schlüssen ist dieser Formalismus aber unabdingbar. Es ist deshalb notwendig, dass am Anfang dieses Buchs einige Notation festgelegt wird, die wir im weiteren Verlauf benutzen können. Manches davon mag auf den Leser, der noch nicht mit der Materie vertraut ist, gewöhnungsbedürftig oder gar befremdlich wirken. Es sollte jedoch stets im Hinterkopf behalten werden, dass es nicht erforderlich ist, beim ersten Lesen alle Schreibweisen unmittelbar und für alle Zukunft zu beherrschen. Vielmehr handelt es sich bei diesem Kapitel auch um eine Art Nachschlagewerk, auf das man später, immer wenn ein unbekanntes Zeichen auftaucht, zurückgreifen kann.

Wir beginnen dieses Kapitel mit der Einführung einiger üblicherweise verwendeter Symbole. Auf der linken Seite der folgenden Tabelle fassen wir diese zusammen und geben auf der rechten Seite jeweils die entsprechenden verbalen *Übersetzungen* an.

$\Rightarrow$	Implikationspfeil oder auch *es folgt, dass*
$\Leftrightarrow$	Zweiseitiger Implikationspfeil oder auch *genau dann, wenn*
$\forall$	Für alle
$\exists$	Es existiert
$a \in A$	Das Objekt a ist in der Menge A enthalten oder *a ist Element der Menge A*
$a \notin A$	Das Objekt a ist nicht in der Menge A enthalten oder *a ist nicht Element der Menge A*
$A \subset B$	Die Menge A ist eine Teilmenge von B, das heißt, $a \in A \Rightarrow a \in B$
$\{a_1, \ldots, a_n\}$	Menge, die die Elemente a_1 bis a_n enthält
$\emptyset$	Leere Menge; sie enthält keine Elemente

© Springer-Verlag GmbH Deutschland 2017
A. Hirn, C. Weiß, *Analysis – Grundlagen und Exkurse*,
https://doi.org/10.1007/978-3-662-55538-5_1

=	Ist gleich
≠	Ist ungleich
:=	Die linke Seite einer Gleichung wird durch die rechte Seite definiert
=:	Die rechte Seite einer Gleichung wird durch die linke Seite definiert

Sind A und B zwei Aussagen, so bedeutet $A \Rightarrow B$: Wenn A gilt, dann folgt B. Ferner meint $A \Leftrightarrow B$, dass sowohl $A \Rightarrow B$ als auch $B \Rightarrow A$ gelten. Man sagt dann auch: A gilt genau dann, wenn B gilt. Es ist eine universelle Konvention, dass $\emptyset \subset A$ für jede Menge A ist, das heißt, die leere Menge ist Teilmenge jeder beliebigen Menge.

Beispiel 1.1. Der symbolische Ausdruck

$$\forall x \in X \exists\, y \in Y \text{ mit } y = x$$

bedeutet beispielsweise, dass für alle Elemente x der Menge X ein Element y der Menge Y existiert, sodass x und y übereinstimmen. Der Leser möge sich überlegen, dass daraus folgt, dass $X \subset Y$, das heißt, dass X eine Teilmenge von Y ist.

Im Sinne der Logik ist es notwendig, dass, wie im Beispiel, zunächst der Quantor ($\forall x \in X$) genannt wird, bevor darauf eingegangen wird, welche Eigenschaft ($\exists y \in Y$ mit $y = x$) für diesen erfüllt sein soll. In der Praxis hat es sich allerdings herausgestellt, dass Aussagen oft einfacher lesbar werden, wenn der Quantor optisch hinter diese gestellt wird. Diese kleine logische Ungenauigkeit nehmen auch wir in diesem Buch zugunsten der verbesserten Klarheit der Darstellung in Kauf.

Mengenlehre Obwohl es mathematisch äußerst anspruchsvoll ist, den Begriff Menge völlig sattelfest zu definieren,[1] nehmen wir an, dass der Leser intuitiv mit diesem Begriff vertraut ist. Andernfalls sei dem Leser eine berühmte, wenn auch leider nicht völlig exakte, Definition des Begriffs *Menge*, die auf den deutschen Mathematiker Georg Cantor (1845–1918) zurückgeht, an die Hand gegeben:

> Unter einer *Menge* verstehen wir jede Zusammenfassung M von bestimmten wohlunterschiedenen Objekten m unserer Anschauung oder unseres Denkens (welche die *Elemente* von M genannt werden) zu einem Ganzen.

Auf Mengen definieren wir nun einige Operationen, wozu wir die eingeführten Schreibweisen verwenden.

Definition 1.2. Es seien A und B zwei Mengen. Ihre **Vereinigung** $A \cup B$ ist definiert durch $x \in A \cup B \Leftrightarrow x \in A$ oder $x \in B$. Analog ist die Vereinigung $A_1 \cup \ldots \cup A_n =: \bigcup_{i=1}^{n} A_i$ gegeben durch $x \in \bigcup_{i=1}^{n} A_i \Leftrightarrow \exists i$ mit $1 \leq i \leq n$ und $x \in A_i$. Allgemein sei $\mathcal{A}$ eine Menge

---

[1] Siehe etwa [Ebb03] oder in extremster Form [WR94].

von Mengen, das heißt eine Menge, deren Elemente wieder Mengen sind. Dann bezeichnet $\cup_{A \in \mathcal{A}} A$ die Vereinigung aller Mengen aus $\mathcal{A}$.

Wir weisen darauf hin, dass das mathematische *oder* nicht, wie im Sprachgebrauch oft üblich, als *entweder ... oder* zu lesen ist. Vielmehr bedeutet es, dass eine oder mehrere der gegebenen Bedingungen eintritt. Ein einfaches Beispiel stellt der Satz „morgen regnet es oder die Sonne scheint" dar, der logisch gesehen bedeutet, dass auch beides (gleichzeitig) passieren kann. Ein Mathematiker denkt also sozusagen auch an den Regenbogen.

Beispiel 1.3. Wir betrachten alle Sportvereine der Welt. Diese nummerieren wir mithilfe der natürlichen Zahlen $1, 2, \ldots$ durch. Die Mitglieder des ersten Sportvereins fassen wir in der Menge A_1 zusammen, die Mitglieder des zweiten in A_2 und so weiter. Sobald der Index i groß genug ist, dass wir alle Sportvereine abgearbeitet haben, sei A_i die leere Menge. Dann ist $x \in \cup_{i \in \mathbb{N}} A_i$ genau dann, wenn x Mitglied eines beliebigen Sportvereins weltweit ist. Dabei ist es egal, ob x die Mitgliedschaft in einem oder mehreren Vereinen besitzt.

Wir kommen nun zu den nächsten wichtigen Schreibweisen:

Definition 1.4. Es seien A und B zwei Mengen.

(i) Der **Durchschnitt** $A \cap B$ ist definiert durch $x \in A \cap B \Leftrightarrow x \in A$ und $x \in B$. Analog ist $A_1 \cap \ldots \cap A_n =: \bigcap_{i=1}^{n} A_i$ gegeben durch $x \in \bigcap_{i=1}^{n} A_i \Leftrightarrow x \in A_i \ \forall i = 1, \ldots, n$. Allgemein sei wiederum $\mathcal{A}$ eine Menge von Mengen, das heißt eine Menge deren Elemente wieder Mengen sind. Dann ist $\cap_{A \in \mathcal{A}} A$ der Durchschnitt aller dieser Mengen.

(ii) Die **Differenz** $A \setminus B$ ist charakterisiert durch $x \in A \setminus B \Leftrightarrow x \in A$ und $x \notin B$.

Der Ausdruck $A \cap B = \emptyset$ bedeutet folglich, dass A und B keine gemeinsamen Elemente haben.

Beispiel 1.5. Es seien A die Menge aller Automarken, B die Menge aller Blumenarten und D die Menge aller in Deutschland wachsenden Pflanzensorten. Dann ist $A \cap B = \emptyset$, weil Blumen keine Autos sind und umgekehrt. Hingegen ist $B \cap D$ die Menge aller in Deutschland vorkommenden Blumenarten. Die Differenz $B \setminus D$ ist die Menge aller Blumenarten, die es weltweit gibt, außer denjenigen, die in Deutschland wachsen.

Wenn M eine Menge und $A(x)$ eine Aussage über Elemente von M ist, kann die Menge

$$\{x \in M \mid A(x) \text{ ist wahr}\}$$

gebildet werden, wobei der senkrechte Strich | *mit der Eigenschaft* bedeutet.[2] Es handelt sich dabei also um diejenige Teilmenge von M, die aus allen Elementen $x \in M$ besteht,

---

[2] Anstelle von | wird oft auch ein Doppelpunkt : verwendet.

auf die die Aussage $A(x)$ zutrifft. Eine solche Aussage könnte sein, dass x blau ist oder auch dass x eine Zahl ist, die größer als 1 ist.

Bevor wir weitere neue Begrifflichkeiten einführen, betrachten wir ein sehr interessantes und berühmtes Beispiel, das der Mathematiker und Philosoph Bertrand Russell (1872–1970) gefunden hat. Es gibt davon eine populäre sowie eine mathematisch exakte Formulierung. Beide Fassungen sollen nun beschrieben werden.

Beispiel 1.6. (Russels Paradox I) Ein Barbier schneidet allen Menschen die Haare, die sie sich nicht selbst schneiden. Doch wer schneidet dem Barbier die Haare? Wie man es dreht oder wendet, ist es nicht möglich, diese Frage zu beantworten.

Insbesondere zeigt Russels Paradox, dass die genannte *naive* Definition des Begriffs Menge nach Cantor zu Widersprüchen führt und deswegen nicht völlig exakt sein kann.

Beispiel 1.7. (Russels Paradox II) Die Menge

$$A := \{M \mid M \text{ Menge}, M \notin M\}$$

existiert nicht, denn $A \in A$ würde implizieren $A \notin A$ und umgekehrt würde $A \notin A$ implizieren, dass $A \in A$ ist, was in jedem Fall ein Widerspruch ist!

Eine andere besondere Menge ist die sogenannte **Potenzmenge**: Für eine beliebige Menge M ist sie die Menge aller Teilmengen von M und wird mit $\mathcal{P}(M)$ bezeichnet. Wir erinnern an die Konvention, dass stets $\emptyset \in \mathcal{P}(M)$ gilt.

Beispiel 1.8. Ist $M = \{1, 2\}$, so ist $\mathcal{P}(M) = \{\emptyset, \{1\}, \{2\}, \{1, 2\}\}$.

Zur Vermeidung von eventuellen Missverständnissen sei darauf hingewiesen, dass die Reihenfolge, in der die Elemente der Potenzmenge aufgelistet werden, keine Rolle spielt. Sind nun A, B zwei Mengen, dann ist das **kartesische Produkt** die Menge aller geordneten Paare (a, b), wobei $a \in A$ und $b \in B$ gilt, das heißt

$$A \times B := \{(a, b) \mid a \in A, b \in B\}.$$

Um die Reihenfolge der Elemente eindeutig festzulegen, wird ein geordnetes Paar mengentheoretisch definiert durch

$$(a, b) := \{\{a\}, \{a, b\}\}.$$

Geordnete Mengen Eine besondere Eigenschaft einer Menge M ist es, wenn diese mathematisch geordnet werden kann. Um beschreiben zu können, was dies genau bedeutet, benötigen wir zunächst den Begriff der Relation: Sind M, N Mengen, so ist eine **Relation** R eine Teilmenge von $M \times N$. Für zwei Elemente $a \in M$ und $b \in N$ soll mit $(a, b) \in R$ ausgedrückt werden, dass a und b in einer Beziehung zueinander stehen. Insbesondere interessiert man sich für die Teilmenge

$$\{(a, b) \in M \times N \mid (a, b) \in R\}$$

von $M \times N$. Oft werden Relationen auf nur einer einzigen Menge betrachtet, das heißt $M = N$.

Definition 1.9. Die Relation R auf M heißt **partielle Ordnung**, wenn gilt:

(O1) Es ist $(a, a) \in R$ für alle $a \in M$ (**Reflexivität**).
(O2) Aus $(a, b) \in R$ und $(b, a) \in R$ folgt $a = b$ (**Identitivität**).
(O3) Die beiden Bedingungen $(a, b) \in R$ und $(b, c) \in R$ implizieren $(a, c) \in R$ (**Transitivität**).

Die Relation R heißt **Totalordnung**, wenn zusätzlich gilt:

(O4) Es ist $(a, b) \in R$ oder $(b, a) \in R$ für alle $a, b \in M$.

Wir schreiben bei einer Ordnungsrelation $a \leq b$ statt $(a, b) \in R$ und definieren $a < b$ durch $a \leq b$ und $a \neq b$. Diese Schreibweise ist ganz bewusst an das von Zahlen bekannte *kleiner* angelehnt, weil es sich hierbei um das zentrale Beispiel einer Relation handelt.

Beispiel 1.10. Ist $M \neq \emptyset$, dann hat die Potenzmenge $\mathcal{P}(M)$ die *natürliche* Ordnungsrelation $A \leq B$ definiert durch $A \subset B$, wobei $A, B \in \mathcal{P}(M)$. Diese ist immer eine partielle Ordnung, aber falls M mindestens 2 Elemente hat, handelt es sich nicht um eine Totalordnung. Sind nämlich $x, y \in M$ mit $x \neq y$, so sind $\{x\}$ und $\{y\}$ nicht vergleichbar, weil die beiden einelementigen Mengen nicht ineinander enthalten sind.

Äquivalenzrelation Jetzt sollen spezielle Relationen auf einer Menge M untersucht werden. Eine Relation $\sim$ auf M heißt **Äquivalenzrelation**, wenn sie die folgenden Eigenschaften erfüllt[3]:

 (i) **Reflexivität:** Für alle $a \in M$ ist $a \sim a$.
 (ii) **Symmetrie:** Für alle $a, b \in M$ gilt $a \sim b \Rightarrow b \sim a$.
(iii) **Transitivität:** Für alle $a, b, c \in M$ gilt $a \sim b$ und $b \sim c \Rightarrow a \sim c$.

Dieses Konzept erlaubt es uns, auf sogenannte **Äquivalenzklassen** überzugehen. Das bedeutet anschaulich, dass zwei Elemente einer Menge $a, b \in M$ als äquivalent betrachtet werden, wenn diese im Sinne der Äquivalenzrelation miteinander in

---

[3]Für eine Relation R ist das Symbol $\sim$ durch $(a, b) \in R \Leftrightarrow a \sim b$ erklärt.

Verbindung stehen, also $a \sim b$. Formal nennt man eine Teilmenge $A \subset M$, $A \neq \emptyset$, Äquivalenzklasse, falls gilt

(i) $a, b \in A \Rightarrow a \sim b$,

(ii) $a \in A, b \in M, a \sim b \Rightarrow b \in A$.

Jedem Element $a \in M$ kann seine Äquivalenzklasse zugeordnet werden und dann heißt a **Repräsentant der Äquivalenzklasse**. Für die einem Element $a \in M$ zugeordnete Äquivalenzklasse wird die Schreibweise $[a]$ verwendet. Die Menge der Äquivalenzklassen, die **Quotientenmenge**, wird mit $M/\sim$ bezeichnet. Ein praktisches Beispiel hierfür ist, dass wir Autos, die die gleiche Farbe haben, als äquivalent betrachten. Dann würden die Äquivalenzklassen den verschiedenen Farben entsprechen. Äquivalenzrelationen werden in der Algebra häufig betrachtet und bieten unabhängig vom Kontext eine gute Möglichkeit, um mathematische Objekte, die auf eine bestimmte Weise als äquivalent betrachtet werden können, in einer Klasse zusammenzufassen.

Abbildungen zwischen Mengen Wir kommen nun dazu, Mengen miteinander in Verbindung zu bringen: Sind A, B zwei nichtleere Mengen, dann bezeichnen wir mit $f : A \rightarrow B$ eine **Abbildung**, das heißt eine Zuordnung *genau eines* Elements $y \in B$ zu jedem Element $x \in A$. Das Element y wird für gewöhnlich mit $f(x)$ bezeichnet. Für die Abbildung f wird ebenfalls die Notation $x \mapsto f(x)$, $x \in A$, verwendet. Durch Gebrauch des Pfeils $\mapsto$ werden Verwechslungen mit Grenzübergängen ausgeschlossen (siehe Kap. 3). Der Begriff **Funktion** steht als Synonym für Abbildung. In der Praxis ist eine Funktion normalerweise durch eine explizite oder implizite Abbildungsvorschrift gegeben. Oft muss geprüft werden, ob diese Vorschrift wirklich eindeutig ist, das heißt jedem Element $x \in A$ tatsächlich genau ein $y \in B$ zuordnet. Man sagt auch, dass die Abbildung in diesem Fall **wohldefiniert** ist.

Mengentheoretisch gesehen ist eine Abbildung $f : A \rightarrow B$ durch ihren **Graphen**

$$G := \{(x, f(x)) \in A \times B \mid x \in A\}$$

eindeutig festgelegt. Anders formuliert ist ein **Graph** (einer Funktion, die von A nach B abbildet) eine Teilmenge G von $A \times B$ mit folgenden Eigenschaften:

(i) $\forall x \in A \, \exists y \in B$ mit $(x, y) \in G$,

(ii) $(x, y) \in G$ und $(x, z) \in G \Rightarrow y = z$.

Die erste Aussage sichert die Existenz der zweiten Komponente des Graphen, die zweite Aussage deren Eindeutigkeit. Eine Abbildung kann also auch als Relation interpretiert werden. Weiterhin legen wir Folgendes fest: Es sei $f : A \rightarrow B$ eine Abbildung. Dann heißt A **Definitionsbereich** von f. Für eine Teilmenge $C \subset A$ bezeichnen wir mit

$$f(C) := \{f(x) \mid x \in C\}$$

das **Bild von** C und für $D \subset B$ bezeichnen wir mit

$$f^{-1}(D) := \{x \in A \mid f(x) \in D\}$$

das **Urbild von** D. Das Bild gibt also die Elemente (**Werte**) aus B an, auf die die Elemente aus C abgebildet werden. Das Urbild enthält diejenigen Elemente aus A, welche auf die Elemente aus D abgebildet werden. Gelegentlich wird der Definitionsbereich einer Abbildung $f : A \to B$ auf eine Teilmenge $C \subset A$ **eingeschränkt**, das heißt, f wird ausschließlich auf dieser Teilmenge betrachtet. Hierfür schreiben wir $f|_C$.

Beispiel 1.11. Es seien die Mengen $A = \{1, 2, 3\}$ und $B = \{1, 2, 3, 4\}$ und die Abbildung $f : A \to B$ gegeben durch $f(1) = 3, f(2) = 4, f(3) = 2$. Beispielsweise ist $f(\{2, 3\}) = \{2, 4\}$ und $f^{-1}(\{2, 3\}) = \{1, 3\}$. Die Einschränkung $f|_{\{1\}}$ bezeichnet die Funktion $f : \{1\} \to B$, die durch $f(1) = 3$ gegeben ist.

Zwar ist f^{-1} bisher nur als Menge definiert, aber der dadurch pro Element aus $f(A)$ definierte Ausdruck kann wieder als Abbildungsvorschrift interpretiert werden. Allerdings muss f^{-1} selbst nicht wohldefiniert und damit keine Abbildung sein, und zwar dann nicht, wenn f zwei Elemente auf das gleiche Element abbildet. Man spricht in diesem Fall davon, dass f nicht *injektiv* ist. Diese und zwei weitere wichtige elementare Eigenschaften einer Abbildung halten wir in einer Definition fest.

Definition 1.12.

  (i) Eine Abbildung $f : A \to B$ heißt **injektiv** oder **eineindeutig**, wenn aus $f(x) = f(y)$ folgt, dass $x = y$ ist.
 (ii) Eine Abbildung $f : A \to B$ heißt **surjektiv** oder **Abbildung auf** B, wenn $f(A) = B$ gilt.
(iii) Eine Abbildung heißt **bijektiv**, wenn sie injektiv und surjektiv ist.

Die Abbildung aus Beispiel 1.11 ist injektiv, aber nicht surjektiv. Ist $f : A \to B$ eine injektive Abbildung, so ist die **Umkehrabbildung**

$$f^{-1} : \underbrace{f(A)}_{\subset B} \to A$$

definiert durch

$$f^{-1}(y) = x, \text{ wobei } f(\{x\}) = \{y\}$$

oder anders ausgedrückt durch $f^{-1}(y) = x$, wobei $f(x) = y$ und $y \in f(A)$. Man beachte, dass die Umkehrfunktion wohldefiniert ist, weil wegen der Injektivität $f^{-1}(y) = f^{-1}(z) \Rightarrow y = z$ gilt.

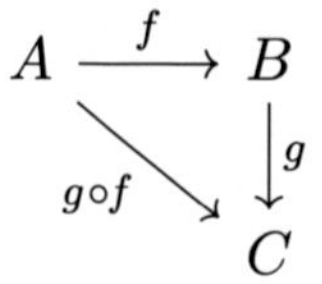

$$A \xrightarrow{\ f\ } B$$

Abb. 1.1 Kommutatives Diagramm

Sind zwei Abbildungen mit zueinander passenden Definitions- und Wertebereichen gegeben, also $f : A \to B$ und $g : B \to C$, so ist die **Zusammensetzung (Verkettung, Komposition)** dieser Abbildungen definiert durch

$$g \circ f : A \to C \quad \text{und} \quad g \circ f(x) = g(f(x)).$$

Mit anderen Worten sagt man auch, dass das Diagramm Abb. 1.1 **kommutiert**. Kommutieren bedeutet, dass es egal ist, welche Pfeile man entlang wandert, um von A nach C zu gelangen.

Widerspruchsbeweis Mathematische Aussagen werden aus vereinbarten Voraussetzungen mittels logischer Schlussfolgerungen bewiesen. Wurde ein Beweis erbracht, muss über die Richtigkeit der Aussage nicht debattiert werden, sondern höchstens über deren Wichtigkeit oder die Eleganz des Beweises. In der Mathematik sind Aussagen entweder wahr oder falsch, etwas dazwischen existiert nicht (dieser Sachverhalt wird lateinisch als *tertium non datur* bezeichnet). Ist eine Aussage A über die Elemente einer Menge *wahr*, so ist ihre Negation (symbolisch: $\neg A$) logisch zwingend *falsch*. Die Negation der Negation liefert wieder die ursprüngliche Aussage.

Beispiel 1.13. Für die Elemente der Menge $\mathbb{N} := \{1, 2, 3, \ldots\}$ werde die folgende (wahre) Aussage betrachtet: Für jedes $k \in \mathbb{N}$ gibt es ein $n_k \in \mathbb{N}$, sodass $n_k > k^3$ gilt, oder symbolisch

$$\forall k \in \mathbb{N}\ \exists n_k \in \mathbb{N} : \quad n_k > k^3 \qquad \text{(wahre Aussage)}.$$

Die Negation dieser Aussage liefert die folgende (falsche) Aussage: Es gibt ein $k \in \mathbb{N}$, sodass für alle $n \in \mathbb{N}$ gilt $n \le k^3$, oder symbolisch

$$\exists k \in \mathbb{N}\ \forall n \in \mathbb{N} : \quad n \le k^3 \qquad \text{(falsche Aussage)}.$$

Die Richtigkeit einer Aussage lässt sich auch beweisen, indem verifiziert wird, dass ihre Negation falsch ist. Eine solche Schlussfolgerung wird **Widerspruchsbeweis** genannt: Soll also die Wahrheit der Aussage $A \Rightarrow B$ gezeigt werden, kann man anstelle eines direkten Beweises der Form

$$A \Rightarrow A_1 \Rightarrow A_2 \Rightarrow \ldots \Rightarrow A_N \Rightarrow B$$

mit Zwischenaussagen $A_1, \ldots, A_N$ äquivalent so vorgehen, dass ausgehend von $\neg B$ unter Annahme von A ein Widerspruch zu irgendeiner als wahr bekannten Aussage abgeleitet wird.

Axiomensysteme Die **Axiome** bilden die grundlegenden vereinbarten Voraussetzungen der Mathematik, auf die alle Behauptungen letztlich zurückgeführt werden müssen, wenn sie verifiziert werden sollen. Ein Axiom ist somit eine nicht beweisbare, sondern per Definition wahre Aussage. Es muss zu allen anderen Axiomen widerspruchsfrei sein, denn falls durch ein vermeintliches Axiom ein Widerspruch entstehen würde, wäre es definitionsgemäß kein Axiom, sondern beweisbar falsch. Allerdings zeigte der Österreicher Kurt Gödel (1906–1978) in seinem **zweiten Unvollständigkeitssatz**, dass es nicht möglich ist, die Widerspruchsfreiheit eines hinreichend konsistenten Axiomensystems im Rahmen der Theorie selbst zu beweisen.[4] In dieser Hinsicht müssen wir auch unsere oben getroffene Behauptung, dass jede Aussage entweder wahr oder falsch ist, insofern einschränken, als dass nicht sichergestellt ist, dass ein formalisierter Beweis der Wahrheit oder Unwahrheit einer Aussage innerhalb des logischen Systems geführt werden kann.

Das Auswahlaxiom Für die Mengenlehre leiteten Ernst Zermelo (1871–1953) und Abraham Fraenkel (1891–1965) zu Beginn des 20. Jahrhunderts grundlegende Axiome her oder meinten zumindest, weil der Gödel'sche Unvollständigkeitssatz damals noch nicht bekannt war, dies getan zu haben. Aufgrund ihres äußerst technischen Charakters wollen wir die Zermelo-Fraenkel-Axiome an dieser Stelle nicht auflisten, sondern verweisen auf die Literatur, beispielsweise [Ebb03]. Üblicherweise wird deren neun Axiomen heutzutage das berühmte Auswahlaxiom hinzugefügt, ohne dessen Erwähnung auch eine knappe Einführung in das Axiomensystem unvollständig wäre. Dieses lässt sich wie folgt formulieren.

Axiom 1.14 (Auswahlaxiom) *Es sei $\mathcal{A}$ eine Menge von nichtleeren, disjunkten Mengen. Dann existiert eine Menge C, die genau ein Element jedes Elements von $\mathcal{A}$ enthält, das heißt eine Menge C, sodass C in der Vereinigung der Elemente von $\mathcal{A}$ enthalten ist und für jedes $A \in \mathcal{A}$ gilt, dass $C \cap A$ eine einelementige Menge ist.*

So unschuldig das Auswahlaxiom daher kommt, so weitreichend sind seine Konsequenzen für die Mathematik. Einige der bedeutendsten Sätze der Mathematik lassen sich ohne dessen Verwendung nicht beweisen und auch wir werden ihm im Laufe dieses Buches begegnen. Die Besonderheit in seiner Formulierung besteht darin, dass eine beliebige,

---

[4] Vielmehr beruht die Verwendung unseres logischen Axiomensystems also darauf, dass es sich in der Vergangenheit als nützlich und zielführend erwiesen hat.

also auch eine unendliche, Familie von Mengen $\mathcal{A}$ zugelassen wird und keine Beschränkung auf den endlichen Fall vorliegt. Aufgrund von Bedenken, die eher philosophischer Natur sind, lehnen aus diesem Grund einzelne Mathematiker, zu denen sich die Autoren dieses Buches jedoch nicht zählen, die Verwendung des Auswahlaxioms ab. Bemerkenswerterweise zeigte Kurt Gödel übrigens auch, dass die Verwendung des Auswahlaxioms in Rahmen der Zermelo-Freaenkel-Lehre keinen Widerspruch ergibt, wenn man annimmt, dass die übrigen Axiome widerspruchsfrei sind. Einige Jahrzehnte später bewies allerdings Paul Cohen (1934–2007), dass auch die logische Negation des Auswahlaxioms zu keinem Widerspruch führt. Somit ist dessen Verwendung also tatsächlich sozusagen Geschmackssache.

Damit kennen wir die wichtigsten formalen Grundlagen und können im nächsten Kapitel damit beginnen, die eigentliche Analysis zu entwickeln.

Zahlen

2

Nach allem, was wir über den Menschen wissen, scheint es ihm ein tiefes Bedürfnis zu sein, die Welt ordnen zu wollen, um sie besser verstehen zu können. Historisch gesehen haben Menschen deswegen sehr früh damit begonnen, Dinge zu zählen. Die Verwendung von Zahlen lässt sich bis in die Urgeschichte (2,5 Millionen Jahre v. Chr.) historisch nachweisen. Zahlen bilden also eine/die Grundlage aller menschlich gemachten Ordnung. Auch heutzutage werden Zahlen in allen empirischen Wissenschaften verwendet, um die Welt zu beschreiben. Einen lesenswerten Abriss über die Geschichte der Zahlen und vor allem über die Entdeckung der erstaunlichen Zahl 0, die ja in unserem Denken die völlig abstrakte Idee der *Nicht-Existenz* einer Sache beschreibt, gibt das Buch [Kap99].

Auch wir wollen uns zu Beginn unserer Ausführungen mit Zahlen beschäftigen, denn ohne sie kann man keine Analysis, ja gewissermaßen sogar überhaupt keine Mathematik, studieren. Naturgemäß befassen wir uns in diesem Buch mit den Zahlen nicht aus historischer Sicht, sondern aus mathematischer. Als zentrale Objekte werden wir in diesem Kapitel auf *formale Art und Weise* vor allem die reellen Zahlen $\mathbb{R}$ und die komplexen Zahlen $\mathbb{C}$ kennenlernen, weil ein rein intuitives Verständnis des Zahlbegriffs, wie ihn jeder von uns mitbringt, nicht ausreichend ist, um hiermit Mathematik zu betreiben oder diese tief gehend begreifen zu können.

2.1 Die Axiome der reellen Zahlen

Der Weg hin zu einer sattelfesten Definition der reellen Zahlen ist in den vergangenen beiden Jahrhunderten vor allem von der abstrakten Algebra geebnet worden. Damit sind komplizierte mengentheoretische Konstruktionen verbunden.[1] Weit pragmatischer, um

---

[1] Der Vollständigkeit der Darstellung halber fassen wir diese im Abschn. 3.6 zusammen.

© Springer-Verlag GmbH Deutschland 2017
A. Hirn, C. Weiß, *Analysis – Grundlagen und Exkurse*,
https://doi.org/10.1007/978-3-662-55538-5_2

schnell zu den zentralen Ergebnissen der Analysis gelangen zu können, und für unsere
Zwecke völlig ausreichend, lassen sich die reellen Zahlen $\mathbb{R}$ jedoch als eine Menge
definieren (und deren Existenz fordern), in der drei Typen von Axiomen gelten:

(I) Die algebraischen Axiome (Körperaxiome)
(II) Die Anordnungsaxiome
(III) Das Vollständigkeitsaxiom

Soweit handelt es sich bisher nur um eine Namensgebung, die bekanntlich nicht mehr ist
als Schall und Rauch. Im weiteren Verlauf wollen wir die genannten Axiome mathematisch präzise einführen und ausführlich erklären. Der Rest dieses Unterkapitels ist zum
Legen eines soliden Fundaments unerlässlich. Der unerfahrene Leser sollte nicht erwarten,
sofort die volle Tragweite der präsentierten Inhalte erfassen zu können. Diese wird sich
erst mit dem weiteren Studium der Analysis erschließen. Wir gehen jetzt detailliert darauf
ein, was die obigen Begriffe jeweils bedeuten.

(I) Die algebraischen Axiome Auf der Menge der reellen Zahlen $\mathbb{R}$ gibt es zwei
Verknüpfungen, das heißt Abbildungen $\mathbb{R} \times \mathbb{R} \to \mathbb{R}$, nämlich

- **Addition** „$+$": $(a, b) \mapsto a + b$ und
- **Multiplikation** „$\cdot$": $(a, b) \mapsto a \cdot b$.

Meistens wird bei der Multiplikation anstelle von $a \cdot b$ die Kurzschreibweise ab benutzt.
Die Eigenschaften der Addition und Multiplikation der reellen Zahlen wollen wir nun
axiomatisch fassen. Es sollen die folgenden Rechenregeln gelten:

(I.1) **Assoziativgesetz der Addition:** Für alle $a, b, c \in \mathbb{R}$ gilt $(a + b) + c = a + (b + c)$.
(I.2) **Kommutativgesetz der Addition:** Für alle $a, b \in \mathbb{R}$ gilt $a + b = b + a$.
(I.3) **Existenz eines neutralen Elements der Addition:** Es gibt ein Element $0 \in \mathbb{R}$ mit
       $a + 0 = a$ für alle $a \in \mathbb{R}$.
(I.4) **Existenz eines inversen Elements der Addition:** Zu jedem $a \in \mathbb{R}$ gibt es ein $b \in \mathbb{R}$
       mit $a + b = 0$.
(I.5) **Assoziativgesetz der Multiplikation:** Für alle $a, b, c \in \mathbb{R}$ gilt $(ab)c = a(bc)$.
(I.6) **Kommutativgesetz der Multiplikation:** Für alle $a, b \in \mathbb{R}$ gilt $ab = ba$.
(I.7) **Existenz eines neutralen Elements der Multiplikation:** Es gibt ein Element $1 \in \mathbb{R}$
       mit $1 \neq 0$ und $a1 = a$ für alle $a \in \mathbb{R}$.
(I.8) **Existenz eines inversen Elements der Multiplikation:** Zu jedem Element $a \in \mathbb{R}$
       mit $a \neq 0$ gibt es ein $b \in \mathbb{R}$ mit $ab = 1$.
(I.9) **Distributivgesetz:** Für alle $a, b, c \in \mathbb{R}$ gilt $a(b + c) = ab + ac$.

Dabei bedeutet eine Klammer, dass eine dort verwendete Operation (Addition/
Multiplikation) als Erstes durchgeführt wird.

Als Folgerung aus den Axiomen halten wir fest, dass es nur ein Element 0 mit (I.3) geben und jedem $a \in \mathbb{R}$ nur ein inverses oder auch **negatives** Element b zugeordnet werden kann. Ebenso ist 1 eindeutig bestimmt und zu $a \neq 0$ existiert nur ein (multiplikativ) Inverses. Diese Aussagen werden jetzt gezeigt:

Beweis. Angenommen, es existieren 0 und $0'$ mit (I.3). Dann gilt

$$0 + 0' = 0 \quad \text{und} \quad 0' + 0 = 0'.$$

Wegen (I.2) folgt

$$0 = 0 + 0' \overset{(I.2)}{=} 0' + 0 = 0'.$$

Der Beweis zur Eindeutigkeit der 1 verläuft völlig analog und wird dem Leser als kleine Übung überlassen.

Wir zeigen jetzt die Eindeutigkeit des negativen Elements: Sei $a \in \mathbb{R}$ und es seien $b, b' \in \mathbb{R}$ gegeben mit

$$a + b = 0 \quad \text{und} \quad a + b' = 0. \tag{2.1}$$

Mit den Körperaxiomen ergibt sich

$$b' \overset{(I.3)}{=} b' + 0 \overset{(2.1)}{=} b' + (a + b) \overset{(I.1)}{=} (b' + a) + b \overset{(I.2)}{=} (a + b') + b \overset{(2.1)}{=} 0 + b \overset{(I.2)}{=} b + 0 \overset{(I.3)}{=} b.$$

Der Beweis der Eindeutigkeit des (multiplikativ) Inversen verläuft abermals analog (Übungsaufgabe 2.2). $\qquad\square$

Das negative Element von a wird mit $-a$ bezeichnet, das (multiplikativ) Inverse von $a \neq 0$ mit a^{-1}. Man setzt außerdem für alle $a, c \in \mathbb{R}$

$$a - c := a + (-c)$$

und für $c \neq 0$

$$\frac{a}{c} := a c^{-1}.$$

Damit sind auch Subtraktion und Division formal eingeführt. Generell wird eine Menge, die mit den Verküpfungen „+" und „·" versehen ist und die Bedingungen (I.1)–(I.9) erfüllt, als **Körper** bezeichnet, weshalb man bei den algebraischen Axiomen auch von Körperaxiomen spricht. Aus den Körperaxiomen ergeben sich für alle a, b, c, d die folgenden Rechenregeln, deren Nachweis in Übungsaufgabe 2.3 erbracht werden soll:

(R01) $\quad -(-a) = a$ $\qquad\qquad$ (R02) $\quad (a^{-1})^{-1} = a$

(R03) $\quad a^{-1}b^{-1} = (ab)^{-1}$ $\qquad$ (R04) $\quad -a - b = -(a + b)$

(R05) $a0 = 0$ (R06) $ab = 0 \Rightarrow a = 0$ oder $b = 0$

(R07) $a(-b) = -(ab)$ (R08) $(-a)(-b) = ab$

(R09) $(-a)^{-1} = -(a^{-1})$ (R10) $\dfrac{a}{c} + \dfrac{b}{d} = \dfrac{ad + bc}{cd}$

(R11) $\dfrac{a/c}{b/d} = \dfrac{ad}{bc}$ (R12) $\dfrac{a}{c}\dfrac{b}{d} = \dfrac{ab}{cd}.$

(II) Die Anordnungsaxiome Auf der Menge $\mathbb{R}$ ist eine **Totalordnung** $\leq$, in Worten oft *kleiner gleich*, definiert, welche durch folgende zusätzlichen Axiome mit den Körperaxiomen verknüpft ist:

(II.1) **Monotonie der Addition:** Für alle $a, b, c \in \mathbb{R}$ gilt $a \leq b \Rightarrow a + c \leq b + c$.

(II.2) **Monotonie der Multiplikation:** Für alle $a, b, c \in \mathbb{R}$ mit $0 \leq c$ gilt $a \leq b \Rightarrow ac \leq bc$.

Es sei ferner festgelegt, dass $a < b$ bedeutet, dass $a \leq b$ und $a \neq b$ ist. Folgende Konventionen werden von nun an verwendet:

- Die Relation **größer als** sei definiert durch $a > b :\Leftrightarrow b < a$.
- Ein Element a heißt **positiv** $:\Leftrightarrow a > 0$.
- Ein Element a heißt **negativ** $:\Leftrightarrow a < 0$.
- Ein Element a heißt **nicht positiv** $:\Leftrightarrow a \leq 0$.
- Ein Element a heißt **nicht negativ** $:\Leftrightarrow a \geq 0$.

Diese Sprachregelungen entsprechen den Begriffsbildungen, die wir aus dem Alltag kennen. Man beachte, dass die Axiome (II.1) und (II.2) auch für $<$ statt $\leq$ gelten. Sind die Axiome aus (I) und (II) erfüllt, so spricht man auch von einem **angeordneten Körper**. In einem solchen Körper können die folgenden Rechenregeln für alle a, b, c abgeleitet werden (siehe Aufgabe 2.3):

(R13) $a < b \Leftrightarrow b - a > 0 \Leftrightarrow -b < -a$ (R14) $c < 0 \Leftrightarrow -c > 0$

(R15) $a < b, \ c < 0 \Rightarrow ac > bc$ (R16) $a < 0, \ b < 0 \Rightarrow ab > 0$

(R17) $a > 0, \ b < 0 \Rightarrow ab < 0$ (R18) $a > 0, \ b > 0 \Rightarrow ab > 0$

(R19) $a \neq 0 \Rightarrow aa > 0$ (R20) $1 > 0$

(R21) $a > 0 \Rightarrow a^{-1} > 0$ (R22) $a > b > 0 \Rightarrow a^{-1} < b^{-1}$.

(III) Das Vollständigkeitsaxiom Die abstrakteste Eigenschaft der reellen Zahlen bildet das sogenannte Vollständigkeitsaxiom. Jedoch ist es genau diese Eigenschaft, die die reellen Zahlen tatsächlich auszeichnet, und diese von den rationalen Zahlen, also den Brüchen, die wir erst im nächsten Unterkapitel kennenlernen werden, entscheidend abhebt.

Definition 2.1. Es sei $(M, \leq)$ eine partiell geordnete Menge (siehe Definition 1.9) und es sei $\emptyset \neq A \subset M$ eine Teilmenge.

(i) Ein Element $m \in M$ heißt **obere (beziehungsweise untere) Schranke von** A genau dann, wenn $a \leq m$ (beziehungsweise $m \leq a$) für alle $a \in A$ ist.

(ii) Ein Element $m \in M$ heißt **größtes (beziehungsweise kleinstes) Element von** A genau dann, wenn m obere (untere) Schranke von A ist und $m \in A$.

(iii) Ein kleinstes (größtes) Element der oberen (unteren) Schranken von A heißt **kleinste obere (größte untere) Schranke von** A.

(iv) Die Teilmenge A heißt **nach oben (unten) beschränkt**, wenn A eine obere (untere) Schranke besitzt.

Die Teilmenge A besitzt höchstens ein größtes (kleinstes) Elemente, denn sind $m_1, m_2 \in A$ größte (kleinste) Elemente, dann ist $m_2 \leq m_1$ und $m_1 \leq m_2$ und wegen (II.1) daher $m_1 = m_2$.

(III) Das **Vollständigkeitsaxiom** besagt, dass jede nichtleere, nach oben beschränkte Teilmenge von $\mathbb{R}$ eine kleinste obere Schranke besitzt.

Damit ist $\mathbb{R}$ komplett definiert und wir können die neu gelernten Begriffe anhand eines Beispiels erläutern.

Beispiel 2.2. Die Menge

$$M := \{x \in \mathbb{R} \mid -1 \leq x < 1\}$$

hat die untere Schranke -1 und die obere Schranke 1. Ferner ist -1 das kleinste Element der Menge und größte untere Schranke, während 1 kein größtes Element ist, weil $1 \notin M$ gilt, aber eine kleinste obere Schranke. Die Menge M ist sowohl nach oben als auch nach unten beschränkt.

Wir beweisen nun eine Konsequenz aus dem Vollständigkeitsaxiom. Sie besteht darin, dass sich dieses nicht nur auf kleinste obere Schranken, sondern auch auf größte untere Schranken bezieht.

Satz 2.3. *Ist $(M, \leq)$ eine partiell geordnete Menge und besitzt jede nichtleere, nach oben beschränkte Teilmenge von M eine kleinste obere Schranke, so besitzt auch jede nichtleere, nach unten beschränkte Teilmenge von M eine größte untere Schranke.*

Beweis. Es sei $\emptyset \neq A \subset M$ eine nach unten beschränkte Teilmenge. Man setze

$$B := \{m \in M \mid m \leq a \ \forall \ a \in A\} \neq \emptyset.$$

Die Menge B ist nach oben beschränkt, weil $A \neq \emptyset$ und damit jedes Element $a \in A$ eine obere Schranke von B ist. Nach Voraussetzung hat B eine kleinste obere Schranke c. Wir zeigen jetzt, dass c eine größte untere Schranke von A ist.

1. Schritt: Es sei $a \in A$. Dann ist a eine obere Schranke von B und es gilt $c \leq a$, da c die kleinste obere Schranke ist, das heißt, c ist eine untere Schranke von A.

2. Schritt: Sei nun b eine untere Schranke von A. Dann gilt $b \in B$ und deswegen $b \leq c$, da c eine obere Schranke von B ist. Folglich ist c in der Tat die größte untere Schranke.

Hiermit ist die Behauptung bewiesen. $\square$

Es ist naheliegend, für die kleinste obere und die größte untere Schranke eine eigenständige Bezeichnung einzuführen.

Definition 2.4.

(i) Für eine nach oben beschränkte Teilmenge $\emptyset \neq A \subset \mathbb{R}$ sei $\sup A$ (**Supremum von A**) die kleinste obere Schranke von A.

(ii) Für eine nach unten beschränkte Teilmenge $\emptyset \neq A \subset \mathbb{R}$ sei $\inf A$ (**Infimum von A**) die größte untere Schranke von A.

Als Konvention halten wir fest, dass für eine nichtleere, nicht nach oben beschränkte Teilmenge von $\mathbb{R}$ gilt $\sup A := +\infty$ und für eine nichtleere, nicht nach unten beschränkte Teilmenge $\inf A := -\infty$.

Die Elemente $+\infty$ und $-\infty$ sind zwei verschiedene Elemente, die *nicht* zu $\mathbb{R}$ gehören. Wir setzen $\overline{\mathbb{R}} := \mathbb{R} \cup \{\pm\infty\}$. Die Menge $\overline{\mathbb{R}}$ kann durch die Festlegung $-\infty < a < +\infty$ für alle $a \in \mathbb{R}$ total geordnet werden. Infolgedessen besitzt jede nichtleere Teilmenge von $\mathbb{R}$ ein Supremum und ein Infimum in $\overline{\mathbb{R}}$. Die Elemente $+\infty$ und $-\infty$ nennen wir + beziehungsweise – **unendlich**.

Es ist noch auf eine weitere Weise möglich, sup und inf zu charakterisieren: Es sei $\emptyset \neq A \subset \mathbb{R}$ eine nichtleere Teilmenge und es seien $s, S \in \overline{\mathbb{R}}$ mit $-\infty \leq s < +\infty$ und $-\infty < S \leq +\infty$. Es gilt $S = \sup A$ genau dann, wenn

(i) für alle $x \in A$ ist $x \leq S$ und
(ii) für alle $k \in \mathbb{R}$ mit $k < S$ existiert ein $x \in A$ mit $x > k$.

Analog ist $s = \inf A$ genau dann, wenn

(i) für alle $x \in A$ ist $x \geq s$ und
(ii) für alle $k \in \mathbb{R}$ mit $k > s$ existiert ein $x \in A$ mit $x < k$.

Wir empfehlen dem Leser, sich bereits an dieser Stelle klarzumachen, dass es sich hierbei tatsächlich um eine alternative Charakterisierung von Infimum beziehungsweise Supremum handelt (Übungsaufgabe 2.4).

Beispiel 2.5. Wir betrachten die Menge

$$M := \{x \in \mathbb{R} \mid x < 0\}$$

und behaupten $\sup M = 0$. Diese Aussage ist richtig aufgrund folgender Argumente: Es gilt $x \leq 0$ für alle $x \in M$ nach Definition von M. Angenommen es wäre $\sup M = k < 0$. Damit ergibt sich

$$k \overset{(I.7)}{=} k1 \overset{(II.1)}{<} k\frac{1}{2} \overset{(II.2)}{<} 0$$

und $k\frac{1}{2} \in M$ im Widerspruch zur Annahme $\sup M = k$.

Bemerkung 2.6. Besitzt $A \subset \mathbb{R}$ ein größtes (beziehungsweise kleinstes) Element a_0, dann gilt $\sup A = a_0$ (beziehungsweise $\inf A = a_0$). In diesem Fall nennen wir a_0 **Maximum** (beziehungsweise **Minimum**), in Symbolen

$$\max A := a_0, \qquad \text{beziehungsweise} \qquad \min A := a_0.$$

Wir weisen nochmals explizit darauf hin, dass in unserer Darstellung die Existenz der reellen Zahlen nicht *gezeigt*, sondern lediglich *gefordert* wurde.[2] Jedoch halten wir eine mengentheoretische Einführung der reellen Zahlen bereits an diesem Punkt für Anfänger aus zwei Gründen nicht für zielführend: Erstens ist diese relativ kompliziert, umfangreich und für viele nicht auf Anhieb einfach zu verstehen. Zweitens ist sie letztendlich eher von theoretischem Interesse, weil auch hier die Existenz von Axiomen, wenngleich deutlich schwächerer, gefordert wird, die wiederum dem Wesen von Axiomen nach nicht bewiesen werden können. Daher geben wir uns hier mit dem eingeschlagenen Weg zufrieden und erklären die abstrakte Konstruktion der reellen Zahlen erst in Abschn. 3.6.

Abschließend sei noch angemerkt, dass trotz des gewählten Ansatzes zur Einführung der reellen Zahlen streng genommen noch zwei relevante Tatsachen zu zeigen wären: Erstens müsste die Widerspruchsfreiheit der geforderten Axiome bewiesen werden, was eine

---

[2]Streng genommen haben wir bei unserer Definition der reellen Zahlen einen logischen Zirkelschluss vollzogen, weil wir $\mathbb{R}$ über Axiome definiert haben, in deren Formulierung $\mathbb{R}$ bereits selbst vorkommt. Es wäre formal korrekter, die Axiome abstrakt für eine Menge M einzuführen und dann zu sagen, dass wir eine Menge, die alle diese erfüllt, $\mathbb{R}$ nennen. Unserer Erfahrung und Meinung nach geht mit diesem mehr an Formalismus jedoch kaum ein Erkenntnisgewinn einher, sondern es überwiegt für uns der Aspekt, dass die Darstellung dadurch unserer Ansicht nach komplizierter wird.

keineswegs triviale Aussage aus dem Teilgebiet der Logik ist (vergleiche die Ausführungen zu den Axiomen von Zermelo-Fraenkel in Kap. 1). Zweitens müssten wir uns Gedanken machen, in wie weit man von *den* reellen Zahlen sprechen kann, in welchem Sinne also eine Eindeutigkeit besteht: Algebraiker sprechen hierbei davon, dass jeder andere Körper, der die genannten Axiome erfüllt, automatisch *isomorph* zu den reellen Zahlen, wie wir sie intuitiv kennen beziehungsweise in Abschn. 3.6 konstruieren, ist.[3]

2.2 Die natürlichen Zahlen und vollständige Induktion

Schon kleinen Kindern sind die natürlichen Zahlen bekannt. Ganz deren Denkweise folgend, wollen wir die natürlichen Zahlen $\mathbb{N}$ als Teilmenge von $\mathbb{R}$ durch $\mathbb{N} := \{1, 1 + 1, 1 + 1 + 1, \dots\}$, wobei $1 \in \mathbb{R}$ das neutrale Element der Multiplikation ist, definieren. Dieser Ansatz soll jedoch im Gegensatz zur obigen naiven Definition axiomatisch verfolgt werden. Im weiteren Verlauf dieses Unterkapitels wird darüber hinaus das Prinzip der vollständigen Induktion eingeführt, das eines der grundlegenden mathematischen Werkzeuge ist. Als einen ersten mathematischen Höhepunkt werden wir dem Satz von Archimedes begegnen und schließlich den Begriff der Abzählbarkeit thematisieren.

Definition 2.7. Eine Teilmenge $M \subset \mathbb{R}$ heißt **induktiv**, wenn gilt:

 (i) Es ist $1 \in M$ und
(ii) für $x \in M$ folgt $x + 1 \in M$.

Beispielsweise sind die reellen Zahlen $\mathbb{R}$ selbst induktiv. Ebenso ist der Durchschnitt beliebig vieler induktiver Teilmengen von $\mathbb{R}$ wieder induktiv.

Definition 2.8. Wir definieren die **natürlichen Zahlen** $\mathbb{N}$ als den Durchschnitt aller induktiven Teilmengen von $\mathbb{R}$.

Notwendigerweise liegt das Element $1 \in \mathbb{R}$ auch in den natürlichen Zahlen und ebenso alle Zahlen der Form $1 + 1 + \dots + 1$. Weil der Schnitt über *alle* induktiven Teilmengen von $\mathbb{R}$ gebildet wird, enthält $\mathbb{N}$ keine weiteren Elemente. Damit entspricht die Definition der natürlichen Zahlen unserem intuitiven Verständnis.

Eines der besonders häufig eingesetzten Hilfsmittel der Mathematik ist die vollständige Induktion. Sie bildet die Grundlage der Beweise zahlreicher Aussagen, die für alle natürlichen Zahlen getroffen werden sollen. Die Rechtfertigung für deren Verwendbarkeit liefert der folgende Satz.

---

[3]Der Begriff des *Körperisomorphismus* kann in jedem Lehrbuch zur Algebra nachgeschlagen werden und ist ähnlich definiert wie derjenige für Vektorräume, wie er in Kap.10 vorgestellt wird.

Satz 2.9 (Induktionsprinzip). *Ist $M \subset \mathbb{N}$ induktiv, so gilt $M = \mathbb{N}$.*

Beweis. Gemäß der Definition von $\mathbb{N}$ als Durchschnitt aller induktiven Mengen, ist $\mathbb{N} \subset M$ und daher gilt zusammen mit der Voraussetzung $M \subset \mathbb{N}$, dass $M = \mathbb{N}$ ist.   □

Hieraus ergibt sich das Beweisverfahren der **vollständigen Induktion**: Es sei $A(n)$ eine Aussage über die natürliche Zahl $n \in \mathbb{N}$. Wir nehmen weiterhin an, dass $A(1)$ wahr ist und, dass aus der Wahrheit von $A(n)$ für $n \in \mathbb{N}$ die Wahrheit von $A(n + 1)$ folgt. Dann gilt $A(n)$ für alle $n \in \mathbb{N}$, denn

$$M := \{n \in \mathbb{N} \mid A(n) \text{ ist wahr}\}$$

ist nach Voraussetzung induktiv und aus Satz 2.9 folgt $M = \mathbb{N}$.

Ein Induktionsbeweis hat also folgendes Schema: Zunächst wird im **Induktionsanfang** die Aussage $A(1)$ gezeigt. Daraufhin wird die **Induktionsannahme** $A(n)$ festgehalten und schließlich im **Induktionsschritt** bewiesen, dass mit der Wahrheit von $A(n)$ diejenige von $A(n + 1)$ einhergeht. Dieses Hilfsmittel wollen wir ein erstes Mal anwenden, um einige Eigenschaften der natürlichen Zahlen zu zeigen.

Satz 2.10 (Über die Eigenschaften von $\mathbb{N}$). *Es gilt:*

(i) Für alle $n \in \mathbb{N}$ ist $n \geq 1$.

(ii) Für alle $n, m \in \mathbb{N}$ ist $n + m \in \mathbb{N}$.

(iii) Für alle $n, m \in \mathbb{N}$ ist $nm \in \mathbb{N}$.

(iv) Es gilt $n \in \mathbb{N} \Rightarrow n = 1$ oder $n - 1 \in \mathbb{N}$.

(v) Für alle $n, m \in \mathbb{N}$ mit $n > m \Rightarrow n - m \in \mathbb{N}$.

(vi) Definiert man für $k \in \mathbb{N}$ die Menge $\mathbb{N}_{\leq k} := \{n \in \mathbb{N} \mid n \leq k\}$, so gilt

$$\mathbb{N}_{\leq 1} = \{1\} \qquad und \qquad \mathbb{N}_{\leq k+1} = \mathbb{N}_{\leq k} \cup \{k + 1\}.$$

(vii) Jede nichtleere Teilmenge von $\mathbb{N}$ besitzt ein kleinstes Element.

Beweis. Zum Beweis des Satzes verwenden wir wiederholt das Prinzip der vollständigen Induktion:

(i) Induktionsanfang: Die Behauptung ist für $n = 1$ klar. Induktionsannahme: Es wird angenommen, dass die Behauptung für $n \in \mathbb{N}$ richtig ist. Induktionsschritt: Es gilt $n+1 \overset{(II.1)}{>} n$ und $n \geq 1$ nach der Induktionsannahme. Wegen der Transitivität der Ordnungsrelation (O3) gilt also $n + 1 \geq 1$.

(ii) Die Induktion wird nach m bei festem $n \in \mathbb{N}$ durchgeführt. Induktionsanfang: Für $m = 1$ ist $n + m = n + 1 \in \mathbb{N}$, weil $\mathbb{N}$ induktiv ist. Induktionsannahme: Die Aussage sei richtig für $m \in \mathbb{N}$, das heißt $m+n \in \mathbb{N}$. Induktionsschritt: Es ist $(m+1)+n \stackrel{(I.2)}{=} (m+n)+1 \in \mathbb{N}$, da nach Induktionsannahme $m + n \in \mathbb{N}$ und $\mathbb{N}$ induktiv ist.

(iii) Die Induktion wird abermals nach m bei festem $n \in \mathbb{N}$ durchgeführt. Induktionsanfang: Für $m = 1$ gilt $n1 = n \in \mathbb{N}$. Induktionsannahme: Die Aussage sei richtig für $m \in \mathbb{N}$, das heißt $mn \in \mathbb{N}$. Induktionsschritt: $n(m + 1) \stackrel{(I.9)}{=} nm + n \in \mathbb{N}$ gemäß Aussage (ii).

(iv) Induktionsanfang: Für $n = 1$ ist nichts zu zeigen. Induktionsannahme: Die Behauptung sei richtig für $n \in \mathbb{N}$. Induktionsschritt: Falls $n = 1$ ist, folgt

$$(n + 1) - 1 \stackrel{(I.1),(I.4)}{=} n = 1 \in \mathbb{N}.$$

Falls $n - 1 \in \mathbb{N}$ gilt, so ist

$$(n + 1) - 1 \stackrel{(I.1),(I.4)}{=} n \in \mathbb{N}.$$

(v) Die Induktion wird nach m durchgeführt. Induktionsanfang: Nach (iv) ist die Aussage richtig für $m = 1$. Induktionsannahme: Die Behauptung sei richtig für $m \in \mathbb{N}$. Induktionsschritt: Es sei ein $n \in \mathbb{N}$ gewählt mit $n > m + 1$, das heißt $n - 1 > m$. Nach der Induktionsannahme ist $n - (m + 1) \stackrel{(I.1),(I.2)}{=} n - 1 - m \in \mathbb{N}$, das heißt, die Behauptung gilt für $m + 1$.

(vi) Es ist klar, dass $1 \in \mathbb{N}_{\leq 1}$ ist. Außerdem wissen wir nach (i), dass $n \geq 1$ für alle $n \in \mathbb{N}$, das heißt, falls $n \in \mathbb{N}_{\leq 1}$ ist, gilt $n \leq 1$ und $n \geq 1$. Daher ist $\mathbb{N}_{\leq 1} = \{1\}$. Sei nun $n \in \mathbb{N}_{\leq k+1} \setminus \mathbb{N}_{\leq k}$, das heißt $k < n \leq k + 1$. Nach (v) ist $n - k \in \mathbb{N}$ und aus (i) folgt $n - k \geq 1$ beziehungsweise $n \geq k + 1$ wegen (II.1). Insgesamt ergibt sich $n = k + 1$ und damit die Behauptung.

(vii) Es sei $\emptyset \neq A \subset \mathbb{N}$ eine nichtleere Teilmenge. Diese ist beispielsweise durch 1 nach unten beschränkt. Weil $A \subset \mathbb{R}$ ist, existiert aufgrund des Vollständigkeitsaxioms (III) ein $b := \inf A \in \mathbb{R}$. Nach der Charakterisierung des Infimums (Aufgabe 2.4) gibt es zu $b+1$ ein $n \in A$ mit $n < b + 1$. Wir zeigen nun, dass n ein kleinstes Element von A ist. Angenommen dies ist nicht der Fall, so existiert ein $m \in A$ mit $m < n$. Wegen (v) ist $n = m + k$ mit $k \in \mathbb{N}$ und $k \geq 1$. Dann gilt

$$m = n - k \stackrel{(II.1)}{<} b + 1 - k \stackrel{(II.1)}{\leq} b + 1 - 1 \stackrel{(I.4)}{=} b,$$

das heißt $m < b$, aber $m \in A$, was ein Widerspruch dazu ist, dass b untere Schranke von A ist, womit die Behauptung bewiesen ist. $\square$

Als Variante der Induktion kann die **abbrechende Induktion**, falls die getroffene Aussage für alle $n > n_0$ falsch ist, angesehen werden. Die Aussage wird in diesem Fall nur für $n \leq n_0$ gezeigt.

Es werden $\mathbb{N}_0 := \mathbb{N} \cup \{0\}$, also die natürlichen Zahlen inklusive der Null, und $\mathbb{Z} := \mathbb{N}_0 \cup (-\mathbb{N})$, die **ganzen Zahlen**, definiert, wobei $-\mathbb{N} := \{-n \mid n \in \mathbb{N}\}$ gesetzt wird. Schließlich sind die **rationalen Zahlen** gegeben durch

$$\mathbb{Q} := \left\{ \frac{p}{q} \mid p, q \in \mathbb{Z},\ q \neq 0 \right\}.$$

Per Definition sind $m \pm n \in \mathbb{Z}$ und $mn \in \mathbb{Z}$ für alle $m, n \in \mathbb{Z}$. Man spricht aufgrund dieser Eigenschaften davon, dass es sich bei $\mathbb{Z}$ um einen **Ring** handelt. Weil $\mathbb{Q}$ sogar alle algebraischen Axiome aus Abschn. 2.1 erfüllt, ist $\mathbb{Q}$ ein Körper. Von nun an werden wir die Axiome der reellen Zahlen verwenden, ohne weiter explizit auf sie zu referenzieren.

Satz 2.11 (Satz von Archimedes). *Zu jedem $a \in \mathbb{R}$ mit $a \geq 0$ gibt es ein $n \in \mathbb{N}$ mit $n - 1 \leq a < n$.*[4]

Beweis. Falls $a < 1$ ist, setze man $n := 1$. Wir nehmen daher an, dass $a \geq 1$ gilt, und definieren $A := \{k \in \mathbb{N} \mid k \leq a\}$. Die Menge A ist nicht leer mit $1 \in A$. Außerdem ist A nach oben beschränkt. Wegen des Vollständigkeitsaxioms existiert $S := \sup A \in \mathbb{R}$. Nach der Charakterisierung von sup gibt es zu $S-1$ ein $k_0 \in A$ mit $S-1 < k_0$ und daher $k_0+1 > S$. Ferner ist $k_0 + 1 \notin A$, weil S eine obere Schranke von A ist. Also folgt $k_0 + 1 > a$. Wird $n := k_0 + 1$ gesetzt, ist $n - 1 \leq a < n$ wegen $k_0 \in A$. $\square$

Nachfolgend formulieren wir zwei Folgerungen aus Satz 2.11, von denen die zweite besonders wichtig für die Analysis ist.

Folgerung 2.12.

(i) Zu jedem $a \in \mathbb{R}$ existiert ein $n \in \mathbb{Z}$ mit $n - 1 < a < n$.
(ii) Zu jedem $\varepsilon \in \mathbb{R}$ mit $\varepsilon > 0$ existiert ein $n \in \mathbb{N}$ mit $\frac{1}{n} < \varepsilon$.

Beweis. (i) Falls $a < 0$ ist, dann ist $-a > 0$ und es existiert ein $n \in \mathbb{N}$ mit $n - 1 \leq -a < n$. Daraus folgt $-n < a \leq -(n - 1)$ und $-n$ sowie $-(n - 1)$ liegen in $\mathbb{Z}$.

(ii) Wenn $\varepsilon > 0$ ist, dann ist auch $\varepsilon^{-1} > 0$. Somit existiert ein $n \in \mathbb{N}$ mit $\varepsilon^{-1} < n$. Durch Umstellen folgt die gewünschte Ungleichung $\frac{1}{n} < \varepsilon$. $\square$

Auch der folgenden Aussage werden wir an verschiedenen Stellen wieder begegnen.

Satz 2.13. *Zu je zwei Zahlen $x, y \in \mathbb{R}$ mit $x < y$ existiert ein $r \in \mathbb{Q}$ mit $x < r < y$.*

---

[4]Benannt nach dem griechischen Mathematiker Archimedes (287–212 v. Chr.).

Beweis. 1. Schritt: Es sei zunächst $y > 0$. Es ist $z := y - x > 0$ nach Voraussetzung. In Anbetracht von Folgerung 2.12 und des Satzes von Archimedes 2.11 existieren ein $m \in \mathbb{N}$ mit $m > z^{-1}$ und ein $n \in \mathbb{N}$ mit $n - 1 < my \leq n$. Man beachte, dass $my > 0$ ist. Es folgt

$$mx = m(y - z) = my - mz < n - 1 < my. \tag{2.2}$$

Werden beide Seiten von (2.2) mit m^{-1} multipliziert, dann gilt

$$x < \underbrace{\frac{n-1}{m}}_{=: r \in \mathbb{Q}} < y.$$

2. Schritt: Sei nun $y \leq 0$. Es ist $x < y \leq 0$, also $0 \leq -y < -x$ mit $-x > 0$. Nach (i) existiert ein $r \in \mathbb{R}$ mit $-y < r < -x$ und daher $x < -r < y$. $\qquad\square$

Wegen des Satzes 2.13 kann jedes Element in $\mathbb{R}$ beliebig gut durch rationale Zahlen approximiert werden. Man sagt deshalb auch, dass $\mathbb{Q}$ **dicht** in $\mathbb{R}$ liegt.

Wir kommen jetzt zu weiteren Anwendungen des Induktionsprinzips. Die erste ist die **Definition durch vollständige Induktion** oder **rekursive Definition**. Eine von $k \in \mathbb{N}$ abhängige Formel, Funktion, et cetera $F(k)$ kann für alle $k \in \mathbb{N}$ festgelegt werden, indem

(i) $F(1)$ und
(ii) $F(k + 1)$ durch gewisse $F(n)$ mit $n \leq k$

definiert werden. Nach dem Induktionsprinzip ist $F(k)$ dadurch für alle $k \in \mathbb{N}$ festgelegt.

Summen und Produkte Es sei $a : \mathbb{N} \to \mathbb{R}$ eine Abbildung, die auf $\mathbb{N}$ definiert ist. Statt $a(k)$ schreibt man in dem Fall a_k. Also nimmt a die Werte $(a_1, a_2, \ldots)$ an. Die Summen und Produkte

$$\sum_{k=1}^{n} a_k \quad \text{und} \quad \prod_{k=1}^{n} a_k$$

werden induktiv durch folgende Vorschrift definiert:

$$\sum_{k=1}^{1} a_k := a_1, \quad \prod_{k=1}^{1} a_k := a_1$$

$$\sum_{k=1}^{n+1} a_k := \left(\sum_{k=1}^{n} a_k \right) + a_{n+1}, \quad \prod_{k=1}^{n+1} a_k := \left(\prod_{k=1}^{n} a_k \right) a_{n+1}.$$

Alternativ sieht man häufig die Schreibweise

$$\sum_{k=1}^{n} a_k = a_1 + \ldots + a_n \quad \text{und} \quad \prod_{k=1}^{n} a_k = a_1 \cdot \ldots \cdot a_n,$$

die allerdings eher suggestiv und nicht als formale Definition zu verstehen ist. Wir kommen jetzt zu zwei Spezialfällen. Falls $a_k = c$ für alle $k \in \mathbb{N}$ ist, so setzt man $\prod_{k=1}^{n} c =: c^n$ und $c^0 := 1$ (Sprechweise: c **hoch** n oder auch c zur n-ten Potenz oder im Fall $n = 2$ auch c (zum) Quadrat). Dabei wird c^n als **Potenz**, n als **Exponent** und c als **Basis** (der Potenz) bezeichnet. Für $c \neq 0$ wird ferner $c^{-n} := (c^{-1})^n$ gesetzt. Ist $a_k = k$ für alle $k \in \mathbb{N}$, dann definiert man $\prod_{k=1}^{n} k = : n!$ sowie $0! := 1$ und nennt diesen Ausdruck n **Fakultät**.

Beispiel 2.14 (Endliche geometrische Reihe). Wir beweisen die wichtige Formel

$$(1-q) \sum_{k=1}^{n} q^k = q - q^{n+1}$$

per Induktion. Induktionsanfang: Für $n = 1$ gilt

$$(1-q)q = q - q^2 = q - q^{1+1}.$$

Induktionsannahme: Die Formel sei für $n \in \mathbb{N}$ bewiesen. Als Induktionsschritt ergibt sich

$$
\begin{aligned}
(1-q) \sum_{k=1}^{n+1} q^k &= (1-q) \left(\sum_{k=1}^{n} q^k + q^{n+1} \right) \\
&= (1-q) \sum_{k=1}^{n} q^k + (1-q)q^{n+1} \\
&= q - q^{n+1} + q^{n+1} - q^{n+2} \\
&= q - q^{(n+1)+1}.
\end{aligned}
$$

Dass c^n für $c > 1$ schnell wächst, zeigt die Bernoullische Ungleichung.[5] Sie gibt eine einfache, aber sehr nützliche Möglichkeit den Ausdruck c^n abzuschätzen.

Proposition 2.15 (Bernoullische Ungleichung). *Für $n \in \mathbb{N}$ und $a \in \mathbb{R}$ mit $a \geq -1$ gilt*

$$(1 + a)^n \geq 1 + na.$$

---

[5]Benannt nach dem schweizerischen Mathematiker Jakob Bernoulli (1654–1705).

Beweis. Die Behauptung wird mit vollständiger Induktion bewiesen[6]: Für $n = 1$ ist die Aussage klar. Wir nehmen nun an, dass die Aussage für $n \in \mathbb{N}$ richtig sei. Dann gilt

$$(1 + a)^{n+1} = \underbrace{(1 + a)^n}_{\geq 1+na} \underbrace{(1 + a)}_{\geq 0} \geq (1 + na)(1 + a) = 1 + na + a + na^2 \geq 1 + (n + 1)a. \qquad \square$$

Folgerung 2.16. Für alle $n \in \mathbb{N}$ ist die Ungleichung $2^n \geq 1 + n$ erfüllt.

Bereits aus der Schule bekannt sind die sogenannten binomischen Formeln. Allerdings werden sie dort nur selten in der Allgemeinheit bewiesen wie dies hier geschieht. Als Grundlage des Beweises muss noch die folgende Definition gegeben werden.

Definition 2.17. Für $\alpha \in \mathbb{R}$ und $k \in \mathbb{N}_0$ definiert man die **Binomialkoeffizienten**

$$\binom{\alpha}{0} := 1, \quad \text{und} \quad \binom{\alpha}{k} := \frac{\alpha(\alpha - 1) \cdot \ldots \cdot (\alpha - k + 1)}{k!}.$$

Falls $n \in \mathbb{N}_0$ ist, gilt

$$\binom{n}{k} = \frac{n!}{k!(n - k)!}, \qquad \binom{n}{0} = \binom{n}{n} = 1.$$

Die Binomialkoeffizienten genügen einer bemerkenswert einfachen Additionsformel.

Proposition 2.18 (Additionstheorem). *Für alle $k \in \mathbb{N}_0$ und $\alpha \in \mathbb{R}$ ist die Formel*

$$\binom{\alpha}{k} + \binom{\alpha}{k + 1} = \binom{\alpha + 1}{k + 1}$$

gültig.

Beweis. Es gilt nach Definition

$$\begin{aligned}
\binom{\alpha}{k} + \binom{\alpha}{k + 1} &= \frac{\alpha(\alpha - 1) \cdot \ldots \cdot (\alpha - k + 1)}{k!} \cdot \frac{k + 1}{k + 1} + \frac{\alpha(\alpha - 1) \cdot \ldots \cdot (\alpha - k)}{(k + 1)!} \\
&= \frac{\alpha(\alpha - 1) \cdot \ldots \cdot (\alpha - k + 1)}{(k + 1)!} \cdot (k + 1 + \alpha - k) \\
&= \frac{(\alpha + 1)\alpha(\alpha - 1) \cdot \ldots \cdot (\alpha + 1 - k)}{(k + 1)!} \\
&= \binom{\alpha + 1}{k + 1}. \qquad \square
\end{aligned}$$

---

[6]Das Beweisprinzip der vollständigen Induktion wird meist nicht in voller Ausführlichkeit aufgeschrieben, wie wir es bisher getan haben. Mit diesem Beweis soll der Leser hieran gewöhnt werden. Wir empfehlen dem Anfänger allerdings zur Übung zunächst für einige Zeit stets das strenge Schema, wie wir es etwa im Beweis von Satz 2.10 gesehen haben, zu verwenden.

Mit dem Additionstheorem kann, wie bereits angekündigt, die allgemeine binomische Formel gezeigt werden.

Proposition 2.19 (Binomische Formel). *Für alle $a, b \in \mathbb{R}$ und $n \in \mathbb{N}$ gilt*

$$(a + b)^n = \sum_{k=0}^{n} \binom{n}{k} a^{n-k} b^k. \tag{2.3}$$

Beweis. Es seien $a, b \in \mathbb{R}$ beliebig, aber fest gewählt. Die Behauptung kann jetzt mithilfe von vollständiger Induktion bewiesen werden. Der Fall $n = 1$ ist klar, denn es ist $\binom{1}{0} = \binom{1}{1} = 1$. Angenommen, die Aussage gilt für ein $n \in \mathbb{N}$. Dann folgt

$$
\begin{aligned}
(a + b)^{n+1} &= (a + b)^n (a + b) \\
&= (a + b)^n a + (a + b)^n b \\
&= \sum_{k=0}^{n} \binom{n}{k} a^{n-k+1} b^k + \sum_{i=0}^{n} \binom{n}{i} a^{n-i} b^{i+1}.
\end{aligned}
$$

Jetzt wird ein sogenannter Variablenshift $i \mapsto l - 1$ durchgeführt, womit sich

$$
\begin{aligned}
(a + b)^{n+1} &= \binom{n}{0} a^{n+1} + \sum_{k=1}^{n} \binom{n}{k} a^{n-k+1} b^k + \sum_{i=0}^{n-1} \binom{n}{i} a^{n-i} b^{i+1} + \binom{n}{n} b^{n+1} \\
&\overset{i \mapsto l-1}{=} a^{n+1} + \sum_{k=1}^{n} \binom{n}{k} a^{n-k+1} b^k + \sum_{l=1}^{n} \binom{n}{l-1} a^{n-(l-1)} b^l + b^{n+1}
\end{aligned}
$$

ergibt. Mit Proposition 2.18 resultiert daraus die Behauptung:

$$
\begin{aligned}
(a + b)^{n+1} &= \binom{n+1}{0} a^{n+1} + \sum_{l-1}^{n} \left(\binom{n}{l} + \binom{n}{l-1} \right) a^{n+1-l} b^l + \binom{n+1}{n+1} b^{n+1} \\
&\overset{\text{Proposition 2.18}}{=} \sum_{l=0}^{n+1} \binom{n+1}{l} a^{n+1-l} b^l.
\end{aligned}
$$
□

Für $a = b = 1$ geht die binomische Formel (2.3) in die Identität

$$2^n = \sum_{k=0}^{n} \binom{n}{k} \tag{2.4}$$

über. Im Sinne der Kombinatorik kann der Binomialkoeffizient $\binom{n}{k}$ als die Anzahl der k-elementigen Teilmengen einer Menge M mit n Elementen interpretiert werden (vergleiche Übungsaufgabe 2.7). Die rechte Seite von (2.4) ist in dieser Sichtweise also die Anzahl aller Teilmengen von M. Sie bildet dadurch eine der Grundlagen der (elementaren) Stochastik.

Abzählbare Mengen Dass Mengen unterschiedlich groß sein können, ist offenkundig. Bei der Messung der Größe einer Menge spielt der Begriff der Abzählbarkeit eine zentrale Rolle. Wir werden später sehen, dass nicht jede Menge abzählbar ist, was impliziert, dass es unterschiedlich große Mengen mit unendlich vielen Elementen gibt. Was zunächst wie ein Paradoxon klingt, wird der Leser auf den nächsten Seiten als logisch korrekt erkennen.

Definition 2.20. Zwei nichtleere Mengen M, N heißen **gleichmächtig**, in Symbolen $M \sim N$, wenn es eine bijektive Abbildung $f : M \to N$ gibt.

Die Eigenschaft gleichmächtig zu sein, ist eine Äquivalenzrelation (siehe Kap. 1), weil die folgenden Bedingungen erfüllt sind:

 (i) Reflexivität: $M \sim M$.
 (ii) Symmetrie: $M \sim N \Rightarrow N \sim M$.
 (iii) Transitivität: $M \sim N$ und $N \sim L \Rightarrow M \sim L$.

Dass im konkreten Beispiel der Mächtigkeit die Aussagen (i) und (ii) einer Äquivalenzrelation gelten, ist unmittelbar ersichtlich, zum Nachweis der Aussage (iii) wird die Verknüpfung der beiden Abbildungen zwischen M und N beziehungsweise N und L verwendet.

Definition 2.21. Eine nichtleere Menge heißt **abzählbar**, wenn sie gleichmächtig zu einer Teilmenge von $\mathbb{N}$ ist. Eine nicht abzählbare Menge wird auch als **überabzählbar** bezeichnet.

Proposition 2.22. *Es sei $\emptyset \neq M \subset \mathbb{N}$. Dann ist M gleichmächtig zu genau einer der Mengen $\mathbb{N}_{\leq k}$ oder zu $\mathbb{N}$.*

Die Besonderheit der Aussage liegt darin, dass jede nichtleere Teil(!)-menge von $\mathbb{N}$, sofern sie nicht endlich ist, gleich viele Elemente wie $\mathbb{N}$ hat. Für $k \neq l$ sind die Mengen $\mathbb{N}_{\leq k}$ und $\mathbb{N}_{\leq l}$ nicht gleichmächtig (Übungsaufgabe 2.9). Ebenso sind $\mathbb{N}_{\leq k}$ und $\mathbb{N}$ nicht gleichmächtig, denn ist $f : \mathbb{N}_{\leq k} \to \mathbb{N}$ eine Abbildung, so besitzt $f(\mathbb{N}_{\leq k})$ ein größtes Element und daher ist $f(\mathbb{N}_{\leq k}) \neq \mathbb{N}$.

Beweis. Es sei $\emptyset \neq M \subset \mathbb{N}$. Wir definieren induktiv eine Abbildung $f : \mathbb{N} \to M \cup \{0\}$

$$f(1) := \min M \quad \text{und}$$

$$f(k + 1) := \begin{cases} \min(M \setminus f(\mathbb{N}_{\leq k})) & \text{falls } M \setminus f(\mathbb{N}_{\leq k}) \neq \emptyset \\ 0 & \text{sonst.} \end{cases}$$

Der erste Fall, der auftreten kann, ist, dass $M \setminus f(\mathbb{N}_{\leq k}) \neq \emptyset$ für alle $k \in \mathbb{N}$ gilt. Dann ist $f(\mathbb{N}_{\leq k}) = \{n \in M \mid n \leq f(k)\}$ und $f(k + 1) > f(k)$ für alle k. Daher ist f insbesondere injektiv und die Ungleichung $f(k) \geq k$ erfüllt. Die Abbildung f ist auch surjektiv, weil für alle k die Inklusionskette

$$f(\mathbb{N}) \supset f(\mathbb{N}_{\leq k}) = \{n \in M \mid n \leq f(k)\} \supset \{n \in M \mid n \leq k\} = M \cap \mathbb{N}_{\leq k}$$

zutrifft. Darum ist $f(\mathbb{N}) = M$, da $\mathbb{N} = \bigcup_{k \in \mathbb{N}} \mathbb{N}_{\leq k}$ und $M \subset \mathbb{N}$ gelten.

Der zweite Fall, der auftreten kann, ist, dass ein k existiert mit $M \setminus f(\mathbb{N}_{\leq k}) = \emptyset$. Dann wählen wir k_0 minimal mit dieser Eigenschaft (Satz 2.10 (vii)). Also ist $f(k) \in M$ für alle $k \leq k_0$ und $M \setminus f(\mathbb{N}_{\leq k_0}) = \emptyset$ und deswegen $f(\mathbb{N}_{\leq k_0}) = M$. Damit ist f surjektiv. Außerdem ist $f|_{\mathbb{N}_{\leq k_0}}$, das heißt f eingeschränkt auf $\mathbb{N}_{\leq k_0}$, nach Definition injektiv. Damit wurde eine bijektive Abbildung $f : \mathbb{N}_{\leq k_0} \to M$ gefunden.   □

Definition 2.23. Falls eine abzählbare Menge M gleichmächtig zu einem $\mathbb{N}_{\leq k}$ ist, heißt M **endlich** und k die **Anzahl der Elemente von** M. Falls M gleichmächtig zu $\mathbb{N}$ ist, dann heißt M **abzählbar unendlich**.

Um die endliche oder unendliche Abzählbarkeit einer Menge M nachzuweisen, ist es ausreichend, eine surjektive Abbildung $f : \mathbb{N} \to M$ zu konstruieren.

Lemma 2.24. *Eine nichtleere Menge M ist genau dann abzählbar, wenn es eine surjektive Abbildung $f : \mathbb{N} \to M$ gibt.*

Beweis. Es handelt sich um eine „genau dann, wenn"-Aussage. Es müssen infolgedessen beide Implikationsrichtungen gezeigt werden. Es sei M abzählbar. Falls M unendlich ist, ist nichts zu zeigen. Falls M endlich ist, existiert ein $k \in \mathbb{N}$ und eine bijektive Abbildung $f : \mathbb{N}_{\leq k} \to M$. Setze nun $f(n) := f(k)$ für alle $n > k$. Somit ist $f : \mathbb{N} \to M$ surjektiv.

Es sei andererseits eine surjektive Abbildung $f : \mathbb{N} \to M$ gegeben. Es ist zu zeigen, dass M gleichmächtig zu einer Teilmenge von $\mathbb{N}$ ist. Man definiere dazu $g : M \to \mathbb{N}$ durch $g(x) := \min f^{-1}(\{x\}) \in \mathbb{N}$ (Satz 2.10). Die Abbildung g ist wohldefiniert, das heißt hier $f^{-1}(\{x\}) \neq \emptyset$, weil f surjektiv ist, und, dass $\min f^{-1}(\{x\})$ ein eindeutig bestimmtes Element ist. Die Abbildung g ist injektiv, weil $f^{-1}(\{x\}) \cap f^{-1}(\{y\}) = \emptyset$ für $x \neq y$ ist. Folglich ist $g : M \to g(M) \subset \mathbb{N}$ bijektiv und M gleichmächtig zu einer Teilmenge von $\mathbb{N}$.   □

Satz 2.25. *Es seien M_j nichtleere, abzählbare Mengen für $j \in \mathbb{N}$. Dann ist auch $\bigcup_{j \in \mathbb{N}} M_j$ abzählbar.*

Beweis. Wir führen den Beweis in zwei Schritten, bei denen zwei Fälle unterschieden werden.

1. Schritt: Zunächst seien alle M_j endlich, das heißt, es mögen bijektive Abbildungen $f_j : \mathbb{N}_{\leq n(j)} \to M_j$ existieren, wobei die $n(j) \in \mathbb{N}$ von j abhängen können. Nun sei $N(k) :=$

$\sum_{j=1}^{k} n(j)$ die Anzahl der Elemente von $M_1 \cup \ldots \cup M_k$. Eine surjektive Abbildung $f : \mathbb{N} \to \bigcup_{j\in\mathbb{N}}M_j$ ist dann durch $f(l) := f_k(l - N(k - 1))$ für $N(k - 1) < l \leq N(k)$ gegeben.

2. Schritt: Im allgemeinen Fall gibt es surjektive Abbildungen $f_j : \mathbb{N} \to M_j$ für alle $j \in \mathbb{N}$. Man definiert die Mengen

$$A_n := \left\{ f_j(l) \mid j + l = n + 1 \right\}.$$

Alle Mengen A_n sind endlich, weil es nur endlich viele Kombinationen zweier natürlicher Zahlen j, l mit $j + l = n + 1$ gibt. Ferner ist $\bigcup_{n\in\mathbb{N}}A_n = \bigcup_{j\in\mathbb{N}}M_j$, da wegen der Surjektivität der Funktionen f_j für jedes Element $x \in \bigcup_{j\in\mathbb{N}}M_j$ zwei Elemente $j, l \in \mathbb{N}$ existieren, sodass $f_j(l) = x$ erfüllt ist. Die Behauptung folgt sodann aus dem ersten Schritt. $\qquad\square$

Hieraus ergeben sich zwei interessante Folgerungen.

Folgerung 2.26. Sind A, B abzählbar, so ist dies auch $A \times B$, denn mit $A = \{a_1, a_2, \ldots\}$ gilt

$$A \times B = \bigcup_k \{a_k\} \times B$$

und alle Mengen $\{a_k\} \times B$ sind abzählbar.

Folgerung 2.27. Die Mengen $\mathbb{Z}$, $\mathbb{N} \times \mathbb{N}$ und $\mathbb{Q}$ sind abzählbar.

Beweis. Die Menge $\mathbb{Z} = \mathbb{N} \cup \{0\} \cup (-\mathbb{N})$ ist eine endliche Vereinigung von abzählbaren Mengen. Dass $\mathbb{N} \times \mathbb{N}$ abzählbar ist, wurde gerade in Folgerung 2.26 bewiesen. Eine surjektive Abbildung von $\mathbb{Z} \times \mathbb{N} \to \mathbb{Q}$ wird zum Beispiel durch $(p, q) \mapsto \frac{p}{q}$, falls $q \neq 0$, und $(p, q) \mapsto 0$ sonst definiert. $\qquad\square$

Bei **Hilberts Hotel** handelt es sich um ein bekanntes, vom großen Mathematiker David Hilbert (1862–1943) gefundenes Beispiel zur Veranschaulichung verblüffender Konsequenzen aus der Nutzung des Begriffs der Unendlichkeit: Hat ein Hotel endlich viele Zimmer, so ist klar, dass es keine Gäste mehr aufnehmen kann, wenn alle Zimmer belegt sind. Hat es jedoch unendlich viele Zimmer, die von 1 an (bis unendlich) durchnummeriert sind, so geschieht etwas Bemerkenswertes: Sind alle Zimmer belegt und erscheint ein weiterer Gast, kann dieser doch noch ein eigenes Zimmer bekommen, und zwar indem der Gast aus Zimmer 1 in Zimmer 2 umzieht, der Gast aus Zimmer 2 in Zimmer 3 umzieht, und so weiter. Danach ist Zimmer 1 frei und der neue Gast kann hier einziehen. Alle anderen Gäste haben weiterhin ihr eigenes Zimmer. Es ist sogar möglich, dass noch abzählbar unendlich viele Gäste im Hotel untergebracht werden, obwohl aktuell alle Zimmer belegt sind. Den Beweis hierfür lassen wir als Übungsaufgabe 2.10 offen.

2.3 Wurzeln

Die Gleichung $x^2 = 2$ hat keine Lösung in $\mathbb{Q}$, wie folgendes Argument zeigt: Angenommen, es sei $x = \frac{p}{q}$ mit $p, q \in \mathbb{Z}$, $q \neq 0$ und $x^2 = 2$ oder mit anderen Worten $p^2 = 2q^2$. Ohne Einschränkung sind p und q teilerfremd, das heißt der Bruch kann nicht weiter gekürzt werden. Weil 2 die Zahl $2q^2$ teilt, teilt sie auch die linkte Seite $p^2 = pp$ und damit folgt, dass 2 schon p teilt. Daher ist $p = 2k$ mit $k \in \mathbb{N}$. Darum gilt $p^2 = 4k^2 = 2q^2$ oder gleichbedeutend $2k^2 = q^2$. Infolgedessen würde aber 2 auch q teilen im Widerspruch zur Teilerfremdheit von p und q. Dennoch besitzt die Gleichung $x^2 = 2$ eine Lösung in $\mathbb{R}$.

Satz 2.28. *Zu $c \in \mathbb{R}$ mit $c \geq 0$ und $n \in \mathbb{N}$ existiert genau eine Zahl $x \in \mathbb{R}$ mit $x \geq 0$ und $x^n = c$.*

Wir schreiben in der Situation des Satzes $x =: \sqrt[n]{c} =: c^{\frac{1}{n}}$ und nennen die Zahl x die **n-te Wurzel** aus c. Im Fall $n = 2$ spricht man von **(Quadrat-)Wurzeln** und schreibt $\sqrt{c}$ anstelle von $\sqrt[2]{c}$. Zum Beweis von Satz 2.28 benötigen wir die folgende Hilfsaussage.

Lemma 2.29. *Für $x, y \in \mathbb{R}$ mit $x \geq 0$ und $y \geq 0$ gilt $y^n \geq x^n + nx^{n-1}(y - x)$.*

Der Grund, der sich hinter der Behauptung von Lemma 2.29 verbirgt, ist die *Konvexität* des Graphen von $f : x \mapsto x^n$. Diese Eigenschaft besagt, dass f größer ist als die Tangente an f im Punkt $(x, f(x))$. Die Situation wird in Abb. 2.1 illustriert, nun aber auch formal bewiesen.

Beweis. Für $x = 0$ ist die Aussage trivial. Sei also $x > 0$. Nach der Bernoullischen Ungleichung 2.15 ist $(1 + a)^n \geq 1 + na$ für $a \geq -1$. Man wendet die Ungleichung auf $a := \frac{y-x}{x} = \frac{y}{x} - 1 \geq -1$ an,

$$\left(1 + \frac{y-x}{x}\right)^n \geq 1 + n\frac{y-x}{x} \tag{2.5}$$

Abb. 2.1 Konvexität des Graphen $x \mapsto x^n$

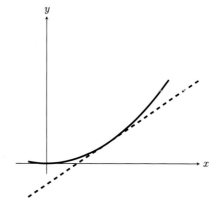

und multipliziert beide Seiten von (2.5) mit x^n. Dann folgt

$$(x + y - x)^n \geq x^n + nx^{n-1}(y - x)$$

und damit ist die Aussage des Satzes bewiesen. $\square$

Es folgt der erste etwas längere Beweis in diesem Buch.

Beweis von Satz 2.28. Als Erstes soll die Eindeutigkeit von x gezeigt werden: Falls $c = 0$ zutrifft, ist auch $x = 0$, da $x^n \neq 0$ ist für $x \neq 0$. Seien darum $c > 0$ und $x, y \in \mathbb{R}$ mit $x \geq 0, y \geq 0$ und $x^n = y^n = c$ gegeben. Ohne Einschränkung gilt $x \leq y$. Mit Lemma 2.29 erhält man

$$0 = y^n - x^n \overset{\text{Lemma 2.29}}{\geq} \underbrace{nx^{n-1}}_{>0}\underbrace{(y - x)}_{\geq 0} \geq 0.$$

Da das Produkt positiver Zahlen wieder positiv ist, muss $y - x = 0$, das heißt $x = y$, sein.

Nun soll die Existenz der Wurzel bewiesen werden: Ist $c = 0$, so ist diese trivial. Es sei jetzt $c > 0$. Nehmen wir kurzzeitig an, dass die Existenzfrage für $c \geq 1$ gelöst sei. Ist $0 < c < 1$, so gilt $c^{-1} > 1$ und es existiert nach Annahme ein $x > 0$ mit $x^n = c^{-1}$. Deswegen ist

$$(x^{-1})^n = (x^n)^{-1} = c,$$

das heißt, x^{-1} ist die gesuchte Lösung der Gleichung für $c < 1$. Wir können damit ohne Einschränkung annehmen, dass $c \geq 1$ ist, und definieren

$$A := \{x \in \mathbb{R} \mid x > 0 \text{ und } x^n \leq c\}.$$

Weil $1 \in A$ ist, ist $A \neq \emptyset$. Weiterhin ist A nach oben beschränkt, zum Beispiel durch c, denn $x > c$ impliziert $x^n > c^n \geq c$ aufgrund von $c \geq 1$. Laut dem Vollständigkeitsaxiom existiert daher $S := \sup A$ mit $S \geq 1$, da $1 \in A$ ist. Es bleibt die Identität $S^n = c$ zu beweisen.

1. Schritt: Wir nehmen als Erstes an, dass $S^n < c$ ist, und führen diese Aussage zum Widerspruch. Dazu wählt man

$$h := \min\left\{1, \frac{c - S^n}{n(S + 1)^{n-1}}\right\} > 0.$$

Es ist $h > 0$, weil $S^n < c$ gilt. In Anbetracht von Lemma 2.29 ergibt sich

$$S^n - (S + h)^n \geq n(S + h)^{n-1}(-h). \tag{2.6}$$

Außerdem gilt wegen $h \leq 1$ die Ungleichung

$$n(S + h)^{n-1}h \leq n(S + 1)^{n-1}h \leq n(S + 1)^{n-1}\frac{c - S^n}{n(S + 1)^{n-1}} = c - S^n. \tag{2.7}$$

Setzt man die beiden Ungleichungen (2.6) und (2.7) zusammen, führt dies zu

$$(S + h)^n \overset{(2.6)}{\leq} S^n + n(S + h)^{n-1}h \overset{(2.7)}{\leq} S^n + c - S^n = c.$$

Dies bedeutet $S + h \in A$ im Widerspruch zur Wahl von S.

2. Schritt: Wir nehmen andererseits an, dass $S^n > c$ gilt. Daraus leiten wir ganz ähnlich wie im ersten Schritt einen Widerspruch her, indem wir ein $0 < h \leq 1$ finden, sodass $S - h$ eine obere Schranke von A ist. Dazu definieren wir

$$h := \min\left\{1, \frac{S^n - c}{nS^{n-1}}\right\} > 0.$$

Aus Lemma 2.29 mit $y = S - h$ und $x = S$ folgt

$$(S - h)^n \geq S^n + nS^{n-1}(-h) \geq S^n - (S^n - c) = c.$$

Es ist also $(S - h)^n \geq c$ oder mit anderen Worten ist $S - h$ eine obere Schranke von A, womit abermals ein Widerspruch hergeleitet ist.

Nach beiden Schritten kommt als letzte verbliebene Möglichkeit einzig die Gleichheit $S^n = c$ infrage. □

Potenzen mit rationalen Exponenten Für $r = \frac{p}{q}$ mit $p, q \in \mathbb{N}$ und $x \geq 0$ setzt man

$$x^r := \left(x^{\frac{1}{q}}\right)^p = (x^p)^{\frac{1}{q}}.$$

Ist $x > 0$ und $r \in \mathbb{Q}$ mit $r < 0$, dann wird

$$x^r := \left(x^{-1}\right)^{-r}$$

definiert. Damit sind für alle rationalen Zahlen Potenzen festgelegt und es gelten die Rechenregeln:

$$x^r \cdot x^s = x^{r+s}, \qquad (xy)^r = x^r \cdot y^r \qquad \text{und} \qquad (x^r)^s = x^{rs}.$$

Absolutbetrag Wir wollen jetzt einen Abstandsbegriff für Zahlen einführen. Dies gelingt für die reellen Zahlen $\mathbb{R}$ am einfachsten mithife des Absolutbetrags.

Definition 2.30. Für $a \in \mathbb{R}$ definieren wir den **(Absolut-)Betrag** $|\cdot|$ durch

$$|a| := \begin{cases} a & \text{falls } a \geq 0 \\ -a & \text{falls } a < 0. \end{cases}$$

Einige grundlegende Eigenschaften des Betrags können unmittelbar abgeleitet werden.

Satz 2.31 (Eigenschaften des Betrags). *Für $a, b \in \mathbb{R}$ gelten*

(i) $|a| = \sqrt{a^2}$.
(ii) $|a| \leq b \Leftrightarrow -b \leq a \leq b$.
(iii) $|ab| = |a||b|$.
(iv) $|a + b| \leq |a| + |b|$ *(Dreiecksungleichung)*.
(v) $||a| - |b|| \leq |a - b|$ *(Umgekehrte Dreiecksungleichung)*.

Beweis. (i) Es gilt $|a| \geq 0$ und $|a|^2 = a^2$. Daraus folgt die Behauptung.

(ii) Die Aussage ist klar, falls $a \geq 0$ gilt. Ist hingegen $a < 0$, dann ist $|a| \leq b$ gleichbedeutend mit $-a \leq b$ beziehungsweise $-b \leq a$ und es ist $a \leq b$ wegen $b \geq 0$.

(iii) Laut (i) gilt $|ab| = \sqrt{a^2 b^2} = \sqrt{a^2}\sqrt{b^2} = |a||b|$.

(iv) Aus (ii) mit $b = |a|$ folgt $-|a| \leq a \leq |a|$ und daher

$$-(|a| + |b|) = -|a| - |b| \leq a + b \leq |a| + |b|.$$

Wird abermals (ii) angewendet, ergibt sich

$$|a + b| \leq |a| + |b|.$$

(v) Es gilt $|a| = |(a-b)+b| \overset{(iv)}{\leq} |a-b| + |b|$ und daher $|a| - |b| \leq |a - b|$. Genauso lässt sich $|b| - |a| \leq |b - a| = |a - b|$ verifizieren. Die letzten beiden Ungleichungen implizieren die Behauptung mithilfe von (ii). $\square$

Diese Vorarbeit versetzt, uns in die Lage, den bereits erwähnten Abstandsbegriff, in der Mathematik meist Metrik genannt, in seiner allgemeinen Form einzuführen.

Definition 2.32. Eine Funktion $d : \mathbb{R} \times \mathbb{R} \to \mathbb{R}$ heißt **Metrik**, falls sie die folgenden Bedingungen erfüllt:

(i) **Definitheit**: $d(x, y) \geq 0$ und $d(x, y) = 0 \Leftrightarrow x = y$ für alle $x, y \in \mathbb{R}$.
(ii) **Symmetrie**: $d(x, y) = d(y, x)$ für alle $x, y \in \mathbb{R}$.
(iii) **Dreiecksungleichung**: $d(x, y) \leq d(x, z) + d(z, y)$ für alle $x, y, z \in \mathbb{R}$.

Das einfachste Beispiel einer Metrik ist folglich durch den Betrag beziehungsweise genauer durch die Abstandsfunktion $d(x, y) := |x - y|$ gegeben. Die Eigenschaften (i) und (ii) sind sofort ersichtlich. Die Dreiecksungleichung der Metrik folgt aus der Dreiecksungleichung 2.31 (iv) für den Betrag, wenn diese auf $x - y = (x - z) + (z - y)$ angewendet wird.

Für $x \in \mathbb{R}$ und $\varepsilon > 0$ nennen wir die Menge $B_\varepsilon(x) := \{y \in \mathbb{R} \mid d(y, x) < \varepsilon\}$ eine ε-**Umgebung von** x. Wir führen weiterhin für $a, b \in \mathbb{R}$ mit $a < b$ eine allgemein gebräuchliche Schreibweise für Intervalle ein, nämlich

$$[a, b] := \{x \in \mathbb{R} \mid a \leq x \leq b\} \qquad \textbf{(abgeschlossenes Intervall)},$$
$$(a, b) := \{x \in \mathbb{R} \mid a < x < b\} \qquad \textbf{(offenes Intervall)},$$
$$(a, b] := \{x \in \mathbb{R} \mid a < x \leq b\} \qquad \textbf{(halboffenes Intervall)}.$$

Damit kann eine ε-Umgebung von x alternativ durch $B_\varepsilon(x) = (x - \varepsilon, x + \varepsilon)$ charakterisiert werden.

Bisher haben wir uns ausschließlich mit dem eindimensionalen Raum $\mathbb{R}$ befasst. Nun wollen wir unsere Perspektive weiten und auch höhere Dimensionen betrachten. Insbesondere werden wir auch den Abstandsbegriff auf den mehrdimensionalen Fall übertragen.

2.4   Der euklidische Raum $\mathbb{R}^d$ und die komplexen Zahlen

In diesem Unterkapitel werden wir uns mit sogenannten Tupeln $(a_1, \ldots, a_d)$ von reellen Zahlen $a_1, \ldots, a_d \in \mathbb{R}$ beschäftigen. Für diese lassen sich ganz allgemein diverse Eigenschaften nachweisen. Unter anderem kann der Abstandsbegriff von $\mathbb{R}$ passend verallgemeinert werden. Besondere Beachtung findet der Fall $d = 2$, der die Konstruktion der komplexen Zahlen ermöglicht.

Das d-fache kartesische Produkt   Ist M eine beliebige nichtleere Menge und $d \in \mathbb{N}$, $d \geq 2$, so definieren wir das d-**fache kartesische Produkt**

$$M^d := \left\{x = (x_1, \ldots, x_d) \mid x_j \in M, j = 1, \ldots, d\right\}.$$

Ein Element $x = (x_1, \ldots, x_d)$ heißt d-**Tupel** von Elementen aus M und ist eine endliche Folge in M, das heißt eine Abbildung $x : \{1, \ldots, d\} \to M$. Statt $x(j)$ schreibt man x_j.

Der Vektorraum $\mathbb{R}^d$ Bei der Menge $\mathbb{R}^d$ handelt es sich um das d-fache kartesische Produkt von $\mathbb{R}$. Auf $\mathbb{R}^d$ führen wir zwei Verknüpfungen ein.

(i) **Addition:** Die Addition $+ : \mathbb{R}^d \times \mathbb{R}^d \to \mathbb{R}^d$, $(x, y) \mapsto x + y$ ist definiert durch

$$\underbrace{(x_1, \ldots, x_d)}_{=x} + \underbrace{(y_1, \ldots, y_d)}_{=y} := \underbrace{(x_1 + y_1, \ldots, x_d + y_d)}_{=x+y}.$$

(ii) **Skalarmultiplikation:** Die Multiplikation mit einem Skalar $\cdot \; : \; \mathbb{R} \times \mathbb{R}^d \to \mathbb{R}^d$, $(\lambda, x) \mapsto \lambda x$ ist definiert durch

$$\lambda \underbrace{(x_1, \ldots, x_d)}_{=x} := (\lambda x_1, \ldots, \lambda x_d).$$

Zusammen mit der Addition bildet $(\mathbb{R}^d, +)$ eine sogenannte **abelsche Gruppe**,[7] das heißt, sie erfüllt die algebraischen Axiome (I.1)–(I.4) mit dem neutralen Element $\vec{0} := (0, \ldots, 0)$ und dem zu $x = (x_1, \ldots, x_d)$ Inversen $-x = (-x_1, \ldots, -x_d)$. Bezüglich der Multiplikation mit einem Skalar gelten für alle $\lambda, \mu \in \mathbb{R}$ und $x, y \in \mathbb{R}^d$ die Rechenregeln:

(i) $1x = x$.
(ii) $\lambda(\mu x) = (\lambda\mu)x$.
(iii) $\lambda(x + y) = \lambda x + \lambda y$.
(iv) $(\lambda + \mu)x = \lambda x + \mu x$.

Weil die obigen Eigenschaften erfüllt sind, ist $\mathbb{R}^d$ zusammen mit der Addition und der Skalarmultiplikation per Definition ein $\mathbb{R}$-**Vektorraum** (vergleiche Kap. 10). Die Elemente von $\mathbb{R}^d$ heißen auch **Vektoren**.

Definition 2.33. Das **euklidische Skalarprodukt** auf $\mathbb{R}^d$ (auch **Standard-Skalarprodukt**) ist die Abbildung $\langle \cdot, \cdot \rangle : \mathbb{R}^d \times \mathbb{R}^d \to \mathbb{R}$, $(x, y) \mapsto \langle x, y \rangle$ definiert durch

$$\langle (x_1, \ldots, x_d), (y_1, \ldots, y_d) \rangle := \sum_{i=1}^{d} x_i y_i.$$

Das euklidische Skalarprodukt auf $\mathbb{R}^d$ besitzt die folgenden Eigenschaften für alle $x, y, z \in \mathbb{R}^d$ und $\lambda \in \mathbb{R}$.

(i) **Symmetrie:** $\langle x, y \rangle = \langle y, x \rangle$.
(ii) **Linearität im zweiten Faktor:** $\langle x, y + \lambda z \rangle = \langle x, y \rangle + \lambda \langle x, z \rangle$.
(iii) **Positivität des Skalarprodukts:** $\langle x, x \rangle \geq 0$ und $\langle x, x \rangle = 0$ genau dann, wenn $x = \vec{0}$.

Wegen (i) und (ii) ist das Skalarprodukt auch im ersten Faktor linear. Man sagt daher, dass das Skalarprodukt **bilinear** ist. Allgemeiner wird definiert, dass ein **Skalarprodukt** oder

---

[7]Benannt nach dem norwegischen Mathematiker Niels Henrik Abel (1802–1829).

inneres Produkt eine auf einem Vektorraum positiv definite, symmetrische Bilinearform ist (siehe Kap. 10).

Die Positivität des Skalarprodukts ermöglicht Längen- und Winkelmessung in $\mathbb{R}^d$. Der **Betrag** oder die **Länge** eines Vektors $x \in \mathbb{R}^d$ ist durch

$$|x| := \sqrt{\langle x, x \rangle}$$

definiert. Der Winkel φ zwischen zwei Vektoren x und y mit $x, y \neq \vec{0}$ ist durch

$$\cos \varphi = \frac{\langle x, y \rangle}{|x||y|}$$

gegeben (vergleiche Abb. 2.2).[8]

Geometrisch gesehen, stehen zwei Vektoren $x, y \in \mathbb{R}^d$ **senkrecht** aufeinander (sind **orthogonal** zueinander), in Symbolen $x \perp y$, wenn $\langle x, y \rangle = 0$ gilt (siehe Abb. 2.3).

Proposition 2.34. *Der Betrag $|\cdot|$ erfüllt für alle $x, y \in \mathbb{R}^d$ und $\lambda \in \mathbb{R}$ folgende Eigenschaften:*

*(i) **Positivität des Betrags:** $|x| \geq 0$ und $|x| = 0$ genau dann, wenn $x = \vec{0}$.*
*(ii) **Homogenität des Betrags bezüglich Skalaren:** $|\lambda x| = |\lambda||x|$.*
*(iii) **(Cauchy-)Schwarzsche Ungleichung**[9]: $|\langle x, y \rangle| \leq |x||y|$.*
*(iv) **Dreiecksungleichung:** $|x + y| \leq |x| + |y|$.*

Beweis. (i) und (ii) sind unmittelbare Konsequenzen der Definition des Skalarprodukts.

Abb. 2.2 Winkel φ zwischen zwei Vektoren

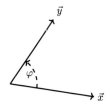

Abb. 2.3 Senkrecht stehende Vektoren

---

[8]Streng genommen führen wir den Cosinus erst in Abschn. 4.3 ein, vertrauen an dieser Stelle aber auf das Schulwissen des Lesers.
[9]Benannt nach dem französischen Mathematiker Augustin-Louis Cauchy (1789–1857) und dem deutschen Mathematiker Hermann Schwarz (1843–1921).

Abb. 2.4 Vektoren im Beweis
der (Cauchy-)Schwarzschen
Ungleichung

(iii) Die Aussage ist trivial, falls $y = \vec{0}$ ist. Sei also $y \neq \vec{0}$. Wir setzen $z := x - \lambda y$ mit
$\lambda := \frac{\langle x, y \rangle}{|y|^2}$. Die Vektoren sind in Abb. 2.4 dargestellt. Wegen

$$\langle z, y \rangle = \langle x, y \rangle - \lambda \underbrace{\langle y, y \rangle}_{=|y|^2} = 0$$

gilt $z \perp y$. Darum folgt

$$0 \leq \langle z, z \rangle = \langle z, x - \lambda y \rangle = \langle z, x \rangle - \lambda \underbrace{\langle z, y \rangle}_{=0} = \langle x - \lambda y, x \rangle$$

$$= \langle x, x \rangle - \lambda \langle y, x \rangle = \underbrace{\langle x, x \rangle}_{|x|^2} - \frac{\langle x, y \rangle^2}{|y|^2}.$$

Durch Umstellen der Ungleichung, Multiplikation beider Seiten mit $|y|^2$ und Wurzelziehen
ergibt sich die Behauptung.

(iv) Die Cauchy-Schwarzsche Ungleichung impliziert

$$|x + y|^2 = \langle x + y, x + y \rangle = \langle x, x \rangle + 2\langle x, y \rangle + \langle y, y \rangle$$

$$\overset{(iii)}{\leq} |x|^2 + 2|x||y| + |y|^2 = (|x| + |y|)^2.$$

Durch Wurzelziehen erhalten wir die Behauptung.   □

Weil es meist vom Kontext ersichtlich ist, ob gerade die reellen Zahlen $\mathbb{R}$ oder höherdimensionale Vektorräume $\mathbb{R}^d$ im Blickpunkt stehen, ist die Schreibweise $\vec{0}$ eher unüblich
und wir schreiben anstelle dessen (sofern keine Verwirrung entstehen kann) einfach nur 0.

Die komplexen Zahlen Als Menge sind die **komplexen Zahlen** durch $\mathbb{C} := \mathbb{R}^2$ gegeben.
Der Vektorraum $\mathbb{R}^2$ soll zusätzlich eine Multiplikation $\cdot : \mathbb{R}^2 \times \mathbb{R}^2 \to \mathbb{R}^2$ erhalten und
dadurch zu einem Körper gemacht werden.

Wir definieren für die Basisvektoren $e := (1, 0)$ und $i := (0, 1)$ die Multiplikation durch

$$e^2 = e \cdot e := e, \quad e \cdot i = i \cdot e := i, \quad i^2 = -e$$

und für beliebige $a, b, c, d \in \mathbb{R}$

$$(ae + bi)(ce + di) := (ac - bd)e + (ad + bc)i.$$

Dies ist in Vektorschreibweise äquivalent zu $(a, b)(c, d) = (ac - bd, ad + bc)$. Der Vektor i wird **imaginäre Einheit** genannt.

Lemma 2.35. *Die Menge $\mathbb{R}^2$ wird mit der Vektoraddition und obiger Multiplikation zu einem Körper mit Einselement $e = (1, 0)$. Dieser Körper wird mit $\mathbb{C}$ bezeichnet.*

Beweis. Für alle $a, b, c, d, u, v \in \mathbb{R}$ gelten das Kommutativgesetz

$$(c, d)(a, b) = (ac - bd, cb + da) = (a, b)(c, d)$$

und das Assoziativgesetz

$$((a, b)(c, d))(u, v) = (a, b)((c, d)(u, v))$$

(die Ausarbeitung der Details sei hier dem Leser überlassen). Das neutrale Element ist durch $(1, 0)$ gegeben, wie die Gleichung

$$(a, b)(1, 0) = (a, b)$$

zeigt. Es gilt $(a, b)^{-1} = \frac{1}{a^2 + b^2}(a, -b)$ für $(a, b) \neq (0, 0)$ aufgrund von

$$(a, b)\frac{1}{a^2 + b^2}(a, -b) = \frac{1}{a^2 + b^2}(a^2 + b^2, 0) = (1, 0).$$

Schließlich empfehlen wir dem Leser ebenfalls das Nachrechnen des Distributivgesetzes

$$((a, b) + (c, d))(u, v) = (a, b)(u, v) + (c, d)(u, v).$$

Man kann $\mathbb{R}$, genauer Tupel der Form $(a, 0)$ mit $a \in \mathbb{R}$, als Teilmenge und sogar als **Unterkörper** von $\mathbb{C}$ auffassen, denn sowohl Addition als auch Multiplikation eingeschränkt auf $\mathbb{R}$ sind **abgeschlossen**, das heißt

$$(a, 0) + (b, 0) = (a + b, 0) \in \mathbb{R}, \quad (a, 0)(b, 0) = (ab, 0) \in \mathbb{R}.$$

Wegen dieser Eigenschaft sagt man auch, dass die Abbildung $\mathbb{R} \to \mathbb{C}, a \mapsto (a, 0)$ **operationstreu** bezüglich Addition und Multiplikation ist. Darüber hinaus ist die Abbildung injektiv. Wir identifizieren deshalb $\mathbb{R}$ mit $\mathbb{R} \times \{0\} \subset \mathbb{C}$. In diesem Sinne gilt $i^2 = (-1, 0) = -1$. Man beachte, dass $(0, b)$ mit $b \in \mathbb{R} \subset \mathbb{C}$ auch als

$$(0, b) = (0, 1)(b, 0) = ib$$

geschrieben werden kann. Anstelle von $(a, b) \in \mathbb{R}^2 \subset \mathbb{C}$ hat sich die Schreibweise

$$(a, b) = (a, 0) + (0, b) = a + ib$$

etabliert. Aufgrund dieser Zerlegung wird a **Realteil** und b **Imaginärteil** genannt. Im Folgenden wird für $z \in \mathbb{C}$ der Realteil mit $\Re(z)$ und der Imaginärteil mit $\Im(z)$ bezeichnet.

Definition 2.36. Die Abbildung $\mathbb{C} \to \mathbb{C}, (a+ib) \mapsto (a-ib)$ heißt **komplexe Konjugation**. Für die komplexe Konjugation wird die Notation $z \mapsto \bar{z}$ verwendet.

Es gilt nach Definition

$$z \cdot \bar{z} = (a + ib)(a - ib) = a^2 + b^2 = |z|^2.$$

Dies impliziert $|z| = \sqrt{z \cdot \bar{z}}$ beziehungsweise

$$z^{-1} = \frac{\bar{z}}{|z|^2}.$$

Für die komplexe Konjugation ergeben sich die Rechenregeln

(i) $\overline{z + w} = \bar{z} + \bar{w}$.
(ii) $\overline{z \cdot w} = \bar{z} \cdot \bar{w}$.
(iii) $\bar{\bar{z}} = z$.

Die Aussagen (i) und (iii) sind sofort aus der Definition erkennbar und (ii) kann durch Einsetzen nachgerechnet werden.

Beispiel 2.37. Um den Real- und Imaginärteil des Quotienten $z = \frac{1+i}{1-i}$ zu bestimmen, ist es die einfachste Methode, den Nenner mit dessen komplex konjugierten zu erweitern:

$$z = \frac{1 + i}{1 - i} = \frac{1 + i}{1 - i} \cdot \frac{1 + i}{1 + i} = \frac{(1 + i)^2}{2} = \frac{1 + 2i + i^2}{2} = i,$$

das heißt, $\Re(z) = 0$ und $\Im(z) = 1$.

Die Multiplikation mit einem Skalar $\lambda \in \mathbb{R}$ im $\mathbb{R}$-Vektorraum $\mathbb{R}^2$ und die Körpermultiplikation mit λ aufgefasst als Element von $\mathbb{C}$ stimmen überein. Wird λ mit einem Vektor $z \in \mathbb{C}$ multipliziert, entspricht das einer Streckung von z um den Faktor λ, was Abb. 2.5 illustriert.

Für $a \in \mathbb{C}$ ist die Abbildung $\mathbb{C} \to \mathbb{C}, z \mapsto a \cdot z$ eine $\mathbb{R}$-**lineare Abbildung** $\mathbb{R}^2 \to \mathbb{R}^2$, das heißt

$$a(z_1 + \lambda z_2) = az_1 + \lambda az_2$$

Abb. 2.5 Streckung eines
Vektors $\vec{z}$ um den Faktor $\lambda \in \mathbb{R}$

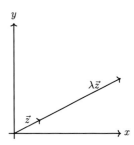

für alle $z_1, z_2 \in \mathbb{C} = \mathbb{R}^2$ und $\lambda \in \mathbb{R}$. Wir möchten jetzt auch diese Abbildung geometrisch interpretieren. Sei dazu $a = \alpha + i\beta \neq 0$ und $z = x + iy$ mit $\alpha, \beta, x, y \in \mathbb{R}$. Dann gilt

$$az = (\alpha + i\beta)(x + iy) = \alpha x - \beta y + i(\alpha y + \beta x)$$

oder anders formuliert im Sinne der Matrizenmultiplikation (siehe Kap. 10, (10.3)):

$$az = \begin{pmatrix} \alpha x - \beta y \\ \alpha y + \beta x \end{pmatrix} = A \begin{pmatrix} x \\ y \end{pmatrix}, \qquad \text{mit } A = \begin{pmatrix} \alpha & -\beta \\ \beta & \alpha \end{pmatrix}. \qquad (2.8)$$

Als Nebenprodukt dieser Überlegung haben wir eine Darstellung von a als Matrix hergeleitet. Man kann A für ein $\varphi \in [0, 2\pi)$ auch als

$$A = \sqrt{\alpha^2 + \beta^2} \begin{pmatrix} \frac{\alpha}{\sqrt{\alpha^2+\beta^2}} & \frac{-\beta}{\sqrt{\alpha^2+\beta^2}} \\ \frac{\beta}{\sqrt{\alpha^2+\beta^2}} & \frac{\alpha}{\sqrt{\alpha^2+\beta^2}} \end{pmatrix} = |a| \begin{pmatrix} \cos \varphi & -\sin \varphi \\ \sin \varphi & \cos \varphi \end{pmatrix}$$

darstellen.[10] Die Multiplikation mit einem $a \in \mathbb{C}$ entspricht also einer Drehstreckung. Dabei gibt φ den Winkel an, um den gedreht wird. Für $a = i$ ergibt sich speziell

$$A = \begin{pmatrix} 0 & -1 \\ 1 & 0 \end{pmatrix},$$

eine Drehung um 90 Grad gegen den Uhrzeigersinn. Als eine Motivation dafür, den Körper $\mathbb{C}$ der komplexen Zahlen einzuführen, wollen wir uns mit Polynomgleichungen in $\mathbb{C}$ befassen. Unter einem **Polynom** $p(z)$ versteht man eine Funktion der Art

$$p(z) = \sum_{k=0}^{n} a_k z^k = a_0 + a_1 z + a_2 z^2 + \ldots + a_n z^n$$

---

[10]An dieser Stelle greifen wir nochmals auf die vermutlich aus der Schule bekannten Sinus und Cosinus vor, die wir erst in Abschn. 4.3 formal einführen werden.

mit $a_0, \ldots, a_n \in \mathbb{C}$. Wenn $a_n \neq 0$ ist, heißt die Zahl n **Grad des Polynoms**. Von zentraler Bedeutung ist in diesem Kontext:

Satz 2.38 (Fundamentalsatz der Algebra). *Jedes Polynom p von Grad $n \geq 1$ der Form $p(z) = \sum_{k=0}^{n} a_k z^k$ mit $a_0, \ldots, a_n \in \mathbb{C}$ und $a_n \neq 0$, besitzt eine Nullstelle in $\mathbb{C}$, das heißt, es gibt eine Zahl $z_0 \in \mathbb{C}$ mit $p(z_0) = 0$.*

Im Reellen gilt die Aussage des Satzes 2.38 *nicht*, wie bereits das Studium der Gleichung $x^2 + 1 = 0$ zeigt. Der Beweis des Satzes wird zu einem späteren Zeitpunkt erfolgen (Satz 4.43). Stattdessen wollen wir an dieser Stelle den Satz 2.38 durch zwei Beispiele illustrieren.

Beispiel 2.39. (i) Die Gleichung $z^2 = -1$ hat die Lösungen $z = \pm i$. Für $a \in \mathbb{R}$ besitzt $z^2 = a$ die Lösungen $\pm \sqrt{a}$, falls $a \geq 0$ ist, beziehungsweise $\pm i \sqrt{-a}$, falls $a < 0$ ist.

(ii) Die Lösungen von $z^2 = c$ mit $c \in \mathbb{C}$ können auf folgende Art und Weise bestimmt werden: Sei $c = a + ib$ und $z = x + iy$. Dann soll gelten

$$z^2 = (x + iy)^2 = x^2 - y^2 + 2ixy = a + ib.$$

Zwei komplexe Zahlen sind genau dann gleich, wenn ihre Real- und Imaginärteile übereinstimmen. In unserer Situation liefert ein Vergleich der Realteile

$$x^2 - y^2 = a \tag{2.9}$$

und ein Vergleich der Imaginärteile

$$2xy = b, \qquad \text{also } y = \frac{b}{2x}. \tag{2.10}$$

Wir setzen (2.10) in Gl. (2.9) ein, um nach Multiplikation mit x^2 und Umstellen die Gleichung

$$x^4 - ax^2 - \frac{b^2}{4} = 0$$

zu erhalten. Daraus ergibt sich, dass $x^2 = \frac{a}{2} + \frac{1}{2}\sqrt{a^2 + b^2}$. Somit folgt wiederum aus (2.9), dass $y^2 = -\frac{a}{2} + \frac{1}{2}\sqrt{a^2 + b^2}$. Die beiden Lösungen der Gleichung $z^2 = c$ bestimmen sich schließlich als

$$z = \pm \left(\sqrt{\frac{a}{2} + \frac{1}{2}\sqrt{a^2 + b^2}} + i\,\mathrm{sgn}(b)\sqrt{-\frac{a}{2} + \frac{1}{2}\sqrt{a^2 + b^2}} \right),$$

wobei die **Signum-Funktion** $\mathrm{sgn}(b)$ als das Vorzeichen von b definiert ist:

$$\text{sgn}(b) := \begin{cases} +1 & \text{für } b \geq 0 \\ -1 & \text{für } b < 0. \end{cases}$$

Normen Der Betrag $|\cdot|$ ist ein Spezialfall des allgemeineren Begriffs der Norm. Es sei V ein $\mathbb{K}$-Vektorraum mit Addition + und Skalarmultiplikation. Als Grundkörper $\mathbb{K}$ kommen die reellen Zahlen $\mathbb{R}$ oder die komplexen Zahlen $\mathbb{C}$ infrage.

Definition 2.40. Eine **Norm** $\|\cdot\|$ ist eine Abbildung $V \to \mathbb{R}$, $x \mapsto \|x\|$, welche die folgenden Eigenschaften für alle $x, y \in V$ und $\lambda \in \mathbb{R}$ erfüllt (vergleiche Proposition 2.42 (i), (ii) und (iv)):

  (i) **Positivität der Norm:** $\|x\| \geq 0$ und $\|x\| = 0$ genau dann, wenn $x = 0$.
 (ii) **Homogenität der Norm bezüglich Skalaren:** $\|\lambda x\| = |\lambda| \, \|x\|$.
(iii) **Dreiecksungleichung:** $\|x + y\| \leq \|x\| + \|y\|$.

Ist eine Norm gegeben, so definiert man die zugehörige **Metrik** durch

$$d : V \times V \to \mathbb{R}, \quad d(x, y) := \|x - y\|.$$

Für d treffen die – für $\mathbb{R}$ bereits eingeführten – Axiome einer Metrik zu (Übungsaufgabe 2.13), das heißt, für alle $x, y, z \in V$ gelten:

  (i) **Definitheit:** $d(x, y) \geq 0$ und $d(x, y) = 0$ genau dann, wenn $x = y$.
 (ii) **Symmetrie:** $d(x, y) = d(y, x)$.
(iii) **Dreiecksungleichung:** $d(x, y) \leq d(x, z) + d(z, y)$.

Wie in $\mathbb{R}$ kann dann für $\varepsilon > 0$ eine $\boldsymbol{\varepsilon}$-**Umgebung** eines Punktes $x \in V$ durch

$$B_\varepsilon(x) := \{ y \in V \mid d(y, x) < \varepsilon \}$$

definiert werden. Allgemeiner heißt eine Menge $U(x) \subset V$ **Umgebung von** x, wenn $U(x)$ einen Ball $B_\varepsilon(x)$ enthält. Mathematische Eigenschaften werden als **lokal** bezeichnet, wenn diese auf eine gewisse Umgebung bezogen sind. Mit dem Umgebungsbegriff lässt sich die Vorstellung von Nähe zwischen Punkten in V mathematisch fassen.

Beispiel 2.41. Beispiele von Metriken auf $\mathbb{R}^d$ sind:

  (i) Die **euklidische Metrik** $|x - y| = \sqrt{\langle x - y, x - y \rangle}$.
 (ii) Die **Maximumsnorm** oder l_∞-**Norm**

$$\|x\|_\infty := \max \{ |x_1|, \ldots, |x_d| \} .$$

(iii) Die l_1-**Norm**

$$\|x\|_1 := \sum_{i=1}^{d} |x_i|.$$

Für (ii) und (iii) sind die Eigenschaften Symmetrie und Definitheit jeweils klar. In beiden Fällen gilt auch die Dreiecksungleichung, die im Fall von (ii) aus

$$|x_j + y_j| \leq |x_j| + |y_j| \leq \|x\|_\infty + \|y\|_\infty$$

für $j = 1, \ldots, d$ resultiert.

Schließlich halten wir noch fest, dass die Cauchy-Schwarzsche Ungleichung (Proposition 2.34) auch für beliebige Skalarprodukte korrekt bleibt, denn deren Beweis basiert allein auf den definierenden Eigenschaften eines Skalarprodukts (Definition 10.27 im Fall $\mathbb{K} = \mathbb{R}$, Definition 10.29 im Fall $\mathbb{K} = \mathbb{C}$).

Proposition 2.42 (Cauchy-Schwarzsche Ungleichung). *Es sei V ein $\mathbb{K}$-Vektorraum ($\mathbb{K} = \mathbb{R}$ oder $\mathbb{K} = \mathbb{C}$) mit Skalarprodukt $\langle \cdot, \cdot \rangle$. Dann stellt $\|x\| := \sqrt{\langle x, x \rangle}$ eine Norm auf V, die durch $\langle \cdot, \cdot \rangle$ induziert wird, dar und es gilt*

$$|\langle x, y \rangle| \leq \|x\| \, \|y\| . \tag{2.11}$$

Beweis. Es ist ein Teil der Behauptung, dass es sich bei $\|\cdot\|$ tatsächlich um eine Norm handelt: Aus den Eigenschaften des Skalarprodukts und der Definitheit (10.7) resultieren unmittelbar die Homogenität bezüglich Skalaren sowie die Positivität von $\|\cdot\|$. Damit kann der Beweis der Cauchy-Schwarzschen Ungleichung (2.11) bereits wörtlich aus Satz 2.34 übernommen werden. Die Ungleichung (2.11) benutzen wir wiederum um die Dreiecksungleichung nachzuweisen. Für beliebige Vektoren $x, y \in V$ ergibt sich

$$\|x + y\|^2 = \langle x + y, x + y \rangle = \langle x, x \rangle + 2 \langle x, y \rangle + \langle y, y \rangle$$

$$\overset{(2.11)}{\leq} \|x\|^2 + 2 \|x\| \, \|y\| + \|y\|^2 = (\|x\| + \|y\|)^2 . \qquad \square$$

Äquivalenz von Normen Zwei Normen $\|\cdot\|_A$ und $\|\cdot\|_B$ auf einem $\mathbb{R}$-Vektorraum V heißen **äquivalent**, wenn es ein $C > 0$ gibt mit

$$\|x\|_A \leq C \|x\|_B , \quad \text{und} \quad \|x\|_B \leq C \|x\|_A$$

für alle $x \in V$.

Beispiel 2.43. Die Normen $|\cdot|$ und $\|\cdot\|_\infty$ auf $\mathbb{R}^d$ sind äquivalent: Aus $|x_j| \leq \|x\|_\infty$ folgt

$$|x|^2 = \sum_{j=1}^{d} |x_j|^2 \leq d \, \|x\|_\infty^2$$

und daher $|x| \leq \sqrt{d} \, \|x\|_\infty$. Umgekehrt gilt für $i = 1, \ldots, d$

$$|x_i|^2 \leq \sum_{j=1}^{d} |x_j|^2 = |x|^2$$

und somit $\|x\|_\infty \leq |x| \leq \sqrt{d}|x|$. Es ist außerdem offenkundig, dass $\|\cdot\|_\infty$ und $\|\cdot\|_1$ äquivalent sind mit $C = d$. Damit sind also alle drei oben erwähnten Normen äquivalent.

In Satz 3.42 wird sogar gezeigt werden, dass auf endlich-dimensionalen $\mathbb{R}$-Vektorräumen je zwei Normen immer äquivalent sind, das heißt, alle Normen sind unter der Bedingung von endlicher Dimension zueinander äquivalent.

2.5   Exkurs: Quaternionen*

Als einen zentralen Begriff der Mathematik haben wir in diesem Kapitel *Körper* kennengelernt und dazu einige weiterführende Überlegungen angestellt. Wir haben eingesehen, dass wir in Körpern alle uns vertrauten Rechenoperationen, also Addition, Subtraktion, Multiplikation und Division durchführen können. Es wurde in diesem Zusammenhang erläutert, dass wir uns, solange wir nur eine Operation (+ oder ·) benutzen, keine Gedanken über die Reihenfolge der Faktoren machen müssen (Kommutativgesetz) und dass die Interaktion von Addition und Multiplikation nicht allzu kompliziert ist (Distributivgesetz). Als wichtige Beispiele von Körpern haben wir $\mathbb{R}$ und $\mathbb{C}$ identifiziert.

Der Körper der komplexen Zahlen $\mathbb{C}$ ist gleichzeitig ein zweidimensionaler $\mathbb{R}$-Vektorraum, dessen Basis wir mit 1 und i bezeichnet haben. Allgemein drängt sich die Frage auf, ob es weitere Vektorräume $\mathbb{R}^d$ gibt, die man mit einer Körperstruktur versehen kann. Die Antwort auf diese Frage gibt ein Satz von Ferdinand Georg Frobenius (1849–1917) und sie lautet grob gesprochen: Nein!

Ziel dieses Unterkapitels ist es, die genaue Aussage dieses Satzes von Frobenius zu erklären und den Beweis schemenhaft zu skizzieren. Zunächst benötigen wir einen zusätzlichen Begriff.

Definition 2.44. Ein Vektorraum $\mathbb{R}^d$ heißt **Divisionsalgebra**, falls eine Multiplikation

$$\cdot : \mathbb{R}^d \times \mathbb{R}^d \to \mathbb{R}^d,$$

mit den folgenden Eigenschaften: Für alle Elemente $x, y, z \in \mathbb{R}^d$ und $\lambda \in \mathbb{R}$ gilt

(i) $(x + y) \cdot z = x \cdot z + y \cdot z$,
(ii) $x \cdot (y + z) = x \cdot y + x \cdot z$,
(iii) $\lambda(x \cdot y) = (\lambda x) \cdot y = x \cdot (\lambda y)$,
(iv)   es existieren eindeutig bestimmte $a, b \in \mathbb{R}^d$ mit $a \cdot x = y$ und $x \cdot b = y$.

Laut (iv) ist in einer Divisionsalgebra mit anderen Worten die Division möglich, aber deren Ergebnis unter Umständen abhängig von der Reihenfolge. Die Divisionsalgebra $(\mathbb{R}^d, +, \cdot)$ heißt **assoziativ**, falls zusätzlich gilt

(v) $x \cdot (y \cdot z) = (x \cdot y) \cdot z$.

Man beachte, dass die Multiplikation in der Divisionsalgebra ex ante unabhängig von der Multiplikation in $\mathbb{R}$ beziehungsweise derjenigen von $\mathbb{R}$ mit $\mathbb{R}^d$ ist. Oft wird das Zeichen $\cdot$ weggelassen und einfach xy anstelle von $x \cdot y$ geschrieben.

Beispiel 2.45. Wir kommen zu drei Beispielen von Divisionsalgebren.

(i)   Trivialerweise ist $\mathbb{R}$ aufgefasst als $\mathbb{R}$-Vektorraum eine Divisionsalgebra.
(ii)   Die eingeführte Multiplikation auf $\mathbb{C}$ macht die komplexen Zahlen zu einer Divisionsalgebra. Hier ist nichts mehr nachzurechnen. Die Zahl i wurde dabei mit dem Vektor $(0, 1)$ identifiziert.
(iii)   Im $\mathbb{R}^4$ gehen wir ganz ähnlich vor, wie wir das bei den komplexen Zahlen getan haben. Zunächst identifizieren wir $1, i, j, k$ mit der Standardbasis des $\mathbb{R}^4$. Wir können damit jedes Element des $\mathbb{R}^4$ eindeutig als

$$x_0 + x_1 i + x_2 j + x_3 k$$

schreiben. Die Addition ist durch die Vektorraumstruktur erklärt und ebenso die Multiplikation mit Elementen aus $\mathbb{R}$. Es ist noch die Multiplikation im $\mathbb{R}^4$ zu definieren. Dies geschieht durch die Gleichungen (**Hamilton-Regeln**[11])

$$(H1) \qquad i^2 = j^2 = k^2 = -1$$
$$(H2) \quad ij = +k, \quad jk = +i, \quad ki = +j$$
$$(H3) \quad ji = -k, \quad kj = -i, \quad ik = -j,$$

wodurch die Multiplikation vollständig bestimmt ist. Beispielsweise ist

$$(1 + 2i + 3j)(1 + k) = 1 + 5i + j + k.$$

---

[11]Benannt nach dem irischen Mathematiker Sir William Hamilton (1805–1865).

Wir haben somit die **Quaternionen**[12] $\mathbb{H}$ definiert. Durch Nachrechnen (Übungsaufgabe 2.15) kann gezeigt werden, dass die Quaternionen multiplikativ assoziativ
sind und die Eigenschaften (*i*) und (*ii*) einer Divisionsalgebra erfüllen. Definiert
man für eine Quaternion $x = x_0 + x_1 i + x_2 j + x_3 k \neq 0$ die konjugierte Quaternion
$\bar{x} := x_0 - x_1 i - x_2 j - x_3 k$, so gilt für

$$x^{-1} := \frac{\bar{x}}{x\bar{x}},$$

dass $xx^{-1} = 1$ und $x^{-1}x = 1$ ist, womit die Existenz des eindeutigen multiplikativen
Inversen gezeigt ist.

Man beachte, dass die Quaternionen *nicht* kommutativ sind, wie allein schon anhand der
Hamilton-Regeln ersichtlich wird. Bemerkenswert und für rechnerische Zwecke zugleich
äußerst praktisch ist, dass Quaternionen eine sehr ähnliche Darstellung als Matrix besitzen wie wir sie für die komplexen Zahlen in Gl. (2.8) gezeigt haben. Genauer lässt sich
beweisen, dass die Abbildung

$$x_0 + x_1 i + x_2 j + x_3 k \mapsto \begin{pmatrix} w & z \\ -\bar{z} & \bar{w} \end{pmatrix} \tag{2.12}$$

mit $w = x_0 + x_1 i \in \mathbb{C}$ und $z = x_2 + x_3 i \in \mathbb{C}$ ein Isomorphismus ist. Nun möchten wir den
angekündigten Satz von Frobenius formulieren.

Satz 2.46 (Satz von Frobenius, 1877). *Die einzigen endlichdimensionalen und assozia-
tiven Divisionsalgebren sind* $\mathbb{R}$, $\mathbb{C}$ *und* $\mathbb{H}$.[13]

Folgerung 2.47. Die einzigen endlichdimensionalen $\mathbb{R}$-Vektorräume, die auch Körper
sind, sind $\mathbb{R}$ und $\mathbb{C}$.

Mit anderen Worten ist bereits bei den komplexen Zahlen $\mathbb{C}$ das Ende der Fahnenstange
erreicht und es ist nicht möglich, höherdimensionale Körper über $\mathbb{R}$ zu konstruieren. Der
Satz von Frobenius besagt, dass, selbst wenn die Forderung nach Kommutativität fallen
gelassen wird, nur noch eine weitere Option hinzukommt und zwar die Quaternionen.
Weil diese bis auf die Vertauschbarkeit der Multiplikation alle Eigenschaften eines Körpers
erfüllen, stellen sie ein Beispiel für einen **Schiefkörper** dar.

---

[12]Die Namensgebung Quaternion geht laut [Ebb92] auf eine Stelle aus der Saint James Bible zurück,
wo eine Gruppe von vier Männern *quaternion* genannt wird.

[13]Ganz exakt formuliert besteht die Aussage nur bis auf Isomorphie, aber wir lassen diesen Aspekt
des Satzes von Frobenius weg, um die Darstellung möglichst einfach zu halten.

Beweisskizze von Satz 2.46. Wir werden den Satz von Frobenius nicht im Detail beweisen, sondern nur die zentralen Teilaussagen aufzeigen. Wir fassen, genau wie wir es bei den komplexen Zahlen und den Quaternionen getan haben, $\mathbb{R}$ als den vom ersten Element der Standardbasis erzeugten Untervektorraum von $\mathbb{R}^d$ auf. Falls die Dimenison d größer als 1 ist, wählen wir ein beliebiges Element $f \in \mathbb{R}^d$, das nicht in $\mathbb{R}$ liegt. In der dargestellten Reihenfolge ist es dann möglich, folgende Aussagen zu beweisen:

(i) Der Unterraum $F = \mathbb{R} + \mathbb{R}f$ ist eine maximale kommutative Teilmenge von $\mathbb{R}^d$. Dieser Raum F entspricht den komplexen Zahlen[14] und wir können ohne Einschränkung $f = i$ annehmen.

(ii) Man definiert die beiden Untervektorräume

$$D^+ := \left\{ x \in \mathbb{R}^d \mid xi = ix \right\}, \quad D^- = \left\{ x \in \mathbb{R}^d \mid xi = -ix \right\}$$

und zeigt durch Nachrechnen, dass sich jedes Element $x \in \mathbb{R}^d$ eindeutig als

$$x = x_1 a + x_2 b$$

mit $x_1, x_2 \in \mathbb{C}$ sowie $a \in D^+$ und $b \in D^-$ schreiben lässt.

(iii) Wegen (i) ist $D^+ = \mathbb{C}$ und ferner ist, falls $D^- \neq \emptyset$ gilt, D^- ein zweidimensionaler $\mathbb{R}$-Vektorraum.   □

Der Satz von Frobenius wurde auf verschiedene Weise verallgemeinert (bekannte Beispiele sind der Satz von Hurwitz[15] und der Satz von Milnor[16]). An dieser Stelle wollen wir noch auf eines der allgemeinsten dieser Resultate eingehen.

Satz 2.48 (Satz von Hopf, 1940). *Die Dimension einer endlichdimensionalen Divisionsalgebra ist notwendigerweise eine Potenz von 2.*[17]

Wir halten fest, dass hier im Gegensatz zum Satz von Frobenius keine Aussage über die Assoziativität gemacht wird. Die größere Allgemeinheit des Satzes verlangt aber auch weit tiefgehendere Beweistechniken und verwendet Ideen aus der sogenannten *algebraischen Topologie*.

Eine wunderbare ausführliche Erläuterung der in diesem Abschnitt dargestellten Theorie kann der interessierte Leser in [Ebb92] finden, wo unter anderem die beiden hier zitierten Sätze von Frobenius und Hopf vollständig bewiesen werden. Auch der Begriff der Quaternionen kann – wen würde das erstaunen – noch weiter verallgemeinert werden, vergleiche beispielsweise [RM03].

---

[14]Genau genommen ist der Raum F isomorph zu den komplexen Zahlen.

[15]Benannt nach dem deutschen Mathematiker Adolf Hurwitz (1859–1919).

[16]Benannt nach dem US-amerikanischen Mathematiker John Milnor (*1931).

[17]Benannt nach dem deutschen Mathematiker Heinz Hopf (1894–1971).

2.6 Übungsaufgaben

Aufgabe 2.1. Gegeben sei ein Schachbrett, bei dem zwei schräg gegenüber liegende Eckfelder entfernt wurden (sodass 62 Quadrate verbleiben). Ferner gebe es 31 Dominosteine, mit denen immer 2 benachbarte Quadrate passgenau abgedeckt werden können. Zeigen Sie: Es ist nicht möglich die 62 Quadrate des Schachbretts mit den 31 Dominosteinen vollständig zu überdecken.

Aufgabe 2.2.

(i) Zeigen Sie die Eindeutigkeit des neutralen Elements der Multiplikation.
(ii) Zeigen Sie die Eindeutigkeit des multiplikativ inversen Elements.

Aufgabe 2.3.

(i) Leiten Sie aus den Körperaxiomen die Regeln (R01) bis (R12) aus Abschn. 2.1 her.
(ii) Leiten Sie aus den Axiomen (I) und (II) die Regeln (R13) bis (R22) aus Abschn. 2.1 her.

Aufgabe 2.4. Es sei $-\infty < S \le +\infty$. Zeigen Sie, dass S genau dann ein Supremum der Menge $\emptyset \ne A \subset \mathbb{R}$ ist, wenn

(i) für alle $x \in A$ ist $x \le S$ und
(ii) für alle $k \in \mathbb{R}$ mit $k < S$ existiert ein $x \in A$ mit $x > k$.

Aufgabe 2.5. Für Teilmengen $X, Y \subset \mathbb{R}$ sei $X + Y := \{x + y \mid x \in X, \, y \in Y\}$.

(i) Man zeige: Sind die Mengen X, Y beschränkt, so gilt

$$\inf(X + Y) = \inf X + \inf Y, \qquad \sup(X + Y) = \sup X + \sup Y.$$

(ii) Man bestimme $\inf M$ und $\sup M$ für die Menge $M := \{\frac{1}{n} - \frac{1}{m} \mid n, m \in \mathbb{N}\}$.

Aufgabe 2.6. Man beweise die folgenden Identitäten:

$$(\text{i}) \quad \sum_{k=1}^{n} k - \frac{n(n+1)}{2}, \qquad (\text{ii}) \quad \sum_{k=1}^{n} k^2 = \frac{1}{6} n(n+1)(2n+1).$$

Aufgabe 2.7. Es sei M eine Menge mit n Elementen. Man zeige:

(i) Die Anzahl aller Teilmengen von M ist 2^n.
(ii) Die Anzahl aller k-elementigen Teilmengen von M ist $\binom{n}{k}$.

Anmerkung: Aus (ii) folgt auch, dass $\binom{n}{k}$ für $n \in \mathbb{N}_0$ eine ganze Zahl ist, was aus der Definition von $\binom{n}{k}$ nicht unmittelbar ersichtlich ist.

Aufgabe 2.8. Es seien M und N Mengen mit $m \in \mathbb{N}$ beziehungsweise $n \in \mathbb{N}$ Elementen. Man zeige:

(i) Die Anzahl der Abbildungen $f : M \to N$ ist n^m.

(ii) Ist $n = m$, so gibt es genau $n!$ bijektive Abbildungen $f : M \to N$.

Aufgabe 2.9. Es seien $k, l \in \mathbb{N}$ mit $k \neq l$. Zeigen Sie, dass die Mengen $\mathbb{N}_{\leq k}$ und $\mathbb{N}_{\leq l}$ eine unterschiedliche Mächtigkeit haben.

Aufgabe 2.10. Beweisen Sie die Aussage zum Beispiel von Hilberts Hotel, dass ein Hotel mit abzählbar unendlich vielen Zimmern auch dann noch abzählbar unendlich viele Hotelgäste aufnehmen kann, wenn bereits alle Zimmer belegt sind.

Aufgabe 2.11. Die **Cantor-Menge** wird iterativ konstruiert: Zunächst betrachten wir die Menge $A_0 := \cup_{k \in \mathbb{Z}}[2k, 2k + 1]$. Diese wird durch $A_n := \left(\frac{1}{3}\right)^n A_0$ mit wachsendem n immer stärker skaliert. Ferner sei $C_n := A_0 \cap \ldots \cap A_n \cap [0, 1]$. Die Menge C_{n+1} entsteht also durch Entfernung der mittleren Drittel der 2^n Teilintervalle von C_n. Zeigen Sie, dass die Cantor-Menge $C := \cap_{n=0}^{\infty} C_n$ überabzählbar ist.

Hinweis: Verwenden Sie (ohne Beweis) die Tatsache, dass sich jedes $x \in (0, 1)$ in eindeutiger Weise als

$$x = \sum_{j=1}^{\infty} d_j 3^{-j}$$

mit $d_j \in \{0, 1, 2\}$ schreiben lässt.

Aufgabe 2.12. Zeigen Sie, dass die Gleichung $x^2 = p$ für alle Primzahlen keine Lösung in $\mathbb{Q}$ besitzt.

Aufgabe 2.13. Es sei $\|\cdot\|$ eine Norm. Zeigen Sie, dass die durch $d(x, y) := \|x - y\|$ definierte Abbildung eine Metrik ist.

Aufgabe 2.14. Gegeben sei ein beliebiges Polynom von Grad n

$$p(z) = a_0 + a_1 z + \ldots + a_n z^n, \qquad z \in \mathbb{C}, \qquad a_n \neq 0,$$

mit reellen Koeffizienten $a_0, \ldots, a_n \in \mathbb{R}$. Man zeige:

(i) Ist $z_0 \in \mathbb{C}$ eine Nullstelle von p, so ist die komplex konjugierte Zahl $\overline{z_0}$ auch eine Nullstelle von p.

(ii) Ist n ungerade, dann besitzt p eine reelle Nullstelle.

Aufgabe 2.15. Zeigen Sie, dass für die Quaternionen $\mathbb{H}$ das Assoziativgesetz gilt, das heißt, für beliebige $a, b, c \in \mathbb{H}$ ist

$$(ab)c = a(bc).$$

Folgen und Reihen 3

Die Analysis fußt im Wesentlichen auf dem Übergang zum unendlich großen oder noch viel mehr zum unendlich kleinen. Die zugrunde liegenden Ideen gehen letztlich auf Gottfried Wilhelm Leibniz (1646–1716) und Sir Isaac Newton (1643–1726) zurück, die in etwa zeitgleich Bahnbrechendes auf dem Weg zur modernen Analysis leisteten. Bevor wir in späteren Kapiteln näher auf deren konkrete Konzepte eingehen, bedarf es zunächst der Erklärung gewisser grundlegender Objekte der Analysis, nämlich Folgen und Reihen. Bei diesen wird erstmals der Grenzübergang zum Unendlichen formal durchgeführt. Alle weiteren Überlegungen zum unendlich Großen oder unendlich Kleinen beruhen letzten Endes auf dem für Folgen und Reihen definierten Konzept. Als einer ersten Anwendung wenden wir uns zum Abschluss dieses Kapitels der Preisfindung für Finanzprodukte zu, wie sie im Rahmen der grundlegenden Finanzmathematik von Louis Bachelier (1870–1946) vorgeschlagen wurde. Schließlich soll als eine zweite Anwendung aufgezeigt werden, wie die reellen Zahlen anstelle des axiomatischen Ansatzes, den wir in Abschn. 2.1 kennengelernt haben, mittels Folgen und Reihen konstruiert werden können.

3.1 Folgen

Betrachten wir die Zahlen $1, \frac{1}{2}, \frac{1}{3}, \ldots$ so liegt es auf der Hand zu fragen, welche Zahl *am Ende* stehen wird beziehungsweise stehen sollte. Wahrscheinlich würden die meisten Leser spontan und intuitiv auf den Wert 0 tippen, weil wir ja immer kleineren Zahlen begegnen. Ziel dieses Kapitels ist es, dieses intuitive Wissen mathematisch zu fundieren. Damit ist ein wirklicher Startpunkt für die Beschäftigung mit der Analysis gefunden, weil hierbei erstmals der Übergang zum Unendlichen auftaucht.

© Springer-Verlag GmbH Deutschland 2017
A. Hirn, C. Weiß, *Analysis – Grundlagen und Exkurse*,
https://doi.org/10.1007/978-3-662-55538-5_3

Definition 3.1. Eine **Folge in** $\mathbb{R}$ ist eine Abbildung $a : \mathbb{N} \to \mathbb{R}$ (oder $a : \mathbb{N}_0 \to \mathbb{R}$). Anstelle von $a(n)$ schreiben wir a_n und, falls auf die gesamte Folge Bezug genommen wird,

$$(a_n)_{n\in\mathbb{N}} = (a_1, a_2, a_3, \ldots).$$

Eine Folge ist also eine Auflistung von unendlich vielen, fortlaufend nummerierten reellen Zahlen.

Beispiel 3.2. Beispiele von Folgen sind die konstante Folge $a_n = 1$ für $n \in \mathbb{N}$, die aufsteigende Folge $b_n = n$ oder $c_n = \sqrt[n]{n}$ für $n \in \mathbb{N}$. Darüber hinaus ist es möglich, Folgen rekursiv zu definieren. Ein bekanntes Beispiel ist die sogenannte **Fibonacci-Folge**, die definiert ist durch $a_0 := 0$, $a_1 := 1$ und $a_{n+1} = a_n + a_{n-1}$ für $n \geq 1$ (siehe Aufgabe 3.1).

Sind $(a_n)_{n\in\mathbb{N}}, (b_n)_{n\in\mathbb{N}}$ Folgen in $\mathbb{R}$, so ist ihre Summe $(a_n)_{n\in\mathbb{N}} + (b_n)_{n\in\mathbb{N}}$ definiert durch $(a_n + b_n)_{n\in\mathbb{N}}$ und ihr Produkt $(a_n)_{n\in\mathbb{N}}(b_n)_{n\in\mathbb{N}}$ ist definiert durch $(a_n b_n)_{n\in\mathbb{N}}$.

Nullfolgen Eine Nullfolge nähert sich dem Wert null immer weiter an, muss ihn aber nicht notwendig annehmen. Diese Annäherung kann sehr schnell oder sehr langsam erfolgen, denn über die Geschwindigkeit macht die Definition keine Aussage.

Definition 3.3. Eine Folge $(a_n)_{n\in\mathbb{N}}$ in $\mathbb{R}$ heißt **Nullfolge**, wenn es zu jedem $\varepsilon > 0$ ein $N \in \mathbb{N}$ gibt, sodass $|a_n| < \varepsilon$ für alle $n > N$ ist.

Beispiel 3.4 (Die Mutter aller Nullfolgen). Die Folge $a_n = \frac{1}{n}$ ist eine Nullfolge: Es sei $\varepsilon > 0$. Dann existiert nach der Folgerung aus dem Satz von Archimedes 2.12 ein $N \in \mathbb{N}$ mit $\varepsilon > \frac{1}{N}$. Für $n \geq N$ gilt $|a_n| = a_n = \frac{1}{n} \leq \frac{1}{N} < \varepsilon$.

Ein gutes Stück schwächer als der Begriff der Nullfolge ist, wie man sich leicht klar macht, der Begriff der beschränkten Folge.

Definition 3.5. Eine Folge $(a_n)_{n\in\mathbb{N}}$ in $\mathbb{R}$ heißt **beschränkt**, wenn es ein $K \in \mathbb{R}$ gibt mit $|a_n| \leq K$ für alle $n \in \mathbb{N}$.

Summen und Produkte beschränkter Folgen sind ebenfalls beschränkt: Es seien $|a_n| \leq K$ und $|b_n| \leq L$ für alle $n \in \mathbb{N}$. Infolgedessen ist $|a_n + b_n| \leq K + L$ und $|a_n b_n| \leq KL$ für alle $n \in \mathbb{N}$ nach Satz 2.31. Einige zentrale Eigenschaften von Nullfolgen beschreibt der folgende Satz.

Satz 3.6 (Über Nullfolgen). *Es seien $(a_n)_{n\in\mathbb{N}}$ und $(b_n)_{n\in\mathbb{N}}$ zwei Folgen in $\mathbb{R}$.*

*(i) Ist $(a_n)_{n\in\mathbb{N}}$ eine Nullfolge und existiert ein $N_0 \in \mathbb{N}$ mit $|b_n| \leq |a_n|$ für alle $n \geq N_0$, so ist auch $(b_n)_{n\in\mathbb{N}}$ eine Nullfolge (**Majorantenkriterium für Folgen**).*

(ii) Sind $(a_n)_{n\in\mathbb{N}}$ und $(b_n)_{n\in\mathbb{N}}$ Nullfolgen, so ist auch $(a_n + b_n)_{n\in\mathbb{N}}$ eine Nullfolge.

(iii) Ist $(a_n)_{n\in\mathbb{N}}$ eine Nullfolge und $(b_n)_{n\in\mathbb{N}}$ beschränkt, dann ist $(a_n b_n)_{n\in\mathbb{N}}$ eine Nullfolge.

(iv) Ist $(a_n)_{n\in\mathbb{N}}$ eine Nullfolge und $a_n \geq 0$ für alle $n \in \mathbb{N}$, dann ist $(\sqrt[k]{a_n})_{n\in\mathbb{N}}$ eine Nullfolge für alle $k \in \mathbb{N}$.

Beweis. (i) Es seien $\varepsilon > 0$ und eine Nullfolge $(a_n)_{n\in\mathbb{N}}$ gegeben. Dann existiert ein $N \in \mathbb{N}$, sodass $|a_n| < \varepsilon$ für alle $n \geq N$ gilt. Für $n \geq \max\{N_0, N\}$ folgt $|b_n| \leq |a_n| < \varepsilon$ und damit ist auch $(b_n)_{n\in\mathbb{N}}$ eine Nullfolge.

(ii) Es sei $\varepsilon > 0$. Dann existiert ein $N_1 \in \mathbb{N}$, sodass $|a_n| < \frac{\varepsilon}{2}$ für alle $n \geq N_1$ und ein $N_2 \in \mathbb{N}$, sodass $|b_n| < \frac{\varepsilon}{2}$ für alle $n \geq N_2$. Für $n \geq \max\{N_1, N_2\}$ ist nach der Dreiecksungleichung 2.31

$$|a_n + b_n| \leq |a_n| + |b_n| < \frac{\varepsilon}{2} + \frac{\varepsilon}{2} < \varepsilon.$$

(iii) Es sei $|b_n| \leq K$ für alle $n \in \mathbb{N}$ und es sei $\varepsilon > 0$. Da $(a_n)_{n\in\mathbb{N}}$ eine Nullfolge ist, gibt es ein $N \in \mathbb{N}$ mit $|a_n| < \frac{\varepsilon}{K}$ für $n \geq N$. Für diese n ergibt sich

$$|a_n b_n| = |a_n||b_n| < \frac{\varepsilon}{K} K = \varepsilon.$$

(iv) Angenommen, $(\sqrt[k]{a_n})_{n\in\mathbb{N}}$ ist keine Nullfolge, so gibt es ein $\varepsilon > 0$, sodass zu jedem $N \in \mathbb{N}$ ein $n \geq N$ existiert mit $\sqrt[k]{a_n} \geq \varepsilon$, das heißt $a_n \geq \varepsilon^k > 0$. Deswegen ist auch $(a_n)_{n\in\mathbb{N}}$ keine Nullfolge. Dies ist ein Widerspruch. $\qquad\square$

Häufig wird bei der Folge der Zählindex weggelassen und es hat sich die einfache Schreibweise (a_n) anstelle von $(a_n)_{n\in\mathbb{N}}$ etabliert.

Konvergente Folgen Der Begriff der Nullfolge (Definition 3.3) kann derart verallgemeinert werden, dass auch die langfristige Annäherung einer Folge an einen anderen Wert als null adäquat beschrieben wird.

Definition 3.7. Eine Folge (x_n) in $\mathbb{R}$ besitzt den **Grenzwert** $a \in \mathbb{R}$, wenn $(x_n - a)$ eine Nullfolge ist. Eine Folge heißt **konvergent**, wenn sie einen Grenzwert besitzt, andernfalls **divergent**. Ist a der Grenzwert von (x_n), so schreibt man (**Limes der Folge**)

$$x_n \to a \ (n \to \infty) \quad \text{oder} \quad \lim_{n\to\infty} x_n = a.$$

Eine Folge besitzt höchstens einen Grenzwert, denn sind a, b Grenzwerte von (x_n), so folgt, dass $(x_n - a)$ und $(b - x_n)$ Nullfolgen sind und daher auch $(b - x_n) + (x_n - a)$ nach Satz 3.6. Also ist die konstante Folge $(b - a)$ eine Nullfolge und deswegen $b - a = 0$, das heißt $b = a$.

Die Aussage $a = \lim_{n\to\infty} x_n$ bedeutet, dass für alle $\varepsilon > 0$ ein $N \in \mathbb{N}$ existiert mit $|x_n - a| < \varepsilon$ für alle $n \geq N$. Letzteres ist nach der in Abschn. 2.3 eingeführten Sprechweise wiederum damit gleichbedeutend, dass jede ε-Umgebung von a alle bis auf endlich viele Folgenglieder von (x_n) enthält. Statt *alle bis auf endlich viele* sagt man oft auch **fast alle**. Kommen wir nun zu zwei ersten Beispielen konvergenter Folgen.

Beispiel 3.8.

(i) Behauptung: Für $|q| < 1$ gilt $q^n \to 0$ $(n \to \infty)$.

Beweis. Wegen $|q| < 1$ ist $\frac{1}{|q|} > 1$, das heißt $\frac{1}{|q|} = 1 + \delta$ mit $\delta > 0$. Nach der Bernoullischen Ungleichung 2.15 erhalten wir

$$\left(\frac{1}{|q|}\right)^n = (1 + \delta)^n \geq 1 + n\delta.$$

Durch Umstellung dieser Ungleichung sieht man, dass $|q|^n \leq \frac{1}{n\delta}$ gilt. Die Behauptung folgt mit dem Majorantenkriterium aus Satz 3.6 (i) und Beispiel 3.4. $\qquad\square$

(ii) Behauptung: $x_n := \sqrt[n]{n} \to 1$ $(n \to \infty)$.

Beweis. Es gilt $x_n^n = n$. Mit der binomischen Formel 2.19 leiten wir die Ungleichungskette

$$n = (1 + (x_n - 1))^n = \sum_{k=0}^{n} \binom{n}{k}(x_n - 1)^k 1^{n-k}$$

$$\geq \binom{n}{2}(x_n - 1)^2$$

$$= \frac{n(n-1)}{2}(x_n - 1)^2$$

ab. Durch Umformung dieser Ungleichung ergibt sich

$$(x_n - 1)^2 \leq 2\frac{1}{n-1}.$$

Nach dem Majorantenkriterium 3.6 (i) und Beispiel 3.4 ist also $(x_n-1)^2$ eine Nullfolge und nach Satz 3.6 (iv) ist auch $(x_n - 1)$ eine Nullfolge. $\qquad\square$

Satz 3.9 (Über konvergente Folgen). *Es seien $(x_n), (y_n)$ zwei Folgen in $\mathbb{R}$ mit $x_n \to a$ $(n \to \infty)$ und $y_n \to b$ $(n \to \infty)$. Es lassen sich folgende Aussagen treffen:*

(i) Die Folge (x_n) ist beschränkt.

(ii) Für die Summe gilt $x_n + y_n \to a + b$ $(n \to \infty)$.

(iii) Für das Produkt gilt $x_n y_n \to ab$ $(n \to \infty)$.

(iv) Für den Quotienten gilt $\frac{x_n}{y_n} \to \frac{a}{b}$ $(n \to \infty)$, falls $y_n \neq 0$ für alle n und $b \neq 0$ ist.

(v) *Für den Betrag gilt* $|x_n| \to |a|$ $(n \to \infty)$.

(vi) *Falls* $x_n \leq y_n$ *für alle n ist, dann ist* $a \leq b$.

Beweis. (i) Der Ausdruck $x_n = a + (x_n - a)$ ist eine Summe von beschränkten Folgen.

(ii) Man schreibt $(x_n + y_n - (a+b)) = (x_n - a) + (y_n - b)$. Dies ist als Summe von Nullfolgen selbst eine Nullfolge (Satz 3.6 (ii)).

(iii) Durch Umformung ergibt sich $(x_n y_n - ab) = ((x_n - a)y_n) + (a(y_n - b))$. Beide Summanden sind als Produkt aus einer Nullfolge und einer beschränkten Folge selber Nullfolgen (Satz 3.6 (ii) und (iii)).

(iv) Der Quotient ist $\frac{x_n}{y_n} = x_n \frac{1}{y_n}$ und nach (iii) genügt es daher die Folge $\frac{1}{y_n}$ zu betrachten. Es ist

$$\frac{1}{y_n} - \frac{1}{b} = \frac{b - y_n}{y_n b} = \frac{1}{y_n} \cdot \frac{1}{b} \cdot (b - y_n), \tag{3.1}$$

wobei die beiden letzten Faktoren des Produktes auf der rechten Seite von (3.1) eine beschränkte Folge und eine Nullfolge sind. Nach Satz 3.6 reicht es zu zeigen, dass $\frac{1}{y_n}$ eine beschränkte Folge ist. Wegen $y_n \to b$ $(n \to \infty)$ und $b \neq 0$ existiert zu $\varepsilon = \frac{|b|}{2} > 0$ ein $N \in \mathbb{N}$ mit $|y_n - b| \leq \frac{|b|}{2}$ für $n \geq N$. Daraus kann

$$|y_n| = |b + (y_n - b)| \geq |b| - |y_n - b| \geq \frac{|b|}{2}$$

für $n \geq N$ geschlossen werden. Somit folgt für $n \geq N$

$$\frac{1}{|y_n|} \leq \frac{2}{|b|}$$

und damit für alle $k \in \mathbb{N}$

$$\frac{1}{|y_k|} \leq \max \left\{ \frac{2}{|b|}, \frac{1}{|y_1|}, \ldots, \frac{1}{|y_N|} \right\}.$$

Dies bedeutet, dass die Folge $\left(\frac{1}{y_n} \right)$ beschränkt ist.

(v) Nach der umgekehrten Dreiecksungleichung 2.31 (v) ist $||x_n| - |a|| \leq |x_n - a|$ und das Majorantenkriterium (Satz 3.6) impliziert die Behauptung.

(vi) Es wird die Hilfsfolge $z_n := y_n - x_n \geq 0$ definiert. Dann konvergiert $|z_n| = z_n$ nach (ii) gegen $b - a$. Schließlich folgt aus (v), dass $|z_n| \to |b - a|$ $(n \to \infty)$ gilt und daher $b - a = |b - a| \geq 0$. $\qquad\square$

Beispiel 3.10.

(i) Es konvergiert $x_n := \frac{2n^2+1}{3n^2+2n+1} \to \frac{2}{3}$ $(n \to \infty)$, denn es gelten $\frac{2n^2+1}{3n^2+2n+1} = \frac{2+n^{-2}}{3+2n^{-1}+n^{-2}}$ und n^{-1}, $n^{-2} \to 0$ für $n \to \infty$, sodass sich nach Satz 3.9 (ii) und (iv) die Konvergenz $x_n \to \frac{2}{3}$ ergibt.

(ii) Es seien $a > 0$ und $x_n := \sqrt[n]{a}$. Behauptung: Es gilt $x_n \to 1$ $(n \to \infty)$.

Beweis. Es ist $x_n^n = a$. Sei zunächst $a \geq 1$. Damit ist auch $x_n \geq 1$ für alle $n \in \mathbb{N}$. Andererseits erhalten wir mit Proposition 2.15

$$a = x_n^n = (1 + (x_n - 1))^n \overset{\text{Proposition 2.15}}{\geq} 1 + n(x_n - 1).$$

Daraus folgern wir die Konvergenz

$$|x_n - 1| = x_n - 1 \leq \frac{a-1}{n} \to 0 \qquad (n \to \infty).$$

Ist jetzt $a < 1$, so ist $a^{-1} > 1$ und mit dem gerade Gezeigten ergibt sich $\sqrt[n]{a^{-1}} \to 1$. Schließlich resultiert aus Satz 3.9

$$\sqrt[n]{a} = \frac{1}{\sqrt[n]{a^{-1}}} \to \frac{1}{1} \qquad (n \to \infty). \qquad \square$$

Der Begriff Grenzwert bezog sich bisher nur auf endliche Werte. Davon soll nun abgerückt werden mithilfe des Begriffs des uneigentlichen Grenzwerts.

Definition 3.11. Eine Folge (x_n) in $\mathbb{R}$ **divergiert** gegen $+\infty$ (beziehungsweise $-\infty$), wenn es zu jedem $k \in \mathbb{R}$ ein $n_0 \in \mathbb{N}$ gibt mit $x_n \geq k$ (beziehungsweise $x_n \leq k$) für alle $n \geq n_0$. Die Werte $\pm\infty$ werden **uneigentliche Grenzwerte** genannt.

Betrachten wir wieder einige Beispiele.

Beispiel 3.12.

(i) Nach dem Satz von Archimedes 2.11 gilt

$$x_n = n \to +\infty \qquad (n \to \infty),$$

denn für alle $k \in \mathbb{R}$ existiert ein $n_0 \in \mathbb{N}$ mit $n_0 > k$ und daher ist $n \geq k$ für alle $n \geq n_0$.

(ii) Es sei $q > 1$. Unter dieser Bedingung folgt $x_n = q^n \to +\infty$ $(n \to \infty)$, denn nach der Bernoulli-Ungleichung 2.15 ist

$$q^n = (1 + (q - 1))^n \geq 1 + n(q - 1)$$

und $n(q - 1) \to \infty$ $(n \to \infty)$ nach (i).

(iii) Ist (x_n) eine Folge mit $x_n > 0$ für alle $n \in \mathbb{N}$, so ist $x_n \to +\infty$ $(n \to \infty)$ gleichbedeutend mit $\frac{1}{x_n} \to 0$ $(n \to \infty)$, denn $\frac{1}{x_n} < \varepsilon$ kann umgeformt werden zu $x_n > \varepsilon^{-1}$. Je kleiner jedoch $\varepsilon > 0$ ist, desto größer ist ε^{-1}.

Monotone Folgen Werden immer jeweils zwei benachbarte Folgenglieder verglichen, so ist es naheliegend zu fragen, ob es einen globalen Trend gibt, das heißt, ob die Folge immer größere Werte oder immer kleinere Werte annimmt. Diese Fragestellung führt zum Begriff der Monotonie.

Definition 3.13.

 (i) Eine Folge (x_n) in $\mathbb{R}$ heißt **monoton wachsend**, wenn $x_n \leq x_{n+1}$ für alle $n \in \mathbb{N}$ ist.
(ii) Eine Folge (x_n) in $\mathbb{R}$ heißt **streng monoton wachsend**, wenn $x_n < x_{n+1}$ für alle $n \in \mathbb{N}$ ist.

Entsprechend werden die Begriffe **(streng) monoton fallend** definiert. Bei monotonen Folgen gibt es ein handliches Kriterium, wann diese konvergent sind.

Satz 3.14. *Eine monoton wachsende (beziehungsweise fallende) Folge ist genau dann konvergent, wenn sie nach oben (beziehungsweise unten) beschränkt ist.*

Beweis. Ist eine konvergente Folge (x_n) gegeben, so folgt ihre Beschränktheit aus Satz 3.9. Umgekehrt sei (x_n) wachsend und es gebe $c \in \mathbb{R}$ mit $x_n \leq c$ für alle $n \in \mathbb{N}$. Wir betrachten die Menge

$$A := \{ x_n \mid n \in \mathbb{N} \} \neq \emptyset.$$

Diese ist nach oben beschränkt und deswegen existiert nach dem Vollständigkeitsaxiom das Element $a := \sup A$. Es ist nun $x_n \to a$ $(n \to \infty)$ zu zeigen: Sei $\varepsilon > 0$. Nach der Charakterisierung von sup gilt $x_n \leq a$ für alle $n \in \mathbb{N}$ und zu $a - \varepsilon < a$ existiert ein $n_0 \in \mathbb{N}$ mit $x_{n_0} > a - \varepsilon$. Wegen der Monotonie ist aber $x_n \geq x_{n_0} \geq a - \varepsilon$ für alle $n \geq n_0$, das heißt $a - \varepsilon \leq x_n \leq a$ für $n \geq n_0$ oder, schwächer formuliert, $|x_n - a| \leq \varepsilon$. $\square$

Intervallschachtelung Jetzt beschäftigen wir uns mit einer speziellen Art von Folgen, deren Werte nicht reelle Zahlen, sondern Intervalle sind. Dieses Konzept ermöglicht es, einen wesentlichen Unterschied zwischen den rationalen und den reellen Zahlen herauszuarbeiten.

Definition 3.15. Eine **Intervallschachtelung** ist eine Folge von abgeschlossenen Intervallen $I_n := [a_n, b_n]$ mit $a_n \leq b_n$ und $I_{n+1} \subset I_n$ für alle n. Wir setzen außerdem $|I_n| := b_n - a_n$, die **Länge des Intervalls**.

Der folgende Satz wird uns helfen, die Unterschiedlichkeit zwischen $\mathbb{Q}$ und $\mathbb{R}$ bezüglich ihrer Mächtigkeit, das heißt der *Anzahl ihrer Elemente*, zu verstehen. Der Beweis, dass beide Mengen nicht dieselbe Anzahl von Elementen besitzen, obwohl beide unendlich sind, geht letzten Endes auf Georg Cantor (1845–1918) zurück. Diese Erkenntnis bereitete Mathematikern lange Zeit Kopfzerbrechen und leistete historisch gesehen einen entscheidenden Beitrag zur Entwicklung der modernen Logik.

Satz 3.16. *Ist (I_n) eine Intervallschachtelung, dann ist $\bigcap_{n\in\mathbb{N}}I_n \neq \emptyset$. Gilt $|I_n| \to 0$ ($n \to \infty$), so enthält $\bigcap_{n\in\mathbb{N}}I_n$ nur einen Punkt.*

Beweis. Wegen $I_{n+1} \subset I_n$ ist $a_1 \leq a_n \leq a_{n+1} \leq b_{n+1} \leq b_n \leq b_1$ für alle $n \in \mathbb{N}$. Damit ist (a_n) eine monoton wachsende nach oben beschränkte Folge. Gemäß Satz 3.14 existiert $a := \lim_{n\to\infty} a_n = \sup\{a_n \mid n \in \mathbb{N}\}$. Analog existiert $b := \lim_{n\to\infty} b_n$ mit $b \leq b_n$ für alle $n \in \mathbb{N}$. Wegen $a_n \leq b_n$ für alle $n \in \mathbb{N}$ gilt $a \leq b$ nach Satz 3.9, das heißt $a_n \leq a \leq b \leq b_n$ für alle $n \in \mathbb{N}$. Damit sind $a, b \in I_n$ für alle $n \in \mathbb{N}$ und deswegen $a, b \in \bigcap_{n\in\mathbb{N}}I_n$. Wenn zusätzlich $|I_n| \to 0$ ($n \to \infty$) gilt und $c, d \in \bigcap_{n\in\mathbb{N}}I_n$ sind, so ergibt sich $a_n \leq c, d \leq b_n$ für alle $n \in \mathbb{N}$ und daher

$$0 \leq |c - d| \leq |b_n - a_n| \to 0 \qquad (n \to \infty).$$

Also ist $c = d$ und die Behauptung bewiesen. $\qquad\qquad\square$

Aus diesem Satz lässt sich die zentrale Erkenntnis ableiten, dass $[0, 1]$ *nicht* abzählbar ist:

Satz 3.17. *Das Intervall $[0, 1]$ ist nicht abzählbar.*

Beweis. Angenommen, es gäbe eine Folge $(x_n)_{n\in\mathbb{N}}$ mit $\{x_n \mid n \in \mathbb{N}\} = [0, 1]$. Es wird induktiv eine Intervallschachtelung (I_n) mit $x_n \notin I_n$ wie folgt definiert: Es gilt $x_1 \notin [0, \frac{1}{3}]$ oder $x_1 \notin [\frac{1}{3}, \frac{2}{3}]$ oder $x_1 \notin [\frac{2}{3}, 1]$. Man wählt I_1 entsprechend (natürlich ist es auch möglich, dass x_1 in zwei der Intervalle nicht liegt). Angenommen, es sind nun $I_1, I_2, \ldots, I_n$ mit $I_1 \supset I_2 \supset \ldots \supset I_n$ und $x_n \notin I_n$ gewählt. Anschließend wird I_n in 3 gleich lange Intervalle geteilt und eines davon gewählt, sodass $x_{n+1} \notin I_{n+1}$ ist. Laut Satz 3.16 existiert ein $a \in \bigcap_{n\in\mathbb{N}}I_n$, das heißt $a = x_{n_0}$ für ein $n_0 \in \mathbb{N}$. Dies ist ein Widerspruch, weil $x_{n_0} \notin I_n$ für alle $n \geq n_0$. $\square$

Die obige Aussage steht in einem engen Zusammenhang zur sogenannten **Kontinuums-Hypothese** von Cantor. Diese besagt, dass jede Teilmenge $A \subset \mathbb{R}$, die nicht abzählbar ist, gleichmächtig zu $\mathbb{R}$ ist. Kurt Gödel (1906–1978) und Paul Cohen (1934–2007) zeigten, dass die Kontinuums-Hypothese weder beweisbar (Gödel in [Göd44]) noch widerlegbar (Cohen in [Coh63] und [Coh64]), also unentscheidbar ist. Sie stellt damit das bekannteste Beispiel einer Behauptung dar, die anhand unseres üblichen logischen Systems (Zermelo-Fraenkel-Choice-Mengenlehre) nicht beantwortbar ist.

Häufungspunkte Ist der Limes einer Folge nicht eindeutig bestimmt, bleibt es mit einer etwas schwächeren Definition doch möglich, Punkte zu bestimmen, die sich ähnlich wie Grenzwerte verhalten.

Definition 3.18. Es sei (x_n) eine Folge in $\mathbb{R}$. Ein $a \in \mathbb{R}$ heißt **Häufungspunkt** von (x_n), wenn für jedes $\varepsilon > 0$ die Ungleichung $|x_n - a| < \varepsilon$ für unendlich viele n erfüllt ist.

Wir halten fest, dass, falls der Grenzwert einer Folge existiert, dieser immer ihr einziger Häufungspunkt ist.

Beispiel 3.19.

(i) Die Folge $(x_n) = (-1)^n$ besitzt die Häufungspunkte 1 und -1, weil für alle $\varepsilon > 0$ gilt $|x_n - 1| < \varepsilon$ für alle geraden n und $|x_n - (-1)| < \varepsilon$ für alle ungeraden n.

(ii) Die Folge $(x_n) = 2^{(-1)^n n}$ hat ausschließlich den Häufungspunkt 0, weil sie für gerade n den Wert 2^n annimmt und für ungerade n den Wert 2^{-n}.

(iii) Es sei (x_n) eine Abzählung von $\mathbb{Q}$. Behauptung: Die Häufungspunkte von (x_n) sind ganz $\mathbb{R}$.

> *Beweis.* Nach Satz 2.13 gibt es zu $a \in \mathbb{R}$ und $\varepsilon > 0$ zwei Elemente $p, q \in \mathbb{Q}$ mit $a - \varepsilon < p < a$ und $a < q < a + \varepsilon$. Nun wählt man ein $N \in \mathbb{N}$ und bildet die Folge $p_k := p + \frac{k}{N}(q - p)$ für $k = 0, \dots, N$. Dann ist $p_k \in \mathbb{Q}$ und $p_k \in (a - \varepsilon, a + \varepsilon)$, das heißt $(a - \varepsilon, a + \varepsilon)$ enthält N verschiedene rationale Zahlen. Weil $N \in \mathbb{N}$ beliebig war, enthält $(a - \varepsilon, a + \varepsilon)$ sogar unendlich viele rationale Zahlen und damit auch unendlich viele Folgenglieder von (x_n). $\qquad\Box$

Beispiel (iii) macht, insbesondere in Anbetracht der Überabzählbarkeit von $\mathbb{R}$, klar, dass eine Folge sehr viele Häufungspunkte haben kann und sogar mehr Häufungspunkte als sie selbst Folgenglieder besitzt. Die Überabzählbarkeit von $\mathbb{R}$ ist also eine ganz erstaunliche, intellektuell nur schwer zu erfassende Eigenschaft.

Teilfolgen Alternativ wäre es möglich gewesen, Häufungspunkte über sogenannte Teilfolgen zu definieren. Wie dies funktioniert, wird jetzt erörtert.

Definition 3.20.

(i) Eine **Auswahlfolge** ist eine streng monoton wachsende Folge in $\mathbb{N}$.

(ii) Es sei (x_n) eine beliebige Folge in $\mathbb{R}$. Eine **Teilfolge** von (x_n) ist eine Folge (y_k) mit $y_k = x_{n_k}$, $k \in \mathbb{N}$, wobei (n_k) eine Auswahlfolge ist.

Dadurch können Häufungspunkte auf eine alternative Weise charakterisiert werden.

Satz 3.21. *Es sei (x_n) eine Folge in $\mathbb{R}$ und $a \in \mathbb{R}$. Die Zahl a ist genau dann ein Häufungspunkt von (x_n), wenn es eine Teilfolge (x_{n_k}) von (x_n) mit $x_{n_k} \to a$ $(k \to \infty)$ gibt.*

Beweis. Es sei a ein Häufungspunkt von (x_n). Nun wird (n_k) induktiv folgendermaßen definiert: Für $k = 1$ wähle man n_1 minimal, sodass $|x_{n_1} - a| \le 1$ ist. Angenommen es sind

$n_1 < \ldots < n_k$ gewählt mit $|x_{n_j} - a| \leq \frac{1}{j}$ für $j = 1, \ldots, k$. Es gilt nach Voraussetzung, dass $|x_n - a| \leq \frac{1}{k+1}$ für unendlich viele n, das heißt

$$A_{k+1} := \left\{ n \in \mathbb{N} \mid n > n_k \text{ und } |x_n - a| \leq \frac{1}{k+1} \right\} \neq \emptyset.$$

Man setze $n_{k+1} := \min A_{k+1}$. Dann ist $n_{k+1} > n_k$ und $|x_{n_{k+1}} - a| \leq \frac{1}{k+1}$. Also ist (n_k) eine Auswahlfolge und $|x_{n_k} - a| \leq \frac{1}{k}$ für alle $k \in \mathbb{N}$. Nach dem Majorantenkriterium für Folgen (Satz 3.6) gilt $x_{n_k} \to a \ (k \to \infty)$.

Umgekehrt gelte $x_{n_k} \to a \ (k \to \infty)$ für eine Teilfolge von (x_n). Zu jedem $\varepsilon > 0$ existiert deswegen ein $K \in \mathbb{N}$ mit $|x_{n_k} - a| \leq \varepsilon$ für alle $k \geq K$, das heißt $|x_n - a| \leq \varepsilon$ für unendlich viele n, weil $\{ n_k \mid k \geq K \}$ eine Menge mit unendlich vielen Elementen ist. $\quad\square$

Eine der fundamentalen Erkenntnisse über Häufungspunkte ist ein Satz, der von Bernard Bolzano (1781–1848) und Karl Weierstraß (1815–1897) bewiesen wurde. Dieser besagt, dass jede beschränkte Folge mindestens einen Häufungspunkt besitzt.

Satz 3.22 (Satz von Bolzano-Weierstraß). *Jede beschränkte Folge in $\mathbb{R}$ besitzt mindestens einen Häufungspunkt und daher eine konvergente Teilfolge.*

Beweis. Die im Beweis durchgeführte Konstruktion hat eine gewisse Ähnlichkeit zum Beweis von Satz 3.17, wobei Intervalle hier jeweils nur in zwei statt drei Teile unterteilt werden (siehe Abb. 3.1). Sei (x_n) eine Folge in $\mathbb{R}$ mit $|x_n| \leq K$ für ein $K \geq 0$ und alle $n \in \mathbb{N}$. Wir definieren induktiv eine Folge von Intervallen $I_n = [a_n, b_n]$ der Länge $|I_n| = \frac{2K}{2^{n-1}}$ mit $I_{n+1} \subset I_n$ und $x_j \in I_n$ für unendlich viele $j \in \mathbb{N}$.

Für $n = 1$ setzt man $I_1 = [-K, K]$. Angenommen, $I_1, \ldots, I_n$ sind mit obigen Eigenschaften gewählt. Ist $I_n = [a_n, b_n]$, so definieren wir $c_n := \frac{1}{2}(a_n + b_n)$. Es gilt $x_j \in [a_n, c_n]$ oder $x_j \in [c_n, b_n]$ für unendlich viele j. Entsprechend werde I_{n+1} gewählt. Damit ist die

Abb. 3.1 Intervallschachtelung im Beweis des Satzes von Bolzano-Weierstraß

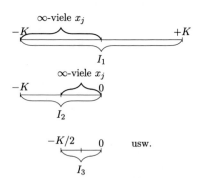

Intervallschachtelung (I_n) wohldefiniert. Laut Satz 3.16 existiert ein $a \in \cap_{n\in\mathbb{N}}I_n$. Wir zeigen jetzt, dass a ein Häufungspunkt der Folge (x_n) ist. Sei dazu $\varepsilon > 0$. Man wähle ein $N \in \mathbb{N}$ derart, dass $|I_N| < \varepsilon$ gilt. Dann ist $a \in I_N$ und es gibt unendlich viele j mit $x_j \in I_N$. Damit ist $|x_j - a| \leq |I_N| < \varepsilon$ für unendlich viele j, was bedeutet, dass a ein Häufungspunkt ist. $\qquad\square$

Es sei nun (x_n) eine beschränkte Folge in $\mathbb{R}$ mit $|x_n| \leq K$ für alle n und es sei H die Menge der Häufungspunkte von (x_n). Nach dem Satz von Bolzano-Weierstraß 3.22 ist $H \neq \emptyset$. Es gilt $|a| \leq K$ für alle $a \in H$, denn zu $a \in H$ existiert eine Teilfolge (x_{n_k}) mit $x_{n_k} \to a$ $(k \to \infty)$. Wegen $-K \leq x_{n_k} \leq K$ ist $-K \leq a \leq K$ nach Satz 3.9. Die Menge H ist also beschränkt. Daher existieren $\sup H$ und $\inf H$. Dies führt zu folgender Begriffsbildung:

$$\limsup_{n\to\infty} x_n := \overline{\lim} x_n := \sup H \quad \textbf{(Limes superior)} \quad \text{und}$$

$$\liminf_{n\to\infty} x_n := \underline{\lim} x_n := \inf H \quad \textbf{(Limes inferior)}.$$

Lemma 3.23. *Limes superior und Limes inferior sind Häufungspunkte von (x_n), das heißt,* $\sup H = \max H$ *und* $\inf H = \min H$.

Beweis. Sei $s := \sup H$. Nach der Charakterisierung des Supremums existiert zu $\varepsilon > 0$ ein $a \in H$ mit $s - \frac{\varepsilon}{2} < a \leq s$. Weil $a \in H$ ist, gilt $|x_n - a| < \frac{\varepsilon}{2}$ für unendlich viele n. Damit folgt

$$|x_n - s| \leq |x_n - a| + |a - s| < \frac{\varepsilon}{2} + \frac{\varepsilon}{2} = \varepsilon$$

für unendlich viele $n \in \mathbb{N}$. Daher ist $s \in H$. $\qquad\square$

Wir können die Begriffe Limes superior und Limes inferior auch auf eine andere Art beschreiben.

Satz 3.24 (Charakterisierung von $\limsup$ **und** $\liminf$**).** *Es seien (a_n) eine beschränkte Folge in $\mathbb{R}$ und $s, S \in \mathbb{R}$. Es ist $S = \limsup_{n\to\infty} a_n$ genau dann, wenn für alle $\varepsilon > 0$ gilt, dass $a_n \geq S - \varepsilon$ für unendlich viele n ist, aber $a_n \geq S + \varepsilon$ nur für endlich viele n. Analog ist $s = \liminf_{n\to\infty} a_n$ genau dann, wenn für alle $\varepsilon > 0$ gilt, dass $a_n \leq s + \varepsilon$ für unendlich viele n ist, aber $a_n \leq s - \varepsilon$ nur für endlich viele n.*

Beweis. Es genügt, den Beweis für $\limsup$ zu führen, weil der Beweis für $\liminf$ analog verläuft. Es sei S der Limes superior von (a_n). Wir führen einen Widerspruchsbeweis. Angenommen, es gäbe ein $\varepsilon > 0$, sodass $a_k \geq S - \varepsilon$ nur für endlich viele k ist. Es gilt dann $a_k < S - \varepsilon$ für alle $k \geq k_0$ und daher $\lim_{n\to\infty} a_{k_n} \leq S - \varepsilon$ für alle konvergenten Teilfolgen (a_{k_n}). Also sind alle Häufungspunkte kleiner gleich $S - \varepsilon$, insbesondere also

$\limsup a_k \leq S - \varepsilon$. Dies ist ein Widerspruch. Wird andererseits angenommen, dass es ein $\varepsilon > 0$ gibt, sodass $a_k \geq S + \varepsilon$ für unendlich viele k gilt, dann gibt es eine Auswahlfolge (k_n) mit $a_{k_n} \geq S + \varepsilon$ für alle n. Nach dem Satz von Bolzano-Weierstraß 3.22 ist (a_{k_n}) ohne Einschränkung eine konvergente Folge. Damit ist $\lim_{n \to \infty} a_{k_n} \geq S + \varepsilon$ und daher insbesondere $\limsup_{k \to \infty} a_k \geq S + \varepsilon$, was abermals ein Widerspruch ist.

Umgekehrt sei $\varepsilon > 0$ beliebig und die Folge (a_n) besitze die im Satz erwähnten Eigenschaften. Dann gibt es eine konvergente Teilfolge (a_{k_n}) mit $\lim_{n \to \infty} a_{k_n} \geq S - \varepsilon$. Deswegen ist $\limsup_{k \to \infty} a_k \geq S - \varepsilon$. Ferner gilt für jede konvergente Teilfolge (a_{k_n}), dass $\lim_{n \to \infty} a_{k_n} \leq S + \varepsilon$ ist und daher $\limsup_{k \to \infty} a_k \leq S + \varepsilon$. Weil $\varepsilon > 0$ beliebig war, folgt $\limsup_{k \to \infty} a_k = S$. $\qquad\square$

Cauchy-Folgen Eine Cauchy-Folge ist eine Folge, für die der Abstand der Folgenglieder, egal wie weit sie gemäß der Nummerierung der Folge auseinander liegen, nicht nur immer kleiner, sondern sogar beliebig klein wird. Sie sind nach dem französischen Mathematiker Augustin-Louis Cauchy (1789–1857) benannt, der einer der Urväter der Analysis ist.

Definition 3.25. Eine Folge (x_n) in $\mathbb{R}$ heißt **Cauchy-Folge**, wenn es zu jedem $\varepsilon > 0$ ein $N \in \mathbb{N}$ gibt mit $|x_n - x_m| < \varepsilon$ für alle $m, n \geq N$.

Satz 3.26 (Cauchysches Konvergenzkriterium). *Eine Folge (x_n) in $\mathbb{R}$ ist genau dann konvergent, wenn sie eine Cauchy-Folge ist.*

Beweis. Es gelte $x_n \to a$ $(n \to \infty)$. Zu $\varepsilon > 0$ existiert $N \in \mathbb{N}$ mit $|x_n - a| < \frac{\varepsilon}{2}$ für alle $n \geq N$. Damit gilt für $m, n \geq N$

$$|x_n - x_m| \leq |x_n - a| + |a - x_m| \leq \frac{\varepsilon}{2} + \frac{\varepsilon}{2} = \varepsilon,$$

das heißt, x_n ist eine Cauchy-Folge.

Es sei jetzt (x_n) eine Cauchy-Folge. Zu $\varepsilon = 1$ existiert ein $N \in \mathbb{N}$ mit $|x_n - x_m| \leq 1$ für alle $n, m \geq N$. Mit $m = N$ gilt

$$|x_n| \leq |x_n - x_N| + |x_N| \leq 1 + |x_N|$$

für $n \geq N$. Also folgt $|x_n| \leq 1 + \max\{|x_1|, \dots, |x_N|\}$ für alle $n \in \mathbb{N}$, das heißt, die Folge (x_n) ist beschränkt. Wegen des Satzes von Bolzano-Weierstraß 3.22 besitzt (x_n) einen Häufungspunkt $a \in \mathbb{R}$. Wir zeigen jetzt $x_n \to a$ $(n \to \infty)$. Sei $\varepsilon > 0$. Weil (x_n) eine Cauchy-Folge ist, existiert ein $N \in \mathbb{N}$ mit $|x_n - x_m| < \frac{\varepsilon}{2}$ für alle $n, m \geq N$. Da a ein Häufungspunkt von (x_n) ist, ist $|x_n - a| < \frac{\varepsilon}{2}$ für unendlich viele n, insbesondere auch für ein $n_0 > N$. Wählt man $m = n_0$, so gilt nach der Dreiecksungleichung

$$|x_n - a| \leq |x_n - x_{n_0}| + |x_{n_0} - a| < \frac{\varepsilon}{2} + \frac{\varepsilon}{2} = \varepsilon$$

und damit die Behauptung. $\qquad\square$

Beispiel 3.27. Gegeben sei die Folge $a_n = \sqrt{n}$. Aus der Identität

$$(\sqrt{n+1} - \sqrt{n})(\sqrt{n+1} + \sqrt{n}) = n + 1 - n = 1$$

folgt, dass die Differenz zweier benachbarter Folgenglieder gegen null strebt:

$$\sqrt{n+1} - \sqrt{n} = \frac{1}{\sqrt{n+1} + \sqrt{n}} \to 0 \qquad (n \to \infty).$$

Jedoch ist die Folge $a_n = \sqrt{n}$ *keine* Cauchy-Folge.

3.2 Reihen

Wir kommen zu einer speziellen und sehr wichtigen Art von Folgen, nämlich Reihen. Anschaulich können Reihen als Summen mit unendlich vielen Summanden aufgefasst werden.

Definition 3.28. Es sei (a_k) eine Folge in $\mathbb{R}$. Die **Reihe**

$$\sum_{k=0}^{\infty} a_k$$

bezeichnet die Folge der **Partialsummen** (s_n)

$$s_n := \sum_{k=0}^{n} a_k.$$

Eine Reihe heißt **konvergent**, wenn (s_n) konvergent ist, andernfalls **divergent**. Ist die Reihe konvergent, so bezeichnet $\sum_{k=0}^{\infty} a_k$ auch den Grenzwert von (s_n).

Das Symbol $\sum_{k=0}^{\infty} a_k$ trägt somit zweierlei Bedeutungen: Einerseits repräsentiert es die Reihe als Folge von Partialsummen. Andererseits steht es im Falle von Konvergenz für den Grenzwert der Reihe. Die jeweils verwendete Bedeutung ergibt sich aus dem Kontext.

Beispiel 3.29. Die **geometrische Reihe**

$$\sum_{k=0}^{\infty} q^k = 1 + q + q^2 + q^3 + \ldots$$

ist konvergent für $|q| < 1$. Nach Beispiel 2.14 ist

$$s_n := \sum_{k=0}^{n} q^k = \frac{1 - q^{n+1}}{1 - q} = \frac{1}{1-q} - \frac{q^{n+1}}{1-q}$$

und wegen $|q| < 1$ gilt $q^{n+1} \to 0$ (Beispiel 3.8), also $s_n \to \frac{1}{1-q}$ $(n \to \infty)$.

In der Logik werden für eine Eigenschaft **notwendige Bedingungen** (das heißt, ohne diese Bedingung kann die Eigenschaft nicht gelten) und **hinreichende Bedingungen** (das heißt, falls ein Objekt die Bedingung erfüllt, besitzt sie automatisch die Eigenschaft) unterschieden. Während es, wie wir gleich sehen, einfach ist, ein notwendiges Kriterium für die Konvergenz von Reihen zu finden, ist es im Allgemeinen sehr schwierig zu entscheiden, ob eine Reihe, die dieses notwendige Kriterium erfüllt, tatsächlich konvergent ist.

Satz 3.30 (Notwendiges Kriterium für die Konvergenz von Reihen). *Konvergiert* $\sum_{k=0}^{\infty} a_k$, *so gilt* $a_k \to 0 \ (k \to \infty)$.

Beweis. Es sei $s_n := \sum_{k=0}^{n} a_k$ und es gelte $s_n \to s \ (n \to \infty)$. Daher folgt $s_{n+1} \to s$ $(n \to \infty)$ und somit $a_{n+1} = s_{n+1} - s_n \to s - s = 0 \ (n \to \infty)$. $\qquad\square$

Wir betrachten nun drei Beispiele von Reihen, von denen lediglich eine konvergent ist.

Beispiel 3.31.

(i) Die Reihe $\sum_{k=0}^{\infty} q^k$ konvergiert nach Satz 3.30 für $|q| > 1$ nicht, weil $q^n \not\to 0$ gilt (Proposition 2.15).

(ii) Die **harmonische Reihe** $\sum_{k=1}^{\infty} \frac{1}{k}$ erfüllt das Kriterium von Satz 3.30, aber konvergiert *nicht*: Es sei $s_n := \sum_{k=1}^{n} \frac{1}{k}$. Dann ist

$$s_{2^{n+1}} - s_{2^n} = \frac{1}{2^n + 1} + \frac{1}{2^n + 2} + \ldots + \frac{1}{2^n + 2^n}$$
$$\geq 2^n \frac{1}{2^{n+1}} = \frac{1}{2}$$

und das Cauchysche Konvergenzkriterium 3.26 ist für (s_n) nicht erfüllt.

(iii) Im Gegensatz dazu konvergiert die Reihe $\sum_{k=1}^{\infty} \frac{1}{k^2}$, denn wird $s_n := \sum_{k=1}^{n} \frac{1}{k^2}$ für $n \in \mathbb{N}$ und $s_0 := 0$ gesetzt, dann gilt

$$s_{2^{n+1}-1} - s_{2^n-1} = \frac{1}{(2^n)^2} + \frac{1}{(2^n + 1)^2} + \ldots + \frac{1}{(2^n + 2^n - 1)^2}$$
$$< 2^n \frac{1}{2^{2n}} = \left(\frac{1}{2}\right)^n,$$

sowie folglich folgende Abschätzung für die $(2^{n+1} - 1)$-te Partialsumme:

$$s_{2^{n+1}-1} = \sum_{k=0}^{n} (s_{2^{k+1}-1} - s_{2^k-1}) \leq \sum_{k=0}^{n} \left(\frac{1}{2}\right)^k. \tag{3.2}$$

Die Summe in (3.2) wird über Differenzen gebildet, sodass sich je zwei Summanden gegenseitig aufheben und nur der erste sowie letzte Summand übrigbleiben. Eine

Summe dieser Bauart wird auch **Teleskopsumme** genannt. Damit kann die Reihe durch

$$\sum_{k=1}^{\infty} \frac{1}{k^2} = \lim_{n \to \infty} s_{2^{n+1}-1} \overset{(3.2)}{\leq} \sum_{k=0}^{\infty} \left(\frac{1}{2}\right)^k \overset{\text{Beispiel 3.29}}{=} 2$$

abgeschätzt werden. Offenbar muss der Grenzwert der Reihe kleiner gleich 2 sein. Diese Abschätzung ist gar nicht schlecht, denn nach einem berühmten Resultat, das auf den schweizerischen Mathematiker Leonhard Euler (1707–1783) zurückgeht, ist der Grenzwert der Reihe genau $\frac{\pi^2}{6}$. Diese Aussage erfordert jedoch tiefer gehende Argumente (Übungsaufgabe 6.10).

Aus den bekannten Kriterien über die Konvergenz von Folgen lassen sich folgende Aussagen für Reihen ableiten:

(i) Eine Reihe $\sum_{k=0}^{\infty} a_k$ mit $a_k \geq 0$ für alle $k \in \mathbb{N}_0$ ist genau dann konvergent, wenn die Folge der Partialsummen (s_n) beschränkt ist, denn in diesem Fall ist (s_n) monoton wachsend (Satz von Bolzano-Weierstraß 3.22).

(ii) Nach dem Cauchy-Kriterium 3.26 ist $\sum_{k=0}^{\infty} a_k$ genau dann konvergent, wenn es zu jedem $\varepsilon > 0$ ein $N \in \mathbb{N}$ gibt mit $\left| \sum_{k=m}^{n} a_k \right| < \varepsilon$ für alle $m, n \geq N$.

Definition 3.32. Eine Reihe $\sum_{k=0}^{\infty} a_k$ heißt **absolut konvergent**, wenn $\sum_{k=0}^{\infty} |a_k|$ konvergent ist.

Ist eine Reihe absolut konvergent, so ist sie auch konvergent: Aus dem Cauchy-Kriterium 3.26 ergibt sich für $\sum_{k=0}^{\infty} |a_k|$, dass zu $\varepsilon > 0$ ein $N \in \mathbb{N}$ mit $\sum_{k=m}^{n} |a_k| < \varepsilon$ für alle $m, n \geq N$ existiert und damit wegen $\left| \sum_{k=m}^{n} a_k \right| \leq \sum_{k=m}^{n} |a_k|$ (Dreiecksungleichung) auch das Cauchy-Kriterium für die Reihe $\sum_{k=0}^{\infty} a_k$ erfüllt ist.

Satz 3.33 (Majorantenkriterium für Reihen). *Für die Reihen* $\sum_{k=0}^{\infty} a_k$ *und* $\sum_{k=0}^{\infty} b_k$ *gebe es ein* $k_0 \in \mathbb{N}$ *mit* $|a_k| \leq b_k$ *für alle* $k \geq k_0$. *Ist* $\sum_{k=0}^{\infty} b_k$ *konvergent, so konvergiert auch* $\sum_{k=0}^{\infty} a_k$ *absolut.*

Beweis. Für $n \geq k_0$ gilt

$$\sum_{k=0}^{n} |a_k| \leq \sum_{k=0}^{k_0-1} |a_k| + \sum_{k=k_0}^{n} b_k \leq \sum_{k=0}^{k_0-1} |a_k| + \sum_{k=k_0}^{\infty} b_k < \infty$$

und damit ist $\sum_{k=0}^{n} |a_k|$ beschränkt. Daher ist die Reihe absolut konvergent. □

Aus dem Majorantenkriterium 3.33 ergeben sich unter Verwendung der Konvergenz der geometrischen Reihe (Beispiel 3.29) zwei besonders handliche Kriterien, mit denen Reihen auf absolute Konvergenz überprüft werden können.

Folgerung 3.34.

(i) Gibt es ein $n_0 \in \mathbb{N}$ und $q \in [0, 1)$ mit $\sqrt[k]{|a_k|} \leq q$ für alle $k \geq n_0$, dann ist $\sum_{k=0}^{\infty} a_k$ absolut konvergent **(Wurzel-Kriterium)**.

(ii) Gibt es ein $k_0 \in \mathbb{N}$ und $q \in [0, 1)$ mit $a_k \neq 0$ und $\frac{|a_{k+1}|}{|a_k|} \leq q$ für alle $k \geq k_0$, dann ist $\sum_{k=0}^{\infty} a_k$ absolut konvergent **(Quotienten-Kriterium)**.

Beweis. (i) Weil $\sqrt[k]{|a_k|} \leq q$ ist, gilt $|a_k| \leq q^k$. Das Majorantenkriterium 3.33 mit $b_k = q^k$ liefert die Behauptung, denn $\sum_{k=0}^{\infty} q^k$ ist nach Beispiel 3.29 eine konvergente Majorante.

(ii) Es wird zunächst induktiv gezeigt, dass

$$|a_{k_0+l}| \leq q^l |a_{k_0}|.$$

Für $l = 1$ ist diese Aussage nach Annahme richtig. Angenommen, die Aussage sei für ein $l \in \mathbb{N}$ richtig. Es ist

$$|a_{k_0+l+1}| \leq q|a_{k_0+l}| \leq qq^l|a_{k_0}| = q^{l+1}|a_{k_0}|,$$

wobei im ersten Schritt die Voraussetzung des Quotienten-Kriteriums und im zweiten die Induktionsannahme benutzt wurde. Folglich gilt die Aussage für alle $l \in \mathbb{N}$, das heißt,

$$|a_{k_0+l}| \leq \frac{|a_{k_0}|}{q^{k_0}} q^{k_0+l} \qquad \text{für } l \in \mathbb{N}$$

oder anders ausgedrückt

$$|a_k| \leq \frac{|a_{k_0}|}{q^{k_0}} q^k \qquad \text{für } k > k_0.$$

In Anbetracht des Majorantenkriteriums 3.33 und der Konvergenz der geometrischen Reihe ist das Quotienten-Kriterium bewiesen. $\qquad\qquad\qquad\qquad\qquad\square$

Beispiel 3.35.

(i) Ob die Reihe $\sum_{k=1}^{\infty} \frac{1}{k^2}$ konvergiert, ist weder nach dem Wurzel-Kriterium noch nach dem Quotienten-Kriterium bestimmbar, weil einerseits laut Beispiel 3.8

$$\sqrt[k]{\frac{1}{k^2}} = \frac{1}{(\sqrt[k]{k})^2} \to 1 \qquad (k \to \infty)$$

gilt und andererseits

$$\frac{k^2}{(k+1)^2} = \left(\frac{1}{1+\frac{1}{k}}\right)^2 \to 1 \qquad (k \to \infty).$$

(ii) Die **Exponentialreihe** ist wie folgt definiert:

$$\exp(x) := \sum_{k=0}^{\infty} \frac{x^k}{k!}, \qquad x \in \mathbb{R}.$$

Sie ist nach dem Quotienten-Kriterium absolut konvergent, denn es ist

$$\frac{x^{k+1}}{(k+1)!} \cdot \frac{k!}{x^k} = \frac{x}{k+1},$$

das heißt, es existiert ein von x abhängiges $k_0 \in \mathbb{N}$ mit $\frac{|a_{k+1}|}{|a_k|} \leq \frac{1}{2}$ für $k \geq k_0$.

Mit der Charakterisierung von $\limsup$ aus Satz 3.24 lässt sich eine alternative Formulierung der beiden Kriterien angeben, nämlich

$$\limsup_{k \to \infty} \sqrt[k]{|a_k|} < 1 \qquad \textbf{(Wurzel-Kriterium)}$$

beziehungsweise

$$\limsup_{k \to \infty} \frac{|a_{k+1}|}{|a_k|} < 1 \qquad \textbf{(Quotienten-Kriterium)}.$$

Wir kommen zu einer weiteren ausgezeichneten Art von Reihen.

Definition 3.36. Eine Reihe $\sum_{k=0}^{\infty} (-1)^k a_k$ mit $a_k > 0$ heißt **alternierend**.

Die Besonderheit von alternierenden Reihen liegt in der Tatsache, dass die in Satz 3.30 beschriebene notwendige Konvergenzbedingung $a_k \to 0$ tatsächlich auch hinreichend ist.

Satz 3.37 (Leibniz-Kriterium). *Ist* (a_k) *eine monoton fallende Nullfolge, so konvergiert* $\sum_{k=0}^{\infty} (-1)^k a_k$.

Beweis. Es sei $s_n := \sum_{k=0}^{n} (-1)^k a_k$ die Folge der Partialsummen und es seien $m, n \in \mathbb{N}$ mit $n > m$ beliebig gewählt, etwa $n = m + k$ mit $k \in \mathbb{N}$. Wir schätzen $(-1)^{m+1}(s_n - s_m)$ nach oben durch

$$(-1)^{m+1}(s_n - s_m) = a_{m+1} \underbrace{- a_{m+2} + a_{m+3}}_{\leq 0} \underbrace{- a_{m+4} + \ldots}_{\leq 0} \pm a_{m+k} \leq a_{m+1} + a_{m+k}$$

und nach unten durch

$$(-1)^{m+1}(s_n - s_m) = \underbrace{a_{m+1} - a_{m+2}}_{\geq 0} + \underbrace{a_{m+3} - \ldots}_{\geq 0} \pm a_{m+k} \geq -a_{m+k}$$

ab. Damit folgt

$$|s_n - s_m| \leq a_{m+1} + a_{m+k}.$$

Für alle $\varepsilon > 0$ existiert darüber hinaus ein $m_0 \in \mathbb{N}$ mit $|a_m| < \varepsilon$ für alle $m \geq m_0$ und die Behauptung des Satzes resultiert mithilfe des Cauchy-Kriteriums 3.26. $\square$

Ein weiteres interessantes Konvergenzkriterium stellt das Cauchysche Verdichtungskriterium dar, dessen Beweis gemeinsam mit demjenigen der Folgerung dem Leser als Übungsaufgabe 3.9 überlassen sei.

Satz 3.38 (Cauchysches Verdichtungskriterium). *Es sei* (a_k) *eine monoton fallende Nullfolge. Die Reihe* $\sum\limits_{k=1}^{\infty} a_k$ *ist genau dann konvergent, wenn* $\sum\limits_{k=1}^{\infty} 2^k a_{2^k}$ *konvergent ist.*

Folgerung 3.39. Es sei $r \in \mathbb{Q}$. Die Reihe $\sum\limits_{k=1}^{\infty} \frac{1}{k^r}$ ist genau dann konvergent, wenn $r > 1$.

Zum Abschluss dieses Abschnitts machen wir noch eine Bemerkung hinsichtlich der Veränderung der Reihenfolge der Summanden einer Reihe. Gegeben sei eine Reihe $\sum_{n=0}^{\infty} a_n$ und eine bijektive Abbildung $\tau : \mathbb{N} \to \mathbb{N}$. Die Reihe $\sum_{n=0}^{\infty} a_{\tau(n)}$ heißt **Umordnung** von $\sum_{n=0}^{\infty} a_n$ und besteht aus denselben Summanden, die aber in einer anderen Reihenfolge aufsummiert werden. Anders als bei endlichen Summen kann es bei (unendlichen) Reihen passieren, dass diese trotz Konvergenz nach einer Umordnung nicht mehr denselben Grenzwert besitzen. Beispielsweise ist zwar die alternierende harmonische Reihe $\sum_{n=1}^{\infty} \frac{(-1)^n}{n}$ gemäß dem Leibniz-Kriterium 3.37 konvergent, aber es lässt sich zeigen (Übungsaufgabe 3.11), dass eine Umordnung $\tau(n)$ existiert mit

$$\sum_{n=1}^{\infty} \frac{(-1)^{\tau(n)}}{\tau(n)} = \infty.$$

Ist eine Reihe jedoch absolut konvergent, dann konvergiert auch jede Umordnung dieser Reihe absolut gegen denselben Grenzwert (Übungsaufgabe 3.10).

3.3   Konvergente Folgen in $\mathbb{R}^d$

Ersetzt man den Betrag auf $\mathbb{R}$ durch die euklidische Norm $|\cdot|$ auf $\mathbb{R}^d$ so können alle bisher aus diesem Kapitel bekannten Begriffe auf Folgen in $\mathbb{R}^d$ übertragen werden. Insbesondere trifft dies für **Nullfolgen, beschränkte Folgen, Grenzwerte, Häufungspunkte** und **Cauchy-Folgen** zu. Beispielsweise lautet die Definition von Häufungspunkten im $\mathbb{R}^d$: Ist $(x_n)_{n \in \mathbb{N}}$ eine Folge in $\mathbb{R}^d$ und $a \in \mathbb{R}^d$, so ist a ein Häufungspunkt von $(x_n)_{n \in \mathbb{N}}$, wenn für jedes $\varepsilon > 0$ die Ungleichung $|x_n - a| < \varepsilon$ für unendlich viele $n \in \mathbb{N}$ erfüllt ist (beziehungsweise falls eine Teilfolge $(x_{n_k})_{k \in \mathbb{N}}$ von (x_n) existiert mit $|x_{n_k} - a| \to 0$ ($k \to \infty$)). Ist $\|\cdot\|$ irgendeine zur euklidischen Norm äquivalente Norm, das heißt existiert ein $C > 0$ mit $\|x\| \leq C|x|$ und $|x| \leq C\|x\|$, so kann in den erwähnten Definitionen der euklidische Betrag durch $\|\cdot\|$ ersetzt werden. Zum Beispiel gilt laut dem Majorantenkriterium aus Satz 3.6, dass $|x_n| \to 0$ ($n \to \infty$) gleichbedeutend ist mit $\|x_n\| \to 0$ ($n \to \infty$).

Lemma 3.40. *Es seien (x_n) eine Folge in $\mathbb{R}^d$ und $a \in \mathbb{R}^d$. Komponentenweise sei $(x_n) = (x_{n,1}, \ldots, x_{n,d})$ und $a = (a_1, \ldots, a_d)$. Es konvergiert $x_n \to a$ ($n \to \infty$) genau dann, wenn $x_{n,j} \to a_j$ ($n \to \infty$) für alle $j = 1, \ldots, d$ gilt.*

Beweis. In Beispiel 2.43 wurde gezeigt, dass die l_1-Norm $\|\cdot\|_1$ äquivalent zur euklidischen Norm ist. Daher konvergiert $x_n \to a$ ($n \to \infty$) genau dann, wenn

$$\|x_n - a\|_1 = \sum_{j=1}^{d} |x_{n,j} - a_j| \to 0 \qquad (n \to \infty)$$

gilt. Letzteres ist wiederum genau dann der Fall, wenn $|x_{n,j} - a_j| \to 0$ ($n \to \infty$) für alle $j = 1, \ldots, d$ zutrifft. $\square$

Auch zwei zentrale Sätze des Kapitels über Folgen lassen sich auf den mehrdimensionalen Fall verallgemeinern.

Satz 3.41. *Der Satz von Bolzano-Weierstraß und das Cauchysche Konvergenzkriterium gelten im $\mathbb{R}^d$, das heißt,*

(i) Jede beschränkte Folge in $\mathbb{R}^d$ besitzt einen Häufungspunkt.
(ii) Alle Cauchy-Folgen in $\mathbb{R}^d$ sind konvergent.

Man sagt, dass eine Menge mit einer Metrik **vollständig** ist, falls jede Cauchy-Folge konvergent ist. Ein äußerst wichtiger Hinweis ist an dieser Stelle, dass diese *neue* Definition der Vollständigkeit via Cauchy-Folgen für $\mathbb{R}$ äquivalent zum Vollständigkeitsaxiom aus Abschn. 2.1 ist. Der Beweis dieser Aussage ist eine Übungsaufgabe (Aufgabe 3.16). Es ist nicht selbstverständlich, dass eine Menge vollständig ist. Diese zentrale Eigenschaft muss stets nachgewiesen werden, was oft nicht trivial ist. Natürlich gibt es auch Beispiele von Mengen, die nicht vollständig sind, etwa die rationalen Zahlen $\mathbb{Q}$.

Beweis von Satz 3.41:. (i) Es sei (x_n) eine beschränkte Folge in $\mathbb{R}^d$, das heißt, es gebe ein $K \in \mathbb{R}$ mit $|x_n| \leq K$ für alle $n \in \mathbb{N}$. Insbesondere ist $|x_{n,j}| \leq K$ für alle n und alle Vektorkomponenten $j = 1, \ldots, d$. Nach dem Satz 3.22 von Bolzano-Weierstraß in $\mathbb{R}$ besitzt $(x_{n,1})$ eine konvergente Teilfolge $(x_{n_k,1})_{k \in \mathbb{N}}$. Ebenso besitzt $(x_{n_k,2})_{k \in \mathbb{N}}$ eine konvergente Teilfolge $(x_{n_{k_l},2})_{l \in \mathbb{N}}$ und $(x_{n_{k_l},1})_{l \in \mathbb{N}}$ bleibt konvergent. Induktiv findet man (nach d Schritten) eine

Teilfolge (y_k) von (x_n), sodass $(y_{k,j})$ für $j = 1, \ldots, d$ konvergent ist. Lemma 3.40 impliziert in dieser Situation die Behauptung.

(ii) Es sei (x_n) eine Cauchy-Folge in $\mathbb{R}^d$. Für alle $\varepsilon > 0$ existiert ein n_0 mit

$$\|x_n - x_m\|_1 = \sum_{j=1}^{d} |x_{n,j} - x_{m,j}| < \varepsilon \qquad \text{für } m, n \geq n_0.$$

Also ist $(x_{n,j})$ eine Cauchy-Folge für $j = 1, \ldots, d$ und damit auch konvergent. Mit anderen Worten existiert $a_j := \lim_{n \to \infty} x_{n,j}$ für $j = 1, \ldots, d$. Mit $a := (a_1, \ldots, a_d)$ gilt $x_n \to a$ $(n \to \infty)$. $\qquad\qquad\qquad\qquad\qquad\qquad\qquad\qquad\qquad\qquad\qquad\qquad\qquad\qquad\qquad\quad\square$

Wie bereits in Abschn. 2.4 angekündigt, kann nun relativ unaufwendig bewiesen werden, dass in der Tat alle Normen auf $\mathbb{R}^d$ äquivalent sind.

Satz 3.42. *Jede Norm auf $\mathbb{R}^d$ ist äquivalent zur euklidischen Norm. Daher sind zwei beliebige Normen auf $\mathbb{R}^d$ stets äquivalent.*

Beweis. Es sei $\|\cdot\|$ eine beliebige Norm auf $\mathbb{R}^d$ und $|\cdot|$ die euklidische Norm. Sei $\{e_1, \ldots, e_d\}$ die Standardbasis von $\mathbb{R}^d$, das heißt, $e_{k,i} = 1$ falls $k = i$ und $e_{k,i} = 0$ sonst (siehe Kap. 10). Für $x = (x_1, \ldots, x_d)$ gilt $x = \sum_{j=1}^{d} x_j e_j$ und es ist

$$\|x\| = \left\| \sum_{j=1}^{d} x_j e_j \right\| \leq \sum_{j=1}^{d} |x_j|\, \|e_j\| \overset{\text{Proposition 2.42}}{\leq} \underbrace{\left(\sum_{j=1}^{d} |x_j|^2 \right)^{\frac{1}{2}}}_{=|x|} \underbrace{\left(\sum_{j=1}^{d} \|e_j\|^2 \right)^{\frac{1}{2}}}_{=:C_1 \in \mathbb{R}}.$$

Es ist noch zu zeigen, dass ein $C_2 \in \mathbb{R}$ existiert mit $|x| \leq C_2 \|x\|$ für alle $x \in \mathbb{R}$. Die Behauptung folgt daraufhin mit $C := \max\{C_1, C_2\}$. Angenommen, es existiert kein solches C_2. Dann gibt es zu jedem $n \in \mathbb{N}$ ein $x_n \in \mathbb{R}^d$ mit $|x_n| > n\|x_n\|$ beziehungsweise

$$1 > n \| \underbrace{|x_n|^{-1} x_n}_{=:y_n} \|.$$

Also sind $\|y_n\| < \frac{1}{n}$ sowie $|y_n| = 1$ und damit ist (y_n) eine beschränkte Folge für die euklidische Norm, die laut dem Satz von Bolzano-Weierstraß 3.41 eine konvergente Teilfolge (y_{n_k}) mit $y_{n_k} \to a \, (k \to \infty)$ besitzt. Aufgrund der umgekehrten Dreiecksungleichung folgt

$$\left| |a| - \underbrace{|y_{n_k}|}_{=1} \right| \leq |a - y_{n_k}| \to 0 \qquad (k \to \infty),$$

also $|a| = 1$. Andererseits impliziert

$$\|a - y_{n_k}\| \leq C_1 |a - y_{n_k}| \to 0 \qquad (k \to \infty),$$

dass $\|a\| \leq \|a - y_{n_k}\| + \|y_{n_k}\| \to 0$ ($k \to \infty$). Damit ergibt sich $\|a\| = 0$ und $a = 0$ im Widerspruch zu $|a| = 1$. $\qquad\qquad\square$

Es ist keineswegs eine Selbstverständlichkeit, dass je zwei Normen auf einem Vektorraum äquivalent sind, wie das folgende Beispiel auf einem unendlich-dimensionalen Vektorraum zeigt.

Beispiel 3.43. Eine Folge (x_n) heißt **endlich**, wenn $x_n = 0$ bis auf endlich viele n ist. Es bezeichne V den Vektorraum aller endlichen Folgen. Für $x = (x_n)$ definieren wir die Normen

$$|x| := \left(\sum_{j=1}^{\infty} x_j^2 \right)^{\frac{1}{2}}, \qquad \|x\| := \sum_{j=1}^{\infty} |x_j|.$$

Nun konstruieren wir (in für uns etwas unorthodoxer Schreibweise) eine Folge $(x^{(n)})_{n \in \mathbb{N}}$ in V mit $|x^{(n)}| \to 0$ ($n \to \infty$), aber $\|x^{(n)}\| \not\to 0$ ($n \to \infty$). Dazu setzen wir

$$x^{(n)} = \Big(\underbrace{0, \ldots, 0}_{2^n}, \frac{1}{2^n + 1}, \frac{1}{2^n + 2}, \ldots, \frac{1}{2^n + 2^n}, 0, 0, \ldots \Big).$$

Weil $\sum_{j=1}^{\infty} \frac{1}{j^2}$ konvergiert, ergibt sich einerseits

$$|x^{(n)}|^2 = \sum_{j=2^n+1}^{2^{n+1}} \frac{1}{j^2} \to 0 \qquad (n \to \infty).$$

Andererseits gilt aber $\|x^{(n)}\| \not\to 0$ wegen

$$\|x^{(n)}\| = \sum_{j=2^n+1}^{2^{n+1}} \frac{1}{j} \geq \frac{1}{2}.$$

3.4 Reihen in $\mathbb{R}^d$

Da wir bereits Folgen in $\mathbb{R}^d$ kennen, ist es der logische nächste Schritt auch den Begriff der Reihe auf höhere Dimensionen zu verallgemeinern. Ebenso wie für Folgen übertragen sich hier die wesentlichen Definitionen, etwa die der **Konvergenz** und die der **absoluten Konvergenz**. Beispielsweise ist eine Reihe $\sum_{k=0}^{\infty} a_k$ mit $a_k \in \mathbb{R}^d$ absolut konvergent, wenn

$\sum_{k=0}^{\infty}|a_k|$ konvergent ist. Absolute Konvergenz impliziert genau wie im Eindimensionalen Konvergenz: Falls $\sum_{k=0}^{\infty}|a_k|$ konvergiert, so existiert zu $\varepsilon > 0$ ein $k_0 \in \mathbb{N}$ mit $\sum_{k=m}^{n}|a_k| < \varepsilon$ für $m,n \geq k_0$. Deswegen ist $|\sum_{k=0}^{\infty}a_k| \leq \sum_{k=0}^{\infty}|a_k| \leq \varepsilon$ für $m,n \geq k_0$. Nach dem Cauchy-Kriterium 3.41 in $\mathbb{R}^d$ konvergiert also $\sum_{k=0}^{\infty}a_k$. Ferner gelten für Reihen in $\mathbb{R}^d$ das Majorantenkriterium (siehe Satz 3.33) und die daraus abgeleiteten Kriterien (Quotienten- und Wurzel-Kriterium, siehe Folgerung 3.34).

Beispiel 3.44. Für $q \in \mathbb{C}$ betrachten wir die Reihe $\sum_{k=0}^{\infty}q^k$. Für $k \in \mathbb{N}$ ist $|q^k| = |q|^k$ und daher $\sum_{k=0}^{\infty}|q|^k$ eine konvergente Majorante, falls $|q| < 1$ ist.

Potenzreihen Eine ausgezeichnete Klasse von Reihen bilden die sogenannten Potenzreihen, die vor allem in der komplexen Analysis, der *Funktionentheorie*, betrachtet werden. Potenzreihen werden, wie wir im Laufe dieses Buches sehen werden, oft genutzt, um andere Funktionen zu approximieren.

Definition 3.45. Eine **Potenzreihe** ist eine Reihe der Form

$$\sum_{k=0}^{\infty} a_k z^k$$

mit $a_k \in \mathbb{C}$ und $z \in \mathbb{C}$.

Die Frage, für welche $z \in \mathbb{C}$ eine Potenzreihe konvergiert, beantwortet der folgende Satz.

Satz 3.46 (Satz von Cauchy-Hadamard). *Zu der Potenzreihe $\sum_{k=0}^{\infty} a_k z^k$ gibt es eine eindeutig bestimmte Zahl $R \geq 0$ oder $R = +\infty$, sodass die Reihe für $|z| < R$ konvergiert und für $|z| > R$ nicht konvergiert, und zwar gilt*[1]

$$R = \left(\limsup_{k \to \infty} \sqrt[k]{|a_k|} \right)^{-1}.$$

Beweis. Nach dem Wurzel-Kriterium aus Folgerung 3.34 konvergiert die Reihe $\sum_{k=0}^{\infty} a_k z^k$ absolut, falls

$$\limsup_{k \to \infty} \sqrt[k]{|a_k z^k|} < 1.$$

Nun ist $|a_k z^k| = |a_k||z|^k$ und so $\sqrt[k]{|a_k z^k|} = \sqrt[k]{|a_k|}|z|$. Daher gilt

$$\limsup_{k \to \infty} \sqrt[k]{|a_k z^k|} = |z| \limsup_{k \to \infty} \sqrt[k]{|a_k|},$$

das heißt, es liegt absolute Konvergenz vor, falls $|z|R^{-1} < 1$ beziehungsweise $|z| < R$.

---

[1]Benannt nach den französischen Mathematikern Augustin-Louis Cauchy (1789–1857) und Jacques Hadamard (1865–1963).

Wird hingegen angenommen, dass die Potenzreihe $\sum_{k=0}^{\infty} a_k z^k$ konvergiert, gilt notwendigerweise $a_k z^k \to 0$ ($k \to \infty$). Folglich existiert ein $k_0 \in \mathbb{N}$, sodass $|a_k z^k| < 1$ für alle $k \geq k_0$. Dies bedeutet (Wurzelziehen auf beiden Seiten), dass $\sqrt[k]{|a_k z^k|} = |z| \sqrt[k]{|a_k|} < 1$ ist. Somit folgt

$$|z| \limsup_{k \to \infty} \sqrt[k]{|a_k|} < 1,$$

das heißt, $|z| < R$ mit R wie im Satz. $\square$

Beispiel 3.47. Die Potenzreihe $\sum_{k=1}^{\infty} k^p z^k$ mit $p \in \mathbb{Z}$ und $z \in \mathbb{C}$ ist nach Satz 3.46 absolut konvergent für $|z| < 1$, weil sich der Konvergenzradius als $R = 1$ ergibt gemäß

$$R^{-1} = \limsup_{k \to \infty} \sqrt[k]{|k^p|} = \limsup_{k \to \infty} \left(\sqrt[k]{k}\right)^p = \left(\lim_{k \to \infty} \sqrt[k]{k}\right)^p = 1.$$

Der Fall $|z| = 1$ muss gesondert behandelt werden: Sei also $z \in \mathbb{C}$ mit $|z| = 1$. Für $p \geq 0$ ist $k^p z^k$ keine Nullfolge und somit $\sum_{k=1}^{\infty} k^p z^k$ divergent. Für $p = -1$ konvergiert $\sum_{k=1}^{\infty} k^p z^k$ für $z \neq 1$ mit $|z| = 1$, nach Aufgabe 3.12. Für $p \leq -2$ ist $\sum_{k=1}^{\infty} k^p z^k$ absolut konvergent,

$$\sum_{k=1}^{\infty} |k^p z^k| = \sum_{k=1}^{\infty} k^{-|p|} < +\infty,$$

denn mit $\sum_{k=1}^{\infty} k^{-2}$ existiert eine konvergente Majorante.

Die wohl wichtigste Potenzreihe ist die Exponentialreihe, die als e-Funktion prinzipiell bereits aus der Schule bekannt ist (vielleicht ohne, dass sie dort je korrekt eingeführt wurde).

Beispiel 3.48. Die komplexe Exponentialreihe

$$\exp(z) := \sum_{k=0}^{\infty} \frac{z^k}{k!}$$

konvergiert für alle $z \in \mathbb{C}$, weil die reelle Exponentialreihe

$$\sum_{k=0}^{\infty} \frac{|z|^k}{k!}$$

für alle $|z| \in \mathbb{R}$ konvergiert (siehe Beispiel 3.35), das heißt, $R = +\infty$.

Im Folgenden soll die sogenannte **Funktionalgleichung der Exponentialfunktion**

$$\exp(z + w) = \exp(z) \exp(w) \qquad \text{für alle } z, w \in \mathbb{C} \tag{3.3}$$

bewiesen werden. Dazu muss das Produkt von zwei Reihen bestimmt werden. Für endliche Summen gilt bekanntlich

$$\left(\sum_{k=0}^{n} a_k\right)\left(\sum_{l=0}^{n} b_l\right) = \sum_{k,l=0}^{n} a_k b_l,$$

sodass man vermuten könnte, dass das Produkt zweier (unendlicher) Reihen $\sum_{k=0}^{\infty} a_k$ und $\sum_{l=0}^{\infty} b_l$ gerade $\sum_{k,l=0}^{\infty} a_k b_l$ ergibt. Dies ist jedoch *nicht* der Fall. Vielmehr erweist sich die Idee als nützlich, dass man zunächst die Summe $\sum_{k+l=n} a_k b_l$ für $n \in \mathbb{N}$ bildet und daraufhin über alle n summiert.

Satz 3.49 (Cauchyscher Multiplikationssatz). *Die Reihen* $\sum_{k=0}^{\infty} a_k$ *und* $\sum_{l=0}^{\infty} b_l$ *mit* $a_k, b_l \in$
$\mathbb{C}$ *seien absolut konvergent. Wird* $c_n := \sum_{k=0}^{n} a_k b_{n-k}$ *gesetzt, dann ist auch* $\sum_{n=0}^{\infty} c_n$ *absolut konvergent und es gilt*

$$\left(\sum_{k=0}^{\infty} a_k\right)\left(\sum_{l=0}^{\infty} b_l\right) = \sum_{n=0}^{\infty} c_n.$$

Beweis. Wir setzen $A = \sum_{k=0}^{\infty} a_k$ und $B = \sum_{l=0}^{\infty} b_l$. Ferner seien $\widetilde{A} = \sum_{k=0}^{\infty} |a_k|$ und $\widetilde{B} = \sum_{l=0}^{\infty} |b_l|$ die entsprechenden absolut konvergenten Reihen. Es ist

$$\sum_{n=0}^{N} |c_n| = \sum_{n=0}^{N} \left|\sum_{k=0}^{n} a_k b_{n-k}\right| \le \sum_{n=0}^{N}\sum_{k=0}^{n} |a_k||b_{n-k}|$$

$$\le \sum_{k,l \le N} |a_k||b_l| = \left(\sum_{k \le N} |a_k|\right)\left(\sum_{l \le N} |b_l|\right) \le \widetilde{A}\widetilde{B}$$

für alle $N \in \mathbb{N}$. Deswegen konvergiert $\sum_{n=0}^{\infty} |c_n|$. Zur Abkürzung werden definiert

$$C := \sum_{n=0}^{\infty} c_n$$

$$r_n := \sum_{k=0}^{n} a_k, \quad s_n := \sum_{l=0}^{n} b_l, \quad t_n := \sum_{m=0}^{n} c_m.$$

Demnach gilt $r_n \to A, s_n \to B, t_n \to C$ und $r_n s_n \to AB$ $(n \to \infty)$. Es genügt zu zeigen, dass $r_n s_n - t_n \to 0$ $(n \to \infty)$ konvergiert, denn dies impliziert

$$AB - C = (AB - r_n s_n) + (r_n s_n - t_n) + (t_n - C) \to 0 \qquad (n \to \infty),$$

das heißt, $AB = C$. Es ist

$$|r_n s_n - t_n| = \left|\sum_{k,l \le n} a_k b_l - \sum_{k+l \le n} a_k b_l\right| = \left|\sum_{k,l \le n,\, k+l > n} a_k b_l\right|$$

$$\le \sum_{k \le n,\, \frac{n}{2} < l \le n} |a_k||b_l| + \sum_{l \le n,\, \frac{n}{2} < k \le n} |a_k||b_l|.$$

Wegen $\sum_{k=0}^{n} |a_k| \leq \tilde{A}$ und $\sum_{l=0}^{n} |b_l| \leq \tilde{B}$ folgt daraus

$$|r_n s_n - t_n| = \tilde{A} \left(\sum_{\frac{n}{2} < l \leq n} |b_l| \right) + \tilde{B} \left(\sum_{\frac{n}{2} < k \leq n} |a_k| \right) \to 0 \qquad (n \to \infty).$$

Nach dem Majorantenkriterium für Reihen 3.33 folgt somit $|r_n s_n - t_n| \to 0 \ (n \to \infty)$. $\square$

Anwendung auf die Exponentialfunktion Jetzt haben wir das Werkzeug zur Verfügung, um das Produkt $\exp(z) \cdot \exp(w)$ für $z, w \in \mathbb{C}$ zu bestimmen. Es ist

$$\exp(z) = \sum_{k=0}^{\infty} \frac{z^k}{k!}, \qquad \exp(w) = \sum_{l=0}^{\infty} \frac{w^l}{l!}.$$

Gemäß Satz 3.49 wird das Cauchyprodukt berechnet: Es gilt nach dem Binomialsatz 2.19 in der Notation von Satz 3.49

$$c_n = \sum_{k=0}^{n} \frac{z^k}{k!} \frac{w^{n-k}}{(n-k)!} = \frac{1}{n!} \sum_{k=0}^{n} \left(n! \frac{z^k}{k!} \frac{w^{n-k}}{(n-k)!} \right)$$

$$= \frac{1}{n!} \sum_{k=0}^{n} \binom{n}{k} z^k w^{n-k} = \frac{1}{n!} (z+w)^n.$$

Damit folgt Gl. (3.3):

$$\exp(z) \exp(w) = \left(\sum_{k=0}^{\infty} \frac{z^k}{k!} \right) \left(\sum_{l=0}^{\infty} \frac{w^l}{l!} \right) = \sum_{n=0}^{\infty} \frac{(z+w)^n}{n!} = \exp(z+w).$$

Bemerkung 3.50. Aus der Funktionalgleichung der Exponentialfunktion folgt, dass $\exp(x) > 0$ ist für alle $x \in \mathbb{R}$, denn die Gleichung $\exp(x) \cdot \exp(-x) = \exp(0) = 1$ ist erfüllt und es ist per Definition klar, dass $\exp(x) > 0$ ist für $x > 0$. Weiterhin gilt $\exp(-z) = (\exp(z))^{-1}$.

Des Weiteren definieren wir die **Eulersche Zahl**

$$e := \exp(1).$$

Nach (3.3) gilt für alle $p, q \in \mathbb{N}$

$$e^p = e \cdot \ldots \cdot e = \exp(1) \cdot \ldots \cdot \exp(1) = \exp(p)$$

und $e^{\frac{p}{q}} = \sqrt[q]{e^p} = \exp(\frac{p}{q})$.

In Aufgabe 3.4 wird die Eulersche Zahl e alternativ als Grenzwert von $(1 + \frac{1}{n})^n$ für $n \to \infty$ eingeführt. Im Folgenden weisen wir nach, dass beide Definitionen übereinstimmen. Es stellt sich mit anderen Worten die Frage, ob Konvergenz im Sinne von

$$\left(1 + \frac{1}{n}\right)^n = \sum_{k=0}^{n} \binom{n}{k} \left(\frac{1}{n}\right)^k$$

$$= \sum_{k=0}^{n} \frac{n(n-1)\ldots(n-k+1)}{k!} \frac{1}{n^k}$$

$$= \sum_{k=0}^{n} \frac{1}{k!} 1 \underbrace{\left(1 - \frac{1}{n}\right)}_{\to 1} \cdot \ldots \cdot \underbrace{\left(1 - \frac{k-1}{n}\right)}_{\to 1} \overset{?}{\to} \sum_{k=0}^{\infty} \frac{1}{k!}$$

vorliegt. Dass dies in der Tat der Fall ist, zeigt folgende Überlegung, wofür wir einen abstrakten Rahmen wählen. Es ist eine Folge von Reihen $\sum_{k=0}^{\infty} a_k(n)$ mit $a_k(n) \to a_k$ ($n \to \infty$) für jedes n gegeben und die Frage ist, ob $\lim_{n \to \infty} \sum_{k=0}^{\infty} a_k(n) = \sum_{k=0}^{\infty} \lim_{n \to \infty} a_k(n)$ gilt. Der nächste Satz 3.51 beantwortet die Frage nach dem gliedweisen Grenzübergang unter den dort genannten Bedingungen positiv.

Satz 3.51 (Gliedweiser Grenzübergang von Reihen). *Für jedes $k \in \mathbb{N}$ sei $(a_k(n))_{n \in \mathbb{N}}$ eine konvergente Folge in $\mathbb{C}$. Ferner sei c_k eine reelle Folge mit $|a_k(n)| \leq c_k$ für alle $n, k \in \mathbb{N}$ und $\sum_{k=0}^{\infty} c_k$ konvergent. Unter diesen Voraussetzungen gilt*

$$\lim_{n \to \infty} \sum_{k=0}^{\infty} a_k(n) = \sum_{k=0}^{\infty} \lim_{n \to \infty} a_k(n).$$

Der Satz 3.51 kann auf die Folge

$$\left(1 + \frac{z}{n}\right)^n = \sum_{k=0}^{n} \binom{n}{k} \left(\frac{z}{n}\right)^k = \sum_{k=0}^{n} \frac{z^k}{k!} 1 \underbrace{\underbrace{\left(1 - \frac{1}{n}\right)}_{\leq 1} \cdot \ldots \cdot \underbrace{\left(1 - \frac{k-1}{n}\right)}_{\leq 1}}_{=:a_k(n)}$$

und $a_k(n) = 0$ für $k > n$ angewendet werden, denn es gilt $a_k(n) \to \frac{z^k}{k!}$ ($n \to \infty$) und $\sum_k c_k$ mit $c_k := \frac{|z|^k}{k!}$ ist eine konvergente Majorante (Beispiel 3.35). Mit Satz 3.51 folgt

$$\lim_{n \to \infty} \left(1 + \frac{z}{n}\right)^n = \lim_{n \to \infty} \sum_{k=0}^{\infty} a_k(n) \overset{\text{Satz 3.51}}{=} \sum_{k=0}^{\infty} \lim_{n \to \infty} a_k(n) = \sum_{k=0}^{\infty} \frac{z^k}{k!} = \exp(z).$$

Beweis von Satz 3.51. Sei $\alpha_k = \lim_{n \to \infty} a_k(n)$. Weil $|a_k(n)| \leq c_k$ für alle n ist, folgt $|\alpha_k| \leq c_k$ und daher konvergiert $\sum_{k=0}^{\infty} \alpha_k$ absolut nach dem Majorantenkriterium für Reihen 3.33.

Zu $\varepsilon > 0$ wähle man ein $k_0 \in \mathbb{N}$ mit $\sum_{k=k_0+1}^{\infty} c_k < \frac{\varepsilon}{3}$ und anschließend ein $n_0 \in \mathbb{N}$ mit $\sum_{k=0}^{k_0} |a_k(n) - \alpha_k| < \frac{\varepsilon}{3}$ für $n \geq n_0$. Für $n \geq n_0$ gilt dann

$$\left| \sum_{k=0}^{\infty} a_k(n) - \sum_{k=0}^{\infty} \alpha_k \right| = \left| \left(\sum_{k=0}^{k_0} a_k(n) - \sum_{k=0}^{k_0} \alpha_k \right) + \left(\sum_{k=k_0+1}^{\infty} a_k(n) - \sum_{k=k_0+1}^{\infty} \alpha_k \right) \right|$$

$$\leq \sum_{k=0}^{k_0} |a_k(n) - \alpha_k| + \sum_{k=k_0+1}^{\infty} |a_k(n)| + \sum_{k=k_0+1}^{\infty} |\alpha_k|$$

$$< \frac{\varepsilon}{3} + \frac{\varepsilon}{3} + \frac{\varepsilon}{3} = \varepsilon. \qquad \square$$

Beispiel 3.52. Der gliedweise Grenzübergang ist im Allgemeinen nicht immer möglich, wie dieses Gegenbeispiel zeigt: Es sei

$$s_n := \sum_{k=1}^{n} \frac{1}{k} \qquad \text{und} \qquad a_k(n) := \begin{cases} \frac{1}{s_n} \frac{1}{k} & \text{für } k \leq n \\ 0 & \text{für } k > n. \end{cases}$$

Dann ist für alle $n \in \mathbb{N}$

$$\sum_{k=1}^{\infty} a_k(n) = \sum_{k=1}^{n} a_k(n) = \frac{1}{s_n} \sum_{k=1}^{n} \frac{1}{k} = 1$$

und $a_k(n) \to 0$ $(n \to \infty)$, da $s_n \to \infty$ $(n \to \infty)$ gilt. Somit folgt aber

$$\sum_{k=1}^{\infty} \lim_{n \to \infty} a_k(n) = 0 \neq 1 = \lim_{n \to \infty} \sum_{k=1}^{\infty} a_k(n).$$

Der Grund für die Ungleichheit der Grenzwerte ist, dass wegen der Divergenz von $\sum \frac{1}{k}$ die gleichmäßige Beschränktheit der Folgenglieder nicht erfüllt ist.

3.5 Exkurs: Finanzmathematik*

Ist es besser, heute 100 Euro zu erhalten und in zehn Jahren 900 Euro oder nächstes Jahr 200 Euro und in neun Jahren 800 Euro? Entscheidungen dieser Art müssen täglich von Banken, Versicherungen, dem Finanzministerium, aber auch von jedem Einzelnen von uns getroffen werden. Natürlich bedarf es zur Abwägung einer vernünftigen Methode. Deshalb befasst sich die **Finanzmathematik** vornehmlich mit der Bewertung von Zahlungsströmen. In der grundlegenden Form bedient sie sich dabei der Theorie von Folgen und Reihen. Als praktische Abrundung dieses Kapitels wird deshalb an dieser Stelle eine kurze Einführung in die Grundlagen der Finanzmathematik präsentiert.

Die Ursprünge der Finanzmathematik gehen auf die Dissertation des Franzosen Louis Bachelier (1870–1946) zurück, in der dieser die Methode des **Barwerts** eines Zahlungsstroms, also einer Folge von Geldwerten, einführte. Diese Barwertmethode wollen wir nun erläutern.

Sei $(K_n)_{n\in\mathbb{N}}$ eine Folge in $\mathbb{R}$ von Geldwerten. Man kann sich diese Folge beispielsweise so vorstellen, dass man im Jahr j die Zahlung K_j – je nach Vorzeichen – erhält oder leisten muss. Weiterhin nehmen wir an, dass am Finanzmarkt der sichere **Zins** i erwirtschaftet werden kann. Praktisch entspricht dieser Zins für Banken oder Versicherungen mehr oder minder dem Leitzins der Zentralbank, bei uns der Europäischen Zentralbank EZB. Oft wird der Zins in der Anwendung auch aus den Renditen von sicheren (im Jahre 2017 beispielsweise deutschen oder schweizerischen) Staatsanleihen berechnet.

Wird zum Zeitpunkt 0 die Geldmenge K_0 angelegt, erhält man gemäß der skizzierten Logik zum Zeitpunkt 1 die (sichere) Zahlung $K_1 = K_0(1 + i)$. Mit anderen Worten bedeutet dies, dass man statt zum Zeitpunkt 1 die Zahlung K_1 zu erhalten zum Zeitpunkt 0 die Zahlung $K_1/(1 + i)$ erhalten und diese am Finanzmarkt anlegen könnte und im Zeitpunkt 1 jeweils gleich gut gestellt ist. Wenn Überlegungen dieser Art gültig sind, wird der zugrunde liegende Geldmarkt **arbitragefrei** genannt. Anstelle von $(1 + i)$ ist auch die Schreibweise $r = (1 + i)$ für den **Aufzinsungsfaktor** beziehungsweise $v = r^{-1}$ für den **Abzinsungsfaktor** üblich. Man beachte, dass hierbei implizit angenommen wird, dass die Zinsen auf Dauer konstant bleiben.[2]

Um herauszufinden, wie viel eine zukünftige Zahlung K_n zum Zeitpunkt n heute wert ist, muss diese Zahlung nach dem beschriebenen Konzept mit dem Faktor v^n abgezinst werden. Das Ergebnis ist per Definition der **Barwert** der Zahlung K_n. Im Übrigen erklärt genau diese Beobachtung, weshalb eine Zinssenkung der EZB regelmäßig ein Kursfeuerwerk an den Börsen auslöst: In Anbetracht der abgesenkten Zinskurve sind beispielsweise Aktien unterbewertet, denn durch den gesunkenen Abzinsungsfaktor sind unter anderem zukünftige Dividendenzahlungen heute mehr wert. Ihre Kurse steigen.

Mit dem vorhandenen Wissen können wir jeden beliebigen (sicheren) Zahlungsstrom bewerten. Als Anwendung der endlichen geometrischen Reihe aus Beispiel 2.14 ergibt sich für eine heute beginnende Rente der konstanten Höhe K, die man von heute an für weitere n Jahre erhält, beispielsweise der Barwert

---

[2]Es ist methodisch nicht wirklich schwierig diese Forderung fallen zu lassen. Hier sehen wir bereits eine Verallgemeinerungsmöglichkeit des Modells.

$$K \sum_{k=0}^{n} v^k = K \frac{1 - v^{n+1}}{1 - v}. \tag{3.4}$$

Eine private Rentenversicherung, die diese Rente zahlen muss, sollte infolgedessen genau den in Gl. 3.4 berechneten Betrag zum Beginn der Rente vorhalten, vorausgesetzt, dass die Sterblichkeit ignoriert wird.

Beispiel 3.53. Nehmen wir an, dass am Markt ein konstanter sicherer Zins von 1% erwirtschaftet werden kann. Was ist aus Sicht der Finanzmathematik besser:

(i) eine über den Zeitraum von ab heute bis in 9 Jahren jährlich ausgezahlte Rente in Höhe von 100 Euro oder
(ii) eine Einmalzahlung in Höhe von 950 Euro heute?

Der Barwert der heutigen Einmalzahlung beträgt offensichtlich 950 Euro. Zur Bewertung von (i) verwenden wir (3.4) mit $K = 100$, $v = 1/1,01$ und $n = 9$ und kommen auf einen Barwert von etwa $956,60$ Euro. Es ist aus Sicht der Finanzmathematik also rational, sich unter den gegebenen Bedingungen für die Rente zu entscheiden.

Überlegungen dieser Art spielen bei **Profitabilitätsrechnungen** von Banken oder Versicherungen in der Praxis eine große Rolle. Sie werden typischerweise vor der Einführung eines neuen Finanzmarktprodukts vom Emittenten durchgeführt.

Eine andere interessante Anwendung unseres Wissens über Folgen ist die **unterjährige Verzinsung**. Dieser Begriff bedeutet, dass anstelle der einmaligen Zinszahlung i pro Jahr insgesamt m mal pro Jahr die Zinszahlung $\frac{i}{m}$ (inklusive Zinseszinsen) erfolgt. Was passiert nun, wenn zu einer stetigen Verzinsung übergegangen wird, also m gegen unendlich geht? Gibt es dann auch unendlich große Zinszahlungen? Natürlich ist dies falsch, denn wir wissen bereits, dass nach Satz 3.51

$$\lim_{m \to \infty} \left(1 + \frac{i}{m}\right)^m = e^i$$

gilt, das heißt, dass eine stetige Verzinsung genau mit dem Faktor e^i pro Jahr erfolgt.

Wesentlich spannender ist es, Zahlungsströme unter Unsicherheit zu bewerten. Dies erfordert Methoden der **Wahrscheinlichkeitsrechnung (Stochastik)**, die uns erst im zweiten Band dieses Buches zur Verfügung stehen werden. Das vermutlich bekannteste Resultat in dieser Hinsicht ist die sogenannte **Black-Scholes-Formel**, die zum Auffinden des korrekten (beziehungsweise des in den Augen der Benutzer dieses Modells korrekten) Preises einer Option auf Aktien (Put oder Call) verwendet wird.

Eine deutschsprachige Einführung in die Finanzmathematik bietet beispielsweise das Buch [Alb07]. Weit umfangreicher ist auf dem Gebiet der Finanzmathematik das Angebot an englischsprachiger Literatur. Explizit zu empfehlen sind hier beispielsweise die Bücher [CZ07] und [Fil09], die die bestehende Theorie bis deutlich über das Black-Scholes-Modell hinaus entwickeln, jedoch auch einige Anforderungen an die Stochastik-Kenntnisse des Lesers stellen.

3.6 Exkurs: Konstruktion der reellen Zahlen*

Bereits in Abschn. 2.1 wurde die Tatsache thematisiert, dass wir die Existenz der reellen Zahlen mit ihren Axiomen gefordert haben. Unklar blieb jedoch die Antwort, ob diese Forderungen überhaupt zulässig beziehungsweise miteinander kompatibel sind. Beispielsweise könnte man auch auf die Idee kommen die Existenz der Menge

$$M := \left\{ x \in \mathbb{R} \mid x^2 < 0 \right\}$$

zu fordern (welche bekanntermaßen der leeren Menge entspricht). Gemeinsam mit den Axiomen, die in $\mathbb{R}$ gelten, würde dies somit auf ein widersprüchliches Axiomensystem führen. Es ist also von fundamentaler Bedeutung, dass wir, wenn wir von den reellen Zahlen sprechen, nicht nur (triviale) Aussagen über die leere Menge machen. Hierauf wollen wir in diesem Exkurs eingehen.

Die natürlichen Zahlen Am Anfang aller Überlegungen stehen die natürlichen Zahlen $\mathbb{N}$. Um eine in sich geschlossene Theorie zu erschaffen, muss auch deren Existenz letztendlich auf einige einfache Axiome zurückgeführt werden, die als allgemein *plausibel* aufgefasst werden und die zueinander widerspruchsfrei sind. Diese Pionierarbeit wurde, wie wir bereits in Kap. 1 diskutiert haben, mit den dort genannten Einschränkungen von Ernst Zermelo (1871–1953) und Abraham Fraenkel (1891–1965) zu Beginn des 20. Jahrhunderts geleistet. Eine hervorragende, wenn auch für den Anfänger nicht leicht verdauliche, Zusammenfassung der entsprechenden Grundlagen findet sich in [Dev12]. Ausgehend von deren abstrakter Mengenlehre sowie der Existenz der leeren Menge[3] lassen sich die natürlichen Zahlen via

$$0 := \emptyset, \quad 1 := \{0\}, \quad 2 := \{0, 1\}, \quad \ldots$$

definieren. Die natürlichen Zahlen sind mit anderen Worten rekursiv definiert durch $0 := \emptyset$ und $n + 1 := n \cup \{n\}$. Die Addition entspricht in der Zermelo-Fraenkel-Logik somit im Wesentlichen der Vereinigung von Mengen. Etwas aufwendiger ist es, die Multiplikation auf den natürlichen Zahlen einzuführen, was in der hier angerissenen Denkweise dadurch erfolgt, dass gezeigt wird, dass durch die Bedingungen

$$i \cdot 0 = 0, \quad i \cdot (j + 1) = (i \cdot j) + i,$$

---

[3] Dies ist eines der Axiome von Zermelo-Fraenkel.

eine eindeutig definierte Operation · gegeben ist (vergleiche zum Beispiel [Ebb03], Kap. V).

Die ganzen Zahlen Ausgehend hiervon lassen sich nun die ganzen sowie die rationalen Zahlen herleiten. Die Herausforderung bei der Definition der ganzen Zahlen liegt darin, dass der Begriff der Subtraktion noch nicht zur Verfügung steht: Auf $\mathbb{N}_0 \times \mathbb{N}_0$ wird eine Äquivalenzrelation (siehe Kap. 1) definiert durch

$$(m, n) \sim (m', n') :\Leftrightarrow m + n' = m' + n$$

und die ganzen Zahlen als

$$\mathbb{Z} := (\mathbb{N}_0 \times \mathbb{N}_0)/ \sim .$$

Die Motivation hinter dieser Definition ist wie folgt: Wenn wir das −, wie wir es gewohnt sind, verwenden, dann sind zwei Differenzen $m - n$ und $m' - n'$ genau dann gleich, wenn $m + n' = m' + n$ ist. In einem nächsten Schritt kann gezeigt werden, dass durch

$$[(a,b)] + [(c,d)] := [(a + c, b + d)], \quad [(a,b)] \cdot [(c,d)] = [(ac + bd, ad + bc)]$$

Addition und Multiplikation auf $\mathbb{Z}$ wohldefiniert sind. Das neutrale Element der Addition ist $[(0,0)]$, das neutrale Element der Multiplikation $[(1,0)]$. Die natürlichen Zahlen werden durch

$$\mathbb{N} \hookrightarrow \mathbb{Z}, \quad n \mapsto [(n,0)]$$

in die ganzen Zahlen eingebettet und es ist offensichtlich, dass jedes Element $[(a,b)] \in \mathbb{Z}$ das additiv inverse Element $[(b,a)] \in \mathbb{Z}$ besitzt. Die Subtraktion − ist durch die Addition des additiv inversen Elements definiert und es gilt, dass das additiv inverse Element einer Zahl durch Multiplikation ihrer selbst mit (-1) gegeben ist. Damit ist $\mathbb{Z}$ mit seinen bekannten Eigenschaften vollständig eingeführt und wir schreiben von nun an statt der Notation in Äquivalenzklassen wie gewohnt

$$Z = \mathbb{N} \cup \{0\} \cup -\mathbb{N}.$$

Wir können anhand dieser Sichtweise eindeutig sagen, wann eine Zahl größer als 0 ist (nämlich, wenn sie in $\mathbb{N}$ liegt) und wann sie kleiner als 0 ist (nämlich, wenn sie in $-\mathbb{N}$ liegt).

Die rationalen Zahlen Die rationalen Zahlen $\mathbb{Q}$ wiederum erfordern zusätzlich zur Subtraktion die Möglichkeit der Division, also die Existenz eines multiplikativ inversen Elements. Auch dies wird über eine Äquivalenzklassenkonstruktion erreicht. Auf $\mathbb{Z} \times \mathbb{Z}$ definieren wir eine Äquivalenzrelation durch

$$(a, b) \sim (c, d) :\Leftrightarrow ad = bc,$$

womit wir abermals zur Quotientenmenge

$$\mathbb{Q} := (\mathbb{Z} \times \mathbb{Z})/ \sim$$

übergehen können. Die Klassen von (a, b) werden – in der gewohnten Bruchschreibweise – mit $[a/b]$ bezeichnet. Man beachte, dass die Äquivalenzrelation genau dem Kürzen von Brüchen entspricht. Auf der Quotientenmenge definieren wir Addition und Multiplikation durch

$$[a/b] + [c/d] = [(ad + bc)/bd], \quad [a/b] \cdot [c/d] = [ac/bd].$$

Dadurch wird $\mathbb{Q}$ zu einem Körper mit den neutralen Elementen $[0/1]$ bezüglich der Addition und $[1/1]$ bezüglich der Multiplikation. Ist $[a/b] \in \mathbb{Q}$ mit $a \neq 0$ gegeben, dann ist dessen multiplikativ inverses Element $[b/a]$. Die Division durch ein Element $[a/b]$ entspricht der Multiplikation mit dem multiplikativ inversen Element. Mittels der Abbildung

$$\mathbb{Z} \hookrightarrow \mathbb{Q}, \quad a \mapsto [a/1]$$

wird $\mathbb{Z}$ in $\mathbb{Q}$ eingebettet. Es ist sogar möglich zu beweisen, dass $\mathbb{Q}$ der kleinste Körper ist, der $\mathbb{Z}$ enthält (siehe zum Beispiel [Lor96], Kap. 3). Auch die Anordnungsaxiome sind durch die Relation > (größer als) erfüllt, wobei man sich noch klar machen muss, wie sich > von $\mathbb{Z}$ auf $\mathbb{Q}$ fortsetzen lässt (Übungsaufgabe 3.16).

Die reellen Zahlen Als letzte Hürde, die zur Konstruktion von $\mathbb{R}$ noch genommen werden muss, bleibt das Vollständigkeitsaxiom. Beispielsweise besitzt die Menge

$$M := \left\{x \in \mathbb{Q} \mid x^2 < 2\right\}$$

keine kleinste obere Schranke in $\mathbb{Q}$. Letzten Endes liegt dieses Problem darin begründet, dass es eine Folge in $M \subset \mathbb{Q}$ gibt, die selbst zwar nicht in $\mathbb{Q}$ konvergiert, deren Quadrat aber gegen 2 konvergiert. Auch dem können wir mit einer Äquivalenzklassenkonstruktion begegnen.

Dazu betrachten wir die Menge C der Cauchy-Folgen (a_n) in $\mathbb{Q}$. Weil es in $\mathbb{Q}$ beliebig kleine Zahlen gibt, kann diese Definition ebenso wie die der Nullfolgen auch ohne (explizite oder implizite) Verwendung von $\mathbb{R}$ gemacht werden. Zwei Cauchy-Folgen (a_n) und (b_n) sind äquivalent, wenn ihre Differenz $(a_n - b_n)$ eine Nullfolge ist. Hierbei handelt es sich in der Tat um eine Äquivalenzrelation (Aufgabe 3.15). Dann ist

$$\mathbb{R} := C/ \sim,$$

worin wir diesmal $\mathbb{Q}$ durch

$$\mathbb{Q} \hookrightarrow \mathbb{R}, \quad a \mapsto [(a_n) \mid a_n = a \ \forall n]$$

einbetten. Addition und Multiplikation zweier Folgen sind durch die entsprechende elementweise Operation definiert. Die neutralen Elemente bezüglich Addition und Multiplikation sind jeweils die konstanten Folgen mit Wert 0 beziehungsweise 1. Inverse Elemente lassen sich durch elementweise Inversion in $\mathbb{Q}$ bestimmen. Die Körper- sowie Ordnungsaxiome vererben sich damit abermals von $\mathbb{Q}$ auf $\mathbb{R}$, wie durch vergleichsweise einfaches Nachrechnen gezeigt werden kann. Weit aufwendiger zu beweisen ist, dass per Konstruktion jede Cauchy-Folge in $\mathbb{R}$ konvergiert: Technisch schwierig wird der Beweis dadurch, dass Äquivalenzklassen von Folgen von Folgen betrachtet werden müssen. Die Tatsache, dass jede Cauchy-Folge konvergiert, ist schließlich wiederum eine äquivalente Formulierung der Vollständigkeit von $\mathbb{R}$ (Übungsaufgabe 3.16).

Weil der Umgang mit Äquivalenzklassen von Cauchy-Folgen doch reichlich unbequem ist, wird jeder solchen Äquivalenzklasse ein Repräsentant zugeordnet, der mehr den vertrauten Charakter einer Zahl hat.

Satz 3.54. *Jeder Äquivalenzklasse $[(a_n)]$ entspricht genau ein (möglicherweise unendlicher) Dezimalbruch, das heißt eine Reihe der Form $\pm(a_0 + \sum_{i=1}^{\infty} \frac{d_i}{10^i})$ mit $a_0 \in \mathbb{N}_0$ und $d_i \in \{0, 1, \ldots, 9\}$.*

Ein Beweis dieses Satzes sowie eine ausführliche Darstellung der Konstruktion von $\mathbb{R}$ aus $\mathbb{Q}$ findet sich beispielsweise in [Ran10a].

3.7 Übungsaufgaben

Aufgabe 3.1. Die Fibonacci-Zahlen sind definiert als die Folge (a_n), deren Glieder rekursiv durch die Vorschrift

$$a_1 := 1, \qquad a_2 := 1, \qquad a_{n+1} = a_n + a_{n-1} \text{ für } n \geq 2$$

gebildet werden. Man zeige, dass $\lim_{n\to\infty} \frac{a_{n+1}}{a_n}$ existiert und dass der Grenzwert mit dem Zahlverhältnis des **Goldenen Schnitts** $\frac{1+\sqrt{5}}{2} \approx 1{,}618\ldots$ übereinstimmt.

Aufgabe 3.2 (Sandwichkriterium).

(i) Seien (a_n) und (b_n) konvergente Folgen in $\mathbb{R}$ mit gemeinsamem Grenzwert $c \in \mathbb{R}$. Sei (c_n) eine weitere Folge mit $a_n \leq c_n \leq b_n$ für alle $n \in \mathbb{N}$. Man zeige, dass (c_n) ebenfalls gegen c konvergiert.

(ii) Für $k \in \mathbb{N}$ sei (x_n) eine Folge, welche $n^{-k} \leq x_n \leq n^k$ für alle $n \in \mathbb{N}$ erfüllt. Man zeige, dass $\lim_{n\to\infty} \sqrt[n]{x_n} = 1$ ist.

Aufgabe 3.3. Seien $p \in \mathbb{N}$ und $a \in \mathbb{R}^+$. Für ein $x_0 \in \mathbb{R}^+$ sei rekursiv die Folge

$$x_n := x_{n-1} + \frac{a - (x_{n-1})^p}{p(x_{n-1})^{p-1}} = \left(1 - \frac{1}{p}\right)x_{n-1} + \frac{a}{p(x_{n-1})^{p-1}}, \qquad n \in \mathbb{N},$$

definiert. Man zeige:

(i) $(x_n)^p \geq a$ für alle $n \in \mathbb{N}$.
(ii) $x_{n+1} \leq x_n$ für alle $n \in \mathbb{N}$.
(iii) Der Grenzwert $x := \lim_{n \to \infty} x_n$ existiert und es gilt $x^p = a$.

Anmerkung: Hierbei handelt es sich um das Newton-Verfahren zur Berechnung der p-ten Wurzel, vergleiche Abschn. 5.4.

Aufgabe 3.4 (Eulersche Zahl e). Gegeben seien die Zahlenfolgen

$$a_n := \left(1 + \frac{1}{n}\right)^n, \qquad b_n := \left(1 + \frac{1}{n}\right)^{n+1}, \qquad n \in \mathbb{N}.$$

Man zeige:

(i) Es gilt $a_n \leq a_{n+1} \leq b_{n+1} \leq b_n$ für alle $n \in \mathbb{N}$.
(ii) Die Folgen (a_n) und (b_n) konvergieren gegen denselben Grenzwert

$$e := \lim_{n \to \infty} a_n = \lim_{n \to \infty} b_n.$$

(iii) Es gilt $\lim_{n \to \infty}(1 - \frac{1}{n})^n = \frac{1}{e}$.

Anmerkung: Der Limes e in (ii) entspricht der Eulerschen Zahl.

Aufgabe 3.5. Welche der beiden Zahlen 10^{11} und 11^{10} ist größer? Begründen Sie Ihre Aussage analytisch!

Aufgabe 3.6. Man zeige: Eine beschränkte Folge in $\mathbb{R}$ ist genau dann konvergent, wenn sie nur einen Häufungspunkt besitzt. Gilt die Aussage auch für nicht beschränkte Folgen?

Aufgabe 3.7. Man untersuche folgende Reihen auf Konvergenz und absolute Konvergenz:

(i) $\sum_{n=1}^{\infty} nq^n$, $q \in \mathbb{R}$,   (ii) $\sum_{n=0}^{\infty}(-1)^n(\sqrt{n+1} - \sqrt{n})$ (iii) $\sum_{n=1}^{\infty} \frac{(n!)^2}{(2n)!}$.

Aufgabe 3.8. Man zeige:

(i) Die Reihe $\sum_{k=1}^{\infty} \frac{1}{k(k+1)}$ konvergiert gegen 1.

(ii) Für alle $n \in \mathbb{N}$ mit $n \geq 2$ ist $\sum_{k=1}^{\infty} \frac{1}{k^n}$ konvergent.

Aufgabe 3.9.

(i) Zeigen Sie das Cauchysche Verdichtungskriterium: Es sei (a_k) eine monoton fallende Nullfolge. Es ist $\sum_{k=1}^{\infty} a_k$ genau dann konvergent, wenn $\sum_{k=1}^{\infty} 2^k a_{2^k}$ konvergent ist.

(ii) Sei $r \in \mathbb{Q}$. Beweisen Sie, dass $\sum_{k=1}^{\infty} \frac{1}{k^r}$ genau dann konvergent ist, wenn $r > 1$ ist.

Aufgabe 3.10 (Umordnung von Reihen). Die Reihe $\sum_{n=0}^{\infty} a_n$ sei absolut konvergent. Man zeige: Dann konvergiert auch jede Umordnung dieser Reihe, $\sum_{n=0}^{\infty} a_{\tau(n)}$ mit einer bijektiven Abbildung $\tau : \mathbb{N} \to \mathbb{N}$, absolut gegen denselben Grenzwert.

Aufgabe 3.11. Zeigen Sie, dass eine Umordnung $\tau : \mathbb{N} \to \mathbb{N}$ der alternierenden harmonische Reihe $\sum_{n=1}^{\infty} \frac{(-1)^n}{n}$ existiert, sodass die umgeordnete Reihe divergiert.

Aufgabe 3.12. Man finde alle $z \in \mathbb{C}$, für die die Potenzreihe $\sum_{k=1}^{\infty} \frac{z^k}{k}$ konvergiert. Tipp: Im Fall $|z| = 1$ kann man $(1-z) \sum_{k=1}^{n} \frac{z^k}{k}$ betrachten.

Aufgabe 3.13.

(i) Die Potenzreihen $\sum_{k=0}^{\infty} a_k z^k$ und $\sum_{k=0}^{\infty} b_k z^k$ seien für $|z| < R$ konvergent. Man zeige, dass das Cauchy-Produkt wieder eine Potenzreihe $\sum_{k=0}^{\infty} c_k z^k$ repräsentiert. Insbesondere bestimme man c_k.

(ii) Man berechne das Cauchy-Produkt der konvergenten Reihe $\sum_{k=1}^{\infty} (-1)^k \frac{1}{\sqrt{k}}$ mit sich selbst und überzeuge sich, dass diese Reihe nicht konvergiert.

Aufgabe 3.14.

(i) Man zeige: Der Konvergenzradius $R \in \mathbb{R}^+$ der Potenzreihe $\sum_{n=1}^{\infty} a_n z^n$ genügt der Ungleichung

$$\liminf_{n \to \infty} \left| \frac{a_{n+1}}{a_n} \right| \leq \frac{1}{R} \leq \limsup_{n \to \infty} \left| \frac{a_{n+1}}{a_n} \right|.$$

(ii) Man bestimme den Konvergenzradius von $\sum_{n=1}^{\infty} \frac{n^n}{n!} z^n$ und beweise die Beziehung

$$\lim_{n \to \infty} \frac{n}{\sqrt[n]{n!}} = e.$$

Aufgabe 3.15.

(i) Konstruieren Sie die gebräuchliche Ordnungsrelation $>$ auf $\mathbb{Q}$.
(ii) Zeigen Sie, dass durch die Bedingung „$(a_n - b_n)$ ist eine Nullfolge" eine Äquivalenzrelation auf dem Raum der Cauchy-Folgen definiert ist.

Aufgabe 3.16.   Zeigen Sie, dass die folgenden Aussagen äquivalent sind:

(i) Jede Cauchy-Folge in $\mathbb{R}$ besitzt einen Limes.
(ii) Jede nichtleere, nach oben beschränkte Menge $M \subset \mathbb{R}$ besitzt eine kleinste obere Schranke.

Stetigkeit

4

Dieses Kapitel befasst sich mit einem weiteren zentralen Begriff der Analysis, dem der stetigen Funktion. Mithin wird erklärt, dass Stetigkeit bedeute, dass man eine Funktion *ohne den Stift abzusetzen, zeichnen kann*. Dies ist eine schöne und in den meisten Fällen sehr wohl passende Anschauung (Heuristik). Jedoch ist es aufgrund der ihr fehlenden Präzision auch unmittelbar klar, dass es keine für die Mathematik ausreichende Erklärung des Begriffs der Stetigkeit ist. Außerdem wird in der genannten Anschauung übersehen, dass Stetigkeit zunächst eine lokale und keine globale, das heißt überall geltende, Eigenschaft ist. Wir wollen bereits in dieser Einleitung ein wenig genauer sein als die genannte *populäre* Definition: Dazu sei D eine offene Teilmenge von $\mathbb{R}^n$. Unter einer reellwertigen Funktion auf D versteht man eine Abbildung $f : D \to \mathbb{R}$, also eine Funktion, deren Wertebereich die reellen Zahlen sind. Die Menge D heißt Definitionsbereich von f. Die Funktion f ist stetig im Punkt $x_0 \in D$ genau dann, wenn $f(x) \to f(x_0)$ für alle $x \to x_0$ gilt. Also nimmt die Funktion, unabhängig davon, aus welcher Richtung oder mit welcher Geschwindigkeit man sich dem Punkt x_0 nähert, immer denselben Grenzwert im Punkt x_0 an. Hieran wird ersichtlich, dass Stetigkeit in der Tat eine lokale Eigenschaft ist. Wenn f in jedem Punkt $x \in D$ stetig ist, dann nennt man f eine stetige Funktion. In den nachfolgenden Abschnitten werden wichtige Eigenschaften solcher stetiger Funktionen hergeleitet.

4.1 Grenzwerte von Funktionen

Bevor wir zu dem zentralen Begriff dieses Kapitels, der Stetigkeit, vorstoßen, müssen wir etwas Vorarbeit leisten, um zu klären, wie Grenzwerte von Funktionen zu verstehen sind. Für $x_0 \in \mathbb{R}^n$ und $r > 0$ werden die Mengen

$$B_r(x_0) := \left\{ x \in \mathbb{R}^n \mid |x - x_0| < r \right\}, \qquad K_r(x_0) := \left\{ x \in \mathbb{R}^n \mid |x - x_0| \leq r \right\}$$

© Springer-Verlag GmbH Deutschland 2017
A. Hirn, C. Weiß, *Analysis – Grundlagen und Exkurse*,
https://doi.org/10.1007/978-3-662-55538-5_4

eingeführt, welche im weiteren Verlauf immer wieder auftreten. Weil in obiger Definition die euklidische Norm $|\cdot|$ verwendet wurde, kann man sich diese Mengen als **n-dimensionale Kugeln** vorstellen. Für $n = 1$ reduzieren sich die Mengen auf die Intervalle

$$B_r(x_0) = (x_0 - r, x_0 + r), \qquad K_r(x_0) = [x_0 - r, x_0 + r].$$

Die Mengen $B_r(x_0)$ beziehungsweise $K_r(x_0)$ werden auch r-**Umgebung** von x_0 genannt (vergleiche Abschn. 2.3). Die im folgenden eingeführten Begriffe stammen allesamt aus dem mathematischen Teilgebiet der *Topologie*, wo sie eine grundlegende Rolle spielen.

Definition 4.1. Es sei M eine Teilmenge von $\mathbb{R}^n$.

(i) Ein Punkt $x_0 \in M$ heißt **innerer Punkt** von M, wenn ein $r > 0$ existiert mit $B_r(x_0) \subset M$.

(ii) Einen Punkt $x_0 \in \mathbb{R}^n$ nennt man **Häufungspunkt** von M, wenn

$$B_r(x_0) \cap (M \setminus \{x_0\}) \neq \emptyset \qquad \forall r > 0.$$

(iii) Ein Punkt $x_0 \in M$ heißt **isolierter Punkt** von M, wenn x_0 kein Häufungspunkt von M ist.

(iv) Die Menge M ist **offen**, wenn alle Punkte von M innere Punkte von M sind. Sie ist **abgeschlossen**, wenn die Menge M alle ihre Häufungspunkte enthält.

Jeder innere Punkt von M ist auch Häufungspunkt von M.

Satz 4.2. *Es seien $M \subset \mathbb{R}^n$ und $x_0 \in \mathbb{R}^n$. Dann gilt:*

(i) *Der Punkt x_0 ist Häufungspunkt von M genau dann, wenn eine Folge $(x_k)_{k \in \mathbb{N}}$ existiert mit $x_k \in M$, $x_k \neq x_0$ und $x_k \to x_0$ für $k \to \infty$.*

(ii) *Die Menge M ist genau dann abgeschlossen, wenn $\mathbb{R}^n \setminus M$ offen ist.*

Beweis. (i) Sei x_0 ein Häufungspunkt von M, das heißt $B_r(x_0) \cap (M \setminus \{x_0\}) \neq \emptyset$ für alle $r > 0$. Daher kann man $r_k = 1/k$, $k = 1, 2, \ldots$ setzen und eine Folge $(x_k)_{k \in \mathbb{N}}$ wählen mit $x_k \in B_{r_k}(x_0) \cap (M \setminus \{x_0\})$. Diese erfüllt die gewünschten Eigenschaften: $x_k \in M$, $x_k \neq x_0$ und $x_k \to x_0$ für $k \to \infty$. Existiert umgekehrt eine Folge $(x_k)_{k \in \mathbb{N}}$ mit den Eigenschaften $x_k \neq x_0$ und $x_k \to x_0$ für $k \to \infty$, kann für jedes $r > 0$ eine natürliche Zahl $k_0 \in \mathbb{N}$ gefunden werden, sodass $x_k \in B_r(x_0)$ für alle $k \geq k_0$. Somit gilt $B_r(x_0) \cap (M \setminus \{x_0\}) \neq \emptyset$, das heißt, x_0 ist Häufungspunkt von M.

(ii) Die Menge M ist genau dann abgeschlossen, wenn kein $x_0 \in \mathbb{R}^n \setminus M$ Häufungspunkt von M ist. Dies kann folgendermaßen ausgedrückt werden:

$$\forall x_0 \in \mathbb{R}^n \setminus M \qquad \exists r > 0 : \qquad B_r(x_0) \cap (M \setminus \{x_0\}) = \emptyset.$$

Wegen $x_0 \notin M$ gilt $M \setminus \{x_0\} = M$. Die obige Aussage kann daher umformuliert werden zu:

$$\forall x_0 \in \mathbb{R}^n \setminus M \qquad \exists r > 0 : \qquad B_r(x_0) \subset \mathbb{R}^n \setminus M.$$

Letzteres bedeutet, dass alle $x_0 \in \mathbb{R}^n \setminus M$ innere Punkte von $\mathbb{R}^n \setminus M$ sind. Das heißt, die Menge $\mathbb{R}^n \setminus M$ ist offen. Dies ist gleichbedeutend mit der Behauptung. $\qquad\square$

Die zweite Aussage des Satzes bietet eine andere Möglichkeit, den Begriff der Abgeschlossenheit zu definieren. Üblicherweise wird diese in der Topologie als Definition verwendet.

Beispiel 4.3.

(i) Behauptung: Die Menge $B_r(x_0)$ ist offen.

Beweis. Sei $y \in B_r(x_0)$. Dann gilt $|y - x_0| < r$ und somit ist $s := r - |y - x_0| > 0$. Wir zeigen, dass $B_s(y) \subset B_r(x_0)$: Sei $z \in B_s(y)$. Aufgrund der Abschätzung (Dreiecksungleichung)

$$|z - x_0| \leq |z - y| + |y - x_0| < s + |y - x_0| = r$$

folgt $z \in B_r(x_0)$, das heißt, $B_s(y) \subset B_r(x_0)$. $\qquad\square$

(ii) Behauptung: Die Menge der Häufungspunkte von $B_r(x_0)$ ist gegeben durch $K_r(x_0)$.

Beweis. Offensichtlich sind alle $x \in B_r(x_0)$ Häufungspunkte von $B_r(x_0)$. Sei nun $x \in K_r(x_0)$ mit $|x - x_0| = r$. Wir zeigen, dass x Häufungspunkt von $B_r(x_0)$ ist. Dazu wählen wir eine Folge $x_k := x_0 + (1 - 1/k)(x - x_0)$ mit $k \in \mathbb{N}$. Für diese gilt, dass $x_k \neq x$ und $x_k \to x_0 + (x - x_0) = x$ für $k \to \infty$. Die Abschätzung

$$|x_k - x_0| = (1 - 1/k)|x - x_0| = (1 - 1/k)r < r$$

impliziert, dass $x_k \in B_r(x_0)$ für alle $k \in \mathbb{N}$. Daher ist $x \in K_r(x_0)$ mit $|x - x_0| = r$ ein Häufungspunkt von $B_r(x_0)$. Es bleibt zu zeigen, dass ein beliebiges $x \notin K_r(x_0)$ kein Häufungspunkt von $B_r(x_0)$ ist. Für $x \notin K_r(x_0)$ gilt $|x - x_0| > r$ und daher $s := |x - x_0| - r > 0$. Wir zeigen, dass $B_s(x) \cap B_r(x_0) = \emptyset$ ist. Für $y \in B_s(x)$ erhalten wir die Abschätzung

$$|y - x_0| = |x - x_0 + y - x| \geq |x - x_0| - |y - x| > |x - x_0| - s = r,$$

wobei wir die umgekehrte Dreiecksungleichung (vergleiche Satz 2.31) verwendet haben. Insbesondere ist $B_s(x) \cap B_r(x_0) = \emptyset$, also x kein Häufungspunkt von $B_r(x_0)$. $\qquad\square$

(iii) Behauptung: Die Menge $K_r(x_0)$ ist abgeschlossen.

Beweis. Der Beweis von (ii) hat gezeigt: Die Menge $\mathbb{R}^n \setminus K_r(x_0)$ ist offen, da alle $x \in \mathbb{R}^n \setminus K_r(x_0)$ innere Punkte sind. Mit Satz 4.2 folgt die Behauptung. □

Definition 4.4. Für $\emptyset \neq M \subset \mathbb{R}^n$ sei eine Funktion $f : M \to \mathbb{R}^d$ gegeben. Ferner sei x_0 ein Häufungspunkt von M. Die Funktion f besitzt den **Grenzwert** $a \in \mathbb{R}^d$ für x gegen x_0, wenn es zu jedem $\varepsilon > 0$ ein $\delta > 0$ gibt, sodass

$$|f(x) - a| < \varepsilon \qquad \forall x \in M \qquad \text{mit } 0 < |x - x_0| < \delta.$$

Die Definition ist äquivalent zu der Aussage, dass es zu jedem $\varepsilon > 0$ ein $\delta > 0$ gibt mit

$$f(M \cap B_\delta(x_0) \setminus \{x_0\}) \subset B_\varepsilon(a). \tag{4.1}$$

Man schreibt auch $f(x) \to a \ (x \to x_0)$ oder $\lim_{x \to x_0} f(x) = a$.

Satz 4.5. *Es seien die Voraussetzungen von Definition 4.4 erfüllt. Dann sind die folgenden beiden Aussagen äquivalent:*

(i) Die Funktion f besitzt den Grenzwert a für x gegen x_0, das heißt $f(x) \to a$ für $x \to x_0$.

(ii) Für jede Folge $(x_k)_{k \in \mathbb{N}}$ mit $x_k \in M \setminus \{x_0\}$ und $x_k \to x_0$ gilt $f(x_k) \to a$ für $k \to \infty$.

Beweis. (i) $\Rightarrow$ (ii): Es gelte $f(x) \to a$ für $x \to x_0$. Sei $(x_k)_{k \in \mathbb{N}}$ eine Folge mit $x_k \in M$, $x_k \neq x_0$ und $x_k \to x_0$ für $k \to \infty$. Sei $\varepsilon > 0$ beliebig. Wir wählen $\delta > 0$ entsprechend (4.1). Wegen $x_k \to x_0$ existiert ein $k_0 \in \mathbb{N}$ mit $|x_k - x_0| < \delta$ für $k \geq k_0$, das heißt $x_k \in B_\delta(x_0)$ für $k \geq k_0$. Aus (4.1) folgt, dass $f(x_k) \in B_\varepsilon(a)$ für $k \geq k_0$, das heißt $|f(x_k) - a| \leq \varepsilon$ für $k \geq k_0$. Die Folge $(f(x_k))_{k \in \mathbb{N}}$ konvergiert damit gegen a.

(ii) $\Rightarrow$ (i): Wir beweisen durch Widerspruch. Angenommen, es gelte nicht $f(x) \to a$ für $x \to x_0$. Dann gibt es ein $\varepsilon > 0$, sodass für alle $\delta_k := 1/k \ (k \in \mathbb{N})$ ein x_k existiert mit

$$x_k \in M, \qquad 0 < |x_k - x_0| < \frac{1}{k}, \qquad |f(x_k) - a| \geq \varepsilon.$$

Mit anderen Worten: Es existiert eine Folge mit $x_k \in M$, $x_k \neq x_0$, $x_k \to x_0 \ (k \to \infty)$, aber $f(x_k)$ konvergiert nicht gegen a für $k \to \infty$. Dies ist ein Widerspruch. □

Aus den Rechenregeln für Folgen (Satz 3.9) ergeben sich mithilfe von Satz 4.5 die entsprechenden Grenzwertregeln für Funktionen.

Folgerung 4.6. Es seien $f, g : M \to \mathbb{R}^d$, $\lambda \in \mathbb{R}$ und x_0 ein Häufungspunkt von M.

(i) Für $f(x) \to a$ $(x \to x_0)$ und $g(x) \to b$ $(x \to x_0)$, gilt

$$f(x) + \lambda g(x) \to a + \lambda b, \qquad \langle f(x), g(x) \rangle = \sum_{j=1}^{d} f_j(x) g_j(x) \to \langle a, b \rangle \qquad (x \to x_0).$$

(ii) Für komplexwertige Funktionen $f, g : M \to \mathbb{C}$ mit $f(x) \to a$, $g(x) \to b$ $(x \to x_0)$ gilt

$$f(x)g(x) \to ab, \qquad \frac{f(x)}{g(x)} \to \frac{a}{b} \qquad (x \to x_0),$$

falls $g(x) \neq 0$ für alle $x \in M$ ist und $b \neq 0$, wobei das Produkt in $\mathbb{C}$ zu bilden ist.

Das folgende Beispiel zeigt, dass die Existenz eines Grenzwertes fundamental davon abhängt, auf welchem Definitionsbereich eine Funktion betrachtet wird, und veranschaulicht dadurch die Notwendigkeit eines Existenzbeweises, sobald von einem Grenzwert die Rede sein soll.

Beispiel 4.7.

(i) Sei $M := \mathbb{R}^n \setminus \{0\}$, $f : M \to \mathbb{R}^n$ mit $f(x) := x/|x|$. Der Grenzwert $\lim_{x \to 0} f(x)$ existiert nicht. Zum Beweis sei $y \in \mathbb{R}^n$, $|y| = 1$ und $x_k := (-1)^k y/k$. Es gilt $|x_k| = 1/k \to 0$, aber $f(x_k) = k(-1)^k y/k = (-1)^k y$ konvergiert nicht.

(ii) Sei $n = 1$, $M := \{x \in \mathbb{R} \mid x > 0\}$ und f wie in (i). Wegen $f(x) = 1$ für alle $x \in M$, ergibt sich $\lim_{x \to 0} f(x) = 1$.

(iii) Sei $n = 2$, $M := \{x = (x_1, x_2) \in \mathbb{R}^2 \mid x_1 > 0\}$ und f wie in (i). Der Grenzwert $\lim_{x \to 0} f(x)$ existiert nicht. Um dies zu sehen, sei $y \in M$ mit $|y| = 1$, $x_k := y/k$. Dann gilt $|x_k| = 1/k$ und $f(x_k) = ky/k = y$. Man erhält $\lim_{k \to \infty} f(x_k) = y$, aber für verschiedene y ergeben sich unterschiedliche Grenzwerte. Daher existiert der Limes nicht.

Uneigentliche Grenzwerte Seien $f : M \to \mathbb{R}$ eine Funktion und x_0 ein Häufungspunkt von M. Der **uneigentliche Grenzwert** $f(x) \to +\infty$ (beziehungsweise $-\infty$) für $x \to x_0$ wird folgendermaßen definiert: Für alle $k \in \mathbb{R}$ existiert $\delta > 0$, sodass $f(x) > k$ (beziehungsweise $< k$) für alle $x \in B_\delta(x_0) \cap (M \setminus \{x_0\})$.

Ist nun $M := (a, \infty)$ für ein $a \in \mathbb{R}$, dann definiert man den uneigentlichen Grenzwert $f(x) \to b \in \mathbb{R}$ für $x \to +\infty$ ganz ähnlich: Für alle $\varepsilon > 0$ existiert ein $j \in \mathbb{R}$ mit $|f(x) - b| < \varepsilon$ für alle $x > j$ und $x \in M$.

Der uneigentliche Grenzwert $f(x) \to +\infty$ für $x \to +\infty$ ist definitionsgemäß gleichbedeutend mit der folgenden Aussage: Für alle $k \in \mathbb{R}$ existiert j mit $f(x) > k$ für alle $x > j$.

Beispiel 4.8. Was ist der Limes $\lim_{x \to \pm\infty} e^x$? Es ist

$$e^x = \exp(x) = \sum_{k=0}^{\infty} \frac{x^k}{k!} \geq x \qquad \text{für } x > 0.$$

Da $\lim_{x \to \infty} x = +\infty$ ist, folgt $\lim_{x \to \infty} e^x = +\infty$. Ferner gilt

$$e^x = \frac{1}{\exp(-x)} \leq -\frac{1}{x} \qquad \text{für } x < 0$$

und folglich $\lim_{x \to -\infty} e^x = 0$.

Einseitige Grenzwerte Für $M \subset \mathbb{R}$ und $x_0 \in M$ setze man

$$M^+ := \{x \in M \mid x > x_0\}, \qquad M^- := \{x \in M \mid x < x_0\}.$$

Für eine Funktion $f : M \to \mathbb{R}^d$ bedeutet die Notation $f|_{M^+}$ beispielsweise, dass f nur eingeschränkt auf M^+ betrachtet wird. Falls x_0 ein Häufungspunkt von M^+ beziehungsweise M^- ist, so definieren wir den rechtsseitigen beziehungsweise linksseitigen Grenzwert durch

$$f(x_0 + 0) := \lim_{x \to x_0} (f|_{M^+})(x) := \lim_{x \to x_0; x > x_0} f(x)$$

$$f(x_0 - 0) := \lim_{x \to x_0} (f|_{M^-})(x) := \lim_{x \to x_0; x < x_0} f(x).$$

Dabei sei vorausgesetzt, dass diese Grenzwerte existieren.

Man beachte, dass der Limes $\lim_{x \to x_0} f(x)$ genau dann existiert, wenn die einseitigen Grenzwerte $f(x_0 + 0)$ und $f(x_0 - 0)$ existieren und übereinstimmen.

Monotone Funktionen Eine Klasse von Funktionen, bei denen die Existenz der einseitigen Grenzwerte einfach zu zeigen ist, ist die der monotonen Funktionen.

Definition 4.9. Sei $\emptyset \neq M \subset \mathbb{R}$ und $f : M \to \mathbb{R}$. Die Funktion f heißt **(schwach) monoton wachsend** beziehungsweise **fallend**, wenn für alle $x, y \in M$ mit $x \leq y$ folgt, dass $f(x) \leq f(y)$ beziehungsweise $f(x) \geq f(y)$. Die Funktion f heißt **streng monoton wachsend** beziehungsweise **fallend**, wenn für alle $x, y \in M$ mit $x < y$ folgt, dass $f(x) < f(y)$ beziehungsweise $f(x) > f(y)$.

Eine schwach monoton wachsende (fallende) Funktion nennt man auch **nichtfallend (nichtwachsend)**.

Satz 4.10. *Es seien $M \subset \mathbb{R}, f : M \to \mathbb{R}$ schwach monoton, und $x_0 \in \mathbb{R}$ Häufungspunkt von M^+ beziehungsweise M^-. Dann existiert $f(x_0 + 0)$ beziehungsweise $f(x_0 - 0)$.*

Beweis. Der hiesige Beweis beschränkt sich auf den Fall, dass f schwach monoton wachsend ist. Die anderen Fälle überlassen wir dem Leser als Übung. Wir zeigen, dass

$$f(x_0 + 0) = \inf f(M^+) =: c.$$

1. Fall: Die Menge $f(M^+)$ sei nach unten beschränkt. Unter dieser Voraussetzung gilt $c \leq f(x)$ für alle $x \in M^+$. Sei $\varepsilon > 0$. Dann gibt es ein $x_1 \in M^+$ mit $f(x_1) < c + \varepsilon$ und $x_1 = x_0 + \delta$ für $0 < \delta = x_1 - x_0$. Da f schwach monoton wachsend ist, kann für $x_0 < x < x_1$ die Ungleichung $f(x) \leq f(x_1)$ gefolgert werden. Werden die beiden obigen Ungleichungen zusammengefasst, erhält man $c \leq f(x) < c + \varepsilon$ für $x_0 < x < x_0 + \delta$, das heißt, $\lim_{x \to x_0; x > x_0} f(x) = c$.

2. Fall: Die Menge $f(M^+)$ sei nicht nach unten beschränkt. Dann existiert für alle $k \in \mathbb{R}$ ein $x_1 \in M^+$ mit $f(x_1) < k$ und $x_1 = x_0 + \delta$ wie oben. Da f schwach monoton wachsend ist, ergibt sich $f(x) \leq f(x_1) < k$ für alle $x \in M^+$ mit $x_0 < x < x_0 + \delta$, das heißt, $\lim_{x \to x_0; x > x_0} f(x) = -\infty$. $\qquad \square$

4.2 Stetige Funktionen

In diesem Abschnitt führen wir gleich zu Beginn den Begriff der Stetigkeit einer Funktion ein. Ergänzt wird dieser durch zwei besondere Arten stetiger Funktionen, nämlich Lipschitz-Stetigkeit sowie gleichmäßige Stetigkeit, die wir im weiteren Verlauf kennenlernen werden. Für sogenannte kompakte Mengen lassen sich einige besonders prägnante Eigenschaften stetiger Funktionen zeigen, weshalb wir auf Mengen dieser Art hier einen besonderen Fokus legen werden. Als Höhepunkte beweisen wir in diesem Zusammenhang den Zwischenwertsatz sowie den Satz über Minimum und Maximum.

Definition 4.11. Es sei $\emptyset \neq M \subset \mathbb{R}^n$ eine Teilmenge, $x_0 \in M$, und $f : M \to \mathbb{R}^d$. Die Funktion f heißt **stetig im Punkt** x_0, wenn es zu jedem $\varepsilon > 0$ ein $\delta > 0$ gibt, sodass

$$|f(x) - f(x_0)| < \varepsilon \qquad \forall x \in M \qquad \text{mit } |x - x_0| < \delta.$$

Die Funktion f heißt **stetig**, wenn sie in allen Punkten $x_0 \in M$ stetig ist.

Die lokale Stetigkeit in x_0 kann äquivalent formuliert werden: Für alle $\varepsilon > 0$ gibt es ein $\delta > 0$ mit

$$f(M \cap B_\delta(x_0)) \subset B_\varepsilon(f(x_0)).$$

Eine Funktion f ist genau dann stetig im Punkt x_0, wenn entweder x_0 ein isolierter Punkt von M ist oder wenn x_0 ein Häufungspunkt von M ist und gleichzeitig Folgendes gilt:

$$\lim_{x \to x_0} f(x) = f(x_0).$$

Aus den Rechenregeln für Grenzwerte (Folgerung 4.6) resultieren unmittelbar die folgenden Aussagen über stetige Funktionen.

Folgerung 4.12. Sind f, $g : M \to \mathbb{R}^d$ stetig in $x_0 \in M$, dann sind auch die Funktionen

$$f + \lambda g \qquad (\lambda \in \mathbb{R}) \qquad \text{und} \qquad \langle f, g \rangle$$

stetig in x_0. Falls f und g komplexwertig sind, so sind auch fg und f/g stetig in x_0, wobei Letzteres voraussetzt, dass $g(x) \neq 0$ für alle $x \in M$.

Definition 4.13. Es sei $M \subset \mathbb{R}^n$ eine Teilmenge. Eine Abbildung $f : M \to \mathbb{R}^d$ heißt **Lipschitz-stetig im Punkt**[1] $x_0 \in M$, wenn es ein $R > 0$ und ein $L > 0$ gibt mit

$$|f(x) - f(x_0)| \leq L|x - x_0| \qquad \forall x \in B_R(x_0) \cap M.$$

Man nennt die Funktion f **Lipschitz-stetig auf** M, wenn f in jedem Punkt $x \in M$ eine Lipschitz-Bedingung erfüllt, das heißt, wenn

$$|f(x) - f(y)| \leq L|x - y| \qquad \forall x, y \in M.$$

Wenn die Funktion f Lipschitz-stetig im Punkt x_0 ist, so ist sie auch stetig in x_0, denn für $\varepsilon > 0$ wähle man $\delta := \min\{R, \varepsilon/L\}$, womit sich

$$|x - x_0| < \delta \qquad \Rightarrow \qquad |f(x) - f(x_0)| < \varepsilon$$

ergibt. Zur Einübung der neuen Konzepte betrachten wir einige Beispiele:

Beispiel 4.14.

(i) Auf $\mathbb{R}^n$ ist die Koordinaten-Funktion $f(x) = x_j, 1 \leq j \leq n$ für $x = (x_1, \ldots, x_n)$ stetig: Tatsächlich erfüllt f eine Lipschitz-Bedingung mit Konstante $L = 1$:

$$|f(x) - f(y)| = |x_j - y_j| \leq \left(\sum_{k=1}^{n} (x_k - y_k)^2 \right)^{\frac{1}{2}} = |x - y|, \qquad 1 \leq j \leq n.$$

(ii) Mithilfe von Folgerung 4.12 erkennt man, dass alle Polynome

$$P(x) = \sum_{I=(i_1, \ldots, i_n) \in (\mathbb{N} \cup \{0\})^n} a_I x^I, \qquad x^I = x_1^{i_1} \ldots x_n^{i_n} \qquad a_I \in \mathbb{C},$$

---

[1]Benannt nach dem deutschen Mathematiker Rudolf Lipschitz (1832–1903).

wobei die Summe über alle Multiindizes $(i_1, \ldots, i_n) \in (\mathbb{N} \cup \{0\})^n$ gebildet wird, als endliche Summen stetig auf $\mathbb{R}^n$ sind. Für Polynome P und Q sind die rationalen Funktionen P/Q stetig auf der Menge $M := \{x \in \mathbb{R}^n \mid Q(x) \neq 0\}$.

(iii) Jede Norm $\|\cdot\|$ auf $\mathbb{R}^n$ ist stetig, denn für ein $L > 0$ gilt die Abschätzung

$$\bigl| \|x\| - \|y\| \bigr| \leq \|x - y\| \leq L|x - y| \qquad \forall x, y \in \mathbb{R}^n.$$

Diese Ungleichung folgt aus der Dreiecksungleichung und aus der Tatsache, dass alle Normen auf $\mathbb{R}^n$ äquivalent sind (Satz 3.42).

(iv) Die **Dirichlet-Funktion**[2] f auf dem Intervall $[0, 1]$ ist definiert als

$$f(x) := \begin{cases} 1 & \text{für } x \in \mathbb{Q} \cap [0, 1] \\ 0 & \text{für } x \in [0, 1] \setminus \mathbb{Q}. \end{cases}$$

Die Funktion f ist überall unstetig: Für $x_0 \in [0, 1]$ enthält jedes Intervall um x_0 rationale und irrationale Punkte (Satz 2.13), also auch einen Punkt x, sodass $|f(x) - f(x_0)| = 1$. Somit gibt es zu $\varepsilon = 1/2$ keine Zahl $\delta > 0$, mit der das (ε, δ)-Kriterium der Stetigkeit erfüllt ist.

Wir haben gerade gesehen, dass Polynome stetig sind, weil sie sich durch Produkt- und Summenbildung aus den stetigen Koordinaten-Funktionen gewinnen lassen. Der folgende Satz zeigt allgemeiner, dass die Komposition stetiger Funktionen wieder stetig ist.

Satz 4.15. *Für $\emptyset \neq M \subset \mathbb{R}^n$, $\emptyset \neq N \subset \mathbb{R}^n$ seien $f : M \to N$, $g : N \to \mathbb{R}^d$ gegeben. Die Funktion f sei stetig im Punkt $x_0 \in M$ und g sei stetig im Punkt $y_0 = f(x_0) \in N$. Dann ist die Komposition $g \circ f$ stetig im Punkt $x_0 \in M$.*

Beweis. Der Beweis erfolgt mithilfe des Folgenkriteriums (Satz 4.5). Sei (x_k) eine Folge in M mit $x_k \to x_0$ für $k \to \infty$. Da f im Punkt x_0 stetig ist, folgt $f(x_k) \to f(x_0) = y_0$ für $k \to \infty$. Wegen der Stetigkeit von g im Punkt y_0 erhält man

$$g(f(x_k)) \to g(y_0) = g(f(x_0)) \qquad (k \to \infty).$$

Weil (x_k) eine beliebige Folge war, ist somit $g \circ f$ stetig in x_0. $\qquad\square$

Jetzt führen wir den wichtigen Begriff einer kompakten Teilmenge $M \subset \mathbb{R}^n$ ein. Ist der Definitionsbereich einer stetigen Funktion kompakt, so lassen sich für diese einige besondere Eigenschaften herleiten.

---

[2]Benannt nach dem deutschen Mathematiker Peter Gustav Lejeune Dirichlet (1805–1859).

Definition 4.16. Eine Teilmenge $K \subset \mathbb{R}^n$ heißt **kompakt**, wenn jede Folge $(x_j)_{j \in \mathbb{N}}$, für die $x_j \in K$ für alle j gilt, einen Häufungspunkt *in* K besitzt.

Kompakte Mengen in $\mathbb{R}^n$ lassen sich dadurch charakterisieren, dass sie beschränkt und abgeschlossen sind. Diesen Sachverhalt spiegelt der folgende Satz von Heine-Borel[3] wider.

Satz 4.17 (Satz von Heine-Borel, Kompaktheit in $\mathbb{R}^n$). *Eine Menge $K \subset \mathbb{R}^n$ ist genau dann kompakt, wenn K beschränkt und abgeschlossen ist.*

Beweis. Sei K kompakt. Es ist zu zeigen, dass K beschränkt und abgeschlossen ist. Angenommen K ist nicht beschränkt. Für alle $j \in \mathbb{N}$ existiert dann ein $x_j \in K$ mit $|x_j| > j$. Daher besitzt die Folge $(x_j) \subset K$ keinen Häufungspunkt in $\mathbb{R}^n$. Dies ist ein Widerspruch zur Kompaktheit von K. Folglich ist K beschränkt. Es bleibt zu zeigen, dass K abgeschlossen ist. Dazu sei $x_0 \in \mathbb{R}^n$ ein Häufungspunkt von K. Nach der Definition von Häufungspunkten gibt es eine Folge (x_j) mit $x_j \in K$ und $x_j \to x_0$ für $k \to \infty$. Die Folge (x_j) besitzt x_0 als einzigen Häufungspunkt. Daher gilt $x_0 \in K$ und somit ist K abgeschlossen.

Umgekehrt ist zu zeigen, dass eine beschränkte, abgeschlossene Menge $K \subset \mathbb{R}^n$ stets kompakt ist. Dazu sei (x_j) eine Folge in K. Da die Menge K beschränkt ist, ist auch die Folge (x_j) beschränkt. Nach dem Satz von Bolzano-Weierstraß 3.22 besitzt die Folge (x_j) daher einen Häufungspunkt $x_0 \in \mathbb{R}^n$ und insbesondere gilt $x_{j_k} \to x_0$ für eine Teilfolge. Angenommen, es sei $x_0 \notin K$. Dann ist x_0 ein Häufungspunkt von K und folglich gilt $x_0 \in K$ aufgrund der Abgeschlossenheit von K. Das ist ein Widerspruch zur Annahme $x_0 \notin K$, das heißt, K ist in der Tat kompakt. $\square$

Wir kommen zu einer ersten echten Anwendung des Prinzips der Kompaktheit.

Satz 4.18 (Stetigkeit der Umkehrfunktion). *Es sei $M \subset \mathbb{R}^n$ kompakt und die Funktion $f : M \to \mathbb{R}^d$ sei stetig und injektiv. Dann ist auch $f^{-1} : f(M) \to M$ stetig.*

Beweis. Wir beweisen durch Widerspruch. Dazu setzen wir $g := f^{-1}$. Falls g in $y_0 \in f(M)$ nicht stetig ist und $y_0 = f(x_0)$ ist, dann existiert ein $\varepsilon > 0$, sodass es zu jedem $\delta > 0$ ein $y \in B_\delta(y_0) \cap f(M)$ gibt mit $|g(y) - g(y_0)| \geq \varepsilon$. Wir wählen $\delta = 1/k$ und ein zugehöriges $y = y_k$, wobei $y_k = f(x_k)$ mit $x_k \in M$. Wegen $y_k = f(x_k)$ gilt $g(y_k) = x_k$ und folglich

$$|x_k - x_0| = |g(y_k) - g(y_0)| \geq \varepsilon. \tag{4.2}$$

---

[3]Benannt nach dem deutschen Mathematiker Eduard Heine (1821–1881) und dem französischen Mathematiker Emile Borel (1871–1956).

Weil die Menge M kompakt ist, besitzt die Folge (x_k) eine konvergente Teilfolge (x_{k_l}) in M, das heißt, es gibt ein $\bar{x} \in M$ mit $x_{k_l} \to \bar{x}$ für $l \to \infty$. Wegen der Stetigkeit des Absolutbetrags $|\cdot|$ erschließen wir mithilfe von (4.2), dass

$$\left|\bar{x} - x_0\right| = \lim_{l \to \infty} \left|x_{k_l} - x_0\right| \geq \varepsilon$$

ist und folglich $\bar{x} \neq x_0$ gilt. Aus der Stetigkeit von f folgt $f(x_k) \to f(\bar{x})$. Somit gilt aber

$$f(\bar{x}) = \lim_{l \to \infty} f(x_{k_l}) = \lim_{l \to \infty} y_{k_l} = y_0 = f(x_0).$$

Dies ist ein Widerspruch zur Injektivität von f. $\square$

Beispiel 4.19 (Stetigkeit der k-ten Wurzel). Wir betrachten die Funktion $f(x) = x^k$, $x \in [0, a] =: M$ für $k \in \mathbb{N}$. Als Polynom ist f stetig und streng monoton auf M (und somit bijektiv). Weil M kompakt ist, folgt aus Satz 4.18, dass die Umkehrfunktion $f^{-1} : [0, a^k] \to [0, a]$ stetig ist. Da a beliebig ist, ist f^{-1} stetig auf $[0, +\infty)$.

Der nun zu beweisende Zwischenwertsatz sagt aus, dass eine reellwertige auf einem abgeschlossenen Intervall $[a, b]$ stetige Funktion jeden Wert zwischen $f(a)$ und $f(b)$ annimmt. Insbesondere besagt der Satz damit, dass eine Funktion auf dem Intervall $[a, b]$ eine Nullstelle hat, falls $f(a)$ und $f(b)$ verschiedene Vorzeichen haben.

Satz 4.20 (Zwischenwertsatz von Bolzano). *Für $a, b \in \mathbb{R}$ mit $a < b$ sei $f : [a, b] \to \mathbb{R}$ eine stetige Funktion. Dann gilt $f([a, b]) \supset [f(a), f(b)]$ beziehungsweise $f([a, b]) \supset [f(b), f(a)]$, je nachdem, welcher der Werte $f(a)$ und $f(b)$ größer ist.*

Beweis. Ohne Einschränkung sei $f(a) < f(b)$. Es sei $c \in (f(a), f(b))$. Es ist zu zeigen, dass ein $x_0 \in [a, b]$ existiert mit $f(x_0) = c$. Dazu betrachte man die Menge

$$M := \{x \in [a, b] \mid f(x) \leq c\}.$$

Da $a \in M$ ist, gilt $M \neq \emptyset$. Die Menge M ist nach oben beschränkt durch b. Wegen des Vollständigkeitsaxioms existiert $\sup M =: x_0$. Weil b eine obere Schranke von M ist und $a \in M$ gilt, erhält man $x_0 \leq b$ und $x_0 \geq a$, also $x_0 \in [a, b]$. Wir beweisen jetzt, dass $f(x_0) = c$ ist: Nach Definition von sup existiert eine Folge $(x_k)_{k \in \mathbb{N}} \subset M$ mit $x_k \to x_0$ für $k \to \infty$. Die Stetigkeit von f impliziert, dass $f(x_k) \to f(x_0)$ für $k \to \infty$. Wegen $f(x_k) \leq c$ für alle $k \in \mathbb{N}$ ergibt sich $f(x_0) \leq c$ und insbesondere $x_0 < b$. Angenommen, es wäre $f(x_0) < c$. Dann könnte man zu $\varepsilon := c - f(x_0) > 0$ ein $\delta > 0$ wählen, sodass

$$|f(x) - f(x_0)| < \varepsilon \qquad \text{für } x \in (x_0 - \delta, x_0 + \delta) \cap [a, b].$$

Dies impliziert wiederum, dass für $x \in (x_0 - \delta, x_0 + \delta) \cap [a, b]$ gilt

$$f(x) = f(x_0) + f(x) - f(x_0) < f(x_0) + \varepsilon = c. \tag{4.3}$$

Wegen $x_0 < b$ existiert ein $x_1 \in [a, b]$ mit $x_0 < x_1 < x_0 + \delta$. Nach Ungleichung (4.3) ergibt sich $f(x_1) < c$, das heißt $x_1 \in M$. Andererseits haben wir aber $x_1 > x_0 = \sup M$. Dies ist ein Widerspruch, also gilt $f(x_0) = c$. $\square$

Folgerung 4.21. Sei I ein beliebiges Intervall und $f : I \to \mathbb{R}$ eine stetige Funktion. Man definiere $s := \inf f(I) \geq -\infty$ und $S := \sup f(I) \leq +\infty$. Dann gilt $f(I) \supset (s, S)$.

Beweis. Sei $y \in \mathbb{R}$ mit $s < y < S$. Es gibt Funktionswerte $f(a), f(b)$ (ohne Einschränkung $a < b$) mit $s < f(a) < y < f(b) < S$. Satz 4.18 impliziert nun

$$f(I) \supset f([a, b]) \supset [f(a), f(b)] \ni y$$

und damit die Behauptung. $\square$

Beispiel 4.22. Sei $I = \mathbb{R}$ und $f : I \to \mathbb{R}$ ein Polynom ungeraden Grades,

$$f(x) = x^{2m+1} + a_{2m}x^{2m} + \ldots + a_0, \qquad a_0, \ldots, a_{2m} \in \mathbb{R}, \qquad m \in \mathbb{N} \cup \{0\}.$$

Die Stetigkeit von f wurde in Beispiel 4.14 hergeleitet. Behauptung: Es gilt $f(\mathbb{R}) = \mathbb{R}$.

Beweis. Für $x \in \mathbb{R}$ mit $|x| \geq R \gg 1$, das heißt $R \in \mathbb{R}$ sehr viel größer als 1, kann f durch

$$f(x) = x^{2m+1}\left(1 + \frac{a_{2m}}{x} + \frac{a_{2m-1}}{x^2} + \ldots + \frac{a_0}{x^{2m+1}}\right) \begin{cases} \geq x^{2m+1}/2 & \text{für } x \geq R, \\ \leq x^{2m+1}/2 & \text{für } x \leq -R \end{cases}$$

abgeschätzt werden. Dies impliziert nun $\sup f(\mathbb{R}) = +\infty$ und $\inf f(\mathbb{R}) = -\infty$. Mit Folgerung 4.21 ergibt sich die Behauptung $f(\mathbb{R}) = \mathbb{R}$. $\square$

Die zwei jetzt folgenden Ergänzungen zum Satz 4.18 über die Stetigkeit der Umkehrfunktion bringen fundamentale Erkenntnisse mit sich: Erstens wird gezeigt, dass streng monotone, stetige Funktionen eine *stetige* Umkehrfunktion besitzen. Zweitens wird ein Gegenbeispiel zu Satz 4.18 angegeben, welches die Notwendigkeit eines kompakten Definitionsbereichs illustriert.

Bemerkung 4.23.

(i) Ist $I \subset \mathbb{R}$ ein beliebiges Intervall und $f : I \to \mathbb{R}$ stetig und streng monoton, dann ist die Umkehrabbildung f^{-1} stetig.

   Beweis. Ohne Einschränkung sei $I = (A, B)$ mit $-\infty \leq A < B \leq +\infty$. Aus dem Zwischenwertsatz 4.20 folgt, dass $f(I) = (\alpha, \beta)$ gilt mit $\alpha = \inf f(I)$ und $\beta = \sup f(I)$. Sei $y_0 \in (\alpha, \beta)$ beliebig und $a, b \in I$ mit $f(a) < y_0 < f(b)$. Ohne Einschränkung sei $a < b$. Aufgrund von Satz 4.18 ist $f^{-1}|_{[f(a),f(b)]} = (f|_{[a,b]})^{-1}$ stetig. Daher ist f^{-1} stetig auf ganz $f(I)$. $\square$

Abb. 4.1 Stetige Funktion
ohne stetige Umkehrfunktion

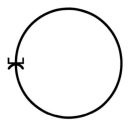

(ii) Als Gegenbeispiel betrachte man das halboffene (nicht kompakte) Intervall $I :=$ $[-1, 3)$ und die Funktion $f : I \to \mathbb{R}^2$, welche durch die Vorschrift

$$f(x) := \begin{cases} (x, \sqrt{1-x^2}) & \text{für } -1 \leq x \leq +1 \\ (2-x, -\sqrt{1-(2-x)^2}) & \text{für } 1 < x < 3 \end{cases}$$

gegeben ist (siehe Abb. 4.1). Die Funktion f bildet das Intervall $[-1, 3)$ bijektiv und stetig auf den Einheitskreis in $\mathbb{R}^2$ ab, aber ihre Umkehrfunktion f^{-1} ist nicht stetig im Punkt $(-1, 0)$. Die Details überlassen wir dem Leser als Übung.

Eine weitere Besonderheit stetiger reellwertiger Funktionen auf kompakten Mengen ist, dass sie ihr Maximum und Minimum annehmen. Dies ist eine wichtige Eigenschaft, die oft verwendet wird. Der Satz lässt sich auch auf den Betrag komplexwertiger Funktionen anwenden und spielt dort eine bedeutende Rolle bei der Klassifizierung sogenannter Riemannscher Flächen.

Satz 4.24 (Satz von Weierstraß über Maximum & Minimum). *Es seien eine kompakte Teilmenge $\emptyset \neq M \subset \mathbb{R}^n$ und eine stetige Funktion $f : M \to \mathbb{R}$ gegeben. Dann existieren $x^+, x^- \in M$ mit*

$$f(x^-) \leq f(x) \leq f(x^+) \qquad \forall x \in M.$$

Folgerung 4.25. Mit dem Zwischenwertsatz 4.20 folgt für $f : [a, b] \to \mathbb{R}$ mit $a < b$, dass $f([a, b]) = [\min f, \max f]$ ist.

Bevor wir den Satz beweisen können, benötigen wir eine Hilfsaussage.

Lemma 4.26. *Ist $M \subset \mathbb{R}^n$ kompakt und $f : M \to \mathbb{R}^d$ stetig, so ist auch $f(M)$ kompakt.*

Beweis. Sei $(y_j)_{j\in\mathbb{N}}$ eine Folge in $f(M)$ mit $y_j = f(x_j)$ und $x_j \in M$. Da die Menge M kompakt ist, existiert eine Teilfolge (x_{j_k}) mit $x_{j_k} \to x_0 \in M$. Die Stetigkeit von f impliziert $y_{j_k} = f(x_{j_k}) \to f(x_0) \in f(M)$ für $k \to \infty$, also besitzt die Folge (y_j) den Häufungspunkt $f(x_0) \in f(M)$. Daher ist $f(M)$ kompakt. $\qquad\square$

Beweis von Satz 4.24. Man zeigt allgemein, dass eine kompakte Menge $\emptyset \neq N \subset \mathbb{R}$ ein kleinstes und größtes Element besitzt, das heißt $\inf N = \min N$ und $\sup N = \max N$. Die Behauptung von Satz 4.24 kann durch Setzen von $N = f(M)$ gefolgert werden, wenn man beachtet, dass $f(M)$ kompakt ist (Lemma 4.26): Weil die Menge N kompakt ist, ist sie beschränkt (Satz 4.17) und es existieren $s := \inf N$ und $S := \sup N$. Nach Definition von sup und inf gibt es Folgen $(a_j) \subset N$ und $(b_j) \subset N$ mit $a_j \to s$ und $b_j \to S$ für $j \to \infty$. Weil M kompakt und folglich abgeschlossen ist (nochmals Satz 4.17), ergibt sich die Behauptung $s \in N$ und $S \in N$. $\qquad\qquad\square$

Zum Abschluss dieses Abschnittes wollen wir noch eine weitere spezielle Klasse von stetigen Funktionen kennenlernen.

Gleichmäßige Stetigkeit Es sei $M \subset \mathbb{R}^n$ eine Teilmenge. Wir erinnern uns daran, dass eine Funktion $f : M \to \mathbb{R}^d$ stetig heißt, wenn für alle $x \in M$ und für alle $\varepsilon > 0$ ein $\delta = \delta(\varepsilon, x)$, das heißt ein δ, das nur von ε und x abhängt, existiert, sodass

$$|f(x) - f(y)| < \varepsilon \quad \text{für} \quad |x - y| < \delta$$

gilt. Kann das δ sogar unabhängig von x gewählt werden, so ist f gleichmäßig stetig. Wir halten dies in einer Definition fest.

Definition 4.27. Eine Funktion $f : M \to \mathbb{R}^d$ heißt **gleichmäßig stetig**, wenn es zu jedem $\varepsilon > 0$ ein $\delta > 0$ gibt, sodass $|f(x) - f(y)| < \varepsilon$ für alle $x, y \in M$ mit $|x - y| < \delta$ ist.

Beispiel 4.28.

(i) Die Funktion $f : (0, 1] \to \mathbb{R}, f(x) = \frac{1}{x}$ ist nicht gleichmäßig stetig, denn mit $x_k = \frac{1}{k}$ und $y_k = \frac{1}{k+1}$ gilt

$$|f(y_k) - f(x_k)| = 1$$

und $|y_k - x_k| \to 0 \ (k \to \infty)$.

(ii) Ist f Lipschitz-stetig, dann ist f auch gleichmäßig stetig, denn in diesem Fall existiert ein $L > 0$ mit

$$|f(x) - f(y)| \leq L|x - y| \qquad \forall\, x, y \in M$$

und die definierende Bedingung ist für $\delta = \frac{\varepsilon}{L}$ erfüllt.

Es ist eine weitere Besonderheit von Kompakta, dass dort jede stetige Funktion sogar gleichmäßig stetig ist.

Satz 4.29. *Ist $\emptyset \neq M \subset \mathbb{R}^n$ kompakt und $f : M \to \mathbb{R}^d$ stetig, so ist f gleichmäßig stetig.*

Um diesen Satz beweisen zu können, benötigt man das berühmte Überdeckungslemma von Lebesgue.[4]

Lemma 4.30 (Überdeckungslemma von Lebesgue). *Es sei $M \subset \mathbb{R}^m$ eine kompakte Teilmenge und $\mathcal{M}$ eine Menge von offenen Teilmengen $U \subset \mathbb{R}^m$, sodass $M \subset \cup_{U \in \mathcal{M}} U$. Dann gibt es ein $\delta > 0$, sodass jede Kugel $B_\delta(x) = \{y \in \mathbb{R}^m \mid |y - x| < \delta\}$ mit $x \in M$ in einer der Mengen $U \in \mathcal{M}$ enthalten ist.*

Es gibt also eine Konstante $\delta > 0$, sodass für jeden Punkt $x \in M$ die δ-Umgebung $B_\delta(x)$ ganz in einer der M überdeckenden Mengen enthalten ist. Ein (natürlich nicht eindeutiges) δ mit dieser Eigenschaft wird **Lebesguezahl** genannt.

Beweis. Falls die Behauptung falsch ist, gibt es drei Folgen $x_k \in M$, $\delta_k \to 0$ $(k \to \infty)$ und $y_k \in B_{\delta_k}(x_k)$ mit $y_k \notin U$ für alle $U \in \mathcal{M}$, die x_k enthalten, das heißt, für die $x_k \in U$ gilt. Weil M kompakt ist, konvergiert ohne Einschränkung $x_k \to x \in M$ $(k \to \infty)$. Da $|y_k - x_k| < \delta_k \to 0$ $(k \to \infty)$ ist, konvergiert auch $y_k \to x \in M$ $(k \to \infty)$. Einerseits ist aber $M \subset \cup_{U \in \mathcal{M}} U$ und daher $x \in U_0$ für ein $U_0 \in \mathcal{M}$. Andererseits ist U_0 offen und daher existiert ein $r > 0$ mit $B_r(x) \subset U_0$. Da $y_k \to x$ gilt, folgt $y_k \in B_r(x) \subset U_0$ für $k \geq k_0$. Dies ist ein Widerspruch. $\qquad\square$

Nun können wir den Satz 4.29 beweisen.

Beweis von Satz 4.29. Es seien M kompakt, $f : M \to \mathbb{R}^d$ stetig und $\varepsilon > 0$ gegeben. Weil f stetig ist, existiert für alle $y \in M$ ein $\delta(y) > 0$, sodass

$$|f(z) - f(y)| < \frac{\varepsilon}{2} \quad \text{für} \quad |z - y| < \delta(y).$$

Nun ist $M \subset \cup_{y \in M} B_{\delta(y)}(y)$ eine Überdeckung mit offenen Teilmengen. Nach Lemma 4.30 existiert ein $\delta > 0$, sodass für alle $x \in M$ ein $y \in M$ existiert mit $B_\delta(x) \subset B_{\delta(y)}(y)$. Für $z \in B_\delta(x)$ gilt $|f(z) - f(y)| < \frac{\varepsilon}{2}$ und daher nach der Dreiecksungleichung

$$|f(x) - f(z)| \leq |f(z) - f(y)| + |f(y) - f(x)| < \frac{\varepsilon}{2} + \frac{\varepsilon}{2} = \varepsilon.$$

---

[4]Benannt nach dem französischen Mathematiker Henri Lebesgue (1875 – 1941), der auch Namensgeber des modernen Integralbegriffs (siehe Band 2) ist.

4.3   Die Exponentialfunktion und aus ihr abgeleitete Funktionen

In diesem Abschnitt beleuchten wir diverse stetige Funktionen, die in der Analysis häufig vorkommen. Gegenstand unserer Untersuchungen sind die Exponentialfunktion und aus ihr abgeleitete Funktionen.

(I) Die Exponentialfunktion Wir erinnern an die Definition der Exponentialfunktion, wie wir sie in Beispiel 3.48 kennengelernt haben:

$$\exp(z) = \sum_{k=0}^{\infty} \frac{z^k}{k!}, \qquad z \in \mathbb{C}.$$

Ihre Eigenschaften wollen wir nun eingehend studieren. Es gelten folgende Aussagen:

(i) Die Exponentialfunktion $\exp : \mathbb{C} \to \mathbb{C}$ ist stetig.

(ii) Eingeschränkt auf $\mathbb{R}$ ist $\exp(x) > 0$ für alle $x \in \mathbb{R}$. Ferner gilt für alle $n \in \mathbb{N} \cup \{0\}$

$$\frac{\exp(x)}{x^n} \to +\infty \qquad (x \to +\infty), \qquad |x|^n \exp(x) \to 0 \qquad (x \to -\infty).$$

Mit anderen Worten wächst die Exponentialfunktion schneller als jedes Polynom.

(iii) Es ist $\exp(\mathbb{R}) = (0, +\infty)$ und $\exp|_{\mathbb{R}}$ ist streng monoton wachsend.

Beweis. (i) Seien $z, w \in \mathbb{C}$ mit $|w - z| < 1$. Für $w = z + h$ mit $|h| < 1$ folgert man

$$|\exp(w) - \exp(z)| \overset{(3.3)}{=} |\exp(z)\exp(h) - \exp(z)| = |\exp(z)||\exp(h) - 1|.$$

Indem man die Definition der Exponentialfunktion einsetzt, ergibt sich die Identität

$$\frac{|\exp(w) - \exp(z)|}{|\exp(z)|} = |\exp(h) - 1| = \left| \sum_{k=1}^{\infty} \frac{h^k}{k!} \right|.$$

Wegen $|h| < 1$ ist $\sum_{k=1}^{\infty} |h|^k = |h| \sum_{k=0}^{\infty} |h|^k$ eine geometrische Reihe. Daher folgt

$$\frac{|\exp(w) - \exp(z)|}{|\exp(z)|} \leq \sum_{k=1}^{\infty} |h|^k = \frac{|h|}{1 - |h|} \leq 2|h| \qquad \text{für } |h| \leq \frac{1}{2}.$$

Somit erfüllt exp lokal eine Lipschitz-Bedingung in z. Insbesondere ist exp stetig in z.

(ii) Für $x \geq 0$ ist $\exp(x) = \sum\limits_{k=0}^{\infty} \frac{x^k}{k!} \geq 1$ und $\exp(-x) = 1/\exp(x) > 0$. Folglich gilt $\exp(x) > 0$ für alle $x \in \mathbb{R}$. Im Fall $x > 0$ schätzt man $\exp(x)/x^n$ ab durch

$$\frac{\exp(x)}{x^n} \geq \frac{1}{x^n} \frac{x^{n+1}}{(n+1)!} = \frac{x}{(n+1)!} \rightarrow +\infty \qquad (x \rightarrow +\infty).$$

Das asymptotische Verhalten von $|x|^n \exp(x)$ im Fall $x < 0$ lässt sich auf bereits Hergeleitetes zurückführen, indem man den Ausdruck $|x|^n \exp(x)$ umformuliert:

$$|x|^n \exp(x) = \frac{(-x)^n}{\exp(-x)} = \left(\frac{\exp(-x)}{(-x)^n}\right)^{-1} \rightarrow 0 \qquad (x \rightarrow -\infty).$$

(iii) Wegen (ii) wissen wir, dass $\exp(\mathbb{R}) \subset (0, +\infty)$. Nach (ii) ist uns ferner bekannt, dass $\exp(x) \rightarrow 0$ für $x \rightarrow -\infty$ gilt und folglich $\inf \exp(\mathbb{R}) = 0$. Da $\exp(x) \rightarrow +\infty$ für $x \rightarrow +\infty$ ist, erhält man $\sup \exp(\mathbb{R}) = +\infty$. Durch Anwendung des Zwischenwertsatzes 4.20 deduzieren wir $\exp(\mathbb{R}) = (0, +\infty)$.

Zum Beweis der Monotonie wähle man beliebige $x, y \in \mathbb{R}$ mit $x < y$ und schreibe $y = x + h$ mit $h > 0$. Daraus folgt wegen $h > 0$ die Monotonie mittels der Abschätzung

$$\exp(y) = \exp(x+h) \overset{(3.3)}{=} \exp(x)\exp(h) \overset{\exp(h)>1}{>} \exp(x). \qquad \square$$

(II) Der Logarithmus Laut Satz 4.18 und den Eigenschaften von exp besitzt die reelle Exponentialfunktion $\exp|_{\mathbb{R}}$ eine stetige, streng monotone Umkehrfunktion $\ln : (0, \infty) \rightarrow \mathbb{R}$, die als (natürlicher) **Logarithmus** bezeichnet wird und für $u, v \in (0, \infty)$ die Eigenschaften

$$\lim_{x \rightarrow \infty} \ln(x) = +\infty, \qquad \lim_{x \rightarrow 0} \ln(x) = -\infty, \qquad \ln(uv) = \ln(u) + \ln(v)$$

erfüllt. Zum Beispiel lässt sich die letzte Eigenschaft durch die Substitution $u = \exp(x)$, $v = \exp(y)$ unter Ausnutzung der Funktionalgleichung von exp beweisen:

$$\ln(uv) = \ln(\exp(x)\exp(y)) \overset{(3.3)}{=} \ln(\exp(x+y)) = x + y = \ln(u) + \ln(v). \qquad (4.4)$$

(III) Allgemeine Potenzen Aus Abschn. 3.3 ist bekannt, dass $\exp(x) = e^x$ ist mit $e := \exp(1)$ für alle $x \in \mathbb{Q}$. Nun definieren wir allgemeine Potenzen:

Definition 4.31. Für $a > 0$ und $z \in \mathbb{C}$ ist die z**-te Potenz von** a gegeben durch

$$a^z := \exp(z \ln(a)).$$

Wegen $\ln(e) = 1$ folgt $e^z = \exp(z)$. Für $z \in \mathbb{R}$ ist daher $a^z \in \mathbb{R}$ und $a^z > 0$. Des Weiteren gelten die folgenden Rechenregeln:

  (i) $\ln(a^x) = x\ln(a)$ für $a > 0$ und $x \in \mathbb{R}$
  (ii) $a^{x+y} = a^x a^y$ für $a > 0$ und $x, y \in \mathbb{C}$
  (iii) $a^x b^x = (ab)^x$ für $a, b > 0$ und $x \in \mathbb{C}$
  (iv) $(a^x)^y = a^{xy}$ für $a > 0$ und $x, y \in \mathbb{R}$

Wegen (iv) ist die neue Definition konsistent mit der Definition der k-ten Wurzel (siehe Satz 2.28), denn für $x = 1/k$ und $y = k$ ergibt (iv) die Identität $(a^{1/k})^k = a$, das heißt $a^{1/k} = \sqrt[k]{a}$.

Beweis. (i) Der Beweis von (i) folgt sofort aus der Definition von a^x, denn

$$\ln(a^x) = \ln\left(\exp(x\ln(a))\right) = x\ln(a).$$

(ii) Zum Beweis von (ii) verwendet man die Funktionalgleichung (3.3) von exp:

$$a^{x+y} = \exp\left((x+y)\ln(a)\right) \overset{(3.3)}{=} \exp\left(x\ln(a)\right)\exp\left(y\ln(a)\right) = a^x a^y.$$

(iii) Die Funktionalgleichung von exp und die Eigenschaft (4.4) von ln implizieren

$$a^x b^x = \exp\left(x\ln(a)\right)\exp\left(x\ln(b)\right) \overset{(3.3)}{=} \exp\left(x(\ln(a) + \ln(b))\right) \overset{(4.4)}{=} \exp\left(x\ln(ab)\right) = (ab)^x.$$

(iv) Für den Beweis von (iv) benutzen wir dreimal die Definition der Potenz:

$$(a^x)^y = \left(\exp\left(x\ln(a)\right)\right)^y = \exp\left(y\ln\left(\exp\left(x\ln(a)\right)\right)\right) = \exp\left(yx\ln(a)\right) = a^{yx}. \qquad \square$$

Folgerung 4.32. Nun sind wir in der Lage, das Wachstum von $\ln(x)$ für $x \to 0$ beziehungsweise $x \to \infty$ zu studieren: Für jedes $\alpha > 0$ gelten

$$\lim_{x\to\infty} \frac{\ln(x)}{x^\alpha} = 0 \qquad \text{und} \qquad \lim_{x\to 0} x^\alpha \ln(x) = 0.$$

Beweis. Unter Verwendung der Definition von x^α ergibt sich mit $y := \alpha\ln(x)$ der Ausdruck

$$\frac{\ln(x)}{x^\alpha} = \frac{\ln(x)}{\exp(\alpha\ln(x))} = \frac{1}{\alpha}\frac{y}{\exp(y)}.$$

Wegen $\alpha\ln(x) \to +\infty$ für $x \to +\infty$ und $y/\exp(y) \to 0$ für $y \to +\infty$ (siehe (I)) ergibt sich das Grenzwertverhalten $\ln(x)/x^\alpha \to 0$ für $x \to +\infty$. Ähnlich verfährt man mit $x^\alpha \ln(x)$:

$$x^\alpha \ln(x) = \exp\left(\alpha\ln(x)\right)\ln(x) = \frac{1}{\alpha}\exp(y)y$$

für $y := \alpha\ln(x)$. Für $x \to 0$ folgt $y \to -\infty$ und daher $\exp(y)y \to 0$. $\qquad \square$

Bemerkung 4.33. Die Funktion $\mathbb{R} \ni x \mapsto a^x$ ist für $0 < a < 1$ streng monoton fallend und für $a > 1$ streng monoton wachsend. Somit existiert für jedes $a > 0$, $a \neq 1$ die Umkehrfunktion $\log_a : (0, \infty) \to \mathbb{R}$, die als **Logarithmus zur Basis** a bezeichnet wird. Dieser lässt sich stets durch den (natürlichen) Logarithmus $\ln(x)$ ausdrücken, denn aus $x = a^{\log_a(x)}$ folgt

$$\ln(x) = \ln\left(a^{\log_a(x)}\right) = \left(\log_a(x)\right)\ln(a), \qquad \text{das heißt } \log_a(x) = \frac{\ln(x)}{\ln(a)}.$$

(IV) Die hyperbolischen Funktionen Für $z \in \mathbb{C}$ definieren wir den **Cosinus Hyperbolicus**, den **Sinus Hyperbolicus** und den **Tangens Hyperbolicus** durch die Vorschriften

$$\cosh(z) := \frac{e^z + e^{-z}}{2}, \qquad \sinh(z) := \frac{e^z - e^{-z}}{2}, \qquad \tanh(z) := \frac{\sinh(z)}{\cosh(z)}.$$

Die hyperbolischen Funktionen zeichnen sich durch die folgenden Eigenschaften aus:

(i) Die Funktionen cosh, sinh sind stetig auf $\mathbb{C}$, tanh ist stetig auf $\{z \in \mathbb{C} \mid \cosh(z) \neq 0\}$.
(ii) Die Funktion cosh ist eine gerade Funktion, das heißt $\cosh(-z) = \cosh(z)$.
(iii) Die Funktion sinh ist eine ungerade Funktion, das heißt $\sinh(-z) = -\sinh(z)$.
(iv) Es gilt $e^z = \cosh(z) + \sinh(z)$ für alle $z \in \mathbb{C}$.
(v) Es ist $\cosh^2(z) - \sinh^2(z) = 1$ für alle $z \in \mathbb{C}$.
(vi) Es gilt $\cosh(z + w) = \cosh(z)\cosh(w) + \sinh(z)\sinh(w)$ für alle $z, w \in \mathbb{C}$.
(vii) Es ist $\sinh(z + w) = \sinh(z)\cosh(w) + \cosh(z)\sinh(w)$ für alle $z, w \in \mathbb{C}$.

Beweis. Die Eigenschaften (i) – (vii) kann man beweisen, indem man die Definitionen der hyperbolischen Funktionen verwendet und die Eigenschaften von exp ausnutzt. Die Ausarbeitung der Details ist eine Übungsaufgabe (Aufgabe 4.8). $\qquad\square$

Bemerkung 4.34. Allgemein heißt eine Funktion $f : [-a, +a] \to \mathbb{R}$ **ungerade**, wenn $f(-x) = -f(x)$ für alle $x \in [-a, +a]$. Sie heißt **gerade**, wenn $f(-x) = f(x)$ für alle $x \in [-a, +a]$.

Die algebraische Gleichung $x^2 - y^2 = 1$ beschreibt eine **Hyperbel** in $\mathbb{R}^2$ (siehe Abb. 4.2). In Anbetracht von (v) kann die Hyperbel $x^2 - y^2 = 1$ durch die hyperbolischen Funktionen gemäß $x = \cosh(t)$, $y = \sinh(t)$ für $t \in \mathbb{R}$ parametrisiert werden, womit sich der Name dieser Funktionen erklärt.

Eigenschaften der reellen hyperbolischen Funktionen Nun betrachten wir die auf $\mathbb{R}$ eingeschränkten hyperbolischen Funktionen. Es gilt dann:

(viii) Die Funktion $\sinh : \mathbb{R} \to \mathbb{R}$ ist streng monoton wachsend mit $\sinh(\mathbb{R}) = \mathbb{R}$.
(ix) Die Funktion $\cosh|_{[0,+\infty)}$ ist streng monoton wachsend mit $\cosh([0, +\infty)) = [1, +\infty)$.

Abb. 4.2 Hyperbel $x^2 - y^2 = 1$

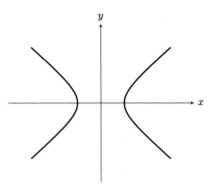

(x) Die Funktion tanh $: \mathbb{R} \rightarrow \mathbb{R}$ ist streng monoton wachsend mit tanh$(\mathbb{R}) = (-1, +1)$.

Beweis. (viii) Die Funktion $\mathbb{R} \ni x \mapsto e^x$ ist streng monoton wachsend und $x \mapsto e^{-x}$ ist streng monoton fallend. Daher ist $x \mapsto -e^{-x}$ streng monoton wachsend und folglich auch $\sinh(x) = (e^x - e^{-x})/2$ als Summe zweier streng wachsender Funktionen. Die Eigenschaft $\sinh(\mathbb{R}) = \mathbb{R}$ ergibt sich aus dem Grenzwertverhalten von $\exp(x) \rightarrow \infty \ (x \rightarrow \infty)$ beziehungsweise $-\exp(-x) \rightarrow -\infty \ (x \rightarrow -\infty)$.

(ix) Um die strenge Monotonie zu zeigen, formuliert man cosh mittels (v):

$$\cosh^2(x) - \sinh^2(x) = 1 \qquad \Rightarrow \qquad \cosh(x) = \sqrt{1 + \sinh^2(x)}.$$

Der Beweis verwendet die Tatsache, dass die Komposition $f \circ g$ zweier streng wachsender Funktionen f, g wieder streng monoton wachsend ist. Dieses Resultat wird auf $\cosh(x) = f(g(x))$ mit $g(x) := \sinh(x)$ und $f(y) := \sqrt{1 + y^2}$ angewendet: Die Funktion g ist streng wachsend auf $\mathbb{R}$, und f ist streng wachsend auf $\{y \mid y \geq 0\}$. Man verifiziert sofort, dass $g(x) \geq 0$ gilt für alle $x \in [0, +\infty)$, denn wegen $\sinh(0) = 0$ ist $\sinh(x) > 0$ für $x > 0$ nach (viii). Folglich ist $f \circ g$ streng monoton wachsend auf $[0, +\infty)$. Aufgrund der strengen Monotonie von cosh und der Gleichung $\cosh(0) = 1$ deduziert man unmittelbar, dass $\cosh(x) \geq 1$ für alle $x \geq 0$ ist. Die Eigenschaft $\lim_{x \to \infty} \cosh(x) \rightarrow \infty$ folgt aus (viii).

(x) Analog zu (ix) kann tanh als Komposition zweier streng wachsender Funktionen geschrieben werden:

$$\tanh(x) = \frac{e^x - e^{-x}}{e^x + e^{-x}} = \frac{e^{2x} - 1}{e^{2x} + 1} = f(g(x)), \quad g(x) := e^{2x}, \quad f(y) := \frac{y - 1}{y + 1} \quad (y > 0).$$

Die strenge Monotonie von f wird durch folgende Äquivalenzumformung für $y_1, y_2 > 0$ ersichtlich:

$$f(y_1) < f(y_2) \quad \Leftrightarrow \quad \frac{y_1 - 1}{y_1 + 1} < \frac{y_2 - 1}{y_2 + 1}$$

$$\Leftrightarrow \quad (y_1 - 1)(y_2 + 1) < (y_2 - 1)(y_1 + 1)$$

$$\Leftrightarrow \quad y_1 y_2 - y_2 + y_1 - 1 < y_2 y_1 - y_1 + y_2 - 1 \quad \Leftrightarrow \quad y_1 < y_2.$$

Das heißt, f ist streng monoton wachsend auf $\{y \mid y > 0\}$. Ferner ist g streng wachsend. Folglich ist die Komposition $f \circ g$ streng monoton wachsend. Wir bemerken, dass

$$f(y) = \frac{y - 1}{y + 1} = \frac{1 - 1/y}{1 + 1/y} \to 1 \qquad (y \to +\infty)$$

und dass $f(0) = -1$. Daher ergibt sich für $\tanh(x) = f(g(x))$ mit $g(x) = e^{2x}$ das folgende Grenzwertverhalten: Für $x \to +\infty$ gilt $g(x) \to +\infty$ und folglich $f(g(x)) \to 1$. Für $x \to -\infty$ erhält man $g(x) \to 0$ und somit $f(g(x)) \to f(0) = -1$. $\qquad\square$

Folgerung 4.35. Aus Satz 4.18 folgt, dass stetige, streng monoton wachsende Umkehrfunktionen existieren:

$$\operatorname{arsinh} : \mathbb{R} \to \mathbb{R}, \qquad \operatorname{arcosh} : [1, +\infty) \to [0, +\infty), \qquad \operatorname{artanh} : (-1, +1) \to \mathbb{R}.$$

In Worten werden die Umkehrfunktionen **Area Sinus Hyperbolicus**, **Area Cosinus Hyperbolicus** und **Area Tangens Hyperbolicus** genannt.

(V) Die trigonometrischen Funktionen   Für $z \in \mathbb{C}$ definieren wir den **Cosinus** $\cos(z)$ und den **Sinus** $\sin(z)$ durch

$$\cos(z) := \frac{e^{iz} + e^{-iz}}{2} \qquad \text{und} \qquad \sin(z) := \frac{e^{iz} - e^{-iz}}{2i}. \tag{4.5}$$

Aufgrund der Stetigkeit von $\exp$ sind die Funktionen $\sin$ und $\cos$ stetig auf ganz $\mathbb{C}$. Des Weiteren erfüllen $\sin(z)$ und $\cos(z)$ die folgenden Eigenschaften für alle $z \in \mathbb{C}$:

(i)   Es ist $e^{iz} = \cos(z) + i \sin(z)$ für alle $z \in \mathbb{C}$ (siehe Abb. 4.3).
(ii) Es gilt $\cos(-z) = \cos(z)$ und $\sin(-z) = -\sin(z)$ für alle $z \in \mathbb{C}$.
(iii) Die Gleichung $\cos^2(z) + \sin^2(z) = 1$ ist für alle $z \in \mathbb{C}$ erfüllt.
(iv) Für alle $z \in \mathbb{C}$ gelten die Reihendarstellungen von $\cos(z)$ und $\sin(z)$:

$$\cos(z) = \sum_{k=0}^{\infty} \frac{(-1)^k z^{2k}}{(2k)!}, \qquad \sin(z) = \sum_{k=0}^{\infty} \frac{(-1)^k z^{2k+1}}{(2k+1)!}. \tag{4.6}$$

Für $z \in \mathbb{R}$ gilt insbesondere $\cos(z), \sin(z) \in \mathbb{R}$.

(v) Für $z = x + iy$ mit $x, y \in \mathbb{R}$ gilt $\mathfrak{Re}\, e^z = e^x \cos(y)$, $\mathfrak{Im}\, e^z = e^x \sin(y)$ und $|e^z| = e^x$.

Abb. 4.3 Graphische
Darstellung von
$e^{iz} = \cos(z) + i\sin(z)$ für $z \in \mathbb{R}$

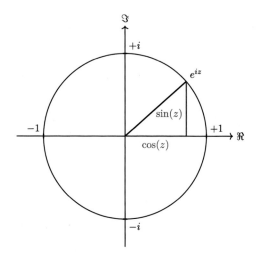

(vi) Für alle $z, w \in \mathbb{C}$ gelten die sogenannten **Additionstheoreme**

$$\sin(z + w) = \sin(z)\cos(w) + \cos(z)\sin(w),$$

$$\cos(z + w) = \cos(z)\cos(w) - \sin(z)\sin(w).$$

(vii) Für alle $z \in \mathbb{C}$ gilt $2\sin^2\left(\frac{z}{2}\right) = 1 - \cos(z)$.

Aus Abb. 4.3 lässt sich ferner erkennen, dass die aus der Schule bekannten *Definitionen*

$$\sin = \frac{\text{Gegenkathete}}{\text{Hypotenuse}} \qquad \text{und} \qquad \cos = \frac{\text{Ankathete}}{\text{Hypotenuse}}$$

mit den hier gegebenen formalen Definitionen übereinstimmen.

Beweis. Die Eigenschaften (i) – (iii), (vi) und (vii) folgen direkt aus der Definition von
cos und sin (Aufgabe 4.9).

(iv) Zur Herleitung der Reihendarstellung von cos verwenden wir die Definition von exp:

$$\cos(z) = \frac{1}{2}\left(e^{iz} + e^{-iz}\right)$$

$$= \frac{1}{2}\left(\sum_{m=0}^{\infty} \frac{i^m z^m}{m!} + \sum_{m=0}^{\infty} \frac{(-1)^m i^m z^m}{m!}\right)$$

$$= \sum_{\substack{m=0 \\ m \text{ gerade}}}^{\infty} \frac{i^m z^m}{m!}$$

$$= \sum_{k=0}^{\infty} \underbrace{i^{2k}}_{=(-1)^k} \frac{z^{2k}}{(2k)!}.$$

Ähnlich verfahren wir, um die Reihendarstellung von sin zu gewinnen:

$$\sin(z) = \frac{1}{2i}\left(e^{iz} - e^{-iz}\right)$$

$$= \frac{1}{i} \sum_{\substack{m=0 \\ m \text{ ungerade}}}^{\infty} \frac{i^m z^m}{m!}$$

$$= \frac{1}{i} \sum_{k=0}^{\infty} \underbrace{i^{2k+1}}_{=(-1)^k i} \frac{z^{2k+1}}{(2k+1)!}.$$

(v) Sei $z = x + iy$ mit $x, y \in \mathbb{R}$. Unter Verwendung von (i) lässt sich die Identität

$$e^z = e^{x+iy} = e^x e^{iy} = e^x(\cos(y) + i\sin(y)) = e^x \cos(y) + ie^x \sin(y)$$

herleiten. Wegen (iv) ist bekannt, dass $\cos(y), \sin(y) \in \mathbb{R}$ für $y \in \mathbb{R}$. Folglich sind der Realteil von e^z durch $\mathfrak{Re}\, e^z = e^x \cos(y)$ gegeben und der Imaginärteil von e^z durch $\mathfrak{Im}\, e^z = e^x \sin(y)$. Damit lässt sich auch der Betrag $|e^z|$ berechnen

$$|e^z|^2 = |e^{x+iy}|^2 \overset{(i)}{=} e^{2x} \underbrace{(\cos^2(y) + \sin^2(y))}_{=1 \text{ nach (iii)}} = e^{2x}, \qquad \text{das heißt } |e^z| = e^x. \qquad \square$$

(VI) Die Zahl π Die wohl bekannteste Zahl der Mathematik ist die Kreiszahl π. Sie bemisst das Verhältnis vom Umfang eines Kreises zu seinem Durchmesser. Den Ägyptern war sie schon mindestens seit dem 17. Jahrhundert vor Christus bekannt. Einige erste präzise mathematische Erkenntnisse über π gelangen später dem Griechen Archimedes (287–212 v. Chr.). Es dauerte jedoch bis ins Jahr 1761, bis ihre Irrationalität von Johann Heinrich Lambert (1728–1777) bewiesen wurde. Die heute übliche Bezeichnung π für die Kreiszahl wurde von Leonhard Euler (1707–1783) verwendet und hat sich dadurch in Mathematiker-kreisen bis heute etabliert. Es dauerte nochmal über hundert Jahre bis ins Jahr 1882, bis auch die sogenannte *Transzendenz* von π durch Ferdinand von Lindemann (1852–1939) bewiesen wurde. Diese besagt, dass π keine polynomielle Gleichung mit rationalen Koeffizienten erfüllt. Damit ist π ein Beispiel für eine der Zahlen, die die reellen Zahlen überabzählbar macht. Eine Konsequenz aus dem Satz von Lindemann ist, dass die Quadratur des Kreises mit Zirkel und Lineal *nicht* möglich ist. Dies ist ein Resultat der klassischen Algebra und gibt die Antwort auf eine Frage, die schon die Griechen beschäftigt hat. Ein Beweis findet sich in nahezu jedem Lehrbuch der Algebra, etwa [Lor96]. Es gibt diverse Möglichkeiten, π mathematisch präzise einzuführen. Eine davon ist die folgende:

Satz 4.36. *Es gibt genau eine positive Zahl π, sodass*

$$e^z = 1 \quad (z \in \mathbb{C}) \quad \Leftrightarrow \quad z = 2k\pi i \quad \text{für } k \in \mathbb{Z} \tag{4.7}$$

und es gilt $3 < \pi < 3,2$.

Beweis. Als Erstes beweisen wir die Eindeutigkeit. Dazu nehmen wir an, dass zwei positive Zahlen π und π' existieren, welche der Beziehung (4.7) genügen: Einerseits gilt $e^{2\pi'i} = 1$ wegen (4.7) und folglich $2\pi'i = 2k\pi i$ mit $k \in \mathbb{Z}$ wiederum wegen (4.7). Analog lässt sich argumentieren, dass $e^{2\pi i} = 1$ und daher $2\pi i = 2k'\pi'i$ mit $k' \in \mathbb{Z}$. Fassen wir diese Überlegungen zusammen, erhalten wir die Identität $2\pi'i = k2k'\pi'i$. Letzteres impliziert, dass $kk' = 1$. Weil k und k' positiv sind, muss $k = k' = 1$ gelten, also $\pi = \pi'$.

Für den Existenzbeweis benötigen wir die folgenden Ungleichungen, deren Richtigkeit wir aus Gründen der besseren Lesbarkeit erst am Ende des Beweises verifizieren werden:

$$0 < 1 - \frac{t^2}{2} < \cos(t) \text{ für } 0 < t < \sqrt{2}, \quad 0 < t - \frac{t^3}{6} < \sin(t) < t \text{ für } 0 < t < \sqrt{6}. \quad (4.8)$$

Insbesondere impliziert (4.8), dass $\sin(1/2) < 1/2$ und $\sin(16/30) > 1/2$. Gemäß dem Zwischenwertsatz 4.20 existiert folglich ein $\tau \in (1/2, 16/30)$ mit $\sin(\tau) = 1/2$. Wir setzen dies in die Identität $\cos^2(\tau) = 1 - \sin^2(\tau)$ ein, um $\cos^2(\tau) = 3/4$ zu folgern. Weil ferner $\cos(\tau) > 0$ nach (4.8) ist, ergibt sich $\cos(\tau) = \sqrt{3}/2$ und folglich

$$e^{i\tau} = \cos(\tau) + i\sin(\tau) = \frac{1}{2}\sqrt{3} + \frac{1}{2}i = \frac{1}{2}(\sqrt{3} + i).$$

Nun definieren wir π durch $\pi := 6\tau$. Damit ist die Existenz von π geklärt, zu zeigen sind aber die behaupteten Eigenschaften. Man erkennt sofort, dass $\pi \in (3, 16/5)$. Durch Anwendung des binomischen Lehrsatzes 2.19 stellt man obendrein fest, dass die Gleichung

$$e^{i\frac{\pi}{2}} = e^{i3\tau} = \left(\frac{1}{2}(\sqrt{3} + i)\right)^3 = i$$

wahr ist. Durch Quadrierung dieser Gleichung erhält man

$$e^{i\pi} = \left(e^{i\frac{\pi}{2}}\right)^2 = i^2 = -1 \qquad \text{oder} \qquad e^{i\pi} + 1 = 0. \quad (4.9)$$

Aus (4.9) ergibt sich $e^{2\pi i} = 1$ und daher $e^{2k\pi i} = 1$ für alle $k \in \mathbb{Z}$. Sei nun $z \in \mathbb{C}$ mit $e^z = 1$. Man schreibt z in der Form $z = x + iy$ für $x, y \in \mathbb{R}$. Wegen $1 = |e^z| = e^x$ gilt $x = 0$, das heißt $z = iy$. Für $0 \leq \theta \leq \pi$ kann y durch $y = 2k\pi \pm \theta$ mit $k \in \mathbb{Z}$ ausgedrückt werden. Wir erschließen

$$1 = e^z = e^{iy} = e^{i(2k\pi \pm \theta)} = e^{\pm i\theta},$$

insbesondere also $e^{i\theta} = 1$. Folglich erhält man die Identität

$$\left(e^{i\frac{\theta}{2}} - 1\right)\left(e^{i\frac{\theta}{2}} + 1\right) = e^{i\theta} - 1 = 0.$$

Deswegen muss $e^{i\theta/2} = \pm 1$ gelten. Die Größe $e^{i\theta/2}$ ist also reell und erfüllt somit $0 = \Im(e^{i\theta/2}) = \sin(\theta/2)$. Weil ferner $0 \le \theta/2 \le \pi/2 < 1{,}6 < \sqrt{6}$ ist, kann (4.8) auf $\sin(\theta/2)$ angewendet werden, woraus $\theta/2 = 0$ folgt. Deswegen ist $\theta = 0$ und infolgedessen $y = 2k\pi$. Damit ist die Behauptung (4.7) bewiesen.   □

Zu Ehren des schweizerischen Mathematikers Leonard Euler wird die Gl. (4.9) auch als **Eulersche Identität** bezeichnet. Diese verbindet auf scheinbar wundersame Weise die wohl wichtigsten Konstanten der Mathematik e, i, π, 0 und 1 in einer einzigen Formel.

Beweis von (4.8). Aus der Reihendarstellung (4.6) von $\cos(t)$ folgt die Abschätzung

$$\cos(t) = \lim_{n \to \infty} \sum_{k=0}^{2n+1} \frac{(-1)^k t^{2k}}{(2k)!} = \lim_{n \to \infty} \left(\sum_{\substack{k \text{ gerade,} \\ k=2m}}^{2n+1} \frac{(-1)^k t^{2k}}{(2k)!} + \sum_{\substack{k \text{ ungerade,} \\ k=2m+1}}^{2n+1} \frac{(-1)^k t^{2k}}{(2k)!} \right)$$

$$= \lim_{n \to \infty} \left(\sum_{m=0}^{n} \frac{(-1)^{2m} t^{4m}}{(4m)!} + \sum_{m=0}^{n} \frac{(-1)^{2m+1} t^{4m+2}}{(4m+2)!} \right)$$

$$= \lim_{n \to \infty} \left(\sum_{m=0}^{n} \frac{t^{4m}}{(4m)!} \left(1 - \frac{t^2}{(4m+1)(4m+2)} \right) \right)$$

$$= 1 - \frac{t^2}{2} + \lim_{n \to \infty} \left(\sum_{m=1}^{n} \underbrace{\frac{t^{4m}}{(4m)!}}_{>0 \text{ für } t>0} \left(\underbrace{1 - \frac{t^2}{(4m+1)(4m+2)}}_{>0 \text{ für } 0<t<\sqrt{2}} \right) \right) > 1 - \frac{t^2}{2}$$

für $0 < t < \sqrt{2}$. Ähnlich verfahren wir mit $\sin(t)$ im Fall $0 < t < \sqrt{6}$. Zunächst schätzen wir $\sin(t)$ nach unten ab:

$$\sin(t) = t - \frac{t^3}{6} + \lim_{n \to \infty} \sum_{k=2}^{2n+1} \frac{(-1)^k t^{2k+1}}{(2k+1)!}$$

$$= t - \frac{t^3}{6} + \lim_{n \to \infty} \left(\sum_{\substack{k \text{ gerade,} \\ k=2m, k\ge 2}}^{2n+1} \frac{(-1)^k t^{2k+1}}{(2k+1)!} + \sum_{\substack{k \text{ ungerade,} \\ k=2m+1, k\ge 2}}^{2n+1} \frac{(-1)^k t^{2k+1}}{(2k+1)!} \right)$$

$$= t - \frac{t^3}{6} + \lim_{n \to \infty} \left(\sum_{m=1}^{n} \frac{(-1)^{2m} t^{4m+1}}{(4m+1)!} + \sum_{m=1}^{n} \frac{(-1)^{2m+1} t^{4m+3}}{(4m+3)!} \right)$$

$$= t - \frac{t^3}{6} + \lim_{n \to \infty} \left(\sum_{m=1}^{n} \underbrace{\frac{t^{4m+1}}{(4m+1)!}}_{>0 \text{ für } t>0} \left(\underbrace{1 - \frac{t^2}{(4m+2)(4m+3)}}_{>0 \text{ für } t<\sqrt{42}} \right) \right).$$

Folglich erhalten wir $\sin(t) > t - t^3/6$ für $0 < t < \sqrt{42}$. Die Abschätzung nach oben sehen wir für $0 < t < \sqrt{20}$ wie folgt ein:

$$\sin(t) = t + \lim_{n \to \infty} \sum_{k=1}^{2n} \frac{(-1)^k t^{2k+1}}{(2k+1)!}$$

$$= t + \lim_{n \to \infty} \left(\sum_{\substack{k \text{ ungerade,} \\ k=2m-1}}^{2n} \frac{(-1)^k t^{2k+1}}{(2k+1)!} + \sum_{\substack{k \text{ gerade,} \\ k=2m}}^{2n} \frac{(-1)^k t^{2k+1}}{(2k+1)!} \right)$$

$$= t + \lim_{n \to \infty} \left(\sum_{m=1}^{n} \frac{(-1)^{2m-1} t^{4m-1}}{(4m-1)!} + \sum_{m=1}^{n} \frac{(-1)^{2m} t^{4m+1}}{(4m+1)!} \right)$$

$$= t - \lim_{n \to \infty} \sum_{m=1}^{n} \underbrace{\frac{t^{4m-1}}{(4m-1)!}}_{>0 \text{ für } t>0} \left(\underbrace{1 - \frac{t^2}{4m(4m+1)}}_{\geq 1 - t^2/20 > 0 \text{ für } t < \sqrt{20}} \right).$$

Insgesamt erhalten wir $\sin(t) < t$ für $0 < t < \sqrt{20}$ und $\sin(t) > t - t^3/6 > 0$ für $0 < t < \sqrt{6}$. □

Nachdem wir π nun eingeführt haben, können wir interessante Eigenschaften der trigonometrischen Funktionen ableiten, die wir der Reihe nach in einigen Folgerungen festhalten wollen.

Folgerung 4.37 (Periodizität der trigonometrischen Funktionen). Für z, $w \in \mathbb{C}$ gelten die folgenden Aussagen:

(i) Die Aussage $e^z = e^w$ ist äquivalent zu $z = w + 2k\pi i$ mit $k \in \mathbb{Z}$.

(ii) Die Gleichungen $\sin(z + 2k\pi) = \sin(z)$ und $\cos(z + 2k\pi) = \cos(z)$ sind für alle $k \in \mathbb{Z}$ erfüllt.

(iii) Es gilt $\sin(z) = \cos(z - \frac{\pi}{2})$ und $\cos(z) = \sin(z + \frac{\pi}{2})$, das heißt, der Cosinus entspricht dem um $\frac{\pi}{2}$ verschobenen Sinus.

Beweis. Um (i) zu zeigen, wird die Gleichung $e^z = e^w$ umgeformt zu $e^{z-w} = 1$. Letzteres ist äquivalent zu der Tatsache, dass $z - w = 2k\pi i$ mit $k \in \mathbb{Z}$. Die Behauptung (ii) folgt aus der folgenden Rechnung:

$$\sin(z + 2k\pi) = \frac{1}{2i} \left(e^{i(z+2k\pi)} - e^{-i(z+2k\pi)} \right) \overset{e^{2k\pi i}=1}{=} \frac{1}{2i} \left(e^{iz} - e^{-iz} \right) = \sin(z).$$

Die entsprechende Aussage für $\cos(z)$ kann analog gezeigt werden. Für den Beweis von (iii) rekapitulieren wir zunächst, dass $e^{i\pi/2} = i$ gilt. Damit ergibt sich

$$\cos\left(z - \frac{\pi}{2}\right) = \frac{1}{2} \left(e^{i(z-\frac{\pi}{2})} + e^{-i(z-\frac{\pi}{2})} \right) \overset{(3.3)}{=} \frac{1}{2} \left(e^{iz} \underbrace{e^{-i\frac{\pi}{2}}}_{=1/i} + e^{-iz} \underbrace{e^{i\frac{\pi}{2}}}_{=i=-1/i} \right) = \sin(z). \quad \square$$

Folgerung 4.38 (Nullstellen von sin und cos). Für $z \in \mathbb{C}$ gilt:

$$\sin(z) = 0 \quad \Leftrightarrow \quad z = k\pi \text{ mit } k \in \mathbb{Z}, \quad \cos(z) = 0 \quad \Leftrightarrow \quad z = \left(k + \frac{1}{2}\right)\pi \text{ mit } k \in \mathbb{Z}.$$

Beweis. Wegen der Definition von $\sin(z)$ ist die Aussage $\sin(z) = 0$ äquivalent zu $e^{iz} - e^{-iz} = 0$ und auch zu $e^{2iz} = 1$. Aufgrund von (4.7) ist Letzteres wiederum äquivalent zu der Gleichung $2iz = 2k\pi i$ mit $k \in \mathbb{Z}$. Um die Menge der Nullstellen von $\cos(z)$ zu bestimmen, kann Folgerung 4.37 (iii) verwendet und die bewiesene Behauptung für $\sin(z)$ ausgenutzt werden: $\cos(z) = \sin(z + \frac{\pi}{2}) = 0$ ist äquivalent zu $z + \frac{\pi}{2} = k\pi$ mit $k \in \mathbb{Z}$. $\qquad\square$

Folgerung 4.39. Es gilt

$$\cos(t) > 0 \quad \text{für } |t| < \pi/2 \quad \text{und} \quad \sin(t) > 0 \quad \text{für } 0 < t < \pi.$$

Beweis. Folgerung 4.38 impliziert $\cos(t) \neq 0$ für $|t| < \pi/2$. Wegen $\cos(0) = 1$ gilt $\cos(t) > 0$ für $|t| < \pi/2$ nach dem Zwischenwertsatz 4.20. Weil $\sin(t) = \cos(t - \pi/2)$ ist, folgt ferner $\sin(t) > 0$ für $0 < t < \pi$. $\qquad\square$

Folgerung 4.40. Die Funktionen $\cos|_{[0,\pi]}$ und $\sin|_{[-\pi/2,\pi/2]}$ besitzen stetige Umkehrfunktionen $\arccos : [-1, 1] \to [0, \pi]$ (sprich: **Arcus-Cosinus**) und $\arcsin : [-1, 1] \to [-\pi/2, \pi/2]$ (sprich: **Arcus-Sinus**).

Beweis. Wir zeigen die Bijektivität von $\cos$ auf $[0, \pi]$. Dazu nehmen wir an, dass $\cos(t_1) = \cos(t_2)$ mit $t_1, t_2 \in [0, \pi]$. Laut Folgerung 4.39 ist $\sin(t_i) \geq 0$, $i \in \{1, 2\}$. Folglich gilt

$$\sin(t_1) = \sqrt{1 - \cos^2(t_1)} = \sqrt{1 - \cos^2(t_2)} = \sin(t_2).$$

Wir erinnern uns an die Definition von $\sin$ in (4.5), um gemeinsam mit der Definition von $\cos$ die Identität $e^{it_1} = e^{it_2}$ zu folgern. Dies ist gleichbedeutend mit $t_1 - t_2 = 2k\pi$ mit $k \in \mathbb{Z}$. Wegen $|t_1 - t_2| \leq \pi$ muss $k = 0$ gelten. Daher ist $t_1 = t_2$, das heißt, $\cos$ ist bijektiv auf $[0, \pi]$. Aus der Eulerschen Identität (4.9) ergibt sich

$$-1 = e^{i\pi} = \cos(\pi) + i\sin(\pi),$$

also $\cos(\pi) = -1$. Folglich gilt $\cos([0, \pi]) = [-1, 1]$. Die Umkehrfunktion $\arccos$ bildet daher das Intervall $[-1, +1]$ auf $[0, \pi]$ ab. Sie ist stetig wegen Satz 4.18. Die Aussage für den Arcus-Sinus wird hieraus mittels Folgerung 4.37 (iii) abgeleitet. $\qquad\square$

Für $z \in \mathbb{R} \setminus \{(k + \frac{1}{2})\pi \mid k \in \mathbb{Z}\}$ definieren wir den **Tangens** $\tan(z)$ durch

$$\tan(z) := \frac{\sin(z)}{\cos(z)}.$$

Wegen $\sin(z + \pi) = -\sin(z)$ und $\cos(z + \pi) = -\cos(z)$ gilt $\tan(z + \pi) = \tan(z)$. Der Tangens ist also periodisch mit Periode π. Für die Untersuchung seiner Eigenschaften kann man sich daher auf das Intervall $(-\frac{\pi}{2}, \frac{\pi}{2})$ beschränken. An den Stellen $-\frac{\pi}{2}$ und $\frac{\pi}{2}$ zeichnet sich $\tan(z)$ durch ein singuläres Verhalten aus:

$$\tan(z) \to +\infty \quad \text{für } z \to \frac{\pi}{2}, \qquad \tan(z) \to -\infty \quad \text{für } z \to -\frac{\pi}{2}.$$

Des Weiteren besitzt $\tan(z)$ die Nullstelle $z = 0$ und $\tan$ ist als Konsequenz aus Folgerung 4.40 streng monoton wachsend auf $(-\frac{\pi}{2}, \frac{\pi}{2})$. Alle angegebenen Eigenschaften von $\tan$ lassen sich ohne großen Aufwand aus den bekannten Eigenschaften von $\sin$ und $\cos$ herleiten. Zusammenfassend ergibt sich:

Folgerung 4.41. Die Funktion $\tan |_{(-\pi/2,\pi/2)}$ ist streng monoton wachsend und bildet das Intervall $(-\frac{\pi}{2}, \frac{\pi}{2})$ bijektiv auf $\mathbb{R}$ ab. Daher existiert die Umkehrfunktion $\arctan : \mathbb{R} \to (-\frac{\pi}{2}, \frac{\pi}{2})$, welche als **Arcus-Tangens** bezeichnet wird. Diese ist stetig nach Satz 4.18.

(VII) Die Polardarstellung komplexer Zahlen und die Argumentfunktion Es sei $I \subset \mathbb{R}$ ein halboffenes Intervall der Länge 2π (zum Beispiel $[0, 2\pi)$ oder $(-\pi, \pi]$). Dann existieren zu $z \in \mathbb{C} \setminus \{0\}$ eindeutig bestimmte Zahlen $r > 0$ und $t \in I$, sodass

$$z = re^{it} = r(\cos(t) + i\sin(t)). \tag{4.10}$$

Man nennt t auch das **Argument von** $z = re^{it}$ und setzt $\arg(z) := t$. Falls α ein Endpunkt von I ist, so ist die Argumentfunktion $\arg$ stetig auf $\mathbb{C} \setminus \{re^{i\alpha} \mid r \geq 0\}$.

Bemerkung 4.42. In der Exponential- beziehungsweise Polardarstellung (4.10) entspricht r dem Betrag von z, das heißt $r = |z|$. Das Argument $t = \arg(z)$ von z lässt sich interpretieren als der Winkel (im Bogenmaß) zwischen der positiven reellen Achse und dem Ortsvektor von z (siehe Abb. 4.4).

Beweis der Polardarstellung. Für $z \in \mathbb{C} \setminus \{0\}$ definiert man $r := |z|$. Dadurch ist r eindeutig festgelegt. Sei nun $w := z/r$ und $w = u + iv$ mit $u, v \in \mathbb{R}$. Dann gilt $|w| = 1$ und

Abb. 4.4 Die
Argumentfunktion

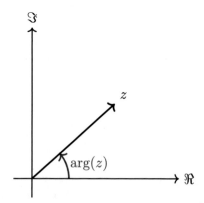

folglich $u^2 + v^2 = 1$ nach Definition des Betrags. Dies impliziert $u, v \in [-1, +1]$. Wir setzen $\theta := \arccos(u)$ und erkennen $\theta \in [0, \pi]$. Damit folgt

$$v = \pm\sqrt{1 - u^2} = \pm\sqrt{1 - \cos^2(\theta)} = \pm\sin(\theta).$$

Wir wählen $s = \pm\theta$ so, dass $\sin(s) = v$. Unter Beachtung von $\cos(-\theta) = \cos(\theta)$ und $\sin(-\theta) = -\sin(\theta)$ erschließen wir

$$\cos(s) = \cos(\theta) = u, \qquad \sin(s) = v, \qquad s \in [-\pi, +\pi].$$

Sei nun α ein Endpunkt von I, das heißt $I = [\alpha, \alpha + 2\pi)$ beziehungsweise $(\alpha, \alpha + 2\pi]$. Für $\beta \in [0, 2\pi)$ beziehungsweise $\beta \in (0, 2\pi]$ schreiben wir $s - \alpha = 2k\pi + \beta$ mit $k \in \mathbb{Z}$. Man definiert die Zahl t durch $t := \alpha + \beta = s - 2k\pi$. Dann erfüllt t die gewünschten Eigenschaften:

$$\cos(t) = \cos(s) = u, \quad \sin(t) = \sin(s) = v, \quad t \in [\alpha, \alpha + 2\pi) \text{ beziehungsweise } (\alpha, \alpha + 2\pi].$$

Damit ist die Existenz von r und t gezeigt. Um die Eindeutigkeit von t zu beweisen, nehme man an, dass $z = e^{it_1} = e^{it_2}$ mit $t_1, t_2 \in I$. Dies ist äquivalent zu $t_1 - t_2 = 2k\pi$ mit $k \in \mathbb{Z}$. Wegen $|t_1 - t_2| < 2\pi$ muss $k = 0$ gelten, das heißt $t_1 = t_2$. Zu zeigen bleibt die Stetigkeit von $\arg$ auf $\mathbb{C}_\alpha := \mathbb{C} \setminus \{re^{i\alpha} \mid r \geq 0\}$. Angenommen, $\arg$ wäre nicht stetig auf $\mathbb{C}_\alpha$. Dann gäbe es eine Folge $(z_k) \subset \mathbb{C}_\alpha$ mit $z_k \to z_0 \in \mathbb{C}_\alpha$ für $k \to \infty$ und ein $\varepsilon > 0$, sodass

$$|\arg(z_k) - \arg(z_0)| \geq \varepsilon. \tag{4.11}$$

Wir setzen $t_k := \arg(z_k)$, $t_0 := \arg(z_0)$ und erkennen wegen $z_k, z_0 \in \mathbb{C}_\alpha$, dass t_k, t_0 Elemente von $I = [\alpha, \alpha + 2\pi)$ oder $(\alpha, \alpha + 2\pi]$ sind und dass $t_k, t_0 \notin \{\alpha, \alpha + 2\pi\}$ gilt. Insbesondere ist die Folge (t_k) beschränkt. Gemäß dem Satz von Bolzano-Weierstraß 3.22 existiert eine Teilfolge (t_{k_l}) mit $t_{k_l} \to s_0 \in [\alpha, \alpha + 2\pi]$ für $l \to \infty$. Aufgrund von $z_{k_l} \to z_0$ und der Stetigkeit von $\exp$ folgt

$$z_{k_l} = re^{it_{k_l}} \to re^{is_0} = z_0 = re^{it_0} \qquad (l \to \infty).$$

Als Konsequenz ergibt sich $s_0 \notin \{\alpha, \alpha + 2\pi\}$. Somit gilt $s_0, t_0 \in (\alpha, \alpha + 2\pi)$ und folglich $s_0 = t_0$ wegen der Eindeutigkeit der Polardarstellung von z_0. Damit resultiert aber ein Widerspruch, denn es gilt

$$|s_0 - t_0| \geq \underbrace{|t_{k_l} - t_0|}_{\geq \varepsilon \text{ nach (4.11)}} - \underbrace{|s_0 - t_{k_l}|}_{\leq \varepsilon/2 \text{ für große } l} \geq \varepsilon - \frac{\varepsilon}{2} = \frac{\varepsilon}{2}. \qquad \square$$

Als eine Anwendung eröffnet sich eine von zahlreichen Möglichkeiten, den Fundamentalsatz der Algebra zu beweisen, der bereits in Satz 2.38 präsentiert wurde, aber dessen Beweis noch ausstand.

Satz 4.43 (Fundamentalsatz der Algebra). *Jedes Polynom* $P(z) = z^n + a_{n-1}z^{n-1} + \ldots + a_0$ *mit Koeffizienten* $a_0, \ldots, a_{n-1} \in \mathbb{C}$ *besitzt eine Nullstelle in* $\mathbb{C}$.

Beweis. Man setzt $s := \inf\{|P(z)| \mid z \in \mathbb{C}\} \geq 0$ und wählt eine sogenannte Minimalfolge, das heißt eine Folge $(z_m) \subset \mathbb{C}$, sodass $|P(z_m)| \to s$ für $m \to \infty$. Wegen $P(0) = a_0$ sind ohne Einschränkung alle z_i ungleich 0. Aufgrund von

$$|P(z)| = |z|^n \left| 1 + \frac{a_{n-1}}{z} + \ldots + \frac{a_0}{z^n} \right| \to +\infty \qquad (|z| \to +\infty)$$

ist die Folge (z_m) beschränkt. Angenommen, (z_m) wäre nicht beschränkt, das heißt $|z_m| \to \infty$, dann würde $|P(z_m)| \to \infty$ folgen, aber $(|P(z_m)|)$ ist konvergent. Nach dem Satz von Bolzano-Weierstraß 3.22 besitzt (z_m) einen Häufungspunkt $z_0 \in \mathbb{C}$, das heißt, für eine Teilfolge gilt $z_{m_l} \to z_0$ für $l \to \infty$. Wegen der Stetigkeit von P folgt $|P(z_0)| = \lim_{l \to \infty} |P(z_{m_l})| = s$. Verwendet man den binomischen Lehrsatz 2.19 in der Form

$$z^k = ((z - z_0) + z_0)^k = \sum_{j=0}^{k} \binom{k}{j}(z - z_0)^j z_0^{k-j},$$

dann kann man für ein $k \in \mathbb{N}$ mit $1 \leq k \leq n$ und $b_0, \ldots, b_n \in \mathbb{C}$ das Polynom $P(z)$ darstellen als

$$P(z) = b_0 + b_k(z - z_0)^k + b_{k+1}(z - z_0)^{k+1} + \ldots + b_n(z - z_0)^n, \qquad b_k \neq 0. \qquad (4.12)$$

Man zeigt nun, dass $b_0 = 0$ ist. Dann folgt die Behauptung, denn für $b_0 = 0$ ist z_0 eine Nullstelle von P. Angenommen, es gelte $b_0 \neq 0$, so kann $P(z)$ durch Beschränkung auf solche $z \in \mathbb{C}$ mit $|z - z_0| \leq 1$ umformuliert werden als

$$P(z) = b_0\left(1 + c_k(z - z_0)^k + Q(z)\right), \quad c_k := \frac{b_k}{b_0} \neq 0, \quad \text{mit } |Q(z)| \leq C|z - z_0|^{k+1}.$$

Dabei bezeichnet C eine geeignet gewählte Konstante, zum Beispiel $C := \frac{|b_{k+1}| + \ldots + |b_n|}{|b_0|}$. Man schreibt nun c_k und $(z - z_0)$ in Polardarstellung, $c_k = \varrho e^{it_k}$ mit $|t_k| \leq \pi$ und $(z - z_0) = re^{it}$ mit $r \leq 1$, um den Ausdruck

$$c_k(z - z_0)^k = \varrho e^{it_k} r^k e^{ikt} = \varrho r^k e^{i(t_k + kt)}$$

zu erhalten. Weil z außer der Bedingung $|z - z_0| \leq 1$ beliebig ist, kann man t so wählen, dass $t_k + kt = \pi$ ist. Damit folgt

$$|P(z)| = |b_0|\,\big|1 + c_k(z - z_0)^k + Q(z)\big| = |b_0|\,\big|1 - \varrho r^k + Q(z)\big| \leq |b_0|\big(|1 - \varrho r^k| + Cr^{k+1}\big).$$

Durch Wahl von $r \in (0, \sqrt[k]{1/\varrho})$ ergibt sich $1 - \varrho r^k > 0$ und somit

$$|P(z)| \leq |b_0|(1 - \varrho r^k + Cr^{k+1}) = |b_0|\big(1 - r^k(\varrho - Cr)\big).$$

Durch die Forderung $r \in (0, \min\{1, \sqrt[k]{1/\varrho}, \frac{\varrho}{2C}\})$ wird die Wahl von r weiter präzisiert, um die Ungleichung $\varrho - Cr \geq \frac{\varrho}{2}$ zu sichern. Für solche r gilt dann die Abschätzung

$$|P(z)| \leq |b_0|\big(1 - r^k(\varrho - Cr)\big) \leq |b_0|\big(1 - \frac{1}{2}\varrho r^k\big) < |b_0|.$$

Dies ist ein Widerspruch zur Definition von s (als Infimum der Menge $\{|P(z)| \mid z \in \mathbb{C}\}$), denn nach (4.12) gilt $|b_0| = |P(z_0)| = s$. Daher ist $b_0 = 0$. □

Als direkte Konsequenz von Satz 4.43 ergibt sich, dass jedes nichtkonstante Polynom P über dem Körper $\mathbb{C}$ vollständig in seine Linearfaktoren zerlegt werden kann.

Folgerung 4.44. Jedes Polynom $P(z) = z^n + a_{n-1}z^{n-1} + \ldots + a_0$ mit Koeffizienten $a_0, \ldots, a_{n-1} \in \mathbb{C}$ lässt sich in $\mathbb{C}$ vollständig in Linearfaktoren zerlegen, das heißt

$$P(z) = (z - z_1) \cdot (z - z_2) \cdots (z - z_n)$$

mit den Nullstellen des Polynoms $z_1, \ldots, z_n \in \mathbb{C}$.

Beweis. Ist z_1 eine Nullstelle von $P(z)$, dann kann man $P(z)$ durch $P(z) = (z - z_1)Q(z)$ ausdrücken, wobei Q ein Polynom vom Grad $n - 1$ bezeichnet. Durch Anwendung von Satz 4.43 auf das Polynom $Q(z)$ folgt die Behauptung induktiv. □

Beispiel 4.45 (Komplexe Wurzeln). Zur Bestimmung aller Lösungen $z \in \mathbb{C}$ der Gleichung $z^n = a$ mit $a \in \mathbb{C}$ schreibt man $z = re^{i\varphi}$ und $a = \varrho e^{i\beta}$. Es gilt

$$z^n = a \quad \Leftrightarrow \quad \big(re^{i\varphi}\big)^n = \varrho e^{i\beta} \quad \Leftrightarrow \quad r^n e^{in\varphi} = \varrho e^{i\beta}.$$

Zwei komplexe Zahlen in Exponentialform stimmen genau dann überein, wenn ihre Beträge gleich sind und ihre Argumente sich um ein ganzzahliges Vielfaches von 2π unterscheiden. In unserer Situation bedeutet dies: $r^n = \varrho$ und $n\varphi = \beta + 2k\pi$ ($k \in \mathbb{Z}$), das heißt, $r = \sqrt[n]{\varrho}$ und $\varphi = \frac{\beta + 2k\pi}{n}$. Für k und $k + n$ stimmen die Lösungen überein. Daher gibt es n verschiedene komplexe Zahlen $z_k = \sqrt[n]{\varrho}e^{\frac{\beta + 2k\pi}{n}}$, $k = 0, 1, 2, \ldots, n-1$, die die Gleichung

$z^n = a$ erfüllen (sogenannte komplexe Wurzeln). Beginnend bei z_0 liegen alle Wurzeln gleichmäßig verteilt auf einem Ursprungskreis mit Radius $r = \sqrt[n]{\varrho}$. Zum Beispiel ergeben sich für die Gleichung $z^3 = i$ die folgenden Lösungen: $z_0 = \frac{\sqrt{3}}{2} + \frac{1}{2}i$, $z_1 = -\frac{\sqrt{3}}{2} + \frac{1}{2}i$ und $z_2 = -i$.

Beispiel 4.46 (Überlagerung harmonischer Schwingungen). Gegeben seien zwei harmonische Schwingungen mit gleicher Frequenz $\omega > 0$:

$$x_1(t) = 2\cos(\omega t + \tfrac{\pi}{4}), \qquad x_2(t) = 2\sqrt{2}\cos(\omega t + \pi).$$

Wir berechnen deren Überlagerung $x_1(t) + x_2(t)$. Dazu bilden wir komplexe Ersatzgrößen

$$z_1(t) := 2\cos(\omega t + \tfrac{\pi}{4}) + i2\sin(\omega t + \tfrac{\pi}{4}) = 2e^{i(\omega t + \frac{\pi}{4})},$$
$$z_2(t) := 2\sqrt{2}\cos(\omega t + \pi) + i2\sqrt{2}\sin(\omega t + \pi) = 2\sqrt{2}e^{i(\omega t + \pi)}$$

und berechnen deren Summe im Komplexen:

$$z(t) = z_1(t) + z_2(t) = \left(2e^{i\frac{\pi}{4}} + 2\sqrt{2}e^{i\pi}\right)e^{i\omega t}$$
$$= \left(2\left(\frac{\sqrt{2}}{2} + i\frac{\sqrt{2}}{2}\right) + 2\sqrt{2}\cdot(-1)\right)e^{i\omega t} = (-\sqrt{2} + i\sqrt{2})e^{i\omega t}.$$

Die Darstellung von $-\sqrt{2} + i\sqrt{2}$ in Exponentialform ist (siehe Bemerkung 4.42)

$$r = \sqrt{(-\sqrt{2})^2 + (\sqrt{2})^2} = 2, \qquad \varphi = \arctan\frac{\sqrt{2}}{-\sqrt{2}} + \pi = \frac{3\pi}{4},$$
$$\Rightarrow \qquad z(t) = 2e^{i\frac{3\pi}{4}}e^{i\omega t} = 2e^{i(\omega t + \frac{3\pi}{4})}.$$

Weil $\Re(z(t)) = \Re(z_1(t)) + \Re(z_2(t)) = x_1(t) + x_2(t) = x(t)$ gilt, ergibt sich folglich

$$x(t) = \Re(z(t)) = 2\cos(\omega t + \tfrac{3\pi}{4}).$$

4.4   Konvergenz von Funktionenfolgen

Dieser Abschnitt befasst sich mit speziellen Folgen, nämlich solchen, bei denen jedes Folgenglied eine Funktion darstellt. Insbesondere werden die Grenzwerte von Funktionenfolgen untersucht, wobei verschiedene Konvergenzbegriffe voneinander unterschieden werden.

Definition 4.47. Sei $\emptyset \neq M \subset \mathbb{R}^n$ und seien $f_k, f : M \to \mathbb{R}^d$ Funktionen für $k \in \mathbb{N}$. Die Funktionenfolge $(f_k)_{k \in \mathbb{N}}$ konvergiert **punktweise** gegen f genau dann, wenn

$$f_k(x) \to f(x) \qquad (k \to \infty) \qquad \forall x \in M.$$

Die Funktionenfolge $(f_k)_{k\in\mathbb{N}}$ konvergiert **gleichmäßig** gegen f genau dann, wenn

$$\sup_{x\in M}|f_k(x)-f(x)| := \sup\{\,|f_k(x)-f(x)| \mid x \in M\} \to 0 \qquad (k \to \infty).$$

Beispiel 4.48. Wir betrachten die Funktionenfolge

$$f_k : [0,1] \to \mathbb{R}, \qquad f_k(x) := \begin{cases} 1-kx & \text{für } 0 \leq x \leq \frac{1}{k}, \\ 0 & \text{für } \frac{1}{k} < x \leq 1. \end{cases}$$

Alle Folgenglieder f_k sind stetig auf $[0,1]$. Um den Limes der Folge (f_k) zu bestimmen, machen wir eine Fallunterscheidung: Im Fall $x > 0$ erhalten wir $f_k(x) \to 0$ für $k \to \infty$, während wir im Fall $x = 0$ erschließen, dass $f_k(0) = 1$ für alle $k \in \mathbb{N}$ und folglich $f_k(0) \to 1$ für $k \to \infty$. Die Folge (f_k) konvergiert also punktweise gegen

$$f : [0,1] \to \mathbb{R}, \qquad f(x) := \begin{cases} 1 & \text{für } x = 0, \\ 0 & \text{für } 0 < x \leq 1. \end{cases}$$

Obwohl alle Folgenglieder f_k stetige Funktionen sind, stellt der Limes f eine unstetige Funktion dar. Die Konvergenz ist nicht gleichmäßig, denn es gilt

$$\sup_{x\in[0,1]} |f_k(x)-f(x)| \geq \sup_{0<x\leq 1} |f_k(x)| = 1.$$

Wir sehen anhand dieses Beispiels, dass der Begriff der gleichmäßigen Konvergenz stärker ist als derjenige der punktweisen Konvergenz. Weiterhin hat das obige Beispiel gezeigt, dass der Grenzwert stetiger Funktionen nicht wieder stetig sein muss. Der folgende Satz liefert notwendige Voraussetzungen an eine Funktionenfolge (f_k), unter welchen ein stetiger Limes f zu erwarten ist. Er ist darüber hinaus ein weiteres Beispiel für die Vertauschbarkeit zweier Grenzwerte.

Satz 4.49. *Gegeben seien Funktionen $f_k, f : M \to \mathbb{R}^d$ für $k \in \mathbb{N}$, sodass die Folge (f_k) gleichmäßig gegen f konvergiert. Des Weiteren sei x_0 ein Häufungspunkt von M und die Grenzwerte $a_k := \lim_{x\to x_0} f_k(x)$ mögen existieren. Dann existiert der Limes $a := \lim_{k\to\infty} a_k$ und es gilt $f(x) \to a$ für $x \to x_0$, das heißt*

$$\lim_{k\to\infty} \lim_{x\to x_0} f_k(x) = \lim_{x\to x_0} \lim_{k\to\infty} f_k(x) = \lim_{x\to x_0} f(x).$$

Beweis. Sei $\varepsilon > 0$ eine beliebige Zahl. Nach Voraussetzung ist die Folge (f_k) gleichmäßig konvergent. Folglich existiert eine natürliche Zahl $k_0 \in \mathbb{N}$, sodass

$$|f_k(x)-f(x)| \leq \varepsilon \qquad \text{für } k \geq k_0, \qquad \forall x \in M.$$

Insbesondere hängt k_0 nicht von x ab. Die Dreiecksungleichung impliziert, dass

$$|f_k(x) - f_l(x)| \leq |f_k(x) - f(x)| + |f(x) - f_l(x)| \leq 2\varepsilon \quad \text{für } k, l \geq k_0, \quad \forall x \in M.$$

Für $x \to x_0$ geht man zum Grenzwert über (welcher laut Voraussetzung existiert), um

$$|a_k - a_l| \leq 2\varepsilon \quad \text{für } k, l \geq k_0$$

zu erschließen. Weil $\varepsilon > 0$ beliebig gewählt wurde, ist also (a_k) eine Cauchy-Folge. Infolgedessen existiert der Grenzwert $a := \lim_{k\to\infty} a_k$. In der letzten Abschätzung kann man einen Grenzwertprozess für $l \to \infty$ durchführen, um die Ungleichung

$$|a_k - a| \leq 2\varepsilon \quad \text{für } k \geq k_0$$

zu erhalten. Man wählt jetzt nach Voraussetzung ein $\delta > 0$ so, dass

$$|f_{k_0}(x) - a_{k_0}| \leq \varepsilon \quad \text{für alle } x \in B_\delta(x_0) \cap M$$

gilt. Werden die obigen Abschätzungen zusammengefasst, ergibt sich für $x \in B_\delta(x_0) \cap M$

$$|f(x) - a| \leq |f(x) - f_{k_0}(x)| + |f_{k_0}(x) - a_{k_0}| + |a_{k_0} - a| \leq \varepsilon + \varepsilon + 2\varepsilon = 4\varepsilon,$$

das heißt, $\lim_{x\to x_0} f(x) = a$. Dies impliziert die Behauptung. $\qquad\square$

Folgerung 4.50. Sind alle f_k stetig in einem Punkt $x_0 \in M$ und konvergiert (f_k) gleichmäßig gegen f, so ist auch der Limes f stetig in x_0.

Beweis. Ohne Einschränkung sei x_0 ein Häufungspunkt von M. Man prüft die Voraussetzungen von Satz 4.49 nach: Wegen der Stetigkeit der f_k existieren die Grenzwerte $\lim_{x\to x_0} f_k(x) = f_k(x_0)$, das heißt $a_k = f_k(x_0)$. Ferner gilt wegen der punktweisen Konvergenz $\lim_{k\to\infty} f_k(x_0) = f(x_0)$, das heißt $a = f(x_0)$. Mit Satz 4.49 folgt schließlich, dass $f(x) \to a \ (x \to x_0)$ oder, anders ausgedrückt, $\lim_{x\to x_0} f(x) = a = f(x_0)$. $\qquad\square$

Eine interessante Konsequenz ergibt sich für Potenzreihen.

Satz 4.51. *Ist $f(z) = \sum_{k=0}^{\infty} a_k z^k$ eine Potenzreihe mit Konvergenzradius $R > 0$, so konvergieren die Partialsummen $f_n(z) = \sum_{k=0}^{n} a_k z^k$ gleichmäßig auf $K_r(0) = \{z \in \mathbb{C} \mid |z| \leq r\}$ für alle $r < R$. Daher ist f stetig auf $B_R(0) = \{z \in \mathbb{C} \mid |z| < R\}$.*

Beweis. Die Behauptung folgt aus der Abschätzung

$$\sup_{z \in K_r(0)} |f_n(z) - f(z)| = \sup_{|z| \le r} \left| \sum_{k=n+1}^{\infty} a_k z^k \right| \le \sum_{k=n+1}^{\infty} |a_k| r^k \to 0 \quad (n \to \infty),$$

denn die Reihe $\sum |a_k| r^k$ ist absolut konvergent für $0 \le r < R$. $\square$

Gleichmäßige Konvergenz als Normkonvergenz Für $\emptyset \ne M \subset \mathbb{R}^d$ bezeichne $F(M, \mathbb{R}^d)$ die Menge aller Funktionen $f : M \to \mathbb{R}^d$. Der Raum $F(M, \mathbb{R}^d)$ wird ein $\mathbb{R}$-Vektorraum, wenn man für $f, g \in F(M, \mathbb{R}^d)$ die Vektoraddition und Skalarmultiplikation durch

$$(f + g)(x) := f(x) + g(x), \qquad (\lambda f)(x) := \lambda f(x), \qquad \lambda \in \mathbb{R}$$

definiert. Sei $B(M, \mathbb{R}^d)$ die Menge aller beschränkten Funktionen, das heißt

$$B(M, \mathbb{R}^d) := \left\{ f : M \to \mathbb{R}^d \mid \sup_{x \in M} |f(x)| < +\infty \right\}.$$

Der Raum $B(M, \mathbb{R}^d)$ ist ein Untervektorraum von $F(M, \mathbb{R}^d)$, das heißt, als Teilmenge von $F(M, \mathbb{R}^d)$ ist $B(M, \mathbb{R}^d)$ selbst ein Vektorraum. Für $f, g \in B(M, \mathbb{R}^d)$ und $\lambda \in \mathbb{R}$ gelten nämlich folgende Eigenschaften:

(i) $(f + g) \in B(M, \mathbb{R}^d)$ wegen $\sup_{x \in M} |f(x) + g(x)| \le \sup_{x \in M} |f(x)| + \sup_{x \in M} |g(x)|$.
(ii) $(\lambda f) \in B(M, \mathbb{R}^d)$ wegen $\sup_{x \in M} |\lambda f(x)| = |\lambda| \sup_{x \in M} |f(x)|$.
(iii) $f = 0 \in B(M, \mathbb{R}^d)$ wegen $f = 0 \Leftrightarrow \sup_{x \in M} |f(x)| = 0$.

Auf dem Raum $B(M, \mathbb{R}^d)$ wird durch $\|f\| := \sup_{x \in M} |f(x)|$ eine Norm definiert. Die Normkonvergenz in $B(M, \mathbb{R}^d)$ entspricht genau der gleichmäßigen Konvergenz.

Satz 4.52. *Der Raum $B(M, \mathbb{R}^d)$ ist vollständig bezüglich der sup-Norm $\|\cdot\|$, das heißt, jede Cauchy-Folge in $B(M, \mathbb{R}^d)$ ist konvergent.*

Beweis. Sei (f_k) eine Cauchy-Folge in $B(M, \mathbb{R}^d)$. Zu jedem $\varepsilon > 0$ gibt es ein $k_0 \in \mathbb{N}$, sodass

$$\sup_{x \in M} |f_k(x) - f_l(x)| \le \varepsilon \qquad \text{für alle } k, l \ge k_0.$$

Daraus lässt sich ableiten, dass $(f_k(x))$ für alle $x \in M$ eine Cauchy-Folge in $\mathbb{R}^d$ ist. Folglich (nach Satz 3.26) existiert der punktweise Grenzwert $f(x) := \lim_{k \to \infty} f_k(x)$. In der letzten Abschätzung kann man nun für $l \to \infty$ zum Limes übergehen, um die Ungleichungen

$$|f_k(x) - f(x)| \le \varepsilon \quad \forall k \ge k_0 \quad \forall x \in M \qquad \Leftrightarrow \qquad \|f_k - f\| \le \varepsilon \quad \forall k \ge k_0$$

zu folgern. Letztere impliziert in Anbetracht der Dreiecksungleichung, dass

$$|f(x)| \leq |f_{k_0}(x)| + |f(x) - f_{k_0}(x)| \leq |f_{k_0}(x)| + \varepsilon \qquad \forall x \in M.$$

Durch Übergang zum Supremum erhält man die Abschätzung

$$\sup_{x \in M} |f(x)| \leq \sup_{x \in M} |f_{k_0}(x)| + \varepsilon = \left\| f_{k_0} \right\| + \varepsilon < \infty,$$

welche $f \in B(M, \mathbb{R}^d)$ impliziert. Es wurde bereits gezeigt, dass $\|f_k - f\| \leq \varepsilon$ für alle $k \geq k_0$ ist. Damit ist f der Norm-Limes von (f_k). Dies war die Behauptung. $\qquad\square$

An dieser Stelle wollen wir die gleichmäßige Konvergenz von speziellen Funktionenfolgen untersuchen. Die Rede ist von Reihen, bei denen jedes Glied eine Funktion aus $B(M, \mathbb{C})$ darstellt. Der folgende Satz 4.53 liefert ein praktisches Kriterium für deren gleichmäßige Konvergenz. Anschließend wird dieses Konvergenzkriterium anhand eines einfachen Beispiels illustriert.

Satz 4.53 (Weierstraßsches Majorantenkriterium). *Für $(f_n)_{n \in \mathbb{N}} \subset B(M, \mathbb{C})$ gelte*

$$\sum_{n=0}^{\infty} \|f_n\| < \infty.$$

Dann konvergiert die Reihe $\sum_{n=0}^{\infty} f_n$ absolut und gleichmäßig auf M gegen eine Funktion $F : M \to \mathbb{C}$. Sind alle f_n stetig, so ist auch F stetig (nach Folgerung 4.50).

Beweis. Siehe [For11]. Zunächst zeigen wir, dass die Reihe $\sum_{n=0}^{\infty} f_n$ punktweise gegen eine Funktion $F : M \to \mathbb{C}$ konvergiert. Dazu sei $x \in M$. Wegen $|f_n(x)| \leq \|f_n\|$ ergibt sich aus dem Majorantenkriterium 3.33, dass $\sum_{n=0}^{\infty} f_n(x)$ absolut konvergiert. Daher können wir $F : M \to \mathbb{C}$ durch

$$F(x) := \sum_{n=0}^{\infty} f_n(x), \qquad x \in M$$

definieren. Jetzt weisen wir nach, dass die Folge der Partialsummen $F_m := \sum_{n=0}^{m} f_n$ sogar gleichmäßig gegen die Funktion F konvergiert. Weil nach Voraussetzung die Reihe $\sum_{n=0}^{\infty} \|f_n\|$ konvergent ist, existiert zu einem beliebigen $\varepsilon > 0$ eine Zahl $N \in \mathbb{N}$ mit

$$\sum_{n=m+1}^{\infty} \|f_n\| < \varepsilon \qquad \forall m \geq N.$$

Infolgedessen ergibt sich für alle $m \geq N$ und $x \in M$ die Abschätzung

$$|F_m(x) - F(x)| = \left| \sum_{n=m+1}^{\infty} f_n(x) \right| \leq \sum_{n=m+1}^{\infty} |f_n(x)| \leq \sum_{n=m+1}^{\infty} \|f_n\| < \varepsilon,$$

aus welcher die gleichmäßige Konvergenz von (F_m) resultiert. $\qquad\square$

Beispiel 4.54. Aus Satz 4.53 lässt sich zum Beispiel sofort folgern, dass die Reihe $\sum_{n=1}^{\infty} \frac{\sin(nx)}{n^2}$ gleichmäßig auf ganz $\mathbb{R}$ konvergiert, denn mit $f_n := \frac{\sin(nx)}{n^2}$ gilt $\|f_n\| = \frac{1}{n^2}$ und somit

$$\sum_{n=1}^{\infty} \|f_n\| = \sum_{n=1}^{\infty} \frac{1}{n^2} < \infty.$$

Zum Abschluss dieses Kapitels untersuchen wir den Vektorraum aller stetigen und beschränkten Funktionen $C_b^0(M, \mathbb{R}^d)$. Ausgestattet mit der Supremumsnorm ist dieser vollständig (das heißt, jede Cauchy-Folge ist konvergent), wie das folgende Theorem demonstriert.

Satz 4.55. *Der Vektorraum $C_b^0(M, \mathbb{R}^d)$ ist vollständig bezüglich der* sup-*Norm.*

Beweis. Sei (f_k) eine Cauchy-Folge in $C_b^0(M, \mathbb{R}^d)$. Da $C_b^0(M, \mathbb{R}^d) \subset B(M, \mathbb{R}^d)$ und $B(M, \mathbb{R}^d)$ vollständig ist, existiert der $\|\cdot\|$-Limes in $B(M, \mathbb{R}^d)$, welcher mit $f := \lim_{k \to \infty} f_k$, wobei $f \in B(M, \mathbb{R}^d)$ ist, bezeichnet sei. Nach Folgerung 4.50 ist f stetig und damit $f \in C_b^0(M, \mathbb{R}^d)$. $\qquad\square$

Definition 4.56. Mit $C^0(\mathbb{R})$ bezeichnen wir den **Vektorraum aller stetigen Funktionen auf** $\mathbb{R}$.

Das mathematische Teilgebiet der *Funktionalanalysis* setzt sich im Wesentlichen mit unendlich-dimensionalen Funktionenräumen von der Art, wie wir sie gerade eingeführt haben, auseinander und beweist mit meist abstrakten Argumenten Eigenschaften solcher Räume. Die Funktionalanalysis untersucht außerdem die Eigenschaften stetiger Abbildungen zwischen solchen Räumen. Dabei verknüpft sie methodisch häufig Strukturen der klassischen Analysis mit solchen der Algebra. In Anbetracht der Tatsache, dass sich weite Teile der Mathematik mit Funktionen befassen, ist es nicht verwunderlich, dass die Resultate der Funktionalanalysis oft universal, das heißt in zahlreichen mathematischen Teildisziplinen, anwendbar sind. Die Funktionalanalysis liefert in ihrer Anwendung zum Beispiel geeignete Methoden, um partielle Differentialgleichungen zu behandeln, worauf wir in Band 2 eingehen werden.

4.5   Exkurs: Chaostheorie*

Kann der Flügelschlag eines Schmetterlings wirklich einen Taifun auslösen? Mit dieser
Frage wird populärwissenschaftlich der Begriff der *Chaostheorie* motiviert. Als Erklärung
wird meist angeführt, dass die Zusammenhänge unserer realen Welt so komplex sind, dass
bereits eine kleine Veränderung der Ausgangssituation (der Flügelschlag des Schmetterlings) zu großen, unvorhersehbaren Konsequenzen (einem Taifun) führen kann. Doch diese
einfache Erklärung greift zu kurz. Ziel dieses Exkurses ist es, sich von der konkreten
Anschauung zu lösen und den Begriff des Chaos mathematisch abstrakt zu fassen. Die
Grundlage hierfür bildet die Theorie der **dynamischen Systeme**. Sie untersucht die zeit-
abhängige Entwicklung von Prozessen, die lediglich vom Anfangszustand, aber nicht vom
Anfangszeitpunkt abhängen.

Im Grundsatz befassen sich dynamische Systeme mit der Frage, was bei der mehrfachen
Hintereinanderausführung einer stetigen Funktion passiert, das heißt mit der Entwicklung
eines $x_0 \in \mathbb{R}$ unter der iterativen Vorschrift

$$x_n = f(x_{n-1}). \tag{4.13}$$

Wird diese Gleichung umgeformt zu

$$x_n - x_{n-1} = f(x_{n-1}) - x_{n-1}$$

und wird die Substitution $g(x) = f(x) - x$ angesetzt, so erhalten wir

$$x_n - x_{n-1} = g(x_{n-1}) \cdot 1.$$

Dies suggeriert die Interpretation, dass die Veränderung von n um eine Einheit eine Veränderung von x um $g(x)$ Einheiten nach sich zieht. Bei einem dynamischen System handelt
es sich um ein diskretes Analogon der **Differentialgleichung**

$$x'(n) = g(x(n)).$$

Dieses Konzept werden wir im nächsten Kap. 5 sowie insbesondere in Kap. 7
kennenlernen.

Als zentrales Beispiel fungiert in diesem Exkurs die sogenannte **quadratische Familie**

$$f_\mu(x) = \mu x(1 - x), \quad \mu > 1.$$

Anhand ihrer werden wir einige der zentralen Begriffe der Theorie der dynamischen Sys-
teme kennenlernen. Offenkundig ist, dass $f_\mu(0) = 0$ sowie $f_\mu\left(\frac{\mu-1}{\mu}\right) = \frac{\mu-1}{\mu}$ sind, was bedeutet, dass 0 und $p_\mu := \frac{\mu-1}{\mu}$ die **Fixpunkte** von f_μ sind. Die n-fache Hintereinanderausführung
von f wird mit f^n bezeichnet. Die Folge $f^n(x)$ heißt auch **Orbit** von x.

Definition 4.57. Ein Punkt $x \in \mathbb{R}$ heißt **periodischer Punkt** von f, falls es ein $n \in \mathbb{N}$ gibt mit $f^n(x) = x$. Das kleinste solche n nennt man die **Periode** von x.

Die Funktion $f_\mu^2(x)$ ist beispielsweise gegeben durch

$$f_\mu^2(x) = \mu f_\mu(x)(1 - f_\mu(x)) = \mu^2 x(1 - x)(1 - \mu x(1 - x)). \tag{4.14}$$

Die Bestimmungsgleichung $f_\mu^2(x) = x$ der periodischen Punkte mit Periode 2 hat mindestens die Lösungen 0 und p_μ. Um die anderen beiden (potenziell komplexwertigen) Lösungen dieser Gleichung zu finden, wird diese mit etwas Geduld durch Polynomdivision auf eine quadratische Gleichung mit den beiden Lösungen

$$x_{1/2} = \frac{1 + \mu \pm \sqrt{-3 - 2\mu + \mu^2}}{2\mu}$$

zurückgeführt. Weil $\mu > 1$ vorausgesetzt war, sehen wir, dass die quadratische Familie nur für $\mu \geq 3$ (reelle) Punkte der Periode 2 besitzt. Das dynamische Verhalten unterscheidet sich also schon anhand dieses einfachen Kriteriums erheblich, je nachdem wie der Parameter μ gewählt wurde. Für $\mu = 4$ ergeben sich beispielsweise die beiden Punkte der Periode 2 als

$$x_{1/2} = \frac{5 \pm \sqrt{5}}{8}.$$

Es fällt auf, dass wiederum beide diese Punkte im Intervall $[0, 1]$ liegen. Dem Grund hierfür werden wir jetzt nachspüren.

Kurzfristig ist das Verhalten eines dynamischen Systems durch Gl. (4.13) gegeben und ist dadurch für einige wenige Iterationsschritte relativ leicht beschreibbar (vergleiche Gl. (4.14)). Die Frage, wie sich das System langfristig, das heißt im Limes, verhält, ist hingegen meist nicht unmittelbar durch Angabe einer Gleichung lösbar, sondern muss mit abstrakten Argumenten beantwortet werden. Für die quadratische Familie ist dies für die Punkte außerhalb des Intervalls $[0, 1]$ unabhängig von der Wahl von μ sehr einfach.

Proposition 4.58. *Falls $x \notin [0, 1]$ ist, gilt $f_\mu^n(x) \to -\infty$ $(n \to \infty)$.*

Beweis. Ist $x < 0$, dann ist $\mu x(1 - x) < x$, also $f_\mu(x) < x$. Damit ist $f_\mu^n(x)$ eine monoton fallende Folge, deren Abstände immer größer werden, woraus die Behauptung in diesem Fall folgt. Für $x > 1$ ist $f_\mu(x) < 0$. $\square$

Für $1 < \mu < 3$, also den Fall, dass es keine periodischen Punkte der Periode 2 gibt, kann auch für $x \in [0, 1]$ das langfristige Verhalten einfach beschrieben werden.

Proposition 4.59. *Falls* $1 < \mu < 3$ *ist, so gilt für alle* $0 < x < 1$ *das Grenzwertverhalten*

$$\lim_{n \to \infty} f_\mu^n(x) = p_\mu.$$

Beweis. Für den Fall $2 \leq \mu < 3$ verweisen wir auf [Dev89], Proposition 5.3. Wir führen den Beweis nur unter der Bedingung, dass $1 < \mu < 2$ ist. Es gilt (die Zwischenschritte überlassen wir an dieser Stelle dem Leser)

$$\left(\mu x(1-x) - \frac{\mu - 1}{\mu} \right) - \left(x - \frac{\mu - 1}{\mu} \right) = -\mu x \left(x - \frac{\mu - 1}{\mu} \right). \tag{4.15}$$

Dieser Ausdruck ist gleich 0 für $x = \frac{\mu - 1}{\mu}$. Andernfalls nehmen wir als Erstes an, dass $x \in (0, \frac{1}{2}]$ ist. Unter dieser Zusatzvoraussetzung folgern wir aus Gleichung (4.15) die Ungleichung

$$\left| f_\mu(x) - p_\mu \right| < \varrho \left| x - p_\mu \right| \qquad \text{mit } 0 < \rho = 1 - \mu x < 1.$$

Damit nähert sich der Orbit sukzessive immer näher dem Punkt p_μ an und die gewünschte Konvergenz folgt (vergleiche Beweis von Folgerung 3.34). Für $x \in (\frac{1}{2}, 1)$ ist $f_\mu(x) \in (0, \frac{1}{2})$ und der Beweis kann auf den ersten Fall zurückgeführt werden. Damit ist die Aussage unter der Bedingung $1 < \mu < 2$ vollständig bewiesen. $\square$

Folgerung 4.60. Für $1 < \mu < 3$ besitzt das durch die quadratische Familie gegebene dynamische System keine (echten) periodischen Punkte, das heißt solche, die keine Fixpunkte sind.

Beweis. Gäbe es einen periodischen Punkt $x \in \mathbb{R}$, so könnte der Orbit $f_\mu^n(x)$ nicht gegen p_μ konvergieren. $\square$

Damit ist die Dynamik der quadratischen Familie im Fall $1 < \mu < 3$ hinreichend beschrieben und ihre Funktionsweise ist langfristig einfach zu verstehen: Der Orbit aller Startpunkte in $(0, 1)$ konvergiert gegen p_μ, der Punkt 0 ist ein Fixpunkt, es gilt $f_\mu(1) = 0$ und alle anderen Orbits konvergieren gegen $-\infty$.

Die Analyse im Fall $\mu \geq 3$ erweist sich im Intervall $(0, 1]$ als weit komplexer. Wir haben bereits gesehen, dass es dann periodische Punkte der Periode 2 gibt. Ebenso ließen sich mit ausreichender rechnerischer Geduld (oder einem Computeralgebra-Programm) die periodischen Punkte der Periode 3 explizit in Abhängigkeit von μ bestimmen. Ein äußerst bemerkenswerter Satz von Sarkovskii[5] besagt:

---

[5] Benannt nach dem ukrainischen Mathematiker Olexandr Mikolajowytsch Sarkovskii (*1936).

Satz 4.61 (Satz von Sarkovskii, 1964). *Es sei $f : \mathbb{R} \to \mathbb{R}$ eine stetige Funktion. Wenn f einen Punkt der Periode 3 hat, dann besitzt f für alle $n \in \mathbb{N}$ Punkte der Periode n.*

Beweis. Siehe [Dev89], Kap. 11. $\qquad\qquad\qquad\qquad\qquad\qquad\qquad\qquad\qquad\quad$ $\square$

Für die quadratische Familie mit $\mu \geq 3$ ist klar, dass alle diese Punkte verschiedener Periodizität im Intervall $(0, 1]$ liegen müssen. Es gibt also unendlich viele sich voneinander unterscheidende Dynamiken in diesem Bereich. Der Satz von Sarkovskii wird deswegen auch oft so formuliert, dass *Periode 3 Chaos impliziert*. Wir wollen nun, wie bereits zu Beginn dieses Exkurses angekündigt, darauf eingehen, was wir mathematisch gesehen überhaupt unter Chaos verstehen.

Definition 4.62. Es sei $V \subset \mathbb{R}$. Eine Funktion $f : V \to V$ heißt **chaotisch** auf V, falls die folgenden Eigenschaften erfüllt sind:

(i) Die periodischen Punkte von f liegen dicht in V.
(ii) Die Funktion f hat eine sensitive Abhängigkeit von den Anfangsbedingungen.
(iii) Die Funktion f ist topologisch transitiv.

Es soll im Folgenden gezeigt werden, dass $f_\mu : [0, 1] \to [0, 1]$ in der Tat chaotisch ist. Der Begriff der Dichtheit (Eigenschaft (i)) ist uns bereits im Kontext von Satz 2.13 beziehungsweise Beispiel 3.19 begegnet. Allgemein heißt eine Menge $P \subset V$ dicht in V, falls es zu jedem $x \in V$ und jedem $\varepsilon > 0$ ein Punkt $y \in P$ mit $|x - y| < \varepsilon$ gibt. Jedes Element aus V kann also beliebig gut durch Elemente aus P angenähert werden. Während wir Eigenschaft (i) prinzipiell verstehen,[6] soll nun darauf eingegangen werden, was die Bedeutung von (ii) und (iii) ist.

Definition 4.63. Es sei $V \subset \mathbb{R}$ ein Intervall. Eine Funktion $f : V \to V$ hat eine **sensitive Abhängigkeit von den Anfangsbedingungen**, falls es ein $\delta > 0$ gibt, sodass es für alle $x \in V$ und für jedes offene Intervall I, das x enthält, ein $y \in I$ und ein $n \in \mathbb{N}$ gibt mit $|f^n(x) - f^n(y)| > \delta$.

Mit anderen Worten bedeutet sensitive Abhängigkeit von den Anfangswerten, dass es in jeder noch so kleinen Umgebung von x einen Punkt y gibt, der nach wiederholter Anwendung von f mindestens den Abstand δ vom iterierten Bild von x besitzt. Von einem numerischen Standpunkt aus betrachtet entziehen sich solche Abbildungen der Berechenbarkeit, weil bereits ein kleiner Fehler in den Anfangsbedingungen, zum Beispiel durch Rundungsungenauigkeiten, durch wiederholte Anwendung von f unkontrolliert aufgeblasen werden kann. Die numerische Berechnung eines Orbits muss demnach nicht wirklich viel mit dem tatsächlichen Orbit zu tun haben.

---

[6]Eigenschaft (i) muss allerdings noch nachgewiesen werden.

Definition 4.64. Es sei $V \subset \mathbb{R}$ ein Intervall. Eine Funktion $f : V \to V$ heißt **topologisch transitiv**, falls für alle offenen Intervalle $I, J \subset V$ ein $k > 0$ existiert mit $f^k(I) \cap J \neq \emptyset$.

Intuitiv lässt sich topologische Transitivität derart interpretieren, dass jede beliebig kleine Umgebung eines Punkts durch wiederholte Anwendung von f irgendwann überall in V landen wird. Der Definitionsbereich einer topologisch transitiven Abbildung kann also nicht in zwei sich nichtüberlappende offene Intervalle zerlegt werden, die unter ihr invariant sind.

Für den allgemeinen Beweis, dass f_μ für $\mu > 3$ chaotisch ist, verweisen wir auf die Literatur (siehe zum Beispiel [Dev89]) und beschränken uns in unseren weiteren Ausführungen auf den Fall $\mu = 4$, also

$$f_4(x) = 4x(1 - x).$$

Um zu zeigen, dass f_4 tatsächlich chaotisch ist, benutzen wir einen (topologischen) Trick und bringen f_4 mit einer Abbildung auf dem Einheitskreis in Verbindung, die wesentlich einfacher zu verstehen ist.

Wir haben in Abschn. 4.3 (VII) gesehen, dass der Einheitskreis S^1 eindeutig durch Polarkoordinaten $\theta \in [0, 2\pi)$ beschrieben wird, denn jeder Punkt auf dem Einheitskreis ist durch seinen Winkel eindeutig bestimmt. Wenn wir per Konvention 0 und 2π als denselben Punkt auffassen, können wir zum abgeschlossenen Intervall $[0, 2\pi]$ übergehen oder sogar zu ganz $\mathbb{R}$, wenn wir je alle Punkte, deren Abstand ein ganzzahliges Vielfaches von 2π ist, miteinander identifizieren.[7] Mit dieser Konvention ist die Funktion $g : S^1 \to S^1, g(\theta) = 2\theta$ auf dem Einheitskreis S^1 wohldefiniert. Sie entspricht einer Verdopplung des Winkels jedes Punkts.

Satz 4.65. *Die Funktion $g(\theta) = 2\theta$ ist eine chaotische Abbildung auf S^1.*

Beweis. Als Erstes berechnen wir die periodischen Punkte von g. Es gilt $g^n(\theta) = 2^n\theta$. Damit ein Punkt periodisch mit Periode n ist, muss für ein $k \in \mathbb{Z}$ die Gleichung

$$2^n\theta = \theta + 2k\pi$$

gelten, welche sich auflösen lässt zu

$$\theta = \frac{2k\pi}{2^n - 1}.$$

---

[7]Eine solche Konstruktion wird auch **Überlagerung** genannt.

Die Menge P der periodischen Punkte ist in der Tat dicht in S^1: Seien $x \in S^1$ und $\varepsilon > 0$ beliebig vorgegeben. Wir wählen ein $n \in \mathbb{N}$ mit $\frac{2\pi}{2^n-1} < \varepsilon$. Offensichtlich existiert dann ein $k \in \mathbb{Z}$ mit

$$\left| x - \frac{2k\pi}{2^n - 1} \right| < \varepsilon$$

und P ist eine dichte Teilmenge von S^1.

Kommen wir nun zur sensitiven Abhängigkeit von den Anfangsbedingungen: Es seien wiederum $x \in S^1$ und ein offenes Intervall I um x beliebig vorgegeben. Ohne Einschränkung ist $x = e^{2\pi i} = 1$, der Fixpunkt der Abbildung $g(\theta)$. Wir wählen dann beispielsweise $\delta = 1$ und $n \in \mathbb{N}$ so groß, dass der Punkt y mit Winkel $\frac{\pi}{2^n}$ im Intervall I liegt. Infolgedessen gilt $g^n(y) = -1$ und daher

$$|g^n(x) - g^n(y)| = 2 > 1.$$

Abschließend ist noch die topologische Transitivität von g zu beweisen: Die Funktion g vergrößert jedes beliebig kleine Bogenstück von S^1 (das heißt jede noch so kleine Kreislinie zwischen zwei Punkten auf S^1), bis es schließlich ganz S^1 bedeckt. $\square$

Das Wissen über g kann nun mit einer geschickten Überlegung auf f_4 übertragen werden.

Satz 4.66. *Die Funktion $f_4(x)$ ist chaotisch auf $[0,1]$.*

Beweis. Die Abbildung $h_1 : S^1 \to [-1,1]$ sei die Projektion von S^1 auf die x-Achse, die gegeben ist durch $h_1(\theta) = \cos(\theta)$. Ferner sei $q(x) = 2x^2 - 1$. Daraus leiten wir die Gleichungskette

$$h_1 \circ g(\theta) = \cos(2\theta) = 2\cos^2(\theta) - 1 = q \circ h_1(\theta)$$

ab, wobei wir ein Additionstheorem aus Abschn. 4.3 (V) verwendet haben. Andererseits sei die Funktion $h_2 : [-1,1] \to [0,1]$ durch $h_2(t) := \frac{1}{2}(1-t)$ definiert. Es folgt

$$f_4 \circ h_2(x) = 4\frac{1}{2}(1-x)\left(1 - \frac{1}{2}(1-x)\right)$$

$$= 1 - x^2 = \frac{1}{2}(1 - (2x^2 - 1)) = h_2 \circ q(x).$$

Damit kommutiert das in Abb. 4.5 dargestellte Diagramm (vergleiche auch Abb. 1.1). Wegen der Kommutativität des Diagramms lässt sich aus dem chaotischen Verhalten von g das chaotische Verhalten von f_4 erschließen: Es seien U, V zwei offene Intervalle in $[0,1]$. Dann gibt es zwei Bogenstücke $\tilde{U}, \tilde{V} \subset S^1$, die unter der Abbildung $h_2 \circ h_1$ auf

Abb. 4.5 Kommutatives
Diagramm

$$
\begin{array}{ccc}
S^1 & \xrightarrow{\ \ g\ \ } & S^1 \\
\downarrow{h_1} & & \downarrow{h_1} \\
[-1,1] & \xrightarrow{\ \ q\ \ } & [-1,1] \\
\downarrow{h_2} & & \downarrow{h_2} \\
[0,1] & \xrightarrow{\ \ f_4\ \ } & [0,1]
\end{array}
$$

U, V abgebildet werden. Weil ein $k \in \mathbb{N}$ existiert mit $g^k(\tilde{U}) \cap \tilde{V} \neq \emptyset$, schließen wir $f_4^k(U) \cap V \neq \emptyset$. Also ist f_4 topologisch transitiv.

Für jedes (kleine) offene Intervall U, das $x \in [0,1]$ enthält, findet man wiederum ein $\tilde{U} \subset S^1$, das unter $h_2 \circ h_1$ auf U abgebildet wird. Weil aber ein $n \in \mathbb{N}$ existiert, sodass $g^n(\tilde{U})$ ganz S^1 überdeckt, überdeckt $f_4^n(U)$ auch ganz $[0,1]$. Damit gibt es einen Punkt in $f_4^n(U)$, der von x mindestens den Abstand $\delta = \frac{1}{2}$ hat. Also besitzt f_4 eine sensitive Abhängigkeit von den Anfangsbedingungen.

Jeder periodische Punkt von g wird durch $h_2 \circ h_1$ auf einen periodischen Punkt von f_4 mit derselben Periode abgebildet. Aus der Dichtheit der periodischen Punkte von g in S^1 folgt durch Projektion mittels $h_2 \circ h_1$ die Dichtheit der periodischen Punkte von f_4 in $[0,1]$. $\square$

Wer sich in puncto Chaostheorie und dynamischen Systemen weiterbilden möchte, dem sei der englischsprachige Text [Dev89], an dem wir uns in diesem Exkurs orientiert haben, ans Herz gelegt. Eine deutschsprachige Alternative, wenn auch mit etwas anderem Fokus als unsere Darstellung, bietet [Met98]. Geradezu enzyklopädischen Charakter hat das fast 1000 Seiten starke Standardwerk zur Theorie der dynamischen Systeme [KH97], das die verschiedensten Aspekte dieses sehr weitläufigen Gebiets abdeckt.

4.6   Übungsaufgaben

Aufgabe 4.1. Man zeige:

(i) Ist $\{V_j\}_{j \in J}$ eine Familie offener Teilmengen des $\mathbb{R}^n$ und $\{U_j\}_{j \in J}$ eine Familie abgeschlossener Teilmengen des $\mathbb{R}^n$, so gilt

$$
\bigcup_{j \in J} V_j \text{ ist offen}, \qquad \bigcap_{j \in J} U_j \text{ ist abgeschlossen}.
$$

(ii) Sind $V_1, \ldots, V_m$, $m \in \mathbb{N}$, offene Teilmengen von $\mathbb{R}^n$ und $U_1, \ldots, U_m$ abgeschlossene Teilmengen von $\mathbb{R}^n$, so gilt

$$\bigcap_{1 \le i \le m} V_i \text{ ist offen,} \qquad \bigcup_{1 \le i \le m} U_i \text{ ist abgeschlossen.}$$

Anmerkung: Die Aussagen in (ii) sind für unendliche Vereinigungen beziehungsweise Durchschnitte nicht richtig, wie das Beispiel $\bigcap_{k \in \mathbb{N}} (1 - \frac{1}{k}, 1 + \frac{1}{k}) = \{1\}$ zeigt.

Aufgabe 4.2. Untersuchen Sie die Funktion $f : [0, 1] \to [0, 1]$ mit

$$f(x) = \begin{cases} \frac{1}{q} & \text{für } x = \frac{p}{q} \text{ mit teilerfremden } p, q \in \mathbb{N} \\ 0 & \text{für } x \in \mathbb{R} \setminus \mathbb{Q} \end{cases}$$

auf Stetigkeit.

Aufgabe 4.3. Ist die Funktion

$$f(x, y) = \frac{2xy}{x^2 + y^2}, \qquad (x, y) \ne (0, 0)$$

stetig in den Nullpunkt fortsetzbar? Wie muss $f(0, 0)$ gegebenenfalls gewählt werden?

Aufgabe 4.4. Man zeige, dass jede stetige Funktion $f : [a, b] \to [a, b]$, $a < b$, einen Fixpunkt besitzt, das heißt, es gibt ein $x_0 \in [a, b]$ mit $f(x_0) = x_0$. Gilt dies auch für offene Intervalle?

Aufgabe 4.5. Prüfen Sie, ob die Funktion

$$f(x) = \begin{cases} x \cdot e^x & \text{für } x > 0 \\ 0 & \text{für } x \le 0 \end{cases}$$

stetig beziehungsweise gleichmäßig stetig ist!

Aufgabe 4.6. Man zeige, dass die Stetigkeit einer Funktion $f : \mathbb{R}^n \to \mathbb{R}^d$ zu den folgenden Aussagen äquivalent ist:

(i) Für alle offenen Teilmengen $V \subset \mathbb{R}^d$ ist das Urbild $f^{-1}(V)$ offen in $\mathbb{R}^n$.
(ii) Für alle abgeschlossenen Teilmengen $C \subset \mathbb{R}^d$ ist das Urbild $f^{-1}(C)$ abgeschlossen in $\mathbb{R}^n$.

Aufgabe 4.7.

(i) Man zeige für $n \in \mathbb{N}$ die Ungleichung $\frac{1}{n+1} < \ln(n+1) - \ln(n) < \frac{1}{n}$.
(ii) Man untersuche die Reihen $\sum_{n=2}^{\infty} \frac{1}{n \ln(n)}$ und $\sum_{n=2}^{\infty} \frac{1}{n(\ln(n))^2}$ auf Konvergenz.

Tipp zu (i): Nach Aufgabe 3.4 gilt $(1 + \frac{1}{n})^n < e < (1 + \frac{1}{n})^{n+1}$ für $n \in \mathbb{N}$.

Aufgabe 4.8. Zeigen Sie die folgenden Eigenschaften der hyperbolischen Funktionen:

(i) Die Funktionen cosh, sinh sind stetig auf $\mathbb{C}$, tanh ist stetig auf $\{z \in \mathbb{C} \mid \cosh(z) \neq 0\}$.
(ii) Die Funktion cosh ist eine gerade Funktion, das heißt, $\cosh(-z) = \cosh(z)$.
(iii) Die Funktion sinh ist eine ungerade Funktion, das heißt, $\sinh(-z) = -\sinh(z)$.
(iv) Es gilt $e^z = \cosh(z) + \sinh(z)$ für alle $z \in \mathbb{C}$.
(v) Es ist $\cosh(z)^2 - \sinh(z)^2 = 1$ für alle $z \in \mathbb{C}$.
(vi) Es gilt $\cosh(z + w) = \cosh(z)\cosh(w) + \sinh(z)\sinh(w)$ für alle $z, w \in \mathbb{C}$.
(vii) Es ist $\sinh(z + w) = \sinh(z)\cosh(w) + \cosh(z)\sinh(w)$ für alle $z, w \in \mathbb{C}$.

Aufgabe 4.9. Zeigen Sie die folgenden Eigenschaften der trigonometrischen Funktionen:

(i) Es ist $e^{iz} = \cos(z) + i\sin(z)$ für alle $z \in \mathbb{C}$.
(ii) Es gilt $\cos(-z) = \cos(z)$ und $\sin(-z) = -\sin(z)$ für alle $z \in \mathbb{C}$.
(iii) Die Gleichung $\cos^2(z) + \sin^2(z) = 1$ ist für alle $z \in \mathbb{C}$ erfüllt.
(iv) Für alle $z, w \in \mathbb{C}$ gelten die sogenannten Additionstheoreme

$$\sin(z + w) = \sin(z)\cos(w) + \cos(z)\sin(w),$$
$$\cos(z + w) = \cos(z)\cos(w) - \sin(z)\sin(w).$$

(v) Für alle $z \in \mathbb{C}$ gilt $2\sin^2\left(\frac{z}{2}\right) = 1 - \cos(z)$.

Aufgabe 4.10 (siehe [For11]). Es sei t kein ganzzahliges Vielfaches von 2π. Man zeige, dass dann für alle $n \in \mathbb{N}$ die folgende Identität richtig ist:

$$\frac{1}{2} + \sum_{k=1}^{n} \cos(kt) = \frac{\sin((n + \frac{1}{2})t)}{2\sin(\frac{t}{2})}.$$

Aufgabe 4.11 (Identitätssatz für Potenzreihen).

(i) Gegegeben seien zwei Potenzreihen $f(x) = \sum_{n=0}^{\infty} a_n x^n$ und $g(x) = \sum_{n=0}^{\infty} b_n x^n$ mit jeweils positivem Konvergenzradius. Gilt $f(x) = g(x)$ für $|x| < r$ mit $r > 0$ oder existiert eine Nullfolge (x_i) mit $x_i \neq 0$ sowie $f(x_i) = g(x_i)$ für $i = 1, 2, 3, \ldots$, dann stimmen beide Reihen überein, das heißt, $a_n = b_n$ für alle $n = 0, 1, 2, \ldots$.

(ii) Man zeige: Ist $f(x) = \sum_{n=0}^{\infty} a_n x^n$ eine gerade (beziehungsweise ungerade) Funktion, so gilt $a_{2n+1} = 0$ (beziehungsweise $a_{2n} = 0$) für alle $n = 0, 1, 2, \ldots$.

Aufgabe 4.12. Gegeben sei die Funktionenfolge $f_n(x) := \frac{nx}{1+|nx|}$, $x \in \mathbb{R}$, $n \in \mathbb{N}$.

(i) Wo ist f_n stetig und für welche x existiert $\lim_{n \to \infty} f_n(x)$?

(ii) Entscheiden   Sie,   ob (f_n) auf   den   folgenden   Mengen   gleichmäßig konvergiert:

        1. $\mathbb{R}$,   2. $\mathbb{R} \setminus \{0\}$,   3. $\mathbb{R} \setminus (-\delta, +\delta)$ für $\delta > 0$.

Differentialrechnung 5

Als wesentlicher Bestandteil der Analysis befasst sich die Differentialrechnung mit lokalen Veränderungen von Funktionen. Ein zentraler Begriff ist die Ableitung einer Funktion, welche geometrisch interpretiert lokal der Tangentensteigung entspricht. Viele Naturphänomene ließen sich erst durch die Entdeckung der Ableitung mathematisch beschreiben, weswegen das Differentialkalkül ein wesentliches Werkzeug in der mathematischen Modellierung darstellt: Beispiele hierfür gibt es wie Sand am Meer, etwa die Bewegung von Himmelskörpern, die Strömung eines Fluids, die Ausbreitung von Wärme im Raum, der Zerfall von Bierschaum und viele mehr. Wie bereits erwähnt, geht die moderne Differentialrechnung auf die Arbeiten von Gottfried Leibniz (1646–1716) und Isaac Newton (1643–1727) zurück. Während Leibniz ein Differentialkalkül geometrisch im Rahmen des Tangentenproblems entwickelte, formulierte Newton (unabhängig von Leibniz) sein eigenes System zur Beschreibung der Momentangeschwindigkeit. Ihre Werke abstrahieren rein geometrische Betrachtungen und fassen sie in mathematisch interpretierbare Begriffe, weshalb diese historisch gesehen den Beginn der Analysis markieren.

5.1 Differenzierbare Funktionen

In diesem Abschnitt führen wir zunächst den Begriff der Differenzierbarkeit ein. Hierbei handelt es sich, ähnlich wie bei der Stetigkeit, um eine lokale Eigenschaft der Funktion, die eine geometrische Interpretation besitzt. Anschließend formulieren wir einige Rechenregeln für differenzierbare Funktionen und wenden diese auf konkrete Beispiele an.

© Springer-Verlag GmbH Deutschland 2017
A. Hirn, C. Weiß, *Analysis – Grundlagen und Exkurse*,
https://doi.org/10.1007/978-3-662-55538-5_5

Definition 5.1. Es sei $I \subset \mathbb{R}$ ein Intervall, $x_0 \in I$ ein innerer Punkt von I, und $f : I \to \mathbb{R}^d$ eine Funktion. Die Abbildung $f : I \to \mathbb{R}^d$ heißt **differenzierbar im Punkt** x_0, wenn der Grenzwert

$$f'(x_0) := \lim_{x \to x_0, x \in I \setminus \{x_0\}} \frac{f(x) - f(x_0)}{x - x_0}$$

existiert. Man nennt $f'(x_0)$ die **Ableitung von** f **im Punkt** x_0. Die Funktion f heißt **differenzierbar auf** I, wenn f in jedem Punkt von I differenzierbar ist.

Rechts- beziehungsweise linksseitige Ableitungen können analog definiert werden, falls x_0 ein linker beziehungsweise rechter Randpunkt von I ist. Die Ableitung $f'(x_0)$ wird äquivalent dargestellt als

$$f'(x_0) = \lim_{h \to 0} \frac{1}{h} \big(f(x_0 + h) - f(x_0) \big).$$

Für den Grenzwertprozess sind selbstredend nur solche Folgen (h_n) mit $h_n \to 0$ erlaubt, welche $h_n \neq 0$ und $x_0 + h_n \in I$ für alle $n \in \mathbb{N}$ erfüllen. Für die Ableitung schreibt man auch

$$f'(x_0) =: \frac{df}{dx}(x_0) =: \frac{d}{dx} f(x_0).$$

Der sogenannte **Differenzenquotient** ist für $x \neq x_0$ gegeben durch $\frac{f(x)-f(x_0)}{x-x_0}$. Dieser entspricht der Steigung der Geraden (**Sekante**), welche durch die Punkte $(x, f(x))$ und $(x_0, f(x_0))$ festgelegt ist. Für $x \to x_0$ geht diese Gerade in eine **Tangente** über, welche an den Graphen von f im Punkt $(x_0, f(x_0))$ anliegt. Im Falle der Existenz gibt $f'(x_0)$ also die Steigung der Tangente in $(x_0, f(x_0))$ an (siehe Abb. 5.1).

Abb. 5.1 Sekanten (gepunktet) und Tangente (gestrichelt)

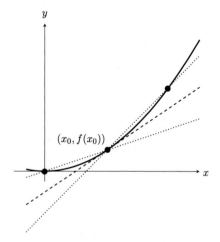

Satz 5.2. *Die Funktion* $f : I \to \mathbb{R}^d$ *ist genau dann differenzierbar im Punkt* $x_0 \in I$, *wenn eine lineare Abbildung (siehe Kap. 10 zur Linearen Algebra)* $l : \mathbb{R} \to \mathbb{R}^d$ *und eine Funktion* $r : \mathbb{R} \to \mathbb{R}^d$ *existieren, sodass*

$$f(x_0 + h) - f(x_0) = l(h) + r(h)h, \qquad r(h) \to 0 \qquad (h \to 0) \tag{5.1}$$

ist. Dabei gilt $l(h) = f'(x_0)h$.

Beweis. Zunächst sei f differenzierbar in x_0. Man definiert das Restglied $r(h)$ durch

$$r(h) := \frac{1}{h}\big(f(x_0 + h) - f(x_0)\big) - f'(x_0).$$

Die Differenzierbarkeit von f impliziert, dass $r(h) \to 0$ für $h \to 0$. Durch Setzen von $l(h) := f'(x_0)h$ erhält man (5.1). Umgekehrt erfülle f nun die Eigenschaft (5.1) für eine lineare Funktion $l : \mathbb{R} \to \mathbb{R}^d$. Dabei lässt sich l darstellen als $l(h) = ah$ mit $a \in \mathbb{R}^d$ und somit sichert (5.1) die Existenz der Ableitung $f'(x_0)$, welche mit a übereinstimmt, $f'(x_0) = a$.[1] $\qquad\qquad\square$

Folgerung 5.3. Aus (5.1) folgt sofort die Stetigkeit von f: Ist f differenzierbar im Punkt x, dann ist f stetig im Punkt x aufgrund von $l(h) + r(h)h \to 0$ für $h \to 0$.

Beim Umgang mit der Ableitung ist viel praktisches Können gefragt, das in der Analysis immer und immer wieder Anwendung findet. Deswegen empfiehlt es sich sehr, sich die nachfolgenden Rechenregeln gut einzuprägen und den sicheren Umgang mit ihnen durch Übung zu festigen (Übungsaufgabe 5.1). Diese umfassen im Wesentlichen die mit einer Funktion durchführbaren Operationen.

Satz 5.4 (Rechenregeln für die Ableitung). *Es seien* $I, J \subset \mathbb{R}$ *offene Intervalle.*

(i) *Linearität: Sind* $f, g : I \to \mathbb{R}^d$ *differenzierbar in* $x_0 \in I$, *so ist auch die Linearkombination* $\alpha f + g$ *für* $\alpha \in \mathbb{R}$ *differenzierbar in* x_0 *mit*

$$(\alpha f + g)'(x_0) = \alpha f'(x_0) + g'(x_0).$$

Diese Aussage gilt auch für komplexwertige Funktionen f, g *und* $\alpha \in \mathbb{C}$.

(ii) *Produktregel: Sind* $f, g : I \to \mathbb{C}$ *differenzierbar in* $x_0 \in I$, *dann ist das Produkt* fg *differenzierbar in* x_0 *mit der Ableitung*

$$(fg)'(x_0) = f'(x_0)g(x_0) + f(x_0)g'(x_0).$$

---

[1]Vergleiche Abschn. 10.2. Es handelt sich hier um eine Interpretation der linearen Abbildung in der Sprache der Matrizen.

(iii) **Kettenregel:** *Ist $f : I \to J$ differenzierbar in $x_0 \in I$ und ist $g : J \to \mathbb{R}^d$ differenzierbar in $y_0 := f(x_0)$, dann ist die Verknüpfung $g \circ f$ differenzierbar in x_0 und besitzt die Ableitung*

$$(g \circ f)'(x_0) = g'(f(x_0))f'(x_0).$$

(iv) **Umkehrfunktion:** *Ist $f : I \to J$ stetig, streng monoton mit $f(I) = J$ und differenzierbar in $x_0 \in I$ mit $f'(x_0) \neq 0$, dann ist die inverse Funktion $g := f^{-1}$ differenzierbar in $y_0 := f(x_0)$ mit*

$$g'(y_0) = \frac{1}{f'(x_0)} = \frac{1}{f'(g(y_0))}. \tag{5.2}$$

Beweis. (i) Die Rechenregeln für Grenzwerte von Funktionen (vergleiche Abschn. 4.1) implizieren für $x \to x_0$, dass

$$\frac{\alpha f(x) + g(x) - \alpha f(x_0) - g(x_0)}{x - x_0} = \alpha \frac{f(x) - f(x_0)}{x - x_0} + \frac{g(x) - g(x_0)}{x - x_0} \to \alpha f'(x_0) + g'(x_0).$$

(ii) Nach Folgerung 5.3 ist g stetig in x_0. Damit folgt

$$\frac{f(x)g(x) - f(x_0)g(x_0)}{x - x_0} = \frac{f(x) - f(x_0)}{x - x_0}g(x) + f(x_0)\frac{g(x) - g(x_0)}{x - x_0}$$
$$\to f'(x_0)g(x_0) + f(x_0)g'(x_0) \qquad (x \to x_0).$$

(iii) Die Funktion f ist differenzierbar in x_0, und g ist differenzierbar in y_0. Nach Satz 5.2 kann dieser Sachverhalt durch die Identitäten

$$f(x) - f(x_0) = f'(x_0)(x - x_0) + r(x)(x - x_0), \qquad r(x) \to 0 \quad (x \to x_0),$$
$$g(y) - g(y_0) = g'(y_0)(y - y_0) + s(y)(y - y_0), \qquad s(y) \to 0 \quad (y \to y_0)$$

ausgedrückt werden. In der zweiten Identität wird $y = f(x)$ und $y_0 = f(x_0)$ eingesetzt, womit man

$$g(f(x)) - g(f(x_0)) = g'(y_0)\big(f'(x_0)(x - x_0) + r(x)(x - x_0)\big)$$
$$+ s(f(x))\big(f'(x_0)(x - x_0) + r(x)(x - x_0)\big)$$

erhält. Die Funktion f ist stetig in x_0, das heißt, $f(x) \to f(x_0) = y_0$ für $x \to x_0$. Somit folgt

$$\frac{g(f(x)) - g(f(x_0))}{x - x_0} = g'(y_0)f'(x_0) + g'(y_0)r(x) + s(f(x))f'(x_0) + s(f(x))r(x)$$
$$\to g'(y_0)f'(x_0) \qquad (x \to x_0).$$

(iv) Die Differenzierbarkeit von f im Punkt x_0 ist gleichbedeutend mit

$$f(x) - f(x_0) = \big(f'(x_0) + r(x)\big)(x - x_0), \qquad r(x) \to 0 \quad (x \to x_0).$$

Durch Verwendung von $x = g(y)$ und $x_0 = g(y_0)$ folgert man daraus

$$y - y_0 = \big(f'(x_0) + r(g(y))\big)\big(g(y) - g(y_0)\big).$$

Wird diese Gleichung durch $y - y_0$ dividiert, ergibt sich für $y \neq y_0$:

$$1 = \big(f'(x_0) + r(g(y))\big)\frac{g(y) - g(y_0)}{y - y_0}.$$

Wegen Satz 4.18 ist $g = f^{-1}$ stetig, das heißt, $g(y) \to g(y_0) = x_0$. Wir schließen

$$\frac{g(y) - g(y_0)}{y - y_0} = \frac{1}{f'(x_0) + r(g(y))} \to \frac{1}{f'(x_0)} \qquad (y \to y_0),$$

wobei die Konvergenz $r(g(y)) \to 0$ für $y \to y_0$ wegen $g(y) \to g(y_0) = x_0$ zu beachten ist. $\qquad \square$

Die Ableitung spezieller Funktionen Für einige besonders häufig vorkommende Funktionen, die wir bereits kennengelernt haben, sollen nun die Ableitungen explizit berechnet werden. Dabei verwenden wir fortwährend die soeben hergeleiteten Rechenregeln.

(i) Es sei $f(x) := x^n$ für $n \in \mathbb{N}$ und $x \in \mathbb{R}$. Dann ist $f'(x) = nx^{n-1}$.

Beweis. Die Aussage wird durch Induktion nach n bewiesen. Induktionsanfang: Für $n = 1$ ergibt sich

$$\frac{f(x) - f(x_0)}{x - x_0} = 1, \qquad \text{also } f'(x_0) = 1.$$

Angenommen, die Behauptung ist richtig für ein n. Mit der Produktregel folgt

$$\frac{\mathrm{d}}{\mathrm{d}x}x^{n+1} = \frac{\mathrm{d}}{\mathrm{d}x}(x^n x) = \left(\frac{\mathrm{d}}{\mathrm{d}x}x^n\right)x + x^n\left(\frac{\mathrm{d}}{\mathrm{d}x}x\right) = nx^{n-1}x + x^n \cdot 1 = (n+1)x^n,$$

und damit die Behauptung für $n + 1$. $\qquad \square$

(ii) Sei $f(x) := \frac{1}{x}$ und $x \neq 0$. Dann ist $f'(x) = -\frac{1}{x^2}$ wegen

$$\frac{\frac{1}{x} - \frac{1}{x_0}}{x - x_0} = \frac{1}{x - x_0}\frac{x_0 - x}{xx_0} \to -\frac{1}{x_0^2} \qquad (x \to x_0).$$

(iii) Sei $f(x) := \frac{1}{g(x)}$. Um die Ableitung zu bestimmen, schreibe man f als Verknüpfung $f(x) = h(g(x))$ mit $h(y) = \frac{1}{y}$. Mit der Kettenregel (Satz 5.4) und (ii) erhält man

$$f'(x) = h'(g(x))g'(x) = -\frac{1}{g(x)^2}g'(x).$$

Speziell sei $g(x) := x^n$, $n \in \mathbb{N}$. Damit ergibt sich

$$\frac{d}{dx}\frac{1}{x^n} = -\frac{1}{x^{2n}} \cdot nx^{n-1} = -nx^{-n-1},$$

und zusammen mit (i): $\frac{d}{dx}x^n = nx^{n-1}$ für $n \in \mathbb{Z}$.

(iv) Gegeben sei die komplexe Exponentialfunktion $f(z) := e^z$, $z \in \mathbb{C}$. Wir bestimmen die *komplexe Ableitung*, welche analog zur reellen Ableitung durch $\lim_{z \to z_0} \frac{f(z)-f(z_0)}{z-z_0}$ mit $z, z_0 \in \mathbb{C}$ definiert wird. Für $h := z - z_0$ berechnet man

$$\frac{e^{z_0+h} - e^{z_0}}{h} = e^{z_0}\frac{e^h - 1}{h} = \frac{e^{z_0}}{h}\sum_{n=1}^{\infty}\frac{h^n}{n!} = e^{z_0}\sum_{n=1}^{\infty}\frac{h^{n-1}}{n!}.$$

Wir definieren $g(h) := \sum_{n=1}^{\infty}\frac{h^{n-1}}{n!}$. Die Funktion g repräsentiert eine in $\mathbb{C}$ konvergente Potenzreihe und daher ist g stetig aufgrund von Satz 4.51, das heißt, $g(h) \to g(0) = 1$ für $h \to 0$. Somit ergibt sich die Ableitung an der Stelle z_0 als

$$\lim_{z \to z_0}\frac{e^z - e^{z_0}}{z - z_0} = \lim_{h \to 0}\frac{e^{z_0+h} - e^{z_0}}{h} = \lim_{h \to 0}e^{z_0}g(h) = e^{z_0}g(0) = e^{z_0}.$$

Speziell ist für $x \in \mathbb{R}$ damit demonstriert, dass

$$\frac{d}{dx}e^x = e^x.$$

(v) Für $\alpha \in \mathbb{C}$ und $x \in \mathbb{R}$ betrachten wir die Funktion $e^{\alpha x}$ und bestimmen deren (reelle) Ableitung. Dazu wird der Differenzenquotient geeignet formuliert

$$\frac{d}{dx}e^{\alpha x} = \lim_{h \to 0}\frac{\alpha}{\alpha h}\left(e^{\alpha(x+h)} - e^{\alpha x}\right) = \alpha\lim_{h \to 0}\frac{e^{\alpha x + \alpha h} - e^{\alpha x}}{\alpha h}.$$

Wird αh durch $w := \alpha h$ substituiert, ergibt sich nach (iv) die Ableitung als

$$\frac{d}{dx}e^{\alpha x} = \alpha\lim_{w \to 0}\frac{e^{\alpha x + w} - e^{\alpha x}}{w} = \alpha e^{\alpha x}.$$

Für $\alpha = i$ folgt insbesondere, dass $\frac{d}{dx}e^{ix} = ie^{ix}$ gilt. Alternativ hätte diese Aussage auch mit der Kettenregel (Satz 5.4) bewiesen werden können.

(vi) Ableitungen der trigonometrischen Funktionen: Mithilfe von (v) erschließt sich

$$\frac{d}{dx}\sin(x) = \frac{d}{dx}\frac{1}{2i}\left(e^{ix} - e^{-ix}\right) \overset{(v)}{=} \frac{1}{2i}\left(ie^{ix} - (-i)e^{-ix}\right) = \frac{1}{2}\left(e^{ix} + e^{-ix}\right) = \cos(x).$$

Analog kann gezeigt werden, dass die Ableitung von $\cos(x)$ die Funktion $-\sin(x)$ ergibt, das heißt,

$$\frac{d}{dx}\cos(x) = -\sin(x).$$

Um die Ableitung von $\tan : (-\frac{\pi}{2}, +\frac{\pi}{2}) \to \mathbb{R}$ zu bestimmen, verwendet man die Produktregel und (iii):

$$\frac{d}{dx}\tan(x) = \frac{d}{dx}\frac{\sin(x)}{\cos(x)} = -\frac{1}{\cos^2(x)}(-\sin(x))\sin(x) + \frac{1}{\cos(x)}\cos(x)$$

$$= 1 + \frac{\sin^2(x)}{\cos^2(x)} = \frac{\cos^2(x) + \sin^2(x)}{\cos^2(x)} = \frac{1}{\cos^2(x)}.$$

(vii) Wichtige Umkehrfunktionen:

- Ist $f(x) := e^x$, dann ist $g(y) := f^{-1}(y) = \ln(y)$ mit

$$\frac{d}{dy}\ln(y) = g'(y) = \frac{1}{f'(g(y))} = \frac{1}{e^{\ln(y)}} = \frac{1}{y}, \qquad y > 0.$$

- Wir betrachten die Funktion $\arcsin : [-1, +1] \to \mathbb{R}$. Wegen $\arcsin((-1, 1)) = (-\frac{\pi}{2}, \frac{\pi}{2})$ und $\cos(x) > 0$ für $|x| < \frac{\pi}{2}$ berechnet sich die Ableitung eingeschränkt auf $(-1, 1)$ als

$$\frac{d}{dy}\arcsin(y) = \frac{1}{\cos(\arcsin(y))} = \frac{1}{\sqrt{1 - \sin^2(\arcsin(y))}}$$

$$= \frac{1}{\sqrt{1 - y^2}}, \qquad y \in (-1, +1).$$

- Um die Ableitung von $\arctan$ zu bestimmen, erschließt man zunächst die Identität

$$\tan^2(x) = \frac{\sin^2(x)}{\cos^2(x)} = \frac{1 - \cos^2(x)}{\cos^2(x)} = \frac{1}{\cos^2(x)} - 1,$$

welche umgestellt $\cos^2(x) = \frac{1}{1 + \tan^2(x)}$ ergibt. Damit folgt für $y \in \mathbb{R}$ unter Verwendung von (vi):

$$\frac{d}{dy}\arctan(y) \overset{(vi)}{=} \cos^2(\arctan(y)) = \frac{1}{1 + \tan^2(\arctan(y))} = \frac{1}{1 + y^2}.$$

(viii) Für $x > 0$ bestimmt sich die Ableitung der allgemeinen Potenzfunktion x^α für $\alpha \in \mathbb{R}$
als

$$\frac{\mathrm{d}}{\mathrm{d}x}x^\alpha = \frac{\mathrm{d}}{\mathrm{d}x}e^{\alpha\ln(x)} = e^{\alpha\ln(x)}\frac{\alpha}{x} = x^\alpha\frac{\alpha}{x} = \alpha x^{\alpha-1}.$$

5.2   Der Mittelwertsatz

Wir haben soeben eingesehen, dass sich die Ableitung einer Funktion f als die Steigung
der Tangente an den Graphen von f interpretieren lässt (siehe Abb. 5.1). Sie verrät uns
jedoch noch viel mehr über die Geometrie der Funktion, insbesondere darüber wo die
Funktion ihre größten beziehungsweise kleinsten Werte annimmt.

Definition 5.5 (Lokale Extrema). Sei $M \subset \mathbb{R}^n$ eine nichtleere Menge, und f :
$M \to \mathbb{R}^d$ eine Funktion. Die Abbildung f besitzt in $x_0 \in M$ ein **lokales Maximum**
(beziehungsweise Minimum), wenn ein $\delta > 0$ existiert, sodass

$$f(x) \leq f(x_0) \text{ (beziehungsweise } f(x) \geq f(x_0)) \qquad \forall x \in B_\delta(x_0) \cap M.$$

Ein **lokales Extremum** ist entweder ein lokales Maximum oder Minimum.

Eine notwendige Bedingung für ein lokales Extremum lässt sich im Fall $n = 1$ einfach
herleiten: Dazu sei $M = [a, b] \subset \mathbb{R}$ ein Intervall, $f : [a, b] \to \mathbb{R}$ sei differenzierbar in
$x_0 \in [a, b]$, und f besitze ein lokales Extremum in x_0. Ohne Einschränkung habe f ein
lokales Maximum in x_0, das heißt, es gelte $f(x) - f(x_0) \leq 0$ für alle $x \in B_\delta(x_0) \cap [a, b]$.
Mittels Division dieser Ungleichung durch $x - x_0 \neq 0$ und Übergang zum Limes $x \to x_0$
erkennt man

$$\lim_{\substack{x \to x_0 \\ x < x_0}} \frac{f(x) - f(x_0)}{x - x_0} \geq 0 \qquad \text{und} \qquad \lim_{\substack{x \to x_0 \\ x > x_0}} \frac{f(x) - f(x_0)}{x - x_0} \leq 0.$$

Insgesamt muss also gelten, dass $f'(x_0) = 0$ im Fall $a < x_0 < b$ gilt. Falls $x_0 = a$ oder
$x_0 = b$ ist, dann folgt

$$f'(a) \begin{cases} \leq 0 & \text{falls lok. Max. in } x_0 = a \\ \geq 0 & \text{falls lok. Min. in } x_0 = a, \end{cases} \qquad f'(b) \begin{cases} \geq 0 & \text{falls lok. Max. in } x_0 = b \\ \leq 0 & \text{falls lok. Min. in } x_0 = b. \end{cases}$$

Satz 5.6 (Satz von Rolle). *Sei $f : [a, b] \to \mathbb{R}$ eine stetige Funktion mit $f(a) = f(b)$. Des*
Weiteren sei f differenzierbar auf (a, b). Dann existiert ein $x_0 \in (a, b)$ mit $f'(x_0) = 0$.[2]

---

[2]Benannt nach dem französischen Mathematiker Michel Rolle (1652–1719).

Beweis. Falls f = const ist, ist f' = 0. Sei also f nicht konstant. Dann folgt

$$\sup_{x\in[a,b]} f(x) > f(a) = f(b) \qquad \text{oder} \qquad \inf_{x\in[a,b]} f(x) < f(a) = f(b).$$

In Anbetracht von Satz 4.24 über das Maximum existieren Punkte x^+, $x^- \in [a, b]$ mit

$$f(x^+) = \sup_{x\in[a,b]} f(x), \qquad f(x^-) = \inf_{x\in[a,b]} f(x).$$

Folglich gelten die Ungleichungen $f(x^+) > f(a) = f(b)$ oder $f(x^-) < f(a) = f(b)$, welche wiederum implizieren, dass $x^+ \in (a, b)$ oder $x^- \in (a, b)$. Aus der notwendigen Bedingung für Extrema ergibt sich schließlich, dass $f'(x^+) = 0$ oder $f'(x^-) = 0$ ist. $\qquad\square$

Als wichtige Folgerung hieraus erhalten wir den Mittelwertsatz der Differentialrechnung.

Satz 5.7 (Mittelwertsatz der Differentialrechnung). *Die Funktionen f, g : $[a, b] \to \mathbb{R}$ seien stetig auf $[a, b]$ und differenzierbar auf (a, b). Ferner sei $g(x) \neq 0$ für alle $x \in (a, b)$. Dann existiert ein $x_0 \in (a, b)$ mit*

$$\frac{f(b) - f(a)}{g(b) - g(a)} = \frac{f'(x_0)}{g'(x_0)}.$$

Im Spezialfall $g(x) = x$ erhalten wir

$$\frac{f(b) - f(a)}{b - a} = f'(x_0).$$

Geometrisch lässt sich die Aussage des Mittelwertsatzes für $g(x) = x$ so interpretieren, dass es zwischen zwei Punkten $(a, f(a))$ und $(b, f(b))$ des Graphen einer differenzierbaren Funktion stets (mindestens) einen Punkt $(x_0, f(x_0))$ gibt, an dem die Tangente parallel zur Sekante durch die beiden gegebenen Punkte verläuft (vergleiche Abb. 5.2).

Abb. 5.2 Geometrische Veranschaulichung des Mittelwertsatzes

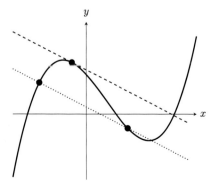

Beweis. Wir definieren $h(x) := (g(b)-g(a))f(x)-(f(b)-f(a))g(x)$. Durch Einsetzen ergibt sich, dass $h(a) = h(b)$ ist. Deshalb lässt sich der Satz von Rolle 5.6 auf die Funktion h anwenden: Es gibt eine Stelle $x_0 \in (a,b)$, an der

$$0 = h'(x_0) = (g(b)-g(a))f'(x_0)-(f(b)-f(a))g'(x_0)$$

gilt. Durch Umformen wird die Behauptung deduziert. $\square$

Der Mittelwertsatz besitzt diverse Anwendungen, von denen an dieser Stelle zwei aufgezeigt werden.

Folgerung 5.8. Es sei $f : [a,b] \to \mathbb{R}$ eine stetige Funktion, welche auf dem offenen Intervall (a,b) differenzierbar ist.

(i) **Schrankensatz**: Ist die Ableitung gleichmäßig beschränkt, das heißt $|f'(x)| \leq L$ für alle $x \in (a,b)$, dann genügt f einer globalen Lipschitz-Bedingung mit Konstante L, das heißt,

$$|f(x)-f(y)| \leq L|x-y| \qquad \forall x \in [a,b].$$

Insbesondere impliziert $f' = 0$, dass $f = $ const gilt.

(ii) **Kriterium für Monotonie**: Die Funktion f ist genau dann schwach monoton wachsend (beziehungsweise fallend), wenn $f'(x) \geq 0$ (beziehungsweise $f'(x) \leq 0$) für alle $x \in (a,b)$ ist, und f ist genau dann streng monoton, wenn darüber hinaus kein nichtleeres offenes Teilintervall $I \subset [a,b]$ existiert mit $f'|_I = 0$.

Beweis. (i) Ohne Einschränkung sei $x < y$. Nach Satz 5.7 gibt es einen Punkt $x_0 \in (x,y)$, sodass

$$\left| (f(y)-f(x))(y-x)^{-1} \right| = |f'(x_0)| \leq L.$$

(ii) Ohne Einschränkung sei f schwach monoton wachsend. In diesem Fall ergibt sich die Ungleichung

$$(f(y)-f(x))(y-x)^{-1} \geq 0 \qquad \forall x, y \in [a,b], \qquad x \neq y.$$

Wegen der Differenzierbarkeit von f kann man zum Grenzwert $y \to x$ übergehen,

$$f'(x) = \lim_{y \to x} \frac{f(y)-f(x)}{y-x} \geq 0.$$

Umgekehrt gelte nun $f'(x) \geq 0$ für alle $x \in (a,b)$. Aufgrund von Satz 5.7 existiert für $x < y$ ein Punkt $x_0 \in (x,y)$, welcher der Gleichung $f(x) - f(y) = f'(x_0)(x-y)$ genügt. Damit folgt die Behauptung, denn

$$f(x) - f(y) = \underbrace{f'(x_0)}_{\geq 0} \underbrace{(x-y)}_{< 0} \leq 0.$$

Zu zeigen bleibt das Kriterium für strenge Monotonie. Dazu sei f eine schwach monotone Funktion. Diese ist genau dann nicht streng monoton, wenn Punkte x, y existieren mit $x < y$ und $f(x) = f(y)$. Letzteres ist äquivalent zur Existenz eines Intervalls $I := (x,y)$, sodass $f = \text{const}$ auf I ist. Nach (i) ist dies gleichbedeutend mit $f' = 0$ auf I. $\square$

Beispiel 5.9.

(i) Die Funktion $f(x) = \sin(x)$ ist streng monoton wachsend auf $[-\frac{\pi}{2}, +\frac{\pi}{2}]$, denn ihre Ableitung $f'(x) = \cos(x)$ ist positiv für alle $x \in (-\frac{\pi}{2}, +\frac{\pi}{2})$.

(ii) Die Funktion $f(x) = \tan(x)$ ist streng monoton wachsend auf $(-\frac{\pi}{2}, +\frac{\pi}{2})$, denn ihre Ableitung erfüllt $f'(x) = 1/\cos^2(x) > 0$ auf $(-\frac{\pi}{2}, +\frac{\pi}{2})$.

Eine weitere bemerkenswerte Konsequenz, die sich aus der Charakterisierung eines Extremums in x_0 durch $f'(x_0) = 0$ ergibt, ist der Zwischenwertsatz der Ableitung. Dieser ist aus dem Grund besonders, weil die Ableitung einer differenzierbaren Funktion f nicht zwangsläufig stetig sein muss und darum der Zwischenwertsatz 4.20 nicht direkt anwendbar ist.

Satz 5.10 (Zwischenwertsatz der Ableitung). *Es seien $a,b \in \mathbb{R}$ mit $a < b$ und $f : [a,b] \to \mathbb{R}$ eine differenzierbare Funktion. Dann gilt $f'([a,b]) \supset [f'(a), f'(b)]$ beziehungsweise $f'([a,b]) \supset [f'(b), f'(a)]$, je nachdem, welcher der Werte $f'(a)$ und $f'(b)$ größer ist.*

Beweis. Siehe [BF91]. Ohne Einschränkung ist $f'(b) > f'(a)$, denn für $f'(a) = f'(b)$ ist die Aussage trivial. Nun sei $h \in (f'(a), f'(b))$ beliebig. Zum Beweis der Behauptung zeigen wir, dass die Ableitung der Funktion

$$g(x) = f(x) - hx$$

eine Nullstelle besitzt. Wegen $g'(a) < 0$ und $g'(b) > 0$ muss die Funktion an (mindestens einer) Stelle $x_0 \in [a,b]$ ein Minimum haben. Sofern x_0 nicht am Rand des Intervalls liegt, gilt notwendigerweise $g'(x_0) = 0$: Wegen $g'(a) < 0$ existiert jedoch ein $\varepsilon > 0$, sodass $g(x) < g(a)$ für alle $x \in [a, a+\varepsilon]$ ist. Damit kann an der Stelle a in der Tat kein Minimum vorliegen. Ebenso wenig kann wegen $g'(b) > 0$ im Punkt b ein Minimum sein. $\square$

Auch über das Verhalten einer Funktion an potenziell vorhandenen Lücken des Definitionsbereichs und an dessen Rand gibt die Ableitung Aufschluss.

Satz 5.11 (Regel von Bernoulli – de l'Hospital). *Die Funktionen f, $g : (a,b) \to \mathbb{R}$ seien differenzierbar für $-\infty \leq a < b \leq +\infty$. Zusätzlich gelte $g(x)$, $g'(x) \neq 0$ für alle $x \in (a,b)$ und beide Funktionen f, g mögen für $x \to b$ entweder gegen 0 oder gegen $+\infty$ streben, das heißt*

$$\lim_{x \to b} f(x) = \lim_{x \to b} g(x) = \begin{cases} 0 & \textit{1. Fall,} \\ +\infty & \textit{2. Fall.} \end{cases}$$

Existiert dann der eigentliche oder uneigentliche Grenzwert $\lambda := \lim_{x \to b} \frac{f'(x)}{g'(x)}$, so gilt

$$\frac{f(x)}{g(x)} \to \lambda \qquad (x \to b).$$

Eine analoge Aussage trifft auch für $x \to a$ zu.[3]

Beweis. 1. Fall: Angenommen, es gelte $f(y)$, $g(y) \to 0$ für $y \to b$.

(a) Fall $\lambda \in \mathbb{R}$: In diesem Fall existiert zu jedem $\varepsilon > 0$ ein $\delta > 0$, sodass

$$\left| \frac{f'(t)}{g'(t)} - \lambda \right| < \varepsilon \qquad \text{für } b - \delta < t < b < +\infty \tag{5.3}$$

(beziehungsweise für $t > 1/\delta$, falls $b = +\infty$) ist. Der Mittelwertsatz 5.7 impliziert

$$\frac{f(x) - f(y)}{g(x) - g(y)} = \frac{f'(t)}{g'(t)}, \qquad t \in (x,y),$$

für $b - \delta < x < y < b$ (beziehungsweise $y > x > 1/\delta$). Indem man (5.3) verwendet, erkennt man

$$\left| \frac{f(x) - f(y)}{g(x) - g(y)} - \lambda \right| < \varepsilon.$$

Durch Übergang zum Limes $y \to b$ kann wegen $f(y)$, $g(y) \to 0$ $(y \to b)$ geschlossen werden, dass

$$\left| \frac{f(x)}{g(x)} - \lambda \right| < \varepsilon \qquad \text{für } b - \delta < x < b$$

(beziehungsweise $x > 1/\delta$) gilt. Da $\varepsilon > 0$ beliebig ist, folgt die Behauptung.

---

[3]Benannt nach seinem Entdecker, dem schweizerischen Mathematiker Johann Bernoulli (1667–1748), sowie dem Käufer dieses Satzes Guillaume, Marquis de l'Hospital (1661–1704).

(b) Fall $\lambda = +\infty$: In diesem Fall wird (5.3) für beliebiges $\varepsilon > 0$ durch

$$\frac{f'(t)}{g'(t)} > \frac{1}{\varepsilon} \qquad \text{für } b - \delta < t < b < +\infty$$

(beziehungsweise für $t > 1/\delta$, falls $b = +\infty$) ersetzt. Analog zu Fall (a) erhält man

$$\frac{f(x) - f(y)}{g(x) - g(y)} > \frac{1}{\varepsilon}$$

und folglich nach Grenzübergang $y \to b$

$$\frac{f(x)}{g(x)} > \frac{1}{\varepsilon} \qquad \text{für } b - \delta < x < b$$

(beziehungsweise für $x > 1/\delta$, falls $b = +\infty$). Weil $\varepsilon > 0$ beliebig ist, folgt die Behauptung.

Damit ist der Beweis im 1. Fall vollständig geführt.

2. Fall: Angenommen, es gelte $f(y), g(y) \to +\infty$ für $y \to b$.

(a) Fall $\lambda \in \mathbb{R}$: Wie im 1. Fall kann gezeigt werden, dass

$$\left| \frac{f(x) - f(y)}{g(x) - g(y)} - \lambda \right| < \varepsilon \qquad \Leftrightarrow \qquad \left| \frac{f(y)}{g(y)} \cdot \frac{\frac{f(x)}{f(y)} - 1}{\frac{g(x)}{g(y)} - 1} - \lambda \right| < \varepsilon \qquad (5.4)$$

für $b - \delta < x < y < b$ (beziehungsweise $y > x > 1/\delta$) gilt. Man beachte, dass der zweite Bruch im rechten Ausdruck sinnvoll ist wegen $f(y), g(y) \to +\infty$ ($y \to b$). Wir definieren jetzt die Funktion

$$\tilde{f}(y) := \frac{\frac{f(x)}{f(y)} - 1}{\frac{g(x)}{g(y)} - 1},$$

mit deren Hilfe wir unter Verwendung der Dreiecksungleichung die Abschätzung

$$\left| \frac{f(y)}{g(y)} - \lambda \right| \leq \left| \frac{f(y)}{g(y)} - \frac{\lambda}{\tilde{f}(y)} \right| + \left| \frac{\lambda}{\tilde{f}(y)} - \lambda \right|$$

$$= \frac{1}{\tilde{f}(y)} \left| \frac{f(y)}{g(y)} \tilde{f}(y) - \lambda \right| + \left| \frac{\lambda}{\tilde{f}(y)} - \lambda \right|$$

erhalten. Für festes x beobachten wir $\tilde{f}(y) \to 1$ für $y \to b$ und folglich

$$\frac{1}{\tilde{f}(y)} \to 1, \qquad \left|\frac{\lambda}{\tilde{f}(y)} - \lambda\right| \to 0 \qquad (y \to b).$$

Wenn wir die obigen Überlegungen zusammenfassen, können wir die Existenz einer Zahl $\overline{\delta} > 0$ folgern, sodass für $b - \overline{\delta} < x < y < b$ (beziehungsweise $y > x > 1/\overline{\delta}$)

$$\left|\frac{f(y)}{g(y)} - \lambda\right| \le \frac{1}{\tilde{f}(y)}\left|\frac{f(y)}{g(y)}\tilde{f}(y) - \lambda\right| + \left|\frac{\lambda}{\tilde{f}(y)} - \lambda\right| < 2\varepsilon + \varepsilon = 3\varepsilon$$

gilt. Damit folgt $\frac{f(y)}{g(y)} \to \lambda$ für $y \to b$.

(b) Fall $\lambda = +\infty$: Anstatt (5.4) erhält man

$$\frac{f(y)}{g(y)}\tilde{f}(y) > \frac{1}{\varepsilon} \qquad \Leftrightarrow \qquad \frac{f(y)}{g(y)} > \frac{1}{\varepsilon \tilde{f}(y)}$$

mit $\tilde{f}(y) \to 1$ für $y \to b$. Folglich ergibt sich

$$\frac{f(y)}{g(y)} > \frac{1}{2\varepsilon} \qquad \text{für } b - \overline{\delta} < y < b$$

(beziehungsweise für $y > 1/\overline{\delta}$, falls $b = +\infty$), das heißt, $\frac{f(y)}{g(y)} \to +\infty$ für $y \to b$. $\qquad\square$

Beispiel 5.12.

(i) Mithilfe von Satz 5.11 lässt sich die bereits bekannte Tatsache

$$\lim_{x \to \infty} \frac{\ln(x)}{x} = 0$$

demonstrieren, denn es ist $\lim_{x \to \infty} \ln'(x) = \lim_{x \to \infty} \frac{1}{x} = 0$. Ferner gilt

$$\lim_{\substack{x \to 0 \\ x > 0}} x \ln(x) = \lim_{y \to +\infty} \frac{\ln(y^{-1})}{y} = -\lim_{y \to +\infty} \frac{\ln(y)}{y} = 0.$$

(ii) Als weitere Anwendung von Satz 5.11 beweisen wir den Grenzwert

$$\lim_{\substack{x \to 0 \\ x > 0}} \frac{x^x - 1}{x} = -\infty.$$

Dazu definieren wir die Funktionen

$$f(x) := x^x - 1 = e^{x \ln(x)} - 1, \qquad g(x) = x,$$

und bestimmen deren Ableitungen:

$$f'(x) = e^{x \ln(x)} \left(\ln(x) + x \frac{1}{x} \right), \qquad g'(x) = 1.$$

Nach Satz 5.11 erhalten wir für den Grenzwert

$$\lim_{\substack{x \to 0 \\ x > 0}} \frac{x^x - 1}{x} = \lim_{\substack{x \to 0 \\ x > 0}} \frac{f'(x)}{g'(x)} = \lim_{\substack{x \to 0 \\ x > 0}} \underbrace{e^{x \ln(x)}}_{\to 1} (\ln(x) + 1) = -\infty.$$

Eine ausgezeichnete Klasse differenzierbarer Funktionen bilden die stetig differenzierbaren Funktionen, für die sich einige besondere Eigenschaften zeigen lassen.

Definition 5.13. Sei $I \subset \mathbb{R}$ ein Intervall. Eine Funktion $f : I \to \mathbb{R}^d$ heißt **stetig differenzierbar**, wenn f differenzierbar auf I ist und $f' : I \to \mathbb{R}^d$ stetig ist.

Das folgende Theorem befasst sich mit Funktionenfolgen und mit der Ableitung der Grenzfunktion. Insbesondere liefert es notwendige Voraussetzungen, unter welchen sich Limesbildung und Differentiation vertauschen lassen.

Satz 5.14. *Für ein Intervall $I \subset \mathbb{R}$ sei $f_n : I \to \mathbb{R}^d$ eine Folge stetig differenzierbarer Funktionen, und $f, g : I \to \mathbb{R}^d$ seien Funktionen, sodass $f_n \to f$ punktweise und $f_n' \to g$ gleichmäßig auf I für $n \to \infty$ konvergieren. Dann ist f stetig differenzierbar auf I und es gilt $f' = g$, das heißt,*

$$\left(\lim_{n \to \infty} f_n \right)' = \lim_{n \to \infty} f_n'.$$

Beweis. Man kann ohne Einschränkung $d = 1$ annehmen, denn sonst wird die Behauptung für die einzelnen Koordinaten separat bewiesen. Nach Folgerung 4.50 ist die Funktion g stetig. Es muss gezeigt werden, dass für alle $x_0 \in I$ die Ableitung $f'(x_0)$ existiert und mit $g(x_0)$ übereinstimmt. Dazu sei $\varepsilon > 0$ beliebig. Nach Voraussetzung gibt es ein $n_0 \in \mathbb{N}$, sodass

$$\left| f_n'(x) - g(x) \right| < \varepsilon \qquad \forall x \in I \qquad \forall n \geq n_0. \tag{5.5}$$

Sei ferner $x_0 \in I$ beliebig. Wegen der Stetigkeit von g existiert ein $\delta > 0$ mit

$$\left| g(x) - g(x_0) \right| < \varepsilon \qquad \text{für alle } x \in I \text{ mit } |x - x_0| < \delta. \tag{5.6}$$

Wendet man den Mittelwertsatz 5.7 auf f_n an, erhält man die Identität

$$\frac{f_n(x) - f_n(x_0)}{x - x_0} = f_n'(y_0), \qquad \text{für ein } y_0 = y_0(n, x) \text{ mit } |y_0 - x_0| < |x - x_0|,$$

welche kombiniert mit (5.5) und (5.6) die Abschätzung

$$\left| \frac{f_n(x) - f_n(x_0)}{x - x_0} - g(x_0) \right| = |f_n'(y_0) - g(x_0)| \leq \underbrace{|f_n'(y_0) - g(y_0)|}_{< \varepsilon \text{ für } n > n_0} + \underbrace{|g(y_0) - g(x_0)|}_{< \varepsilon \text{ für } |x - x_0| < \delta} < 2\varepsilon$$

für alle $n > n_0$ und $|x - x_0| < \delta$ impliziert. Nach Übergang zum Limes $n \to \infty$ ergibt sich

$$\left| \frac{f(x) - f(x_0)}{x - x_0} - g(x_0) \right| < 2\varepsilon \qquad \text{für } |x - x_0| < \delta$$

wegen der punktweisen Konvergenz von (f_n). Da $\varepsilon > 0$ beliebig ist, folgt $f'(x_0) = g(x_0)$. $\square$

Beispiel 5.15. Als Gegenbeispiel dafür, dass die Aussage des Satzes ohne Erfüllung der genannten hinreichenden Eigenschaften im Allgemeinen falsch ist, betrachte man die Funktionenfolge $f_n(x) := x^n$ auf $[0, 1]$. Jedes Folgenglied f_n ist stetig differenzierbar, aber die Grenzfunktion

$$f(x) := \lim_{n \to \infty} f_n(x) = \begin{cases} 0 & \text{für } x \in [0, 1) \\ 1 & \text{für } x = 1 \end{cases}$$

ist nicht einmal stetig. Tatsächlich liegt nur punktweise Konvergenz der Ableitungen vor.

Als Anwendung von Satz 5.14 wollen wir die Ableitung einer Potenzreihe

$$f(x) = \sum_{k=0}^{\infty} a_k x^k$$

mit Konvergenzradius $R > 0$ bestimmen.

Folgerung 5.16. Die Potenzreihe f ist auf dem offenen Intervall $(-R, R)$ differenzierbar und ihre Ableitung ist dort gegeben durch

$$f'(x) = \sum_{k=1}^{\infty} k a_k x^{k-1} = \frac{1}{x} \sum_{k=1}^{\infty} k a_k x^k.$$

Beweis. Es ist sofort ersichtlich, dass f' den gleichen Konvergenzradius wie f besitzt wegen

$$\limsup_{k \to \infty} \sqrt[k]{|ka_k|} = \limsup_{k \to \infty} \underbrace{\sqrt[k]{|k|}}_{\to 1} \sqrt[k]{|a_k|} = \limsup_{k \to \infty} \sqrt[k]{|a_k|} = R^{-1}.$$

Für $x \in (-R, R)$ definiert man $f_n(x) := \sum_{k=0}^{n} a_k x^k$. Die Funktion f_n ist stetig differenzierbar und ihre Ableitung ist durch $f_n'(x) = \sum_{k=1}^{n} k a_k x^{k-1}$ gegeben. Aufgrund von Satz 4.51 konvergieren die Partialsummen f_n beziehungsweise f_n' gleichmäßig auf $[-r, r]$ gegen f beziehungsweise g für alle $0 < r < R$, wobei

$$g(x) = \lim_{n \to \infty} f_n'(x) = \sum_{k=1}^{\infty} k a_k x^{k-1}$$

ist. Mit Satz 5.14 folgt, dass die Grenzfunktion f differenzierbar auf $[-r, r]$ ist und dass deren Ableitung $f' = g$ erfüllt. Wegen der Beliebigkeit von $r < R$ ergibt sich schließlich die Differenzierbarkeit von f mit $f' = g$ auf ganz $(-R, R)$. $\square$

Beispiel 5.17. Die Potenzreihe $\sum_{k=1}^{\infty} k z^k$ konvergiert für $|z| < 1$, wie wir in Beispiel 3.47 gesehen haben. Für $|z| < 1$ können wir die Reihe $\sum_{k=0}^{\infty} z^k$ gliedweise differenzieren, um für $\sum_{k=1}^{\infty} k z^k$ die folgende Darstellung zu erhalten (siehe [For11]):

$$\sum_{k=1}^{\infty} k z^k = z \sum_{k=1}^{\infty} k z^{k-1} = z \sum_{k=1}^{\infty} \frac{d}{dz} z^k = z \frac{d}{dz} \sum_{k=0}^{\infty} z^k = z \frac{d}{dz} \frac{1}{1-z} = \frac{z}{(1-z)^2}.$$

Beispiel 5.18. Aus den obigen Überlegungen zur Ableitung einer Potenzreihe wollen wir eine Reihendarstellung des Arcus-Tangens gewinnen. Dazu betrachten wir zunächst die Ableitung des Arcus-Tangens, denn für $|x| < 1$ kann $\arctan'(x)$ unter Verwendung der geometrischen Reihe als eine Potenzreihe dargestellt werden:

$$\frac{d}{dx} \arctan(x) = \frac{1}{1+x^2} = \sum_{k=0}^{\infty} (-x^2)^k = \sum_{k=0}^{\infty} (-1)^k x^{2k} =: f(x).$$

Man „rät" nun eine Potenzreihe g, sodass $g'(x) = f(x)$ gilt: Die Potenzreihe

$$g(x) = \sum_{k=0}^{\infty} \frac{(-1)^k}{2k+1} x^{2k+1}$$

besitzt genau wie f den Konvergenzradius $R = 1$. Nach Folgerung 5.16 ist die Potenzreihe $g(x)$ stetig differenzierbar für $|x| < 1$. Ihre Ableitung erfüllt $g'(x) = f(x)$ und folglich

$$\frac{d}{dx}(\arctan(x) - g(x)) = 0.$$

Für $|x| < 1$ ergibt sich dadurch $\arctan(x) - g(x) = \arctan(0) - g(0) = 0$, das heißt,

$$\arctan(x) = \sum_{k=0}^{\infty} \frac{(-1)^k}{2k+1} x^{2k+1}, \qquad |x| < 1, \tag{5.7}$$

repräsentiert die Reihendarstellung des Arcus-Tangens. Es stellt sich die Frage, ob die Reihe auch für $x = 1$ konvergiert und dort die Funktion $\arctan(x)$ darstellt. Tatsächlich ist $\arctan(x)$ stetig in $x = 1$ und nimmt dort den Wert $\arctan(1) = \pi/4$ an, denn es gilt

$$\tan\left(\frac{\pi}{4}\right) = \frac{\sin\left(\frac{\pi}{4}\right)}{\cos\left(\frac{\pi}{4}\right)} = \frac{\cos\left(\frac{\pi}{4} - \frac{\pi}{2}\right)}{\cos\left(\frac{\pi}{4}\right)} = \frac{\cos\left(-\frac{\pi}{4}\right)}{\cos\left(\frac{\pi}{4}\right)} = 1.$$

Mit anderen Worten wollen wir wissen, ob $\lim_{x\to 1} g(x) = g(1)$ ist. Die Gültigkeit dieser Aussage liefert der Abelsche Grenzwertsatz, welchen wir nun studieren.

Satz 5.19 (Abelscher Grenzwertsatz). *Für $c_k \in \mathbb{C}$ sei $\sum_{k=0}^{\infty} c_k$ konvergent. Dann besitzt die Potenzreihe $f(x) = \sum_{k=0}^{\infty} c_k x^k$ einen Konvergenzradius $R \geq 1$ und sie erfüllt*

$$\lim_{\substack{x\to 1 \\ x<1}} f(x) = f(1).$$

Beweis. Weil $\sum_{k=0}^{\infty} c_k$ konvergiert, ist (c_k) eine Nullfolge, das heißt, $c_k \to 0$ für $k \to \infty$. Insbesondere besitzt (c_k) aufgrund von Satz 3.6 eine obere Schranke $b \in \mathbb{R}$, also ist $|c_k| \leq b$ für alle $k \in \mathbb{N}$. Folglich erhält man einen Konvergenzradius $R \geq 1$, wie die Abschätzung

$$R = \left(\limsup_{k\to\infty} \sqrt[k]{|c_k|}\right)^{-1} \geq \left(\limsup_{k\to\infty} \sqrt[k]{b}\right)^{-1} = 1$$

demonstriert. Unter Verwendung der Abkürzungen $s_n := \sum_{k=0}^{n} c_k$ für $n \in \mathbb{N}$, $s_{-1} := 0$, und $s := \lim_{n\to\infty} s_n = \sum_{k=0}^{\infty} c_k$ lässt sich die Potenzreihe darstellen als (Teleskopsumme)

$$\sum_{k=0}^{n} c_k x^k = \sum_{k=0}^{n} (s_k - s_{k-1}) x^k = \sum_{k=0}^{n} s_k x^k - x \sum_{k=1}^{n} s_{k-1} x^{k-1}$$

$$= \sum_{k=0}^{n} s_k x^k - x \sum_{k=0}^{n-1} s_k x^k = (1-x) \sum_{k=0}^{n-1} s_k x^k + s_n x^n.$$

Wenn man für festes $|x| < 1$ zum Grenzwert $n \to \infty$ übergeht, erhält man wegen $s_n x^n \to 0$ $(n \to \infty)$ die Gleichheit

$$f(x) = \sum_{k=0}^{\infty} c_k x^k = (1-x) \sum_{k=0}^{\infty} s_k x^k.$$

Unter Beachtung von $(1-x) \sum_{k=0}^{\infty} x^k = 1$ für $|x| < 1$ ergibt sich

$$|f(x) - s| = |1 - x| \left| \sum_{k=0}^{\infty} (s_k - s) x^k \right|.$$

Wegen $s_k \to s$ kann zu jedem $\varepsilon > 0$ eine Zahl $n_0 \in \mathbb{N}$ gefunden werden, sodass $|s_k - s| < \varepsilon$ für $k \geq n_0$ ist. Außerdem wählen wir eine Zahl $1 > \delta > 0$, sodass $\delta \sum_{k=0}^{n_0} |s_k - s| < \varepsilon$ gilt. Zusammenfassend kann für $1 - \delta < x < 1$ die Abschätzung

$$|f(x) - s| \leq |1 - x| \sum_{k=0}^{n_0} |s_k - s| \underbrace{x^k}_{\leq 1} + |1 - x| \sum_{k=n_0+1}^{\infty} \underbrace{|s_k - s|}_{<\varepsilon} x^k$$

$$\leq \delta \underbrace{\sum_{k=0}^{n_0} |s_k - s|}_{<\varepsilon} + \varepsilon |1 - x| \underbrace{\sum_{k=n_0+1}^{\infty} x^k}_{\leq 1} \leq 2\varepsilon$$

gefolgert werden, das heißt, $f(x) \to s = \sum_{k=0}^{\infty} c_k$ für $x \to 1$. Dies beweist die Behauptung. □

Beispiel 5.20. Wir kehren zu Beispiel 5.18 zurück und wenden Satz 5.19 auf (5.7) an. Als Konsequenz ergibt sich die Gleichheit

$$\frac{\pi}{4} = \sum_{k=0}^{\infty} \frac{(-1)^k}{2k + 1} = 1 - \frac{1}{3} + \frac{1}{5} - \frac{1}{7} + \dots,$$

wenn man in (5.7) zum Limes $x \to 1$ übergeht. Diese erstaunliche Darstellung von π wurde vom indischen Mathematiker Madhava (1350–1425) bereits im 14. Jahrhundert gefunden und dann durch Gottfried Leibniz im 17. Jahrhundert wiederentdeckt, weshalb sie als **Leibniz-Reihe** bekannt ist.

5.3 Höhere Ableitungen und die Taylor-Entwicklung

Bereits bekannt ist die Tatsache, dass sich einige Funktionen, wie beispielsweise Sinus, Cosinus und Arcus-Tangens, durch Potenzreihen darstellen lassen (vergleiche (4.6)). Dieser Abschnitt befasst sich mit sogenannten Taylor-Reihen,[4] welche es allgemeiner erlauben, mehrfach differenzierbare Funktionen in Potenzreihen zu entwickeln. Dazu werden höhere Ableitungen benötigt, welche induktiv definiert werden.

---

[4]Benannt nach dem britischen Mathematiker Brook Taylor (1685–1731).

Definition 5.21. Es sei $I \subset \mathbb{R}$ ein Intervall und $f : I \to \mathbb{C}$ eine Funktion. Im Falle der Existenz der entsprechenden Grenzwerte wird für $k \in \mathbb{N}$ die *k*-te **Ableitung von** f induktiv durch

$$f^{(k)} = \left(\frac{\mathrm{d}}{\mathrm{d}x}\right)^k f = \frac{\mathrm{d}^k}{\mathrm{d}x^k} f := \left(f^{(k-1)}\right)', \qquad f^{(1)} := f'$$

definiert. Man nennt die Funktion *k*-**mal differenzierbar auf** I, wenn ihre Ableitungen $f', \ldots, f^{(k)}$ auf I existieren. Des Weiteren heißt die Funktion *k*-**mal stetig differenzierbar auf** I, wenn sie *k*-mal differenzierbar auf I ist und ihre *k*-te Ableitung $f^{(k)}$ stetig auf I ist.

Satz 5.22 (Rechenregeln für *k*-mal differenzierbare Funktionen). *Summe, Produkt, Quotient und Komposition k-mal (stetig) differenzierbarer Funktionen sind wieder k-mal (stetig) differenzierbar. Die Umkehrfunktion einer k-mal (stetig) differenzierbaren Funktion f auf einem Intervall I ist k-mal (stetig) differenzierbar, falls $f'(x) \neq 0$ für alle $x \in I$ gilt.*

Beweis. Der Beweis erfolgt durch Induktion über k.

(i) Die Behauptung für die Summe folgt aus der folgenden Formel, welche man unter Beachtung der Linearität der Ableitung (Satz 5.4) sofort per Induktion erhält

$$(f + g)^{(k)} = f^{(k)} + g^{(k)}.$$

Das Prinzip der Induktion wenden wir auch für die nachfolgenden Beweise an.

(ii) Um die Behauptung für das Produkt zu verifizieren, beweisen wir die Produktformel

$$(fg)^{(k)} = \sum_{l=0}^{k} \binom{k}{l} f^{(k-l)} g^{(l)}. \tag{5.8}$$

Die Formel (5.8) ist richtig für $k = 1$ (Satz 5.4). Angenommen, (5.8) gilt für ein $k \in \mathbb{N}$ und sowohl f als auch g sind $(k + 1)$-mal differenzierbar. Die Induktionsannahme und die Produktformel für $k = 1$ implizieren die Differenzierbarkeit von $(fg)^{(k)}$ mit

$$(fg)^{(k+1)} = \frac{\mathrm{d}}{\mathrm{d}x}\left(\sum_{l=0}^{k} \binom{k}{l} f^{(k-l)} g^{(l)}\right)$$

$$= \sum_{l=0}^{k} \binom{k}{l} \left(f^{(k+1-l)} g^{(l)} + f^{(k-l)} g^{(l+1)}\right)$$

$$= f^{(k+1)} g^{(0)} + \sum_{l=1}^{k} \underbrace{\left[\binom{k}{l} + \binom{k}{l-1}\right]}_{=\binom{k+1}{l}} f^{(k+1-l)} g^{(l)} + f^{(0)} g^{(k+1)}$$

und damit die Behauptung für $(k + 1)$.

(iii) Ableitung der Komposition: Die Behauptung ist für $k = 1$ richtig, denn nach der Kettenregel (Satz 5.4) gilt $(f \circ g)' = (f' \circ g)g'$. Angenommen, die Behauptung stimmt für ein $k \geq 1$ und sowohl f als auch g sind $(k+1)$-mal differenzierbar. Nach Induktionsvoraussetzung ist $f' \circ g$ mindestens k-mal differenzierbar, und folglich ist auch $(f \circ g)' = (f' \circ g)g'$ wegen der Produktregel (5.8) mindestens k-mal differenzierbar. Daher ist $f \circ g$ mindestens $(k+1)$-mal differenzierbar.

(iv) Die Behauptung für den Quotienten folgert man mithilfe von (iii), wenn man $1/f$ als Verknüpfung zweier Funktionen auffasst, nämlich $1/f = h \circ f$ mit $h(y) = 1/y$, und $f(x) \neq 0$ voraussetzt.

(v) Um die Behauptung für die Umkehrfunktion zu erschließen, definieren wir zunächst $g := f^{-1}$. Für $k = 1$ ist die Behauptung wegen der Identität $g'(x) = 1/f'(g(x))$ richtig, welche bereits in Gl. (5.2) gezeigt wurde. Wir nehmen an, dass die Behauptung richtig ist für ein $k \in \mathbb{N}$ und dass f mindestens $(k+1)$-mal differenzierbar ist. Dann ist f' mindestens k-mal differenzierbar und g ist k-mal differenzierbar nach Induktionsannahme. Nach (iii) ist die Komposition $f' \circ g$ auch k-mal differenzierbar, und nach (iv) erfüllt auch $1/(f' \circ g)$ diese Eigenschaft. Infolgedessen ist $g'(x) = 1/f'(g(x))$ also k-mal differenzierbar und die Behauptung für $(k+1)$ gezeigt. $\square$

Die Taylorsche Formel Wir kommen nun zu einem allgemeinen Prinzip, wie Funktionen in eine Potenzreihe entwickelt werden können. Um die Grundidee hinter der Taylorschen Formel zu verstehen, betrachten wir zunächst eine Funktion f, welche einmal differenzierbar in einem Punkt $x_0 \in \mathbb{R}$ ist. Nach Definition der Differenzierbarkeit lässt sich f darstellen als (vergleiche Satz 5.2)

$$f(x) = p_1(x) + r(x)(x - x_0)$$

mit einem Polynom 1. Grades $p_1(x) := f(x_0) + f'(x_0)(x - x_0)$ und einem Restglied $r(x)$, welches $r(x) \to 0$ für $x \to x_0$ erfüllt. Unser Interesse richtet sich, wenn die Funktion f mindestens n-mal differenzierbar ist, auf die Konstruktion einer analogen Darstellungsformel mit einem Polynom n-ten Grades p_n, sodass

$$f(x) = p_n(x) + r(x)(x - x_0)^n, \qquad r(x) \to 0 \qquad (x \to x_0)$$

gilt. Es ist klar, dass nicht jedes beliebige Polynom diese Approximationseigenschaft erfüllen kann, sondern dass hierzu ein Polynom notwendig ist, das an der Stelle x_0 ein geeignetes geometrisches Verhalten aufweist. Deshalb ist es nicht nur nötig, dass das Polynom selbst, sondern auch seine Ableitungen an der Stelle x_0 einen vorgegebenen Wert annehmen. Um eine solche Darstellungsformel zu gewinnen, muss also zu $c_0, \ldots, c_k \in \mathbb{C}$ ein Polynom P vom Grad k konstruiert werden, sodass $P^{(j)}(x_0) = c_j$ für $j = 0, \ldots, k$ erfüllt ist.

Diese Aufgabe wollen wir nun lösen und betrachten dazu als Erstes einen Spezialfall.

Definition 5.23. Das Symbol

$$\delta_{jk} := \begin{cases} 1 & \text{falls } j = k \\ 0 & \text{falls } j \neq k \end{cases}$$

wird als **Kronecker-Delta**[5] bezeichnet.

Für $c_k = \delta_{jk}$ definieren wir die Polynome P_j durch $P_0 := 1$ und $P_j(x) := \frac{1}{j!}(x-x_0)^j$ für $j \in \mathbb{N}$, sodass $P_j(x_0) = 0$ für $j \in \mathbb{N}$ und $P_j' = P_{j-1}$ gelten. Iterativ folgt $P_j^{(k)} = P_{j-k}$, womit sich $P_j^{(k)}(x_0) = P_{j-k}(x_0) = \delta_{jk}$ ergibt.

Jetzt kann der allgemeine Fall angegangen werden. Dazu setzt man

$$P := \sum_{j=0}^{k} c_j P_j.$$

Nach Konstruktion erfüllt P dann die Eigenschaft

$$P^{(i)}(x_0) = \sum_{j=0}^{k} c_j P_j^{(i)}(x_0) = \sum_{j=0}^{k} c_j \delta_{ji} = c_i.$$

Diese Erkenntnisse können wir nutzen, um das allgemeine Taylor-Polynom zu definieren. Wir werden im Anschluss sehen, dass dieses die gewünschte Approximationseigenschaft tatsächlich erfüllt.

Definition 5.24 (Taylor-Polynom). Ist $f : I \to \mathbb{C}$ eine n-mal differenzierbare Funktion, $x_0 \in I$ und $P_j(x) := \frac{1}{j!}(x - x_0)^j$ für $j \in \mathbb{N}$ sowie $P_0 := 1$, so heißt

$$T_{n,x_0} f := \sum_{j=0}^{n} f^{(j)}(x_0) P_j$$

das **n-te Taylor-Polynom von f am Entwicklungspunkt** x_0.

Das Taylor-Polynom $T_{n,x_0} f$ ist folglich charakterisiert durch die Eigenschaften

$$(T_{n,x_0} f)^{(j)}(x_0) = f^{(j)}(x_0) \tag{5.9}$$

für $j = 0, \ldots, n$ und $\text{Grad}(T_{n,x_0} f) \leq n$.

---

[5]Benannt nach dem deutschen Mathematiker Leopold Kronecker (1823–1891).

Satz 5.25 (Taylor-Formel). *Ist $f : [a, b] \to \mathbb{R}$ eine n-mal differenzierbare Funktion und ist $f^{(n)}$ auf (a, b) noch einmal differenzierbar, so existiert ein Punkt $x_0 \in (a, b)$ mit*

$$f(b) = (T_{n,a}f)(b) + f^{(n+1)}(x_0)\frac{(b-a)^{n+1}}{(n+1)!}.$$

Der Fall $n = 0$ entspricht dem Mittelwertsatz 5.7 mit $g(x) = x$.

Beweis. 1. Schritt: Zunächst betrachte man den Spezialfall, dass $f^{(k)}(a) = 0$ für $k = 0, \ldots, n$ ist. Der Beweis erfolgt durch Induktion nach n. Im Fall $n = 0$ stimmt die obige Aussage mit derjenigen des Mittelwertsatzes 5.7 überein, das heißt, die Behauptung ist richtig für $n = 0$. Angenommen, die Behauptung ist richtig für ein $(n - 1) \in \mathbb{N}$. Man verwendet den Mittelwertsatz 5.7 mit $g(x) := (x-a)^{n+1}$, um für ein $x_1 \in (a, b)$ die Gleichung

$$\frac{f(b)}{g(b)} = \frac{f(b) - f(a)}{g(b) - g(a)} = \frac{f'(x_1)}{g'(x_1)}$$

zu erhalten. Unter Verwendung der Induktionsvoraussetzung für $f'|_{[0,x_1]}$ und unter Beachtung von $T_{n-1,a}f' = 0$ wegen $f^{(k)}(a) = 0$ für $k = 0, \ldots, n$ wird die Identität

$$f'(x_1) = (T_{n-1,a}f')(x_1) + f^{(n+1)}(x_0)\frac{(x_1 - a)^n}{n!} = f^{(n+1)}(x_0)\frac{(x_1 - a)^n}{n!}$$

erschlossen. Zusammenfassend ergibt sich die Beziehung

$$\frac{f(b)}{g(b)} = \frac{f'(x_1)}{g'(x_1)} = \frac{f^{(n+1)}(x_0)}{(n+1)(x_1 - a)^n} \cdot \frac{(x_1 - a)^n}{n!}.$$

Letzteres ist gleichbedeutend mit der Behauptung für n:

$$f(b) = f^{(n+1)}(x_0)\frac{(b-a)^{n+1}}{(n+1)!}.$$

2. Schritt: Der allgemeine Fall wird auf den obigen Spezialfall zurückgeführt. Dieser wird auf $F := f - T_{n,a}f$ angewendet, denn es ist $F^{(j)}(a) = 0$ für $j = 0, \ldots, n$ wegen (5.9). Wird die Gleichheit $F^{(n+1)} = f^{(n+1)}$ beachtet, dann folgt die Identität

$$f(b) - (T_{n,a}f)(b) = F(b) = f^{(n+1)}(x_0)\frac{(b-a)^{n+1}}{(n+1)!}$$

und damit die Behauptung. $\qquad\square$

Folgerung 5.26. Ist $f^{(n-1)}$ im Punkt x_0 differenzierbar, so gilt die Beziehung

$$f(x) = (T_{n,x_0}f)(x) + r(x)(x - x_0)^n$$

mit $r(x) \to 0$ für $x \to x_0$.

Beweis. Im Fall $n = 1$ folgt die gewünschte Eigenschaft direkt aus der Definition der Differenzierbarkeit. Im Fall $n \geq 2$ definiert man die Hilfsfunktion $g := f - T_{n,x_0}f$ und wendet die Taylor-Formel auf g an. Weil $g^{(j)}(x_0) = 0$ für $j = 0, \ldots, n$ ist, ergibt sich somit

$$g(x) = (T_{n-2,x_0}g)(x) + g^{(n-1)}(x_1)\frac{(x-x_0)^{n-1}}{(n-1)!} = g^{(n-1)}(x_1)\frac{(x-x_0)^{n-1}}{(n-1)!}, \tag{5.10}$$

wobei $|x_1 - x_0| < |x - x_0|$ ist. Die Funktion $g^{(n-1)}$ ist differenzierbar in x_0, das heißt,

$$g^{(n-1)}(y) = \underbrace{g^{(n-1)}(x_0)}_{=0} + \underbrace{g^{(n)}(x_0)}_{=0}(y - x_0) + \tilde{r}(y)(y - x_0) \tag{5.11}$$

mit $\tilde{r}(y) \to 0$ für $y \to x_0$. Man setzt $y := x_1$ in (5.11) und kombiniert dies mit (5.10), um

$$g(x) = g^{(n-1)}(x_1)\frac{(x-x_0)^{n-1}}{(n-1)!} = (x_1 - x_0)\tilde{r}(x_1)\frac{(x-x_0)^{n-1}}{(n-1)!}$$

zu folgern. Damit lässt sich $r(x) := g(x)(x - x_0)^{-n}$ (beachte $\frac{|x_1-x_0|}{|x-x_0|} < 1$) für $x \to x_0$ durch

$$|r(x)| = \left|\frac{g(x)}{(x-x_0)^n}\right| = \frac{|x_1 - x_0|}{|x - x_0|}\frac{|\tilde{r}(x_1)|}{(n-1)!} \leq \frac{|\tilde{r}(x_1)|}{(n-1)!} \to 0$$

abschätzen. Daher erfüllt f die gewünschte Eigenschaft. $\square$

In Satz 5.25 wurde gezeigt, dass eine $(n + 1)$-mal differenzierbare Funktion f durch die Taylor-Formel

$$f(x) = (T_{n,x_0}f)(x) + (R_{n,x_0}f)(x), \qquad (R_{n,x_0}f)(x) := \frac{f^{(n+1)}(x_1)}{(n+1)!}(x - x_0)^{n+1}, \tag{5.12}$$

ausgedrückt werden kann mit $x_1 \in (x_0, x)$ oder $x_1 \in (x, x_0)$. Der Term $R_{n,x_0}f$ heißt **Lagrangesches Restglied**.[6] Nachfolgend wollen wir dessen Verhalten für $n \to \infty$ analysieren. Zur Illustration beginnen wir mit zwei Beispielen.

Beispiel 5.27. Wir untersuchen die Taylor-Entwicklungen, die sich für Polynome und für die Exponentialfunktion ergeben.

(i) Ist f ein Polynom n-ten Grades, so verschwindet seine $(n+1)$-te Ableitung, $f^{(n+1)} = 0$. Infolgedessen wird f durch das Taylor-Polynom exakt dargestellt:

$$f(x) = \sum_{k=0}^{n}\frac{f^{(k)}(x_0)}{k!}(x - x_0)^k.$$

---

[6]Benannt nach dem italienischen Mathematiker Joseph-Louis Lagrange (1736–1813).

(ii) Die Funktion $f(x) := e^x$ soll gemäß (5.12) um den Punkt $x_0 = 0$ entwickelt werden. Die Ableitungen lauten $f^{(k)}(x) = e^x$, sodass $f^{(k)}(0) = 1$ ist und folglich

$$e^x = (T_{n,x_0}f)(x) + (R_{n,x_0}f)(x) = \sum_{k=0}^{n} \frac{1}{k!}x^k + \frac{e^{x_1}}{(n+1)!}x^{n+1} \tag{5.13}$$

für ein $x_1 = x_1(n, x)$. Für das Restglied erhalten wir nach Abschn. 4.3 die Abschätzung

$$|(R_{n,x_0}f)(x)| = \left| \frac{e^{x_1}}{(n+1)!}x^{n+1} \right| \leq \frac{e^{|x_1|}}{(n+1)!}|x|^{n+1} \leq \frac{e^{|x|}}{(n+1)!}|x|^{n+1} \to 0$$

für $n \to 0$. Ein Grenzübergang in (5.13) resultiert in der Identität

$$e^x = \sum_{k=0}^{\infty} \frac{1}{k!}x^k,$$

durch welche die Exponential-Reihe ursprünglich definiert wurde.

Definition 5.28. Ist $f : (a, b) \to \mathbb{C}$ beliebig oft differenzierbar und $x_0 \in (a, b)$, so heißt (unabhängig von der Konvergenz)

$$(T_{x_0}f)(x) = \sum_{k=0}^{\infty} \frac{f^{(k)}(x_0)}{k!}(x - x_0)^k$$

die **Taylor-Reihe von f um den Entwicklungspunkt** x_0.

Ob eine Funktion f durch ihre Taylor-Reihe $T_{x_0}f$ dargestellt werden kann, hängt von zwei Aspekten ab, nämlich der Konvergenz der Reihe $T_{n,x_0}f$ und dem Verhalten des Restglieds R_{n,x_0} für $n \to \infty$. Aus der reinen Konvergenz von $T_{x_0}f$ folgt im Allgemeinen nicht, dass $T_{x_0}f$ mit f übereinstimmt. Letzteres verlangt zusätzlich, dass das Restglied $R_{n,x_0} \to 0$ für $n \to \infty$ erfüllt.

Beispiel 5.29. Wir betrachten die Funktion $f : \mathbb{R} \to \mathbb{R}$, die durch

$$f(x) = \begin{cases} e^{-\frac{1}{x^2}} & \text{für } x \neq 0 \\ 0 & \text{für } x = 0 \end{cases}$$

definiert ist. Wegen $e^x \to 0$ für $x \to -\infty$ ist $f(x)$ stetig. Wir wollen die Funktion jetzt in eine Taylor-Reihe um $x_0 = 0$ entwickeln, wobei wir die Details in Übungsaufgabe 5.2 ausarbeiten. Induktiv lässt sich zeigen, dass für $x \neq 0$ die n-te Ableitung von f durch

$$f^{(n)}(x) = e^{-\frac{1}{x^2}} \cdot P_n\left(\frac{1}{x}\right)$$

gegeben ist, wobei P_n ein Polynom vom Grad $3n$ ist. Wegen $\frac{e^x}{x^n} \to 0$ für $x \to -\infty$ ist

$$\lim_{x \to 0} f^{(n)}(x) = 0$$

erfüllt. Es folgt, dass f in 0 beliebig oft differenzierbar ist, und dass dort alle ihre Ableitungen verschwinden. Die Taylor-Reihe ist infolgedessen durch die konstante Funktion $T_0 f = 0$ gegeben, welche die Funktion f offensichtlich nicht lokal darstellt.

Des Weiteren muss eine Taylor-Reihe $T_{x_0} f$ nicht konvergieren, auch wenn f unendlich oft differenzierbar ist: Durch Vorgabe der Ableitungen $f^{(k)}(x_0)$ können Taylor-Reihen $T_{x_0} f$ mit Konvergenzradius 0 gefunden werden (Übungsaufgabe 5.3).

Das volle Verständnis für die Frage nach der Konvergenz einer Taylor-Reihe stellt sich erst durch das Studium der komplexen Analysis, der *Funktionentheorie*, ein, die ein gleichzeitig notwendiges und hinreichendes Kriterium für die Konvergenz der Taylor-Reihe, nämlich die komplexe Differenzierbarkeit, findet.

Satz 5.30. *Wird eine Funktion f durch die Potenzreihe $f(x) = \sum_{k=0}^{\infty} a_k(x - x_0)^k$ in einer Umgebung um x_0 (das heißt für $|x - x_0| < \delta$) dargestellt, so folgt $a_k = \frac{f^{(k)}(x_0)}{k!}$ für alle $k \in \mathbb{N}$.*

Beweis. Durch gliedweises Ableiten der Potenzreihe ergibt sich aus Satz 5.14

$$f'(x) = \sum_{k=1}^{\infty} k a_k (x - x_0)^{k-1}, \quad \ldots, \quad f^{(n)}(x) = \sum_{k=n}^{\infty} k(k-1) \cdots (k - n + 1) a_k (x - x_0)^{k-n},$$

und folglich $f^{(n)}(x_0) = n(n-1) \cdots 1 a_n = n! a_n$. $\square$

Als Anwendungsbeispiel wollen wir die Binomialreihe mittels Taylor-Entwicklung herleiten:

Satz 5.31 (Binomialreihe). *Für $\alpha \in \mathbb{R} \setminus \{0\}$ und $|x| < 1$ gilt (vergleiche Definition 2.17)*

$$(1 + x)^{\alpha} = \sum_{k=0}^{\infty} \binom{\alpha}{k} x^k, \qquad \binom{\alpha}{k} = \frac{\alpha(\alpha - 1) \cdots (\alpha - k + 1)}{k!}.$$

Beweis. Für $|x| < 1$ entwickeln wir die Funktion $f(x) = (1 + x)^{\alpha}$ in eine Taylor-Reihe um den Entwicklungspunkt $x_0 = 0$. Mit den k-ten Ableitungen

$$f^{(k)}(x) = \alpha(\alpha - 1) \cdots (\alpha - k + 1)(1 + x)^{\alpha - k} = k! \binom{\alpha}{k} (1 + x)^{\alpha - k}$$

lautet die Taylor-Formel (Satz 5.25) angewendet auf f

$$f(x) = \sum_{k=0}^{n} \binom{\alpha}{k} x^k + \frac{\alpha(\alpha - 1) \cdots (\alpha - n)}{(n + 1)!} (1 + x_1)^{\alpha-(n+1)} x^{n+1}$$

für $0 < x_1 < x$ oder $x < x_1 < 0$. Zunächst zeigen wir, dass die Taylor-Reihe

$$(T_0 f)(x) = \sum_{k=0}^{\infty} \binom{\alpha}{k} x^k$$

für $|x| < 1$ konvergiert. Dazu verwenden wir das Quotientenkriterium 3.34,

$$\lim_{k \to \infty} \left| \frac{\binom{\alpha}{k+1} x^{k+1}}{\binom{\alpha}{k} x^k} \right| = \lim_{k \to \infty} |x| \left| \frac{\alpha - k}{k + 1} \right| = |x| \qquad (\alpha \notin \mathbb{N}, \ x \neq 0),$$

woraus wir die Konvergenz von $T_0 f$ für $|x| < 1$ folgern. Im weiteren Verlauf zeigen wir:

$$R_n(x) := \frac{\alpha(\alpha - 1) \cdots (\alpha - n)}{(n + 1)!} (1 + x_1)^{\alpha-(n+1)} x^{n+1} \to 0 \qquad (n \to \infty).$$

Dazu schätzen wir die einzelnen Bestandteile des Restglieds R_n ab:

$$|R_n(x)| = \frac{|\alpha|}{n + 1} |\alpha - 1| \left| \frac{\alpha}{2} - 1 \right| \cdots \left| \frac{\alpha}{n} - 1 \right| |1 + x_1|^{\alpha} \left| \frac{x}{1 + x_1} \right|^{n+1}.$$

Zunächst bemerken wir für $|x_1| < |x|$ die Ungleichungskette

$$1 - |x| \leq 1 - |x_1| \leq |1 + x_1| \leq 1 + |x_1| \leq 1 + |x|,$$

mit deren Hilfe wir die folgende Abschätzung erhalten:

$$|1 + x_1|^{\alpha} \leq \begin{cases} (1 + |x|)^{\alpha} & \text{falls } \alpha \geq 0, \\ (1 - |x|)^{\alpha} & \text{falls } \alpha < 0. \end{cases}$$

Im Fall $x > 0$ gilt $x_1 > 0$ und somit $\left| \frac{x}{1+x_1} \right| \leq |x| = x$. Im Fall $x < 0$ ist $x_1 < 0$ und folglich $\left| \frac{x}{1+x_1} \right| \leq \frac{|x|}{1-|x|}$. Zusammenfassend ergibt sich die Abschätzung

$$\left| \frac{x}{1 + x_1} \right| \leq s(x), \qquad s(x) := \begin{cases} x & \text{für } x \geq 0, \\ \frac{|x|}{1-|x|} & \text{für } x < 0. \end{cases}$$

Nun wählen wir zu $\varepsilon > 0$ ein $n_0 \in \mathbb{N}$, sodass $\left| \frac{\alpha}{n} \right| < \varepsilon$ für $n \geq n_0$. Damit folgt für $n \geq n_0$

$$\frac{|\alpha|}{n + 1} |\alpha - 1| \cdots \left| \frac{\alpha}{n} - 1 \right| \leq \frac{|\alpha|}{n + 1} (1 + |\alpha|) \cdots \left(1 + \frac{|\alpha|}{n_0 - 1} \right) (1 + \varepsilon)^{n-n_0+1}.$$

Schließlich kombinieren wir die gefundenen Abschätzungen, um die Ungleichung

$$|R_n(x)| \leq \frac{|\alpha|}{n+1}(1+|\alpha|)\cdots\left(1+\frac{|\alpha|}{n_0-1}\right)\left((1+|x|)^\alpha + (1-|x|)^\alpha\right)\left(s(x)(1+\varepsilon)\right)^{n+1}$$

zu erhalten. Das Restglied konvergiert gegen null, das heißt $R_n(x) \to 0$ für $n \to \infty$, wenn $s(x)(1+\varepsilon) < 1$ ist. Im Fall $x > 0$ ist Letzteres gleichbedeutend mit $x < \frac{1}{1+\varepsilon}$. Im Fall $x < 0$ ist die Bedingung $\frac{-x}{1+x} < \frac{1}{1+\varepsilon}$ äquivalent zu $x > -\frac{1}{2+\varepsilon}$. Wir erinnern uns, dass $\varepsilon > 0$ beliebig ist. Insgesamt haben wir also gezeigt, dass $R_n(x) \to 0$ ($n \to \infty$) für $-\frac{1}{2} < x < 1$.

Zuletzt beweisen wir die folgende Aussage: Angenommen, die Behauptung ist gültig für $-r < x < 1$ mit einem $r \in (0,1)$ (dies ist richtig für $r = \frac{1}{2}$), dann gilt die Behauptung sogar für $-\sqrt{r} < x < 1$. Daraus folgt iterativ die Behauptung für $-1 < x < 1$ unter Beachtung von Beispiel 3.8, also $\sqrt[n]{r} \to 1$ ($n \to \infty$). Für den Beweis der Hilfsaussage bemerken wir, dass

$$(1-x)^\alpha = (1+x)^{-\alpha}\left(1-x^2\right)^\alpha \qquad \text{wegen} \qquad (1-x)^\alpha(1+x)^\alpha = \left(1-x^2\right)^\alpha$$

gilt. Nach Annahme ist die Behauptung für $-r < x < 1$ erfüllt, das heißt[7]

$$(1+x)^{-\alpha} = \sum_{k=0}^\infty \binom{-\alpha}{k}x^k \qquad\qquad \text{für } -r < x < 1,$$

$$\left(1-x^2\right)^\alpha = \sum_{k=0}^\infty \binom{\alpha}{k}(-1)^k x^{2k} \qquad\qquad \text{für } -\sqrt{r} < x < \sqrt{r}.$$

Durch Auswertung des Cauchy-Produkts ergibt sich

$$(1-x)^\alpha = (1+x)^{-\alpha}\left(1-x^2\right)^\alpha = \sum a_k x^k$$

auf dem Durchschnitt der beiden Intervalle $-r < x < \sqrt{r}$, beziehungsweise

$$(1+x)^\alpha = \sum a_k(-1)^k x^k \qquad \text{für } -\sqrt{r} < x < r$$

und eine gewisse Folge (a_k) in $\mathbb{R}$. Mithilfe von Satz 5.30 verifizieren wir

$$(1+x)^\alpha = \sum_{k=0}^\infty \binom{\alpha}{k}x^k \qquad \text{für } -\sqrt{r} < x < r.$$

Insgesamt gilt dies also für $-\sqrt{r} < x < 1$. Damit resultiert schließlich, wie bereits bemerkt, die Behauptung für $|x| < 1$. $\qquad\qquad\qquad\qquad\qquad\qquad\qquad\qquad\qquad\qquad\qquad\square$

---

[7] $-r < -x^2 < 1 \Leftrightarrow |x| < \sqrt{r}$

Beispiel 5.32. Die geometrische Reihe aus Beispiel 3.29 kann als Spezialfall der binomischen Reihe betrachtet werden, denn wegen $\binom{-1}{n} = (-1)^n$ liefert Satz 5.31 mit $\alpha = -1$ die Identität

$$(1+x)^{-1} = \sum_{k=0}^{\infty} (-1)^k x^k \qquad \text{für } |x| < 1.$$

5.4   Exkurs: Numerische Lösung nichtlinearer Gleichungen*

Die *numerische Mathematik* befasst sich mit der Entwicklung von Algorithmen (Rechenvorschriften), um mathematische Problemstellungen auf einer Rechenanlage approximativ zu lösen. Als ein elementares Beispielproblem betrachten wir das folgende Nullstellenproblem für stetige Funktionen $f : [a,b] \to \mathbb{R}$: Gesucht sei ein $z \in [a,b]$, das die Gleichung $f(z) = 0$ erfüllt. Wenn f eine lineare oder quadratische Funktion darstellt, lässt sich diese Gleichung analytisch lösen. Jedoch lässt sich für eine allgemeine Funktion nicht immer oder vielmehr sogar höchst selten ein expliziter Ausdruck für z angeben. Beispielsweise besagt ein zentrales Resultat der Algebra, dass eine Polynomgleichung fünften oder höheren Grades nicht notwendigerweise durch Wurzelausdrücke auflösbar ist (Satz von Abel-Ruffini).[8] In diesem Fall benötigt man numerische Näherungsverfahren, welche berechenbare Folgenglieder erzeugen, deren Grenzwert die Lösung z darstellt. Zwei solche Verfahren, die auf den in diesem Kapitel erworbenen Kenntnissen basieren, lernen wir in diesem Exkurs kennen, wofür wir uns an [For11] und [Ran06] orientieren. Die *numerische Analysis* interessiert sich für Fehlerabschätzungen, um eine Aussage treffen zu können, wann ein Verfahren bei gegebener Fehlerschranke (Gütekriterium) abgebrochen werden kann.

Methode der sukzessiven Approximation   Zur Berechnung einer Lösung z des Nullstellenproblems bietet sich das folgende Iterationsverfahren an: Ausgehend von einem Startwert $x_0 \in [a,b]$ werden die Iterierten x_{k+1}, $k = 0, 1, 2, \ldots$, nach der Vorschrift

$$x_{k+1} = x_k + c^{-1} f(x_k), \qquad k = 0, 1, 2, \ldots, \tag{5.14}$$

für ein $c \in \mathbb{R}$ bestimmt. Angenommen, die Folgenglieder x_k bleiben alle in $[a,b]$ enthalten und konvergieren gegen ein $z \in [a,b]$, dann erfüllt der Limes wegen der Stetigkeit von f die Gleichungen

$$z = \lim_{k \to \infty} x_{k+1} = \lim_{k \to \infty} x_k + c^{-1} \lim_{k \to \infty} f(x_k) = z + c^{-1} f(z),$$

---

[8]Benannt nach dem norwegischen Mathematiker Niels Henrik Abel (1802–1829) und dem italienischen Mathematiker Paolo Ruffini (1765–1822).

das heißt, z löst $f(z) = 0$. Die Bedeutung des Parameters c wird Bemerkung 5.34 klären. Die Näherung (5.14) repräsentiert eine spezielle Fixpunktiteration: Definiert man

$$g(x) := x + c^{-1} f(x), \qquad x \in [a, b], \tag{5.15}$$

so reduziert sich (5.14) zu $x_{k+1} = g(x_k)$. Die Lösung z kann als Fixpunkt von g interpretiert werden, denn sie genügt $z = g(z)$. Der folgende Fixpunktsatz liefert hinreichende Bedingungen, unter denen eine derartige Fixpunktiteration konvergiert.

Satz 5.33. *Gegeben sei eine differenzierbare Funktion $g : [a, b] \to \mathbb{R}$, welche das abgeschlossene Intervall $[a, b]$ in sich abbildet, $g([a, b]) \subset [a, b]$, und die Bedingung $|g'(x)| \leq q$ für ein $q < 1$ und für alle $x \in [a, b]$ erfüllt. Ist $x_0 \in [a, b]$ ein beliebiger Startwert, dann konvergiert die Fixpunktiteration $x_{k+1} := g(x_k)$, $k = 0, 1, 2, \ldots$, gegen die eindeutige Lösung $z \in [a, b]$ der Gleichung $g(z) = z$ und erfüllt die Fehlerabschätzung,*

$$|x - x_{k+1}| \leq \frac{q}{1-q} |x_{k+1} - x_k| \leq \frac{q^{k+1}}{1-q} |x_1 - x_0|, \tag{5.16}$$

mit deren Hilfe sich auf die Genauigkeit der Näherung schließen lässt.

Bemerkung 5.34. Nach (5.16) konvergiert die Fixpunktiteration schnell, wenn q nahe bei null liegt. In praktischen Anwendungen stellt die Anforderung $|g'(x)| \leq q < 1$ eine große Hürde dar, welche dadurch genommen werden kann, dass c in der speziellen Iteration (5.14) geeignet gewählt und dadurch die Konvergenz der Methode sichergestellt oder gegebenenfalls beschleunigt wird.

Beweis von Satz 5.33. Der Beweis erfolgt analog zu [For11]. Zunächst verifizieren wir die Existenz eines Fixpunktes. Weil $|g'(x)| \leq q$ für alle $x \in [a, b]$ ist, impliziert der Mittelwertsatz 5.7 die Beziehung

$$\begin{aligned}
|x_{k+1} - x_k| = |g(x_k) - g(x_{k-1})| &\leq q |x_k - x_{k-1}| \\
&\leq q^2 |x_{k-1} - x_{k-2}| \leq \ldots \leq q^k |x_1 - x_0| \qquad (k \geq 2).
\end{aligned} \tag{5.17}$$

Das $(k + 1)$-te Folgenglied x_{k+1} lässt sich durch eine Teleskopsumme ausdrücken:

$$x_{k+1} = x_0 + \sum_{\nu=0}^{k} (x_{\nu+1} - x_\nu).$$

Wegen $q < 1$ konvergiert $\sum_{\nu=0}^{\infty} q^\nu |x_1 - x_0|$. Somit besitzt die Reihe $\sum_{\nu=0}^{\infty} (x_{\nu+1} - x_\nu)$ eine konvergente Majorante. Nach dem Majorantenkriterium 3.33 existiert damit

$$z := \lim_{k \to \infty} x_{k+1} = x_0 + \sum_{\nu=0}^{\infty} (x_{\nu+1} - x_\nu).$$

Wegen der Abgeschlossenheit von $[a, b]$ ist der Limes z in $[a, b]$ enthalten und erfüllt

$$z = \lim_{k \to \infty} x_{k+1} = \lim_{k \to \infty} g(x_k) \overset{g \text{ stetig}}{=} g\left(\lim_{k \to \infty} x_k \right) = g(z),$$

das heißt, z ist ein Fixpunkt von g. Jetzt wenden wir uns der Eindeutigkeit zu: Ist y eine weitere Lösung von $y = g(y)$, dann kann die Differenz $(z - y)$ nach dem Mittelwertsatz 5.7 durch

$$|z - y| = |g(z) - g(y)| \leq q|z - y|$$

abgeschätzt werden. Wegen $q < 1$ muss also $|z - y| = 0$ gelten oder gleichbedeutend $z = y$. Zum Beweis der Fehlerabschätzung (5.16) bemerken wir zunächst die Identität

$$x_{k+1+m} - x_{k+1} = \sum_{\nu=1}^{m} (x_{k+1+\nu} - x_{k+\nu}),$$

welche nach Grenzübergang $m \to \infty$ in die Beziehung

$$z - x_{k+1} = \sum_{\nu=1}^{\infty} (x_{k+1+\nu} - x_{k+\nu})$$

übergeht. Per Induktion zeigt man, dass $|x_{k+1+\nu} - x_{k+\nu}| \leq q^\nu |x_{k+1} - x_k|$ gilt. Damit folgern wir

$$|z - x_{k+1}| \leq \sum_{\nu=1}^{\infty} |x_{k+1+\nu} - x_{k+\nu}| < \sum_{\nu=1}^{\infty} q^\nu |x_{k+1} - x_k|.$$

Für $q < 1$ konvergiert $\sum_{\nu=0}^{\infty} q^\nu$ bekanntlich gegen $\frac{1}{1-q}$, was

$$\frac{1}{1-q} = \sum_{\nu=0}^{\infty} q^\nu = 1 + \sum_{\nu=1}^{\infty} q^\nu \quad \Rightarrow \quad \sum_{\nu=1}^{\infty} q^\nu = \frac{q}{1-q}$$

impliziert. Fassen wir diese Überlegungen zusammen, erhalten wir schließlich die Fehlerabschätzung

$$|z - x_{k+1}| \leq \sum_{\nu=1}^{\infty} q^\nu |x_{k+1} - x_k| = \frac{q}{1-q} |x_{k+1} - x_k| \leq \frac{q^{k+1}}{1-q} |x_1 - x_0|. \qquad \square$$

Beispiel 5.35. Als Anwendung von Satz 5.33 wollen wir eine Nullstelle von $f(x) := \frac{e^{-x}}{2} - x$ bestimmen. Dazu schreiben wir das Nullstellenproblem als ein Fixpunktproblem um:

$$f(x) = \frac{e^{-x}}{2} - x = 0 \quad \Leftrightarrow \quad x = \frac{e^{-x}}{2} =: g(x).$$

Existiert ein Fixpunkt von g, so muss er wegen $\frac{e^{-x}}{2} < 1$ für $x > 1$ und $\frac{e^{-x}}{2} > 0$ für $x < 0$ im Intervall $[0, 1]$ liegen. Für $D := [0, 1]$ gilt $g(D) \subset D$, denn g ist stetig und monoton fallend auf D mit $g(0), g(1) \in D$. Ferner gilt $|g'(z)| \leq e^{-z}/2 \leq 1/2$ für alle $z \in D$. Nach Satz 5.33 konvergiert die Iteration $x_{n+1} = g(x_n)$, $n \in \mathbb{N}_0$, gegen den Fixpunkt von g:

$$x_0 = 0, \quad x_1 = 0,5, \quad x_2 \approx 0,30327, \quad x_3 \approx 0,36920, \quad x_4 \approx 0,34564, \ \ldots$$

Ein Iterationsverfahren ist dadurch gekennzeichnet, dass durch wiederholte Anwendung derselben Rechenoperation eine schrittweise Annäherung an die exakte Lösung erreicht wird (sukzessive Approximation). Die Numerik interessiert sich dafür, wie schnell ein solches Verfahren konvergiert. Die Konvergenzgeschwindigkeit der Fixpunktiteration, welche durch (5.16) quantifiziert wird, reicht für praktische Bedürfnisse häufig nicht aus. Im weiteren Verlauf untersuchen wir das effizientere Newton-Verfahren, welches lokal, das heißt in einer Umgebung der Lösung, eine höhere Konvergenzrate aufweist.

Das Newton-Verfahren Um die Nullstelle z einer differenzierbaren Funktion f zu approximieren, kann das Newton-Verfahren herangezogen werden, welches sich durch eine graphische Überlegung motivieren lässt: Ist die k-te Iterierte x_k bereits berechnet, so wird an der Stelle x_k die Tangente an f aufgestellt und deren Schnittpunkt mit der x-Achse als neue Näherung x_{k+1} genommen (vergleiche Abb. 5.3).

Mathematisch wird die Tangente von f im Punkt x_k durch

$$T_f(x) = f'(x_k)(x - x_k) + f(x_k)$$

Abb. 5.3 Graphische Darstellung der Newton-Iteration.

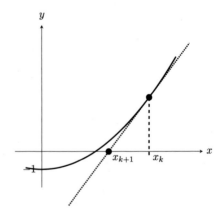

beschrieben. Ihre Nullstelle x_{k+1} ergibt sich durch Auflösen von $T_f(x_{k+1}) = 0$ nach x_{k+1}:

$$x_{k+1} = x_k - \frac{f(x_k)}{f'(x_k)}, \qquad k = 0, 1, 2, \ldots. \tag{5.18}$$

Die Iteration (5.18) repräsentiert das klassische Newton-Verfahren.

Zur Durchführung von (5.18) muss ein geeigneter Startwert x_0 gewählt werden und die Ableitungswerte $f'(x_k)$ dürfen nicht zu klein werden. Das folgende Resultat sichert die Konvergenz von (5.18) unter einigen Bedingungen.

Satz 5.36 (Newton-Verfahren). *Gegeben sei eine zweimal stetig differenzierbare Funktion $f : [a, b] \to \mathbb{R}$, welche in (a, b) eine Nullstelle z besitze. Ferner seien*

$$m := \min_{x \in [a,b]} |f'(x)| > 0, \qquad M := \max_{x \in [a,b]} |f''(x)|, \tag{5.19}$$

und $\varrho > 0$ sei so gewählt, dass die Bedingungen

$$q := \frac{M}{2m} \varrho < 1 \qquad und \qquad K_\varrho(z) := \{x \in \mathbb{R} \mid |x - z| \le \varrho\} \subset [a, b]$$

erfüllt sind. Für jeden Startwert $x_0 \in K_\varrho(z)$ sind damit die Newton-Iterierten x_k aus (5.18) wohldefiniert, bleiben in $K_\varrho(z)$ enthalten und konvergieren gegen die Nullstelle z:

$$x_k \to z \qquad f\ddot{u}r\ k \to \infty.$$

Insbesondere gelten die A-priori-Fehlerabschätzung

$$|x_k - z| \le \frac{2m}{M} q^{2^k}, \qquad k \in \mathbb{N}, \tag{5.20}$$

und die A-posteriori-Fehlerabschätzung

$$|x_k - z| \le \frac{1}{m} |f(x_k)| \le \frac{M}{2m} |x_k - x_{k-1}|^2, \qquad k \in \mathbb{N}. \tag{5.21}$$

Eine A-priori-Fehleranalyse wie (5.20) ermöglicht vor der Rechnung (das heißt a priori) eine quantitative Konvergenzaussage, indem sie den Verfahrensfehler in Ausdrücken des Verfahrensparameters (hier k) nach oben abschätzt. Eine A-posteriori-Fehlerabschätzung wie (5.21) liefert eine obere Schranke für den Fehler, welche auf den bereits berechneten Näherungen basiert. Diese benötigt keine Information über die exakte Lösung, aber ermöglicht auch keine A-priori-Aussage über Konvergenz.

Beweis von Satz 5.36. Der Beweis verlangt einige Vorbereitungen. Nach dem Mittelwertsatz 5.7 existiert zu allen Punkten $x, y \in [a, b]$ mit $x \neq y$ eine Zwischenstelle $\xi \in [x, y]$ mit

$$\left| \frac{f(x) - f(y)}{x - y} \right| = |f'(\xi)| \geq m, \qquad \text{das heißt, } |x - y| \leq \frac{1}{m} |f(x) - f(y)|. \tag{5.22}$$

Letztere Aussage belegt auch, dass es neben z keine weiteren Nullstellen in $[a, b]$ geben kann. Wenn wir die Taylor-Formel auf f anwenden (Satz 5.25), erhalten wir für ein $\chi \in [x, y]$ die Darstellung

$$f(y) = f(x) + (y - x)f'(x) + (R_x f)(y), \qquad (R_x f)(y) := \frac{f''(\chi)}{2}(y - x)^2. \tag{5.23}$$

Nach Voraussetzung können wir das Restglied $R_x(f)$ durch

$$|(R_x f)(y)| \leq \frac{M}{2} |y - x|^2 \tag{5.24}$$

abschätzen. Für $x \in K_\varrho(z)$ definieren wir die Funktion $g(x) := x - \frac{f(x)}{f'(x)}$, mit welcher wir

$$g(x) - z \overset{\text{Def.}}{=} x - \frac{f(x)}{f'(x)} - z = -\frac{1}{f'(x)}\left(f(x) + (z - x)f'(x)\right) \overset{(5.23) \text{ mit } y=z}{=} \frac{1}{f'(x)}(R_x f)(z)$$

erschließen. Erinnern wir uns an die obige Abschätzung für $(R_x f)(z)$, dann sehen wir

$$|g(x) - z| \overset{(5.24)}{\leq} \frac{M}{2m}|x - z|^2 \overset{x \in K_\varrho(z)}{\leq} \frac{M}{2m}\varrho^2 \overset{q<1}{\leq} \varrho \tag{5.25}$$

ein und somit $g(x) \in K_\varrho(z)$. Dies bedeutet, dass die Funktion g die Menge $K_\varrho(z)$ in sich abbildet. Bezogen auf die Newton-Iteration ergibt sich daraus das folgende Zwischenresultat: Wählt man einen Startwert $x_0 \in K_\varrho(z)$, dann bleiben alle Newton-Iterierten x_k in $K_\varrho(z)$. Um die Konvergenz der x_k zu verifizieren, definieren wir die Größe

$$\varrho_k := \frac{M}{2m}|x_k - z|,$$

mit welcher wir unter Ausnutzung von (5.25) die folgende Ungleichungskette erhalten:

$$\varrho_k \overset{(5.25)}{\leq} \varrho_{k-1}^2 \overset{(5.25)}{\leq} \varrho_{k-2}^{2^2} \leq \dots \leq \varrho_0^{2^k}, \qquad \text{das heißt } |x_k - z| \leq \frac{2m}{M}\varrho_0^{2^k}.$$

Dies impliziert die Konvergenz $x_k \to z$ und die A-priori-Fehlerabschätzung (5.20), denn es ist

$$\varrho_0 = \frac{M}{2m}|x_0 - z| \leq \frac{M}{2m}\varrho = q < 1.$$

Um die A-posteriori-Fehlerabschätzung (5.21) zu beweisen, setzen wir in der Taylor-Formel (5.23) die Werte $y := x_k$ und $x := x_{k-1}$ ein, um die Identität

$$f(x_k) = f(x_{k-1}) + (x_k - x_{k-1})f'(x_{k-1}) + \left(R_{x_{k-1}}f\right)(x_k) \overset{(5.18)}{=} \left(R_{x_{k-1}}f\right)(x_k)$$

herzuleiten. Mithilfe von (5.22) erhalten wir schließlich die behauptete Fehlerabschätzung (5.21):

$$|x_k - z| \overset{(5.22)}{\leq} \frac{1}{m}|f(x_k) - \underbrace{f(z)}_{=0}| = \frac{1}{m}\left|\left(R_{x_{k-1}}f\right)(x_k)\right| \overset{(5.24)}{\leq} \frac{M}{2m}|x_k - x_{k-1}|^2. \qquad \square$$

Für eine Funktion f mit (5.19) existiert nach Satz 5.36 zu jeder Nullstelle z mit $f'(z) \neq 0$ eine Umgebung $K_\varrho(z)$ von z, sodass bei Wahl von $x_0 \in K_\varrho(z)$ die Newton-Iterierten x_k gemäß (5.20) gegen z konvergieren. Bei der Durchführung des Newton-Verfahrens besteht das Hauptproblem darin, einen geeigneten Startwert x_0 zu bestimmen, denn in der Praxis kann $K_\varrho(z)$ klein sein. Ist ein $x_0 \in K_\varrho(z)$ gefunden, so konvergiert (x_k) enorm schnell gegen z: Im Fall $q \leq 1/2$ erhält man beispielsweise nach nur 10 Iterationsschritten die Approximationsgüte

$$|x_{10} - z| \leq \frac{2m}{M}q^{2^{10}} \leq \frac{2m}{M}q^{1000} \leq \frac{2m}{M}2^{-1000} \approx \frac{2m}{M}10^{-300}.$$

Beispiel 5.37 (Newton-Verfahren zur Wurzelberechnung).   Unter Verwendung des Newton-Verfahrens wollen wir die Wurzel $\sqrt{c}$ einer Zahl $c > 0$ approximativ bestimmen. Wir suchen also eine Nullstelle der Funktion $f(x) := x^2 - c$. Wegen $f'(x) = 2x$ lautet das Newton-Verfahren zur Berechnung von $\sqrt{c}$:

$$x_{k+1} = x_k - \frac{x_k^2 - c}{2x_k} = \frac{1}{2}x_k + \frac{1}{2}\frac{c}{x_k} = \frac{1}{2}\left(x_k + \frac{c}{x_k}\right). \qquad (5.26)$$

Laut Satz 5.36 konvergiert die Iterationsfolge (x_k) gegen die Nullstelle $\sqrt{c}$ für $k \to \infty$, wenn der Startwert x_0 nahe genug an $\sqrt{c}$ gewählt wird. Bei diesem Beispiel liegt sogar Konvergenz von (x_k) für beliebige Startwerte $x_0 > 0$ vor, wie Aufgabe 3.3 aufzeigt. In Anbetracht von Satz 5.36 wollen wir jetzt das Einzugsgebiet der Nullstelle bestimmen, wo quadratische Konvergenz gemäß (5.20) zu erwarten ist. Dazu bemerken wir zunächst die Identität

$$x_{k+1} - \sqrt{c} = \frac{1}{2}\left(x_k + \frac{c}{x_k}\right) - \sqrt{c} = \frac{1}{2x_k}\left(x_k^2 - 2x_k\sqrt{c} + c\right) = \frac{1}{2x_k}\left(x_k - \sqrt{c}\right)^2,$$

aus welcher für $k \geq 1$ wegen $x_k \geq \sqrt{c}$ die Ungleichung

$$|x_{k+1} - \sqrt{c}| \leq \frac{1}{2\sqrt{c}}|x_k - \sqrt{c}|^2$$

resultiert. Das Konvergenzverhalten (5.20) ist gesichert, wenn der Startwert x_0 der Bedingung

$$\frac{1}{2\sqrt{c}}|x_0 - \sqrt{c}| < 1, \qquad \text{das heißt } |x_0 - \sqrt{c}| < 2\sqrt{c},$$

genügt. Zur Veranschaulichung der Konvergenz bestimmen wir die ersten Newton-Iterierten, um $\sqrt{2} = 1,414213562373095\ldots$ zu approximieren (16-stellige Rechnung):

$$x_0 = 2, \quad x_1 = \underline{1},5, \quad x_2 = \underline{1,41}6, \quad x_3 = \underline{1,4142}1568627451, \quad x_4 = \underline{1,41421356237}469$$

In jedem Iterationsschritt verdoppelt sich erwartungsgemäß die Anzahl der richtigen Dezimalen.

Auf vielen Rechnern erfolgt die Wurzelberechnung in der Tat durch die Iteration (5.26). Dabei ist es notwendig festzulegen, wann bei gegebener Fehlertoleranz $\varepsilon > 0$ das Verfahren abgebrochen werden soll. Aus $x_k \geq \sqrt{c}$ ergibt sich die Beziehung

$$\frac{c}{x_k} \leq \sqrt{c} \leq x_k \qquad (k \in \mathbb{N}),$$

welche als Abbruchkriterium dienen kann:

$$0 \leq x_k - \frac{c}{x_k} \leq \varepsilon \qquad \Rightarrow \qquad \text{STOP.}$$

Globalisierung der Konvergenz Zur Berechnung einer Nullstelle von f sichert Satz 5.36 die Konvergenz des Newton-Verfahrens, wenn ein Startwert x_0 gefunden werden kann, welcher sich hinreichend nahe an der Nullstelle z befindet. Bei der Durchführung des Newton-Verfahrens besteht, wie bereits erwähnt, das Hauptproblem darin, einen geeigneten Startwert x_0 zu wählen. Deshalb wird in der Praxis stets das gedämpfte Newton-Verfahren

$$x_{k+1} = x_k - \lambda_k \frac{f(x_k)}{f'(x_k)}, \qquad k = 0, 1, 2, \ldots,$$

mit einem Dämpfungsparameter $\lambda_k \in (0, 1]$ verwendet. Durch geeignete Wahl von λ_k kann erreicht werden, dass die gedämpfte Newton-Iteration unabhängig vom Startwert x_0 gegen die Nullstelle z konvergiert.

Vereinfachtes Newton-Verfahren Jeder Iterationsschritt des Newton-Verfahrens erfordert die Auswertung der Ableitung $f'(x_k)$, was in der Praxis aufwendig sein kann (zum Beispiel wenn f implizit definiert ist). In solchen Fällen kann man zum vereinfachten Newton-Verfahren

$$x_{k+1} = x_k - f'(c)^{-1} f(x_k), \qquad k = 0, 1, 2, \ldots,$$

übergehen, bei welchem der Punkt c fest gewählt wird. Die vereinfachte Newton-Iteration repräsentiert einen Spezialfall der Fixpunktiteration (5.14).

5.5 Übungsaufgaben

Aufgabe 5.1. Man bestimme die Ableitungen der Funktionen arsinh, arcosh, artanh.

Aufgabe 5.2.

(i) Die stetige Funktion $f : \mathbb{R} \to \mathbb{R}$ sei differenzierbar in $\mathbb{R} \setminus \{0\}$ und $c := \lim_{x \to 0} f'(x)$ möge existieren. Man zeige, dass f im Punkt 0 differenzierbar ist und $f'(0) = c$ erfüllt.

(ii) Man zeige, dass die Funktion $f : \mathbb{R} \to \mathbb{R}$ definiert durch

$$f(x) := \begin{cases} e^{-\frac{1}{x^2}} & \text{für } x \neq 0 \\ 0 & \text{für } x = 0 \end{cases}$$

beliebig oft differenzierbar ist mit $f^{(k)}(0) = 0$ für alle $k \in \mathbb{N}$.

Aufgabe 5.3. Finden Sie durch Vorgabe der Ableitungswerte $f^{(k)}(x_0)$ eine Taylor-Reihe mit Konvergenzradius 0!

Aufgabe 5.4. Man berechne folgende Grenzwerte (sofern diese existieren):

$$\text{(i) } \lim_{x \to 0} \frac{e^x - 1}{x}, \qquad \text{(ii) } \lim_{x \to 0} \left(\frac{1}{\sin(x)} - \frac{1}{x} \right).$$

Aufgabe 5.5. Die Funktion $f : I \to \mathbb{R}$ sei unendlich oft differenzierbar. Ferner gelte $|f^{(n)}(x)| \leq Cn!r^{-n}$ für alle $x \in I$ und $n \in \mathbb{N}_0$ mit Konstanten $C, r > 0$. Man zeige, dass dann f für $\delta \in (0, r)$ der Darstellung

$$f(x) = \sum_{n=0}^{\infty} \frac{1}{n!} f^{(n)}(x_0)(x - x_0)^n \qquad \forall x \in I \text{ mit } |x - x_0| \leq \delta$$

genügt, das heißt, die Funktion f wird durch ihre Taylorreihe dargestellt.

Aufgabe 5.6. Man beweise die folgenden Reihendarstellungen der Logarithmus-Funktion:

(i) Für $-1 < x \leq 1$ gilt $\ln(1 + x) = \sum_{n=1}^{\infty} \frac{(-1)^{n-1}}{n} x^n$

(ii) Für $a > 0$ und $0 < x \leq 2a$ gilt $\ln(x) = \ln(a) + \sum_{n=1}^{\infty} \frac{(-1)^{n-1}}{na^n}(x-a)^n$

Anmerkung: Aus (i) mit $x = 1$ folgt $\ln(2) = \sum_{n=1}^{\infty} \frac{(-1)^{n-1}}{n} = 1 - \frac{1}{2} + \frac{1}{3} - \frac{1}{4} + \ldots$

Aufgabe 5.7. Es sei I ein offenes Intervall, $x_0 \in I$ und $f : I \to \mathbb{R}$ eine $(n+1)$-mal differenzierbare Funktion mit $f^{(k)}(x_0) = 0$ für $k = 1, \ldots, n-1$ und $f^{(n)}(x_0) \neq 0$. Man zeige: Ist n gerade, so besitzt f im Punkt x_0 ein lokales Extremum, nämlich ein Maximum, falls $f^{(n)}(x_0) < 0$, und ein Minimum, falls $f^{(n)}(x_0) > 0$. Ist n ungerade, so besitzt f im Punkt x_0 kein lokales Extremum.

Aufgabe 5.8. Man untersuche die Funktion $f : \mathbb{R}^+ \to \mathbb{R}, f(x) = x^x$ auf Extrema.

Das eindimensionale Riemannsche Integral 6

Neben der Differentialrechnung bildet die Integralrechnung das zweite große Teilgebiet der klassischen Analysis. Eine ihrer Anwendungen liegt in der Flächen- und Volumenberechnung. Ihre Ursprünge führen zurück bis in die Antike: Beispielsweise befassten sich die Babylonier und die Griechen bereits vor mehreren tausend Jahren mit der Berechnung des Flächeninhalts des Einheitskreises und gewannen so sehr gute Näherungen für π. Erst viele Jahrhunderte später wurde durch Augustin Cauchy (1789–1857) ein Integralbegriff entwickelt, der den heutigen formalen mathematischen Ansprüchen gerecht wird, und schließlich von Bernhard Riemann (1826–1866) in eine noch heutige gebräuchliche Form gebracht. Dessen Ansatz, das sogenannte **Riemann-Integral**, wollen wir in diesem Kapitel einführen. Im 20. Jahrhundert wurde die Integrationsrechnung nochmal entscheidend von Henri Lebesgue (1875–1941) weiterentwickelt, der diese in eine weit abstraktere Richtung rückte. Lebesgues Ansatz führte schließlich zur Entwicklung der Maßtheorie, die in ihrer großen Allgemeinheit auch heute noch als eine moderne Sichtweise auf die Integrationstheorie gelten darf. Sowohl das Lebesgue-Integral als auch die Maßtheorie werden uns in Band 2 begegnen. Zunächst wollen wir jetzt aber das grundlegende Riemann-Integral kennenlernen.

Als mathematische Motivation wollen wir gleich zu Beginn dieses Kapitels einen tiefgehenden Zusammenhang der Flächenberechnung zur Differentialrechnung aufzeigen. Und zwar sind folgende Aufgaben äquivalent:

(i) Die Berechnung des Flächeninhalts unter dem Graphen einer Funktion f.
(ii) Das Lösen von $\frac{d}{dx}F = f$, das heißt: f ist gegeben und F ist gesucht.

Trotz des damals noch nicht vollständig entwickelten formalen Rahmens war dieser Sachverhalt schon Isaac Newton (1642–1726) und Gottfried Wilhelm Leibniz (1646–1716)

© Springer-Verlag GmbH Deutschland 2017
A. Hirn, C. Weiß, *Analysis – Grundlagen und Exkurse*,
https://doi.org/10.1007/978-3-662-55538-5_6

Abb. 6.1 Zusammenhang
zwischen Integration und
Flächenberechnung

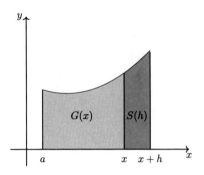

bekannt. Es handelt sich dabei um die wesentliche Aussage des sogenannten **Hauptsatzes der Differential- und Integralrechnung**, der in diesem Kapitel formal bewiesen wird.

Beweisskizze. (i) $\Rightarrow$ (ii): Der Beweis wird anhand Abb. 6.1 skizziert. Es sei $G(x)$ die Fläche unter dem Graphen von f zwischen a und x und $F(x) := A(G(x))$ sei der zugehörige Flächeninhalt. Ferner sei $S(h)$ die Fläche unter dem Graphen von f zwischen x und $x + h$. Dann ist der Inhalt der Fläche $G(x) \cup S(h)$

$$F(x + h) = A(G(x) \cup S(h)) = A(G(x)) + A(S(h)) = F(x) + (f(x) + r(h)) \cdot h,$$

wobei $r(h)$ der Fehler ist, der durch die Approximation durch die Rechtecksfläche $f(x) \cdot h$ entsteht. Dieser geht mit h gegen 0, falls f stetig ist. Es folgt

$$\frac{1}{h}(F(x + h) - F(x)) = f(x) + r(h) \to f(x) \qquad (h \to 0).$$

(ii) $\Rightarrow$ (i): Angenommen, F existiert mit $F' = f$. Dann gilt

$$\frac{d}{dx}A(G(x)) = f(x) \quad \text{beziehungsweise} \quad \frac{d}{dx}\big(A(G(x)) - F(x)\big) = f(x) - f(x) = 0.$$

Der Mittelwertsatz 5.7 impliziert somit

$$A(G(x)) - F(x) = \underbrace{A(G(a))}_{=0} - F(a) = -F(a)$$

oder umgestellt

$$A(G(x)) = F(x) - F(a). \qquad \qquad \Box$$

6.1   Definition des Riemann-Integrals

Bevor wir das Integral einführen können, müssen wir zunächst den Begriff der Ober- und der Untersumme einer Funktion definieren. Geometrisch gesehen entspricht dies der

Abb. 6.2 Unter- und
Obersummen beim
Riemannschen Integral

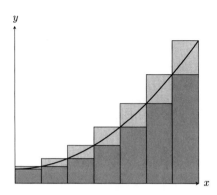

Zerlegung der Funktion und der Approximation der Fläche unter ihrem Graphen mit Treppenfunktionen von oben beziehungsweise unten (siehe Abb. 6.2).

Definition 6.1. Es sei $I = [a, b]$ ein Intervall und $f : I \to \mathbb{R}$ eine beschränkte Funktion.

(i) Eine **Zerlegung** Z von $[a, b]$ ist ein $(k + 1)$-Tupel $(x_0, \ldots, x_k)$ mit $a = x_0 < x_1 < \ldots < x_k = b$. Die **Feinheit** von Z ist $\Delta(Z) := \max_j(x_j - x_{j-1})$.

(ii) Eine Zerlegung $Z' = (x'_0, \ldots, x'_l)$ heißt **Verfeinerung von** $Z = (x_0, \ldots, x_k)$, wenn $\{x_0, \ldots, x_k\} \subset \{x'_0, \ldots, x'_l\}$.

(iii) Es sei Z eine Zerlegung von I und $I_j := [x_{j-1}, x_j]$. Dann setzen wir

$$|I_j| := x_j - x_{j-1}, \quad \underline{M_j} := \inf_{x \in I_j} f(x), \quad \overline{M_j} := \sup_{x \in I_j} f(x),$$

womit wir die **Ober- und Untersumme von f zur Zerlegung Z** definieren:

$$\overline{S}_Z(f) := \sum_{j=1}^{k} \overline{M_j} |I_j| \qquad \text{(Obersumme von f zur Zerlegung Z)}$$

$$\underline{S}_Z(f) := \sum_{j=1}^{k} \underline{M_j} |I_j| \qquad \text{(Untersumme von f zur Zerlegung Z).}$$

Zwei grundlegende Eigenschaften von Zerlegungen ebnen nun den Weg zum Riemann-Integral.

Lemma 6.2. *Sei $I = [a, b]$ ein abgeschlossenes Intervall und $f : I \to \mathbb{R}$ eine beschränkte Funktion.*

(i) *Ist Z' eine Verfeinerung von Z, so gilt*

$$\underline{S}_Z(f) \leq \underline{S}_{Z'}(f) \leq \overline{S}_{Z'}(f) \leq \overline{S}_Z(f).$$

(ii) *Für zwei beliebige Zerlegungen Z, Z' gilt stets*

$$\inf_{x\in I} f(x)(b-a) \le \underline{S}_Z(f) \le \overline{S}_{Z'}(f) \le \sup_{x\in I} f(x)(b-a).$$

Beweis. (i) Weil das Infimum immer kleiner oder gleich dem Supremum ist, ist klar, dass $\underline{S}_{Z'}(f) \le \overline{S}_{Z'}(f)$ gilt. Ohne Einschränkung mögen sich Z und Z' nur durch einen einzigen Teilpunkt $x_j' \in (x_{j-1}, x_j)$ unterscheiden. Dann gilt

$$\underline{S}_Z(f) - \underline{S}_{Z'}(f) = \inf_{x_{j-1}\le x\le x_j} f(x)(x_j - x_{j-1}) -$$

$$\left(\inf_{x_{j-1}\le x\le x_j'} f(x)(x_j' - x_{j-1}) + \inf_{x_j'\le x\le x_j} f(x)(x_j - x_j') \right)$$

$$\le \inf_{x_{j-1}\le x\le x_j} f(x)\left(x_j - x_{j-1} - (x_j' - x_{j-1}) - (x_j - x_j')\right) = 0.$$

Auf den allgemeinen Fall wird per Induktion geschlossen. Für die Obersummen verfährt man analog.

(ii) Zu Z und Z' wird eine gemeinsame Verfeinerung Z'' gewählt. Dann folgt mit (i)

$$\underline{S}_Z(f) \le \underline{S}_{Z''}(f) \le \overline{S}_{Z''}(f) \le \overline{S}_{Z'}(f). \qquad \square$$

Jetzt ist es bereits möglich, das Riemann-Integral zu definieren.

Definition 6.3. Es sei $f : [a, b] \to \mathbb{R}$ eine beschränkte Funktion. Man setzt

$$\overline{S}(f) := \inf\left\{\overline{S}_Z(f) \mid Z \text{ Zerlegung von } I\right\},$$

$$\underline{S}(f) := \sup\left\{\underline{S}_Z(f) \mid Z \text{ Zerlegung von } I\right\}.$$

Die Funktion f heißt **(Riemann-)integrierbar**, wenn $\overline{S}(f) = \underline{S}(f)$ ist. In diesem Fall wird der gemeinsame Wert **(Riemann-)Integral** von f über $[a, b]$ genannt und man schreibt dafür

$$\int_a^b f(x)\,\mathrm{d}x.$$

Man beachte, dass stets $\underline{S}(f) \le \overline{S}(f)$ gilt wegen Lemma 6.2 (ii).

Beispiel 6.4. Gegeben sei die Funktion $f : [0, 1] \to \mathbb{R}$,

$$f(x) = \begin{cases} 1 & \text{falls } x \in \mathbb{Q} \\ 0 & \text{sonst.} \end{cases}$$

Dann ist $\overline{M}_j = \sup_{x\in I_j} f(x) = 1$ und $\underline{M}_j = \inf_{x\in I_j} f(x) = 0$ unabhängig von der Wahl der Intervalle I_j beziehungsweise der Zerlegung, weil $\mathbb{Q}$ dicht in $\mathbb{R}$ liegt (Satz 2.13). Also ist

$\overline{S}_Z(f) = \sum_j 1|I_j|$ und $\underline{S}_Z(f) = \sum_j 0|I_j|$ für alle Zerlegungen Z. Dies impliziert $\overline{S}(f) = 1$ sowie $\underline{S}(f) = 0$, das heißt, f ist *nicht* integrierbar.

Damit haben wir ein relativ einfaches Beispiel einer Funktion, die nicht integrierbar ist, gesehen. Um auch Klassen von Funktionen zu finden, die integrierbar sind, wird es sich als hilfreich erweisen, einige Kriterien, die äquivalent zur Definition der Integrierbarkeit sind, zu bestimmen.

Satz 6.5 (Kriterien für Riemann-Integrierbarkeit). *Es sei $f : [a, b] \to \mathbb{R}$ eine beschränkte Funktion. Die Integrierbarkeit von f ist zu jeder der folgenden Bedingungen gleichwertig:*

(i) *Zu jedem $\varepsilon > 0$ existiert eine Zerlegung Z mit $\overline{S}_Z(f) - \underline{S}_Z(f) < \varepsilon$.*

(ii) *Zu jedem $\varepsilon > 0$ existiert eine Zerlegung $Z = (x_0, \ldots, x_k)$ mit $\sum_{\overline{M}_j - \underline{M}_j \geq \varepsilon} |I_j| < \varepsilon$.*

(iii) *Zu jeden $\varepsilon > 0$ existiert ein $\delta > 0$, sodass $\overline{S}_Z(f) - \underline{S}_Z(f) < \varepsilon$ für alle Zerlegungen Z mit $\Delta(Z) < \delta$.*

Beweis. 1. Schritt. Man zeige: Die Integrierbarkeit von f impliziert (*i*). Nach der Definition von inf und sup existieren zu $\varepsilon > 0$ zwei Zerlegungen Z', Z'' mit

$$0 \leq \overline{S}_{Z'} - \overline{S}(f) < \frac{\varepsilon}{2}, \qquad 0 \leq \underline{S}(f) - \underline{S}_{Z''} < \frac{\varepsilon}{2}. \tag{6.1}$$

Nach Lemma 6.2 bleiben die beiden Ungleichungen richtig, wenn Z', Z'' durch eine gemeinsame Verfeinerung Z ersetzt werden, das heißt, ohne Einschränkung ist $Z' = Z'' = Z$. Da f integrierbar ist, ist ferner $\overline{S}(f) = \underline{S}(f)$ und damit folgt aus den beiden Ungleichungen (6.1)

$$\overline{S}_Z(f) - \underline{S}_Z(f) < \frac{\varepsilon}{2} + \frac{\varepsilon}{2} = \varepsilon.$$

2. Schritt. Man zeige: (i) impliziert (ii). Es sei $\varepsilon > 0$. Nach (i) existiert eine Zerlegung Z mit

$$\varepsilon^2 > \overline{S}_Z(f) - \underline{S}_Z(f) = \sum_j (\overline{M}_j - \underline{M}_j)|I_j| \geq \sum_{\overline{M}_j - \underline{M}_j \geq \varepsilon} \varepsilon|I_j|$$

und durch Teilen durch ε ergibt sich

$$\varepsilon > \sum_{\overline{M}_j - \underline{M}_j \geq \varepsilon} |I_j|.$$

3. Schritt. Man zeige: (ii) impliziert (iii). Es sei $\varepsilon > 0$. Dann wähle man gemäß (ii) eine Zerlegung $Z^* = (x_0^*, \ldots, x_{k^*}^*)$ mit

$$\sum_{\overline{M}_j^* - \underline{M}_j^* \geq \varepsilon} |I_j^*| < \varepsilon.$$

Weiterhin sei $Z := (x_0, \ldots, x_k)$ eine Zerlegung mit $\Delta(Z) < \delta$, wobei die Zahl δ gleich noch in Abhängigkeit von ε explizit gewählt wird. Für ein $I_j = [x_{j-1}, x_j]$ gibt es 3 Möglichkeiten:

1) Es ist $I_j \subset I_{j^*}^*$ für ein j^* mit $\overline{M}_{j^*}^* - \underline{M}_{j^*}^* < \varepsilon$. Dann ist $\overline{M}_j - \underline{M}_j \leq \overline{M}_{j^*}^* - \underline{M}_{j^*}^* < \varepsilon$ und daher

$$\sum_{1.Art} \left(\overline{M}_j - \underline{M}_j \right) |I_j| < \varepsilon(b-a). \tag{6.2}$$

2) Es ist $I_j \subset I_{j^*}^*$ für ein j^* mit $\overline{M}_{j^*}^* - \underline{M}_{j^*}^* \geq \varepsilon$. Mit $c := \sup_{x \in [a,b]} |f(x)|$ folgt nach (ii)

$$\sum_{2.Art} \underbrace{\left(\overline{M}_j - \underline{M}_j \right)}_{\leq 2c} |I_j| \leq 2c \sum_{\overline{M}_j^* - \underline{M}_j^* \geq \varepsilon} |I_j^*| < 2c\varepsilon. \tag{6.3}$$

3) Das Intervall I_j enthält einen der Teilpunkte x_i^* im Inneren und ist damit also über zwei oder mehr Intervalle von Z^* erstreckt. Es gibt höchstens $k^* - 1$ solche Intervalle I_j. Daher gilt

$$\sum_{3.Art} \underbrace{\left(\overline{M}_j - \underline{M}_j \right)}_{\leq 2c} |I_j| \leq 2c(k^* - 1)\delta. \tag{6.4}$$

Unter Verwendung der Ungleichungen (6.2), (6.3), (6.4), kann die Gesamtsumme durch

$$\sum_j (\overline{M}_j - \underline{M}_j)|I_j| \leq \varepsilon(b-a) + 2c\varepsilon + 2c(k^* - 1)\delta$$

abgeschätzt werden. Nun wählen wir $\delta = \frac{\varepsilon}{k^*-1}$ und erhalten schließlich

$$\overline{S}_Z(f) - \underline{S}_Z(f) \leq \varepsilon(b - a + 4c)$$

wobei $(b - a + 4c)$ eine feste Zahl ist. Mit $\varepsilon' = \frac{\varepsilon}{b-a+4c}$ anstelle des obigen ε folgt die Behauptung.

4. Schritt. Es ist offenkundig, dass (iii) Aussage (i) impliziert.

5. Schritt. Man zeige: (i) impliziert, dass f integrierbar ist. Es sei $\varepsilon > 0$ und Z eine Zerlegung mit $\overline{S}_Z(f) - \underline{S}_Z(f) < \varepsilon$. Wegen $\underline{S}(f) \geq \underline{S}_Z(f)$ und $\overline{S}(f) \leq \overline{S}_Z(f)$ folgt

$$0 \leq \overline{S}(f) - \underline{S}(f) < \varepsilon$$

und, weil ε beliebig ist, also $\overline{S}(f) - \underline{S}(f) = 0$. $\qquad\qquad \square$

Daraus lässt sich unmittelbar ableiten, dass schwach monotone Funktionen integrierbar sind.

Satz 6.6 (Integrierbare Funktionen I). *Ist $f : [a,b] \to \mathbb{R}$ schwach monoton, so ist f integrierbar.*

Beweis. Ohne Einschränkung sei f nicht fallend. Nun wird das Kriterium (iii) aus Satz 6.5 angewandt. Es seien $\varepsilon > 0$ und $Z = (x_0, \ldots, x_k)$ eine Zerlegung mit $\Delta(Z) \leq \delta$. Dann ist $\overline{M}_j = f(x_j)$ und $\underline{M}_j = f(x_{j-1})$, weil die Funktion auf $I_j = [x_{j-1}, x_j]$ steigend ist. Ohne Einschränkung ist f nicht konstant. Damit folgt

$$\overline{S}_Z(f) - \underline{S}_Z(f) = \sum_{j=1}^{k} \left(\overline{M}_j - \underline{M}_j \right) |I_j| \leq \delta \left(\sum_{j=1}^{k} \left(f(x_j) - f(x_{j-1}) \right) \right)$$
$$= \delta(f(b) - f(a)) < \varepsilon,$$

falls $\delta < \frac{\varepsilon}{f(b)-f(a)}$. $\qquad\qquad\qquad\qquad\qquad\qquad\qquad\qquad\qquad\qquad\qquad\qquad\qquad\qquad \square$

Um noch weitere Klassen von Funktionen als integrierbar herauszustellen, muss der theoretische Hintergrund noch etwas genauer beleuchtet werden. Es ist vielleicht ein wenig überraschend, dass sich im Laufe dieser Überlegungen die auf den ersten Blick am abstraktesten wirkende Bedingung (ii) aus Satz 6.5 als besonders hilfreich erweisen wird.

Mengen von Inhalt und Maß 0 Bevor wir zum eigentlichen Thema dieses Kapitels, nämlich dem Riemann Integral, zurückkehren, wollen wir uns noch über Mengen Gedanken machen, die in einem mathematisch fassbaren Sinn besonders klein sind. Genauer sollen sie so klein sein, dass sie für die Riemann-Integration vernachlässigt werden können. Man sagt dann, dass sie den Inhalt (oder etwas schwächer das Maß) 0 haben. Diese Definitionen werden in Band 2 verallgemeinert, wo allgemeine Maßräume behandelt werden.[1]

Definition 6.7. Eine Menge $M \subset \mathbb{R}$ hat den **Inhalt null** (beziehungsweise das **Maß null**), wenn es zu jedem $\varepsilon > 0$ endlich (beziehungsweise abzählbar) viele Intervalle I_j gibt mit $M \subset \cup_j I_j$ und $\sum_j |I_j| < \varepsilon$. Eine **Nullmenge** ist eine Menge vom Maß null.

Beispiel 6.8.

(i) Jede abzählbare Menge, also zum Beispiel $\mathbb{Q}$, hat das Maß null. Ist $M = \{x_k \mid k \in \mathbb{N}\}$, so wählt man zu $\varepsilon > 0$ die Intervalle

$$I_k = [x_k - 2^{-(k+1)}\varepsilon, x_k + 2^{-(k+1)}\varepsilon].$$

Es ist $M \subset \cup_k I_k$ und $\sum_k |I_k| = \varepsilon \sum_{k=1}^{\infty} 2^{-k} = \varepsilon$.

---

[1]Mengen vom Maß 0 wie sie hier eingeführt werden, haben Maß 0 bezüglich des eindimensionalen Lebesgue-Maßes.

(ii) Die Menge $\mathbb{Q} \cap [0,1]$ hat *nicht* Inhalt 0. Wenn nämlich $\mathbb{Q} \cap [0,1] \subset \cup_{j=1}^{k} I_j$ für gewisse (ohne Einschränkung abgeschlossene) Intervalle I_j ist, ist auch $\cup_{j=1}^{k} I_j$ abgeschlossen und $[0,1] \subset \cup_{j=1}^{k} I_j$ enthalten (Dichtheit von $\mathbb{Q}$ in $\mathbb{R}$, Satz 2.13).

(iii) Ist $M \subset \mathbb{R}$ eine Menge mit nur endlich vielen Häufungspunkten, so hat M den Inhalt null: Sind beispielsweise $x_1, \ldots, x_n$ die Häufungspunkte von M, so wird $I_k := [x_k - \frac{\varepsilon}{2n}, x_k + \frac{\varepsilon}{2n}]$ gesetzt. Dann besitzt $M \setminus \cup_{k=1}^{n} I_k$ nur endlich viele Punkte. Diese restlichen endlich vielen Punkte können entsprechend mit weiteren endlich vielen beliebig kleinen Intervallen I_k überdeckt werden.

Mit diesen theoretischen Vorüberlegungen können wir jetzt eine ganze Reihe weiterer verschiedener Typen integrierbarer Funktionen identifizieren.

Satz 6.9 (Integrierbare Funktionen II).

(i) *Ist $f : [a,b] \to \mathbb{R}$ beschränkt und stetig bis auf eine Menge vom Inhalt 0, so ist f integrierbar.*

(ii) *Ist $\emptyset \neq M \subset \mathbb{R}^m$, $g : M \to \mathbb{R}$ eine gleichmäßig stetige Funktion und ist $f : [a,b] \to M$ eine Funktion $f = (f_1, \ldots, f_m)$, für die alle f_i integrierbar sind, so ist $g \circ f$ auch integrierbar.*

(iii) *Ist (f_k) eine Folge von integrierbaren Funktionen mit $f_k \to f$ $(k \to \infty)$ gleichmäßig (vergleiche Definition 4.47), so ist f auch integrierbar.*

Beweis. (i) Es wird das Kriterium (i) aus Satz 6.5 verwendet. Es seien

$$S := \{x \in [a,b] \mid f \text{ nicht stetig in } x\}$$

und $\varepsilon > 0$. Dann existieren offene Intervalle $I_1^0, \ldots, I_n^0$ mit $S \subset \cup_{j=1}^{n} I_j^0 =: I_0$ und $\sum_{j=1}^{n} |I_j^0| < \varepsilon$. Somit ist $[a,b] \setminus I_0$ abgeschlossen und daher kompakt. Weil f stetig auf $[a,b] \setminus I_0$ ist, ist f dort auch gleichmäßig stetig nach Satz 4.29, das heißt, es existiert ein $\delta > 0$ mit

$$|f(x) - f(y)| < \varepsilon \quad \text{für alle } x, y \in [a,b] \setminus I_0 \text{ mit } |x - y| < \delta.$$

Nun wird eine beliebige Zerlegung Z von $[a,b]$ gewählt, die alle Randpunkte der I_j^0, $j = 1, \ldots, n$ enthält und außerdem $\Delta(Z) < \delta$ erfüllt. Für ein Teilintervall I_j von Z sind 2 Fälle möglich. Entweder (1. Art) ist $I_j \subset I_m^0$ für ein m oder (2. Art) es ist $I_j \subset [a,b] \setminus I_0$. Für die 1. Art gilt

$$\sum_{1.Art} |I_j| \leq \sum_{m=1}^{n} |I_m^0| < \varepsilon.$$

Für die 2. Art ist $\overline{M}_j - \underline{M}_j < \varepsilon$, denn für $x, y \in I_j$ gilt $|f(x) - f(y)| \leq \varepsilon$, weil $\Delta(Z) < \delta$ und f auf $[a,b] \setminus I_0$ gleichmäßig stetig ist. Mit $c := \sup_{x \in [a,b]} |f(x)|$ haben wir folglich

$$\sum_j \underbrace{|\overline{M}_j - \underline{M}_j|}_{\leq 2c} |I_j| = \sum_{1.Art} |\overline{M}_j - \underline{M}_j||I_j| + \sum_{2.Art} |\overline{M}_j - \underline{M}_j||I_j|$$

$$\leq 2c \sum_{1.Art} |I_j| + \varepsilon \sum_{2.Art} |I_j| \leq 2c\varepsilon + \varepsilon(b-a) = (2c + b - a)\varepsilon.$$

(ii) Diesmal kommt das Kriterium (ii) aus Satz 6.5 zum Zuge. Für ein vorgegebenes $\varepsilon > 0$ kann aufgrund der gleichmäßigen Stetigkeit von g ein $\delta \in (0, \frac{\varepsilon}{m})$ gewählt werden, sodass

$$|g(p) - g(q)| < \frac{\varepsilon}{2} \qquad \text{für } |p - q| \leq \sqrt{m}\delta.$$

Weil alle f_i integrierbar sind, können wir auf diese Funktionen das Kriterium (ii) aus Satz 6.5 anwenden. Es existieren also Zerlegungen $Z^{(i)}$ für $i = 1, \ldots, m$ mit

$$\sum_{\overline{M}_j^i - \underline{M}_j^i \geq \delta} |I_j^{(i)}| < \delta, \tag{6.5}$$

wobei $\overline{M}_j^{(i)} := \sup_{x \in I_j^{(i)}} f_i(x)$ und $\underline{M}_j^{(i)} := \inf_{x \in I_j^{(i)}} f_i(x)$.

Die Ungleichung (6.5) bleibt richtig, wenn die Zerlegungen $Z^{(i)}$ durch eine beliebige Verfeinerung ersetzt werden, weil die Bedingung $\overline{M}_j^{(i)} - \underline{M}_j^{(i)} \geq \delta$ stets für das größere Intervall gilt, wenn sie bereits im kleineren (geteilten) Intervall gilt. Daher kann man ohne Einschränkung $Z^{(i)} = Z$ für $i = 1, \ldots, m$ annehmen. Gilt für ein Teilintervall I_j von Z die Bedingung, dass $|\overline{M}_j^{(i)} - \underline{M}_j^{(i)}| < \delta$ für alle $i = 1, \ldots, m$ ist, so folgt für $x, y \in I_j$

$$|f(x) - f(y)| = \left(\sum_{i=1}^m |f_i(x) - f_i(y)|^2\right)^{\frac{1}{2}} \leq \left(\sum_{i=1}^m |\overline{M}_j^{(i)} - \underline{M}_j^{(i)}|^2\right)^{\frac{1}{2}} \leq \sqrt{m}\delta$$

und daher wegen der Festlegung zu Beginn

$$|g(f(x)) - g(f(y))| \leq \frac{\varepsilon}{2}.$$

Mit $\overline{M}_j := \sup_{x \in I_j} g \circ f(x)$ und $\underline{M}_j := \inf_{x \in I_j} g \circ f(x)$ gilt dann $\overline{M}_j - \underline{M}_j \leq \frac{\varepsilon}{2}$. Es lässt sich daraus ableiten, dass

$$\left\{I_j \mid \overline{M}_j - \underline{M}_j \geq \varepsilon\right\} \subset \bigcup_{i=1}^m \left\{I_j \mid \overline{M}_j^{(i)} - \underline{M}_j^{(i)} \geq \delta\right\}$$

ist und daher wegen (6.5)

$$\sum_{\overline{M}_j - \underline{M}_j \geq \varepsilon} |I_j| \leq \sum_{i=1}^m \sum_{\overline{M}_j^{(i)} - \underline{M}_j^{(i)} \geq \delta} |I_j| \overset{(6.5)}{\leq} m\delta < \varepsilon.$$

(iii) Sei f_k eine Folge integrierbarer Funktionen, die gleichmäßig gegen f konvergiert. Es wird nochmals Kriterium (i) aus Satz 6.5 angewendet. Zu $\varepsilon > 0$ gibt es ein $k_0 \in \mathbb{N}$ mit

$$\sup_{x \in [a,b]} |f_k(x) - f(x)| < \varepsilon \qquad \text{für alle } k \geq k_0.$$

Weil f_k integrierbar ist, existiert eine Zerlegung Z mit

$$\sum_j \left(\overline{M}_j(f_k) - \underline{M}_j(f_k) \right) |I_j| < \varepsilon.$$

Ferner ist $\overline{M}_j(f) \leq \overline{M}_j(f_k) + \varepsilon$ und $\underline{M}_j(f) \geq \underline{M}_j(f_k) - \varepsilon$. Deshalb ergibt sich

$$\sum_j \left(\overline{M}_j(f) - \underline{M}_j(f) \right) |I_j| \leq \sum_j \left(\overline{M}_j(f_k) - \underline{M}_j(f_k) + 2\varepsilon \right) |I_j| \leq \varepsilon + 2\varepsilon(b - a). \qquad \square$$

Bevor wir aus Satz 6.5 und Satz 6.9 weitere grundlegende Eigenschaften des Integrals ableiten, unternehmen wir eine kurze Exkursion zu den Riemannschen Summen. Diese verdeutlichen, dass für integrierbare Funktionen anstelle von Ober- und Untersumme jede beliebige andere Stützstelle hätte betrachtet werden können.

Riemannsche Summen Ist $f : [a, b] \to \mathbb{R}$ beschränkt, $Z = (x_0, \ldots, x_k)$ eine Zerlegung und $\xi_j \in [x_{j-1}, x_j] = I_j$, so heißt

$$S_{Z,\xi}(f) := \sum_{j=1}^{k} f(\xi_j) |I_j|$$

Riemannsche Summe zu Z **und** $\xi = (\xi_1, \ldots, \xi_k)$.

Trivialerweise gilt die Ungleichung $\underline{S}_Z(f) \leq S_{Z,\xi}(f) \leq \overline{S}_Z(f)$. Eine weit stärkere Eigenschaft ist, dass die Riemannsche Summe sogar gegen das Integral konvergiert, sofern f integrierbar ist.

Satz 6.10. *Ist f integrierbar und (Z_n) eine Folge von Zerlegungen mit $\Delta(Z_n) \to 0$ ($n \to \infty$), so gilt für alle zu Z_n gehörenden Riemannschen Summen*

$$S_{Z_n, \xi^{(n)}} \to \int_a^b f(x)\mathrm{d}x \ (n \to \infty).$$

Beweis. Zu $\varepsilon > 0$ wähle man ein $\delta > 0$ gemäß Satz 6.5 (iii) sowie ein $N \in \mathbb{N}$ mit $\Delta(Z_n) < \delta$ für $n \geq N$. Damit folgt

$$\overline{S}_{Z_n}(f) - \underline{S}_{Z_n}(f) < \varepsilon \qquad \text{für } n \geq N.$$

Überdies gelten offensichtlich für alle $n \in \mathbb{N}$ die Ungleichungen

$$\underline{S}_{Z_n}(f) \leq \int_a^b f(x)\,dx \leq \overline{S}_{Z_n}(f)$$

$$\underline{S}_{Z_n}(f) \leq S_{Z_n,\xi^{(n)}}(f) \leq \overline{S}_{Z_n}(f).$$

Durch Kombination der drei Ungleichungen ergibt sich

$$\left| \int_a^b f(x)\,dx - S_{Z_n,\xi^{(n)}}(f) \right| < \varepsilon \qquad \text{für } n \geq N. \qquad \square$$

Der größte Nutzen aus dem Konzept der Riemannschen Summen ist, dass von nun an Überlegungen für das Integral oft ohne direkten Bezug auf Ober- und Untersummen vorgenommen werden können, was, wie wir gleich sehen werden, eine konzeptuelle und methodische Vereinfachung bedeutet.

Folgerung 6.11 (Grundlegende Eigenschaften des Integrals). Es bezeichne $\mathcal{R}(I)$ die Menge der auf dem Intervall $I = [a, b]$ definierten Riemann-integrierbaren Funktionen.

(i) Sind $f_1, f_2 \in \mathcal{R}(I)$ und $\alpha \in \mathbb{R}$, so folgt, dass $\alpha f_1 + f_2$ und $f_1 \cdot f_2$ zu $\mathcal{R}(I)$ gehören, das heißt, $\mathcal{R}(I)$ ist eine **Algebra** (siehe Kap. 10).

(ii) Das Integral ist eine **Linearform** (siehe Kap. 10) auf $\mathcal{R}(I)$, das heißt, für $f_1, f_2 \in \mathcal{R}(I)$ und $\alpha \in \mathbb{R}$ gilt

$$\int_a^b (\alpha f_1(x) + f_2(x))\,dx = \alpha \int_a^b f_1(x)\,dx + \int_a^b f_2(x)\,dx.$$

(iii) Das Integral ist **monoton**, das heißt, aus $f_1(x) \leq f_2(x)$ für alle $x \in I$ folgt

$$\int_a^b f_1(x)\,dx \leq \int_a^b f_2(x)\,dx,$$

falls $f_1, f_2 \in \mathcal{R}(I)$.

(iv) Ist $f \in \mathcal{R}(I)$, dann ist auch $|f| \in \mathcal{R}(I)$ und

$$\left| \int_a^b f(x)\,dx \right| \leq \int_a^b |f(x)|\,dx.$$

(v) Ist (f_k) eine Folge integrierbarer Funktionen, die gleichmäßig gegen eine Funktion f konvergiert, so ist $f \in \mathcal{R}(I)$ und

$$\int_a^b f_k(x)\, dx \to \int_a^b f(x)\, dx \qquad (k \to \infty),$$

das heißt, der Integral-Operator $\int$ ist **stetig bezüglich der Supremumsnorm**.

(vi) Das Integral ist **additiv gegenüber Intervallzerlegungen**, das heißt, ist $c \in (a, b)$ und ist $f \in \mathcal{R}(I)$, so sind $f|_{[a,c]} \in \mathcal{R}([a, c])$ und $f|_{[c,b]} \in \mathcal{R}([c, b])$ und es gilt

$$\int_a^b f(x)\, dx = \int_a^c f(x)\, dx + \int_c^b f(x)\, dx.$$

Beweis. (i) Man wähle R mit $R \geq \sup_{x \in [a,b]} |f_k(x)|$ für $k = 1, 2$. Die Funktionen $g, h :$ $[-R, +R]^2 \to \mathbb{R}$, die durch

$$g(y_1, y_2) := \alpha y_1 + y_2, \quad h(y_1, y_2) = y_1 \cdot y_2$$

gegeben sind, sind nach Satz 4.29 gleichmäßig stetig auf $[-R, +R]^2$. Setzt man $f = (f_1, f_2)$, so folgt mit $\alpha f_1 + f_2 = g \circ f$ und $f_1 \cdot f_2 = h \circ f$ die Behauptung aus Satz 6.9 (ii).

(ii) Es sei eine Folge von Zerlegungen $Z^{(n)}$ mit $\Delta(Z^{(n)}) \to 0$ $(n \to \infty)$ gegeben. Für die zugehörigen Riemann-Summen ergibt sich

$$\sum_j \left(\alpha f_1\big(\xi_j^{(n)}\big) + f_2\big(\xi_j^{(n)}\big) \right) |I_j| = \alpha \sum_j f_1\big(\xi_j^{(n)}\big)|I_j| + \sum_j f_2\big(\xi_j^{(n)}\big)|I_j|,$$

weil es sich um eine endliche Summe handelt. Die linke Seite konvergiert gegen

$$\sum_j \left(\alpha f_1\big(\xi_j^{(n)}\big) + f_2\big(\xi_j^{(n)}\big) \right) |I_j| \xrightarrow{n \to \infty} \int_a^b (\alpha f_1(x) + f_2(x))\, dx$$

und die rechte Seite strebt gegen

$$\alpha \sum_j f_1\big(\xi_j^{(n)}\big)|I_j| + \sum_j f_2\big(\xi_j^{(n)}\big)|I_j| \xrightarrow{n \to \infty} \alpha \int_a^b f_1(x)\, dx + \int_a^b f_2(x)\, dx.$$

(iii) Ist $f \in \mathcal{R}(I)$ und $f \geq 0$, dann sind $\overline{S}_Z(f) \geq 0$ und $\underline{S}_Z(f) \geq 0$ für alle Zerlegungen Z. Daher ist $\int_a^b f(x)\, dx \geq 0$. Nun seien $f_1, f_2 \in \mathcal{R}(I)$ mit $f_1 \leq f_2$. Aus $f_2 - f_1 \geq 0$ leiten wir

$$\int_a^b (f_2(x) - f_1(x))\, dx \geq 0$$

ab und (ii) impliziert schließlich

$$\int_a^b f_2(x)\, dx - \int_a^b f_1(x)\, dx \geq 0.$$

(iv) Es sei $g(y) = |y|$. Der Betrag ist eine gleichmäßig stetige Funktion auf $\mathbb{R}$, da er Lipschitz-stetig ist. Satz 6.9 (ii) impliziert für $f \in \mathcal{R}(I)$ die Eigenschaft $|f| = g \circ f \in \mathcal{R}(I)$. Andererseits ist $-|f(x)| \le f(x) \le |f(x)|$ für alle x und somit folgt aus der Monotonie des Integrals (iii)

$$-\int_a^b |f(x)|\,dx \le \int_a^b f(x)\,dx \le \int_a^b |f(x)|\,dx$$

und damit die Behauptung.

(v) Es ist eine Konsequenz aus Satz 6.9 (iii), dass $f \in \mathcal{R}(I)$ ist. Ferner gilt wegen der gleichmäßigen Konvergenz und (iv)

$$\left| \int_a^b f_k(x)\,dx - \int_a^b f(x)\,dx \right| = \left| \int_a^b (f_k(x) - f(x))\,dx \right|$$

$$\le \int_a^b |f_k(x) - f(x)|\,dx$$

$$\le \sup_{x \in I} |f_k(x) - f(x)|(b-a) \to 0 \qquad (k \to \infty).$$

(vi) Zu $\varepsilon > 0$ sei eine Zerlegung Z mit $\overline{S}_Z(f) - \underline{S}_Z(f) < \varepsilon$ gewählt. Ohne Einschränkung sei $c = x_m$ ein Teilpunkt von $Z = (x_0, \ldots, x_n)$. Dann ist

$$\varepsilon > \sum_{j=1}^n (\overline{M}_j - \underline{M}_j)|I_j| = \underbrace{\sum_{j=1}^m \left(\overline{M}_j - \underline{M}_j \right) |I_j|}_{<\varepsilon} + \underbrace{\sum_{j=m+1}^n \left(\overline{M}_j - \underline{M}_j \right) |I_j|}_{<\varepsilon}$$

und daher $f|_{[a,c]} \in \mathcal{R}(I)$ und $f|_{[c,b]} \in \mathcal{R}(I)$ nach dem Integrierbarkeitskriterium (i) aus Satz 6.5. Um die Additivität zu zeigen, werden ähnlich wie in Teil (ii) Riemann-Summen betrachtet. $\qquad\square$

Bisher haben wir Integrale nur in eine Richtung, das heißt von der kleineren hin zur größeren Integrationsgrenze, betrachtet. Um diese Unzulänglichkeit zu beheben, führen wir das orientierte Integral ein.

Definition 6.12 (Orientiertes Integral). Für $I = [a, b]$ und $f \in \mathcal{R}(I)$ setzt man

$$\int_b^a f(x)\,dx := -\int_a^b f(x)\,dx \qquad \text{und} \qquad \int_a^a f(x)\,dx := 0.$$

Dann gilt für beliebiges $\alpha, \beta, \gamma \in I$:

$$\int_\alpha^\beta f(x)\,dx = \int_\alpha^\gamma f(x)\,dx + \int_\gamma^\beta f(x)\,dx.$$

Schließlich halten wir fest, wie man auch komplexe und vektorwertige Funktionen integrieren kann.

Definition 6.13 (Integral komplexer und vektorwertiger Funktionen). Ist $f = g + ih$, wobei $g, h : \mathbb{R} \to \mathbb{R}$ auf $[a, b]$ integrierbare reellwertige Funktionen sind, so wird

$$\int_a^b f(x)\,dx := \int_a^b g(x)\,dx + i \int_a^b h(x)\,dx$$

definiert. Analog setzt man für $f = (f_1, \ldots, f_n)$ mit $f_i : \mathbb{R} \to \mathbb{R}$ für alle $i = 1, \ldots, n$

$$\int_a^b f(x)\,dx := \left(\int_a^b f_1(x)\,dx, \ldots, \int_a^b f_n(x)\,dx \right),$$

sofern alle Integrale auf der rechten Seite existieren.

6.2   Zusammenhang zwischen Integration und Differentiation

Bereits am Anfang dieses Kapitels haben wir auf den Zusammenhang zwischen Integration und Differentiation hingewiesen. Dieser soll im vorliegenden Abschnitt vollständig formal herausgearbeitet werden.

Definition 6.14. Es sei $I \subset \mathbb{R}$ ein Intervall und $f : I \to \mathbb{R}$ eine Funktion. Eine Funktion $F : I \to \mathbb{R}$ heißt **Stammfunktion** von f, wenn F differenzierbar ist und $F'(x) = f(x)$ für alle $x \in I$ ist.

Ist F eine Stammfunktion von f, dann ist auch $F + c$ für beliebiges $c \in \mathbb{R}$ stets eine Stammfunktion. Sind andererseits F_1 und F_2 zwei Stammfunktionen von f, so ist $F_1 - F_2 = c$ mit $c \in \mathbb{R}$ wegen $(F_1 - F_2)' = f - f = 0$.

Satz 6.15 (Hauptsätze der Differential- und Integralrechnung).

(i) *Es sei $I \subset \mathbb{R}$ ein abgeschlossenes Intervall, $f : I \to \mathbb{R}$ stetig und $c \in I$ ein beliebiger innerer Punkt des Intervalls. Dann ist*

$$F(x) := \int_c^x f(t)\,dt$$

eine Stammfunktion von f.

(ii) *Sind $a, b \in I$ mit $a < b, f \in \mathcal{R}([a, b])$ und ist F eine Stammfunktion von f, so gilt*

$$\int_a^b f(t)\,dt = F(b) - F(a) =: \big[F(t) \big]_a^b.$$

Oft wird auch nur vom Hauptsatz der Differential- und Integralrechnung gesprochen. Weil es sich aber um zwei eigenständige Aussagen handelt, halten wir den oben verwendeten

Plural für angebracht. Mit der bereits geleisteten Vorarbeit ist der Beweis des Satzes erstaunlich kurz.

Beweis. (i) Es sei $x \in I$ und $h \in \mathbb{R} \setminus \{0\}$ so gewählt, dass $x + h \in I$. Dann ist

$$F(x + h) = F(x) + \int_x^{x+h} f(t)\, dt$$

im Sinne des orientierten Integrals. Somit gilt

$$\frac{1}{h}(F(x + h) - F(x)) = \frac{1}{h} \int_x^{x+h} f(t)\, dt.$$

Weil f stetig ist, erschließen wir die Abschätzung

$$\left| \frac{1}{h} \int_x^{x+h} f(t)\, dt - f(x) \right| = \left| \frac{1}{h} \left(\int_x^{x+h} (f(t) - f(x))\, dt \right) \right|$$

$$\leq \frac{1}{|h|} \sup_{|t-x| \leq |h|} |f(t) - f(x)| |h| \to 0 \qquad (h \to 0).$$

(ii) Es sei $Z = (x_0, x_1, \ldots, x_n)$ mit $x_0 = a$, $x_n = b$ eine Zerlegung von $[a, b]$. Nach dem Mittelwertsatz 5.7 gilt

$$F(x_j) - F(x_{j-1}) = F'(\xi_j)(x_j - x_{j-1})$$

mit $\xi_j \in (x_{j-1}, x_j)$. Daraus folgt

$$F(b) - F(a) = \sum_{j=1}^n \left(F(x_j) - F(x_{j-1}) \right) = \sum_{j=1}^n f(\xi_j)(x_j - x_{j-1}) \to \int_a^b f(x)\, dx$$

für $\Delta(Z) \to 0$ nach Satz 6.10.[2] $\qquad\qquad \square$

Definition 6.16. Ist $f : I \to \mathbb{R}$ eine Funktion, so bezeichnet $\int f(x)\, dx$ die Menge der Stammfunktionen von f. Man spricht auch vom **unbestimmten Integral von** f.

Während es, zumindest theoretisch, leicht möglich ist, jede differenzierbare Funktion abzuleiten, ist es im Allgemeinen extrem schwierig, zu einer gegebenen Funktion eine Stammfunktion zu finden. Hierzu wurden verschiedene, teilweise hoch diffizile und

---

[2]Es handelt sich hierbei vermutlich um den einzigen Beweis, der jemals vertont wurde, nämlich in der *Hauptsatzkantate – Vertonung des Hauptsatzes der Differential- und Integralrechnung nebst Beweis, Anwendungen und historischen Bemerkungen für vierstimmigen Chor, Mezzosopran-, Tenor-Solo und Klavier* von Friedrich Wille, siehe [Wil11].

ausgefeilte Techniken entwickelt. Beispielsweise ist die Theorie der *elliptischen Funktionen* historisch gesehen aus dem Versuch entstanden, gewisse Integrale zu berechnen.

Direkt aus den bekannten Differentiationsregeln können wir jedoch einige Beispiele herleiten. Es ist eine übliche notationelle Konvention, dass das unbestimmte Integral nicht als Menge geschrieben wird, sondern der Freiheitsgrad, der durch die Addition der Konstanten gegeben ist, durch ein $c \in \mathbb{R}$ angedeutet wird. Gelegentlich wird $c \in \mathbb{R}$ in Rechnungen auch komplett weggelassen, falls damit ein erheblicher Gewinn der Klarheit der Darstellung einhergeht.

Beispiel 6.17. Aus den in Kap. 5 hergeleiteten Ableitungen spezieller Funktionen ergeben sich unmittelbar die folgenden Aussagen:

(i) Die Funktion $f(x) = x^\alpha$ mit $\alpha \in \mathbb{R}$ ist auf $I = \mathbb{R}$ definiert, falls $\alpha \geq 0$ ist, und auf $I = \mathbb{R}^+$ oder $I = \mathbb{R}^-$, falls $\alpha < 0$ ist. Das unbestimmte Integral lautet

$$\int x^\alpha \mathrm{d}x = \begin{cases} \frac{1}{\alpha+1}x^{\alpha+1} + c & \text{falls } \alpha \neq -1 \\ \ln|x| + c & \text{falls } \alpha = -1. \end{cases}$$

(ii) $\int e^{\alpha x} \, \mathrm{d}x = \frac{1}{\alpha}e^{\alpha x} + c$ für $\alpha \in \mathbb{C} \setminus \{0\}$.

(iii) $\int \sin(x) \, \mathrm{d}x = -\cos(x) + c$.

(iv) $\int \cos(x) \, \mathrm{d}x = \sin(x) + c$.

(v) $\int \tan(x) \, \mathrm{d}x = -\ln(\cos(x)) + c$ falls $|x| < \frac{\pi}{2}$.

(vi) $\int \frac{\mathrm{d}x}{1+x^2} = \arctan(x) + c$.

(vii) $\int \frac{\mathrm{d}x}{\sqrt{1-x^2}} = \arcsin(x) + c$.

(viii) $\int \frac{\mathrm{d}x}{\sqrt{1+x^2}} = \operatorname{arcsinh}(x) + c = \ln(x + \sqrt{x^2 + 1}) + c$.

(ix) $\int \frac{\mathrm{d}x}{\sqrt{x^2-1}} = \operatorname{arccosh}(x) + c = \ln(x + \sqrt{x^2 - 1}) + c$.

Beispiel 6.18. Die Hauptsätze der Differential- und Integralrechnung 6.15 erlauben einen alternativen Beweis von Satz 5.14, der das Folgende besagt: Gegeben seien stetig differenzierbare Funktionen $f_n : [a, b] \to \mathbb{R}$, $n \in \mathbb{N}$, die für $n \to \infty$ punktweise gegen eine Funktion $f : [a, b] \to \mathbb{R}$ konvergieren. Die Ableitungen $f_n' : [a, b] \to \mathbb{R}$ seien gleichmäßig konvergent. Dann ist f differenzierbar und es gilt

$$f'(x) = \lim_{n\to\infty} f_n'(x) \qquad \text{für alle } x \in [a, b].$$

Zum Beweis (nach [For11]) setze man $g := \lim_{n\to\infty} f_n'$. Weil $(f_n') \subset C^0([a, b])$ gleichmäßig konvergiert, ist g nach Folgerung 4.50 stetig auf $[a, b]$. Ferner ergibt sich aus Satz 6.9

$$\int_a^x f_n'(t) \, \mathrm{d}t \longrightarrow \int_a^x g(t) \, \mathrm{d}t \qquad (n \to \infty).$$

Aufgrund des Hauptsatzes der Differential- und Integralrechnung (Satz 6.15 (ii)) gilt

$$f_n(x) = f_n(a) + \int_a^x f_n'(t)\, dt \qquad \text{für alle } x \in [a, b]$$

und infolgedessen nach Übergang zum Limes $n \to \infty$

$$f(x) = f(a) + \int_a^x g(t)\, dt \qquad \text{für alle } x \in [a, b].$$

In Anbetracht von Satz 6.15 (i) liefert Differentiation die Behauptung, $f'(x) = g(x)$.

Wir lernen nun zwei wichtige Hilfsmittel kennen, mit denen es möglich ist, gewisse Integrale zu berechnen.

Partielle Integration Es handelt sich hierbei mehr oder minder um eine Umformulierung der Produktregel. Wir wiederholen diese kurz (siehe Satz 5.4). Es seien $f, g : I \to \mathbb{R}$ stetig differenzierbare Funktionen. Dann gilt

$$(fg)' = f'g + g'f.$$

Mit dem Hauptsatz 6.15 folgt daraus

$$\int \left(f'(x)g(x) + g'(x)f(x) \right)\, dx = f(x)g(x) + c \quad \text{beziehungsweise}$$

$$\int_a^b \left(f'(x)g(x) + g'(x)f(x) \right)\, dx = f(b)g(b) - f(a)g(a).$$

Anders formuliert bedeutet dies

$$\int f'(x)g(x)\, dx = f(x)g(x) - \int f(x)g'(x)\, dx + c \quad \text{beziehungsweise}$$

$$\int_a^b f'(x)g(x)\, dx = f(b)g(b) - f(a)g(a) - \int_a^b f(x)g'(x)\, dx.$$

Beispiel 6.19.

(i) Es ist

$$\int \sin^2(x)\, dx = \int \sin(x)\sin(x)\, dx = \int (-\cos(x))' \sin(x)\, dx$$

$$= -\sin(x)\cos(x) - \int (-\cos(x))\cos(x)\, dx$$

$$= -\sin(x)\cos(x) + \int (1 - \sin^2(x))\, dx$$

$$= -\sin(x)\cos(x) + x - \int \sin^2(x)\, dx,$$

das heißt,

$$\int \sin^2(x)\,dx = \frac{1}{2}\left(-\sin(x)\cos(x) + x\right) + c.$$

(ii) Es ist

$$\int \ln(x)\,dx = \int (x)' \ln(x)\,dx = x\ln(x) - \int x\frac{1}{x}\,dx$$
$$= x\ln(x) - x + c.$$

Variablentransformation (Substitution) Eine weitere Technik zur Integration von Funktionen kann aus der Kettenregel erschlossen werden. Auch an diese sei hier kurz erinnert (siehe Satz 5.4). Es sei $f : I \to \mathbb{R}$ eine stetige Funktion mit Stammfunktion F und $\varphi : I_0 \to I$ eine stetig differenzierbare Funktion. Dann gilt

$$(F \circ \varphi)' = (F' \circ \varphi) \cdot \varphi' = (f \circ \varphi) \cdot \varphi'$$

oder mit anderen Worten

$$\int f(y)\,dy\Big|_{y=\varphi(x)} = \int f(\varphi(x))\varphi'(x)\,dx + c.$$

Der Hauptsatz 6.15 impliziert folglich

$$\int_a^b f(\varphi(x))\varphi'(x)\,dx = F(\varphi(b)) - F(\varphi(a)) = \int_{\varphi(a)}^{\varphi(b)} f(y)\,dy. \tag{6.6}$$

Es gibt hiervon zwei verschiedene Anwendungsmöglichkeiten: Entweder ist die linke Seite der Gl. (6.6) bekannt, dann kann man die rechte Seite berechnen. Oder man kann versuchen φ so zu wählen, dass die rechte Seite berechenbar wird und dadurch auch die linke Seite. Für beide Fälle betrachten wir jeweils ein Beispiel.

Beispiel 6.20. (i) Das Integral $\int xe^{x^2}\,dx$ wird berechnet, indem $\varphi(x) = x^2$ und $f(y) = e^y$ gesetzt werden. Dann ist $\varphi'(x) = 2x$ und daher $f(\varphi(x))\varphi'(x) = 2xe^{x^2}$. Ferner gilt $F(y) = e^y + c$. Die Variablentransformation liefert somit:

$$\int xe^{x^2}\,dx = \frac{1}{2}e^y\Big|_{y=\varphi(x)} + c = \frac{1}{2}e^{x^2} + c.$$

(ii) Auch das Integral $\int \sqrt{1 - x^2}\,dx$ kann mithilfe einer Variablentransformation bestimmt werden. Geometrisch gesehen ist (siehe Abb. 6.3)

$$\int_{-1}^1 \sqrt{1 - x^2}\,dx = \text{Inhalt}\left(\{(x,y) \mid x^2 + y^2 \le 1, y \ge 0\}\right).$$

Also wird für das Integral der Wert $\frac{\pi}{2}$ (Flächeninhalt eines Halbkreises mit Radius 1) erwartet. Zur Berechnung werden die sogenannten **Polarkoordinaten**, das heißt $x = \cos(t)$ mit $0 \le t \le \pi$, herangezogen:

Abb. 6.3 Integral der
Funktion $f(x) = \sqrt{1-x^2}$

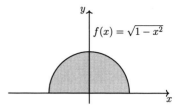

$$\int \sqrt{1-x^2}\,dx\Big|_{x=\cos(t)} \;=\; \int \sqrt{1-\cos^2(t)}(-\sin(t))\,dt$$

$$= \;-\int \sin^2(t)\,dt \;\overset{\text{Beispiel 6.19}}{=}\; -\frac{1}{2}(t - \sin(t)\cos(t)) + c$$

$$\overset{x=\cos(t)}{=} -\frac{1}{2}\left(\arccos(x) - x\sqrt{1-x^2}\right) + c.$$

Daraus ergibt sich wie erwartet

$$\int_{-1}^{1} \sqrt{1-x^2}\,dx = -\frac{1}{2}\Big(\underbrace{\arccos(1)}_{=0} - 0\Big) + \frac{1}{2}\Big(\underbrace{\arccos(-1)}_{=\pi} - 0\Big) = \frac{\pi}{2}.$$

6.3 Uneigentliche Integrale

Bisher wurde das Integral nur für beschränkte und abgeschlossene Intervalle betrachtet. Bei dem sogenannten **uneigentlichen (Riemann-)Integral** handelt es sich um die Situation, dass I ein offenes oder halboffenes Intervall (beschränkt oder unbeschränkt) ist und $f : I \to \mathbb{R}$ (beziehungsweise $f : I \to \mathbb{C}$) eine auf jedem kompakten Intervall $[a, b] \subset I$ Riemann-integrierbare Funktion ist.

Beispielsweise setzen wir für $I = [a, b)$ mit $b \leq +\infty$:

$$\int_I f(x)\,dx := \lim_{\beta \to b} \int_a^\beta f(x)\,dx,$$

falls der Grenzwert existiert. Analog geht man für $I = (a, b]$ oder $I = (a, b)$ vor. Die Integralwerte $\pm\infty$ sind als Grenzwerte zugelassen. Jedoch heißt f nur dann **uneigentlich integrierbar**, falls der Grenzwert endlich ist.

Beispiel 6.21. (i) Es ist $\int_0^\infty e^{-x}\,dx = \lim_{\beta \to \infty} \int_0^\beta e^{-x}\,dx = \lim_{\beta \to \infty}(-e^{-\beta} + e^0) = 1.$

(ii) Für $\alpha < 0$ und $\alpha \neq -1$ betrachten wir das Integral

$$\int_0^1 x^\alpha\,dx = \lim_{a \to 0} \int_a^1 x^\alpha\,dx = \lim_{a \to 0} \frac{1}{\alpha+1}(1^{\alpha+1} - a^{\alpha+1}).$$

Der Grenzwert (also auch das Integral) existiert, falls $\alpha > -1$ ist. In diesem Fall ergibt sich der Grenzwert $\frac{1}{\alpha+1}$.

(iii) Für $\alpha = -1$ existiert der Limes aus (ii) nicht, wie leicht unter Verwendung des Logarithmus eingesehen werden kann.

(iv) Wir interessieren uns für das Integral $\int_1^\infty x^\alpha$. Dazu berechnen wir

$$\int_1^\beta x^\alpha \, dx = \begin{cases} \frac{1}{\alpha+1}\left(\beta^{\alpha+1} - 1\right) & \alpha \neq -1 \\ \ln(\beta) & \alpha = -1 \end{cases} \xrightarrow{\beta \to \infty} \begin{cases} +\infty & \alpha \geq -1 \\ -\frac{1}{\alpha+1} & \alpha < -1, \end{cases}$$

das heißt, $\int_1^\infty x^\alpha \, dx$ ist wohldefiniert für alle $\alpha \in \mathbb{R}$, aber das (uneigentliche) Integral existiert nur für $\alpha < -1$.

Die Wohldefiniertheit des uneigentlichen Riemann-Integrals ist durch folgende Erkenntnis sichergestellt:

Proposition 6.22. *Ist $f \geq 0$, so ist $\int_I f(x) \, dx$ für alle Intervalle I wohldefiniert und es gilt*

$$\int_I f(x)dx = \sup\left\{ \int_\alpha^\beta f(x) \, dx \;\middle|\; [\alpha, \beta] \subset I \right\}.$$

Beweis. Es seien $-\infty \leq a < b \leq +\infty$ die Endpunkte des Intervalls I und

$$S := \sup\left\{ \int_\alpha^\beta f(x) \, dx \;\middle|\; [\alpha, \beta] \subset I \right\}.$$

Ist $S < \infty$, dann existiert zu $\varepsilon > 0$ ein Intervall $[\alpha_0, \beta_0] \subset I$ mit $S - \varepsilon < \int_{\alpha_0}^{\beta_0} f(x) \, dx \leq S$. Weil $f \geq 0$ ist, folgt

$$S \geq \int_\alpha^\beta f(x) \, dx \geq \int_{\alpha_0}^{\beta_0} f(x) \, dx > S - \varepsilon$$

für alle $\alpha \leq \alpha_0$, $\beta \geq \beta_0$, das heißt $\lim_{\alpha \to a, \beta \to b} \int_\alpha^\beta f(x) \, dx = S$. Ist $S = +\infty$ so existiert für alle $R > 0$ ein Intervall $[\alpha_0, \beta_0] \subset I$ mit $\int_{\alpha_0}^{\beta_0} f(x) \, dx > R$. Aufgrund von $f \geq 0$ gilt dann für alle $\alpha \leq \alpha_0$ und $\beta \geq \beta_0$, dass $\int_\alpha^\beta f(x) \, dx > R$, das heißt $\lim_{\alpha \to a, \beta \to b} \int_\alpha^\beta f(x) \, dx = +\infty$. $\qquad\square$

Das in der Anwendung wahrscheinlich am häufigsten verwendete Hilfsmittel, um vergleichsweise einfach zu bestimmen, ob eine Funktion uneigentlich integrierbar ist, bietet der folgende Satz.

Satz 6.23 (Majorantenkriterium für das Riemann-Integral). *Es seien* I *ein offenes oder halboffenes Intervall sowie* $f, g : I \to \mathbb{R}$ *Funktionen mit* $|f(x)| \leq g(x)$ *für alle* $x \in I$ *und* $f, g \in \mathcal{R}([\alpha, \beta])$ *für alle* $[\alpha, \beta] \subset I$. *Falls* $\int_I g(x)\mathrm{d}x < +\infty$ *ist, so existiert auch* $\int_I f(x)\mathrm{d}x$ *als uneigentliches Integral und es gilt*

$$\left| \int_I f(x)\mathrm{d}x \right| \leq \int_I g(x)\mathrm{d}x.$$

Beweis. Sei $I = [a, b)$ und (β_n) eine beliebige Folge mit $a < \beta_n < b$ für alle n und $\beta_n \to b$ $(n \to \infty)$. Die Annahme $\int_I g(x)\,\mathrm{d}x < +\infty$ sowie die Positivität von g implizieren $\lim_{n \to \infty} \int_a^{\beta_n} g(x)\,\mathrm{d}x < +\infty$. Insbesondere ist $\int_a^{\beta_n} g(x)\,\mathrm{d}x < +\infty$ eine Cauchy-Folge und deswegen existiert zu $\varepsilon > 0$ ein $N \in \mathbb{N}$, sodass für alle $m, n \geq N$

$$\left| \int_a^{\beta_n} f(x)\,\mathrm{d}x - \int_a^{\beta_m} f(x)\,\mathrm{d}x \right| = \left| \int_{\beta_n}^{\beta_m} f(x)\,\mathrm{d}x \right| \leq \left| \int_{\beta_n}^{\beta_m} g(x)\,\mathrm{d}x \right|$$

$$\leq \left| \int_a^{\beta_n} g(x)\,\mathrm{d}x - \int_a^{\beta_m} g(x)\,\mathrm{d}x \right| < \varepsilon$$

ist, das heißt, $\left(\int_a^{\beta_n} f(x)\,\mathrm{d}x \right)$ ist eine Cauchy-Folge. Damit existiert der Limes. Für die anderen möglichen Gestalten von I wird analog verfahren. $\qquad\square$

Die Gammafunktion Wir wollen die neu erworbenen Kenntnisse auf die sogenannte **Gammafunktion**, die durch

$$\Gamma(x) := \int_0^\infty \underbrace{t^{x-1}\mathrm{e}^{-t}}_{=:f(t)}\,\mathrm{d}t, \qquad x > 0,$$

definiert ist, anwenden. Die Gammafunktion wird manchmal die einfachste der schwierigen Funktionen genannt, weil sie auf den ersten Blick sehr kompliziert aussieht, aber doch sehr gut verstanden ist. Ihre Bedeutung liegt vor allem in ihren Anwendungen in der komplexen Analysis, der sogenannten *Funktionentheorie*.

Zunächst muss gezeigt werden, dass Γ tatsächlich eine wohldefinierte Funktion ist, das heißt, dass das uneigentliche Integral überhaupt existiert und endlich ist.

Fall $x \geq 1$: Die Funktion f ist stetig auf $[0, 1]$ und dort ist $f(t) \leq 1$. Für $t > 1$ kann man $f(t)$ abschätzen durch $f(t) = \underbrace{t^{x-1}\mathrm{e}^{-\frac{t}{2}}}_{\leq c}\,\mathrm{e}^{-\frac{t}{2}} \leq c\mathrm{e}^{-\frac{t}{2}}$ mit $c \in \mathbb{R}$. Also ist

$$|f(t)| \leq g(t) := \begin{cases} 1 & \text{für } t \leq 1 \\ c\mathrm{e}^{-\frac{t}{2}} & \text{für } t > 1 \end{cases}$$

und es gilt $\int_0^\infty g(x)\,\mathrm{d}x < +\infty$ (Beispiel 6.21). Nach dem Majorantenkriterium 6.23 existiert folglich $\int_0^\infty t^{x-1}\mathrm{e}^{-t}\mathrm{d}t$ und hat einen endlichen Wert.

Fall $0 < x < 1$: Dann ist $f(t) \leq t^{x-1}$ für $t \leq 1$ und $f(t) \leq e^{-t}$ für $t > 1$, da unter dieser Bedingung $t^{x-1} \leq 1$ gilt, das heißt,

$$|f(t)| \leq g(t) := \begin{cases} t^{x-1} & \text{für } t \leq 1 \\ e^{-t} & \text{für } t > 1 \end{cases}$$

und $\int_0^\infty g(t)\,dt < \infty$ (Beispiel 6.21). Das bedeutet, dass $\Gamma(x)$ für $0 < x < 1$ wiederum gemäß dem Majorantenkriterium 6.23 existiert und endlich ist.

Wir berechnen nun $\Gamma(n+1)$ für $n \in \mathbb{N}$ mittels partieller Integration und werden sehen, dass es sich bei der Gammafunktion um die sogenannte **analytische Fortsetzung** einer alten Bekannten handelt.

$$\Gamma(n+1) = \int_0^\infty t^n e^{-t}\,dt = \lim_{\beta \to \infty} \int_0^\beta t^n e^{-t}\,dt = \lim_{\beta \to \infty} \left(-\int_0^\beta t^n (e^{-t})'\,dt\right)$$

$$= \lim_{\beta \to \infty} -\left(\beta^n e^{-\beta} - \int_0^\beta n t^{n-1} e^{-t}\,dt\right)$$

$$= n \lim_{\beta \to \infty} \int_0^\beta t^{n-1} e^{-t}\,dt = n\Gamma(n).$$

Also ist $\Gamma(n+1) = n!\Gamma(1)$ und $\Gamma(1) = \int_0^\infty e^{-t}\,dt = 1$, das heißt, $\Gamma(n+1) = n!$.

Bemerkung 6.24. $\Gamma(x+1) = x\Gamma(x)$ gilt für beliebiges $x > 0$.

Während wir die Gamma-Funktion im Hinterkopf behalten, präsentieren wir zunächst ein allgemeines Ergebnis, das die Abhängigkeit eines Integrals von Parametern beschreibt.

Satz 6.25 (Über die stetige Abhängigkeit eines Integrals von Parametern).

(i) *Es sei $\emptyset \neq M \subset \mathbb{R}^m$ eine kompakte Menge und $f : M \times [a,b] \to \mathbb{R}$ stetig. Dann ist*

$$F(x) := \int_a^b f(x,t)\,dt$$

stetig auf M.

(ii) *Es sei M wie in (i), $I \subset \mathbb{R}$ ein nicht kompaktes Intervall, $f : M \times I \to \mathbb{R}$ stetig und es gebe eine integrierbare Funktion $g : I \to \mathbb{R}$ mit $|f(x,t)| \leq g(t)$ für alle $x \in M$ und für alle $t \in I$. Dann ist*

$$F(x) := \int_I f(x,t)\,dt$$

stetig auf M.

Beweis. (i) Zunächst halten wir fest, dass F wohldefiniert ist, da $f(x, \cdot)$ stetig ist (Satz 6.9). Weil M kompakt ist, ist auch $M \times [a, b]$ kompakt und daher f gleichmäßig stetig auf $M \times [a, b]$ nach Satz 4.29. Zu $\varepsilon > 0$ existiert somit ein $\delta > 0$ mit $|f(y, t) - f(x, t)| < \varepsilon$ für alle x, y, t mit $|x - y| < \delta$. Es folgt

$$|F(y) - F(x)| = \left| \int_a^b (f(y, t) - f(x, t)) \, \mathrm{d}t \right| \leq \varepsilon(b - a)$$

für alle x, y mit $|x - y| < \delta$, also die Behauptung.

(ii) Sei beispielsweise $I = [a, b)$ mit $b \leq +\infty$. Man wähle eine Folge (b_n) mit $a < b_n < b$ und $b_n \to b \ (n \to \infty)$. Wir definieren die Funktion

$$F_n(x) := \int_a^{b_n} f(x, t) \, \mathrm{d}t,$$

die nach (i) stetig ist. Nach dem Majorantenkriterium 6.23 existiert $F(x) := \lim_{n \to \infty} F_n(x)$ für jedes x. Es ist nur noch zu zeigen, dass (F_n) gleichmäßig auf M konvergiert. Dann folgt die Behauptung nach Satz 4.50. Es gilt

$$|F_n(x) - F_m(x)| = \left| \int_{b_m}^{b_n} f(x, t) \, \mathrm{d}t \right| \leq \left| \int_{b_m}^{b_n} g(t) \, \mathrm{d}t \right| \to 0 \qquad (n, m \to \infty)$$

nach Voraussetzung. Zu $\varepsilon > 0$ existiert ein $N \in \mathbb{N}$ mit

$$\left| \int_{b_m}^{b_n} g(t) \, \mathrm{d}t \right| < \varepsilon$$

für alle $n, m \geq N$. Damit ist auch

$$|F_n(x) - F_m(x)| < \varepsilon$$

für alle $n, m \geq N$ und *alle* $x \in M$. In der Tat konvergiert die Funktionenfolge also gleichmäßig. $\qquad\square$

Wir wenden den Satz 6.25 auf die Gammafunktion

$$\Gamma(x) = \int_0^\infty t^{x-1} \mathrm{e}^{-t} \mathrm{d}t$$

an, um zu zeigen, dass diese stetig ist. Sei nämlich $M = [\alpha, \beta]$ mit $0 < \alpha < 1 < \beta < +\infty$. Die Funktion $f(x, t) = t^{x-1} \mathrm{e}^{-t}$ ist stetig auf $M \times (0, \infty)$ und es gilt

$$|f(x, t)| \leq g(t) := \begin{cases} t^{\alpha-1} & \text{für } 0 \leq t \leq 1 \\ t^{\beta-1} \mathrm{e}^{-t} & \text{für } t > 1. \end{cases}$$

Unter Verwendung der integrierbaren Majorante $g(t)$ ist Γ nach dem Satz stetig auf $[\alpha, \beta]$. Weil $\alpha > 0$ und $\beta > 1$ beliebig sind, ist Γ stetig auf $(0, +\infty)$.

6.4   Übungsaufgaben

Aufgabe 6.1. Man weise nach, dass das bestimmte Integral einer ungeraden stetigen Funktion f den Wert null ergibt, wenn die Integrationsgrenzen symmetrisch um den Nullpunkt liegen: $\int_{-b}^{+b} f \, dx = 0$.

Aufgabe 6.2. Mittels Ober-, Unter- oder Riemann-Summen bestimme man folgende Integralwerte

$$\text{(i)} \quad \int_0^a x^2 \, dx \ (a > 0), \qquad \text{(ii)} \quad \int_1^a \frac{1}{x} \, dx \ (a > 1).$$

Tipp: Für (i) bietet es sich an, eine äquidistante Zerlegung und für (ii) zum Beispiel die Zerlegung $\{a^{k/n} \mid k = 0, \ldots, n\}$ zu wählen.

Aufgabe 6.3. Ist die Funktion $f : [0, 1] \rightarrow [0, 1]$ mit

$$f(x) = \begin{cases} \frac{1}{q} & \text{für } x = \frac{p}{q} \text{ mit teilerfremden } p, q \in \mathbb{N} \\ 0 & \text{für } x \in \mathbb{R} \setminus \mathbb{Q} \end{cases}$$

auf $[0, 1]$ integrierbar?

Aufgabe 6.4. Es sei $f \in \mathcal{R}(I)$. Man zeige:

 (i) Die Funktionen $f^+(x) := \max\{f(x), 0\}$ und $f^-(x) := \min\{f(x), 0\}$ gehören ebenfalls zu $\mathcal{R}(I)$.
(ii) Gibt es ein $\delta > 0$ mit $|f(x)| \geq \delta$ für alle $x \in I$, so ist $1/f$ integrierbar, $1/f \in \mathcal{R}(I)$.

Aufgabe 6.5 (Substitutionsregel). Man berechne die unbestimmten Integrale

$$\int \tan(x) \, dx, \qquad \int x\sqrt{1 + x^2} \, dx, \qquad \int \sqrt{x^2 - 1} \, dx, \qquad \int \frac{x^2}{\sqrt{1 + x^2}} \, dx.$$

Aufgabe 6.6 (Partialbruch-Zerlegung). Man bestimme $\int_3^\infty \frac{dx}{(x-1)(x-2)}$.

Bei der Partialbruch-Zerlegung macht man den Ansatz

$$\frac{1}{(x-1)(x-2)} = \frac{A}{x-1} + \frac{B}{x-2} = \frac{(A+B)x - 2A - B}{(x-1)(x-2)}$$

und bestimmt $A, B \in \mathbb{R}$ entsprechend.

Aufgabe 6.7.

(i) Man finde Rekursionsformeln zur Berechnung von

$$\int (\sin(x))^n \, dx, \qquad \int (\cos(x))^n \, dx \qquad (n \in \mathbb{N}).$$

(ii) Man zeige die **Wallissche Produktformel**[3]

$$\frac{\pi}{2} = \prod_{k=1}^\infty \frac{4k^2}{4k^2 - 1}, \qquad \text{wobei } \prod_{k=1}^\infty := \lim_{n \to \infty} \prod_{k=1}^n.$$

Tipp: Man verwende eine Rekursionsformel für $\int_0^{\pi/2} (\sin(x))^n \, dx$.

(iii) Man zeige, dass

$$\lim_{n \to \infty} 2^{-2n} \sqrt{n} \binom{2n}{n} = \frac{1}{\sqrt{\pi}}.$$

Tipp: Man verwende eine Rekursionsformel für $\int_0^{\pi/2} (\cos(x))^n \, dx$.

Aufgabe 6.8 (Mittelwertsatz der Integralrechnung). Es sei $f : [a, b] \to \mathbb{R}$, $a < b$, eine stetige Funktion. Man beweise, dass dann eine Stelle $x_0 \in [a, b]$ existiert mit

$$\int_a^b f(x) \, dx = (b - a) f(x_0).$$

Aufgabe 6.9. Es sei I ein Intervall mit $0 \in I$. Man zeige:

(i) Für eine stetige Funktion $f : I \to \mathbb{R}$ gilt die Beziehung

$$f(x) - f(0) = x \int_0^1 f'(tx) \, dt \qquad \forall x \in I.$$

---

[3]Benannt nach dem englischen Mathematiker John Wallis (1616–1703).

(ii) Für eine m-mal stetig differenzierbare Funktion $f : I \to \mathbb{R}$ gilt die Beziehung

$$f(x) = \sum_{k=0}^{n-1} \frac{f^{(k)}(0)}{k!} x^k + \frac{x^n}{(n-1)!} \int_0^1 (1-t)^{n-1} f^{(n)}(tx)\,dt \qquad \forall x \in I.$$

Dies repräsentiert die Taylor-Formel, deren Restglied in Integralform gegeben ist.

Aufgabe 6.10 (siehe [For11]). Man zeige:

(i) Ist $f : [a, b] \to \mathbb{R}$ stetig differenzierbar und

$$g(w) := \int_a^b f(x) \sin(wx)\,dx$$

für $w \in \mathbb{R}$, dann gilt $\lim_{|w| \to \infty} g(w) = 0$.

(ii) Für $x \in (0, 2\pi)$ gilt $\sum_{k=1}^{\infty} \frac{\sin(kx)}{k} = \frac{\pi - x}{2}$.

(iii) Für $x \in [0, 2\pi]$ gilt $\sum_{k=1}^{\infty} \frac{\cos(kx)}{k^2} = \left(\frac{x-\pi}{2}\right)^2 - \frac{\pi^2}{12}$.

Anmerkung: Aus (ii) erhält man für $x = \frac{\pi}{2}$ die Leibniz-Reihe

$$1 - \frac{1}{3} + \frac{1}{5} - \frac{1}{7} + \frac{1}{9} - \ldots = \sum_{k=0}^{\infty} \frac{(-1)^k}{2k+1} = \frac{\pi}{4},$$

und aus (iii) folgert man für $x = 0$, dass

$$1 + \frac{1}{4} + \frac{1}{9} + \frac{1}{16} + \frac{1}{25} + \ldots = \sum_{k=1}^{\infty} \frac{1}{k^2} = \frac{\pi^2}{6}.$$

Aufgabe 6.11. Man zeige:

(i) Es sei $f \in \mathcal{R}([a, b])$, $a < b < \infty$. Das uneigentliche Riemann-Integral $\int_a^\infty f(x)\,dx$ existiert genau dann, wenn zu jedem $\varepsilon > 0$ ein $\xi > a$ existiert, sodass

$$\left| \int_\alpha^\beta f(x)\,dx \right| < \varepsilon \qquad \text{für } \beta > \alpha \geq \xi.$$

(ii) Das uneigentliche Riemann-Integral $\int_0^\infty \frac{\sin(x)}{x}\,dx$ existiert.

Aufgabe 6.12. Eine Funktion $f : [a, b] \to \mathbb{R}$ heißt **Treppenfunktion**, wenn eine Zerlegung $a = x_0 < x_1 < \ldots < x_N = b$ existiert, sodass f auf jedem offenen Teilintervall (x_{n-1}, x_n) konstant ist. Die Werte $f(x_n)$ sind beliebig. Eine Funktion $f : [a, b] \to \mathbb{R}$ heißt **Regelfunktion**, wenn auf $[a, b]$ eine Folge (f_k) von Treppenfunktionen existiert mit $f_k \to f$ gleichmäßig für $k \to \infty$. Man zeige:

(i) Jede Regelfunktion ist Riemann-integrierbar.

(ii) Eine Regelfunktion ist höchstens an abzählbar vielen Punkten unstetig.

Aufgabe 6.13 (Integralkriterium für Reihen, siehe [For11]).

(i) Gegeben sei eine ganze Zahl $z \in \mathbb{Z}$ und eine monoton fallende Funktion $f :$ $[z, \infty) \to [0, \infty)$. Zeigen Sie: f ist auf $[z, \infty)$ integrierbar genau dann, wenn $\sum_{n=z}^{\infty} f(n)$ konvergiert. Es gilt dann:

$$\sum_{n=z+1}^{\infty} f(n) \leq \int_{z}^{\infty} f(x)\,\mathrm{d}x \leq \sum_{n=z}^{\infty} f(n).$$

(ii) Zeigen Sie, dass die Reihe $\sum_{n=1}^{\infty} \frac{1}{n^{\sigma}}$ genau dann konvergiert, wenn $\sigma > 1$ ist.

Gewöhnliche Differentialgleichungen 7

Dynamische Naturprozesse werden häufig durch Differentialgleichungen modelliert, um Vorhersagen über deren zeitlichen Prozessverlauf zu ermöglichen. Beispiele findet man in allen Bereichen der Naturwissenschaft: Planetenbewegung (Astrophysik), Feder-Masse-System (Mechanik), Populationsmodelle (Biologie), Reaktionsdynamik (Chemie), Diffusionsmodelle (Chemie) und Wellenausbreitung (Strömungsmechanik). Differentialgleichungen enthalten als Unbekannte eine Funktion und setzen diese in Beziehung zu ihren Ableitungen. Dieses Kapitel befasst sich mit den sogenannten gewöhnlichen Differentialgleichungen, bei welchen die gesuchte Funktion von nur einer Variablen (zum Beispiel der Zeit) abhängt. Dagegen werden bei partiellen Differentialgleichungen Funktionen mehrerer Veränderlicher gesucht. Weil sich nur wenige Typen von Differentialgleichungen analytisch lösen lassen, sind numerische Verfahren von großer Bedeutung, um wenigstens approximative Lösungen bestimmen zu können. Hierauf gehen wir in einem Exkurs näher ein.

7.1 Einige elementare Lösungsmethoden

Als Differentialgleichung n-ter Ordnung bezeichnet man eine Gleichung der Gestalt

$$F(x, y, y', \ldots, y^{(n)}) = 0, \qquad y^{(k)} = \left(\frac{\mathrm{d}}{\mathrm{d}x}\right)^k y,$$

deren Lösungen n-mal differenzierbare Funktionen $y = y(x)$ darstellen. Sind die Funktionen y und F vektorwertig, spricht man von einem **System von Differentialgleichungen**. Üblicherweise beschränkt sich die Theorie auf Differentialgleichungen, welche nach der höchsten Ableitung $y^{(n)}$ aufgelöst sind.

Definition 7.1. Sei $M \subset \mathbb{R} \times \mathbb{R}^n$ und $f : M \to \mathbb{R}$ eine Funktion. Man nennt

© Springer-Verlag GmbH Deutschland 2017
A. Hirn, C. Weiß, *Analysis – Grundlagen und Exkurse*,
https://doi.org/10.1007/978-3-662-55538-5_7

$$y^{(n)} = f(x, y, y', \ldots, y^{(n-1)}) \tag{7.1}$$

eine **Differentialgleichung n-ter Ordnung**.

Jetzt präzisieren wir den Lösungsbegriff: Unter einer Lösung der Differentialgleichung (7.1) auf dem Intervall $I \subset \mathbb{R}$ verstehen wir eine n-mal differenzierbare Funktion $y = y(x)$, welche die Gleichung punktweise für alle $x \in I$ erfüllt und der Bedingung

$$\left\{ (x, \tilde{y}_0, \ldots, \tilde{y}_{n-1}) \in I \times \mathbb{R}^n \mid \tilde{y}_\nu = y^{(\nu)}(x),\ 0 \le \nu \le n - 1 \right\} \subset M$$

genügt. In der Regel besitzen Differentialgleichungen keine eindeutige Lösung, sondern unendlich viele verschiedene Lösungsfunktionen. Die Gesamtheit aller Lösungsfunktionen bezeichnen wir als die **allgemeine Lösung**. Eine einzelne Lösungsfunktion einer Differentialgleichung nennen wir **spezielle** oder **partikuläre Lösung**.

Beispiel 7.2. Als Beispiel betrachten wir $y' = -2y$. Offensichtlich ist jede Funktion ce^{-2x} mit beliebigen $c \in \mathbb{R}$ eine Lösung, das heißt die Funktionenschar $y(x) = ce^{-2x}$, $c \in \mathbb{R}$ repräsentiert die allgemeine Lösung von $y' = -2y$. Um die Lösung auf einem Intervall eindeutig festzulegen, werden zusätzliche Bedingungen an die Anfangs- oder Randwerte der Lösung auf dem Lösungsintervall gestellt, siehe Definition 7.17.

Nur in Spezialfällen kann (7.1) analytisch gelöst werden. Eine umfangreiche Lösungstheorie existiert beispielsweise für die Klasse der linearen Differentialgleichungen.

Definition 7.3. Die Differentialgleichung (7.1) heißt **linear**, falls f affin linear ist

$$f(x, y, \ldots, y^{(n-1)}) = a_0(x)y + a_1(x)y' + \ldots + a_{n-1}(x)y^{(n-1)} + b(x).$$

Ist speziell $b = 0$, so nennt man sie **homogen linear** (andernfalls **inhomogen linear**).

Lineare Differentialgleichungen genügen dem **Superpositionsprinzip**. Sei V_0 die Menge der Lösungen der homogenen Gleichung. Sind $y_1, y_2 \in V_0$ Lösungen und $\lambda \in \mathbb{R}$ (beziehungsweise $\lambda \in \mathbb{C}$), dann folgt $(y_1 + \lambda y_2) \in V_0$ wegen der Linearität der Ableitung, das heißt, die Menge V_0 bildet einen Vektorraum. Sind y_1, y_2 zwei Lösungen der inhomogenen Gleichung, dann ist $y_1 - y_2$ eine Lösung der entsprechenden homogenen Gleichung. Zusammenfassend ergibt sich: Ist $\tilde{y}$ eine beliebige Lösung der inhomogenen Gleichung, so erhält man durch

$$\tilde{y} + V_0 = \{\tilde{y} + y \mid y \in V_0\}$$

die Menge aller Lösungen der inhomogenen Differentialgleichung.

(I) Homogene lineare Differentialgleichungen mit konstanten Koeffizienten Für feste Werte $a_1, \ldots, a_{n-1} \in \mathbb{C}$ betrachten wir zunächst die Differentialgleichung

$$y^{(n)} + a_{n-1}y^{(n-1)} + \ldots + a_0 y_0 = 0, \tag{7.2}$$

und beabsichtigen, eine geschlossene Lösungsformel anzugeben. Wenn wir das Polynom

$$P(\lambda) := \lambda^n + a_{n-1}\lambda^{n-1} + \ldots + a_0$$

einführen, erkennen wir, dass Gl. (7.2) äquivalent durch

$$P\left(\frac{\mathrm{d}}{\mathrm{d}x}\right)y = 0, \qquad y^{(k)} = \left(\frac{\mathrm{d}}{\mathrm{d}x}\right)^k y,$$

ausgedrückt werden kann. Nun machen wir den Lösungsansatz

$$y(x) = \mathrm{e}^{\lambda x},$$

für welchen sich die Differentialgleichung (7.2) auf die Polynomgleichung

$$P(\lambda) = 0$$

reduziert, denn die Ableitungen von y erfüllen die Beziehung

$$y'(x) = \lambda\mathrm{e}^{\lambda x}, \qquad y''(x) = \lambda^2\mathrm{e}^{\lambda x}, \qquad \ldots, \qquad P\left(\frac{\mathrm{d}}{\mathrm{d}x}\right)y = P(\lambda)\mathrm{e}^{\lambda x}.$$

1. Fall: Das Polynom P besitze paarweise verschiedene Nullstellen $\lambda_1, \ldots, \lambda_n \in \mathbb{C}$. In diesem Fall behaupten wir, dass die Funktionen $\mathrm{e}^{\lambda_1 x}, \ldots, \mathrm{e}^{\lambda_n x}$ linear unabhängig sind (als Elemente von $C^0(\mathbb{R})$). Zum Beweis nehmen wir an, dass (als Funktion) die Gleichheit

$$\mu_1\mathrm{e}^{\lambda_1 x} + \ldots + \mu_n\mathrm{e}^{\lambda_n x} = 0, \qquad \mu_1, \ldots, \mu_n \in \mathbb{C}$$

gilt. Um die lineare Unabhängigkeit der $\mathrm{e}^{\lambda_i x}$ nachzuweisen, müssen wir zeigen, dass alle μ_i verschwinden: $\mu_1 = \ldots = \mu_n = 0$. Dazu leiten wir die letzte Gleichung $(n-1)$-mal ab,

$$\mu_1\lambda_1\mathrm{e}^{\lambda_1 x} + \ldots + \mu_n\lambda_n\mathrm{e}^{\lambda_n x} = 0, \qquad \ldots, \qquad \mu_1\lambda_1^{n-1}\mathrm{e}^{\lambda_1 x} + \ldots + \mu_n\lambda_n^{n-1}\mathrm{e}^{\lambda_n x} = 0,$$

um ein lineares $n \times n$ Gleichungssystem der μ_i zu erhalten:

$$\begin{pmatrix} \mathrm{e}^{\lambda_1 x} & \cdots & \mathrm{e}^{\lambda_n x} \\ \lambda_1\mathrm{e}^{\lambda_1 x} & \cdots & \lambda_n\mathrm{e}^{\lambda_n x} \\ \vdots & \ddots & \vdots \\ \lambda_1^{n-1}\mathrm{e}^{\lambda_1 x} & \cdots & \lambda_n^{n-1}\mathrm{e}^{\lambda_n x} \end{pmatrix} \left.\begin{matrix} 0 \\ 0 \\ \vdots \\ 0 \end{matrix}\right)$$

Mithilfe der Übungsaufgabe 7.8 sehen wir ein, dass die Determinante der Systemmatrix durch

$$\det \begin{pmatrix} e^{\lambda_1 x} & \cdots & e^{\lambda_n x} \\ \lambda_1 e^{\lambda_1 x} & \cdots & \lambda_n e^{\lambda_n x} \\ \vdots & \ddots & \vdots \\ \lambda_1^{n-1} e^{\lambda_1 x} & \cdots & \lambda_n^{n-1} e^{\lambda_n x} \end{pmatrix} = e^{\lambda_1 x} \cdots e^{\lambda_n x} \det \begin{pmatrix} 1 & \cdots & 1 \\ \lambda_1 & \cdots & \lambda_n \\ \vdots & \ddots & \vdots \\ \lambda_1^{n-1} & \cdots & \lambda_n^{n-1} \end{pmatrix}$$

$$= e^{\lambda_1 x} \cdots e^{\lambda_n x} \prod_{i<j} (\lambda_j - \lambda_i)$$

gegeben ist (**Vandermonde-Determinante**).[1] Weil die $\lambda_1, \ldots, \lambda_n$ paarweise verschieden sind, verschwindet die Determinante nicht, weshalb die Systemmatrix vollen Rang besitzt (Kap. 10). Folglich ergibt sich $\mu_1 = \ldots = \mu_n = 0$, das heißt, die Funktionen $e^{\lambda_i x}$ sind linear unabhängig.

2. Fall: P besitze mehrfache Nullstellen. Ohne Einschränkung nehmen wir an, dass

$$P(\lambda) = \sum_{k=0}^{n} a_k \lambda^k = (\lambda - \lambda_1)^m Q(\lambda)$$

mit einem Polynom Q von Grad $n-m$ gilt ($a_n = 1$), das heißt, λ_1 ist m-fache Nullstelle von P mit $m \geq 2$. Wegen

$$P'(\lambda) = m(\lambda - \lambda_1)^{m-1} Q(\lambda) + (\lambda - \lambda_1)^m Q'(\lambda)$$

erkennen wir, dass λ_1 auch Nullstelle von P' ist: $P'(\lambda_1) = 0$. Iterativ ergibt sich

$$0 = P'(\lambda_1) = P''(\lambda_1) = \ldots = P^{(m-1)}(\lambda_1).$$

Unsere Idee besteht nun darin, den Lösungsansatz $y = xv(x)$ mit $v(x) := e^{\lambda x}$ zu wählen,

$$y' = (xv(x))' = v(x) + xv'(x),$$
$$y'' = (xv(x))'' = 2v'(x) + xv''(x),$$
$$\vdots$$
$$y^{(k)} = (xv(x))^{(k)} = kv^{(k-1)}(x) + xv^{(k)}(x),$$

für welchen wir wegen $P'(\lambda) = \sum_{k=1}^{n} a_k k \lambda^{k-1}$ die folgende Identität erhalten

$$P\left(\tfrac{d}{dx}\right)(xv(x)) = \sum_{k=0}^{n} a_k \left(\frac{d}{dx}\right)^k (xv(x)) = \sum_{k=1}^{n} a_k k v^{(k-1)}(x)$$

$$+ x \sum_{k=0}^{n} a_k v^{(k)}(x) = P'\left(\tfrac{d}{dx}\right)v(x) + xP\left(\tfrac{d}{dx}\right)v(x). \tag{7.3}$$

Ist λ_1 eine m-fache Nullstelle von P mit $m \geq 2$, dann verschwindet der Ausdruck

---

[1] Benannt nach dem französischen Mathematiker Alexandre-Theophile Vandermonde (1735–1796).

$$P\big(\tfrac{\mathrm{d}}{\mathrm{d}x}\big)\big(xe^{\lambda_1 x}\big) = \underbrace{P'(\lambda_1)}_{=0}\,e^{\lambda_1 x} + x\,\underbrace{P(\lambda_1)}_{=0}\,e^{\lambda_1 x} = 0,$$

das heißt, $xe^{\lambda_1 x}$ und $e^{\lambda_1 x}$ sind Lösungen der Differentialgleichung (7.2). Nun behaupten wir, dass

$$P\big(\tfrac{\mathrm{d}}{\mathrm{d}x}\big)(x^k v) = \sum_{j=0}^{k} c_{j,k}\, x^j P^{(k-j)}\big(\tfrac{\mathrm{d}}{\mathrm{d}x}\big) v, \qquad \text{mit } c_{j,k} \in \mathbb{R} \tag{7.4}$$

gilt. Wir beweisen (7.4) durch Induktion über k. Der Fall $k = 1$ ist richtig in Anbetracht von (7.3). Angenommen, die Behauptung ist korrekt für ein k. Mithilfe von (7.3) ergibt sich

$$P\big(\tfrac{\mathrm{d}}{\mathrm{d}x}\big)(x^{k+1}v) = P\big(\tfrac{\mathrm{d}}{\mathrm{d}x}\big)\big(x^k(xv)\big) = \sum_{j=0}^{k} c_{j,k}\, x^j P^{(k-j)}\big(\tfrac{\mathrm{d}}{\mathrm{d}x}\big)(xv)$$

$$= \sum_{j=0}^{k} c_{j,k}\, x^j \Big(P^{(k-j+1)}\big(\tfrac{\mathrm{d}}{\mathrm{d}x}\big) v + x P^{((k+1)-(j+1))}\big(\tfrac{\mathrm{d}}{\mathrm{d}x}\big) v \Big) = \sum_{j=0}^{k+1} c_{j,k+1}\, x^j P^{(k+1-j)}\big(\tfrac{\mathrm{d}}{\mathrm{d}x}\big) v$$

und folglich die Behauptung für $k + 1$. Aus (7.4) erhalten wir die folgende Aussage: Ist λ_1 m-fache Nullstelle von P, so folgt $P^{(k)}(\lambda_1) = 0$ für $k = 0, \ldots, m-1$ und somit sind $e^{\lambda_1 x}$, $xe^{\lambda_1 x}$, $\ldots, x^{m-1}e^{\lambda_1 x}$ Lösungen von (7.2). Wir fassen die gewonnenen Erkenntnisse zusammen.

Satz 7.4. *Gegeben sei die lineare Differentialgleichung* (7.2), *das heißt* $P\big(\tfrac{\mathrm{d}}{\mathrm{d}x}\big)y = 0$ *mit einem Polynom P von Grad n. Besitzt das Polynom P die Gestalt*

$$P(\lambda) = (\lambda - \lambda_1)^{n_1} \cdots (\lambda - \lambda_p)^{n_p},$$

dann ergeben sich die folgenden $\sum_{j=1}^{p} n_j = n$ *Lösungen der Differentialgleichung* (7.2):

$$e^{\lambda_j x}, \quad xe^{\lambda_j x}, \quad \ldots, \quad x^{n_j - 1}e^{\lambda_j x}, \qquad j = 1, \ldots, p.$$

Selbst wenn alle Koeffizienten von P reell sind, liefert Satz 7.4 im Allgemeinen komplexe Lösungen. In physikalischen Anwendungen interessiert man sich jedoch häufig besonders für reelle Lösungen. Tatsächlich können reelle Lösungen einfach aus den komplexen Lösungen extrahiert werden.

Bemerkung 7.5. Sind die Koeffizienten von P reell, dann gelten die Beziehungen

$$\Re P\big(\tfrac{\mathrm{d}}{\mathrm{d}x}\big)y = P\big(\tfrac{\mathrm{d}}{\mathrm{d}x}\big)\Re y, \qquad \Im P\big(\tfrac{\mathrm{d}}{\mathrm{d}x}\big)y = P\big(\tfrac{\mathrm{d}}{\mathrm{d}x}\big)\Im y.$$

Falls y eine Lösung von (7.2) ist, so lösen folglich auch $\Re y$ und $\Im y$ (7.2). Indem wir die Eulersche Identität (4.9) anwenden, können wir eine Lösung $y(x) = x^k e^{\lambda x}$ durch

$$y(x) = x^k e^{\lambda x} = x^k e^{(\Re \lambda)x} e^{i(\Im \lambda)x} = x^k e^{(\Re \lambda)x}\big(\cos(x\Im\lambda) + i\sin(x\Im\lambda) \big)$$

darstellen. Setzt man y in (7.2) ein, erkennt man, dass auch

$$\mathfrak{R}y(x) = x^k e^{x\mathfrak{R}\lambda} \cos(x\mathfrak{I}\lambda), \qquad \mathfrak{I}y(x) = x^k e^{x\mathfrak{R}\lambda} \sin(x\mathfrak{I}\lambda)$$

(reelle) Lösungen von (7.2) sind. Daraus wird auch ersichtlich, dass die komplex konjugierte Nullstelle $\bar{\lambda}$ keine neuen Lösungen liefert.

Beispiel 7.6 (Schwingungsdifferentialgleichung). Für $\delta \geq 0$ und $\omega_0 > 0$ sei

$$y''(t) + 2\delta y'(t) + \omega_0^2 y(t) = 0 \tag{7.5}$$

gegeben. In der Physik oder Technik werden durch diese Differentialgleichung schwingungsfähige Systeme modelliert, bei denen $\delta \geq 0$ der Dämpfung des Systems entspricht und ω_0 als Kreisfrequenz der ungedämpften Schwingung interpretiert werden kann. Der Exponentialansatz $y(t) = e^{\lambda t}$ führt auf die quadratische Gleichung

$$\lambda^2 + 2\delta\lambda + \omega_0^2 = 0 \qquad \Rightarrow \qquad \lambda_{1,2} = -\delta \pm \sqrt{\delta^2 - \omega_0^2}.$$

Aus Bemerkung 7.5 resultiert die allgemeine Lösung von (7.5) in reeller Darstellung:

$$y(t) = c_1 t^k e^{t\mathfrak{R}\lambda} \cos(t\mathfrak{I}\lambda) + c_2 t^k e^{t\mathfrak{R}\lambda} \sin(t\mathfrak{I}\lambda), \qquad c_1, c_2 \in \mathbb{R}.$$

(i) Keine Dämpfung $\delta = 0$: Wegen $\lambda_{1,2} = \pm i\omega_0$ ergibt sich die Lösung: $y(t) = c_1 \cos(\omega_0 t) + c_2 \sin(\omega_0 t)$, $c_1, c_2 \in \mathbb{R}$. Das System führt eine ungedämpfte Schwingung aus.

(ii) Schwache Dämpfung $\delta < \omega_0$: Mit $\omega_\delta := \sqrt{\omega_0^2 - \delta^2} > 0$ lauten die Nullstellen $\lambda_{1,2} = -\delta \pm i\omega_\delta$, weshalb sich für die Lösung folgender Ausdruck ergibt: $y(t) = c_1 e^{-\delta t} \cos(\omega_\delta t) + c_2 e^{-\delta t} \sin(\omega_\delta t)$. Die Amplitude dieser Schwingung nimmt mit dem Faktor $e^{-\delta t}$ ab.

(iii) Aperiodischer Grenzfall $\delta = \omega_0$: Es gilt $\lambda_{1,2} = -\delta$. Daher lautet die Lösung $y(t) = c_1 e^{-\delta t} + c_2 t e^{-\delta t}$. Das System schwingt nicht mehr und $y(t) \to 0$ gilt für $t \to \infty$.

(iv) Starke Dämpfung $\delta > \omega_0$: Es liegen zwei reelle Nullstellen vor: $\lambda_{1,2} = -\delta \pm \sqrt{\delta^2 - \omega_0^2}$. Beide Nullstellen sind negativ: $\lambda_1 = -\delta + \sqrt{\delta^2 - \omega_0^2} < -\delta + \delta = 0$. Damit ergibt sich die Lösung $y(t) = c_1 e^{\lambda_1 t} + c_2 e^{\lambda_2 t}$ mit $\lambda_2 < \lambda_1 < 0$. Wie in (iii) gilt $y(t) \to 0$ für $t \to \infty$.

(II) Lineare Differentialgleichungen 1. Ordnung mit konstanten Koeffizienten Zunächst sei bemerkt, dass jede Differentialgleichung n-ter Ordnung in ein äquivalentes Differentialgleichungssystem 1. Ordnung mit n Gleichungen überführt werden kann. Aus diesem Grund beschränkt man sich für die Konstruktion numerischer Lösungsverfahren meistens auf Differentialgleichungen 1. Ordnung. Dasselbe gilt für den Nachweis der Existenz von Lösungen, siehe Abschn. 7.2.

Lemma 7.7. *Eine Differentialgleichung n-ter Ordnung,*

$$y^{(n)} = f(x, y, y', \ldots, y^{(n-1)}), \tag{7.6}$$

ist äquivalent zu dem System 1. Ordnung,

$$z_1' = z_2, \qquad z_2' = z_3, \qquad z_{n-1}' = z_n, \qquad z_n' = f(x, z_1, z_2, \ldots, z_n), \tag{7.7}$$

für die $\mathbb{R}^n$-wertige Funktion $z = (z_1, z_2, \ldots, z_n)$.

Beweis. Zunächst sei y eine Lösung von (7.6). Für $k = 1, \ldots, n$ setzt man $z_k := y^{(k-1)}$, womit für $k = 1, \ldots, n - 1$ die Identitäten $z_k' = y^{(k)} = z_{k+1}$ erschlossen werden können. Für $k = n$ ergibt sich $z_n' = y^{(n)} = f(x, z_1, z_2, \ldots, z_n)$. Umgekehrt sei nun $(z_1, \ldots, z_n)$ eine Lösung von (7.7). Wir definieren $y := z_1$. Durch Ableiten folgert man iterativ

$$y' = z_1' = z_2, \qquad y'' = z_2' = z_3, \qquad \ldots, \qquad y^{(n-1)} = z_{n-1}' = z_n.$$

Damit lässt sich die Bestimmungsgleichung für $y^{(n)}$ angeben

$$y^{(n)} = z_n' = f(x, z_1, z_2, \ldots, z_n) = f(x, y', y'', \ldots, y^{(n-1)}). \qquad \square$$

An dieser Stelle wollen wir uns jetzt wieder speziell den linearen Differentialgleichungen zuwenden.

Beispiel 7.8. In Anbetracht von Lemma 7.7 ist die lineare Differentialgleichung

$$y^{(n)} = a_1 y + a_2 y' + \ldots + a_n y^{(n-1)}$$

äquivalent zu dem folgenden System 1. Ordnung:

$$y_1' = y_2, \qquad y_2' = y_3, \qquad \ldots, \qquad y_{n-1}' = y_n, \qquad y_n' = a_1 y_1 + \ldots + a_n y_n.$$

Letzteres lässt sich bequemer in Matrix-Darstellung formulieren:

$$\frac{d}{dx} \begin{pmatrix} y_1 \\ y_2 \\ \vdots \\ y_n \end{pmatrix} = \begin{pmatrix} 0 & 1 & 0 & 0 & \ldots & 0 \\ 0 & 0 & 1 & 0 & \ldots & 0 \\ \vdots & & & \ddots & & \vdots \\ a_1 & a_2 & a_3 & a_4 & \ldots & a_n \end{pmatrix} \cdot \begin{pmatrix} y_1 \\ y_2 \\ \vdots \\ y_n \end{pmatrix}.$$

Homogene Systeme Für eine $n \times n$-Matrix A betrachten wir nun allgemein

$$y' = A \cdot y \qquad (7.8)$$

und beabsichtigen den Lösungsvektor $y = (y_1, \ldots, y_n)$ zu bestimmen. Im Fall $n = 1$ ist die Lösung durch $y(t) = e^{tA} y(0)$ gegeben. Im Folgenden behandeln wir den Fall $n > 1$, wozu es sich als nützlich erweist, die folgenden Bezeichnungen einzuführen:

Definition 7.9. Die Symbole $\mathbb{R}^{n \times m}$ beziehungsweise $\mathbb{C}^{n \times m}$ bezeichnen die Vektorräume der reellen beziehungsweise komplexen $n \times m$-Matrizen. Für eine Matrix $A = (a_{ij})$ definieren wir

$$\|A\| := \left(\sum_{i,j} |a_{ij}|^2 \right)^{\frac{1}{2}}.$$

Die Funktion $\|\cdot\|$ repräsentiert eine Norm auf $\mathbb{R}^{n \times m}$ beziehungsweise $\mathbb{C}^{n \times m}$, welche als **Frobenius-Norm** bezeichnet wird.

Die Räume $\mathbb{R}^{n \times m}$ beziehungsweise $\mathbb{C}^{n \times m}$ können wegen der Isometrie $\mathbb{C} \cong \mathbb{R}^2$ mit den euklidischen Vektorräumen $\mathbb{R}^{nm}$ beziehungsweise $\mathbb{R}^{2nm}$ identifiziert werden. Als Konsequenz gelten alle Konvergenzüberlegungen, die wir für reelle Vektorräume angestellt haben, auch für $\mathbb{R}^{n \times m}$ beziehungsweise $\mathbb{C}^{n \times m}$. Ist beispielsweise (A_j) eine Folge in $\mathbb{R}^{n \times n}$, dann ist die Konvergenz $A_j \to A$ für $j \to \infty$ gleichbedeutend mit

$$\|A_j - A\| \to 0 \qquad (j \to \infty).$$

Sei $A = (a_{ij})$ ein Element von $\mathbb{C}^{n \times m}$, und sei $B = (b_{jk}) \in \mathbb{C}^{m \times n}$. Wir wollen die Frobenius-Norm des Matrizenprodukts $C := AB \in \mathbb{C}^{n \times n}$ abschätzen. Dazu erinnern wir an dessen Definition[2] $c_{ik} := \sum_j a_{ij} b_{jk}$ gemäß (10.3), worauf wir die Cauchy-Schwarzsche Ungleichung 2.42 anwenden:

$$|c_{ik}| \leq \sum_j |a_{ij} b_{jk}| \leq \left(\sum_j |a_{ij}|^2 \right)^{\frac{1}{2}} \left(\sum_j |b_{jk}|^2 \right)^{\frac{1}{2}}.$$

Indem wir beide Seiten quadrieren und über $i, k = 1, \ldots, n$ aufsummieren, erhalten wir

$$\sum_{i,k} |c_{ik}|^2 \leq \left(\sum_{i,j} |a_{ij}|^2 \right) \left(\sum_{j,k} |b_{jk}|^2 \right).$$

Folglich haben wir gezeigt, dass für $A \in \mathbb{C}^{n \times m}$, $B \in \mathbb{C}^{m \times n}$ die Norm des Produkts $AB \in \mathbb{C}^{n \times n}$ durch

$$\|AB\| \leq \|A\| \, \|B\|$$

---

[2]Ausführlichere Erläuterungen hierzu finden sich im Kapitel zur linearen Algebra (Kap. 10).

abgeschätzt wird. Im Fall $n = m$ ergibt sich daraus speziell mit $A = B \in \mathbb{C}^{n \times n}$

$$\left\| A^2 \right\| \leq \|A\|^2, \qquad \ldots, \qquad \left\| A^k \right\| \leq \|A\|^k \qquad (k \in \mathbb{N}). \tag{7.9}$$

Mittels dieser Ungleichungen wird $(\mathbb{C}^{n \times n}, \|\cdot\|)$ zu einer normierten Algebra[3]. Diese ist jedoch nicht kommutativ, weil das Matrix-Produkt nicht kommutiert. Analoge Ungleichungen gelten für Matrizen über dem Körper $\mathbb{R}$. Aus dem Majorantenkriterium für Reihen 3.33 folgert man, dass die Reihe

$$e^A := \sum_{k=0}^{\infty} \frac{1}{k!} A^k$$

in $\mathbb{R}^{n \times n}$ beziehungsweise $\mathbb{C}^{n \times n}$ konvergiert, wobei die Abschätzung (7.9) und die Konvergenz

$$\sum_{k=0}^{\infty} \frac{1}{k!} \|A\|^k = e^{\|A\|} < +\infty$$

einfließen. Als Lösungskandidat für (7.8) betrachten wir die Funktion e^{tA}, welche durch obige Überlegungen wohldefiniert ist. Um deren Ableitung zu bestimmen, benötigen wir eine Hilfsaussage.

Lemma 7.10. *Seien* $A, B \in \mathbb{R}^{n \times n}$. *Falls* A *und* B *kommutieren, das heißt* $AB = BA$, *so gilt* $e^{A+B} = e^A e^B$.

Beweis. Aus der Annahme $AB = BA$ folgt induktiv $A^k B^l = B^l A^k$ für alle $k, l \in \mathbb{N}$. Folglich behält die binomische Formel (Proposition 2.19) ihre Gültigkeit, wenn als Argumente die Matrizen A und B eingesetzt werden:

$$(A + B)^n = \sum_{k=0}^{n} \binom{n}{k} A^k B^{n-k}.$$

Das Produkt $e^A e^B$ werten wir mit dem Cauchy-Produkt 3.49 aus,

$$e^A e^B = \left(\sum_{k=0}^{\infty} \frac{1}{k!} A^k \right)\left(\sum_{l=0}^{\infty} \frac{1}{l!} B^l \right)$$

$$= \sum_{n=0}^{\infty} \frac{1}{n!} \sum_{k+l=n} n! \frac{1}{k!} \frac{1}{l!} A^k B^l = \sum_{n=0}^{\infty} \frac{1}{n!} (A + B)^n,$$

wobei wir die binomische Formel ausgenutzt haben. $\qquad\qquad\qquad\qquad\qquad\qquad\square$

Folgerung 7.11. Für $s, t \in \mathbb{R}$ gilt $e^{(s+t)A} = e^{sA} e^{tA}$.

---

[3] Siehe abermals Kap. 10.

Für $A \in \mathbb{C}^{n \times n}$ beziehungsweise $A \in \mathbb{R}^{n \times n}$ betrachten wir die Funktion e^{tA}, $t \in \mathbb{R}$. Wir wollen zunächst die Ableitung $\frac{\mathrm{d}}{\mathrm{d}t} \mathrm{e}^{tA}$ an der Stelle $t = 0$ bestimmen. Dazu formulieren wir den Differenzenquotienten geeignet um, wobei E die Einheitsmatrix bezeichne

$$\frac{1}{h} \left(\mathrm{e}^{hA} - E \right) = \frac{1}{h} \sum_{k=1}^{\infty} \frac{1}{k!} h^k A^k = h \sum_{k=1}^{\infty} \frac{1}{k!} h^{k-2} A^k = A + h \sum_{k=2}^{\infty} \frac{1}{k!} h^{k-2} A^k$$

($A^0 = E$). Mithilfe von (7.9) können wir für $|h| \leq 1$ die Reihe durch

$$\left\| \sum_{k=2}^{\infty} \frac{1}{k!} h^{k-2} A^k \right\| \leq \sum_{k=2}^{\infty} \frac{1}{k!} |h|^{k-2} \|A\|^k \leq \mathrm{e}^{\|A\|}$$

abschätzen. Damit ergibt sich die Ableitung von e^{tA} an der Stelle $t = 0$ als

$$\frac{\mathrm{d}}{\mathrm{d}t} \mathrm{e}^{tA} \bigg|_{t=0} = \lim_{h \to 0} \frac{1}{h} \left(\mathrm{e}^{hA} - E \right) = A.$$

Mit Lemma 7.10 berechnen wir nun die Ableitung $\frac{\mathrm{d}}{\mathrm{d}t} \mathrm{e}^{tA}$ an einer beliebigen Stelle $t \in \mathbb{R}$

$$\frac{1}{h} \left(\mathrm{e}^{(t+h)A} - \mathrm{e}^{tA} \right) = \frac{1}{h} \left(\mathrm{e}^{tA} \mathrm{e}^{hA} - \mathrm{e}^{tA} \right) = \mathrm{e}^{tA} \underbrace{\frac{1}{h} \left(\mathrm{e}^{hA} - E \right)}_{\to A \text{ für } h \to 0}.$$

Wenn wir zum Grenzwert $h \to 0$ übergehen, erhalten wir die Ableitung

$$\frac{\mathrm{d}}{\mathrm{d}t} \mathrm{e}^{tA} = \mathrm{e}^{tA} A = A \mathrm{e}^{tA},$$

wobei die letzte Gleichheit durch einfaches Nachrechnen folgt

$$A \mathrm{e}^{tA} = A \sum \frac{t^k}{k!} A^k = \sum \frac{t^k}{k!} A^{k+1} = \left(\sum \frac{t^k}{k!} A^k \right) A = \mathrm{e}^{tA} A.$$

Mit dieser Vorarbeit können wir schließlich das folgende Theorem beweisen.

Satz 7.12. *Gegeben sei eine Matrix $A \in \mathbb{R}^{n \times n}$ beziehungsweise $A \in \mathbb{C}^{n \times n}$. Die Lösungen von*

$$y'(t) = Ay(t) \tag{7.10}$$

sind genau die Funktionen $y(t) = \mathrm{e}^{tA} y_0$ mit $y_0 = y(0) \in \mathbb{R}^n$ beziehungsweise $y_0 = y(0) \in \mathbb{C}^n$. Der Lösungsraum L besitzt folglich die Dimension n wegen der Bijektivität der Abbildung $y_0 \mapsto \mathrm{e}^{tA} y_0$.

Beweis. Die Funktion $y(t) = \mathrm{e}^{tA} y_0$ ist immer eine Lösung von (7.10), denn es ist

$$\frac{\mathrm{d}}{\mathrm{d}t} y(t) = \frac{\mathrm{d}}{\mathrm{d}t} \mathrm{e}^{tA} y_0 = A \mathrm{e}^{tA} y_0 = Ay(t).$$

Umgekehrt sei y eine Lösung von (7.10). Dann gilt

$$\frac{\mathrm{d}}{\mathrm{d}t}\left(\mathrm{e}^{-tA}y\right) = -A\mathrm{e}^{-tA}y(t) + \mathrm{e}^{-tA}\underbrace{y'(t)}_{=Ay(t)} = 0.$$

Integration liefert $\mathrm{e}^{-tA}y(t) = \mathrm{e}^{0A}y(0) = y(0)$ und folglich $y(t) = \mathrm{e}^{tA}y(0)$. $\qquad\square$

In praktischen Anwendungen stellt sich die Frage, wie die Matrix e^{At} berechnet werden kann. Besonders einfach ist die Situation, wenn die Matrix A diagonalisierbar ist (siehe Kap. 10). Darauf wollen wir im Folgenden näher eingehen.

Kanonische Normalform Für eine $n \times n$-Matrix A betrachte man das System (7.10), $y'(t) = Ay(t)$. Mittels einer geeigneten Transformation wollen wir dieses System in ein äquivalentes überführen, das sich besonders einfach analysieren lässt. Dazu benötigen wir etwas lineare Algebra. Angenommen, v ist ein Eigenvektor von A zum Eigenwert λ. Dann ist $y(t) = \mathrm{e}^{\lambda t}v$ eine Lösung von (7.10) wegen

$$y'(t) = \mathrm{e}^{\lambda t}\lambda v = \mathrm{e}^{\lambda t}Av = Ay(t).$$

Nach Satz 7.12 hat der Lösungsraum die Dimension n. Für den weiteren Verlauf sei vorausgesetzt, dass die Matrix A diagonalisierbar ist. Demnach existiert eine Basis $v_1, \ldots, v_n$ von $\mathbb{R}^n$ bestehend aus den Eigenvektoren von A, das heißt, es gilt $Av_i = \lambda_i v_i$ mit Eigenwerten $\lambda_i \in \mathbb{C}, i = 1, \ldots, n$. Diese Eigenvektoren fassen wir in einer Matrix $V := (v_1\ v_2\ \ldots\ v_n)$ zusammen. Die Matrix V ist invertierbar, weil die v_i linear unabhängig sind. Wir betrachten die Transformation $y \mapsto V^{-1}y$ angewandt auf die Lösungen y von (7.10):

$$\tilde{y}(t) := V^{-1}y(t).$$

Weil A diagonalisierbar ist, das heißt $V^{-1}AV = \mathrm{diag}(\lambda_i)$, und Diagonalmatrizen mit allen anderen Matrizen kommutieren, ergibt sich die Beziehung

$$\mathrm{e}^A = \sum_{k=0}^{\infty}\frac{1}{k!}A^k = \sum_{k=0}^{\infty}\frac{1}{k!}V\mathrm{diag}(\lambda_i)^k V^{-1} = V\mathrm{e}^{\mathrm{diag}(\lambda_i)}V^{-1}.$$

Diagonalmatrizen erfüllen die Identität $\mathrm{e}^{\mathrm{diag}(\lambda_i)} = \mathrm{diag}(\mathrm{e}^{\lambda_i})$, denn die n-te Potenz von $B :=$ $\mathrm{diag}(\lambda_i)$ berechnet sich als $\mathrm{diag}(\lambda_i)^n = \mathrm{diag}(\lambda_i^n)$, woraus sich

$$\mathrm{e}^B := \sum_{k=0}^{\infty}\frac{1}{k!}\mathrm{diag}(\lambda_i)^k = \sum_{k=0}^{\infty}\frac{1}{k!}\mathrm{diag}(\lambda_i^k) = \mathrm{diag}(\mathrm{e}^{\lambda_i})$$

ergibt. Folglich lassen sich die transformierten Lösungen $\tilde{y}$ durch

$$\tilde{y}(t) = V^{-1}\mathrm{e}^{tA}VV^{-1}y_0 = V^{-1}\mathrm{e}^{tA}V\tilde{y}_0 = \mathrm{diag}\left(\mathrm{e}^{\lambda_i t}\right)\tilde{y}_0 = \begin{pmatrix} \mathrm{e}^{\lambda_1 t}(\tilde{y}_0)_1 \\ \vdots \\ \mathrm{e}^{\lambda_n t}(\tilde{y}_0)_n \end{pmatrix}$$

ausdrücken mit $\tilde{y}_0 := V^{-1}y_0$. Die Komponenten $\tilde{y}_i$ können also unabhängig voneinander berechnet werden. Durch Rücktransformation, $y = V\tilde{y}$, erhalten wir die Lösung

$$y(t) = V\tilde{y}(t) = v_1 e^{\lambda_1 t}(\tilde{y}_0)_1 + \ldots + v_n e^{\lambda_n t}(\tilde{y}_0)_n. \tag{7.11}$$

Die Funktionen $v_i e^{\lambda_i t}$ nennt man **Eigenmodi** oder **Eigenvorgänge** des Systems. Die transformierten Funktionen $\tilde{y}$ genügen dem transformierten Differentialgleichungssystem

$$\tilde{y}'(t) = V^{-1}y'(t) = V^{-1}Ay(t) = V^{-1}AV\tilde{y}(t) = \operatorname{diag}(\lambda_i)\tilde{y}(t).$$

Dieses System stellt die sogenannte **kanonische Normalform** von (7.10) dar, denn es zerfällt in n unabhängige skalare Differentialgleichungen

$$\tilde{y}_i'(t) = \lambda_i \tilde{y}_i(t), \qquad i = 1, \ldots, n,$$

deren Lösungen sich sofort angeben lassen, nämlich $\tilde{y}_i(t) = e^{\lambda_i t}(\tilde{y}_0)_i$ für $(\tilde{y}_0)_i \in \mathbb{R}$. Durch die Transformation $y \mapsto V^{-1}y$ haben wir also das Problem $y' = Ay$ (n-dimensionales Gleichungssystem) auf ein einfacheres (n skalare Gleichungen) zurückgeführt, das heißt mittels Transformation das gegebene Problem in seiner Komplexität reduziert. Aus (7.11) ist ersichtlich, dass eine Lösung $y(t)$ genau dann für $t \to \infty$ abklingt, wenn $\Re(\lambda_i) < 0$ für alle $i = 1, \ldots, n$ erfüllt ist. Gilt dagegen $\Re(\lambda_i) > 0$ für wenigstens einen Eigenwert λ_i, so wächst die Lösung $y(t)$ für $t \to \infty$ über alle Grenzen, $y(t) \to \infty$.

Inhomogene Systeme Für $A \in \mathbb{R}^{n \times n}$ beziehungsweise $A \in \mathbb{C}^{n \times n}$ und eine Funktion $f : \mathbb{R} \to \mathbb{R}^n$ betrachten wir das System

$$y'(t) = Ay(t) + f(t).$$

Dessen allgemeine Lösung ergibt sich bekanntlich als Summe der allgemeinen Lösung der homogenen Gleichung y_h und einer speziellen Lösung der inhomogenen Gleichung y_p. Bereits bekannt ist $y_h(t) = e^{tA}c$, $c \in \mathbb{R}^n$. Zur Berechnung einer partikulären Lösung y_p machen wir den Ansatz **Variation der Konstanten**, das heißt $y_p(t) = e^{tA}c(t)$. Damit folgt

$$y_p'(t) = (e^{tA})'c(t) + e^{tA}c'(t), \qquad Ay_p(t) + f(t) = Ae^{tA}c(t) + f(t).$$

Weil $(e^{tA})' = Ae^{tA}$ ist, gilt $y_p' = Ay_p + f$ genau dann, wenn $e^{tA}c'(t) = f(t)$. Die letzte Bedingung liefert eine Berechnungsformel für die unbekannte Funktion $c(t)$

$$c(t) = \int_0^t e^{-sA}f(s)\,\mathrm{d}s + \text{const.} \tag{7.12}$$

Beispiel 7.13. Gegeben sei das Differentialgleichungssystem

$$y_1' = -y_2, \qquad y_2' = y_1 + t.$$

Die äquivalente Formulierung in Matrix-Schreibweise lautet

$$\begin{pmatrix} y_1 \\ y_2 \end{pmatrix}' = \begin{pmatrix} 0 & -1 \\ 1 & 0 \end{pmatrix} \begin{pmatrix} y_1 \\ y_2 \end{pmatrix} + \begin{pmatrix} 0 \\ t \end{pmatrix}.$$

Zunächst bestimmt man die allgemeine Lösung der homogenen Gleichung. Dazu berechnet man die beiden Eigenwerte $\lambda_{1,2} \in \mathbb{C}$ der Matrix, die sich als Lösungen der Polynomgleichung

$$\det \begin{pmatrix} \lambda & 1 \\ -1 & \lambda \end{pmatrix} = 0 \quad \Rightarrow \quad \lambda^2 + 1 = 0, \quad \lambda_{1,2} = \pm i$$

ergeben. Ein Eigenvektor v_1 zum Eigenwert $\lambda_1 = i$ errechnet sich beispielsweise mittels

$$\begin{pmatrix} i & 1 \\ -1 & i \end{pmatrix} v_1 = 0 \quad \Rightarrow \quad v_1 = \begin{pmatrix} i \\ 1 \end{pmatrix}.$$

Wir überzeugen uns davon, dass es ausreicht, nur eine komplexe Lösung $v_1 e^{\lambda_1 t}$ zu berechnen, da deren Zerlegung in Real- und Imaginärteil zwei reelle Lösungen liefert

$$e^{\lambda_1 t} v_1 = e^{it} \begin{pmatrix} i \\ 1 \end{pmatrix} = (\cos t + i \sin t) \begin{pmatrix} i \\ 1 \end{pmatrix} = \begin{pmatrix} -\sin t \\ \cos t \end{pmatrix} + i \begin{pmatrix} \cos t \\ \sin t \end{pmatrix}.$$

Die beiden reellen Lösungen $\Re(e^{\lambda_1 t} v_1)$ und $\Im(e^{\lambda_1 t} v_1)$ sind linear unabhängig, denn es ist

$$\det \begin{pmatrix} -\sin t & \cos t \\ \cos t & \sin t \end{pmatrix} = -1 \quad \forall t \in \mathbb{R}.$$

Deshalb ergibt sich die allgemeine Lösung der homogenen Gleichung

$$y_h(t) = c_1 \begin{pmatrix} -\sin t \\ \cos t \end{pmatrix} + c_2 \begin{pmatrix} \cos t \\ \sin t \end{pmatrix}, \quad c_1, c_2 \in \mathbb{R}.$$

Eine spezielle Lösung $y_p(t)$ der inhomogenen Gleichung ist durch $y_p(t) = \begin{pmatrix} -t \\ 1 \end{pmatrix}$ gegeben, was durch direktes Einsetzen in die Differentialgleichung oder explizites Nachrechnen gemäß der Methode der Variation der Konstanten verifiziert werden kann. Die allgemeine Lösung $y(t)$ der inhomogenen Gleichung erhält man folglich, wenn man zur allgemeinen Lösung $y_h(t)$ der homogenen Gleichung die spezielle Lösung $y_p(t)$ der inhomogenen Gleichung addiert

$$y(t) = y_h(t) + y_p(t) = c_1 \begin{pmatrix} -\sin t \\ \cos t \end{pmatrix} + c_2 \begin{pmatrix} \cos t \\ \sin t \end{pmatrix} + \begin{pmatrix} -t \\ 1 \end{pmatrix}, \quad c_1, c_2 \in \mathbb{R}.$$

(III) Differentialgleichungen 1. Ordnung mit separierten Variablen Neben dem Fall von linearen Differentialgleichungen kann eine Differentialgleichung auch oftmals dann analytisch gelöst werden, wenn sie in separierbarer Gestalt vorliegt, das heißt

$$y' = f(x)g(y).$$

Dabei beschränken wir uns auf ein y-Intervall mit $g(y) \neq 0$.[4] Wir nehmen an, dass $1/g$ eine Stammfunktion besitzt, und bezeichnen diese mit G, das heißt $G'(y) = 1/g(y)$ (siehe Satz 5.4). Nach einer Separation der Variablen resultiert damit

$$\frac{\mathrm{d}}{\mathrm{d}x} G(y(x)) = \frac{y'(x)}{g(y(x))} = f(x),$$

also $\frac{\mathrm{d}}{\mathrm{d}x} G(y(x)) = f(x)$. Dies kann äquivalent durch den Sachverhalt

$$\frac{\mathrm{d}}{\mathrm{d}x} \left(G(y(x)) - \int f(x)\,\mathrm{d}x \right) = 0$$

ausgedrückt werden. Indem wir diese Gleichung integrieren, erhalten wir für eine Konstante $c \in \mathbb{R}$:

$$G(y(x)) = \int f(x)\,\mathrm{d}x + c.$$

Durch Anwenden von G^{-1} auf beiden Seiten ergibt sich die gewünschte Lösung y.

Beispiel 7.14. Als Beispiel betrachten wir $y' = f(x)y$. Für $y \neq 0$ ist $\frac{y'}{y} = f(x)$ gleichbedeutend mit $(\ln(|y|))' = f(x)$. Integration liefert $\ln(|y|) = \int f(x)\,\mathrm{d}x + c$ und folglich

$$y(x) = \pm e^{\int f(x)\,\mathrm{d}x} e^c.$$

Beispiel 7.15. Gegeben sei die Differentialgleichung $y' = 1 + y^2$. Der Ausdruck $(1 + y^2)^{-1}$ entspricht der Ableitung des Arcus-Tangens, weshalb $\frac{y'}{1+y^2} = 1$ zur Gleichung $\frac{\mathrm{d}}{\mathrm{d}x} \arctan(y) = 1$ äquivalent ist. Durch Integration der letzten Gleichung folgert man

$$\frac{y'}{1+y^2} = 1 \qquad \Leftrightarrow \qquad \frac{\mathrm{d}}{\mathrm{d}x} \arctan(y) = 1 \qquad \Leftrightarrow \qquad \arctan(y) = x + c \quad (c \in \mathbb{R}),$$

das heißt, $y(x) = \tan(x + c)$ mit $c \in \mathbb{R}$ ist die allgemeine Lösung von $y' = 1 + y^2$.

Geeignete Substitutionen   Bei einer Differentialgleichung der Form

$$y' = f\left(\frac{y}{x}\right)$$

bietet sich die Substitution $u := \frac{y}{x}$ an. Wegen $y = ux$ und $y' = u'x + u$ ergibt sich die transformierte Differentialgleichung

$$u'x + u = y' = f\left(\frac{y}{x}\right) = f(u) \qquad \Leftrightarrow \qquad u' = \frac{f(u) - u}{x},$$

für deren Lösung die Methode Separation der Variablen verwendet werden kann.

---

[4] Ist hingegen $g(y_0) = 0$ für ein gewisses y_0 und ein Anfangswert $y(x_0) = y_0$ vorgegeben, so ist die konstante Funktion y_0 stets eine (lokale) Lösung der Differentialgleichung.

Beispiel 7.16. Um $y' = \frac{y^2}{x^2} + \frac{y}{x}$ zu lösen, leitet man mit $u := \frac{y}{x}$ die transformierte Differentialgleichung her: $u'x + u = u^2 + u$, das heißt, $u'x = u^2$. Separation der Variablen liefert

$$\frac{\mathrm{d}u}{\mathrm{d}x}x = u^2 \qquad \Rightarrow \qquad \int \frac{1}{u^2}\,\mathrm{d}u = \int \frac{1}{x}\,\mathrm{d}x,$$

woraus sich $-\frac{1}{u} = \ln|x| + c$ ergibt, das heißt, $u = \frac{-1}{\ln|x|+c}$ mit $c \in \mathbb{R}$. Durch Rücktransformation ergibt sich die allgemeine Lösung der ursprünglichen Gleichung

$$\frac{y}{x} = \frac{-1}{\ln|x| + c}, \qquad \text{das heißt } y(x) = \frac{-x}{\ln|x| + c}.$$

7.2   Das Anfangswertproblem – Existenz und Eindeutigkeit

Betrachten wir zum Beispiel die Lösungsfunktion $y(t)$ der linearen Differentialgleichung aus Satz 7.12, erkennen wir deren Abhängigkeit vom Anfangswert $y(0)$. Um die Lösung eindeutig festzulegen, müssen wir eine Bedingungsgleichung für $y(0)$ fordern. Solche Aufgabenstellungen, welche zusätzlich zur Differentialgleichung eine Bedingung an den Anfangswert $y(0)$ vorschreiben, wollen wir in diesem Abschnitt genauer untersuchen.

Definition 7.17. Gegeben sei ein Intervall I, eine nichtleere Menge $\emptyset \neq D \subset \mathbb{R}^n$, eine Funktion $F : I \times D \to \mathbb{R}^n$ und ein Punkt $(t_0, y_0) \in I \times D$. Gesucht ist eine differenzierbare Funktion $y : I \to D$, sodass

$$y'(t) = F(t, y(t)) \qquad \forall t \in I, \qquad y(t_0) = y_0. \tag{7.13}$$

In diesem Fall sprechen wir von einem **Anfangswertproblem**.

Im weiteren Verlauf beschäftigen wir uns mit der Frage, unter welchen Voraussetzungen Lösungen existieren und wann diese eindeutig bestimmt sind. Zur Einführung in die Thematik schicken wir ein Beispiel voraus.

Beispiel 7.18. Man betrachte das Anfangswertproblem

$$y'(t) = -ky(t)^2, \qquad k \in \mathbb{R}^+, \qquad -\frac{1}{k} < t < \infty, \qquad y(0) = 1.$$

Wie in [BFL07] dargelegt, beschreibt diese Differentialgleichung den Zerfall von Bierschaum, wobei die Schaumhöhe zum Zeitpunkt 0 genau 1 cm beträgt. Die allgemeine Lösung der Differentialgleichung ergibt sich durch Separation der Variablen

$$\frac{y'}{y^2} = -k \qquad \Leftrightarrow \qquad \frac{\mathrm{d}}{\mathrm{d}t}\left(-y^{-1}\right) = -k \qquad \Leftrightarrow \qquad y^{-1} = kt + c \quad (c \in \mathbb{R}),$$

das heißt, $y(t) = (c + kt)^{-1}$. Die Integrationskonstante c wird durch die Anfangsbedingung festgelegt. Wegen $y(0) = 1$ erhält man $c = 1$. Das Anfangswertproblem besitzt somit die Lösung $y(t) = (1 + kt)^{-1}$. Diese ist eindeutig bestimmt, wie wir später sehen werden. Obwohl $F(t, y) := -ky^2$ eine glatte Funktion darstellt, wird die Lösung $y(t)$ für $t \to -\frac{1}{k}$ singulär.

Für die Entwicklung einer Lösungstheorie führen wir geeignete Funktionenräume ein.

Definition 7.19. Es seien I ein Intervall und $k \in \mathbb{N} \cup \{0\}$. Das Symbol $C^k(I, \mathbb{R}^n)$ bezeichnet den **Vektorraum der k-mal stetig differenzierbaren Funktionen** $y : I \to \mathbb{R}^n$. Im Fall $n = 1$ schreibt man auch $C^k(I)$ anstelle von $C^k(I, \mathbb{R})$.

Für $k = 0$ entspricht $C^0(I, \mathbb{R}^n)$ dem Vektorraum der stetigen Funktionen.

Eindeutigkeit von Lösungen Bevor wir uns mit der Existenz von Lösungen befassen, klären wir die Eindeutigkeitsfrage. Dafür benötigen wir das folgende Lemma:

Lemma 7.20 (Gronwall). *Gegeben seien ein Intervall I, ein Punkt $t_0 \in I$ und Funktionen $y \in C^1(I, \mathbb{R}^n), f \in C^0(I, \mathbb{R}^n)$. Für $M \geq 0$ seien die Voraussetzungen $f \geq 0$ und*

$$|y'(t)| \leq M|y(t)| + f(t) \qquad \forall t \in I$$

erfüllt. Für alle $t \in I$ gilt dann die Ungleichung[5]

$$|y(t)| \leq e^{M|t-t_0|}|y(t_0)| + \left| \int_{t_0}^t e^{M(|t-t_0|-|s-t_0|)} f(s)\, ds \right|.$$

Beweis. Ohne Einschränkung können wir $t_0 = 0$ annehmen. Für den Beweis beschränken wir uns auf den Fall $t \geq 0$ (der Beweis verläuft analog im Fall $t \leq 0$). Dazu definieren wir die Hilfsfunktion

$$y_\varepsilon(t) := \left(\varepsilon + |y(t)|^2\right)^{\frac{1}{2}}, \qquad \varepsilon > 0.$$

Die Funktion y_ε ist ein Element von $C^1(I, \mathbb{R})$. Ihre Ableitung ergibt sich als

$$y_\varepsilon'(t) = \frac{1}{2} \frac{2\langle y(t), y'(t)\rangle}{(\varepsilon + |y(t)|^2)^{1/2}},$$

wobei wir daran erinnern, dass $\langle \cdot, \cdot \rangle$ das Standardskalarprodukt auf $\mathbb{R}^n$ bezeichnet. Wenn wir sukzessiv die Cauchy-Schwarzsche Ungleichung 2.42 verwenden, die Tatsache $\varepsilon > 0$ beachten und uns an die Voraussetzung erinnern, erhalten wir die Abschätzung

---

[5]Benannt nach dem schwedischen Mathematiker Thomas Hakon Gronwall (1877–1932).

$$y'_\varepsilon(t) \le \frac{|y(t)|\,|y'(t)|}{(\varepsilon + |y(t)|^2)^{1/2}} \le |y'(t)| \le M|y(t)| + f(t) \le My_\varepsilon(t) + f(t).$$

Damit können wir die Ableitung von $e^{-Mt}y_\varepsilon(t)$ abschätzen

$$
\begin{aligned}
\left(e^{-Mt}y_\varepsilon(t)\right)' &= -Me^{-Mt}y_\varepsilon(t) + e^{-Mt}y'_\varepsilon(t) \\
&\le -Me^{-Mt}y_\varepsilon(t) + e^{-Mt}\left(My_\varepsilon(t) + f(t)\right) = e^{-Mt}f(t).
\end{aligned}
$$

Der Hauptsatz der Differential- und Integralrechnung 6.15 impliziert die Ungleichung

$$e^{-Mt}y_\varepsilon(t) - e^0 y_\varepsilon(0) \le \int_0^t e^{-Ms}f(s)\,\mathrm{d}s.$$

Multiplikation mit e^{Mt} liefert folglich

$$y_\varepsilon(t) \le e^{Mt}y_\varepsilon(0) + \int_0^t e^{M(t-s)}f(s)\,\mathrm{d}s.$$

Wenn wir zum Limes $\varepsilon \to 0$ übergehen, erhalten wir schließlich

$$|y(t)| \le e^{Mt}|y(0)| + \int_0^t e^{M(t-s)}f(s)\,\mathrm{d}s$$

und damit die Behauptung. $\qquad\qquad\qquad\qquad\qquad\qquad\qquad\qquad\qquad\qquad\qquad\square$

Als entscheidende Voraussetzung für die Eindeutigkeit der Lösung wird sich die folgende Lipschitz-Bedingung der Funktion F herausstellen (vergleiche Definition 4.13).

Definition 7.21. Es sei $I \subset \mathbb{R}$ und $D \subset \mathbb{R}^n$. Eine Funktion $F : I \times D \to \mathbb{R}^n$ genügt einer **Lipschitz-Bedingung**, wenn eine Konstante $L > 0$ (**Lipschitz-Konstante**) existiert mit

$$|F(t, y_1) - F(t, y_2)| \le L|y_1 - y_2| \qquad \forall (t, y_1),\, (t, y_2) \in I \times D.$$

Mit dem auf den ersten Blick etwas abstrakt erscheinenden Lemma 7.20 sind wir in der Lage, einen (lokalen) Stabilitätssatz für das Anfangswertproblem zu beweisen, welcher die stetige Abhängigkeit der Lösung von den Anfangsdaten beschreibt und als Nebenprodukt eine Eindeutigkeitsaussage liefert.

Satz 7.22 (Lokaler Stabilitätssatz). *Für $F, G \in C^0(I \times D)$ seien die beiden Anfangswertprobleme*

$$y'(t) = F(t, y(t)), \quad t \in I, \quad y(t_0) = y_0, \tag{7.14}$$

$$z'(t) = G(t, z(t)), \quad t \in I, \quad z(t_0) = z_0, \tag{7.15}$$

gegeben. Falls die Funktion F eine Lipschitz-Bedingung im Sinne von Definition 7.21 erfüllt, dann gilt für zwei beliebige Lösungen y von (7.14) und z von (7.15):

$$|y(t) - z(t)| \leq e^{L(t-t_0)} \left(|y_0 - z_0| + \int_{t_0}^t \varepsilon(s)\,ds \right) \qquad \forall t \in I$$

mit der Lipschitz-Konstante $L > 0$ und $\varepsilon(t) := \sup_{z \in D} |F(t,z) - G(t,z)|$.

Beweis. Wir nehmen an, dass y beziehungsweise z Lösungen von (7.14) beziehungsweise (7.15) sind. Weil F einer Lipschitz-Bedingung genügt, gilt für die Differenz $e(t) := y(t) - z(t)$:

$$|e'(t)| = |F(t,y) - G(t,z)| \leq |F(t,y) - F(t,z)| + |F(t,z) - G(t,z)| \leq L|e(t)| + \varepsilon(t)$$

für alle $t \in I$. Die Anwendung von Lemma 7.20 impliziert schließlich die Behauptung

$$|e(t)| \leq e^{L|t-t_0|}|e(t_0)| + \int_{t_0}^t \underbrace{e^{L(|t-t_0|-|s-t_0|)}}_{\leq e^{L|t-t_0|}} \varepsilon(s)\,ds \leq e^{L|t-t_0|}\left(|e(t_0)| + \int_{t_0}^t \varepsilon(s)\,ds \right). \qquad \square$$

Aus Satz 7.22 resultiert unmittelbar, dass das Anfangswertproblem (7.13) höchstens eine Lösung haben kann, sofern F eine Lipschitz-Bedingung erfüllt: Angenommen, y_1 und y_2 sind zwei Lösungen von (7.13) zu denselben Anfangswerten $y_1(t_0) = y_2(t_0)$, dann liefert Satz 7.22 mit $G = F$, dass $y_1(t) = y_2(t)$ für alle $t \in I$ ist. Zusammengefasst ergibt sich:

Folgerung 7.23. Gegeben sei ein Intervall $I \subset \mathbb{R}$, eine Menge $D \subset \mathbb{R}^n$, eine Funktion $F : I \times D \to \mathbb{R}^n$ und Punkte $t_0 \in I$, $y_0 \in D$. Die Funktion F erfülle eine Lipschitz-Bedingung im Sinne von Definition 7.21. Dann existiert höchstens eine Funktion $y \in C^1(I, \mathbb{R}^n)$ mit $y(I) \subset D$, sodass $y'(t) = F(t, y(t))$ und $y(t_0) = y_0$.

Ohne die Zusatzvoraussetzung der Lipschitz-Bedingung ist die Eindeutigkeit im Allgemeinen nicht gegeben.

Beispiel 7.24. Als Gegenbeispiel betrachten wir das Anfangswertproblem

$$y' = \sqrt{|y|}, \qquad y(0) = 0.$$

Die Nullfunktion $y = 0$ ist eine Lösung. Offenbar ist die Funktion

$$y(t) = \begin{cases} \frac{1}{4}t^2 & \text{für } t \geq 0 \\ -\frac{1}{4}t^2 & \text{für } t < 0 \end{cases}$$

eine weitere Lösung des Anfangswertproblems, was man durch Nachrechnen verifiziert. Das Anfangswertproblem ist also nicht eindeutig lösbar. Tatsächlich erfüllt die rechte Seite $F(y) := |y|^{1/2}$ keine Lipschitz-Bedingung in einer Umgebung des Ursprungs aufgrund von

$$\frac{F(y) - F(0)}{|y - 0|} = \frac{|y|^{1/2}}{|y|} \to +\infty \qquad (y \to 0).$$

Der Kontraktionssatz Der Existenzbeweis einer Lösung von (7.13) basiert wesentlich auf dem Banachschen Fixpunktsatz[6]. Ein Fixpunkt ist eine Lösung der Gleichung $f(x) = x$. Der Banachsche Fixpunktsatz sichert die Existenz eines Fixpunktes x, wenn die Abbildung f bestimmte Voraussetzungen erfüllt. Unter anderem muss f kontrahierend sein:

Definition 7.25. Es sei $(V, \|\cdot\|)$ ein normierter $\mathbb{R}$-Vektorraum und $C \subset V$ eine Teilmenge. Eine Abbildung $\kappa : C \to V$ heißt **kontrahierend** oder **Kontraktion**, wenn eine Zahl $\omega < 1$ existiert, sodass

$$\|\kappa(x) - \kappa(y)\| \leq \omega \|x - y\| \qquad \forall x, y \in C.$$

Die Symbole $B_\varrho(x_0)$ und $\overline{B_\varrho(x_0)}$ bezeichnen die offene und abgeschlossene Kugel in V um den Punkt $x_0 \in V$ mit Radius $\varrho > 0$, das heißt,

$$B_\varrho(x_0) = \{y \in V \mid \|y - x_0\| < \varrho\}, \qquad \overline{B_\varrho(x_0)} = \{y \in V \mid \|y - x_0\| \leq \varrho\}.$$

Mit diesen Bezeichnungen formulieren wir den wichtigen Banachschen Fixpunktsatz, welcher auch als Kontraktionssatz bezeichnet wird. Dieser verallgemeinert den Fixpunktsatz 5.33.

Satz 7.26 (Banachscher Fixpunktsatz). *Es sei $(V, \|\cdot\|)$ ein vollständiger normierter Vektorraum. Gegeben seien ein Punkt $x_0 \in V$, eine Zahl $\varrho > 0$ und eine Abbildung $\kappa : \overline{B_\varrho(x_0)} \to V$. Die Funktion κ sei kontrahierend mit Konstante $\omega < 1$ und erfülle*

$$\|\kappa(x_0) - x_0\| \leq \varrho(1 - \omega).$$

Dann besitzt κ genau einen Fixpunkt $x \in \overline{B_\varrho(x_0)}$, also $\kappa(x) = x$. Durch die Vorschrift

$$x_{n+1} = \kappa(x_n), \qquad n = 0, 1, 2, \ldots \tag{7.16}$$

wird ein Iterationsverfahren definiert, dessen generierte Folge (x_n) gegen den Fixpunkt x konvergiert, $x_n \to x$ $(n \to \infty)$, und der Fehlerabschätzung

$$\|x - x_{n+1}\| \leq \frac{\omega}{1 - \omega} \|x_{n+1} - x_n\| \leq \frac{\omega^{n+1}}{1 - \omega} \|x_1 - x_0\| \tag{7.17}$$

genügt.

Definition 7.27. Vollständige normierte Vektorräume $(V, \|\cdot\|)$ nennt man **Banach-Räume**.

---

[6]Benannt nach dem polnischen Mathematiker Stefan Banach (1892–1945).

Beweis. Zum Beweis der Eindeutigkeit nehmen wir an, dass zwei Fixpunkte $x_1, x_2 \in \overline{B_\varrho(x_0)}$ existieren. Weil κ kontrahierend ist, erhalten wir die Abschätzung

$$\|x_1 - x_2\| = \|\kappa(x_1) - \kappa(x_2)\| \leq \omega \|x_1 - x_2\|$$

mit $\omega < 1$. Folglich muss $\|x_1 - x_2\| = 0$ gelten, das heißt, $x_1 = x_2$.

Den Existenzbeweis führen wir konstruktiv. Die Grundidee besteht darin, das Iterationsverfahren $x_n := \kappa^n(x_0)$, $n \in \mathbb{N}$, zu betrachten und dessen Konvergenz zu demonstrieren. Falls der Grenzwert $x := \lim_{n\to\infty} x_n$ existiert, dann ist x Fixpunkt von κ, denn es ist

$$\kappa(x) = \kappa\left(\lim_{n\to\infty} x_n\right) = \kappa\left(\lim_{n\to\infty} \kappa^n(x_0)\right) = \lim_{n\to\infty} \kappa^{n+1}(x_0) = \lim_{n\to\infty} x_{n+1} = x$$

wegen der Stetigkeit von κ. Wir unterteilen den Beweis in fünf kleinere Schritte.

1. Schritt: Behauptung: Für $j = 1, \ldots, n$ gelten $x_j = \kappa^j(x_0) \in B_\varrho(x_0)$ und

$$\left\|x_j - x_0\right\| = \left\|\kappa^j(x_0) - x_0\right\| \leq \varrho\left(1 - \omega^j\right), \tag{7.18}$$

das heißt, die Folge (x_n) ist wohldefiniert. Wir zeigen (7.18) per Induktion nach n. Nach Voraussetzung ist (7.18) korrekt für $n = 1$. Angenommen, (7.18) sei richtig für ein $n \in \mathbb{N}$. Dann ist $\kappa^{n+1}(x_0) = \kappa(\kappa^n(x_0))$ wohldefiniert. Indem wir die Dreiecksungleichung, die Kontraktionseigenschaft und die Induktionsvoraussetzung verwenden, erhalten wir

$$\begin{aligned}
\left\|\kappa^{n+1}(x_0) - x_0\right\| &\leq \|\kappa(\kappa^n(x_0)) - \kappa(x_0)\| + \|\kappa(x_0) - x_0\| \\
&\leq \omega \|\kappa^n(x_0) - x_0\| + \|\kappa(x_0) - x_0\| \\
&\leq \omega\varrho\left(1 - \omega^n\right) + \varrho(1 - \omega) = \varrho\left(1 - \omega^{n+1}\right)
\end{aligned}$$

und folglich die Behauptung für $n + 1$.

2. Schritt: Behauptung: Für alle $n \in \mathbb{N}$ gilt die Abschätzung

$$\left\|\kappa^{n+1}(x_0) - \kappa^n(x_0)\right\| \leq \omega^n \varrho(1 - \omega). \tag{7.19}$$

Der Beweis von (7.19) erfolgt durch Induktion über n. Nach Voraussetzung ist (7.19) korrekt für $n = 0$. Sei (7.19) richtig für ein $n \in \mathbb{N}$. Damit deduzieren wir die Ungleichung

$$\begin{aligned}
\left\|\kappa^{n+2}(x_0) - \kappa^{n+1}(x_0)\right\| &= \left\|\kappa(\kappa^{n+1}(x_0)) - \kappa(\kappa^n(x_0))\right\| \\
&\leq \omega \left\|\kappa^{n+1}(x_0) - \kappa^n(x_0)\right\| \leq \omega\omega^n \varrho(1 - \omega).
\end{aligned}$$

3. Schritt: Behauptung: (x_n) ist eine Cauchy-Folge. Um dies zu verifizieren, benutzen wir die Eigenschaft (7.19). Für $n > m$ erschließen wir damit die Abschätzung

$$\|x_n - x_m\| = \|\kappa^n(x_0) - \kappa^m(x_0)\| = \left\| \sum_{j=m}^{n-1} \left(\kappa^{j+1}(x_0) - \kappa^j(x_0) \right) \right\|$$

$$\leq \sum_{j=m}^{n-1} \left\| \kappa^{j+1}(x_0) - \kappa^j(x_0) \right\| \overset{(7.19)}{\leq} \sum_{j=m}^{n-1} \omega^j \varrho (1 - \omega).$$

Wegen $\omega < 1$ verschwindet die letzte Summe für $m, n \to \infty$ (geometrische Reihe, Beispiel 3.29):

$$\|x_n - x_m\| \leq \varrho(1 - \omega) \sum_{j=m}^{n-1} \omega^j \to 0 \qquad (m, n \to \infty).$$

4. Schritt: Da V vollständig ist, existiert der Limes $x := \lim_{n \to \infty} x_n$ in V. Dieser liegt im Abschluss von $B_\varrho(x_0)$, das heißt $x \in \overline{B_\varrho(x_0)}$, denn die Stetigkeit der Norm und (7.18) implizieren

$$\|x - x_0\| = \left\| \lim_{n \to \infty} x_n - x_0 \right\| = \lim_{n \to \infty} \|x_n - x_0\| \overset{(7.18)}{\leq} \varrho\left(1 - \omega^n\right) \leq \varrho.$$

Der Funktionswert $\kappa(x)$ ist wohldefiniert und ergibt x.

5. Schritt: Zum Beweis der Fehlerabschätzung (7.17) bemerken wir unter erneuter Verwendung der geometrischen Reihe (Beispiel 3.29) sowie einer Teleskopsumme zunächst die Identitäten

$$x_{n+1+m} - x_{n+1} = \sum_{k=1}^{m}(x_{n+1+k} - x_{n+k}) \qquad \Rightarrow \qquad x - x_{n+1} = \sum_{k=1}^{\infty}(x_{n+1+k} - x_{n+k})$$

Des Weiteren folgern wir für $\omega < 1$:

$$\frac{1}{1-\omega} = \sum_{n=0}^{\infty} \omega^n = 1 + \sum_{n=1}^{\infty} \omega^n \qquad \Rightarrow \qquad \sum_{n=1}^{\infty} \omega^n = \frac{\omega}{1-\omega}.$$

Zusammen mit der Kontraktionseigenschaft erhalten wir schließlich die Fehlerabschätzung

$$\|x - x_{n+1}\| \leq \sum_{k=1}^{\infty} \|x_{n+1+k} - x_{n+k}\| = \sum_{k=1}^{\infty} \left\| \kappa^{n+1+k}(x_0) - \kappa^{n+k}(x_0) \right\|$$

$$\leq \sum_{k=1}^{\infty} \omega^k \left\| \kappa^{n+1}(x_0) - \kappa^n(x_0) \right\| = \frac{\omega}{1-\omega} \|x_{n+1} - x_n\| \leq \frac{\omega^{n+1}}{1-\omega} \|x_1 - x_0\|. \qquad \square$$

Als eine Anwendung des Banachschen Fixpunktsatzes ergibt sich eine Möglichkeit die Nullstellen einer Funktion zu bestimmen: Gegeben sei eine stetige Funktion f auf $\overline{B_\varrho(0)} \subset \mathbb{R}^n$. Gesucht sei ein $x \in \overline{B_\varrho(0)}$, welches die Gleichung $f(x) = 0$ erfüllt. Die Iteration (7.16) kann zur Lösung von $f(x) = 0$ herangezogen werden, wenn die Funktion $\kappa(x) := x - c^{-1}f(x)$ für ein geeignetes $c \in \mathbb{R}$ eine Kontraktion ist.

Der Existenzsatz von Picard-Lindelöf Mithilfe von Satz 7.26 können wir nun beweisen, dass das Anfangswertproblem (7.13) lokal eine eindeutige Lösung $y = y(t)$ besitzt, wenn die Funktion $F(t, y)$ eine Lipschitz-Bedingung im zweiten Argument erfüllt.

Satz 7.28 (Picard-Lindelöf). *Gegeben sei ein kompaktes Intervall $I \subset \mathbb{R}$, ein Punkt $(t_0, y_0) \in I \times \mathbb{R}^n$ und eine stetige Abbildung $F : I \times \overline{B_R(y_0)} \to \mathbb{R}^n$ für ein $R > 0$. Des Weiteren erfülle die Funktion F die Lipschitz-Bedingung*

$$|F(t, y_1) - F(t, y_2)| \leq L|y_1 - y_2| \qquad \forall y_1, y_2 \in \overline{B_R(y_0)} \qquad \forall t \in I \qquad (7.20)$$

für ein festes $L > 0$. Dann existieren eine Zahl $\delta > 0$ und genau eine auf dem Intervall $I_\delta := I \cap [t_0 - \delta, t_0 + \delta]$ definierte Lösung $y \in C^1(I_\delta, \mathbb{R}^n)$ des Anfangswertproblems

$$y'(t) = F(t, y(t)) \quad \forall t \in I_\delta, \qquad y(t_0) = y_0. \qquad (7.21)$$

Für $C_0 := \sup_{t \in I} |F(t, y_0)| < \infty$ kann man $\delta = \frac{1}{L+1} \ln(1 + \frac{R}{C_0})$ wählen.[7]

Beispiel 7.29. Im Allgemeinen existieren Lösungen nicht auf ganz I, selbst wenn F auf ganz $I \times \mathbb{R}^n$ definiert ist. Zum Beispiel betrachte man das Anfangswertproblem $y' = 1 + y^2$, $y(0) = 0$. Die allgemeine Lösung der Differentialgleichung wurde bereits in Beispiel 7.15 ermittelt: $y(t) = \tan(t + c)$, $c \in \mathbb{R}$. Wegen $y(0) = 0$ erhält man $c = 0$. Die (lokale) Lösung des Anfangswertproblems ergibt sich als $y(t) = \tan(t)$. Sie existiert nur für $|t| < \frac{\pi}{2}$, obwohl $F(t, y) := 1 + y^2$ auf ganz $I \times \mathbb{R}$ definiert ist.

Bemerkung 7.30. Die Zahl δ (beziehungsweise das Existenzintervall) kann als beliebig groß angenommen werden, falls R beliebig groß gewählt werden kann und $L, C_0 < \infty$ fest bleiben. Beispielsweise ist dies der Fall bei linearen Systemen

$$y'(t) = F(t, y(t)), \qquad F(t, y) = A(t)y + b(t), \qquad A(t) \in \mathbb{R}^{n \times n}.$$

Die Funktion F ist auf ganz $I \times \mathbb{R}^n$ definiert und genügt einer globalen Lipschitz-Bedingung mit $L := \sup_{t \in I} \|A(t)\|$, das heißt, R ist beliebig groß. Falls die Größen L, C_0 endlich sind,

$$L := \sup_{t \in I} \|A(t)\| < +\infty \qquad \text{und} \qquad C_0 := \sup_{t \in I} |A(t)y_0 + b(t)| < +\infty,$$

existiert eine eindeutige Lösung y auf ganz I.

---

[7]Benannt nach dem schwedischen Mathematiker Ernst Lindelöf (1870–1946) und dem französischen Mathematiker Charles Picard (1856–1941).

Folgerung 7.31. Als offenkundige Folgerung erhalten wir einen Existenzsatz für Differentialgleichungen m-ter Ordnung, wenn wir beachten, dass eine Differentialgleichung m-ter Ordnung zu einem m-dimensionalen System 1. Ordnung äquivalent ist

$$y^{(m)} = F(t, y, y', \ldots, y^{(m-1)}), \qquad y(t_0) = a_0, \quad y'(t_0) = a_1, \quad \ldots, \quad y^{(m-1)}(t_0) = a_{m-1}.$$

Um eine Lösung eindeutig festzulegen, muss man den Funktionswert $y(t_0)$ und alle Ableitungen der Ordnung $\leq m - 1$ im Punkt t_0 vorschreiben.

Beweis von Satz 7.28. Als eine Folgerung des Gronwallschen Lemmas wurde die Eindeutigkeit bereits gezeigt. Daher beschränken wir uns auf den Beweis der Existenz.

1. Schritt: Zunächst bemerken wir, dass eine Lösung von (7.21) äquivalent durch

$$y(t) = y_0 + \int_{t_0}^{t} F(s, y(s)) \, ds \qquad (t \in I_\delta) \tag{7.22}$$

charakterisiert werden kann. In der Tat, löst y das Anfangswertproblem (7.21), so liefert Integration von (7.21) die Identität (7.22). Umgekehrt, ist $y \in C^0(I_\delta, \mathbb{R}^n)$ eine stetige Lösung von (7.22), so ist auch die Abbildung $s \mapsto F(s, y(s))$ stetig. Nach dem Hauptsatz der Differential- und Integralrechnung 6.15 ist y sogar differenzierbar und Ableiten von (7.22) impliziert $y'(t) = F(t, y(t))$ für alle $t \in I_\delta$. Setzen wir $t = t_0$ in (7.22), erhalten wir $y(t_0) = y_0$. Wegen der Stetigkeit von F ist die Ableitung y' stetig, das heißt $y \in C^1(I_\delta, \mathbb{R}^n)$. Zusammenfassend erkennen wir, dass y eine Lösung von (7.21) ist.

2. Schritt: Im weiteren Verlauf betrachten wir das Problem (7.22). Um die Existenz einer Lösung zu zeigen, wollen wir (7.22) als Fixpunktgleichung auffassen und den Kontraktionssatz auf $V := C^0(I_\delta, \mathbb{R}^n)$ anwenden. Der Raum V wird ein vollständig normierter Vektorraum mit $\|y\|_0 := \sup_{t \in I_\delta} |y(t)|$ (vergleiche Satz 4.55). Ist $\varphi : I_\delta \to \mathbb{R}$ eine Funktion, welche die Ungleichung

$$0 < c \leq \varphi(t) \leq C \qquad \forall t \in I_\delta$$

erfüllt, dann ist $\|y\| := \sup_{t \in I_\delta} \varphi(t) |y(t)|$ eine zu $\|\cdot\|_0$ äquivalente Norm, denn

$$c|y(t)| \leq \varphi(t)|y(t)| \leq C|y(t)| \qquad \text{impliziert} \qquad c\,\|y\|_0 \leq \|y\| \leq C\,\|y\|_0 \qquad \forall y \in V.$$

Folglich ist $(V, \|\cdot\|)$ ebenfalls vollständig. Für $M > 0$ wählen wir die Funktion $\varphi(t) := e^{-M|t|}$. Diese genügt der folgenden Abschätzung, welche später von Bedeutung sein wird:

$$|y(t)| = e^{M|t|} e^{-M|t|} |y(t)| \leq e^{M|t|} \|y\|. \tag{7.23}$$

Nach diesen Vorbereitungen definieren wir eine Abbildung $\kappa : \overline{B_\varrho(y_0)} \to V$,

$$\kappa(y)(t) := y_0 + \int_{t_0}^{t} F(s, y(s)) \, ds \qquad (t \in I_\delta),$$

auf welche wir den Kontraktionssatz anwenden wollen. Dabei ist $B_\varrho(y_0)$ eine noch näher zu bestimmende Kugel in V und $y_0 \in V$ wird als konstante Funktion betrachtet. Eine Lösung y von (7.22) kann äquivalent als Fixpunkt der Abbildung κ aufgefasst werden. In den nachfolgenden Schritten zeigen wir, dass κ die Voraussetzungen von Satz 7.26 erfüllt. Ohne Einschränkung nehmen wir an, dass $t_0 = 0$ ist.

3. Schritt: Wir zeigen, dass die Abbildung κ wohldefiniert ist für $\varrho = Re^{-M\delta}$. Um dies einzusehen, überlegen wir uns, ob ein $y \in \overline{B_\varrho(y_0)}$ im Definitionsbereich von F enthalten ist. Die Abschätzung

$$|y(s) - y_0| \overset{(7.23)}{\leq} e^{M|s|} \|y - y_0\| \leq e^{M|s|} \varrho \leq e^{M\delta} Re^{-M\delta} = R$$

impliziert, dass $F(s, y(s))$ wohldefiniert ist. Folglich ist κ wohldefiniert auf $\overline{B_\varrho(y_0)} \subset V$.

4. Schritt: Wir zeigen, dass die Funktion κ für $M > L$ kontrahierend ist. Um dies einzusehen, verwenden wir die Lipschitz-Bedingung (7.20) und die Ungleichung (7.23)

$$\|\kappa(y_1) - \kappa(y_2)\| = \sup_{t \in I_\delta} \left(e^{-M|t|} \left| \int_0^t F(s, y_1(s)) \, ds - \int_0^t F(s, y_2(s)) \, ds \right| \right)$$

$$\overset{(7.20)}{\leq} \sup_{t \in I_\delta} \left(e^{-M|t|} \int_0^t L|y_1(s) - y_2(s)| \, ds \right)$$

$$\overset{(7.23)}{\leq} \sup_{t \in I_\delta} \left(e^{-M|t|} L \int_0^{|t|} e^{M|s|} \|y_1 - y_2\| \, ds \right)$$

$$= \sup_{t \in I_\delta} e^{-M|t|} L \|y_1 - y_2\| \frac{1}{M} \underbrace{\left(e^{M|t|} - 1 \right)}_{\leq e^{M|t|}} \leq \frac{L}{M} \|y_1 - y_2\|.$$

Wenn wir $\omega := \frac{L}{M}$ setzen und $M > L$ ist (zum Beispiel $M = L + 1$), erkennen wir, dass die Abbildung κ kontrahierend ist mit Kontraktionskonstante $\omega < 1$.

5. Schritt: Zu zeigen bleibt noch die Abschätzung

$$\|\kappa(y_0) - y_0\| \leq \varrho(1 - \omega). \tag{7.24}$$

Dazu verwenden wir die Definition $C_0 := \sup_{t \in I_\delta} |F(t, y_0)|$, um die Ungleichungskette

$$\|\kappa(y_0) - y_0\| = \sup_{t \in I_\delta} \left(e^{-M|t|} \left| \int_0^t F(s, y_0) \, ds \right| \right) \leq \sup_{t \in I_\delta} \int_0^{|t|} e^{-M|s|} |F(s, y_0)| \, ds$$

$$\leq \sup_{t \in I_\delta} \left(-\frac{1}{M} (e^{-M|t|} - 1) C_0 \right) = \sup_{t \in I_\delta} \frac{C_0}{M} (1 - e^{-M|t|}) \leq \frac{C_0}{M} (1 - e^{-M\delta})$$

zu erhalten. Um (7.24) zu sichern, muss die Bedingung

$$\frac{C_0}{M} (1 - e^{-M\delta}) \leq \varrho(1 - \omega) = Re^{-M\delta} \left(1 - \frac{L}{M} \right) \tag{7.25}$$

erfüllt sein. Ohne Einschränkung können wir $C_0 > 0$ annehmen. Der Fall $C_0 = 0$ ist trivial, denn dann ist y_0 die Lösung. Für $C_0 > 0$ ist (7.25) äquivalent zu

$$e^{M\delta} - 1 \leq \frac{M}{C_0}\left(1 - \frac{L}{M}\right)R \qquad \Leftrightarrow \qquad e^{M\delta} \leq 1 + \frac{R}{C_0}(M - L).$$

Wenn wir $M = L + 1$ wählen, folgt daraus die Restriktion $\delta \leq \frac{1}{L+1}\ln(1 + \frac{R}{C_0})$.

6. Schritt: In Anbetracht der Schritte 3.–5. folgt aus Satz 7.26, dass κ einen Fixpunkt besitzt, das heißt, dass ein $y \in V$ existiert mit $\kappa(y) = y$. Dieses y ist Lösung von (7.22). $\square$

Lineare Differentialgleichungssysteme 1. Ordnung Es seien $A : I \rightarrow \mathbb{R}^{n \times n}$ und $b : I \rightarrow \mathbb{R}^n$ stetige und beschränkte Funktionen. Wir betrachten das lineare Differential-gleichungssystem 1. Ordnung

$$y'(t) = A(t)y(t) + b(t) \qquad (t \in I). \tag{7.26}$$

Als eine Konsequenz von Satz 7.28 haben wir bereits gesehen, dass für das System (7.26) Lösungen auf ganz I existieren (Bemerkung 7.30). Jetzt wollen wir die Struktur der Lösungsmenge genauer untersuchen. Dabei benötigen wir einige Begriffe aus der linearen Algebra, für welche wir auf Kap. 10 verweisen.

Satz 7.32. *Gegeben sei das lineare Differentialgleichungssystem (7.26). Es bezeichne V die Menge aller Lösungen $y : I \rightarrow \mathbb{R}^n$ des (7.26) zugeordneten homogenen Differentialgleichungssystems $y' = Ay$. Dann gelten die folgenden Aussagen:*

(i) *Für Lösungen $y_1, \ldots, y_n \in V$ sind folgende Aussagen gleichwertig:*
   (a) *Die Funktionen $\{y_1, \ldots, y_n\}$ bilden eine Basis von V.*
   (b) *Die Vektoren $\{y_1(t), \ldots, y_n(t)\}$ sind linear unabhängig für alle $t \in I$.*
   (c) *Es existiert ein Punkt $t_0 \in I$, sodass $\{y_1(t_0), \ldots, y_n(t_0)\}$ linear unabhängig sind.*
(ii) *Die Dimension von V ist gleich n, also $\dim(V) = n$.*
(iii) *Ist $\{y_1, \ldots, y_n\}$ eine Basis von V, so erhält man eine Lösung des inhomogenen Systems $y' = Ay + b$ durch den Ansatz (**Variation der Konstanten**)*

$$y(t) = \sum_{i=1}^{n} c_i(t)y_i(t).$$

Die Koeffizienten $\{c_1, \ldots, c_n\}$ ergeben sich als Lösung des linearen Gleichungssystems

$$\sum_{i=1}^{n} c_i'(t)y_i(t) = b(t) \qquad (t \in I),$$

$c_i' = \frac{dc_i}{dt}$, welches nach (i) eindeutig lösbar ist.
(iv) *Ist $\hat{y}$ eine spezielle Lösung der inhomogenen Gleichung, so ergibt sich durch $\hat{y} + V = \{\hat{y} + y \mid y \in V\}$ die Menge aller Lösungen der inhomogenen Gleichung.*

Bemerkung 7.33. Eine Basis $\{y_1, \ldots, y_n\}$ von V bezeichnet man als **Fundamentalsystem** der Differentialgleichung $y' = A(t)y$.

Beweis. (i), (a) $\Rightarrow$ (b): Sei $\{y_1, \ldots, y_n\}$ eine Basis von V. Angenommen, $\{y_1(t_0), \ldots, y_n(t_0)\}$ sind linear abhängig für ein $t_0 \in I$, das heißt, es existiert $\lambda = (\lambda_1, \ldots, \lambda_n) \in \mathbb{R}^n \setminus \{0\}$ mit

$$\sum_{i=1}^{n} \lambda_i y_i(t_0) = 0.$$

Nach dem Superpositionsprinzip repräsentiert $y := \sum_{i=1}^{n} \lambda_i y_i$ eine Lösung des homogenen Systems $y' = Ay$ und genügt der Anfangsbedingung $y(t_0) = 0$. Aufgrund von

$$|y'(t)| \leq \|A(t)\| \, |y(t)| \leq L|y(t)| \quad \forall t \in I, \qquad L := \sup_{t \in I} \|A(t)\|$$

können wir das Gronwallsche Lemma 7.20 anwenden, um $y = 0$ zu erschließen. Da $\{y_1, \ldots, y_n\}$ eine Basis von V darstellt, muss $\lambda_i = 0$ gelten, womit sich ein Widerspruch ergibt.

(i), (b) $\Rightarrow$ (c): Die Gültigkeit dieser Implikation ist unmittelbar ersichtlich.

(i), (c) $\Rightarrow$ (a): Sei $y \in V$. Nach (c) existiert ein $\lambda = (\lambda_1, \ldots, \lambda_n) \in \mathbb{R}^n \setminus \{0\}$ mit

$$y(t_0) = \sum_{i=1}^{n} \lambda_i y_i(t_0).$$

Wir definieren $z := y - \sum \lambda_i y_i$. Es gilt $z \in V$ und $z(t_0) = 0$. Wiederum lässt sich mit Hilfe von Lemma 7.20 folgern, dass $z = 0$ ist, das heißt, $y = \sum_{i=1}^{n} \lambda_i y_i$ mit $\lambda \neq 0$.

(ii) Wegen Satz 7.28 existieren Lösungen des Anfangswertproblems

$$y'(t) = A(t)y(t), \qquad y(t_0) = e_i$$

für $i = 1, \ldots, n$, wobei die Vektoren $\{e_1, \ldots, e_n\}$ die Standardbasis in $\mathbb{R}^n$ bezeichnen, das heißt $e_1 := (1, 0, \ldots, 0)$, $\ldots$, $e_n := (0, \ldots, 0, 1)$. Wenn wir diese n Lösungen als y_i definieren, repräsentiert $\{y_1, \ldots, y_n\}$ eine Basis von V wegen (i).

(iii) Wenn wir den Ansatz $y(t) = \sum_{i=1}^{n} c_i(t)y_i(t)$ ableiten und $y_1, \ldots, y_n \in V$ beachten (das heißt, $y_1, \ldots, y_n$ sind Lösungen des homogenen Systems), erhalten wir die Identität

$$y'(t) = \sum_{i=1}^{n} \left(c_i'(t)y_i(t) + c_i(t)y_i'(t) \right)$$

$$= \sum_{i=1}^{n} c_i'(t)y_i(t) + \sum_{i=1}^{n} c_i(t)A(t)y_i(t).$$

Wegen $A(t)y(t) = \sum_{i=1}^{n} c_i(t)A(t)y_i(t)$ resultiert daraus die Behauptung:

$$b(t) = y'(t) - A(t)y(t) = \sum_{i=1}^{n} c_i'(t)y_i(t).$$

(iv) Diese Aussage ist bereits bekannt, siehe Abschn. 7.1. □

Lineare Differentialgleichungen n-ter Ordnung Gegeben seien ein Intervall $I \subset \mathbb{R}$ und stetige Funktionen $a_k : I \to \mathbb{R}$, $0 \leq k \leq n-1$. Für eine weitere Funktion $b \in C^0(I, \mathbb{R})$ betrachten wir die inhomogene lineare Differentialgleichung n-ter Ordnung

$$y^{(n)} + a_{n-1}(t)y^{(n-1)} + \ldots + a_1(t)y' + a_0(t)y = b(t). \tag{7.27}$$

Die gewonnenen Erkenntnisse über lineare Differentialgleichungssysteme 1. Ordnung lassen sich auf lineare Differentialgleichungen n-ter Ordnung übertragen.

Proposition 7.34. *Gegeben sei die lineare Differentialgleichung (7.27). Es bezeichne V die Menge aller Lösungen $y : I \to \mathbb{R}$ der (7.27) zugeordneten homogenen Differentialgleichung*

$$y^{(n)} + a_{n-1}(t)y^{(n-1)} + \ldots + a_1(t)y' + a_0(t)y = 0. \tag{7.28}$$

Dann gelten die folgenden Aussagen:

(i) *Die Lösungsmenge V ist ein n-dimensionaler Vektorraum.*

(ii) *Die n Lösungen von (7.28), $y_1, \ldots, y_n \in V$, sind genau dann linear unabhängig, wenn für ein (und somit alle) $t \in I$ die sogenannte **Wronski-Determinante** von null verschieden ist*

$$\det \begin{pmatrix} y_1(t) & y_2(t) & \ldots & y_n(t) \\ y_1'(t) & y_2'(t) & \ldots & y_n'(t) \\ \vdots & \vdots & & \vdots \\ y_1^{(n-1)}(t) & y_2^{(n-1)}(t) & \ldots & y_n^{(n-1)}(t) \end{pmatrix} \neq 0.$$

(iii) *Ist $\hat{y}$ eine spezielle Lösung der inhomogenen Gleichung, so ergibt sich wieder durch $\hat{y} + V = \{\hat{y} + y \mid y \in V\}$ die Menge aller Lösungen der inhomogenen Gleichung.*

Beweis. Die Behauptungen ergeben sich aus Lemma 7.7 und Satz 7.32. □

Beispiel 7.35. Gegeben sei die skalare Differentialgleichung 2. Ordnung

$$y''(t) + \frac{1}{t}y'(t) - \frac{1}{t^2}y(t) = f(t), \qquad t > 0.$$

Die Funktionen $u(t) = t$ und $v(t) = \frac{1}{t}$ lösen die homogene Gleichung, wie man durch Nachrechnen verifiziert. Das zugehörige System 1. Ordnung lautet

$$Y := \begin{pmatrix} y \\ y' \end{pmatrix}, \qquad Y' = \begin{pmatrix} y' \\ \frac{1}{t^2} y - \frac{1}{t} y' + f(t) \end{pmatrix} = \begin{pmatrix} 0 & 1 \\ \frac{1}{t^2} & -\frac{1}{t} \end{pmatrix} Y + \begin{pmatrix} 0 \\ f(t) \end{pmatrix}.$$

Eine Basis des Lösungsraums bilden die beiden Vektoren

$$U := \begin{pmatrix} u \\ u' \end{pmatrix} = \begin{pmatrix} t \\ 1 \end{pmatrix}, \qquad V := \begin{pmatrix} v \\ v' \end{pmatrix} = \begin{pmatrix} \frac{1}{t} \\ -\frac{1}{t^2} \end{pmatrix}.$$

Nach Satz 7.32 erhält man eine Lösung des inhomogenen Systems durch den Ansatz

$$Y(t) = c_1(t)U(t) + c_2(t)V(t).$$

Zur Bestimmung der Unbekannten c_1, c_2 wird das Gleichungssystem

$$c_1'(t)U(t) + c_2'(t)V(t) = \begin{pmatrix} 0 \\ f(t) \end{pmatrix}$$

gelöst. Ausgeschrieben lautet dieses Gleichungssystem

$$c_1' t + c_2' \frac{1}{t} = 0$$

$$c_1' - c_2' \frac{1}{t^2} = f(t).$$

Setzt man die zweite Gleichung in die erste ein, erhält man

$$c_2' \frac{1}{t} + t f(t) + c_2' \frac{1}{t} = 0 \qquad \Leftrightarrow \qquad c_2' = -\frac{1}{2} t^2 f(t).$$

Für c_1' ergibt sich folglich der Ausdruck

$$c_1' = c_2' \frac{1}{t^2} + f(t) = \frac{1}{2} f(t).$$

Integration liefert schließlich die gesuchten Koeffizienten

$$c_1(t) = \frac{1}{2} \int f(t)\, dt, \qquad c_2(t) = -\frac{1}{2} \int t^2 f(t)\, dt.$$

Eindeutigkeit bei lokaler Lipschitz-Stetigkeit Nach Folgerung 7.23 ist eine Lösung eines Anfangswertproblems eindeutig bestimmt, wenn die rechte Seite F global Lipschitz-stetig ist. Das Anfangswertproblem

$$y' = 1 + y^2 =: F(y), \qquad y(0) = 0, \tag{7.29}$$

haben wir bereits in Beispiel 7.15 und Beispiel 7.29 untersucht: Dessen Lösung $y(t) = \tan(t)$ existiert nur für $|t| < \frac{\pi}{2}$ und strebt gegen unendlich bei Annäherung an die Randpunkte, $|y(t)| \to \infty$ für $t \to \pm\frac{\pi}{2}$. Die rechte Seite F ist nicht global Lipschitz-stetig, denn es gilt

$$|F(y_1) - F(y_2)| = \left|y_1^2 - y_2^2\right| = |y_1 + y_2||y_1 - y_2|$$

und $|y_1 + y_2|$ ist unbeschränkt auf $\mathbb{R}$. Allerdings genügt F einer lokalen Lipschitz-Bedingung, das heißt, F ist Lipschitz-stetig in jeder Kugel-Umgebung. Nachfolgend befassen wir uns mit der Frage, ob die Eindeutigkeit der Lösung y gesichert ist, wenn F nur eine lokale Lipschitz-Bedingung erfüllt.

Definition 7.36. Es sei $\Omega \subset \mathbb{R}^n$ eine offene Menge und $I \subset \mathbb{R}$ ein Intervall. Die (zeit-abhängige) Funktion $F : I \times \Omega \to \mathbb{R}^n$ heißt **lokal Lipschitz-stetig** in Bezug auf die Ortsvariable, wenn es zu jedem $(t_0, y_0) \in I \times \Omega$ ein $r > 0$ und $L \in \mathbb{R}$ gibt, sodass $B_r(y_0) \subset \Omega$ und

$$|F(t, y_1) - F(t, y_2)| \leq L|y_1 - y_2| \qquad \forall y_1, y_2 \in B_r(y_0) \qquad \forall t \in [t_0 - r, t_0 + r].$$

Eine solche Funktion F nennt man auch **zeitabhängiges Vektorfeld**.

Der folgende Satz liefert die Eindeutigkeit der Lösung für lokal Lipschitz-stetige Vektor-felder.

Satz 7.37. *Ist $F : I \times \Omega \to \mathbb{R}^n$ lokal Lipschitz-stetig und sind $y_1, y_2 \in C^1(I, \mathbb{R}^n)$ Lösungen von*

$$y'(t) = F(t, y(t)) \qquad \textit{mit } y_1(t_0) = y_2(t_0)$$

für ein $t_0 \in I$, so folgt $y_1(t) = y_2(t)$ für alle $t \in I$.

Beweis. Es seien a, b die Endpunkte von I, wobei $-\infty \leq a < b \leq +\infty$ gilt, und es sei ohne Einschränkung $t_0 < b$. Wir müssen zeigen, dass $y_1(t) = y_2(t)$ für $t \in [t_0, b)$ ist. Falls $b \in I$ ist, folgt dann automatisch $y_1(b) = y_2(b)$ wegen der Stetigkeit von y_1 und y_2. Für den Beweis definieren wir

$$\beta := \sup M := \sup \left\{ t \mid t \in [t_0, b) \text{ und } y_1(s) = y_2(s) \text{ für } s \in [t_0, t] \right\}.$$

Wegen $t_0 \in M$ ist die Menge M nichtleer. Im weiteren Verlauf zeigen wir, dass $\beta = b$ gilt. Wir führen einen Widerspruchsbeweis und nehmen an, dass $\beta < b$ ist. Dann existiert eine Folge $(t_k) \subset M$ mit $t_k \to \beta$ für $k \to \infty$. Für alle $k \in \mathbb{N}$ gilt $y_1(t_k) = y_2(t_k)$. Folglich ergibt sich $y_1(\beta) = y_2(\beta)$, denn y_1, y_2 sind stetig und $\beta \in I$. Nach Voraussetzung ist F lokal Lipschitz-stetig. Zu $y_0 := y_1(\beta) = y_2(\beta)$ gibt es daher ein $r > 0$ und $L \geq 0$ mit

$$|F(t, y_1) - F(t, y_2)| \leq L|y_1 - y_2| \qquad \forall y_1, y_2 \in B_r(y_0) \qquad \forall t \in [\beta - r, \beta + r].$$

Nun wählen wir $\delta > 0$ so klein, dass $\delta < r$, $\delta < b - \beta$ und $y_i(t) \in B_r(y_0)$ für $|t - \beta| < \delta$, $i \in \{1, 2\}$ gelten. Hierbei beachten wir, dass y_1, y_2 stetig sind. Folglich ergibt sich

$$|(y_1 - y_2)'| = |F(t, y_1) - F(t, y_2)| \leq L|y_1 - y_2| \qquad \text{für } |t - \beta| < \delta.$$

Wir können das Gronwallsche Lemma anwenden, um $(y_1 - y_2)(t) = 0$ für $|t - \beta| < \delta$ zu folgern. Insbesondere erhalten wir $y_1(t) = y_2(t)$ für $t \in [\beta, \beta + \delta]$. Dies ist ein Widerspruch zur Definition von β. Der Beweis für $t \leq t_0$ verläuft analog. $\qquad \square$

Beispiel 7.38. In der Mechanik besteht das n-**Körper-Problem** darin, den Bahnverlauf (die Trajektorie) von n Körpern mit den Massen $m_1, \ldots, m_n$ unter dem Einfluss ihrer gegenseitigen Anziehung (Gravitation) arithmetisch vorherzusagen. Für $j = 1, \ldots, n$ wird die Bewegung des j-ten Körpers $x_j \in \mathbb{R}^3$ durch die Differentialgleichung

$$x_j'' = \sum_{k \neq j} \frac{\gamma m_k}{|x_k - x_j|^3}(x_k - x_j) =: F_j(x), \qquad x := (x_1, \ldots, x_n),$$

mit einer Konstanten $\gamma \in \mathbb{R}$ (Gravitationskonstante) beschrieben. Das zugehörige System 1. Ordnung lautet

$$\begin{pmatrix} x \\ x' \end{pmatrix}' = \begin{pmatrix} x' \\ F(x) \end{pmatrix}, \qquad F(x) = \begin{pmatrix} F_1(x) \\ \vdots \\ F_n(x) \end{pmatrix} \in \mathbb{R}^{3n}.$$

Der Definitionsbereich der Abbildung F ist durch

$$\Omega := \left\{ x = (x_1, \ldots, x_n) \in \mathbb{R}^{3n} \mid x_j \neq x_k \text{ für } j \neq k \right\}$$

gegeben. Wir befassen uns mit der Frage, ob die Funktion F lokal Lipschitz-stetig auf Ω ist. Falls wir eine positive Antwort finden, erschließen wir nach Satz 7.37, dass der Bahnverlauf x eindeutig festgelegt ist. Dazu betrachten wir ein $x^0 \in \mathbb{R}^{3n}$ mit $x_j^0 \neq x_k^0$ für $j \neq k$ und definieren $\varepsilon := \min_{j \neq k} |x_j^0 - x_k^0|$. Nun wählen wir ein $r > 0$, sodass $|x_j - x_k| \geq \frac{1}{2}\varepsilon$ für $j \neq k$ und alle $x \in B_r(x^0)$ ist. Um eine Lipschitz-Bedingung der Abbildung

$$B_r(x^0) \ni x \mapsto \frac{x_k - x_j}{|x_k - x_j|^3}$$

nachzuweisen, schreiben wir $|x_k - x_j|^{-3} = f(|x_k - x_j|)$ mit $f(t) := t^{-3}$. Für $t \geq \frac{\varepsilon}{2}$ erhalten wir die Ungleichung $|f'(t)| = |-3t^{-4}| \leq 3(\frac{\varepsilon}{2})^{-4}$. Diese verwenden wir in Verbindung mit dem Mittelwertsatz 5.7, um für $x, y \in B_r(x^0)$ die Abschätzung

$$\left| |x_k - x_j|^{-3} - |y_k - y_j|^{-3} \right| = |f(|x_k - x_j|) - f(|y_k - y_j|)|$$

$$\leq 3\left(\frac{\varepsilon}{2}\right)^{-4} \left| |x_k - x_j| - |y_k - y_j| \right|$$

zu erschließen. Mit Hilfe der Dreiecksungleichung erhalten wir außerdem

$$3\left(\frac{\varepsilon}{2}\right)^{-4}\left|x_k-x_j-(y_k-y_j)\right| \le 3\left(\frac{\varepsilon}{2}\right)^{-4}\left(\left|x_k-y_k\right|+\left|x_j-y_j\right|\right) \le 6\left(\frac{\varepsilon}{2}\right)^{-4}\left|x-y\right|.$$

In Anbetracht dessen ergibt sich schließlich die folgende Abschätzung für $x,y \in B_r(x^0)$

$$
\begin{aligned}
\left|\frac{x_k-x_j}{|x_k-x_j|^3}-\frac{y_k-y_j}{|y_k-y_j|^3}\right| &\le \left|\frac{x_k-x_j}{|x_k-x_j|^3}-\frac{y_k-y_j}{|x_k-x_j|^3}\right|+\left|\frac{y_k-y_j}{|x_k-x_j|^3}-\frac{y_k-y_j}{|y_k-y_j|^3}\right| \\
&\le \frac{1}{|x_k-x_j|^3}\left|x_k-x_j-y_k+y_j\right|+\left|y_k-y_j\right|\left|\frac{1}{|x_k-x_j|^3}-\frac{1}{|y_k-y_j|^3}\right| \\
&\le \left(\frac{2}{\varepsilon}\right)^3\left(\left|x_k-y_k\right|+\left|y_j-x_j\right|\right)+2(|x^0|+r)6\left(\frac{\varepsilon}{2}\right)^{-4}\left|x-y\right|.
\end{aligned}
$$

Folglich erfüllt F eine Lipschitz-Bedingung auf $B_r(x^0)$ und die Lösung x ist eindeutig bestimmt. In der Himmelsmechanik werden die Trajektorien der Flugkörper im Allgemeinen numerisch berechnet. Dabei ist die Kenntnis über Eindeutigkeit von entscheidender Bedeutung, um der numerisch bestimmten Lösungskurve Vertrauen schenken zu können und somit zum Beispiel eventuelle Kollisionsbahnen zweifelsfrei vorherzusagen.

Maximale Lösungen Der Existenzsatz von Picard-Lindelöf 7.28 besagt, dass ein Anfangswertproblem lokal eine eindeutige Lösung besitzt, wenn F einer Lipschitz-Bedingung genügt. Er sichert also die Existenz einer Lösung zumindest in einer Umgebung um t_0. Diese Umgebung kann klein sein, wenn F nicht global Lipschitz-stetig ist. Jetzt suchen wir maximale Lösungen, das heißt Lösungen mit dem größtmöglichen Definitionsbereich.

Definition 7.39. Eine Lösung $y \in C^1(I,\mathbb{R}^n)$ des Systems $y'=F(y)$ heißt **maximal**, wenn sie die folgende Bedingung erfüllt: Ist J ein Intervall mit $I \subset J$ und $\tilde{y} \in C^1(J,\mathbb{R}^n)$ Lösung mit $\tilde{y}|_I=y$, dann folgt $J=I$.

Wenn F lokal Lipschitz-stetig ist, dann existiert genau eine maximale Lösung.

Satz 7.40. *Es sei $\Omega \subset \mathbb{R}^n$ eine offene Menge und $F:I\times\Omega\to\mathbb{R}^n$ sei ein lokal Lipschitz-stetiges Vektorfeld. Dann existiert zu jedem $(t_0,y_0)\in\mathbb{R}\times\Omega$ genau eine maximale Lösung $y\in C^1(I,\mathbb{R}^n)$ des Anfangswertproblems $y'=F(y)$, $y(t_0)=y_0$. Das Intervall I ist offen, $I=(\alpha,\omega)$ mit $-\infty\le\alpha<t_0<\omega\le\infty$. Falls $\omega<+\infty$ ist, so verlässt die Integralkurve $y(t)$ für $t\to\omega$ jede kompakte Teilmenge K von Ω, das heißt, zu jedem solchen K gibt es eine Zahl b, $b<\omega$, sodass $y(t)\notin K$ für $b<t<\omega$ ist. Für $\alpha>-\infty$ gilt eine entsprechende Aussage.*

Im Spezialfall $\Omega=\mathbb{R}^n$ bedeutet dies, dass $|y(t)|\to+\infty$ strebt für $t\to\omega$. Für den Beweis von Satz 7.40 benötigen wir das folgende Resultat.

Lemma 7.41. *Sind $u:[a,b]\to\Omega$ und $v:[b,c]\to\Omega$ Lösungen der Differentialgleichung $y'=F(y)$ mit $u(b)=v(b)$, dann ist die Funktion*

$$w : [a, c] \to \Omega, \qquad w(t) = \begin{cases} u(t) & \text{für } t \leq b \\ v(t) & \text{für } t \geq b, \end{cases}$$

wieder eine Lösung.

Beweis. Wir zeigen, dass w stetig differenzierbar in b ist. Wenn wir die linksseitige und rechtsseitige Ableitung bestimmen, erkennen wir, dass beide Grenzwerte übereinstimmen

$$\lim_{\substack{t \to b \\ t < b}} \frac{w(t) - w(b)}{t - b} = u'(b) = F(u(b)) = F(v(b)) = v'(b) = \lim_{\substack{t \to b \\ t > b}} \frac{w(t) - w(b)}{t - b}. \qquad \square$$

Beweis von Satz 7.40. Wir unterteilen den Beweis in mehrere Schritte:

1. Schritt: Wir zeigen, dass I offen sein muss, wenn $y \in C^1(I, \mathbb{R}^n)$ eine maximale Lösung ist. Angenommen, b ist Endpunkt von I (ohne Einschränkung der rechte Endpunkt) und $b \in I$. Letzteres impliziert $y(b) \in \Omega$. Wegen Satz 7.28 existiert eine lokale Lösung $\tilde{y} \in C^1([b, b + \delta])$, $\delta > 0$, mit $\tilde{y}(b) = y(b)$. Nun definieren wir die verklebte Funktion

$$\bar{y}(t) := \begin{cases} y(t) & \text{für } t \leq b \\ \tilde{y}(t) & \text{für } b \leq t \leq b + \delta. \end{cases}$$

Nach Lemma 7.41 ist $\bar{y}$ eine Lösung auf $I \cup [b, b + \delta]$. Daher kann y nicht maximal sein. Dies ist ein Widerspruch. Folglich ergibt sich die Behauptung, $b \notin I$.

2. Schritt: Zum Beweis der Eindeutigkeit nehmen wir an, dass zwei maximale Lösungen $y_k \in C^1(I_k, \mathbb{R}^n)$ existieren mit $y_k(t_0) = y_0$, $k \in \{1, 2\}$. Nach dem 1. Schritt sind die Intervalle I_k offen, $I_k = (\alpha_k, \omega_k)$ mit $-\infty \leq \alpha_k < t_0 < \omega_k \leq +\infty$, $k \in \{1, 2\}$. Falls $I_1 \neq I_2$ ist, gilt $\alpha_1 \neq \alpha_2$ oder $\omega_1 \neq \omega_2$. Ohne Einschränkung sei $\omega_1 < \omega_2$. Wir setzen

$$\bar{y}(t) := \begin{cases} y_1(t) & \text{für } \alpha_1 < t \leq t_0 \\ y_2(t) & \text{für } t_0 \leq t < \omega_2. \end{cases}$$

Aufgrund von Lemma 7.41 ist $\bar{y}$ eine Lösung mit $\bar{y}(t_0) = y_0$. Satz 7.37 impliziert, dass $\bar{y}$ eindeutig bestimmt ist. Folglich muss $\bar{y}(t) = y_1(t)$ gelten für alle $t \in (\alpha_1, \omega_1)$, weshalb die Lösung y_1 nicht maximal sein kann. Wegen dieses Widerspruches erschließen wir $I_1 = I_2$ und somit $y_1 = y_2$ nach Satz 7.37.

3. Schritt: Zum Beweis der Existenz führen wir eine Menge von Intervallen ein,

$$\mathcal{I} := \left\{ (a, b) \mid \infty < a < t_0 < b < +\infty \text{ und } \exists \text{ Lösung } y_a^b \text{ mit } y_a^b(t_0) = y_0 \right\},$$

und setzen $\alpha := \inf_{(a,b) \in \mathcal{I}} a$ und $\omega := \sup_{(a,b) \in \mathcal{I}} b$. Mit diesen Bezeichnungen definieren wir eine Funktion $\bar{y} : (\alpha, \omega) \to \mathbb{R}^n$ auf die folgende Weise: Zu jedem $t \in (\alpha, \omega)$ wähle man ein $(a, b) \in \mathcal{I}$ mit $a < t < b$ und setze $\bar{y}(t) := y_a^b(t)$. Ist $(c, d) \in \mathcal{I}$ mit $c < t < d$, so folgt nach Satz 7.37, dass $y_a^b(s) = y_c^d(s)$ für alle $s \in (a, b) \cap (c, d)$ ist. Die Funktion $\bar{y}(t)$ ist also unabhängig von der Wahl von (a, b). Da $\bar{y}(t) = y_a^b(t)$ für alle $t \in (a, b)$ ist, ist $\bar{y}|_{(a,b)}$ eine Lösung. Folglich ist $\bar{y}$ eine Lösung auf ganz (α, ω).

4. Schritt: Um das behauptete Verhalten von $y(t)$ für $t \to \omega < \infty$ zu demonstrieren, führen wir einen Widerspruchsbeweis: Angenommen, $K \subset \Omega$ ist eine kompakte Teilmenge und es existiere eine Folge (t_j) mit $t_j \to \omega$ für $j \to \infty$, $t_j < \omega$, und $y(t_j) \in K$ für alle $j \in \mathbb{N}$. Wir zeigen jetzt, dass y dann nicht maximal sein kann. Wegen der Kompaktheit von K folgern wir (nach Übergang zu einer Teilfolge), dass $y(t_j) \to p \in K$ für $j \to \infty$ gilt. Des Weiteren impliziert die lokale Lipschitz-Stetigkeit von F, dass Zahlen $r > 0$ und $L \geq 0$ existieren mit

$$|F(y_1) - F(y_2)| \leq L|y_1 - y_2| \qquad \forall y_1, y_2 \in B_r(p) \subset \Omega. \tag{7.30}$$

Mit Hilfe der Dreiecksungleichung erschließen wir damit die Abschätzung

$$|F(x)| \leq |F(p)| + |F(x) - F(p)| \leq |F(p)| + Lr \qquad \forall x \in B_r(p). \tag{7.31}$$

Für $q \in B_{r/2}(p)$ gilt $B_{r/2}(q) \subset B_r(p)$. Daher bewahrt die Abschätzung (7.30) ihre Gültigkeit für y_1, $y_2 \in B_{r/2}(q)$ für alle $q \in B_{r/2}(p)$. Nun wählen wir ein $j \in \mathbb{N}$ mit $y(t_j) \in B_{r/2}(p)$ und setzen $q := y(t_j)$. In Anbetracht von Satz 7.28 besitzt das Anfangswertproblem

$$\tilde{y}'(t) = F(\tilde{y}(t)), \qquad \tilde{y}(t_j) = y(t_j),$$

eine Lösung auf $[t_j, t_j + \delta]$ mit $\delta = \frac{1}{L+1} \ln(1 + \frac{r/2}{|F(p)|+Lr})$, vergleiche (7.31). Die Zahl δ hängt nicht von j ab. Daher können wir j so wählen, dass $t_j + \delta > \omega$ ($t_j \to \omega$ für $j \to \infty$). Folglich ist die verklebte Funktion

$$\bar{y}(t) := \begin{cases} y(t) & \text{für } \alpha < t \leq t_j \\ \tilde{y}(t) & \text{für } t_j \leq t \leq t_j + \delta \end{cases}$$

eine Lösung auf $(\alpha, t_j + \delta)$. Wir erhalten einen Widerspruch zur Maximalität von y. $\qquad \square$

Beispiel 7.42. Wiederum betrachten wir das Anfangswertproblem (7.29). Dessen maximale Lösung lautet $y(t) = \tan(t)$, $|t| < \frac{\pi}{2}$ und erfüllt $|y(t)| \to \infty$ für $t \to \pm\frac{\pi}{2}$.

Stabilität von Lösungen Beschreibt eine Differentialgleichung einen zeitabhängigen Prozess, kann man sich fragen, wie sich der zeitliche Verlauf der Lösung ändert, wenn Abweichungen in Anfangswerten auftreten. Ein System heißt stabil, wenn kleine solche Störungen auch stets (für alle Zeiten) klein bleiben. Stabilität ist eine wesentliche Eigenschaft, auf die in praktischen Anwendungen, zum Beispiel bei technischen

Systemen, meist nicht verzichtet werden kann. Hinsichtlich der Stabilität einer Lösung lassen sich Aussagen treffen, ohne die Lösung explizit zu kennen. Auf diesen Aspekt wollen wir im Folgenden genauer eingehen, wofür wir [Ver96] und [Ran14] als wesentliche Quellen verwenden.

Für eine Lipschitz-stetige Funktion $f : \mathbb{R}^n \to \mathbb{R}^n$ betrachten wir eine Differentialgleichung $y'(t) = f(y(t))$, $t \in \mathbb{R}$. Ein Punkt $y^* \in \mathbb{R}^n$ heißt **Gleichgewicht** (auch **Ruhelage** oder **Equilibrium**) der Differentialgleichung $y'(t) = f(y(t))$, wenn $f(y^*) = 0$ erfüllt ist. Ohne Einschränkung können wir annehmen, dass $y^* = 0$ ist. Ansonsten können wir für $y^* \neq 0$ zur transformierten Differentialgleichung $\tilde{f}(y) := f(y + y^*)$ übergehen. Diese Transformation verschiebt die Lösungskurven in $\mathbb{R}^n$, ändert aber nichts an deren Verlauf. Beispielsweise ist für ein lineares System $y' = Ay$ der Punkt $y^* = 0$ immer ein Gleichgewicht.

Definition 7.43. Gegeben seien eine Differentialgleichung $y'(t) = f(y(t))$ mit Gleichgewicht $y = 0$, eine Umgebung $D \subset \mathbb{R}^n$ von $y = 0$ und eine Anfangsbedingung $y(t_0) = y_0 \in D$. Die Lösung von $y' = f(y)$, $y(t_0) = y_0$ sei mit $y(t; t_0, y_0)$ bezeichnet. Das Gleichgewicht $y = 0$ heißt **stabil** (im Sinne von Lyapunov[8]), wenn für jedes $\varepsilon > 0$ und t_0 eine Zahl $\delta(\varepsilon, t_0) > 0$ existiert, sodass bei einem beliebigen Anfangszustand $|y_0| \leq \delta$ die Eigenschaft $|y(t; t_0, y_0)| \leq \varepsilon$ für $t \geq t_0$ erfüllt ist. Das Gleichgewicht $y = 0$ heißt **asymptotisch stabil**, wenn $y = 0$ stabil ist und eine Zahl $\delta(t_0) > 0$ existiert mit

$$|y_0| \leq \delta(t_0) \quad \Rightarrow \quad \lim_{t \to \infty} |y(t; t_0, y_0)| = 0.$$

Das Gleichgewicht $y = 0$ heißt **instabil**, wenn es nicht Lyapunov-stabil ist.

Eine Ruhelage ist also stabil, wenn eine hinreichend kleine Störung auch stets klein bleibt. Bei linearen Differentialgleichungen mit konstanten Koeffizienten $y' = Ay$ kann Stabilität anhand der Eigenwerte der Matrix A beurteilt werden, was aus der expliziten Struktur der Lösung nach Abschn. 7.1 gefolgert werden kann.

Proposition 7.44. *Für eine konstante $n \times n$-Matrix A betrachte man die Differentialgleichung $y' = Ay$. Es seien $\lambda_1, \ldots, \lambda_n$ die Eigenwerte der Matrix A. Dann gilt:*

(i) Falls $\Re\lambda_k < 0$ für alle $k = 1, \ldots, n$ gilt, dann existieren positive Konstanten C und μ, sodass für jedes $y(t_0) = y_0 \in \mathbb{R}^n$

$$|y(t; t_0, y_0)| \leq C|y_0|e^{-\mu t} \quad und \quad \lim_{t \to \infty} y(t; t_0, y_0) = 0.$$

(ii) Falls $\Re\lambda_k \leq 0$ für alle $k = 1, \ldots, n$ gilt und falls die Eigenwerte mit $\Re\lambda_k = 0$ verschieden sind, dann existiert eine positive Konstante C mit

$$|y(t; t_0, y_0)| \leq C|y_0| \quad für \ t \geq t_0.$$

---

[8] Benannt nach dem russischen Mathematiker Alexander Michailowitsch Lyapunov (1857–1919).

(iii) Falls $\Re\lambda_k > 0$ für ein k gilt, dann gibt es in jeder Umgebung von $y = 0$ Anfangswerte y_0, sodass für die zugehörige Lösung gilt

$$\lim_{t\to\infty} |y(t; t_0, y_0)| = +\infty.$$

Im Fall (i) ist die Lösung $y = 0$ asymptotisch stabil, woraus insbesondere Lyapunov-Stabilität resultiert. Im Fall (ii) ist die Lösung $y = 0$ Lyapunov-stabil und im Fall (iii) instabil.

Bei einer nichtlinearen Differentialgleichung $y' = f(t, y)$ sind Stabilitätsuntersuchungen wesentlich schwieriger. Möglichkeiten bestehen jedoch, wenn die Nichtlinearität eine gewisse Struktur, zum Beispiel Monotonie, aufweist: Die (vektorwertige) Funktion $f(t, y)$ genügt einer **Monotonie-Bedingung**, wenn eine Zahl $\lambda > 0$ existiert mit

$$-\langle f(t, x) - f(t, y), x - y\rangle \geq \lambda |x - y|^2 \qquad \forall (t, x), (t, y). \tag{7.32}$$

Für eine skalare Funktion $f(t, y)$ geht (7.32) über in

$$\frac{f(t, x) - f(t, y)}{x - y} \leq -\lambda \qquad \text{für } x, y \in \mathbb{R},\ x \neq y,$$

woraus $f' \leq -\lambda$ folgt, sofern $f(t, \cdot) \in C^1(\mathbb{R})$ ist. In dem Fall ist die Bedingung (7.32) folglich äquivalent dazu, dass f monoton fallend ist.

Satz 7.45. *Gegeben sei die Differentialgleichung $y'(t) = f(t, y(t))$, $t \geq t_0$, deren rechte Seite $f(t, y)$ lokal Lipschitz-stetig in y ist und die Monotonie-Bedingung (7.32) erfüllt. Dann gilt: Für beliebige Anfangsdaten $y(t_0) = y_0$ existiert genau eine globale Lösung y auf $[t_0, \infty)$. Ist für jedes $\xi \in \mathbb{R}^n$ mit $|\xi| < \delta$ für $\delta > 0$ die Funktion $z(t)$ die globale Lösung der gestörten Gleichung*

$$z'(t) = f(t, z(t)), \qquad t \geq t_0, \qquad z(t_0) = y(t_0) + \xi,$$

dann gilt mit der Zahl λ aus (7.32) die Stabilitätsbeziehung

$$|y(t) - z(t)| \leq e^{-\lambda(t - t_0)}|\xi| \leq e^{-\lambda(t - t_0)}\delta \qquad \text{für } t \geq t_0. \tag{7.33}$$

Insbesondere ist jedes stationäre Gleichgewicht von $y' = f(t, y)$ asymptotisch stabil.

Beweis. Die Existenz globaler Lösungen soll in Aufgabe 7.6 verifiziert werden. Es sei nun $z(t)$ beziehungsweise $y(t)$ die Lösung des gestörten beziehungsweise ursprünglichen Anfangswertproblems. Die Differenz $e(t) := z(t) - y(t)$ erfüllt offenbar

$$e'(t) = f(t, z(t)) - f(t, y(t)), \qquad t \geq t_0, \qquad e(t_0) = \xi.$$

Indem wir die Differentialgleichung mit $e(t)|e(t)|^{-1}$ multiplizieren, erhalten wir die Identität

$$\left\langle e'(t), \frac{e(t)}{|e(t)|} \right\rangle - \left\langle f(t, z(t)) - f(t, y(t)), \frac{e(t)}{|e(t)|} \right\rangle = 0,$$

die wir mit der Kettenregel äquivalent als

$$\frac{d}{dt}|e(t)| - \frac{\langle f(t, z(t)) - f(t, y(t)), e(t) \rangle}{|e(t)|} = 0$$

formulieren können. Die Monotonie-Bedingung (7.32) impliziert folglich

$$\frac{d}{dt}\left(e^{\lambda(t-t_0)}|e(t)|\right) = \lambda e^{\lambda(t-t_0)}|e(t)| + e^{\lambda(t-t_0)}\frac{d}{dt}|e(t)| = e^{\lambda(t-t_0)}\left(\frac{\lambda|e(t)|^2}{|e(t)|} + \frac{d}{dt}|e(t)|\right)$$

$$\leq e^{\lambda(t-t_0)}\left(-\frac{\langle f(t, z(t)) - f(t, y(t)), e(t) \rangle}{|e(t)|} + \frac{d}{dt}|e(t)|\right) \leq 0.$$

Durch Integration dieser Ungleichung über $[t_0, t]$ ergibt sich die Behauptung

$$e^{\lambda(t-t_0)}|e(t)| - |e(t_0)| \leq 0 \qquad \Leftrightarrow \qquad |e(t)| \leq e^{-\lambda(t-t_0)}|\xi| \qquad (t \geq t_0). \qquad \square$$

Aus Satz 7.45 resultiert insbesondere, dass für stetige Funktionen $A : [t_0, \infty) \to \mathbb{R}^{n \times n}$ und $b : [t_0, \infty) \to \mathbb{R}^n$ das Anfangswertproblem

$$y'(t) = A(t)y(t) + b(t), \qquad t \geq t_0, \qquad y(t_0) = y_0$$

eine (eindeutig bestimmte) globale Lösung $y : [t_0, \infty) \to \mathbb{R}^n$ besitzt, falls

$$-\langle A(t)w, w \rangle \geq \lambda|w|^2 \qquad \forall w \in \mathbb{R}^n$$

für ein $\lambda > 0$ zutrifft. In dem Fall erfüllt $y(t)$ zusätzlich die Stabilitätseigenschaft (7.33). Generell werden Lösungen, die (7.33) genügen, als **exponentiell stabil** bezeichnet.

Um eine allgemeine nichtlineare Differentialgleichung hinsichtlich Stabilität zu beurteilen, kann man versuchen, die Differentialgleichung in einer Umgebung eines Gleichgewichts zu linearisieren und die lineare Stabilitätstheorie auszunutzen (nach Proposition 7.44). Gegeben sei $y'(t) = f(y(t))$ mit einer Funktion $f : \mathbb{R}^n \to \mathbb{R}^n$. Falls f in $y^* \in \mathbb{R}^n$ differenzierbar ist, so gilt – wie wir in Kap. 8 einsehen werden – für alle y aus einer Umgebung U des Nullpunkts

$$f(y^* + y) = f(y^*) + Ay + r(y)$$

mit einer Matrix[9] $A \in \mathbb{R}^{n \times n}$ und $\lim_{y \to 0} \frac{r(y)}{|y|} = 0$. Es sei nun $y^* = 0 \in \mathbb{R}^n$ ein Gleichgewicht der Differentialgleichung, das heißt $f(0) = 0$. Für $y^* = 0$ existiert dann eine Umgebung U von y^* mit

---

[9]Diese Matrix bezeichnen wir im nächsten Kapitel mit $df(y^*)$.

$$f(y) = Ay + r(y), \quad A \in \mathbb{R}^{n \times n}, \quad \lim_{y \to 0} \frac{r(y)}{|y|} = 0.$$

Für diese Matrix A untersucht man in praktischen Anwendungen oft die Differentialgleichung $y'(t) = Ay(t)$, die man als **Linearisierung von** $y'(t) = f(y(t))$ **im Punkt** $y^* = 0$ bezeichnet, auf Stabilität. Voraussetzung hierbei ist jedoch, dass die Lösungen von $y'(t) = Ay(t)$ brauchbare Approximationen der Lösungen von $y'(t) = f(y(t))$ darstellen. Man kann zeigen, dass dies in einer Umgebung von $y^* = 0$ der Fall ist.

Satz 7.46 (Poincaré-Lyapunov). *Für eine konstante* $n \times n$-*Matrix A betrachte man*

$$y'(t) = Ay(t) + B(t)y(t) + f(t,y), \quad t \in \mathbb{R}, \quad y(t_0) = y_0. \tag{7.34}$$

Dabei gelte $\mathfrak{R}(\lambda) < 0$ *für alle Eigenwerte von A. Ferner sei* $B(t) \in \mathbb{R}^{n \times n}$ *eine stetige Matrix-Funktion mit* $\lim_{t \to \infty} |B(t)| = 0$, *und* $f(t,y)$ *sei ein stetiges Vektorfeld, das in einer Umgebung von* $y = 0$ *Lipschitz-stetig in y ist und die Bedingung*

$$\lim_{|y| \to 0} \frac{f(t,y)}{|y|} = 0$$

gleichmäßig in t erfüllt.[10] *Dann existieren positive Konstanten C,* δ, μ, *sodass aus* $|y_0| \le \delta$ *die Ungleichung*

$$|y(t;t_0,y_0)| \le C|y_0|e^{-\mu(t-t_0)}, \quad t \ge t_0,$$

resultiert, das heißt, die Lösung $y = 0$ *ist asymptotisch stabil.*[11]

Beweis. Weil wir den Satz im Folgenden nicht weiter verwenden, verzichten wir auf die Angabe des Beweises und verweisen stattdessen auf die Literatur [Ver96]. Der Beweis basiert auf einer expliziten Darstellung der Lösung $y(t;t_0,y_0)$ und auf einer Anwendung einer Gronwallschen Ungleichung.   □

Beispiel 7.47. Zur Veranschaulichung der Aussage des Satzes 7.46 untersuchen wir für $\mu > 0$ die Differentialgleichung

$$y''(t) + \mu y'(t) + \sin y(t) = 0. \tag{7.35}$$

In der Physik repräsentiert (7.35) die Bewegungsgleichung eines idealisierten Fadenpendels mit linearer Dämpfung (vergleiche Beispiel 7.6). Mit $y_1 = y$ und $y_2 = y'$ lautet das äquivalente Differentialgleichungssystem 1. Ordnung

$$\begin{pmatrix} y_1 \\ y_2 \end{pmatrix}' = \begin{pmatrix} 0 & 1 \\ -1 & -\mu \end{pmatrix} \begin{pmatrix} y_1 \\ y_2 \end{pmatrix} + \begin{pmatrix} 0 \\ y_1 - \sin y_1 \end{pmatrix}.$$

---

[10]Die letzte Bedingung impliziert, dass $y = 0$ eine Lösung von (7.34) ist.

[11]Benannt nach dem russischen Mathematiker Alexander Michailowitsch Lyapunov (1857–1919) und dem französischen Mathematiker Henri Poincaré (1854–1912).

Es ergeben sich die folgenden Eigenwerte für das linearisierte Differentialgleichungs-system

$$\det \begin{pmatrix} -\lambda & 1 \\ -1 & -\lambda - \mu \end{pmatrix} = 0 \quad \Leftrightarrow \quad \lambda^2 + \mu\lambda + 1 = 0 \quad \Leftrightarrow \quad \lambda_{1,2} = -\frac{\mu}{2} \pm \frac{1}{2}\sqrt{\mu^2 - 4},$$

das heißt, es gilt $\Re\lambda_{1,2} < 0$ für alle $\mu > 0$. Nach Satz 7.46 (mit $B = 0$) ist das Gleichgewicht $(y_1, y_2) = (0, 0)$ asymptotisch stabil.

7.3   Exkurs: Numerische Lösung von Differentialgleichungen*

Die meisten Differentialgleichungen, welche in der Praxis auftreten, lassen sich nicht analytisch lösen. Daher benötigt man numerische Verfahren, um zumindest Näherungs-lösungen zu erzeugen. Solche Verfahren ersetzen das kontinuierliche Anfangswertproblem durch ein diskretes Analogon, welches auf einer Rechenanlage gelöst werden kann. Als elementaren Lösungsalgorithmus wollen wir in diesem Abschnitt insbesondere das Euler-Verfahren untersuchen, dessen Analyse grundlegende Prinzipien der Numerik vermittelt und auf andere Verfahren übertragen werden kann. Hierfür folgen wir [Ran14]. Als Ausgangsproblem betrachten wir die Anfangswertaufgabe

$$y'(t) = f(t, y(t)) \qquad t \in I := [t_0, t_0 + T], \qquad y(t_0) = y_0. \tag{7.36}$$

Für den weiteren Verlauf wollen wir stets annehmen, dass die rechte Seite f eine Lipschitz-Bedingung im zweiten Argument erfüllt mit Lipschitz-Konstante $L > 0$. Satz 7.28 sichert dann die eindeutige Lösbarkeit von (7.36). Die (unbekannte) Lösung y von (7.36) wollen wir numerisch approximieren. Zunächst diskutieren wir dazu eine bereits bekannte Fixpunktiteration, die in einigen Spezialfällen zur Approximation von (7.36) herangezogen werden kann und durch den konstruktiven Beweis von Satz 7.28 nahe gelegt wird: Ausgehend von einem Startwert $\tilde{y}_0 = y_0$ werden Funktionen $\tilde{y}_k(t)$, $k \geq 1$, durch die Iteration

$$\tilde{y}_k(t) = g(\tilde{y}_{k-1})(t) := \tilde{y}_0 + \int_{t_0}^{t} f(s, \tilde{y}_{k-1}(s))\, ds$$

bestimmt. Der Banachsche Fixpunktsatz sichert die Lösbarkeit der Integralgleichung und die Konvergenz der Folge $(\tilde{y}_k)$, sofern die Abbildung g eine Kontraktion auf dem Raum $C([t_0, t_0 + T])$ darstellt. Dies ist der Fall für $T < 1/L$, denn es gilt

$$\max_{[t_0, t_0+T]} |g(v) - g(w)| \leq \int_{t_0}^{t_0+T} \max_{[t_0, t_0+T]} |f(s, v) - f(s, w)|\, ds \leq LT \max_{[t_0, t_0+T]} |v - w|.$$

Der Limes von $\tilde{y}_k$ löst dann (7.36). Für komplexe Systeme ist diese Methode meistens zu ineffizient. Daher werden wir im Folgenden auf die Methode der finiten Differenzen eingehen, bei der auf einem endlichen Punktgitter $\{t_k\}$ des Intervalls $[t_0, t_0+T]$ Näherungen $\tilde{y}_k \approx y(t_k)$ dadurch erzeugt werden, dass Ableitungen durch Differenzenquotienten ersetzt werden.

Einfache Differenzenverfahren Zur Approximation von (7.36) müssen wir zunächst das Intervall $[t_0, t_0 + T]$ geeignet diskretisieren. Dazu wählen wir eine Folge von Punkten $t_0 < t_1 < t_2 < \ldots < t_K = t_0 + T$ und definieren die Schrittweite $h_k := t_k - t_{k-1}$, $h := \max_{1 \le k \le K} h_k$. Ausgehend von einem Startwert $y_0^h \in \mathbb{R}^n$ erzeugt das explizite Euler-Verfahren eine Folge $(y_k^h)_{k \in \mathbb{N}}$, welche rekursiv durch die Vorschrift

$$y_k^h = y_{k-1}^h + h_k f(t_{k-1}, y_{k-1}^h), \qquad k = 1, \ldots, K, \qquad (7.37)$$

gegeben ist. Das explizite Euler-Verfahren wird auch als **Polygonzug-Methode** bezeichnet, weil durch lineare Interpolation ein Polygonzug erzeugt wird, welcher die Lösung y auf ganz $[t_0, t_0 + T]$ approximiert

$$y(t) := y_{k-1}^h + (t - t_{k-1}) f(t_{k-1}, y_{k-1}^h), \qquad t \in [t_{k-1}, t_k].$$

Die Kennzeichnung als explizite Methode rührt daher, dass die Iterierte y_k^h allein aus der Kenntnis von y_{k-1}^h durch Auswerten der rechten Seite $f(t_{k-1}, y_{k-1}^h)$ gewonnen werden kann. Das implizite Gegenstück dazu bildet das Verfahren

$$y_k^h = y_{k-1}^h + h_k f(t_k, y_k^h), \qquad k = 1, \ldots, K, \qquad (7.38)$$

welches **implizites Euler-Verfahren** genannt wird. Zur Berechnung von y_k^h muss hierbei ein nichtlineares Gleichungssystem gelöst werden, wozu beispielsweise das Newton-Verfahren (siehe Satz 5.36) herangezogen werden kann. Ein weiteres implizites Verfahren stellt die **Trapezregel** dar, welche die Näherung y_k^h nach der Vorschrift

$$y_k^h = y_{k-1}^h + \frac{1}{2} h_k \big(f(t_k, y_k^h) + f(t_{k-1}, y_{k-1}^h) \big), \qquad k = 1, \ldots, K, \qquad (7.39)$$

bestimmt. Die erwähnten Verfahren gehören zu den sogenannten Einschrittverfahren, welche dadurch charakterisiert sind, dass die Näherung y_k^h allein aus der letzten Näherung y_{k-1}^h berechnet werden kann. Im Gegensatz dazu stehen die Mehrschrittmethoden, bei denen auf die R vorausgehenden Iterierten $y_{k-1}^h, \ldots, y_{k-R}^h$ zurückgegriffen wird. Ein Beispiel einer 2-Schrittformel ist die **Simpsonregel**

$$y_k^h = y_{k-2}^h + \frac{1}{3} h_k \big(f(t_k, y_k^h) + 4 f(t_{k-1}, y_{k-1}^h) + f(t_{k-2}, y_{k-2}^h) \big), \qquad k \ge 2.$$

Im Allgemeinen sind Trapez- und Simpson-Methode von höherer Genauigkeit als das einfache Euler-Verfahren.

A-priori-Fehlerabschätzungen Speziell für (7.37)–(7.38) werden wir demonstrieren, dass die generierte Iterationsfolge (y_k^h) tatsächlich gegen die exakten Punktwerte $y(t_k)$ konvergiert. Um die Geschwindigkeit der Konvergenz zu quantifizieren, werden wir A-priori-Fehlerabschätzungen herleiten, welche eine obere Schranke des Fehlers $(y_k^h - y(t_k))$ in Ausdrücken von h liefern. Dabei ist es notwendig, den Konsistenzfehler zu untersuchen, der sich durch Einsetzen von y in die Differenzenformel ergibt.

Definition 7.48. Eine allgemeine Einschrittformel

$$y_k^h = y_{k-1}^h + h_k F\left(h_k, t_{k-1}, y_k^h, y_{k-1}^h\right)$$

heißt **konsistent mit der Ordnung** m, wenn der **Konsistenzfehler**

$$\tau_k^h := h_k^{-1}\left(y(t_k) - y(t_{k-1})\right) - F\left(h_k, t_{k-1}, y(t_k), y(t_{k-1})\right)$$

für eine Konstante $C > 0$ das folgende asymptotische Verhalten aufweist:

$$\max_{1 \le k \le K} |\tau_k^h| \le Ch^m \qquad \text{für } h \to 0.$$

Um speziell den Konsistenzfehler für (7.37) abzuschätzen, bemerken wir die Beziehung

$$\tau_k^h \overset{\text{Def.}}{=} h_k^{-1}\left(y(t_k) - y(t_{k-1})\right) - f(t_{k-1}, y(t_{k-1}))$$

$$\overset{(7.36)}{=} h_k^{-1} \int_{t_{k-1}}^{t_k} y'(t)\,\mathrm{d}t - y'(t_{k-1}) = h_k^{-1} \int_{t_{k-1}}^{t_k} (t_k - t) y''(t)\,\mathrm{d}t,$$

welche sich mittels partieller Integration ergibt. Für (7.38) folgt analog:

$$\tau_k^h = h_k^{-1} \int_{t_{k-1}}^{t_k} (t_{k-1} - t) y''(t)\,\mathrm{d}t.$$

Das Euler-Verfahren (7.37)–(7.38) ist somit konsistent mit der Ordnung $m = 1$

$$|\tau_k^h| \le \frac{1}{2} h_k \max_{t \in [t_{k-1}, t_k]} |y''(t)|. \tag{7.40}$$

Bemerkung 7.49. Während das Euler-Verfahren eine Diskretisierung erster Ordnung darstellt, besitzt die Trapezregel (7.39) die Konsistenzordnung $m = 2$.

Nach Definition von τ_k^h genügt die exakte Lösung y einer gestörten Differenzengleichung

$$y(t_k) = y(t_{k-1}) + h_k f(t_{k-1}, y(t_{k-1})) + h_k \tau_k^h. \tag{7.41}$$

Um den Diskretisierungsfehler $e_k^h := y_k^h - y(t_k)$ abzuschätzen, subtrahieren wir (7.41) von (7.37)

$$e_k^h = e_{k-1}^h + h_k \left(f(t_{k-1}, y_{k-1}^h) - f(t_{k-1}, y(t_{k-1}))\right) - h_k \tau_k^h.$$

Mit der Lipschitz-Stetigkeit von f ergibt sich daraus die Abschätzung

$$|e_k^h| \leq |e_{k-1}^h| + h_k L |e_{k-1}^h| + h_k |\tau_k^h|,$$

welche nach iterativer Anwendung zur Ungleichung

$$|e_k^h| \leq |e_0^h| + L \sum_{\nu=0}^{k-1} h_{\nu+1} |e_\nu^h| + \sum_{\nu=1}^{k} h_\nu |\tau_\nu^h| \qquad (7.42)$$

führt. Um (7.42) weiter abschätzen zu können, benötigen wir eine diskrete Version des Gronwallschen Lemmas, deren Herleitung wir an dieser Stelle einschieben möchten.

Lemma 7.50. *Gegeben seien nicht-negative Folgen* (w_k), (a_k), (b_k), *welche* $w_0 \leq b_0$ *und*

$$w_k \leq \sum_{\nu=0}^{k-1} a_\nu w_\nu + b_k \qquad (k \geq 1) \qquad (7.43)$$

erfüllen. Ist (b_k) *nicht-fallend, dann resultiert daraus die Abschätzung*

$$w_k \leq \exp\left(\sum_{\nu=0}^{k-1} a_\nu\right) b_k \qquad (k \geq 1). \qquad (7.44)$$

Beweis. Wir setzen $S_0 := b_0$ und $S_k := \sum_{\nu=0}^{k-1} a_\nu w_\nu + b_k$ für $k \geq 1$. Es gilt

$$S_k - S_{k-1} = a_{k-1} w_{k-1} + b_k - b_{k-1} \qquad (k \geq 1). \qquad (7.45)$$

Per Induktion wollen wir damit

$$S_k \leq \exp\left(\sum_{\nu=0}^{k-1} a_\nu\right) b_k \qquad (k \geq 0) \qquad (7.46)$$

zeigen. Im Fall $k = 0$ ist die Summe leer und (7.46) reduziert sich zu $S_0 \leq b_0$. Nach Annahme ist dies erfüllt. Angenommen, (7.46) ist richtig für ein $k-1$. Damit folgern wir

$$S_k \overset{(7.45)}{=} S_{k-1} + a_{k-1} w_{k-1} + b_k - b_{k-1}$$

$$\overset{S_{k-1} \geq w_{k-1},\, a_{k-1} \geq 0}{\leq} (1 + a_{k-1}) S_{k-1} + b_k - b_{k-1}$$

$$\overset{\text{Ind.vor.}}{\leq} \underbrace{(1 + a_{k-1})}_{\geq 1} \underbrace{\exp\left(\sum_{\nu=0}^{k-2} a_\nu\right) b_{k-1}}_{\geq 1} + \underbrace{b_k - b_{k-1}}_{\geq 0}$$

$$\leq (1 + a_{k-1}) \exp\left(\sum_{\nu=0}^{k-2} a_\nu\right) (b_{k-1} + b_k - b_{k-1}).$$

Weil $1 + x \le \exp(x)$ für $x \ge 0$ ist, ergibt sich die Abschätzung

$$S_k \le \exp\left(a_{k-1}\right) \exp\left(\sum_{\nu=0}^{k-2} a_\nu\right) b_k = \exp\left(\sum_{\nu=0}^{k-1} a_\nu\right) b_k,$$

und damit (7.46). Wegen $w_k \le S_k$ resultiert die Behauptung aus (7.46). $\qquad\square$

Lemma 7.50 lässt sich dahingehend verschärfen, dass es auch im Zusammenhang mit impliziten Verfahren angewendet werden kann.

Folgerung 7.51. Gegeben seien Folgen (w_k), (a_k), (b_k) wie in Lemma 7.50, welche anstelle von (7.43) die Bedingung

$$w_k \le \sum_{\nu=0}^{k} a_\nu w_\nu + b_k \qquad (k \ge 1) \tag{7.47}$$

erfüllen. Unter der Voraussetzung $a_k < 1$ resultiert daraus

$$w_k \le \exp\left(\sum_{\nu=0}^{k} \frac{a_\nu}{1 - a_\nu}\right) b_k \qquad (k \ge 1). \tag{7.48}$$

Beweis. Wegen $a_k < 1$ für alle k können wir (7.47) in eine explizite Gestalt überführen, indem wir den führenden Summanden auf der rechten Seite von (7.47) eliminieren

$$\left(1 - a_k\right) w_k \le \sum_{\nu=0}^{k-1} \frac{a_\nu}{1 - a_\nu}\left(1 - a_\nu\right) w_\nu + b_k \qquad (k \ge 1).$$

Wenn wir Lemma 7.50 auf unsere Situation anwenden, erhalten wir die Ungleichung

$$\left(1 - a_k\right) w_k \le \exp\left(\sum_{\nu=0}^{k-1} \frac{a_\nu}{1 - a_\nu}\right) b_k \qquad (k \ge 1).$$

Wegen $\frac{1}{1-a_k} = 1 + \frac{a_k}{1-a_k} \le \exp\left(\frac{a_k}{1-a_k}\right)$ ergibt sich die Behauptung (7.48). $\qquad\square$

Mit Lemma 7.50 besitzen wir jetzt das entscheidende Hilfsmittel, um mit unserer Fehleranalyse für (7.37) fortfahren zu können. Dazu wenden wir Lemma 7.50 mit $w_k := |e_k^h|$ auf die Ungleichung (7.42) an und erschließen die Abschätzung

$$|e_k^h| \le \left(|e_0^h| + \sum_{\nu=1}^{k} h_\nu |\tau_\nu^h|\right) \exp\left(\sum_{\nu=0}^{k-1} L h_{\nu+1}\right) = \left(|e_0^h| + \sum_{\nu=1}^{k} h_\nu |\tau_\nu^h|\right) \exp(L(t_k - t_0)).$$

Nehmen wir das Maximum über k (zuerst rechts, dann links), so erhalten wir schließlich

$$\max_{1 \le k \le K} |e_k^h| \le e^{LT}\left(|e_0^h| + T \max_{1 \le k \le K} |\tau_k^h|\right). \tag{7.49}$$

Wenn man (7.41) als Störung von (7.37) auffasst, kann man die Abschätzung (7.49) als eine diskrete Stabilitätsaussage für das Differenzenverfahren interpretieren. Die Abschätzung (7.49) besagt, dass die globale Konvergenzordnung mindestens gleich der lokalen Konsistenzordnung sein muss. Indem wir die Stabilitätsaussage (7.49) mit der Abschätzung für den Konsistenzfehler (7.40) kombinieren, erhalten wir eine A-Priori-Fehlerabschätzung bezüglich der Schrittweite h, welche wir gesondert festhalten möchten.

Satz 7.52 (Euler-Verfahren). *Gegeben sei die Anfangswertaufgabe (7.36). Deren rechte Seite f erfülle eine Lipschitz-Bedingung im zweiten Argument. Sei y die Lösung von (7.36) und (y_k^h) seien zugehörige Näherungen, welche durch das explizite Euler-Verfahren (7.37) oder durch dessen implizites Gegenstück (7.38) generiert werden. Unter der Schrittweiten-Bedingung $h < \frac{1}{2}L^{-1}$ gilt dann die folgende A-priori-Fehlerabschätzung für ein $\gamma > 0$:*

$$\max_{1 \leq k \leq K} |y_k^h - y(t_k)| \leq e^{\gamma LT} \left(|y_0^h - y_0| + \frac{1}{2}T \max_{1 \leq k \leq K} \left(h_k \max_{t \in [t_{k-1}, t_k]} |y''(t)| \right) \right). \tag{7.50}$$

Für die explizite Euler-Methode kann die Schrittweiten-Bedingung entfallen und es kann $\gamma = 1$ gesetzt werden. Für $y_0^h \to y_0$ konvergiert insbesondere y_k^h gegen y für $h \to 0$.

Beweis. Für das explizite Euler-Verfahren (7.37) folgert man die Behauptung (7.50) mit $\gamma = 1$ durch Kombination von (7.49) mit (7.40). Für das implizite Euler-Verfahren (7.38) erhält man analog zur Herleitung von (7.42) die Ungleichung

$$|e_k^h| \leq |e_0^h| + L \sum_{v=0}^{k} h_v |e_v^h| + \sum_{v=1}^{k} h_v |\tau_v^h|,$$

deren rechte Seite man mit Folgerung 7.51 für $Lh_v < \frac{1}{2}$ weiter abschätzen kann

$$|e_k^h| \overset{\text{Folgerung 7.51}}{\leq} \left(|e_0^h| + \sum_{v=1}^{k} h_v |\tau_v^h| \right) \exp \left(\sum_{v=0}^{k} \frac{Lh_v}{1 - Lh_v} \right)$$

$$\overset{Lh_v < \frac{1}{2}}{\leq} \left(|e_0^h| + \sum_{v=1}^{k} h_v |\tau_v^h| \right) \exp \left(\sum_{v=0}^{k} 2Lh_v \right).$$

Mit (7.40) ergibt sich (7.50). Damit haben wir Satz 7.52 vollständig bewiesen. $\square$

Für manche praktische Bedürfnisse konvergiert das Euler-Verfahren zu langsam, jedoch illustriert dessen Konvergenzanalyse exemplarisch, wie bei der Untersuchung anderer Methoden vorgegangen werden kann. Wie sich herausgestellt hat, konvergieren das explizite und implizite Euler-Verfahren mit derselben Ordnung. Von höherer Ordnung konvergiert beispielsweise die Trapezregel, denn diese erlaubt die Fehlerabschätzung

$$\max_{1 \leq k \leq K} |y_k^h - y(t_k)| \leq c(T, y) \cdot h^2,$$

sofern die dritte Ableitung der Lösung y auf $[t_0, t_0 + T]$ beschränkt bleibt, was in die Konstante $c(T, y)$ implizit eingeht.

Um einen Iterationsschritt der impliziten Euler-Methode durchzuführen, muss in der Regel ein größerer Aufwand betrieben werden als bei der expliziten Version. Daher stellt sich die Frage, was die praktische Verwendung des impliziten Verfahrens rechtfertigt. Tatsächlich besitzen die impliziten Verfahren eine große praktische Bedeutung, wenn aus Gründen der numerischen Stabilität explizite Verfahren nicht eingesetzt werden können. Was wir unter numerischer Stabilität verstehen, wollen wir jetzt näher erklären.

Numerische Stabilität Intuitiv bezeichnen wir ein Einschrittverfahren als numerisch stabil (bei fester Schrittweite h), wenn es im Falle $\sup_{t>0} |y(t)| < \infty$ beschränkte Näherungen erzeugt, $\sup_{k\geq 0} |y_k^h| < \infty$. Um ein Differenzenverfahren auf Stabilität zu untersuchen, betrachten wir das skalare Testproblem

$$y'(t) = \lambda y(t), \qquad t \geq 0, \qquad \lambda \in \mathbb{C}, \qquad y(0) = y_0, \tag{7.51}$$

dessen Lösung bekanntlich $y(t) = y_0 e^{\lambda t}$ lautet. Das asymptotische Verhalten von $y(t)$ ist durch das Vorzeichen von $\Re(\lambda)$ charakterisiert:

$$|y(t)| = |y_0| e^{\Re(\lambda)} \begin{cases} \to 0 & \text{falls } \Re(\lambda) < 0, \\ = |y_0| & \text{falls } \Re(\lambda) = 0, \\ \to \infty & \text{falls } \Re(\lambda) > 0. \end{cases}$$

Im Fall $\Re(\lambda) \leq 0$ bleibt die Lösung $y(t)$ beschränkt für $t \to \infty$, und ein stabiles Einschrittverfahren sollte Näherungen generieren, welche dieses Verhalten widerspiegeln. Wenden wir beispielsweise das explizite Euler-Verfahren (7.37) mit äquidistanten Schrittweiten auf das Testproblem (7.51) an, so erhalten wir die folgende Identität

$$y_k^h = (1 + h\lambda) y_{k-1}^h = \ldots = (1 + h\lambda)^k y_0^h.$$

Im Fall $\Re(\lambda) \leq 0$ muss die Schrittweite h folglich so bemessen sein, dass $|1 + h\lambda| \leq 1$ erfüllt ist. Andernfalls wachsen die Näherungen y_k^h für $k \to \infty$ exponentiell an, obwohl die exakte Lösung $y(t)$ beschränkt ist (sogar exponentiell abfällt).

Definition 7.53. Das **Stabilitätsgebiet** SG einer Einschrittmethode ist definiert als die Menge aller $z = \lambda h$ mit $\lambda \in \mathbb{C}$, für welche die Einschrittmethode bei Anwendung auf das Testproblem (7.51) und fester Schrittweite h beschränkte Näherungen y_k^h generiert, $\sup_{k\geq 0} |y_k^h| < \infty$. Eine Einschrittmethode heißt **A-stabil**, falls das Stabilitätsgebiet die ganze linke komplexe Halbebene umfasst

$$\{z \in \mathbb{C} \mid \Re(z) \leq 0\} \subset SG.$$

Numerische Verfahren zur Approximation von (7.51) sind stabil, wenn für festes $\lambda \in \mathbb{C}$ mit $\mathfrak{R}(\lambda) \leq 0$ die Schrittweite h so gewählt wird, dass $\lambda h \in SG$ gilt. Für das explizite Euler-Verfahren (7.37) ergibt sich das Stabilitätsgebiet

$$SG = \{z = \lambda h \in \mathbb{C} \mid |1 + h\lambda| \leq 1\},$$

weshalb (7.37) nicht A-stabil sein kann. Allgemein kann man zeigen, dass explizite Verfahren nicht A-stabil sein können. Beispiele für A-stabile Einschrittmethoden sind das implizite Euler-Verfahren sowie die Trapezregel. Bisher wurde numerische Stabilität anhand der linearen Testgleichung (7.51) untersucht. Um ähnliche Stabilitätsaussagen für allgemeine (zum Beispiel nichtlineare) Anfangswertaufgaben (7.36) machen zu können, kann man versuchen die Differentialgleichung $y' = f(t, y)$ zu linearisieren und eine ähnliche Argumentation wie bei der linearen Testgleichung (7.51) zu verwenden (vergleiche die Untersuchung der Stabilität von Lösungen in Abschn. 7.1). Für weitere Details konsultiere man die Lehrbücher [HNW93] und [HW96], die sich intensiv mit der Stabilität und Konvergenz numerischer Lösungsverfahren befassen.

7.4 Übungsaufgaben

Aufgabe 7.1. Es sei $x : (-\delta, \delta) \to (a, b)$ mit $\delta > 0$ und $a < b$ eine Lösung von

$$\frac{\mathrm{d}^2}{\mathrm{d}t^2} x = f(x), \qquad f \in C^1((a, b), \mathbb{R}).$$

In der Physik wird f oft als Kraft am Ort x interpretiert. Eine Funktion U heißt Potenzial von f wenn $U'(x) = -f(x)$ gilt. Man zeige, dass die Gesamtenergie

$$E(t) := \frac{1}{2} \left(\frac{\mathrm{d}}{\mathrm{d}t} x(t) \right)^2 + U(x(t))$$

konstant auf $(-\delta, \delta)$ ist.

Aufgabe 7.2. Bestimmen Sie die Lösung des Anfangswertproblems

$$y' - \frac{1}{x}y = x \sin(x), \qquad y(\pi) = 0.$$

Aufgabe 7.3.

(i) Man zeige, dass für $f, g \in C(I)$ die **Bernoullische Differentialgleichung**

$$y' = f(t)y + g(t)y^{\alpha}, \qquad (t, y) \in I \times \mathbb{R}^+, \qquad \alpha \notin \{0, 1\},$$

durch die Substitution $u = y^{1-\alpha}$ auf eine lineare Differentialgleichung transformiert.

(ii) Man löse $y' = y + ty^2$, $y(0) = 1/2$.

Aufgabe 7.4. Bestimmen Sie die allgemeine Lösung des Systems:

$$x_1' = -2x_1 - x_2, \qquad x_2' = 2x_1.$$

Was können Sie über die Stabilität aussagen?

Aufgabe 7.5 (siehe [Ran10b]). Man untersuche das Anfangswertproblem $y'(t) = y^{1/4}(t)$, $t \geq 0$, $y(0) = 1$ auf Eindeutigkeit der Lösung y. Was lässt sich über Eindeutigkeit aussagen, wenn die Anfangsbedingung zu $y(0) = 0$ geändert wird?

Aufgabe 7.6 (siehe [Ran10b]). Gegeben sei das Anfangswertproblem $y'(t) = f(t, y(t))$, $t \geq t_0$, $y(t_0) = y_0$. Die rechte Seite $f(t, y)$ sei lokal Lipschitz-stetig und monoton im Sinne von (7.32). Man zeige:

(i) Es existiert genau eine (globale) Lösung $y(t)$ auf ganz $[t_0, \infty)$.
(ii) Im Fall $\sup_{t \geq t_0} |f(t, 0)| < +\infty$ ist die Lösung $y(t)$ gleichmäßig beschränkt.

Aufgabe 7.7. Man untersuche das Anfangswertproblem $y'(t) = \sin(y(t)) - y(t)$, $t \geq 0$, $y(0) = 1$, hinsichtlich der Existenz von Lösungen, des maximalen Existenzintervalls und der Eindeutigkeit sowie Beschränktheit der Lösung.

Aufgabe 7.8. Zeigen Sie, dass die Determinante der Vandermonde-Matrix

$$A = \begin{pmatrix} 1 & \cdots & 1 \\ \lambda_1 & \cdots & \lambda_n \\ \vdots & \ddots & \vdots \\ \lambda_1^{n-1} & \cdots & \lambda_n^{n-1} \end{pmatrix}$$

mit $\lambda_i \in \mathbb{C}$ durch $\det(A) = \prod_{i,j=1, i<j}^{n} (\lambda_j - \lambda_i)$ gegeben ist.

Differenzierbare Funktionen mehrerer Veränderlicher

8

Bisher haben wir Differential- und Integralrechnung für Funktionen einer Veränderlichen betrieben. In den meisten Anwendungen, zum Beispiel bei einer Bewegung eines Körpers im dreidimensionalen Raum $\mathbb{R}^3$, ist dieser Ansatz jedoch häufig offensichtlich völlig unzureichend. Es stellt sich also die Aufgabe, die eindimensionalen Konzepte ins Mehrdimensionale zu übertragen. Die Herausforderung besteht dabei darin, dass die mehrdimensionalen Definitionen für den Fall der Dimension 1 genau mit den uns bekannten Definitionen übereinstimmen müssen. In diesem Kapitel soll dieser Schritt für die Differenzierbarkeit gegangen werden. Auf den ersten Blick scheint es dabei ein Problem zu sein, dass der $\mathbb{R}^n$ für $n > 2$ nicht die algebraische Struktur eines Körpers trägt (dies ist eine wesentliche Aussage des Satzes von Hopf 2.48) und deswegen der Ausdruck $\frac{1}{h}$, der fundamental in die Definition der Differenzierbarkeit eingeflossen ist, keinen Sinn trägt. Allerdings bietet die äquivalente Formulierung der Differenzierbarkeit über lineare Abbildungen (siehe Satz 5.2) einen Ausweg.

8.1   Richtungsableitung und partielle Ableitung

Bevor wir uns an die Definition des mehrdimensionalen Differentials heranwagen, wollen wir uns folgende Tatsache klar machen: Blickt man nur in eine Richtung des $\mathbb{R}^n$, dann kann man in diese Richtung wie gewohnt ableiten. Dieses Vorgehen beschreibt die Richtungsableitung.

Definition 8.1. Es sei $\Omega \subset \mathbb{R}^n$ eine offene Teilmenge und $f : \Omega \to \mathbb{R}$ eine Funktion. Ferner seien $x \in \Omega$ ein innerer Punkt und $y \in \mathbb{R}^n$. Dann definiert der Ausdruck

$$D_y f(x) := \frac{\mathrm{d}}{\mathrm{d}t} f(x + ty)\Big|_{t=0} = \lim_{t \to 0} \frac{1}{t} \left(f(x + ty) - f(x) \right),$$

© Springer-Verlag GmbH Deutschland 2017
A. Hirn, C. Weiß, *Analysis – Grundlagen und Exkurse*,
https://doi.org/10.1007/978-3-662-55538-5_8

Abb. 8.1 Wohldefiniertheit
der Richtungsableitung

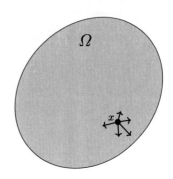

falls der Limes existiert, die **Richtungsableitung von** f **im Punkt** x **in Richtung** y .

Man beachte, dass der Ausdruck $f(x + ty)$ für hinreichend kleine $|t| < \delta$ definiert ist, weil Ω offen ist (siehe Abb. 8.1).

Speziell setzt man für $y = e_k$, wobei $(e_1, \ldots, e_n)$ die Standardbasis des $\mathbb{R}^n$ ist,

$$D_k f(x) := \frac{\partial f}{\partial x_k}(x) := D_{e_k} f(x).$$

Dieser Ausdruck wird **partielle Ableitung von** f **nach** x_k genannt. Anders betrachtet, ist

$$D_k f(x) = \lim_{t \to 0} \frac{1}{t} \left(f(x_1, \ldots, x_{k-1}, x_k + t, x_{k+1}, \ldots, x_n) - f(x_1, \ldots, x_n) \right)$$

die gewöhnliche Ableitung von f nach x_k bei festgehaltenen $x_1, \ldots, x_{k-1}, x_{k+1}, \ldots, x_n$.

Beispiel 8.2.

(i) Es sei $\Omega = \mathbb{R}^n$ und $f(x) = |x| = \sqrt{\langle x, x \rangle} = \sqrt{x_1^2 + \ldots + x_n^2}$. Dann ist

$$f(x + ty) = \sqrt{\langle x + ty, x + ty \rangle} = \sqrt{\langle x, x \rangle + 2t \langle x, y \rangle + t^2 \langle y, y \rangle}.$$

Für $x \neq 0$ kann die Richtungsableitung als

$$\frac{\mathrm{d}}{\mathrm{d}t} f(x + ty) \Big|_{t=0} = \frac{1}{2} \cdot \frac{2 \langle x, y \rangle}{\sqrt{\langle x, x \rangle}} = \frac{\langle x, y \rangle}{|x|}$$

berechnet werden. Speziell ist für $y = e_k$ die partielle Ableitung durch

$$\frac{\partial f}{\partial x_k}(x) = \frac{\langle x, e_k \rangle}{|x|} = \frac{x_k}{|x|}$$

gegeben. Dagegen ist für $x = 0$ der Ausdruck $f(ty) = \sqrt{t^2 \langle y, y \rangle} = |t||y|$ nicht differenzierbar in $t = 0$, falls $y \neq 0$ ist.

(ii) Gegeben sei die Funktion $f : \Omega \to \mathbb{R}$, $\Omega = \mathbb{R}^2$,

$$f(x_1, x_2) = \begin{cases} \frac{x_2^2}{x_1} & \text{für } x_1 \neq 0 \\ 0 & \text{sonst.} \end{cases}$$

Für beliebige Richtungen $y \in \mathbb{R}^2$ gilt dann

$$D_y f(0) = \frac{\mathrm{d}}{\mathrm{d}t} f(0 + ty)\Big|_{t=0} = \begin{cases} \frac{y_2^2}{y_1} & \text{für } y_1 \neq 0 \\ 0 & \text{sonst,} \end{cases}$$

das heißt, alle Richtungsableitungen existieren im Nullpunkt. Hingegen ist f dort nicht stetig, denn wegen $f(t^2, t) = 1$ für alle $t \neq 0$ gilt $\lim_{t \to 0} f(t^2, t) \neq f(0)$.

8.2 Das Differential

Das Kernstück des Konzepts der Differenzierbarkeit im $\mathbb{R}^n$ bildet die folgende Definition, die in Anbetracht von Satz 5.2 die eindimensionale Herangehensweise in der Tat verallgemeinert.

Definition 8.3. Es seien $\Omega \subset \mathbb{R}^n$ eine offene Teilmenge, $f : \Omega \to \mathbb{R}^N$ eine Funktion und $x \in \Omega$ ein innerer Punkt. Die Abbildung f heißt **differenzierbar im Punkt** x, wenn es eine lineare Abbildung $L : \mathbb{R}^n \to \mathbb{R}^N$ gibt mit

$$\lim_{0 \neq h \to 0} \frac{1}{|h|} \left(f(x+h) - f(x) - L(h) \right) = 0. \tag{8.1}$$

Wir werden nun peu a peu der linearen Abbildung L ihre Geheimnisse entlocken. Wir starten mit der folgenden offensichtlichen Beobachtung.

Proposition 8.4. *Die lineare Abbildung L ist eindeutig bestimmt.*

Beweis. Angenommen, es gibt zwei lineare Abbildungen L und $\widetilde{L}$, mit denen jeweils (8.1) erfüllt ist. Durch Subtrahieren dieser Gleichungen resultiert

$$0 = \lim_{h \to 0} \frac{1}{|h|} \left(L(h) - \widetilde{L}(h) \right).$$

Speziell wird $h = ty$ für $y \in \mathbb{R}^n$ und $t \in \mathbb{R}$ mit $0 < t < \delta$ gesetzt, wobei δ so gewählt wird, dass die folgenden Ausdrücke alle wohldefiniert sind

$$0 = \lim_{t \to 0} \frac{1}{t|y|} \left(L(ty) - \widetilde{L}(ty) \right) \stackrel{L, \widetilde{L} \text{ linear}}{=} \frac{1}{|y|} \left(L(y) - \widetilde{L}(y) \right).$$

Folglich ergibt sich $L(y) = \widetilde{L}(y)$ für alle y beziehungsweise $L = \widetilde{L}$. $\qquad\square$

Die lineare Abbildung L heißt **Differential** oder **(totale) Ableitung** im Punkt x. Meist schreibt man daher auch $L = \mathrm{d}f(x)$. Dass der Begriff der Differenzierbarkeit durch Definition 8.3 auf sinnvolle Art und Weise verallgemeinert ist, wird insbesondere auch an der folgenden Aussage ersichtlich, die eine zentrale Eigenschaft der Differenzierbarkeit aus dem Eindimensionalen in den $\mathbb{R}^n$ überträgt (vergleiche Folgerung 5.3).

Proposition 8.5. *Ist f differenzierbar im Punkt x, so ist f auch stetig im Punkt x, alle Richtungsableitungen existieren und es gilt*

$$D_y f(x) = \mathrm{d}f(x)(y)$$

für alle $y \in \mathbb{R}^n \setminus \{0\}$.

Beweis. Es sei $r(h) := f(x+h) - f(x) - \mathrm{d}f(x)(h)$. Weil f differenzierbar ist, gilt $\frac{1}{|h|}r(h) \to 0$ $(h \to 0)$ und damit erst recht $r(h) \to 0$ $(h \to 0)$. Aus der Linearität von $\mathrm{d}f(x)$ folgt $\mathrm{d}f(x)(h) \to 0$ $(h \to 0)$ und deswegen $f(x+h) - f(x) \to 0$ $(h \to 0)$, was bedeutet, dass f stetig ist. Wird wieder speziell $h = ty$ für $t > 0$ gesetzt, dann sind die Gleichheiten

$$0 = \lim_{t \to 0} \frac{r(ty)}{t|y|} = \lim_{t \to 0} \frac{1}{t|y|}\Big(f(x+ty) - f(x) - \mathrm{d}f(x)(ty)\Big)$$

$$= \lim_{t \to 0} \frac{1}{t|y|}\Big(f(x+ty) - f(x)\Big) - \frac{1}{|y|}\mathrm{d}f(x)(y)$$

$$= \lim_{t \to 0} \frac{1}{|y|}\Big(\frac{1}{t}(f(x+ty) - f(x)) - \mathrm{d}f(x)(y)\Big)$$

erfüllt, das heißt,

$$\lim_{t \to 0} \frac{1}{t}\Big(f(x+ty) - f(x)\Big) = \mathrm{d}f(x)(y). \qquad \square$$

Darüber hinaus kann die mehrdimensionale Differenzierbarkeit im Wesentlichen auf die eindimensionale Differenzierbarkeit zurückgeführt werden.

Proposition 8.6. *Die Abbildung $f : \Omega \to \mathbb{R}^N$ mit $f = (f_1, \ldots, f_N)$ ist genau dann differenzierbar im Punkt x, wenn es alle f_j für $j = 1, \ldots, N$ sind. Es gilt in diesem Fall, dass $\mathrm{d}f_j(x)$ die j-te Komponente von $\mathrm{d}f(x)$ ist.*

Beweis. Für $j = 1, \ldots, N$ sei $r_j(h) = f_j(x+h) - f_j(x) - L_j(h)$ mit einer gewissen Linearform $L_j : \mathbb{R}^n \to \mathbb{R}$. Es gilt $\frac{1}{|h|}r_j(h) \to 0$ $(h \to 0)$ für $j = 1, \ldots, N$ genau dann, wenn $\frac{1}{|h|}r(h) \to 0$ $(h \to 0)$, wobei $r(h) = f(x+h) - f(x) - L(h)$ und $L = (L_1, \ldots, L_N)$ ist. $\qquad \square$

Dies ermöglicht es schließlich, die Matrix von $df(x)$ vollständig zu beschreiben.

Proposition 8.7. *Die Matrix von* $df(x)$ *ist* $\left(\frac{\partial f_i}{\partial x_j}(x)\right)_{i=1,..,N, j=1,..,n}$, *also*

$$df(x) = \begin{pmatrix} \frac{\partial f_1}{\partial x_1}(x) & \cdots & \frac{\partial f_1}{\partial x_n}(x) \\ \vdots & & \vdots \\ \frac{\partial f_N}{\partial x_1}(x) & \cdots & \frac{\partial f_N}{\partial x_n}(x) \end{pmatrix}.$$

Die Matrix von $df(x)$ heißt **Jacobi-Matrix** von f.

Beweis. Sei (L_{ij}) die Matrix von $df(x)$. Nach Proposition 8.6 ist $L_{ij} = (L(e_j))_i = df_i(x)(e_j)$. Dies entspricht laut Proposition 8.5 dem Ausdruck $D_{e_j}f_i(x) = \frac{\partial f_i}{\partial x_j}(x)$.   □

Differential und Gradient   Wir erinnern an die Tatsache, dass es zu jeder linearen Abbildung $L : \mathbb{R}^n \to \mathbb{R}$ genau einen Vektor $a \in \mathbb{R}^n$ mit $L(x) = \langle a, x \rangle$ für alle $x \in \mathbb{R}^n$ gibt (siehe Satz 10.28). Für eine skalare Funktion $f : \Omega \to \mathbb{R}$ wird das zu $L = df(x)$ gehörige a mit $\nabla f(x)$ bezeichnet, das heißt, $df(x)(y) = \langle \nabla f(x), y \rangle$. Man nennt $\nabla f(x)$ auch **Gradient von** f. Gelegentlich findet sich deshalb in der Literatur die Bezeichnung grad anstelle von ∇. Laut Proposition 8.7 gilt

$$df(x)(y) = \begin{pmatrix} \frac{\partial f}{\partial x_1} & \cdots & \frac{\partial f}{\partial x_n} \end{pmatrix} \begin{pmatrix} y_1 \\ \vdots \\ y_n \end{pmatrix} = \sum_{j=1}^{n} \frac{\partial f}{\partial x_j} y_j.$$

Daraus ergibt sich bereits die Formel

$$\nabla f(x) = \begin{pmatrix} \frac{\partial f}{\partial x_1}(x) & \cdots & \frac{\partial f}{\partial x_n}(x) \end{pmatrix}.$$

Für $y \in \mathbb{R}^n$ mit $|y| = 1$ gilt nach der Cauchy-Schwarzschen Ungleichung 2.42

$$df(x)(y) = \langle \nabla f(x), y \rangle \le |\nabla f(x)| |y|,$$

wobei Gleichheit genau dann eintritt, wenn $y = |\nabla f(x)|^{-1} \nabla f(x)$ ist. Folglich gibt der Gradient $\nabla f(x)$ die Richtung des steilsten Anstiegs von f an. Das Symbol ∇ wird mündlich übrigens **Nabla** ausgesprochen. Diese Sprechweise kommt von einem alt-jüdischen Instrument gleichen Namens, das bezüglich seiner Form dem Symbol ∇ sehr ähnelt.

Auch wenn alle partiellen Ableitungen einer Funktion f existieren, muss f nicht differenzierbar sein, siehe Beispiel 8.2 (ii). Unter stärkeren Voraussetzungen trifft diese Implikation jedoch zu.

Satz 8.8 (Stetige partielle Differenzierbarkeit). *Seien $\Omega \subset \mathbb{R}^n$ eine offene Teilmenge, $f : \Omega \to \mathbb{R}^N$ eine Abbildung und $p \in \Omega$ ein Punkt. Falls die partiellen Ableitungen $\frac{\partial f_i}{\partial x_j}$ für $i = 1, \ldots, N$ und $j = 1, \ldots, n$ in einer Umgebung (siehe Abschn. 4.1) von p existieren und stetig sind, so ist f im Punkt p differenzierbar.*

Beispiel 8.9. Alle Polynome P in mehreren Veränderlichen sind differenzierbar, weil alle $\frac{\partial P}{\partial x_j}$ wieder Polynome sind.

Beweis. Wegen Proposition 8.6 kann man ohne Einschränkung annehmen, dass f reellwertig ist. Die partiellen Ableitungen $\frac{\partial f}{\partial x_j}$ mögen im Quader

$$Q_\delta(p) := \{x \in \Omega \mid |x_i - p_i| < \delta,\ i = 1, \ldots, n\}$$

existieren und stetig sein. Für $x \in Q_\delta(p)$ gilt nach dem Mittelwertsatz 5.7

$$
\begin{aligned}
f(x) - f(p) &= f(x_1, \ldots, x_n) - f(p_1, x_2, \ldots, x_n) + f(p_1, x_2, \ldots, x_n) \\
&\quad - f(p_1, p_2, x_3, \ldots, x_n) + \ldots + f(p_1, \ldots, p_{n-1}, x_n) - f(p_1, \ldots, p_n) \\
&\overset{\text{Satz 5.7}}{=} \frac{\partial f}{\partial x_1}(y_1, x_2, \ldots, x_n)(x_1 - p_1) + \frac{\partial f}{\partial x_2}(p_1, y_2, x_3, \ldots, x_n)(x_2 - p_2) + \\
&\quad \ldots + \frac{\partial f}{\partial x_n}(p_1, \ldots, p_{n-1}, y_n)(x_n - p_n),
\end{aligned}
$$

wobei jeweils $|y_i - p_i| < |x_i - p_i|$ erfüllt ist. In Summenschreibweise bedeutet dies

$$f(x) - f(p) = \sum_{j=1}^n \frac{\partial f}{\partial x_j}\left(y^{(j)}\right)(x_j - p_j)$$

mit $y^{(j)} := (p_1, \ldots, p_{j-1}, y_j, x_{j+1}, \ldots, x_n)$ und $|y^{(j)} - p| \leq |x - p|$. Setzt man $h := x - p$, erhält man

$$f(p + h) - f(p) = \sum_{j=1}^n \frac{\partial f}{\partial x_j}\left(y^{(j)}\right) h_j = \sum_{j=1}^n \frac{\partial f}{\partial x_j}(p) h_j + \sum_{j=1}^n \left(\frac{\partial f}{\partial x_j}\left(y^{(j)}\right) - \frac{\partial f}{\partial x_j}(p)\right) h_j.$$

Folglich ergibt sich die Abschätzung

$$\frac{1}{|h|}\left| f(p + h) - f(p) - \sum_{j=1}^n \frac{\partial f}{\partial x_j}(p) h_j \right| \leq \sum_{j=1}^n \left| \frac{\partial f}{\partial x_j}\left(y^{(j)}\right) - \frac{\partial f}{\partial x_j}(p) \right| \frac{|h_j|}{|h|}. \tag{8.2}$$

Weil die partiellen Ableitungen im Punkt p alle stetig sind und $\frac{|h_j|}{|h|} \leq 1$ ist, geht die rechte Seite der Ungleichung (8.2) gegen 0 für $h \to 0$. $\qquad\square$

8.3   Die Kettenregel

An dieser Stelle erinnern wir als Erstes an die eindimensionale Kettenregel aus Satz 5.4. Diese lautet

$$(f \circ g)'(x) = f'(g(x))g'(x).$$

Ziel ist es nun, eine mehrdimensionale Version der Kettenregel zu beweisen und daraus wichtige Folgerungen herzuleiten, wie etwa eine mehrdimensionale Version des Mittelwertsatzes 5.7 und einen Schrankensatz.

Definition 8.10. Für eine lineare Funktion $L : \mathbb{R}^n \to \mathbb{R}^N$ mit Darstellungsmatrix (L_{ij}) ist die **Operatornorm** definiert durch

$$\|L\| := \|L_{ij}\| := \left(\sum_{i=1,\dots,N, j=1,\dots,n} L_{ij}^2 \right)^{\frac{1}{2}}.$$

Nach der Cauchy-Schwarzschen Ungleichung 2.42 gilt $|L(x)| \leq \|L\|\,|x|$. Wir formulieren gleich zu Beginn dieses Abschnitts die mehrdimensionale Kettenregel. Die Operatornorm wird sich als nützliches Hilfsmittel in deren Beweis herausstellen.

Satz 8.11 (Kettenregel). *Es seien $\Omega_0 \subset \mathbb{R}^m$ und $\Omega \subset \mathbb{R}^n$ jeweils offene Teilmengen und $g : \Omega_0 \to \mathbb{R}^n$ mit $g(\Omega_0) \subset \Omega$ und $f : \Omega \to \mathbb{R}^N$ Abbildungen. Ist g im Punkt $p \in \Omega_0$ differenzierbar und ist f im Punkt $q := g(p)$ differenzierbar, so ist $f \circ g$ im Punkt p differenzierbar und es gilt*

$$d(f \circ g)(p) = df(q) \circ dg(p)$$

oder in Komponenten ausgedrückt

$$\frac{\partial(f \circ g)_i}{\partial x_k}(p) = \sum_{j=1}^{n} \frac{\partial f_i}{\partial y_j}(q) \cdot \frac{\partial g_j}{\partial x_k}(p).$$

Beweis. Wegen der Differenzierbarkeit der beiden Funktionen f und g gelten

$$g(p + h) - g(p) = dg(p)(h) + r(h) \tag{8.3}$$

mit $\frac{1}{|h|}r(h) \to 0 \ (h \to 0)$ sowie

$$f(q + k) - f(q) = df(q)(k) + s(k) \tag{8.4}$$

mit $\frac{1}{|k|}s(k) \to 0 \ (k \to 0)$. Wir verwenden die Schreibweise

$$g(p + h) = q + k, \qquad \text{beziehungsweise} \qquad k = g(p + h) - g(p). \tag{8.5}$$

Durch Einsetzen hiervon in Gl. (8.4) ergibt sich unter Verwendung von Gl. (8.3) und der Linearität

$$f(g(p+h)) - f(g(p)) \overset{(8.5),(8.4)}{=} df(q)(g(p+h) - g(p)) + s(g(p+h) - g(p))$$

$$\overset{(8.3)}{=} df(q)(dg(p)(h) + r(h)) + s(g(p+h) - g(p))$$

$$= \underbrace{df(q)(dg(p)(h))}_{=df(q)\circ dg(p)(h)} + df(q)(r(h)) + s(g(p+h) - g(p)),$$

woraus mit der Dreiecksungleichung die folgende Ungleichung resultiert

$$\frac{1}{|h|}\left| (f(g(p+h)) - f(g(p))) - (df(q) \circ dg(p)(h)) \right|$$
$$\leq \frac{1}{|h|} |df(q)(r(h))| + \frac{1}{|h|} |s(g(p+h) - g(p))|. \tag{8.6}$$

Wir schätzen nun beide Terme auf der rechten Seite von (8.6) ab. Einerseits gilt für den ersten Term

$$\frac{1}{|h|} |df(q)(r(h))| \leq \|df(q)\| \frac{|r(h)|}{|h|} \to 0 \ (h \to 0), \tag{8.7}$$

weil $\|df(q)\|$ eine feste Zahl ist. Andererseits kann man aufgrund von $s(0) = 0$ den zweiten Term durch 0 abschätzen, falls $g(p+h) - g(p) = 0$ ist, das heißt $k = 0$. Ist hingegen $g(p+h) - g(p) \neq 0$, so lässt sich der zweite Term auch schreiben als

$$\frac{1}{|h|} |g(p+h) - g(p)| \frac{|s(g(p+h) - g(p))|}{|g(p+h) - g(p)|}.$$

Ferner ist wegen Gl. (8.3) die Ungleichungskette

$$\frac{1}{|h|}(g(p+h) - g(p)) = \frac{1}{|h|}(dg(p)(h) + r(h))$$
$$\leq \|dg(p)\| \frac{|h|}{|h|} + \frac{|r(h)|}{|h|} \leq 1 + \|dg(p)\|$$

für $|h| < \delta$ zutreffend. Insgesamt kann der zweite Term auf der rechten Seite von (8.6) also durch

$$(1 + \|dg(p)\|) \frac{|s(g(p+h) - g(p))|}{|g(p+h) - g(p)|} = (1 + \|dg(p)\|) \frac{s(k)}{|k|} \to 0 \ (k \to 0)$$

abgeschätzt werden, wobei $g(p+h) - g(p) \to 0 \ (h \to 0)$ und $\frac{s(k)}{|k|} \to 0 \ (k \to 0)$ zu beachten sind. $\qquad\square$

Spezialfälle Im Fall $n = N = 1$ ist f eine reellwertige Funktion einer Veränderlicher und die Kettenregel lautet in diesem Fall

$$\frac{\partial(f \circ g)}{\partial x_k}(x) = f'(g(x))\frac{\partial g}{\partial x_k}(x).$$

Im Fall $m = N = 1$ ist f eine reellwertige Funktion und g ist eine vektorwertige Funktion einer Veränderlichen, sodass dann gilt

$$(f \circ g)'(x) = \sum_{j=1}^{n} \frac{\partial f}{\partial y_j}(g(x))g_j'(x) = df(g(x))(g'(x)) = \langle \nabla f(g(x)), g'(x) \rangle.$$

Folgerung 8.12. Summe, Produkt und Quotient (falls der Nenner $\neq 0$ ist) differenzierbarer Funktionen sind wieder differenzierbar und es gilt

$$d(f_1 + f_2) = df_1 + df_2$$
$$d(f_1 f_2) = f_1 df_2 + f_2 df_1$$
$$d\left(\frac{f_1}{f_2}\right) = \frac{f_2 df_1 - f_1 df_2}{f_2^2}.$$

Beweis. Man setze $A(y_1, y_2) = y_1 + y_2, M(y_1, y_2) = y_1 y_2$ und $Q(y_1, y_2) = \frac{y_1}{y_2}$ für $y_2 \neq 0$. Die Funktionen A, M und Q sind stetig partiell differenzierbar und daher nach Satz 8.8 differenzierbar. Es sei nun $f = (f_1, f_2)$. Dann ist $f_1 + f_2 = A \circ f, f_1 f_2 = M \circ f$ und $\frac{f_1}{f_2} = Q \circ f$. Wegen

$$\frac{\partial A}{\partial y_1} = \frac{\partial A}{\partial y_2} = 1, \qquad \frac{\partial M}{\partial y_1} = y_2, \qquad \frac{\partial M}{\partial y_2} = y_1,$$
$$\frac{\partial Q}{\partial y_1} = \frac{1}{y_2}, \qquad \frac{\partial Q}{\partial y_2} = -\frac{y_1}{y_2^2}$$

ergibt sich die Behauptung aus der Kettenregel 8.11.   □

Der Mittelwertsatz Erst im Mehrdimensionalen wird eine etwas versteckte Voraus setzung des Mittelwertsatzes 5.7 wirklich sichtbar. Dabei handelt es sich um eine topologische Eigenschaft der zugrunde liegenden Menge.

Definition 8.13. Sei $C \subset \mathbb{R}^n$ eine beliebige Menge. Für zwei Punkte $p, q \in C$ definieren wir deren Verbindungsstrecke

$$S(p, q) := \{(1 - t)p + tq \mid t \in [0, 1]\}.$$

Ist $S(p, q) \subset C$ für alle $p, q \in C$, dann heißt C **konvex** (vergleiche Abb. 8.2).

Beispiel 8.14. Für $x_0 \in \mathbb{R}^n$ ist $B_r(x_0)$ konvex. Denn sind $p, q \in B_r(x_0)$ beliebig und $t \in [0, 1]$, dann gilt

$$|(1 - t)p + tq - x_0| = |(1 - t)(p - x_0) + t(q - x_0)| \leq (1 - t)\underbrace{|p - x_0|}_{<r} + t\underbrace{|q - x_0|}_{<r} < r.$$

Abb. 8.2 Konvexe Menge

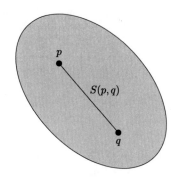

Abb. 8.3 Anwendbarkeit des
Mittelwertsatzes

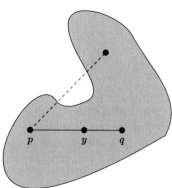

Nun formulieren wir den mehrdimensionalen Mittelwertsatz. Zwar erfüllen bei der hier
präsentierten Version dieses Satzes nicht nur konvexe Mengen die Voraussetzung, aber
sie stellen eine wichtige Klasse von Beispielen dar, weil dort die Verbindungslinie zweier
Punkte ganz in der Menge liegen muss (siehe Abb. 8.3).

Satz 8.15 (Mehrdimensionaler Mittelwertsatz). *Es sei* $\Omega \subset \mathbb{R}^n$ *eine offene Teilmenge
und* $f : \Omega \to \mathbb{R}$ *eine differenzierbare Funktion. Ferner seien* $p, q \in \Omega$ *Punkte, sodass*
$S(p, q)$ *in* Ω *liegt. Dann existiert ein* $y \in S(p, q)$ *mit*

$$f(q) - f(p) = \mathrm{d}f(y)(q - p) = \langle \nabla f(y), q - p \rangle.$$

Beweis. Es sei $g(t) := (1-t)p + tq$ definiert für $t \in [0, 1]$. Die Funktion g ist differenzierbar
mit $g'(t) = q - p$. Nach der Kettenregel 8.11 ist $f \circ g$ differenzierbar und es gilt

$$(f \circ g)'(t) = \sum_{k=1}^{n} \frac{\partial f}{\partial y_k}(g(t)) \underbrace{g'_k(t)}_{q_k - p_k} = \mathrm{d}f(g(t))(g'(t)).$$

Nach dem eindimensionalen Mittelwertsatz 5.7 ist

$$f(q) - f(p) = f \circ g(1) - f \circ g(0) = (f \circ g)'(t_0) = \mathrm{d}f(g(t_0))(q - p)$$

mit $t_0 \in [0, 1]$. Dies impliziert die Behauptung. $\square$

Unmittelbar aus dem Mittelwertsatz folgen zwei Versionen eines Schrankensatzes, die die Differenz zweier Funktionswerte nach oben abschätzen.

Folgerung 8.16 (Schrankensatz). Es seien $\Omega \subset \mathbb{R}^n$ eine offene und konvexe Menge und $f : \Omega \to \mathbb{R}$ eine differenzierbare Funktion. Gibt es ein $L \in \mathbb{R}$ mit $|\nabla f(x)| \leq L$ für alle $x \in \Omega$, dann gilt für alle $p, q \in \Omega$

$$|f(p) - f(q)| \leq L|p - q|.$$

Beweis. Nach dem Mittelwertsatz 8.15 ist

$$|f(p) - f(q)| = |\langle \nabla f(y), p - q \rangle| \leq \underbrace{|\nabla f(y)|}_{\leq L} |p - q|.$$

Definition 8.17. Eine Funktion $f : \Omega \to \mathbb{R}^N$ heißt **stetig differenzierbar**, falls f differenzierbar ist und alle partiellen Ableitungen stetig sind.

Folgerung 8.18 (Lokaler Schrankensatz). Ist $\Omega \subset \mathbb{R}^n$ eine offene Teilmenge und $f : \Omega \to \mathbb{R}^N$ eine stetig differenzierbare Funktion, so ist f lokal Lipschitz-stetig.

Beweis. Ohne Einschränkung ist $N = 1$, weil aus der Lipschitz-Stetigkeit der einzelnen Komponenten einer vektorwertigen Funktion die Lipschitz-Stetigkeit der Funktion folgt. Ist $p \in \Omega$, dann wähle man eine abgeschlossene Kugel $\overline{B_r(p)} \subset \Omega$. Weil $\overline{B_r(p)}$ kompakt ist, existiert ein $L \in \mathbb{R}$ mit $L = \sup_{x \in \overline{B_r(p)}} |\nabla f(x)|$, weil $\nabla f(x)$ stetig ist (Satz 4.24). Weiterhin ist $B_r(p)$ konvex und damit ist nach Folgerung 8.16 die Abschätzung $|f(x) - f(y)| \leq L|x - y|$ für alle $x, y \in B_r(p)$ zutreffend. $\qquad \square$

Beispiel 8.19. Der lokale Schrankensatz lässt sich beispielsweise auf das n-Körper-Problem aus Beispiel 7.38, das heißt auf die Funktion

$$F_j(x) := \sum_{k \neq j} \frac{m_k}{|x_k - x_j|^3}(x_k - x_j),$$

anwenden, weil die Funktion auf $\Omega = \left\{ x \in \mathbb{R}^{3n} \mid x_j \neq x_k \text{ für alle } j, k \right\}$ stetig differenzierbar ist.

Anwendung auf gewöhnliche Differentialgleichungen Es sei $\Omega \subset \mathbb{R}^n$ eine offene Teilmenge. Ein Vektorfeld $F : \Omega \to \mathbb{R}^n$ heißt **konservativ** oder **Gradientenfeld**, wenn es eine differenzierbare Funktion $V : \Omega \to \mathbb{R}$ gibt mit $\nabla V(x) = -F(x)$ für alle $x \in \Omega$.

Satz 8.20 (Energiesatz für Systeme von Differentialgleichungen). *Es sei $F : \Omega \to \mathbb{R}^n$ ein konservatives Vektorfeld und $V : \Omega \to \mathbb{R}$ eine zugehörige differenzierbare Funktion mit $\nabla V(x) = -F(x)$. Sei $y : (a, b) \to \mathbb{R}^n$ eine Lösung von $y'' = F(y)$. Dann ist $\frac{1}{2}|y'|^2 + V(y)$ konstant.*

Beweis. Es sei $y_k'' = F_k(y)$ für $k = 1, \ldots, n$ mit $F_k(y) = -\frac{\partial V}{\partial y_k}(y)$. Dann gilt

$$\sum_{k=1}^{n} \left(y_k'' y_k' + \frac{\partial V}{\partial y_k}(y) y_k' \right) = 0.$$

Nach der Kettenregel 8.11 ist der Ausdruck auf der linken Seite gleich

$$\frac{\mathrm{d}}{\mathrm{d}t} \left(\frac{1}{2} \sum_{k=1}^{n} y_k'^2 + V(y) \right).$$

8.4   Höhere partielle Ableitungen und Differentiale

Selbstredend können auch mehrdimensionale Funktionen mehrfach abgeleitet werden. Wie dabei genau vorzugehen ist, wird in diesem Abschnitt besprochen.

Definition 8.21. Es sei $\Omega \subset \mathbb{R}^n$ eine offene Teilmenge und $f : \Omega \to \mathbb{R}$ sei partiell differenzierbar. Sind alle $\frac{\partial f}{\partial x_i}$ wieder partiell differenzierbar, dann heißt f **zweimal partiell differenzierbar**.

Als Schreibweise für zweimal partiell differenzierbare Funktionen hat sich

$$\frac{\partial}{\partial x_j} \left(\frac{\partial f}{\partial x_i} \right) =: \frac{\partial^2 f}{\partial x_j \partial x_i} =: D_j D_i f$$

etabliert. Man beachte, dass im Allgemeinen

$$\frac{\partial^2 f}{\partial x_j \partial x_i} \neq \frac{\partial^2 f}{\partial x_i \partial x_j}$$

ist, wie das folgende Beispiel zeigt.

Beispiel 8.22. Es sei $f(x) = f(x_1, x_2) = x_2^2 g(x)$ mit

$$g(x) = \begin{cases} \frac{x_1 x_2}{x_1^2 + x_2^2} & \text{falls } x \neq 0 \\ 0 & \text{falls } x = 0. \end{cases}$$

Es ist einfach einzusehen, dass f differenzierbar ist für $x \neq 0$ (der Leser mache sich dies klar). Als Nächstes soll gezeigt werden, dass für $x = 0$ gilt $df(0) = 0$. Wegen

$$\frac{1}{|h|} |f(h)| = \frac{h_2^2}{|h|} |g(h)| \leq \frac{1}{2} |h| \to 0 \qquad (h \to 0)$$

ist dies in der Tat der Fall. Nun berechnen wir die zweiten partiellen Ableitungen:

$$\frac{\partial g}{\partial x_1}(x) = \frac{x_2(x_1^2 + x_2^2) - x_1 x_2 2x_1}{(x_1^2 + x_2^2)^2}.$$

Daraus folgt für $x_2 \neq 0$

$$\frac{\partial g}{\partial x_1}(0, x_2) = \frac{x_2^3}{x_2^4} = \frac{1}{x_2}$$

beziehungsweise

$$\frac{\partial f}{\partial x_1}(0, x_2) = x_2^2 \frac{\partial g}{\partial x_1}(0, x_2) = x_2.$$

Dieser Ausdruck ist auch für $x_2 = 0$ wohldefiniert. Also gilt

$$\frac{\partial^2 f}{\partial x_2 \partial x_1}(0, 0) = 1.$$

Andererseits lautet die partielle Ableitung von f nach x_2

$$\frac{\partial f}{\partial x_2}(x) = 2x_2 g(x) + x_2^2 \frac{\partial g}{\partial x_2}(x)$$

beziehungsweise eingeschränkt auf $x_2 = 0$

$$\frac{\partial f}{\partial x_2}(x_1, 0) = 0,$$

was wiederum auch für $x_1 = 0$ korrekt ist. Daraus erhalten wir allerdings

$$\frac{\partial^2 f}{\partial x_1 \partial x_2}(0, 0) = 0.$$

Satz 8.23 (Vertauschbarkeit partieller Ableitungen). *Es sei f in der offenen Menge $\Omega \subset \mathbb{R}^n$ partiell differenzierbar und die partiellen Ableitungen $\frac{\partial f}{\partial x_i}$ seien in $p \in \Omega$ differenzierbar. Dann gilt*

$$\frac{\partial^2 f}{\partial x_j \partial x_i}(p) = \frac{\partial^2 f}{\partial x_i \partial x_j}(p).$$

Ein besonders wichtiger Spezialfall für die Zulässigkeit der Vertauschung der partiellen Ableitungen ist also nach Satz 8.8, dass die partiellen Ableitungen erster und zweiter Ordnung existieren und stetig sind.

Beweis. Ohne Einschränkung sind $i = 1, j = 2, n = 2$ und $\Omega = B_r(p)$ sowie $p = 0$. Man setze

$$g(x_1, x_2) = f(x_1, x_2) - f(x_1, 0) - f(0, x_2) + f(0, 0).$$

Dann sind $g(x_1, 0) = 0$ und $g(0, x_2) = 0$. Ebenso verschwinden die partiellen Ableitungen $\frac{\partial g}{\partial x_2}(x_1, 0) = 0$ beziehungsweise $\frac{\partial g}{\partial x_1}(0, x_2) = 0$. Ferner gilt

$$\frac{\partial g}{\partial x_1}(x_1, x_2) = \frac{\partial f}{\partial x_1}(x_1, x_2) - \frac{\partial f}{\partial x_1}(x_1, 0),$$

$$\frac{\partial g}{\partial x_2}(x_1, x_2) = \frac{\partial f}{\partial x_2}(x_1, x_2) - \frac{\partial f}{\partial x_2}(0, x_2).$$

Folglich sind alle $\frac{\partial g}{\partial x_i}$ differenzierbar in 0, da dies für f vorausgesetzt ist und $\frac{\partial g}{\partial x_i}$ eine Zusammensetzung der $\frac{\partial f}{\partial x_i}$ ist (Folgerung 8.12). Es folgt

$$\frac{\partial^2 g}{\partial x_1^2}(0,0) = 0, \qquad \frac{\partial^2 g}{\partial x_2^2}(0,0) = 0,$$

$$\frac{\partial^2 g}{\partial x_2 \partial x_1}(0,0) = \frac{\partial^2 f}{\partial x_2 \partial x_1}(0,0),$$

$$\frac{\partial^2 g}{\partial x_1 \partial x_2}(0,0) = \frac{\partial^2 f}{\partial x_1 \partial x_2}(0,0).$$

Nach dem Mittelwertsatz 8.15 ist

$$g(x_1, x_2) = g(x_1, x_2) - \underbrace{g(x_1, 0)}_{=0} = \frac{\partial g}{\partial x_2}(x_1, y_2)(x_2 - 0) \tag{8.8}$$

mit $|y_2| \leq |x_2|$ sowie

$$g(x_1, x_2) = g(x_1, x_2) - \underbrace{g(0, x_2)}_{=0} = \frac{\partial g}{\partial x_1}(y_1, x_2)(x_1 - 0) \tag{8.9}$$

mit $|y_1| \leq |x_1|$. Weil $\frac{\partial g}{\partial x_i}$ differenzierbar in 0 ist, gelten nach Definition

$$\frac{\partial g}{\partial x_1}(y_1, x_2) = \underbrace{\frac{\partial^2 g(0,0)}{\partial x_1^2}}_{=0} y_1 + \frac{\partial^2 g(0,0)}{\partial x_2 \partial x_1} x_2 + r_1(y_1, x_2), \tag{8.10}$$

$$\frac{\partial g}{\partial x_2}(x_1, y_2) = \underbrace{\frac{\partial^2 g(0,0)}{\partial x_2^2}}_{=0} y_2 + \frac{\partial^2 g(0,0)}{\partial x_1 \partial x_2} x_1 + r_2(x_1, y_2), \tag{8.11}$$

wobei $\frac{r_i(x)}{|x|} \to 0 \ (x \to 0)$. Setzt man (8.11) in (8.8) und (8.10) in (8.9) ein, so erhält man

$$\frac{\partial^2 g}{\partial x_2 \partial x_1}(0,0)x_1 x_2 + x_1 r_1(y_1, x_2) = \frac{\partial^2 g}{\partial x_1 \partial x_2}(0,0)x_1 x_2 + x_2 r_2(x_1, y_2).$$

Mit $x_1 = x_2 = t > 0$ ergibt sich

$$\frac{\partial^2 g}{\partial x_2 \partial x_1}(0,0)t^2 + tr_1(y_1,t) = \frac{\partial^2 g}{\partial x_1 \partial x_2}(0,0)t^2 + tr_2(t,y_2).$$

Nun teilt man auf beiden Seiten durch t^2 und lässt $t \to 0$ gehen, um

$$\frac{\partial^2 g}{\partial x_2 \partial x_1}(0,0) = \frac{\partial^2 g}{\partial x_1 \partial x_2}(0,0)$$

beziehungsweise

$$\frac{\partial^2 f}{\partial x_i \partial x_j}(p) = \frac{\partial^2 f}{\partial x_j \partial x_i}(p)$$

einzusehen.   □

Definition 8.24. Es sei $\Omega \subset \mathbb{R}^n$ eine offene Teilmenge. Eine Abbildung $f : \Omega \to \mathbb{R}^n$ heißt
k-mal differenzierbar im Punkt $p \in \Omega$, wenn sie in einer Umgebung von p einerseits
$(k-1)$-mal differenzierbar ist und wenn andererseits alle partiellen Ableitungen $(k-1)$-ter
Ordnung im Punkt p noch einmal differenzierbar sind. Die Abbildung f heißt *k-mal diffe-*
renzierbar (stetig differenzierbar), wenn f in jedem Punkt von Ω k-mal differenzierbar
ist (wenn alle partiellen Ableitungen bis zur Ordnung k stetig sind). Mit $C^k(\Omega, \mathbb{R}^N)$ wird
der Vektorraum der k-mal stetig differenzierbaren Abbildungen von Ω nach $\mathbb{R}^N$ bezeichnet. Analog ist $C^0(\Omega, \mathbb{R}^N)$ der Vektorraum der stetigen Abbildungen und $C^\infty(\Omega, \mathbb{R}^N)$ der
Vektorraum der beliebig oft differenzierbaren Abbildungen (vergleiche Definition 7.19).

Folgerung 8.25. Ist $f : \Omega \to \mathbb{R}^N$ k-mal stetig differenzierbar und $i_j \in \{1, \ldots, n\}$ für
$j = 1, \ldots, k$, dann gilt

$$D_{i_1} \ldots D_{i_k} f = D_{i_{\sigma(1)}} \ldots D_{i_{\sigma(k)}} f$$

für alle Permutationen σ von k Elementen.

Beweis. Jedes σ ist Produkt von Permutationen, welche nur zwei benachbarte Elemente
vertauschen (siehe Kap. 10). Aus Satz 8.23 resultiert die Behauptung.   □

Höhere Differentiale Es seien f eine in Ω zweimal differenzierbare Funktion sowie
$p \in \Omega$ und $x, y \in \mathbb{R}^n$. Wir setzen

$$g(s,t) := f(p + sx + ty), \qquad |s|, |t| < \delta.$$

Mit dieser Konvention ergibt sich

$$\frac{\partial g}{\partial s}(s,t) = \mathrm{d}f(p + sx + ty)(x) = \sum_{i=1}^{n} D_i f(p + sx + ty)x_i$$

und somit

$$\frac{\partial^2 g}{\partial t \partial s}(s,t)\Bigg|_{s=t=0} = \sum_{i,j=1}^n D_j D_i f(p) x_i y_j =: \mathrm{d}^2 f(p)(x,y).$$

Das zweite Differential $\mathrm{d}^2 f(p)$ ist eine sogenannte Bilinearform auf $\mathbb{R}^n$ (siehe Kap. 10). Diesen Begriff wollen wir jetzt verallgemeinern.

Definition 8.26. Eine k-**Linearform** auf $\mathbb{R}^n$ ist eine Abbildung

$$L : (\mathbb{R}^n)^k \to \mathbb{R},$$

die in jedem vektoriellen Argument linear ist, das heißt,

$$L(x^{(1)}, \ldots, x^{(j-1)}, y + \lambda z, x^{(j+1)}, \ldots, x^{(n)}) = L(x^{(1)}, \ldots, x^{(j-1)}, y, x^{(j+1)}, \ldots, x^{(n)})$$
$$+ \lambda L(x^{(1)}, \ldots, x^{(j-1)}, z, x^{(j+1)}, \ldots, x^{(n)})$$

für alle $x^{(j)}, y, z \in \mathbb{R}^n$, alle $\lambda \in \mathbb{R}$ und alle $j \in \{1, \ldots, n\}$.

Speziell ist für $x = y$

$$\mathrm{d}^2 f(p)(x,x) = \frac{\mathrm{d}^2}{\mathrm{d}t^2} f(p + tx)\Bigg|_{t=0}.$$

Allgemein wird für k-mal differenzierbare Funktionen und $p \in \Omega$

$$\mathrm{d}^k f(p)(y^{(1)}, \ldots, y^{(k)}) = \sum_{i_1, \ldots, i_k=1}^n D_{i_1} \ldots D_{i_k} f(p) y_{i_1}^{(1)} \ldots y_{i_k}^{(k)}$$

definiert. Dieser Ausdruck heißt k-**tes Differential** von f im Punkt p.

Beispiel 8.27. Für $k = n = 2$ ist

$$\mathrm{d}^2 f(p)(y,z) = \frac{\partial^2 f}{\partial x_1^2}(p) y_1 z_1 + \frac{\partial^2 f}{\partial x_1 \partial x_2}(p) y_1 z_2$$
$$+ \frac{\partial^2 f}{\partial x_2 \partial x_1}(p) y_2 z_1 + \frac{\partial^2 f}{\partial x_2^2}(p) y_2 z_2.$$

Ist f k-mal differenzierbar, so ist $\mathrm{d}^k f(p)$ eine **symmetrische** k-Linearform, weil aufgrund der Symmetrie der partiellen Ableitungen für jede Permutation σ gilt (Folgerung 8.25)

$$\mathrm{d}^k f(p)(y^{(1)}, \ldots, y^{(k)}) = \mathrm{d}^k f(p)(y^{(\sigma(1))}, \ldots, y^{(\sigma(k))}).$$

Es kann leicht per Induktion gezeigt werden, dass

$$\frac{\partial}{\partial t_1} \ldots \frac{\partial}{\partial t_k} f(p + t_1 y^{(1)} + \ldots + t_k y^{(k)})\Bigg|_{t_1 = \ldots = t_k = 0} = \mathrm{d}^k f(p)(y^{(1)}, \ldots, y^{(k)})$$

gilt. Insbesondere ist für $y^{(1)} = \ldots = y^{(k)} = y$

$$\left(\frac{\mathrm{d}}{\mathrm{d}t}\right)^k f(p + ty)\Big|_{t=0} = \mathrm{d}^k f(p)(y, \ldots, y).$$

Lemma 8.28. *Eine symmetrische k-Linearform L ist durch ihre Werte auf der Diagonalen festgelegt, das heißt, aus $L(y, \ldots, y) = 0$ für alle $y \in \mathbb{R}^n$ folgt $L = 0$.*

Mit anderen Worten besagt das Lemma, dass, wenn alle Werte auf der Diagonalen bekannt sind, alle anderen Werte der Linearform einfach ausgerechnet werden können. Wie dabei vorzugehen ist, macht der Beweis deutlich.

Beweis. Wir verifizieren die Behauptung per Induktion und beginnen mit $k = 2$ und beliebigen $y, z \in \mathbb{R}^n$. Es gilt dann

$$0 = L(y + z, y + z) = \underbrace{L(y,y)}_{=0} + L(y,z) + L(z,y) + \underbrace{L(z,z)}_{=0} = 2L(y,z),$$

das heißt, $L = 0$, weil y, z beliebig sind. Nun nehmen wir an, dass die Aussage richtig ist für $k - 1$ und dass $k \geq 3$ ist. Seien y, $z \in \mathbb{R}^n$ sowie $t \in \mathbb{R}$ abermals beliebig. Dann ergeben sich die Gleichungen

$$\begin{aligned}
0 &= L(y + tz, \ldots, y + tz) \\
&= L(y, y + tz, \ldots, y + tz) + tL(z, y + tz, \ldots, y + tz) \\
&= L(y, y, y + tz, \ldots, y + tz) + tL(y, z, y + tz, \ldots, y + tz) + tL(z, y + tz, \ldots, y + tz) \\
&= \underbrace{L(y, \ldots, y)}_{=0} + tL(y, \ldots, y, z) + tL(y, \ldots, y, z, y + tz) + \ldots + tL(z, y + tz, \ldots, y + tz).
\end{aligned}$$

Wir teilen beide Seiten durch t und lassen anschließend $t \to 0$ streben, um

$$0 = L(y, \ldots, y, z) + L(y, \ldots, y, z, y) + \ldots + L(z, y, \ldots, y) \overset{\text{Symmetrie}}{=} kL(z, y, \ldots, y) \qquad \square$$

zu erhalten. Ferner ist $L(z, \cdot, \ldots, \cdot)$ für festes z eine symmetrische $(k-1)$-Linearform. Nach Induktionsannahme ist daher $L(z, \ldots) = 0$ und damit $L = 0$, weil z beliebig war.

8.5   Taylor-Formel und Extremwerte

Mit diesen Vorarbeiten lässt sich die Taylor-Formel ebenfalls ins Mehrdimensionale übertragen.

Definition 8.29. Es sei $\Omega \subset \mathbb{R}^n$ eine offene Teilmenge und $f : \Omega \to \mathbb{R}$ sei k-mal differenzierbar. Das **Taylor-Polynom** k-ten Grades von f im Punkt $p \in \Omega$ ist definiert durch

$$(T_p^k f)(x) := \sum_{j=0}^{k} \frac{1}{j!} d^j f(p)(x - p, \ldots, x - p),$$

wobei $d^0 f(p) := f(p)$ gesetzt wird.

Satz 8.30 (Satz von Taylor). *Es sei $\Omega \subset \mathbb{R}^n$ eine offene Teilmenge und es sei $f :$ $\Omega \to \mathbb{R}$ eine k-mal differenzierbare Abbildung in Ω. Es seien $p, x \in \Omega$, sodass die Verbindungsstrecke $S(p, x)$ ganz in Ω liegt. Dann existiert ein $y \in S(p, x)$ mit*

$$f(x) = (T_p^{k-1} f)(x) + \frac{1}{k!} d^k f(y)(x - p, \ldots, x - p).$$

Das Restglied kann alternativ angegeben werden durch

$$f(x) = (T_p^{k-1} f)(x) + \frac{1}{(k-1)!} \int_0^1 (1 - t)^{k-1} d^k f((1 - t)p + tx)(x - p, \ldots, x - p) dt.$$

Für $k = 1$ entspricht die erste Form des Satzes von Taylor genau dem mehrdimensionalen Mittelwertsatz 8.15.

Beweis. Es sei $g(t) := (1-t)p + tx = p + t(x-p)$. Nun wird die eindimensionale Taylor-Formel aus Satz 5.25 auf $f \circ g$ angewendet. Wegen $g(1) = x$ und $g(0) = p$ ist

$$f(x) = f \circ g(1) = \sum_{j=0}^{k-1} \frac{1}{j!} \left(\frac{d}{dt} \right)^j f \circ g(0)(1 - 0)^j + \frac{1}{k!} \left(\frac{d}{dt} \right)^k f \circ g(t_0)$$

mit $0 < t_0 < 1$. Setzt man hier die Ableitungen

$$\left(\frac{d}{dt} \right)^j f \circ g(0) = \left(\frac{d}{dt} \right)^j f(p + t(x - p)) \Big|_{t=0} = d^j f(p + t(x - p)) \Big|_{t=0} (x - p, \ldots, x - p)$$

ein, ergibt sich die Behauptung. Die Integral-Form des mehrdimensionalen Restglieds resultiert durch Einsetzen in die Integral-Form des eindimensionalen Restglieds, welche in Übungsaufgabe 6.9 bewiesen wurde

$$f \circ g(1) = \sum_{j=0}^{k-1} \frac{1}{j!} \left(\frac{d}{dt} \right) f \circ g(0) + \frac{1}{(k-1)!} \int_0^1 (1 - t)^{k-1} \left(\frac{d}{dt} \right) f \circ g(t) dt. \qquad \square$$

Folgerung 8.31. Ist f ein Polynom vom Grad $\leq k$, so gilt

$$f(x) = (T_p^k f)(x) \qquad \text{für alle } x, p \in \mathbb{R}^n.$$

Beweis. Alle partiellen Ableitungen der Ordnung $\geq k + 1$ sind gleich 0. Daher ist $d^{k+1} f(p) = 0$. Weil $\Omega = \mathbb{R}^n$ konvex ist, folgt die Behauptung aus dem Satz von Taylor 8.30. $\qquad \square$

Folgerung 8.32. Die partiellen Ableitungen von f stimmen im Punkt p mit denen des Taylor-Polynoms $T_p^k f$ bis zur Ordnung k überein.

Beweis. Es mögen P_j die homogenen Polynome $P_j(z) := \mathrm{d}^j f(p)(z, \ldots, z)$ vom Grad j (siehe Abschn. 5.3) bezeichnen. Hiermit haben wir

$$(T_p^k f)(x) = \sum_{j=0}^k \frac{1}{j!} \mathrm{d}^j f(p)(x - p, \ldots, x - p) = \sum_{j=0}^k \frac{1}{j!} P_j(x - p).$$

Für $m \neq j$ gilt $\mathrm{d}^m P_j(0) = 0$. Ferner ist laut Folgerung 8.31

$$P_j(y) = \frac{1}{j!} \mathrm{d}^j P_j(0)(y, \ldots, y),$$

weshalb insgesamt die folgende Identität aufgestellt werden kann

$$\frac{1}{m!} \mathrm{d}^m P_j(0)(y, \ldots, y) = \delta_{jm} P_j(y),$$

wobei $\delta_{jm} = 1$ falls $j = m$ und $\delta_{jm} = 0$ sonst (Kronecker-Delta, Definition 5.23). Weil d^m eine symmetrische Multilinearform ist, gilt

$$\mathrm{d}^m T_p^k f(p)(y, \ldots, y) = \sum_{j=0}^k \frac{1}{j!} \mathrm{d}^m P_j(0)(y, \ldots, y) = P_m(y) = \mathrm{d}^m f(p)(y, \ldots, y).$$

Lemma 8.28 impliziert, dass $\mathrm{d}^m T_p^k f(p) = \mathrm{d}^m f(p)$ ist und deshalb stimmen alle partiellen Ableitungen überein wegen

$$D_{i_1} \ldots D_{i_m} f(p) = \mathrm{d}^m f(p)(e_{i_1}, \ldots, e_{i_m}).$$

Folgerung 8.33. Ist $f : \Omega \to \mathbb{R}$ eine k-mal differenzierbare Funktion in $p \in \Omega$, so gilt $f(x) = T_p^k f(x) + r(x)$ mit $\frac{r(x)}{|x-p|^k} \to 0$ $(x \to p)$.

Beweis. Man setze $r(x) := f(x) - T_p^k f(x)$. Nach Folgerung 8.32 ist $\mathrm{d}^m r(p) = 0$ für $m = 0, \ldots, k$. Wird nun der Satz von Taylor 8.30 auf $r(x)$ angewendet, erhalten wir

$$r(x) = \frac{1}{(k-1)!} \mathrm{d}^{k-1} r(y)(x - p, \ldots, x - p)$$

mit $y \in S(p, x)$. Wegen $\mathrm{d}^m r(p) = 0$ ist $D_{i_1} \ldots D_{i_m} r(p) = 0$, insbesondere auch für $m \in \{k-1, k\}$. Folglich ergibt sich für

$$g(x) := D_{i_1} \ldots D_{i_{k-1}} r(x)$$

$g(p) = 0$ sowie $\frac{\partial g}{\partial x_j}(p) = 0$. Nach Definition der Differenzierbarkeit resultiert damit

$$\frac{1}{|x-p|}g(x) \to 0 \qquad (x \to p).$$

Daraus erschließen wir die Behauptung

$$\frac{1}{|x-p|^k}\left|\mathrm{d}^{k-1}(r(y))(x-p, \ldots, x-p)\right|$$

$$\le \frac{1}{|x-p|} \sum |D_{i_1}\ldots D_{i_{k-1}}r(y)| \underbrace{\frac{|x_{i_1}-p_{i_1}|}{|x-p|}}_{\le 1} \cdots \underbrace{\frac{|x_{i_{k-1}}-p_{i_{k-1}}|}{|x-p|}}_{\le 1}$$

$$\le \frac{1}{|y-p|} \sum |D_{i_1}\ldots D_{i_{k-1}}r(y)| \to 0 \qquad (x \to p). \qquad \square$$

Zuletzt sollen nun Extremwerte von Funktionen in $\mathbb{R}^n$ untersucht werden. Dazu ist eine spezielle Eigenschaft von Linearformen sehr hilfreich (vergleiche Definition 10.24).

Definition 8.34. Eine symmetrische k-Linearform L heißt **positiv (beziehungsweise nicht-negativ)**, wenn $L(y, \ldots, y) > 0$ (beziehungsweise $L(y, \ldots, y) \ge 0$) für alle $y \in \mathbb{R}^n \setminus \{0\}$ ist. Entsprechend werden die Begriffe **negativ (beziehungsweise nicht-positiv)** definiert.

Häufig wird anstelle von positiv der Ausdruck **positiv definit** und anstelle von nicht-negativ der Ausdruck **positiv semidefinit** verwendet. Für $k = 2$ ist es sofort ersichtlich, dass $L(x,y) = \sum_{i,j=1}^{2} L_{ij}x_iy_j$ mit $L_{ij} = L_{ji}$ gilt. Darüber hinaus ist L genau dann positiv, wenn die Matrix (L_{ij}) positiv ist. Letzteres tritt wiederum genau dann ein, wenn alle Eigenwerte positiv sind (siehe Abschn. 10.4).

Proposition 8.35.

(i) *Ist L nicht-negativ und $L \ne 0$, so ist k gerade.*
(ii) *Ist L positiv, so existiert ein $c > 0$ mit $L(y, \ldots, y) \ge c|y|^k$ für alle $y \in \mathbb{R}^n \setminus \{0\}$.*

Weil alle Normen auf dem $\mathbb{R}^n$ äquivalent sind (Satz 3.42), ist die zweite Behauptung unabhängig von der expliziten Wahl der Norm.

Beweis. (i) Es sei $L \ne 0$. Dann existiert ein $y \in \mathbb{R}^n$ mit $L(y, \ldots, y) \ne 0$ nach Lemma 8.28. In diesem Fall ist $L(y, \ldots, y) > 0$ und $0 \le L(-y, \ldots, -y) = (-1)^k L(y, \ldots, y)$ und deswegen k gerade.

(ii) Es sei $f(y) := L(y, \ldots, y)$ für $y \in S := \{x \in \mathbb{R}^n \mid |x| = 1\}$. Weil f stetig ist und S kompakt, existiert ein $y_0 \in S$ mit $f(y) \ge f(y_0) =: c > 0$ für alle $y \in S$ (Satz 4.24). Für $y \in \mathbb{R}^n \setminus \{0\}$ folgt

$$c \leq L\left(\frac{1}{|y|}y, \ldots, \frac{1}{|y|}y\right) = \frac{1}{|y|^k}L(y, \ldots, y)$$

und damit die Behauptung. $\square$

Damit sind wir in der Lage, Kriterien für Extremwerte zu formulieren.

Satz 8.36 (Kriterien für Extremwerte). *Es sei $\Omega \subset \mathbb{R}^n$ offen und $f : \Omega \to \mathbb{R}$ sei im Punkt $p \in \Omega$ k-mal differenzierbar. Dann gilt:*

(i) Besitzt f in p ein lokales Extremum, das heißt Maximum oder Minimum, so ist $\mathrm{d}f(p) = 0$. Ist $k \geq 2$ und $\mathrm{d}^j f(p) = 0$ für $j = 1, \ldots, k-1$ und $\mathrm{d}^k f(p) \neq 0$, so ist k gerade und $\mathrm{d}^k f(p)$ nicht-positiv beziehungsweise nicht-negativ je nachdem, ob in p ein lokales Maximum beziehungsweise Minimum vorliegt.

(ii) Ist $\mathrm{d}^j f(p) = 0$ für $j = 1, \ldots, k - 1$ und ist $\mathrm{d}^k f(p)$ negativ (beziehungsweise positiv), so besitzt f in p ein lokales Maximum (beziehungsweise Minimum).

Beweis. (i) Es sei $y \in \mathbb{R}^n$. Man setze $g(t) := f(p + ty)$ für $|t| < \delta$. Nun besitze f ein lokales Extremum in p. Dann hat g ein lokales Extremum in $t = 0$, das heißt, $g'(0) = 0$. Ferner ist $g'(0) = \mathrm{d}f(p)(y)$ und damit $\mathrm{d}f(p) = 0$, weil y beliebig ist. Sei nun $\mathrm{d}^j f(p) = 0$ für $j = 1, \ldots, k - 1$. Dann ist $\left(\frac{\mathrm{d}}{\mathrm{d}t}\right)^j g(0) \doteq 0$ für $j = 1, \ldots, k - 1$. Daher gilt

$$\left(\frac{\mathrm{d}}{\mathrm{d}t}\right)^k g(t)\bigg|_{t=0} = \begin{cases} \geq 0 & \text{im Falle eines Minimums} \\ \leq 0 & \text{im Falle eines Maximums.} \end{cases}$$

Wir wiederholen nochmals den Beweis dieser eindimensionalen Aussage: Würde zum Beispiel ein Minimum vorliegen und $g^{(k)}(0) < 0$ sein, dann wäre nach Folgerung 5.26 für $t > 0$

$$g(t) - g(0) = \frac{1}{k!}g^{(k)}(0)t^k + r(t)$$

mit $\frac{r(t)}{t^k} \to 0$ $(t \to 0)$. Darum existiert ein $\delta > 0$ mit

$$\left|\frac{r(t)}{t^k}\right| < \frac{1}{2k!}|g^{(k)}(0)|$$

für $0 \leq t \leq \delta$. Folglich ergibt sich

$$|r(t)| \leq \frac{1}{2k!}|g^{(k)}(0)|t^k$$

und somit

$$g(t) - g(0) \leq \frac{1}{2k!} \underbrace{g^{(k)}(0)t^k}_{<0}$$

für $0 \leq t \leq \delta$. Also besitzt g kein Minimum in $t = 0$. Dies ist ein Widerspruch.

(ii) Ohne Einschränkung sei $d^k f(p)$ positiv. Deswegen existiert ein $c > 0$ mit

$$d^k f(p)(y, \ldots, y) \geq c|y|^k$$

für alle $y \in \mathbb{R}^n$ (Proposition 8.35 (ii)). Folgerung 8.33 resultiert in

$$f(x) = f(p) + \frac{1}{k!} d^k f(p)(x - p, \ldots, x - p) + r(x)$$

mit $\frac{r(x)}{|x-p|^k} \to 0 \ (x \to p)$. Demzufolge erhält man

$$\frac{|r(x)|}{|x - p|^k} \leq \frac{c}{2k!}$$

für $|x - p| < \delta$. Schließlich ergibt sich

$$f(x) - f(p) \geq \frac{1}{k!} c|x - p|^k - \frac{c}{2k!}|x - p|^k = \frac{c}{2k!}|x - p|^k$$

für $|x - p| < \delta$, weil $d^k f(p)$ positiv ist. $\square$

Soll eine Funktion $f \in C^2(\Omega, \mathbb{R})$, $\Omega \subset \mathbb{R}^n$ auf (lokale) Extrema untersucht werden, werden zuerst alle **kritischen Punkte** in Ω, die für ein Extremum infrage kommen, bestimmt. Das sind genau die Punkte $x_0 \in \Omega$, die die Gleichung $\nabla f(x) = 0$ lösen. Dann wird $d^2 f(x_0)$ auf Definitheit untersucht. Die zu $d^2 f(x)$ gehörige Matrix hat die Form

$$H_f(x) := \left(\frac{\partial^2 f}{\partial x_i \partial x_j}(x) \right)_{i,j=1,\ldots,n} = \begin{pmatrix} \frac{\partial^2 f}{\partial x_1^2}(x) & \cdots & \frac{\partial^2 f}{\partial x_1 \partial x_n}(x) \\ \vdots & \ddots & \vdots \\ \frac{\partial^2 f}{\partial x_n \partial x_1}(x) & \cdots & \frac{\partial^2 f}{\partial x_n^2}(x) \end{pmatrix}$$

und wird als **Hesse-Matrix**[1] von f bezeichnet. Weil für $f \in C^2(\Omega, \mathbb{R})$ bei den zweiten partiellen Ableitungen $\frac{\partial^2 f}{\partial x_i \partial x_j}$ die Reihenfolge der Differentiation vertauscht werden darf (Satz 8.23), ist die Hesse-Matrix $H_f(x)$ symmetrisch, das heißt, $H_f(x) = H_f(x)^T$ (siehe Kap. 10). Aus Satz 10.34 folgt, dass alle Eigenwerte von $H_f(x)$ reell sind. Im kritischen Punkt x_0 liegt ein lokales Maximum (Minimum) vor, falls $d^2 f(x_0)$ negativ definit (positiv definit) ist beziehungsweise alle Eigenwerte von $H_f(x_0)$ negativ (positiv) sind (siehe

---

[1]Benannt nach dem deutschen Mathematiker Otto Hesse (1811–1874).

Kap. 10). Hat eine Matrix positive und negative Eigenwerte, wird sie als **indefinit** bezeichnet. Ist $H_f(x_0)$ indefinit, so kann gezeigt werden, dass in x_0 ein sogenannter **Sattelpunkt**
vorliegt, bei dem der Graph von f anschaulich einem Reitsattel ähnelt.

8.6   Exkurs: Ausgleichsrechnung*

Gerade haben wir die Optimalitätskriterien kennengelernt, mit denen wir (lokale) Minima
und Maxima einer reellwertigen Funktion auffinden können. Mit Inhalten dieser Art befasst sich die *mathematische Optimierung*. Die Ausgleichsrechnung repräsentiert eine für
die Anwendung wichtige Optimierungsmethode, auf welche in diesem Exkurs eingegangen werden soll. Die Aufgabenstellung der Ausgleichsrechnung besteht darin, für eine
Reihe von Messdaten die unbekannten Parameter einer Modellfunktion f so zu bestimmen, dass die Modellfunktion den Verlauf der Messdaten möglichst gut widerspiegelt.
Nachdem zum Beispiel bei einem Dieselmotor die Motorleistung für verschiedene Motordrehzahlen gemessen wurde, ist es naheliegend, danach zu fragen, welcher funktionale
Zusammenhang die Abhängigkeit der beiden Größen bestmöglich beschreibt.

In diesem Exkurs soll die folgende Ausgleichsaufgabe gelöst werden: Zu gegebenen reellwertigen Funktionen $g_1, \ldots, g_n$ und Messpunkten $(t_i, y_i) \in \mathbb{R}^2$, $i \in \{1, \ldots, m\}$ mit
$m > n$ sollen die unbekannten Parameter $x_1, \ldots, x_n \in \mathbb{R}$ (**Regressionskoeffizienten**) der
(in $x_1, \ldots, x_n$ linearen) Modellfunktion

$$f(t) = \sum_{j=1}^{n} x_j g_j(t)$$

so bestimmt werden, dass die *mittlere quadratische* Abweichung F zwischen Modellfunktion und Messwerten minimal wird:

$$F(x_1, \ldots, x_n) := \left(\sum_{i=1}^{m} |f(t_i) - y_i|^2 \right)^{\frac{1}{2}} \quad \to \quad \text{min!} \tag{8.12}$$

Die Verwendung der speziellen Zielfunktion F geht auf Carl-Friedrich Gauß (1777–1855)
zurück, weshalb der Ansatz (8.12) als die **Gaußsche Methode der kleinsten Fehlerquadrate** bekannt ist. Die Werte t_i stellen die unabhängigen Variablen (Motordrehzahlen)
dar, über die die abhängigen Variablen y_i (Motorleistung) erklärt werden sollen. Zur
Lösung von (8.12) führen wir die Vektoren $x := (x_1, \ldots, x_n)^T$, $y := (y_1, \ldots, y_m)^T$ und
die **Design-Matrix**

$$A := (a_1, \ldots, a_n) \in \mathbb{R}^{m \times n}, \quad a_j := (g_j(t_1), \ldots, g_j(t_m))^T \text{ für } j \in \{1, \ldots, n\},$$

ein, mit denen wir (8.12) umformulieren: Es ist ein $\hat{x} = (\hat{x}_1, \ldots, \hat{x}_n) \in \mathbb{R}^n$ zu finden mit

$$|A\hat{x} - y| = \min_{x \in \mathbb{R}^n} |Ax - y|. \tag{8.13}$$

Nachfolgend wollen wir zeigen, dass für (8.13) stets eine Lösung $\hat{x}$ existiert.

Satz 8.37 (Methode der kleinsten Fehlerquadrate). *Es existiert eine Lösung $\hat{x} \in \mathbb{R}^n$ des Minimierungsproblems* (8.13). *Dies ist äquivalent dazu, dass $\hat{x}$ die sogenannte Normalgleichung*

$$A^T A \hat{x} = A^T y \tag{8.14}$$

löst. Falls[2] Rang(A) = n ist, ist die Lösung $\hat{x}$ eindeutig bestimmt. Falls Rang(A) < n ist, ist jede weitere Lösung von der Form $\hat{x} + z$ mit $z \in$ Kern(A).

Beweis. Es sei $\hat{x}$ eine Lösung der Normalgleichung. Für beliebiges $x \in \mathbb{R}^n$ gilt dann

$$\begin{aligned}
|y - Ax|^2 &= |y - A\hat{x} + A(\hat{x} - x)|^2 \\
&= |y - A\hat{x}|^2 + 2 \underbrace{\langle y - A\hat{x}, A(\hat{x} - x) \rangle}_{=0 \text{ wegen } (8.14)} + |A(\hat{x} - x)|^2 \geq |y - A\hat{x}|^2,
\end{aligned}$$

das heißt, $\hat{x}$ ist Minimallösung. Umgekehrt erfüllt eine Minimallösung $\hat{x}$ notwendig

$$\begin{aligned}
0 &= \frac{\partial}{\partial x_i} |Ax - y|^2 \Big|_{x=\hat{x}} = \frac{\partial}{\partial x_i} \Big(\sum_{j=1}^m \Big| \sum_{k=1}^n a_{jk} x_k - y_j \Big|^2 \Big) \Big|_{x=\hat{x}} \\
&= 2 \sum_{j=1}^m a_{ji} \Big(\sum_{k=1}^n a_{jk} \hat{x}_k - y_j \Big) = 2 \big(A^T A \hat{x} - A^T y \big)_i,
\end{aligned}$$

das heißt, $\hat{x}$ löst die Normalgleichung (8.14). Nun untersuchen wir die Lösbarkeit von (8.14). Das orthogonale Komplement von Bild(A) in $\mathbb{R}^m$ ist Kern(A^T), siehe Proposition 10.33. Somit besitzt $y \in \mathbb{R}^m$ nach Satz 10.31 eine eindeutige Zerlegung $y = u + v$ mit $u \in$ Bild(A) und $v \in$ Kern(A^T). Es sei $\hat{x} \in \mathbb{R}^n$ mit $A\hat{x} = u$. Offenbar löst dann $\hat{x}$ die Normalgleichung (8.14)

$$A^T A \hat{x} = A^T u = A^T u + A^T v = A^T y.$$

Falls Rang(A) = n ist, ist Kern(A) = $\{0\}$ und Bild(A) = $\mathbb{R}^n$. Wegen Kern(A^T)$\perp$Bild(A) impliziert $A^T A x = 0$ notwendig $Ax = 0$ beziehungsweise $x = 0$. Folglich ist die Matrix $A^T A$ invertierbar und $\hat{x}$ eindeutig bestimmt. Falls Rang(A) < n ist, erfüllt jede weitere Lösung $\tilde{x}$ von (8.14)

$$y = A\tilde{x} + (y - A\tilde{x}) \in \text{Bild}(A) + \text{Kern}(A^T).$$

Weil die orthogonale Zerlegung eindeutig ist, gilt $A\tilde{x} = A\hat{x}$, also $\tilde{x} - \hat{x} \in$ Kern(A). $\square$

---

[2]Siehe Kap. 10 zur linearen Algebra.

Bemerkung 8.38. Für $g_k(t) = t^{k-1}$ wird die Lösung der Ausgleichsaufgabe

$$f(t) = \sum_{j=1}^{n} \hat{x}_j t^{j-1}$$

als **Gaußsches Ausgleichspolynom** zu den Punkten (t_i, y_i), $i \in \{1, \ldots, m\}$ bezeichnet. Nach Satz 8.37 ist der Vektor $\hat{x}$ Lösung von $A^T A \hat{x} = A^T y$ mit der Vandermonde-Matrix

$$A = \begin{pmatrix} 1 & t_1 & \cdots & t_1^{n-1} \\ 1 & t_2 & \cdots & t_2^{n-1} \\ \vdots & \vdots & & \vdots \\ 1 & t_m & \cdots & t_m^{n-1} \end{pmatrix}.$$

Im Fall $m = n$ entspricht A der Vandermonde-Matrix und ist für paarweise verschiedene Stützstellen t_i invertierbar aufgrund von (vergleiche Übungsaufgabe 7.8)

$$\det(A) = \prod_{i,j=1, i<j}^{n} (t_j - t_i) \neq 0.$$

Folglich ist das Ausgleichspolynom eindeutig bestimmt. Falls $m \neq n$ ist, muss A aufgrund der Invertierbarkeit der Vandermonde-Matrix ebenfalls größtmöglichen Rang besitzen, was eine eindeutige Lösbarkeit des Ausgleichsproblems impliziert.

8.7 Übungsaufgaben

Aufgabe 8.1. Untersuchen Sie die Funktion $f : \mathbb{R}^2 \to \mathbb{R}$, $f(x, y) := \frac{xy}{\sqrt{x^2 + y^2}}$ für $(x, y) \neq (0, 0)$ und $f(0, 0) := 0$ auf Differenzierbarkeit.

Aufgabe 8.2. Die Funktion $f : B_r(0) \to \mathbb{R}$, $B_r(0) \subset \mathbb{R}^n$, sei Lipschitz-stetig. Deren Richtungsableitung $D_y f(0)$ möge für alle $y \in \mathbb{R}^n \setminus \{0\}$ existieren und ferner gebe es eine lineare Funktion $\ell : \mathbb{R}^n \to \mathbb{R}$, sodass $D_y f(0) = \ell(y)$ für alle $y \in \mathbb{R}^n \setminus \{0\}$ ist. Man zeige, dass f im Nullpunkt differenzierbar ist.

Aufgabe 8.3. Sei $B \subset \mathbb{R}^2$ offen und konvex und $f : B \to \mathbb{R}$ stetig differenzierbar mit $\frac{\partial f}{\partial x_2} = 0$. Man zeige, dass dann f nicht von x_2 abhängt.

Aufgabe 8.4. Gegeben sei die Funktion (sogenannte Rosenbrock-Funktion)[3]

---

[3]Benannt nach dem britischen Ingenieur Howard Rosenbrock (1920–2010).

$$f(x, y) = 100(y - x^2)^2 + (1 - x)^2, \qquad (x, y) \in \mathbb{R}^2.$$

Bestimmen Sie alle Maxima und Minima von f.

Aufgabe 8.5. Gegeben sei die Funktion

$$f(x, y) = xe^{-x^2 - y^2}, \qquad (x, y) \in \mathbb{R}^2.$$

Bestimmen Sie alle Maxima und Minima von f.

Aufgabe 8.6. Gegeben sei die Funktion $f : \mathbb{R}^2 \to \mathbb{R}, f(x, y) = e^{xy}$.

 (i) Bestimmen Sie das Taylor-Polynom $T_0^2 f$ vom Grad 2 um den Punkt $0 \in \mathbb{R}^2$.
(ii) Besitzt f im Punkt 0 ein lokales Extremum?

Wegintegrale 9

Im Gegensatz zum eindimensionalen Raum $\mathbb{R}$ gibt es in der komplexen Ebene $\mathbb{C}$ keine natürliche oder gar eindeutige Wahl mehr, auf welche Weise zwei Punkte miteinander verbunden werden. So kommt die Frage auf, ob, und wenn ja inwieweit, der Wert eines Integrals von der Wahl des Weges abhängt. Diese Fragestellung macht die Definition eines Integralbegriffs entlang von Wegen unablässig. Wegintegrale spielen insbesondere in der *Funktionentheorie* (engl: *complex analysis*) eine wichtige Rolle. Dieses Teilgebiet der reinen Mathematik befasst sich mit komplexwertigen Funktionen (von komplexen Variablen) und deren (komplexen) Differenzierbarkeit. Allgemeiner wird in der *Vektoranalysis* die Differential- und Integralrechnung auf Vektorfelder in n Dimensionen (vergleiche Definition 7.36) übertragen. Wir führen in diesem Kapitel das Wegintegral (oder Kurvenintegral) so ein, dass es den gewöhnlichen Integralbegriff dahingehend erweitert, in der komplexen Ebene sowie im n-dimensionalen Raum $\mathbb{R}^n$ entlang von Kurven integrieren zu können. Das Wegintegral ermöglicht es schließlich, für bestimmte Vektorfelder ein n-dimensionales Analogon des Fundamentalsatzes der Differential- und Integralrechnung zu formulieren. Physikalische Anwendungen der Vektoranalysis findet man beispielsweise in der Elektrodynamik.

In einem Exkurs widmen wir uns dem Spezialfall von Kurvenintegralen in $\mathbb{C}$, der, wie bereits erwähnt, eine besonders wichtige Anwendung des Kalküls der Wegintegrale darstellt. Anschließend beschäftigen wir uns in einem weiteren Exkurs mit Primzahlen und der Riemannschen Zetafunktion, die in der analytischen Zahlentheorie betrachtet wird: Hier wird aufgezeigt, wie die komplexe Analysis und damit einhergehend Wegintegrale tiefgehende Einsichten über die Bausteine der natürlichen Zahlen, nämlich die Primzahlen, ermöglichen.

© Springer-Verlag GmbH Deutschland 2017
A. Hirn, C. Weiß, *Analysis – Grundlagen und Exkurse*,
https://doi.org/10.1007/978-3-662-55538-5_9

9.1   Das Wegintegral und seine Eigenschaften

In Kap. 6 haben wir die Fundamentalsätze der Differential- und Integralrechnung 6.15 kennengelernt, welche die Differentiation und Integration miteinander verbinden. Der Fundamentalsatz besagt, dass jede stetige Funktion $f : [a, b] \to \mathbb{R}$ eine Stammfunktion F besitzt mit $F' = f$. Diese ist durch $F(x) = \int_a^x f(y)\,dy$ gegeben. Es stellt sich die Frage, ob dieser Sachverhalt ein n-dimensionales Analogon besitzt, wenn eine Funktion f ein stetiges Vektorfeld (vergleiche Definition 7.36) darstellt: Wann ist für eine offene Teilmenge $\Omega \subset \mathbb{R}^n$ eine stetige Funktion $f : \Omega \to \mathbb{R}^n$ ein **Gradientenfeld**, das heißt, wann existiert eine Funktion $V \in C^1(\Omega)$ mit $f = \nabla V$? Im Allgemeinen fällt die Antwort negativ aus. Falls $f \in C^1(\Omega, \mathbb{R}^n)$ ein Vektorfeld ist, muss notwendig (Satz 8.23)

$$\frac{\partial f_i}{\partial x_j} = \frac{\partial}{\partial x_j}\frac{\partial V}{\partial x_i} = \frac{\partial}{\partial x_i}\frac{\partial V}{\partial x_j} = \frac{\partial f_j}{\partial x_i}$$

gelten, wie wir in diesem Kapitel ausführlich diskutieren werden. Um im Sinne der Fundamentalsätze 6.15 eine Beziehung zur Integration herstellen zu können, muss zunächst ein geeigneter Integralbegriff eingeführt werden.

Definition 9.1. (i) Ein **Weg** α in $\mathbb{R}^n$ ist eine stetige Abbildung $\alpha : [a, b] \to \mathbb{R}^n$. Der Weg α heißt **stückweise stetig differenzierbar (stückweise C^1)**, wenn eine Zerlegung von $[a, b]$,

$$a = t_0 < t_1 < \ldots < t_n = b,$$

existiert, sodass

$$\alpha|_{[t_{k-1}, t_k]} \in C^1([t_{k-1}, t_k], \mathbb{R}^n).$$

Man nennt α **geschlossen (eine Schleife)**, falls $\alpha(a) = \alpha(b)$ ist.

(ii) Ist $\alpha : [a, b] \to \mathbb{R}^n$ ein stückweiser C^1-Weg, so wird die **Länge** von α definiert durch

$$L(\alpha) := \int_a^b |\alpha'(t)|\,dt.$$

(iii) Ist $\Omega \subset \mathbb{R}^n$ eine offene Menge, $F : \Omega \to \mathbb{R}^n$ ein stetiges Vektorfeld, und $\alpha : [a, b] \to \Omega$ ein stückweiser C^1-Weg, so ist das **Wegintegral** entlang α durch

$$\int_\alpha \langle F, dx \rangle := \int_a^b \langle F(\alpha(t)), \alpha'(t) \rangle\,dt$$

gegeben.

Per Definition ist der Integrand des Wegintegrals stets beschränkt und stetig bis auf endlich viele t-Werte. Als ein erstes Beispiel für Wege betrachten wir Streckenzüge.

Beispiel 9.2. Sind $x^{(0)}, \ldots, x^{(N)} \in \mathbb{R}^n$ beliebige Punkte und ist $t_0 < t_1 < \ldots < t_N$, so repräsentiert

$$\alpha(t) := x^{(k-1)} + \frac{t - t_{k-1}}{t_k - t_{k-1}} \left(x^{(k)} - x^{(k-1)} \right), \qquad t \in [t_{k-1}, t_k],$$

einen **Streckenzug** in $\mathbb{R}^n$ mit den Eckpunkten $\{x^{(k)}\}$. Der Weg $\alpha : [t_0, t_N] \to \mathbb{R}^n$ ist stückweise C^1.

Wegintegral eines Gradientenfeldes   Gegeben sei ein Gradientenfeld $F : \Omega \to \mathbb{R}^n$, das heißt, es existiere ein $V \in C^1(\Omega)$ mit $F = \nabla V$. Letzteres bedeutet, dass $F_k = \frac{\partial V}{\partial x_k}$ ist für $k = 1, \ldots, n$. Für jeden stückweise C^1-Weg $\alpha : [a, b] \to \Omega$ gilt dann die Beziehung

$$\int_\alpha \langle F, \mathrm{d}x \rangle = V(\alpha(b)) - V(\alpha(a)). \tag{9.1}$$

Die skalare Funktion V wird auch **Potenzial** genannt.

Beweis. Sei $[t_{k-1}, t_k]$ ein Teilintervall von $[a, b]$ mit $\alpha|_{[t_{k-1}, t_k]} \in C^1$. Zunächst berechnen wir das Wegintegral über $[t_{k-1}, t_k]$, wofür wir die Kettenregel 8.11 benutzen und den Fundamentalsatz 6.15 anwenden

$$\int_{t_{k-1}}^{t_k} \langle F(\alpha(t)), \alpha'(t) \rangle \, \mathrm{d}t = \int_{t_{k-1}}^{t_k} \sum_{k=1}^n F_k(\alpha(t)) \alpha_k'(t) \, \mathrm{d}t = \int_{t_{k-1}}^{t_k} \sum_{k=1}^n \frac{\partial V}{\partial x_k}(\alpha(t)) \alpha_k'(t) \, \mathrm{d}t$$

$$\overset{\text{Kettenregel 8.11}}{=} \int_{t_{k-1}}^{t_k} \frac{\mathrm{d}}{\mathrm{d}t} V(\alpha(t)) \, \mathrm{d}t \overset{\text{Satz 6.15}}{=} V(\alpha(t_k)) - V(\alpha(t_{k-1})).$$

Durch Aufsummieren über alle Teilintervalle ergibt sich die Behauptung:

$$\int_\alpha \langle F, \mathrm{d}x \rangle = \sum_{k=1}^n \int_{t_{k-1}}^{t_k} \langle F(\alpha(t), \alpha'(t)) \rangle \, \mathrm{d}t$$

$$= \sum_{k=1}^n \left(V(\alpha(t_k)) - V(\alpha(t_{k-1})) \right) = V(\alpha(b)) - V(\alpha(a)). \qquad \square$$

Das Resultat (9.1) erlaubt eine physikalische Interpretation: Wird ein Probekörper (zum Beispiel eine Masse, elektrische Ladung) in einem Kraftfeld F (zum Beispiel Gravitationsfeld, elektrisches Feld) entlang eines Weges α bewegt, wird die physikalische Arbeit $\int_\alpha \langle F, \mathrm{d}x \rangle$ verrichtet. Nach (9.1) entspricht die Arbeit längs des Weges α gerade der Potenzialdifferenz in den Endpunkten $\alpha(a)$ und $\alpha(b)$, sofern das Kraftfeld F ein Potenzial V besitzt. Die verrichtete Arbeit hängt also nur von Anfangs- und Endpunkt des Weges ab, aber nicht von dessen Verlauf. In der Physik bezeichnet man solche Kraftfelder als **konservativ**: Wenn der Probekörper eine geschlossene Kurve durchläuft, das heißt $\alpha(a) = \alpha(b)$, gewinnt er keine Energie und verliert auch keine.

Parameterinvarianz des Wegintegrals Jetzt untersuchen wir den Einfluss der Parametrisierung des Weges. Gegeben sei ein stückweise C^1-Weg $\alpha : [a, b] \to \Omega \subset \mathbb{R}^n$ und eine streng monotone, stetig differenzierbare Funktion $\varphi : [a_0, b_0] \to [a, b]$. Dann gilt

$$\int_\alpha \langle F, \mathrm{d}x \rangle = \pm \int_{\alpha \circ \varphi} \langle F, \mathrm{d}x \rangle,$$

je nachdem, ob φ fallend $(-)$ oder wachsend $(+)$ ist. Dieses Ergebnis kann so interpretiert werden, dass es für den Wert des Integrals keine Rolle spielt, mit welcher Geschwindigkeit der Integrationsweg durchlaufen wird.

Beweis. Ohne Einschränkung nehmen wir $\alpha \in C^1([a, b])$ an, denn sonst betrachten wir Teilintervalle. Unter Verwendung der Kettenregel 8.11 und der Substitution $s := \varphi(t)$ ergibt sich

$$\int_{\alpha \circ \varphi} \langle F, \mathrm{d}x \rangle = \int_{a_0}^{b_0} \langle F(\alpha(\varphi(t))), (\alpha \circ \varphi)'(t) \rangle \, \mathrm{d}t$$

$$\overset{\text{Kettenregel 8.11}}{=} \int_{a_0}^{b_0} \langle F(\alpha(\varphi(t))), \alpha'(\varphi(t)) \rangle \varphi'(t) \, \mathrm{d}t$$

$$= \int_{\varphi(a_0)}^{\varphi(b_0)} \langle F(\alpha(s)), \alpha'(s) \rangle \, \mathrm{d}s = \pm \int_a^b \langle F(\alpha(s)), \alpha'(s) \rangle \, \mathrm{d}s = \pm \int_\alpha \langle F, \mathrm{d}x \rangle. \qquad \square$$

Zusammensetzung und Inverses von Wegen Sind $\alpha, \beta : [0, 1] \to \mathbb{R}^n$ zwei Wege mit $\alpha(1) = \beta(0)$, so wird der **zusammengesetzte Weg** $\alpha\beta : [0, 1] \to \mathbb{R}^n$ durch

$$\alpha\beta(t) := \begin{cases} \alpha(2t) & \text{für } 0 \le t \le \frac{1}{2}, \\ \beta(2t-1) & \text{für } \frac{1}{2} \le t \le 1 \end{cases}$$

definiert (siehe Abb. 9.1).

Der zu α **inverse Weg** $\alpha^{-1} : [0, 1] \to \mathbb{R}^n$ ist gegeben durch die Vorschrift (siehe Abb. 9.2)

$$\alpha^{-1}(t) := \alpha(1 - t).$$

Abb. 9.1 Zusammensetzung
von Wegen

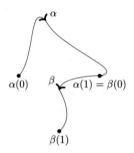

Abb. 9.2 Inverser Weg

Die Parameterinvarianz des Wegintegrals impliziert die folgenden Eigenschaften:

$$\int_{\alpha\beta} \langle F, \mathrm{d}x \rangle = \int_{\alpha} \langle F, \mathrm{d}x \rangle + \int_{\beta} \langle F, \mathrm{d}x \rangle$$

$$\int_{\alpha^{-1}} \langle F, \mathrm{d}x \rangle = - \int_{\alpha} \langle F, \mathrm{d}x \rangle.$$

Beweis. An dieser Stelle demonstrieren wir nur die zweite Behauptung: Mit der Substitution $s := 1 - t$ ergibt sich

$$\int_{\alpha^{-1}} \langle F, \mathrm{d}x \rangle = \int_0^1 \langle F(\alpha(1-t)), \alpha'(1-t) \rangle (-1) \mathrm{d}t = \int_1^0 \langle F(\alpha(s)), \alpha'(s) \rangle \mathrm{d}s = - \int_{\alpha} \langle F, \mathrm{d}x \rangle. \quad \square$$

Wegunabhängigkeit Wir betrachten nun die stetige Deformation eines Weges in einen anderen Weg, welche als Homotopie bezeichnet wird. Anschließend analysieren wir den Einfluss solcher Deformationen auf den Wert des Integrals.

Definition 9.3.

(i) Eine Teilmenge $C \subset \mathbb{R}^n$ heißt **wegzusammenhängend**, wenn zu je zwei Punkten $p, q \in C$ ein stetiger Weg $\alpha : [0, 1] \to C$ existiert mit $\alpha(0) = p$ und $\alpha(1) = q$ (siehe Abb. 9.3).

Abb. 9.3 Wegzusammenhängende Menge

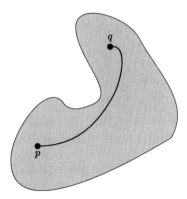

Abb. 9.4 Nullhomotopie

(ii) Zwei Wege $\alpha, \beta : [0,1] \to C \subset \mathbb{R}^n$ mit $\alpha(0) = \beta(0) = p$ und $\alpha(1) = \beta(1) = q$
heißen **homotop in C mit festen Endpunkten**, wenn diese stetig ineinander über-
führt werden können, das heißt, wenn eine stetige Abbildung $h : [0,1] \times [0,1] \to C$
existiert mit

$$h(s,0) = \alpha(s), \quad h(s,1) = \beta(s), \quad h(0,t) = p, \quad h(1,t) = q.$$

(iii) Zwei geschlossene Wege $\alpha, \beta : [0,1] \to C$ nennt man **frei homotop in C**, wenn es
eine stetige Abbildung $h : [0,1] \times [0,1] \to C$ gibt mit

$$h(s,0) = \alpha(s), \quad h(s,1) = \beta(s), \quad h(0,t) = h(1,t) \quad \forall t \in [0,1].$$

Ein geschlossener Weg $\alpha : [0,1] \to C$ heißt **nullhomotop** in C, falls er frei homotop
zu einem konstanten Weg ist (siehe Abb. 9.4).

Beispiel 9.4. Es seien $C \subset \Omega$ eine konvexe Menge und α, β zwei Wege in C. Eine
Konvexhomotopie ist durch die Vorschrift

$$h(s,t) = (1-t)\alpha(s) + t\beta(s)$$

bestimmt. Gilt $\alpha(0) = \beta(0)$ und $\alpha(1) = \beta(1)$, so ist h eine Homotopie mit festen Endpunkten. Der Nachweis ist trivial. Sind α, β geschlossen, so ist auch $h(\cdot,t)$ geschlossen für alle
$t \in [0,1]$.

Bemerkung 9.5. Die Menge C sei wegzusammenhängend. Homotopie ist eine Äquiva-
lenzrelation (siehe Kap. 1): Zwei Kurven α und β seien homotop in C mit $h_{\alpha,\beta}(s,t)$. Hierfür
schreibt man $\alpha \sim \beta$. Ferner seien β und γ homotop in C mit $h_{\beta,\gamma}(s,t)$, das heißt $\beta \sim \gamma$.
Dann sind auch α und γ homotop mit

$$h_{\alpha,\gamma}(s,t) = \begin{cases} h_{\alpha,\beta}(s,t) & \text{für } 0 \le t \le 1, \\ h_{\beta,\gamma}(s,t-1) & \text{für } 1 \le t \le 2. \end{cases}$$

Die Zusammensetzung von Wegen und Inversenbildung übertragen sich auf die Äquiva-
lenzklassen: $[\alpha\beta] = [\alpha][\beta]$ und $[\alpha^{-1}] = [\alpha]^{-1}$. Werden für ein festes $p \in C$ nur Schleifen

zugelassen, die p mit sich selbst verbinden, dann bildet die Menge der Äquivalenzklassen eine Gruppe, welche als **Fundamentalgruppe** $\pi_1(C,p)$ bezeichnet wird. Das neutrale Element in $\pi_1(C,p)$ ist die Klasse $[p]$ der konstanten Schleife $\alpha(t) = p$.

Das Ziel ist es nun zu beweisen, dass das Wegintegral für Gradientenfelder auf wegzusammenhängenden, offenen Mengen unabhängig von der Wahl des Weges ist. Dazu benötigen wir einige (toplogische) Vorüberlegungen.

Lemma 9.6.

(i) Sei $\Omega \subset \mathbb{R}^n$ eine offene Menge. Ist $\alpha : [0,1] \to \Omega$ ein Weg, so ist

$$\delta := \mathrm{dist}(\alpha([0,1]), \mathbb{R}^n \setminus \Omega) := \inf_{\substack{s \in [0,1] \\ y \in \mathbb{R}^n \setminus \Omega}} |\alpha(s) - y| > 0.$$

(ii) Ist $\beta : [0,1] \to \mathbb{R}^n$ ein Weg mit $|\alpha(s) - \beta(s)| < \delta$ für alle $s \in [0,1]$, so ist $\beta([0,1]) \subset \Omega$ und α, β sind konvex homotop in Ω.

(iii) Zu jedem Weg $\alpha : [0,1] \to \mathbb{R}^n$ und beliebigem $\delta > 0$ gibt es einen stückweise C^1-Weg $\beta : [0,1] \to \mathbb{R}^n$ mit $\beta(0) = \alpha(0)$, $\beta(1) = \alpha(1)$, und

$$|\beta(s) - \alpha(s)| < \delta \qquad \forall s \in [0,1].$$

Beweis. (i) Da Ω offen ist, ist $\mathbb{R}^n \setminus \Omega$ abgeschlossen. Weil $[0,1]$ kompakt ist und α stetig, ist $\alpha([0,1])$ kompakt (Lemma 4.26). Ferner gilt

$$\alpha([0,1]) \cap (\mathbb{R}^n \setminus \Omega) = \emptyset.$$

Wir zeigen allgemein: Ist $K \subset \mathbb{R}^n$ kompakt, $A \subset \mathbb{R}^n$ abgeschlossen mit $K \cap A = \emptyset$, dann gilt

$$\mathrm{dist}(K,A) := \inf_{x \in K, y \in A} |x - y| > 0.$$

Angenommen, dass $\mathrm{dist}(K,A) = 0$ ist. Dann existieren Folgen $(x_j) \subset K$ und $(y_j) \subset A$, sodass $|x_j - y_j| \to 0$ für $j \to \infty$. Die Menge K ist kompakt. Daher besitzt (x_j) eine konvergente Teilfolge in K, ohne Einschränkung $x_j \to x \in K$ für $j \to \infty$. Dann konvergiert auch y_j gegen x, also $y_j \to x$ für $j \to \infty$. Weil die Menge A abgeschlossen ist, muss $x \in A$ gelten. Dies ist ein Widerspruch zu $K \cap A = \emptyset$.

(ii) Für $0 \leq t \leq 1$ definieren wir die Kurvenschar

$$h(s,t) := (1-t)\alpha(s) + t\beta(s).$$

Wir müssen zeigen, dass h wohldefiniert ist. Dazu schätzen wir den Abstand zu α ab

$$|h(s,t) - \alpha(s)| = |t\beta(s) - t\alpha(s)| = t|\beta(s) - \alpha(s)| \leq |\beta(s) - \alpha(s)| < \delta.$$

Wir erinnern uns, dass δ gerade den Abstand von $\alpha([0,1])$ zu $\mathbb{R}^n \setminus \Omega$ darstellt. Folglich bildet h nach Ω ab, $h : [0,1] \times [0,1] \rightarrow \Omega$, und es gilt $\beta(s) = h(s,1) \in \Omega$ für alle s.

(iii) Wegen der Stetigkeit von α und der Kompaktheit von $[0,1]$ ist die Funktion α gleichmäßig stetig auf $[0,1]$ (Satz 4.29). Daher existiert eine Zahl $N \in \mathbb{N}$, sodass für $s_k := \frac{k}{N}$, $k = 0, \ldots, N$,

$$|\alpha(s) - \alpha(t)| < \frac{\delta}{2} \qquad \text{für } s_{k-1} \leq s, t \leq s_k$$

ist. Nun sei β der Streckenzug mit Eckpunkten $\alpha(s_k)$, $k = 0, \ldots, N$, das heißt (siehe Beispiel 9.2)

$$\beta(s) = \alpha(s_{k-1}) + \frac{s - s_{k-1}}{s_k - s_{k-1}}\big(\alpha(s_k) - \alpha(s_{k-1})\big) \qquad \text{für } s \in [s_{k-1}, s_k].$$

Dann lässt sich der Abstand zwischen $\beta(s)$ und $\alpha(s)$ für $s \in [s_{k-1}, s_k]$ abschätzen durch

$$|\beta(s) - \alpha(s)| \leq |\beta(s) - \alpha(s_{k-1})| + |\alpha(s_{k-1}) - \alpha(s)|$$

$$\leq \frac{s - s_{k-1}}{s_k - s_{k-1}}|\alpha(s_k) - \alpha(s_{k-1})| + |\alpha(s_{k-1}) - \alpha(s)| < 1 \cdot \frac{\delta}{2} + \frac{\delta}{2} = \delta. \qquad \square$$

Das folgende Theorem behandelt schließlich die (wünschenswerte) Wegunabhängigkeit des Integrals und gibt Bedingungen an, unter welchen diese zutrifft.

Satz 9.7. *Es sei $\Omega \subset \mathbb{R}^n$ offen und wegzusammenhängend sowie $F : \Omega \rightarrow \mathbb{R}^n$ ein stetiges Vektorfeld. Dann sind die folgenden Aussagen gleichwertig:*

(i) *Das Vektorfeld F ist ein Gradientenfeld, das heißt $\exists\, V : \Omega \rightarrow \mathbb{R}$ mit $F = \nabla V$.*
(ii) *Wegintegrale von F hängen nur von den Endpunkten des Weges ab.*
(iii) *Für alle geschlossenen stückweise C^1-Wege α verschwindet das Wegintegral,*

$$\oint_\alpha \langle F, dx \rangle = 0.$$

Beweis. (i) $\Rightarrow$ (iii): Diese Implikation wurde bereits gezeigt, vergleiche dazu (9.1).

(iii) $\Rightarrow$ (ii): Seien α, β stückweise C^1-Wege in Ω von p nach q. Die Zusammensetzung $\alpha\beta^{-1}$ repräsentiert einen geschlossenen Weg (Schleife). Wegen (iii) ergibt sich

$$0 = \oint_{\alpha\beta^{-1}} \langle F, dx \rangle = \int_\alpha \langle F, dx \rangle + \int_{\beta^{-1}} \langle F, dx \rangle = \int_\alpha \langle F, dx \rangle - \int_\beta \langle F, dx \rangle.$$

(ii) $\Rightarrow$ (i): Sei $p \in \Omega$ fest und $x \in \Omega$ beliebig. Weil die Menge Ω wegzusammenhängend ist, existiert ein stückweise C^1-Weg $\alpha_x : [0,1] \rightarrow \Omega$ von p nach x. Wir setzen

$$V(x) := \int_{\alpha_x} \langle F, dx \rangle.$$

In Anbetracht von (ii) ist diese Definition unabhängig von der Wahl von α_x. Im weiteren Verlauf zeigen wir $\nabla V = F$. Dazu sei $\varepsilon > 0$ gewählt, sodass $B_\varepsilon(x) \subset \Omega$ ist. Für $h \in \mathbb{R}$ mit $|h| < \varepsilon$ definieren wir den Weg $\sigma_h(t) := x + the_k$, wobei wir mit e_k den k-ten Standardbasisvektor bezeichnen. Hiermit erhalten wir die Identität

$$
\begin{aligned}
V(x + he_k) - V(x) &= \int_{\alpha_x \sigma_h} \langle F, dx \rangle - \int_{\alpha_x} \langle F, dx \rangle \\
&= \int_{\sigma_h} \langle F, dx \rangle = \int_0^1 \langle F(\sigma_h(t)), \sigma_h'(t) \rangle \, dt \\
&= \int_0^1 \langle F(x + the_k), he_k \rangle \, dt = h \int_0^1 F_k(x + the_k) \, dt.
\end{aligned}
$$

Schließlich ergibt sich die Behauptung aus der resultierenden Abschätzung

$$\left| \frac{V(x + he_k) - V(x)}{h} - F_k(x) \right| = \left| \int_0^1 (F_k(x + the_k) - F_k(x)) \, dt \right| \leq \sup_{|y-x| \leq |h|} |F_k(y) - F_k(x)|,$$

denn wegen der Stetigkeit von F_k verschwindet die rechte Seite für $h \to 0$. $\qquad\square$

9.2 Existenz eines Potenzials

Wir haben gerade eingesehen, dass es eine wünschenswerte Eigenschaft eines Vektorfelds ist, ein Gradientenfeld zu sein. Deshalb kehren wir nun zu der Frage zurück, welche wir zu Beginn dieses Kapitels gestellt hatten: Wann besitzt denn ein Vektorfeld $F \in C^0(\Omega, \mathbb{R}^n)$ ein solches Potenzial $V \in C^1(\Omega, \mathbb{R})$ mit $F = \nabla V$? Nach Satz 9.7 ist die Existenz eines Potenzials V gleichbedeutend mit der Eigenschaft, dass das Wegintegral über alle geschlossenen stückweise C^1-Wege verschwindet. In der Praxis kann eine solche Bedingung nur schwer nachgewiesen werden. In diesem Abschnitt suchen wir deswegen eine griffigere Bedingung für die Existenz eines Potenzials. Für $F \in C^1(\Omega, \mathbb{R}^n)$ haben wir bereits eine notwendige Bedingung (Satz 8.23) kennengelernt:

$$\frac{\partial F_k}{\partial x_l} = \frac{\partial F_l}{\partial x_k} \qquad k, l - 1, \ldots, n, \qquad k \neq l. \tag{9.2}$$

Definition 9.8. Die Bedingung (9.2) nennen wir **Integrabilitätsbedingung**. Für $n = 3$ definieren wir die **Rotation** des Vektorfeldes $F \in C^1(\Omega, \mathbb{R}^3)$ durch

$$\text{rot } F := \nabla \times F := \begin{pmatrix} \frac{\partial F_3}{\partial x_2} - \frac{\partial F_2}{\partial x_3} \\ \frac{\partial F_1}{\partial x_3} - \frac{\partial F_3}{\partial x_1} \\ \frac{\partial F_2}{\partial x_1} - \frac{\partial F_1}{\partial x_2} \end{pmatrix}.$$

Im Fall $n = 3$ ist die Integrabilitätsbedingung äquivalent zu rot $F = 0$.

Im Allgemeinen ist die Integrabilitätsbedingung nicht hinreichend für die Existenz eines Potenzials, sondern stellt nur eine notwendige Bedingung dar.

Beispiel 9.9. Für $n = 2$ betrachten wir das Vektorfeld $F : \mathbb{R}^2 \setminus \{0\} \rightarrow \mathbb{R}^2$,

$$F(x_1, x_2) = \left(\frac{-x_2}{x_1^2 + x_2^2}, \frac{x_1}{x_1^2 + x_2^2} \right),$$

welches orthogonal zu x wirkt. In Anbetracht von

$$\frac{\partial F_1}{\partial x_2} = \frac{\partial}{\partial x_2} \frac{-x_2}{x_1^2 + x_2^2} = \frac{2x_2^2 - (x_1^2 + x_2^2)}{(x_1^2 + x_2^2)^2} = \frac{x_2^2 - x_1^2}{(x_1^2 + x_2^2)^2},$$

$$\frac{\partial F_2}{\partial x_1} = \frac{\partial}{\partial x_1} \frac{x_1}{x_1^2 + x_2^2} = \frac{x_1^2 + x_2^2 - 2x_1^2}{(x_1^2 + x_2^2)^2} = \frac{x_2^2 - x_1^2}{(x_1^2 + x_2^2)^2},$$

erfüllt F die Integrabilitätsbedingung. Entlang der Kreisschleife

$$\alpha(t) = r(\cos(t), \sin(t)), \qquad \alpha'(t) = r(-\sin(t), \cos(t)), \qquad 0 \le t \le 2\pi$$

bestimmen wir das Wegintegral $\oint_\alpha \langle F, dx \rangle$ (dessen Wert nicht von r abhängt):

$$\oint_\alpha \langle F, dx \rangle = \int_0^{2\pi} \frac{-r\sin(t)}{r^2} r(-\sin(t)) + \frac{r\cos(t)}{r^2} r\cos(t) \, dt = 2\pi \ne 0.$$

Weil das Wegintegral über die Kreisschleife nicht verschwindet, kann das Vektorfeld F kein Potenzial besitzen (Satz 9.7).

Um die Existenzfrage eines Potenzials klären zu können, rekapitulieren wir die Begrifflichkeit der Homotopie von Schleifen: Seien α, β Schleifen in Ω. Diese sind homotop in Ω, wenn eine stetige Abbildung $h : [0, 1] \times [0, 1] \rightarrow \Omega$ existiert mit

$$\alpha(s) = h(s, 0), \quad \beta(s) = h(s, 1), \quad h(0, t) = h(1, t) \quad \forall s, t \in [0, 1].$$

Die Abbildung $h(s, t)$ repräsentiert eine Schar von Schleifen. Die Variable s ist der Kurvenparameter, und t ist der Scharparameter. Eine wichtige Rolle spielen Mengen Ω, in welchen jede Schleife homotop zu einem konstanten Weg ist. Solche Mengen bilden den Inhalt der nachfolgenden Untersuchungen.

Definition 9.10. Eine wegzusammenhängende Menge $C \subset \mathbb{R}^n$ heißt **einfach zusammenhängend**, wenn jede Schleife in C nullhomotop (homotop zu einem konstanten Weg) ist.

Beispiel 9.11.

(i) Eine Menge $S \subset \mathbb{R}^n$ heißt **sternförmig**, wenn es einen Punkt $p \in S$ gibt, sodass für alle $x \in S$ die Verbindungsstrecke

$$\overline{px} := \{(1 - t)p + tx \mid 0 \le t \le 1\}$$

ganz in S enthalten ist, $\overline{px} \subset S$ (siehe Abb. 9.5). Sternförmige Mengen sind einfach zusammenhängend: Jede Schleife α in S ist homotop zu $\beta = p$ via $h(s, t) := \alpha(s) + t(p - \alpha(s))$.

(ii) Die gelochte Ebene $\mathbb{R}^2 \setminus \{0\}$ ist nicht einfach zusammenhängend, vergleiche Folgerung 9.14. Anschaulich bedeutet dies: Eine Schleife, welche den Nullpunkt umschließt, lässt sich nicht auf einen einzigen Punkt zusammenziehen. Einfach zusammenhängende Mengen in $\mathbb{R}^2$ sind genau die Mengen ohne Löcher (ohne Beweis).

(iii) Die Menge $\mathbb{R}^3 \setminus$ Achse ist nicht einfach zusammenhängend. Schleifen, die um die herausgenommene Achse herum laufen, lassen sich nicht auf einen einzigen Punkt zusammenziehen (ohne Beweis, siehe Abb. 9.6).

Das nachfolgende Theorem drückt die Homotopie-Invarianz von Wegintegralen aus.

Abb. 9.5 Sternförmige Menge

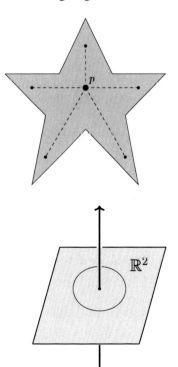

Abb. 9.6 $\mathbb{R}^3 \setminus$ Achse nicht einfach zusammenhängend

Satz 9.12. *Sei* $\Omega \subset \mathbb{R}^n$ *eine offene Menge,* $F \in C^1(\Omega, \mathbb{R}^n)$ *ein Vektorfeld, welches die Integrabilitätsbedingung erfüllt. Des Weiteren seien* $\alpha, \beta : [0, 1] \rightarrow \Omega$ *geschlossene, stückweise* C^1*-Wege, welche in* Ω *homotop sind. Dann gilt*

$$\oint_\alpha \langle F, dx \rangle = \oint_\beta \langle F, dx \rangle.$$

Folgerung 9.13. Ist Ω einfach zusammenhängend, so gilt

$$\oint_\alpha \langle F, dx \rangle = 0 \qquad \forall \text{ stückweise } C^1\text{-Schleifen in } \Omega$$

und daher existiert nach Satz 9.7 ein Potenzial V von F, das heißt $F = \nabla V$.

Folgerung 9.14. Die Menge $\mathbb{R}^2 \setminus \{0\}$ ist nicht einfach zusammenhängend, denn nach Beispiel 9.9 existiert ein Vektorfeld $F \in C^1(\mathbb{R}^2 \setminus \{0\}, \mathbb{R}^2)$, welches der Integrabilitätsbedingung genügt, aber dessen Wegintegral über einen Kreis nicht verschwindet, $\oint \langle F, dx \rangle \neq 0$.

Satz 9.7 und Folgerung 9.13 liefern notwendige und hinreichende Bedingungen für die Existenz eines Potenzials. Der Beweis von Satz 9.12 erfordert das folgende Lemma, welches von der differenzierbaren Abhängigkeit eines Integrals von Parametern handelt und selbst ein wichtiges eigenständiges Resultat darstellt.

Lemma 9.15 (Differenzierbare Abhängigkeit des Integrals von Parametern). *Es seien* $\Omega \subset \mathbb{R}^n$ *eine offene Menge und* $f : [a, b] \times \Omega \rightarrow \mathbb{R}$ *eine stetige Funktion. Für jedes feste* $t \in [a, b]$ *sei* $f(t, \cdot) \in C^1(\Omega)$. *Ferner seien die partiellen Ableitungen* $\frac{\partial f}{\partial x_k}$ *stetig auf* $[a, b] \times \Omega$. *Dann ist* $g(x) = \int_a^b f(t, x)\, dt$ *stetig differenzierbar auf* Ω *und es gilt*

$$\frac{\partial g}{\partial x_k}(x) = \int_a^b \frac{\partial f}{\partial x_k}(t, x)\, dt, \qquad k = 1, \ldots, n.$$

Beweis. Seien $x_0 \in \Omega$ und $\varrho > 0$ mit $\overline{B_\varrho(x_0)} \subset \Omega$, wobei $\overline{B_\varrho(x_0)} = \{x \in \mathbb{R}^n \mid |x - x_0| \leq \varrho\}$. Die Funktion $\frac{\partial f}{\partial x_k}$ ist gleichmäßig stetig auf der kompakten Menge $[a, b] \times \overline{B_\varrho(x_0)}$, das heißt, zu $\varepsilon > 0$ existiert ein $\delta > 0$ (ohne Einschränkung $\delta \leq \varrho$) derart, dass

$$\left| \frac{\partial f}{\partial x_k}(t, x) - \frac{\partial f}{\partial x_k}(t, x_0) \right| < \varepsilon \qquad \text{für } |x - x_0| < \delta \qquad \forall t \in [a, b].$$

Verwenden wir den Mittelwertsatz 8.15 und diese Abschätzung, erhalten wir für $|\tilde{h}(t)| \leq |h| < \delta$ die Ungleichung

$$\left| \frac{1}{h} \big(g(x_0 + he_k) - g(x_0) \big) - \int_a^b \frac{\partial f}{\partial x_k}(t, x_0)\, dt \right|$$

$$= \left| \int_a^b \frac{1}{h} \big(f(t, x_0 + he_k) - f(t, x_0) \big) - \frac{\partial f}{\partial x_k}(t, x_0)\, dt \right|$$

$$= \left| \int_a^b \frac{\partial f}{\partial x_k}(t, x_0 + \tilde{h}(t)e_k) - \frac{\partial f}{\partial x_k}(t, x_0)\, dt \right| < \varepsilon(b - a). \qquad \square$$

Beweis von Satz 9.12. Der Beweis basiert auf einer Anwendung von Lemma 9.15.
1. Schritt: Zunächst betrachten wir den Spezialfall, dass α und β konvex homotop in Ω sind, das heißt

$$h(s, t) = \alpha(s) + t(\beta(s) - \alpha(s)), \qquad 0 \le t \le 1, \qquad 0 \le s \le 1.$$

Sei $I \subset [0, 1]$ ein abgeschlossenes Intervall, sodass $\alpha|_I, \beta|_I \in C^1(I)$ gilt. Dort ist

$$\frac{\partial h}{\partial s}(s, t) = \alpha'(s) + t(\beta'(s) - \alpha'(s)), \qquad \frac{\partial h}{\partial t}(s, t) = \beta(s) - \alpha(s).$$

Bilden wir formal die zweiten gemischten Ableitungen von h,

$$\frac{\partial^2 h}{\partial s \partial t}(s, t) = \beta'(s) - \alpha'(s), \qquad \frac{\partial^2 h}{\partial t \partial s}(s, t) = \beta'(s) - \alpha'(s),$$

dann erkennen wir, dass diese existieren und übereinstimmen. Wir setzen

$$f(s, t) := \langle F(h(s, t)), \tfrac{\partial h}{\partial s}(s, t)\rangle.$$

Die Funktion f ist stetig auf $I \times [0, 1]$. Deren partielle Ableitung

$$\frac{\partial f}{\partial t}(s, t) = \frac{\partial}{\partial t}\left(\sum_k F_k(h(s, t))\frac{\partial h_k}{\partial s}(s, t)\right)$$

$$= \sum_{k,l} \frac{\partial F_k}{\partial x_l}(h(s, t))\frac{\partial h_l}{\partial t}(s, t)\frac{\partial h_k}{\partial s}(s, t) + \sum_k F_k(h(s, t))\frac{\partial^2 h_k}{\partial t \partial s}(s, t),$$

existiert und ist stetig auf $I \times [0, 1]$. Wegen $\frac{\partial F_k}{\partial x_l} = \frac{\partial F_l}{\partial x_k}$ und $\frac{\partial^2 h}{\partial t \partial s} = \frac{\partial^2 h}{\partial s \partial t}$ folgt

$$\frac{\partial f}{\partial t}(s, t) = \frac{\partial}{\partial s}\left(\sum_l F_l(h(s, t))\frac{\partial h_l}{\partial t}(s, t)\right). \tag{9.3}$$

Lemma 9.15 impliziert

$$\frac{\mathrm{d}}{\mathrm{d}t}\int_I f(s, t)\,\mathrm{d}s = \int_I \frac{\partial f}{\partial t}(s, t)\,\mathrm{d}s.$$

Summieren wir in dieser Gleichung über alle I und setzen wir (9.3) für $\frac{\partial f}{\partial t}$ ein, erhalten wir in Anbetracht von $\alpha(0) = \alpha(1)$, $\beta(0) = \beta(1)$, $h(0, t) = h(1, t)$:

$$\frac{\mathrm{d}}{\mathrm{d}t}\int_0^1 f(s, t)\,\mathrm{d}s = \int_0^1 \frac{\partial f}{\partial t}(s, t)\,\mathrm{d}s \overset{(9.3)}{=} \int_0^1 \frac{\partial}{\partial s}\langle F(h(s, t)), \beta(s) - \alpha(s)\rangle\,\mathrm{d}s$$

$$= \langle F(h(1, t)), \beta(1) - \alpha(1)\rangle - \langle F(h(0, t)), \beta(0) - \alpha(0)\rangle = 0.$$

Weil $\int_0^1 f(s, t)\,\mathrm{d}s$ konstant ist, ergibt sich

$$\int_\alpha \langle F, \mathrm{d}x\rangle = \int_0^1 f(s, 0)\,\mathrm{d}s = \int_0^1 f(s, 1)\,\mathrm{d}s = \int_\beta \langle F, \mathrm{d}x\rangle.$$

2. Schritt: Wir kommen zum allgemeinen Fall: Die Abbildung $h : [0, 1] \times [0, 1] \to \Omega$ sei stetig und erfülle

$$h(s, 0) = \alpha(s), \qquad h(s, 1) = \beta(s), \qquad h(0, t) = h(1, t)$$

für alle $s, t \in [0, 1]$. In Lemma 9.6 wurde

$$\delta := \mathrm{dist}\big(h([0, 1] \times [0, 1]), \mathbb{R}^n \setminus \Omega\big) > 0$$

gezeigt. Die Funktion h ist gleichmäßig stetig auf der kompakten Menge $[0, 1] \times [0, 1]$, das heißt, zu $\varepsilon > 0$ existiert ein $N \in \mathbb{N}$ mit

$$\left| h\big(s, \tfrac{k+1}{N}\big) - h\big(s, \tfrac{k}{N}\big) \right| < \varepsilon \qquad \forall s \in [0, 1] \qquad \forall k = 0, \ldots, N - 1. \tag{9.4}$$

Dabei soll $\varepsilon < \delta$ gelten. Die Größe ε wird im Anschluss noch genauer gewählt. Wir definieren

$$\alpha_0(s) := \alpha(s), \qquad \alpha_N(s) := \beta(s), \qquad \alpha_k(s) := h(s, \tfrac{k}{N}) \qquad (k = 0, \ldots, N).$$

Nach Lemma 9.6 (iii) existieren geschlossene stückweise C^1-Wege $\tilde{\alpha}_k$, sodass

$$|\tilde{\alpha}_k(s) - \alpha_k(s)| < \varepsilon \qquad \forall s \in [0, 1] \qquad \forall k = 1, \ldots, N - 1. \tag{9.5}$$

Wir setzen $\tilde{\alpha}_0 := \alpha_0$, $\tilde{\alpha}_N := \alpha_N$ und bestimmen $\mathrm{dist}(\tilde{\alpha}_k([0, 1]), \mathbb{R}^n \setminus \Omega)$: Für $y \in \mathbb{R}^n \setminus \Omega$ ist

$$|\tilde{\alpha}_k(s) - y| = |\alpha_k(s) - y + \tilde{\alpha}_k(s) - \alpha_k(s)|$$
$$\geq |\alpha_k(s) - y| - |\tilde{\alpha}_k(s) - \alpha_k(s)| \geq \delta - \varepsilon > 0,$$

insbesondere gilt $\tilde{\alpha}_k([0, 1]) \subset \Omega$. Der Abstand zwischen $\tilde{\alpha}_{k+1}$ und $\tilde{\alpha}_k$ lässt sich durch

$$|\tilde{\alpha}_{k+1}(s) - \tilde{\alpha}_k(s)| \leq \underbrace{|\tilde{\alpha}_{k+1}(s) - \alpha_{k+1}(s)|}_{\leq \varepsilon \text{ nach (9.5)}} + \underbrace{|\alpha_{k+1}(s) - \alpha_k(s)|}_{\leq \varepsilon \text{ nach (9.4)}} + \underbrace{|\alpha_k(s) - \tilde{\alpha}_k(s)|}_{\leq \varepsilon \text{ nach (9.5)}} \leq 3\varepsilon$$

abschätzen $(k = 0, \ldots, N - 1)$. Wir wählen jetzt $\varepsilon = \tfrac{\delta}{4}$, womit wir

$$|\tilde{\alpha}_{k+1}(s) - \tilde{\alpha}_k(s)| < \frac{3}{4}\delta = \delta - \varepsilon \leq \mathrm{dist}(\tilde{\alpha}_k([0, 1]), \mathbb{R}^n \setminus \Omega)$$

erhalten. Aufgrund von Lemma 9.6 (ii) sind die C^1-Wege $\tilde{\alpha}_{k+1}$ und $\tilde{\alpha}_k$ $(k = 0, \ldots, N - 1)$ konvex homotop in Ω. Folglich können wir Teil (i) anwenden, um

$$\int_{\tilde{\alpha}_k} \langle F, \mathrm{d}x \rangle = \int_{\tilde{\alpha}_{k+1}} \langle F, \mathrm{d}x \rangle \qquad (k = 0, \ldots, N - 1)$$

zu folgern. Daraus ergibt sich die Behauptung:

$$\int_{\alpha} \langle F, \mathrm{d}x \rangle = \int_{\tilde{\alpha}_0} \langle F, \mathrm{d}x \rangle = \ldots = \int_{\tilde{\alpha}_N} \langle F, \mathrm{d}x \rangle = \int_{\beta} \langle F, \mathrm{d}x \rangle. \qquad \square$$

9.3 Komplexe Kurvenintegrale

Das Kurvenintegral soll nun auf komplexwertige Funktionen, die von einer komplexen Veränderlichen abhängen, übertragen werden. Deshalb wollen wir uns zuerst mit der (komplexen) Differenzierbarkeit solcher Funktionen befassen. Sei $\Omega \subset \mathbb{C}$ eine offene Menge, und $f : \Omega \to \mathbb{C}$ eine Funktion. Diese heißt **komplex differenzierbar** oder **holomorph** in einem Punkt $z \in \Omega$, wenn der Grenzwert

$$f'(z) := \lim_{h \to 0, h \in \mathbb{C}} \frac{1}{h}\left(f(z+h) - f(z)\right)$$

existiert. Man nennt f komplex differenzierbar oder holomorph auf Ω, wenn f in jedem Punkt $z \in \Omega$ komplex differenzierbar ist. Obwohl die obige Definition analog zur reellen Differenzierbarkeit ist, stellt Holomorphie eine viel stärkere Eigenschaft dar, denn diese generiert vielzählige Phänomene, welche im Reellen keine Entsprechung finden. Darauf werden wir in einem Exkurs (Abschn. 9.4) detaillierter eingehen.

Cauchy-Riemannsche Differentialgleichungen Ein Zusammenhang besteht zwischen komplexer und reeller Differenzierbarkeit: Weil sich $\mathbb{C}$ mit $\mathbb{R}^2$ identifizieren lässt, kann die Funktion f auf ihre (totale) Differenzierbarkeit im Sinne der reellen Analysis untersucht werden. Die Funktion f ist gemäß Definition 8.3 total differenzierbar in $z \in \Omega \subset \mathbb{R}^2$, wenn eine $\mathbb{R}$-lineare Abbildung L existiert mit

$$f(z+h) = f(z) + L(h) + r(h), \qquad \lim_{h \to 0} \frac{r(h)}{|h|} = 0.$$

Es stellt sich heraus, dass die Funktion f genau dann komplex differenzierbar in z ist, wenn sie total differenzierbar in z und die Abbildung L zusätzlich $\mathbb{C}$-linear[1] ist. Jeder linearen Abbildung lässt sich bekanntermaßen eine Darstellungsmatrix zuordnen (siehe Kap. 10), welche die lineare Abbildung äquivalent beschreibt. Die Forderung der $\mathbb{C}$-Linearität von L bedeutet, dass die Darstellungsmatrix von L bezüglich der Basis $1 (= (1, 0))$, $i (= (0, 1))$ die Struktur

$$\begin{pmatrix} a & -b \\ b & a \end{pmatrix} \qquad (a, b \in \mathbb{R})$$

besitzt. Der Leser möge sich dies klar machen, siehe auch (2.8). Andererseits besagt Proposition 8.7, dass die Darstellungsmatrix von L $(= df(z))$ durch die Jacobi-Matrix

$$\begin{pmatrix} \dfrac{\partial f_1}{\partial x_1} & \dfrac{\partial f_1}{\partial x_2} \\[2ex] \dfrac{\partial f_2}{\partial x_1} & \dfrac{\partial f_2}{\partial x_2} \end{pmatrix}$$

---

[1] Das heißt, es gibt eine komplexe Zahl $l \in \mathbb{C}$ mit $L(h) = lh$. Es ist dann $l = f'(z)$.

gegeben ist. Fassen wir diese Überlegungen zusammen, erhalten wir die folgende Aussage: Die Funktion f ist genau dann komplex differenzierbar, wenn sie differenzierbar im Sinne der reellen Analysis ist und sie die **Cauchy-Riemannschen Differentialgleichungen**

$$\frac{\partial f_1}{\partial x_1} = \frac{\partial f_2}{\partial x_2}, \qquad \frac{\partial f_1}{\partial x_2} = -\frac{\partial f_2}{\partial x_1}$$

erfüllt. Komplexe Differenzierbarkeit stellt eine sehr starke Forderung dar. Zum Beispiel ist die Funktion $f(z) = \bar{z}$ an keiner Stelle in $\mathbb{C}$ komplex differenzierbar, denn es ist $1 = \frac{\partial f_1}{\partial x_1} \neq \frac{\partial f_2}{\partial x_2} = -1$.

Der Cauchysche Integralsatz Sei $\Omega \subset \mathbb{R}^2 = \mathbb{C}$ eine offene Menge, $\alpha : [a, b] \to \Omega$ ein stückweiser C^1-Weg und $f : \Omega \to \mathbb{C}$ eine stetige komplexwertige Funktion. Das komplexe Kurvenintegral wird wie gewohnt definiert

$$\int_\alpha f(z)\, dz := \int_a^b f(\alpha(t))\alpha'(t)\, dt.$$

Dabei ist $f(\alpha(t))\alpha'(t)$ als komplexes Produkt aufzufassen. Für reelle $f_1, f_2, \alpha_1, \alpha_2$ schreiben wir

$$f = f_1 + if_2, \qquad \alpha = \alpha_1 + i\alpha_2,$$

womit wir das Produkt $f(\alpha(t))\alpha'(t)$ folgendermaßen darstellen können:

$$\begin{aligned}
f(\alpha(t))\alpha'(t) &= (f_1 + if_2)(\alpha_1' + i\alpha_2') = f_1\alpha_1' - f_2\alpha_2' \\
&+ i(f_2\alpha_1' + f_1\alpha_2') = \langle (f_1, -f_2), (\alpha_1', \alpha_2') \rangle + i\langle (f_2, f_1), (\alpha_1', \alpha_2') \rangle.
\end{aligned}$$

Folglich können wir das komplexe Kurvenintegral formulieren als

$$\int_\alpha f(z)\, dz = \int_\alpha \langle (f_1, -f_2), dz \rangle + i \int_\alpha \langle (f_2, f_1), dz \rangle.$$

Erfüllt F die Integrabilitätsbedingung, so besitzt jeder Punkt $p \in \Omega$ eine Umgebung U (also eine offene Menge $U \subset \Omega, p \in U$), sodass $F|_U$ ein Potenzial besitzt. Zum Beispiel kann man $U = B_\varrho(p) \subset \Omega$ wählen (Satz 9.7, Folgerung 9.13). Daher ist die Gültigkeit der Integrabilitätsbedingung gleichbedeutend mit der lokalen Existenz eines Potenzials. Eine deutlich stärkere Aussage macht der folgende Satz.

Satz 9.16 (Cauchyscher Integralsatz). *Sei $\Omega \subset \mathbb{R}^2 = \mathbb{C}$ offen und sei $f : \Omega \to \mathbb{C}$ stetig komplex differenzierbar. Dann gilt*

$$\oint_\alpha f(z)\, dz = 0$$

für jede in Ω nullhomotope, stückweise C^1-Schleife α.

Beweis. In Anbetracht des komplexen Kurvenintegrals

$$\oint_\alpha f(z)\, dz = \oint_\alpha \langle (f_1, -f_2), dz \rangle + i \oint_\alpha \langle (f_2, f_1), dz \rangle$$

muss die Integrabilitätsbedingung für $(f_1, -f_2)$ und (f_2, f_1) nachgewiesen werden. Weil f komplex differenzierbar ist, gelten die Cauchy-Riemannschen Differentialgleichungen, welche zur Integrabilitätsbedingung für $(f_1, -f_2)$ und (f_2, f_1) äquivalent sind. $\qquad\square$

Im Sinne von Satz 9.12 bietet sich folgende Formulierung des Cauchyschen Integralsatzes an: Ist $f : \Omega \to \mathbb{C}$, $\Omega \subset \mathbb{C}$, stetig komplex differenzierbar und sind α, β in Ω homotope stückweise C^1-Schleifen, so gilt

$$\oint_\alpha f(z)\, dz = \oint_\beta f(z)\, dz.$$

Als eine Folgerung erhalten wir den Satz von der komplexen Stammfunktion:

Satz 9.17. *Sei $\Omega \subset \mathbb{C}$ einfach zusammenhängend und sei $f : \Omega \to \mathbb{C}$ stetig komplex differenzierbar. Dann besitzt f eine komplexe Stammfunktion, das heißt,*

$$\exists\, F : \Omega \to \mathbb{C} \text{ mit } F'(z) = f(z) \qquad \forall z \in \Omega.$$

Beweis. Wegen der Voraussetzung für $f = f_1 + if_2$ erfüllen die Funktionen $(f_1, -f_2)$ und (f_2, f_1) die Integrabilitätsbedingung. Nach Satz 9.16 und Satz 9.7 besitzen $(f_1, -f_2)$ und (f_2, f_1) Potenziale U und V, das heißt

$$f_1 = \frac{\partial U}{\partial x_1}, \qquad -f_2 = \frac{\partial U}{\partial x_2}, \qquad f_2 = \frac{\partial V}{\partial x_1}, \qquad f_1 = \frac{\partial V}{\partial x_2}.$$

Jetzt definieren wir $F := U + iV$. Die obigen Identitäten implizieren

$$\frac{\partial U}{\partial x_1} = f_1 = \frac{\partial V}{\partial x_2}, \qquad \frac{\partial U}{\partial x_2} = -f_2 = -\frac{\partial V}{\partial x_1}.$$

Somit genügen U und V den Cauchy-Riemannschen Differentialgleichungen. Daher ist F komplex differenzierbar und das Differential $dF(z)$ ergibt sich als

$$dF(z)(h) = \begin{pmatrix} f_1 & -f_2 \\ f_2 & f_1 \end{pmatrix} \begin{pmatrix} h_1 \\ h_2 \end{pmatrix} = \begin{pmatrix} f_1 h_1 - f_2 h_2 \\ f_2 h_1 + f_1 h_2 \end{pmatrix} = (f_1 + if_2)(h_1 + ih_2) = f(z)h.$$

Folglich gilt $F'(z) = f(z)$. Dies impliziert die Behauptung. $\qquad\square$

Die dargestellte Theorie wird nun durch einige Beispiele abgerundet. Hierbei werden die üblichen Notationen $B_r(z_0)$ und $\overline{B_r(z_0)}$ für die offene und abgeschlossene Kreisscheibe mit Mittelpunkt z_0 und Radius r verwendet.

Beispiel 9.18. Für $\alpha(t) = re^{it}$, $t \in [0, 2\pi]$, $r > 0$ und $n \in \mathbb{Z}$ gilt

$$\oint_\alpha z^n \, dz = \begin{cases} 2\pi i & \text{für } n = -1 \\ 0 & \text{für } n \neq -1. \end{cases}$$

Im Fall $n \neq -1$ besitzt der Integrand $f(z) = z^n$ die Stammfunktion $F(z) = \frac{z^{n+1}}{n+1}$ und das Integral über jede stückweise C^1-Schleife verschwindet, $\oint_\alpha z^n \, dz = 0$. Im Fall $n = -1$ gilt

$$\oint_\alpha \frac{1}{z} \, dz = \int_0^{2\pi} \frac{1}{re^{it}} r i e^{it} \, dt = \int_0^{2\pi} i \, dt = 2\pi i.$$

Hiermit haben wir einen weiteren Beweis geführt, dass $\mathbb{R}^2$ ohne einen Punkt nicht einfach zusammenhängend ist (vergleiche Beispiel 9.11 (ii)).

Beispiel 9.19. Für $r > 0$ sei $\alpha(t) := z_0 + re^{it}$, $t \in [0, 2\pi]$ die Kreislinie, die die Kreisscheibe $B_r(z_0)$ berandet. Dann gilt für alle $z \in B_r(z_0)$ und jedes $0 < \varrho < r - |z_0 - z|$

$$\oint_\alpha \frac{1}{\xi - z} \, d\xi = \oint_{|\xi - z_0| = r} \frac{1}{\xi - z} \, d\xi = \oint_{|\xi - z| = \varrho} \frac{1}{\xi - z} \, d\xi = 2\pi i.$$

Das zweite Gleichheitszeichen resultiert aus dem Cauchyschen Integralsatz 9.16 (angewendet auf zwei geschickt gewählte Integrationsschleifen, siehe [FB00], II.3) und gilt dann auch für jeden Integranden, der in $\overline{B_r(z_0)} \setminus B_\varrho(z)$ holomorph ist. Das dritte Gleichheitszeichen ergibt sich durch direktes Ausrechnen, siehe Beispiel 9.18. Alternativ lässt sich hier das folgende Argument verwenden: Die Funktion $h : B_r(z_0) \to \mathbb{C}$, $z \mapsto \oint_\alpha \frac{d\xi}{\xi - z}$ ist holomorph mit $h'(z) = \oint_\alpha \frac{d\xi}{(\xi - z)^2}$ nach einer komplexen Version von Lemma 9.15 (siehe Lemma 9.23). Die Ableitung verschwindet, weil der Integrand die Stammfunktion $\xi \mapsto -\frac{1}{\xi - z}$ hat. Folglich ist h konstant und wegen $h(z_0) = 2\pi i$ ergibt sich $h = 2\pi i$.

Beispiel 9.20. Für $R > 1$ sei α_1 die Verbindungsstrecke von $-R$ nach R auf der reellen Achse, und α_2 beschreibe den sich anschließenden Halbkreisbogen, $\alpha_2(t) := Re^{it}$, $t \in [0, \pi]$, sodass $\alpha := \alpha_1 \alpha_2$ eine stückweise C^1-Schleife darstellt (siehe Abb. 9.7).

Wir zeigen: $\oint_\alpha \frac{1}{1+z^2} \, dz = \pi$. Dazu wähle man $\varrho > 0$ so, dass $B_\varrho(i)$ in dem von α eingeschlossenen Flächenbereich enthalten ist. Der Cauchysche Integralsatz 9.16 impliziert

$$\oint_\alpha \frac{1}{1+z^2} \, dz = \oint_\alpha \frac{1}{2i} \left(\frac{1}{z-i} - \frac{1}{z+i} \right) dz = \frac{1}{2i} \oint_\alpha \frac{1}{z-i} \, dz - \frac{1}{2i} \oint_\alpha \frac{1}{z+i} \, dz$$

$$\overset{\text{Satz 9.16}}{=} \frac{1}{2i} \oint_\alpha \frac{1}{z-i} \, dz \overset{\text{Satz 9.16}}{=} \frac{1}{2i} \oint_{|z|=R} \frac{1}{z-i} \, dz.$$

Abb. 9.7 Darstellung des
Integrationswegs aus
Beispiel 9.20

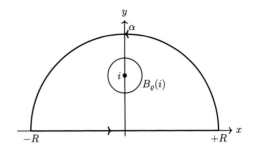

Mit den Beispielen 9.19 und 9.18 ergibt sich für das letzte Integral

$$\oint_{|z|=R} \frac{1}{z-i}\,dz \overset{\text{Beispiel 9.19}}{=} \oint_{|z-i|=\varrho} \frac{1}{z-i}\,dz \overset{\text{Beispiel 9.18}}{=} 2\pi i$$

und somit $\oint_\alpha \frac{1}{1+z^2}\,dz = \pi$. Damit kann das uneigentliche Integral $\int_{-\infty}^{\infty} \frac{1}{1+x^2}\,dx$ bestimmt werden (ganz ohne die Erkenntnis aus Kap. 6, dass $\arctan(x)$ Stammfunktion von $\frac{1}{1+x^2}$ ist). Tatsächlich erhält man mit der Zerlegung

$$\oint_\alpha \frac{1}{1+z^2}\,dz = \int_{\alpha_1} \frac{1}{1+z^2}\,dz + \int_{\alpha_2} \frac{1}{1+z^2}\,dz = \pi$$

und der Abschätzung

$$\left| \int_{\alpha_2} \frac{1}{1+z^2}\,dz \right| = \left| \int_0^\pi \frac{1}{1+R^2 e^{2it}} R i e^{it}\,dt \right|$$

$$\leq \frac{1}{R} \int_0^\pi \frac{1}{\underbrace{|R^{-2} + e^{2it}|}_{\leq 2 \text{ für große } R}}\,dt \leq \frac{1}{R} 2\pi \to 0 \qquad \text{für } R \to \infty$$

den Integralwert von $\int_{-\infty}^{\infty} \frac{1}{1+x^2}\,dx$

$$\int_{-\infty}^{\infty} \frac{1}{1+x^2}\,dx = \lim_{R\to\infty} \int_{-R}^{R} \frac{1}{1+x^2}\,dx = \lim_{R\to\infty} \left(\oint_\alpha \frac{1}{1+z^2}\,dz - \int_{\alpha_2} \frac{1}{1+z^2}\,dz \right) = \pi.$$

Viele reelle Integrale können auf ähnliche Weise mit den Mitteln der komplexen Analysis berechnet werden.

9.4   Exkurs: Die Cauchysche Integralformel*

Als Teilgebiet der reinen Mathematik untersucht die *Funktionentheorie* die Eigenschaften holomorpher Funktionen. Als wunderbare Einführung in die Funktionentheorie empfehlen wir das Lehrbuch [FB00], an dem sich auch dieser Exkurs orientiert. Ausgehend vom Cauchyschen Integralsatz 9.16 lassen sich erstaunliche Eigenschaften holomorpher Funktionen herleiten, welche im Reellen so keine Entsprechung aufweisen. In diesem Exkurs soll eine kleine Auswahl hiervon präsentiert werden. Zum Beispiel werden wir sehen, dass sich eine holomorphe Funktion stets lokal in eine Potenzreihe entwickeln lässt (Satz 9.26). Der Beweis dieser Aussage basiert auf der **Cauchyschen Integralformel**, die ein zentrales Resultat der Funktionentheorie darstellt und im Folgenden ausführlich diskutiert wird.

Satz 9.21 (Cauchysche Integralformel). *Gegeben seien eine holomorphe Funktion f : $\Omega \to \mathbb{C}$, $\Omega \subset \mathbb{C}$ offen und eine offene Kreisscheibe $B_r(z_0)$, deren Abschluss $\overline{B_r(z_0)}$ ganz in Ω enthalten ist. Dann gilt für jeden Punkt $z \in B_r(z_0)$ die Cauchysche Integralformel*

$$f(z) = \frac{1}{2\pi i} \oint_\alpha \frac{f(\xi)}{\xi - z}\, d\xi, \qquad (9.6)$$

wobei über die Kreislinie $\alpha(t) = z_0 + re^{it}$, $t \in [0, 2\pi]$, integriert wird.

Die Formel (9.6) besagt, dass die Funktionswerte von f in der Kreisscheibe $B_r(z_0)$ bemerkenswerterweise ausschließlich durch Kenntnis der Werte von f auf dem Rand bestimmt werden können.

Beweis von Satz 9.21. Sei $z \in B_r(z_0)$ beliebig, aber fest. Weil f auf $\overline{B_r(z_0)}$ gleichmäßig stetig ist (Satz 4.29), gibt es zu jedem $\varepsilon > 0$ ein $\tilde{\delta} > 0$, sodass

$$\forall \xi \in B_r(z_0): \ |\xi - z| < \tilde{\delta} \quad \Longrightarrow \quad |f(\xi) - f(z)| < \varepsilon.$$

Für $0 < \delta < \tilde{\delta}$ ergibt sich mit dem Cauchyschen Integralsatz 9.16 beziehungsweise Beispiel 9.19, nach welchem das Integral über α mit demjenigen über einen beliebig kleinen Kreis um z, hier mit Radius δ, übereinstimmt:

$$\left| \frac{1}{2\pi i} \oint_\alpha \frac{f(\xi)}{\xi - z}\, d\xi - f(z) \right| = \left| \frac{1}{2\pi i} \oint_\alpha \frac{f(\xi) - f(z)}{\xi - z}\, d\xi \right| \overset{\text{Satz 9.16}}{=} \left| \frac{1}{2\pi i} \oint_{|\xi - z| = \delta} \frac{f(\xi) - f(z)}{\xi - z}\, d\xi \right|$$

$$= \left| \frac{1}{2\pi i} \int_0^{2\pi} \frac{f(\xi(t)) - f(z)}{\delta e^{it}} \delta i e^{it}\, dt \right| \leq \frac{1}{2\pi} \int_0^{2\pi} |f(\xi(t)) - f(z)|\, dt$$

$$\leq \max_{|\xi - z| = \delta} |f(\xi) - f(z)| < \varepsilon. \qquad \square$$

Die Cauchysche Integralformel (9.6) hat diverse wichtige Implikationen, von denen einige an dieser Stelle behandelt werden sollen. Weil nach (9.6) die Funktionswerte $f(z)$ lokal durch ein Integral ausdrückbar sind, lässt sich der Sachverhalt ableiten, dass eine holomorphe Funktion f beliebig oft komplex differenzierbar ist, oder etwas präziser formuliert:

Satz 9.22 (Verallgemeinerte Cauchysche Integralformel). *Gegeben seien dieselben Bezeichnungen und Voraussetzungen wie in Satz 9.21. Dann ist jede Ableitung der Funktion f wieder holomorph und es gilt für alle* $|z - z_0| < r$ *und* $n \in \mathbb{N}_0$

$$f^{(n)}(z) = \frac{n!}{2\pi i} \oint_\alpha \frac{f(\xi)}{(\xi - z)^{n+1}} \, d\xi \tag{9.7}$$

mit $\alpha(t) = z_0 + re^{it}$, $t \in [0, 2\pi]$.

Beweis. Der Beweis von (9.7) erfolgt mittels Induktion über n, wobei der Induktionsanfang durch (9.6) erledigt ist und sich der Induktionsschritt das folgende Lemma 9.23 zunutze macht. □

Lemma 9.23. *Gegeben sei eine stetige Funktion* $f : [a, b] \times \Omega \to \mathbb{C}$, $\Omega \subset \mathbb{C}$ *offen, welche für jedes* $t \in [a, b]$ *holomorph in* Ω *ist. Die Ableitung nach der zweiten Variablen* $\frac{\partial f}{\partial z}$ *sei stetig. Dann repräsentiert* $g(z) := \int_a^b f(t, z) \, dt$ *eine auf* Ω *holomorphe Funktion, deren Ableitung durch*

$$g'(z) = \int_a^b \frac{\partial f}{\partial z}(t, z) \, dt$$

für alle $z \in \Omega$ *gegeben ist.*

Beweis. Lemma 9.23 stellt eine komplexe Version von Lemma 9.15 dar und kann auf die reelle Situation in Lemma 9.15 zurückgeführt werden, weil die komplexe Differenzierbarkeit durch partielle Ableitungen ausgedrückt werden kann (Cauchy-Riemannsche Differentialgleichungen). □

Es sei an dieser Stelle noch einmal betont, wie sehr sich die reelle und komplexe Analysis unterscheiden: Während eine holomorphe Funktion stets beliebig oft komplex ableitbar ist, gibt es im Reellen auch Funktionen $f : \mathbb{R} \to \mathbb{R}$, die zwar differenzierbar sind, deren Ableitung f' aber nicht stetig ist. Beispielsweise lassen sich solche Funktionen durch Integrale über unstetige Funktionen konstruieren. Als eine erste Anwendung von (9.7) sei der Satz von Liouville erwähnt.

Satz 9.24 (Satz von Liouville). *Eine auf* $\mathbb{C}$ *holomorphe beschränkte Funktion* $f : \mathbb{C} \to \mathbb{C}$ *ist konstant.*[2]

---

[2]Benannt nach dem französischen Mathematiker Joseph Liouville (1809–1882).

Beweis. In der Tat gilt nach (9.7) für alle $z \in \mathbb{C}$ und jedes $r > 0$

$$|f'(z)| = \frac{1}{2\pi} \left| \oint_{|\xi - z| = r} \frac{f(\xi)}{(\xi - z)^2} \, d\xi \right|$$

$$\leq \frac{1}{2\pi} 2\pi r \frac{C}{r^2} = \frac{C}{r} \qquad \text{mit } C := \sup_{z \in \mathbb{C}} |f(z)|,$$

weshalb $|f'(z)| \to 0$ für $r \to \infty$ konvergiert und somit $f'(z) = 0$ für alle $z \in \mathbb{C}$ gelten muss. $\square$

Nach dem Satz von Liouville kann also eine auf $\mathbb{C}$ holomorphe Funktion $f : \mathbb{C} \to \mathbb{C}$ mit $f \neq$ const nicht beschränkt sein. Dies muss zum Beispiel für cos zutreffen. Tatsächlich haben wir

$$\cos(ix) = \frac{1}{2}\left(e^x + e^{-x}\right) \to \infty \qquad (x \to \infty).$$

Ferner kann mit dem Satz von Liouville ohne großen Aufwand der Fundamentalsatz der Algebra bewiesen werden (Übungsaufgabe 9.7). Als weitere Konsequenz ergibt sich folgende Aussage: Es sei $f : \mathbb{C} \to \mathbb{C}$ eine holomorphe Funktion ohne Nullstellen. Dann gilt: Hat $|f|$ ein Minimum, so ist f konstant. Der Beweis ist kurz: Falls $|f|$ ein Minimum an der Stelle x besitzt, so hat $1/|f|$ eben dort ein Maximum. Nach dem Satz von Liouville 9.24 ist $1/f$ konstant, also auch f.

Weiterhin ist es erwähnenswert, dass sich eine holomorphe Funktion $f : \Omega \to \mathbb{C}$, Ω offen, lokal in eine Potenzreihe entwickeln lässt, das heißt, zu jedem $z_0 \in \Omega$ existiert eine Umgebung $U(z_0)$ und eine Potenzreihe $\sum_{n=0}^{\infty} a_n(z - z_0)^n$, die für alle $z \in U(z_0)$ konvergiert und dort die Funktion $f(z)$ darstellt.

Satz 9.25. *Ist $f : \Omega \to \mathbb{C}$, $\Omega \subset \mathbb{C}$ offen, eine holomorphe Abbildung und ist $B_R(z_0)$ eine offene Kreisscheibe mit $B_R(z_0) \subset \Omega$, dann gilt für alle $z \in B_R(z_0)$ die Reihendarstellung*

$$f(z) = \sum_{n=0}^{\infty} a_n(z - z_0)^n, \qquad a_n = \frac{1}{2\pi i} \oint_{|\xi - z_0| = \varrho} \frac{f(\xi)}{(\xi - z_0)^{n+1}} \, d\xi \qquad (n \in \mathbb{N}_0) \qquad (9.8)$$

mit einem beliebigen $0 < \varrho < R$.

Insbesondere ist der Konvergenzradius dieser Potenzreihe größer oder gleich R.

Beweis. Auch der Beweis von (9.8) basiert auf der Cauchyschen Integralformel (Satz 9.21), ausgewertet auf einer kleineren Kreisscheibe $B_\varrho(z_0)$ mit einem beliebigen $0 < \varrho < R$. Es genügt, f auf der kleineren Kreisscheibe $B_\varrho(z_0)$ in eine Potenzreihe zu entwickeln wegen der Eindeutigkeit dieser Entwicklung, siehe Übungsaufgabe 4.11. Für $|z - z_0| < \varrho$ ergibt sich

$$f(z) \overset{\text{Satz 9.21}}{=} \frac{1}{2\pi i} \oint_{|\xi - z_0| = \varrho} \frac{f(\xi)}{\xi - z} \, d\xi = \frac{1}{2\pi i} \oint_{|\xi - z_0| = \varrho} \frac{f(\xi)}{\xi - z_0} \cdot \frac{1}{1 - \frac{z - z_0}{\xi - z_0}} \, d\xi$$

$$\overset{\text{Beispiel 3.29}}{=} \frac{1}{2\pi i} \oint_{|\xi - z_0| = \varrho} \frac{f(\xi)}{\xi - z_0} \sum_{n=0}^{\infty} \left(\frac{z - z_0}{\xi - z_0} \right)^n d\xi$$

$$\overset{\text{Folgerung 6.11}}{=} \sum_{n=0}^{\infty} \left(\frac{1}{2\pi i} \oint_{|\xi - z_0| = \varrho} \frac{f(\xi)}{(\xi - z_0)^{n+1}} \, d\xi \right) (z - z_0)^n. \qquad \square$$

In Anbetracht von (9.7) besitzen die Koeffizienten a_n die Darstellungen

$$a_n = \frac{f^{(n)}(z_0)}{n!} = \frac{1}{2\pi i} \oint_{|\xi - z_0| = \varrho} \frac{f(\xi)}{(\xi - z_0)^{n+1}} \, d\xi,$$

das heißt, die Koeffizienten a_n in der Entwicklung (9.8) stimmen wie im Reellen mit den Taylor-Koeffizienten in der Taylor-Entwicklung von f überein.

Auch an dieser Stelle sei auf die Unterschiede zur reellen Analysis hingewiesen. Im Komplexen ist gemäß Satz 9.25 jede holomorphe Abbildung lokal durch eine konvergente Potenzreihe darstellbar, die dann mit ihrer Taylor-Reihe übereinstimmt. Dagegen gehört die reelle Funktion

$$f : \mathbb{R} \to \mathbb{R}, \qquad f(x) := \begin{cases} e^{-\frac{1}{x^2}} & \text{für } x \neq 0 \\ 0 & \text{für } x = 0 \end{cases}$$

nach Aufgabe 5.2 zur Klasse $C^{\infty}(\mathbb{R})$. Weil aber $f^{(k)}(0) = 0$ für alle $k \in \mathbb{N}$ ist, verschwindet die Taylor-Reihe von f und stellt somit in keiner Umgebung von 0 die Funktion f dar. Im Reellen ist die Bedingung $f \in C^{\infty}$ notwendig, aber nicht hinreichend, um f als Potenzreihe darstellen zu können. Für Letzteres muss noch das Restglied in der Taylor-Formel gegen null streben.

Außerdem fällt auf, dass das Konvergenzverhalten von Potenzreihen, das im Reellen nicht immer unbedingt offensichtlich ist, bei einem Übergang ins Komplexe unmittelbar verständlich wird. Als Beispiel dient wie in [FB00] die holomorphe Funktion $f :$ $\mathbb{C} \setminus \{-i, +i\} \to \mathbb{C}, f(z) = \frac{1}{1+z^2}$, welche für $|z| < 1$ durch die Potenzreihe

$$f(z) = \frac{1}{1 + z^2} = \sum_{k=0}^{\infty} (-1)^k z^{2k}$$

dargestellt werden kann (Entwicklung um $z_0 = 0$). Der Konvergenzradius der Potenzreihe $\sum_{k=0}^{\infty} (-1)^k x^k$, $x := z^2$, beträgt $\left(\limsup_{k \to \infty} \sqrt[k]{|(-1)^k|} \right)^{-1} = 1$ nach Satz 3.46, weshalb $\sum_{k=0}^{\infty} (-1)^k z^{2k}$ auch den Konvergenzradius 1 hat. Alternativ lässt sich dies mit Argumenten der komplexen Analysis erschließen: Nach Satz 9.25 ist der Konvergenzradius mindestens

1. Weil aber $f(z)$ bei Annäherung an i nicht beschränkt bleibt (was im Reellen nicht sichtbar ist), kann der Konvergenzradius nicht größer als 1 sein.

Damit ist die Liste der charakterisierenden Eigenschaften holomorpher Funktionen noch nicht erschöpft wie das folgende Theorem zusammenfasst.

Satz 9.26. *Gegeben sei eine Funktion $f : \Omega \to \mathbb{C}$, $\Omega \subset \mathbb{C}$ offen. Die nachfolgenden Eigenschaften von f sind gleichwertig:*

(i) *f ist holomorph auf Ω, das heißt in jedem Punkt $z \in \Omega$ komplex differenzierbar.*

(ii) *f ist total differenzierbar im Sinne der reellen Analyis ($\mathbb{C} = \mathbb{R}^2$), und $f_1 = \Re(f)$, $f_2 = \Im(f)$ genügen den Cauchy-Riemannschen Differentialgleichungen*

$$\frac{\partial f_1}{\partial x_1} = \frac{\partial f_2}{\partial x_2}, \qquad \frac{\partial f_1}{\partial x_2} = -\frac{\partial f_2}{\partial x_1}.$$

(iii) *f ist stetig und das Wegintegral über eine beliebige nullhomotope, stückweise C^1-Schleife α verschwindet, $\oint_\alpha f(\xi)\,\mathrm{d}\xi = 0$.*

(iv) *f besitzt lokal eine Stammfunktion, das heißt, zu jedem Punkt $z_0 \in \Omega$ existiert eine offene Umgebung $U(z_0)$, sodass $f|_{U(z_0)}$ eine Stammfunktion besitzt.*

(v) *f ist stetig und erfüllt die Cauchysche Integralformel, das heißt, für jede offene Kreisscheibe $B_R(z_0)$ mit $\overline{B_R(z_0)} \subset \Omega$ gilt die Darstellung*

$$f(z) = \frac{1}{2\pi i} \oint_{|\xi - z_0| = R} \frac{f(\xi)}{\xi - z}\,\mathrm{d}\xi \qquad \text{für alle } z \in \Omega \text{ mit } |z - z_0| < R.$$

(vi) *f ist lokal in eine Potenzreihe entwickelbar, das heißt, zu jedem $z_0 \in \Omega$ existieren eine Umgebung $U(z_0)$ und eine Potenzreihe $\sum_{n=0}^{\infty} a_n(z - z_0)^n$, die für alle $z \in U(z_0)$ konvergiert und dort die Funktion $f(z)$ darstellt.*

(vii) *f kann in jeder offenen Kreisscheibe $B_R(z_0)$ mit $B_R(z_0) \subset \Omega$ durch eine konvergente Potenzreihe $\sum_{n=0}^{\infty} a_n(z - z_0)^n$ dargestellt werden. Insbesondere ist der Konvergenzradius dieser Potenzreihe größer oder gleich R.*

Beweis. Um den Rahmen dieses Exkurses nicht zu sprengen, verzichten wir auf die exakten Beweise der noch zu zeigenden Äquivalenzen. Stattdessen verweisen wir auf die Literatur [FB00] und möchten den Leser motivieren, diese Beweise unter Zuhilfenahme des folgenden Satzes 9.28 selbst zu führen. $\square$

Zum Abschluss dieses Abschnitts wollen wir auf interessante Konsequenzen von Satz 9.26 eingehen, zunächst auf die Vertauschbarkeit von Grenzwertprozessen. Konvergiert eine (reelle) Funktionenfolge $(f_n) \subset C^0([a,b],\mathbb{R})$ gleichmäßig gegen eine (stetige) Funktion $f : [a,b] \to \mathbb{R}$, können bekanntlich Limesbildung und Integration vertauscht werden (Satz 6.11). Im Komplexen gilt ein analoges Resultat. Man kann sich fragen, unter welchen

Voraussetzungen an (f_n) die Limesbildung auch mit der Differentiation vertauschbar ist. In Beispiel 5.15 haben wir festgestellt, dass im Reellen Limesbildung und Differentiation nicht ohne Weiteres vertauscht werden können. Um die Vertauschbarkeit dieser Operationen im Reellen sicherzustellen, müssen wir zusätzlich zur punktweisen Konvergenz von (f_n) die gleichmäßige Konvergenz der Ableitung (f_n') voraussetzen (Satz 5.14). Im Komplexen genügt bereits die gleichmäßige Konvergenz der Funktionenfolge, was der folgende Konvergenzsatz von Weierstraß 9.28 verdeutlicht. Dabei reicht es sogar aus, nur *lokal* gleichmäßige Konvergenz zu fordern:

Definition 9.27. Eine Funktionenfolge $f_n : \Omega \to \mathbb{C}$ konvergiert **lokal gleichmäßig** gegen eine Funktion $f : \Omega \to \mathbb{C}$, wenn zu jedem $z \in \Omega$ eine Umgebung U von z in $\mathbb{C}$ existiert, sodass $f_n|_{U \cap \Omega}$ gleichmäßig konvergiert.

Damit lässt sich der Konvergenzsatz von Weierstraß formulieren.

Satz 9.28 (Konvergenzsatz von Weierstraß). *Gegeben sei eine Folge holomorpher Funktionen $f_1, f_2, f_3, \ldots : \Omega \to \mathbb{C}$, $\Omega \subset \mathbb{C}$ offen, welche lokal gleichmäßig gegen eine Funktion $f : \Omega \to \mathbb{C}$ konvergiert. Dann ist auch die Grenzfunktion f holomorph und die Ableitungen f_n' konvergieren lokal gleichmäßig gegen f',*

$$\Big(\lim_{n \to \infty} f_n \Big)'(z) = \lim_{n \to \infty} f_n'(z) \qquad \forall z \in \Omega.$$

Folglich stellen Potenzreihen innerhalb ihres Konvergenzgebiets eine holomorphe Funktion dar. Die Aussage von Satz 9.28 ergibt sich aus der Tatsache, dass komplexe Differenzierbarkeit durch ein Integralkriterium charakterisiert werden kann und dass Limesbildung und Integration bei (lokal) gleichmäßiger Konvergenz vertauscht werden können. Es sei ausdrücklich darauf hingewiesen, dass das Analogon von Satz 9.28 im Reellen falsch ist. Zum Beispiel denke man an die Folge $f_n(x) := \frac{\sin(nx)}{n}$, $x \in \mathbb{R}$. Diese konvergiert gleichmäßig auf $\mathbb{R}$ gegen die Nullfunktion, aber die Ableitungen $f_n'(x) = \cos(nx)$ konvergieren offensichtlich nicht gegen die Ableitung der Nullfunktion.

Zu guter Letzt weisen wir auf eine weitere bemerkenswerte Konsequenz von Satz 9.26 hin.

Satz 9.29 (Identitätssatz für holomorphe Funktionen). *Sind $f, g : \Omega \to \mathbb{C}$ zwei holomorphe Funktionen auf einer wegzusammenhängenden offenen Menge $\emptyset \neq \Omega \subset \mathbb{C}$, dann sind die folgenden Aussagen äquivalent:*

(i) f und g stimmen überein, $f = g$.
(ii) Die Menge $\{z \in \Omega \mid f(z) = g(z)\}$ besitzt einen Häufungspunkt in Ω.

Um dies einzusehen, wendet man die Aussage von Aufgabe 9.8 auf $f - g$ an. Dieser überraschende Identitätssatz besagt also, das der Gesamtverlauf der holomorphen Abbildung f

auf $\Omega \subset \mathbb{C}$ bereits vollständig bestimmt ist, wenn ihre Funktionswerte auf einem kleineren Teilbereich (zum Beispiel auf einer Folge $(z_n) \subset \Omega$ mit $\lim_{n\to\infty} z_n = a \in \Omega$) bekannt sind. Insbesondere können also die elementaren Abbildungen im Reellen, wie zum Beispiel sin, cos und exp, nur auf eine Weise ins Komplexe fortgesetzt werden: Ist die Menge $\Omega \subset \mathbb{C}$ offen und wegzusammenhängend mit $\Omega \cap \mathbb{R} \neq \emptyset$ und sind die Funktionen $f, g : \Omega \to \mathbb{C}$ holomorph auf Ω mit $f|_{\Omega \cap \mathbb{R}} = g|_{\Omega \cap \mathbb{R}}$, dann muss $f(z) = g(z)$ für alle $z \in \Omega$ gelten. Damit können viele aus dem reellen bekannte Funktionalgleichungen wie zum Beispiel die Additionstheoreme ins Komplexe übertragen werden.

Erstaunlicherweise kann die Funktionentheorie angewendet werden, um Behauptungen in der Zahlentheorie zu beweisen. Hiervon handelt der nächste Exkurs.

9.5   Exkurs: Primzahlen und die Riemannsche Zetafunktion*

Die klassische Zahlentheorie, wie sie in Griechenland schon vor der Zeitenwende betrieben wurde, befasst sich mit den Eigenschaften der ganzen Zahlen $\mathbb{Z}$ beziehungsweise der natürlichen Zahlen $\mathbb{N}$. Eine prominente Position unter diesen nehmen die Primzahlen ein, weil sie als die *Atome* der ganzen Zahlen angesehen werden können.

Definition 9.30. Eine Zahl $p \in \mathbb{N}$, $p > 1$, heißt **Primzahl**, wenn p und 1 die einzigen Teiler von p sind.

Die Bezeichnung als Atome rührt daher, dass die Primzahlen die multiplikativen Bausteine von $\mathbb{N}$ sind.

Satz 9.31. *Jede Zahl $n \in \mathbb{N}$ kann als Produkt von Primzahlen dargestellt werden, das heißt*

$$n = p_1^{k_1} \cdot p_2^{k_2} \cdots p_N^{k_N}$$

*mit N verschiedenen Primzahlen $p_1 < p_2 < \ldots < p_N$ und Vielfachheiten $k_1, k_2, \ldots, k_N \in \mathbb{N}_0$. Diese **Primfaktorzerlegung** ist (bis auf die Reihenfolge) eindeutig bestimmt.*

Beweis. Der Beweis der Existenz erfolgt mittels vollständiger Induktion über n. Induktionsanfang $n = 1$: Der Zahl 1 wird das leere Produkt zugeordnet, das heißt, 1 ist das leere Produkt von 0 Primzahlen. Induktionsannahme: Die Behauptung sei richtig für alle $m \in \mathbb{N}$ mit $1 \leq m \leq n - 1$. Induktionsschritt: Ist n eine Primzahl, so folgt die Behauptung. Angenommen, n ist keine Primzahl. Dann gibt es Zahlen $m_1, m_2 \in \mathbb{N}$, sodass $n = m_1 \cdot m_2$ und $1 < m_1, m_2 < n$. Nach der Induktionsannahme lassen sich m_1 und m_2 als Produkt von Primzahlen schreiben, also auch $n = m_1 \cdot m_2$.

Die Eindeutigkeit der Zerlegung kann ebenfalls elementar verifiziert werden (Übungsaufgabe 9.9). Deren Beweis basiert auf dem Lemma von Euklid, welches wir ebenfalls dem Leser als Übung überlassen. Dieses besagt: Teilt eine Primzahl ein Produkt, so teilt diese auch einen der Faktoren. □

Satz 9.31 ist auch als **Fundamentalsatz der elementaren Zahlentheorie** bekannt. Als unmittelbare Folgerung ergibt sich eine Aussage, deren erster überlieferter Beweis auf den griechischen Mathematiker Euklid (lebte um 300 v. Chr.) zurückgeht.

Satz 9.32 (Satz von Euklid). *Es gibt unendlich viele Primzahlen.*

Beweis. Angenommen, es gibt nur endlich viele Primzahlen. Diese seien ihrer Größe nach geordnet und nummeriert: $p_1, p_2, \ldots, p_N$. Es sei $p := \prod_{n=1}^{N} p_n + 1$. Wegen $p_n \geq 2$ für alle $n \in \{1, \ldots, N\}$ gilt sicher $p > p_N$. Ferner kann p nicht durch eine der N Primzahlen teilbar sein, denn es ist $p - \prod_{n=1}^{N} p_n = 1$. Nach Satz 9.31 lässt sich p als Produkt von Primzahlen darstellen. Somit muss p selbst eine Primzahl sein. Dies ist jedoch ein Widerspruch zur Annahme, dass p_N die größte Primzahl ist. □

In diesem Exkurs wollen wir nun die **Riemannsche ζ-Funktion**, eine auf einer großen offenen Teilmenge von $\mathbb{C}$ holomorphe Funktion, einführen und deren Beziehung zu den Primzahlen untersuchen.

Für alle $n \in \mathbb{N}$, $s \in \mathbb{C}$ ist durch $s \mapsto n^s := \exp(s \ln(n))$ eine auf $\mathbb{C}$ holomorphe Funktion gegeben. Im weiteren Verlauf wird folgende Notation verwendet: $s = \sigma + it$ mit $\sigma, t \in \mathbb{R}$. Dann gilt $|n^s| = n^\sigma$. Nach Satz 4.53 konvergiert $\sum_{n=1}^{\infty} \frac{1}{n^s}$ in der Halbebene $D := \{s \in \mathbb{C} \mid \Re(s) > 1\}$ absolut und lokal gleichmäßig (Definition 9.27), weil für alle $s \in \mathbb{C}$ mit $\sigma \geq 1 + \delta$ und $\delta > 0$

$$\left| \frac{1}{n^s} \right| = \frac{1}{n^\sigma} \leq \frac{1}{n^{1+\delta}}$$

ist und weil $\sum_{n=1}^{\infty} \frac{1}{n^{1+\delta}} < \infty$ gilt (siehe Übungsaufgabe 6.13). Folglich definiert die Reihe $\sum_{n=1}^{\infty} \frac{1}{n^s}$ eine in D holomorphe Funktion (Satz 9.28).

Definition 9.33. Die **Riemannsche ζ-Funktion** ist gegeben durch die Vorschrift

$$\zeta(s) := \sum_{n=1}^{\infty} \frac{1}{n^s}, \qquad \text{für alle } s \in \mathbb{C} \text{ mit } \Re(s) > 1.$$

Das folgende Theorem enthüllt einen auf den ersten Blick erstaunlichen Zusammenhang zwischen der ζ-Funktion und den Primzahlen. Dabei bezeichne $\mathbb{P} = \{p_1, p_2, p_3, \ldots\}$ die Menge der Primzahlen in aufsteigender Reihenfolge.

Satz 9.34. *Für alle $s \in \mathbb{C}$ mit $\Re(s) > 1$ gilt*

$$\zeta(s) := \sum_{n=1}^{\infty} \frac{1}{n^s} = \prod_{p \in \mathbb{P}} \left(1 - p^{-s}\right)^{-1},$$

wobei $\prod_{p \in \mathbb{P}} (1 - p^{-s})^{-1} = \prod_{j=1}^{\infty} (1 - p_j^{-s})^{-1}.$[3]

Beweis. Für Primzahlen $2 = p_1 < p_2 < \ldots < p_m = M$ definieren wir die Funktion

$$\zeta_m(s) := \prod_{k=1}^{m} (1 - p_k^{-s})^{-1}.$$

Weil jeder Faktor als geometrische Reihe aufgefasst werden kann, also der Beziehung

$$(1 - p^{-s})^{-1} = \sum_{\nu=0}^{\infty} p^{-\nu s}$$

genügt, ergibt sich mit dem Cauchyschen Multiplikationssatz 3.49:

$$\zeta_m(s) = \prod_{k=1}^{m} (1 - p_k^{-s})^{-1} = \prod_{k=1}^{m} \sum_{\nu=0}^{\infty} p_k^{-\nu s} = \sum_{\nu_1, \ldots, \nu_m = 0}^{\infty} \left(p_1^{\nu_1} \cdots p_m^{\nu_m} \right)^{-s}.$$

Nach Satz 9.31 lässt sich jede Zahl $n \in \mathbb{N}$ eindeutig in Primfaktoren zerlegen, weshalb

$$\zeta_m(s) = \sum_{n \leq m} n^{-s} + \sum_{n > m,\, n \in A_m} n^{-s}$$

gelten muss, wobei A_m die Menge aller $n \in \mathbb{N}$ bezeichnet, deren Primteiler alle $\leq M$ sind. Für $\sigma = \Re(s) > 1$ folgt somit

$$\left| \zeta(s) - \zeta_m(s) \right| \leq \left| \sum_{n > m,\, n \notin A_m} n^{-s} \right| \leq \sum_{n > m} n^{-\sigma} < \infty.$$

Wegen $\sum\limits_{n > m} n^{-\sigma} \to 0$ für $m \to \infty$ impliziert dies die Behauptung.   □

Wie der gerade aufgezeigte Sachverhalt erahnen lässt, können durch Anwendung von Sätzen aus der Funktionentheorie bemerkenswerterweise zahlentheoretische Erkenntnisse gewonnen werden. Diese Verknüpfung von Funktionen- und Zahlentheorie begründet die sogenannte *analytische Zahlentheorie*, eine der schönsten Anwendungen der Funktionentheorie.

---

[3]Diese Art der Darstellung wird auch als **Euler-Produkt** bezeichnet.

Zahlentheorie und insbesondere die Eigenschaften der Primzahlen werden wesentlich in der *Kryptografie* angewendet. In dieser Disziplin werden Verfahren entwickelt, um Daten zu verschlüsseln und so zum Beispiel einen sicheren Datenaustausch im Internet zu gewährleisten. Konkret ist für Anwendungen in der Kryptografie oft die Frage von großer Bedeutung, wie die Primzahlen genau auf dem Zahlenstrahl verteilt sind. Der Grund hierfür ist, dass Verschlüsselungsverfahren meist ganz wesentlich darauf beruhen, dass es bei einer Computerberechnung sehr lange dauert sowohl große Primzahlen zu finden als auch einen Nachweis zu führen, ob eine gegebene große Zahl prim ist oder nicht. In $\mathbb{N}$ existieren wiederum einerseits Bereiche, in denen Primzahlen vergleichsweise eng beieinander liegen, aber andererseits auch Bereiche, in denen die Primzahlen vergleichsweise weit auseinander liegen. Das Auffinden eines Musters hinter der Verteilung der Primzahlen gehört zu den sehr bekannten (und bislang ungelösten) Herausforderungen der Zahlentheorie. Der folgende Primzahlsatz beschreibt immerhin die asymptotische Verteilung der Primzahlen. Interessanterweise kann dessen Beweis aus den Eigenschaften der Riemannschen ζ-Funktion erschlossen werden. Um die Verteilung der Primzahlen zu untersuchen, wird die Funktion

$$\pi(x) := \big| \{p \in \mathbb{P} \mid p \le x\} \big|$$

betrachtet,[4] die für $x \in \mathbb{R}$ definiert ist als die Anzahl der Primzahlen $\le x$.

Satz 9.35 (Primzahlsatz). *Es gilt*

$$\lim_{x \to \infty} \frac{\pi(x)}{\frac{x}{\ln(x)}} = 1.$$

Primzahlen kommen also immer seltener vor, je größer die betrachteten Zahlenbereiche werden. Der Primzahlsatz 9.35 quantifiziert diese Tatsache, indem er angibt, mit welcher Rate die Ausdünnung der Primzahldichte geschieht. Wer den Beweis von Satz 9.35 studieren und erste tiefere Kenntnisse in analytischer Zahlentheorie erwerben möchte, dem sei wiederum das Lehrbuch [FB00] empfohlen.

Mit der Riemannschen Zetafunktion ist zugleich eines der größten offenen Rätsel der Mathematik verbunden: Ein Satz aus der Funktionentheorie (ähnlich dem Identitätssatz 9.29) besagt nämlich, dass die Riemannsche Zetafunktion eine holomorphe Fortsetzung auf $\mathbb{C} \setminus \{1\}$ besitzt, die allerdings nur in diversen sehr kryptischen Formen explizit angegeben werden kann. Eine beispielhafte solche Aussage ist[5]: Für alle $s \in \mathbb{C} \setminus \{1\}$ gilt

$$\zeta(s) = \frac{1}{s-1} \sum_{n=0}^{\infty} \frac{1}{n+1} \sum_{k=0}^{n} (-1)^k \binom{n}{k} (k+1)^{1-s}.$$

---

[4]Für eine Menge $M \subset \mathbb{N}$ gibt der Inhalt $|M|$ die Anzahl der Elemente von M an.

[5]Diese und weitere Darstellungen finden sich zum Beispiel in [SW16].

Trotzdem kann dann nachgewiesen werden, dass $\zeta(s) = 0$ an den negativen geraden Zahlen gilt und dass alle weiteren Nullstellen im Bereich $\{s \in \mathbb{C} \mid 0 \leq \Re(s) \leq 1\}$ liegen müssen. Die **Riemannsche Vermutung** besagt, dass alle diese weiteren Nullstellen den Realteil $\frac{1}{2}$ besitzen. Bis heute ist trotz einer riesigen Anzahl an Versuchen weder ein Beweis der Vermutung gelungen noch ein Gegenbeispiel gefunden worden.

9.6 Übungsaufgaben

Aufgabe 9.1. Zeigen Sie eine verallgemeinerte Version des mehrdimensionalen Mittelwertsatzes: Es sei $\Omega \subset \mathbb{R}^n$ eine offene Teilmenge und $f : \Omega \to \mathbb{R}$ eine differenzierbare Funktion. Ferner seien $p, q \in \Omega$ sowie ein differenzierbarer Weg $\alpha : [0, 1] \to \Omega$ mit $\alpha(0) = p$ und $\alpha(1) = q$ gegeben. Dann existiert ein $t_0 \in [0, 1]$ mit

$$f(q) - f(p) = \mathrm{d}f(\alpha(t_0))(\alpha'(t_0)).$$

Aufgabe 9.2. Ein Vektorfeld $F : \mathbb{R}^3 \to \mathbb{R}^3$ und zwei Wege $\alpha, \beta : [0, 1] \to \mathbb{R}^3$ seien durch

$$F(x_1, x_2, x_3) := \begin{pmatrix} 3x_1^2 + 6x_2 \\ 6x_1 + x_3^2 \\ 2x_2 x_3 \end{pmatrix}, \qquad \alpha(t) := \begin{pmatrix} t \\ t \\ t \end{pmatrix}, \qquad \beta(t) := \begin{pmatrix} t \\ t^2 \\ t^3 \end{pmatrix}$$

gegeben. Man zeige durch Berechnung der Integrale von F entlang beider Wege α und β, dass die Auswahl des Weges für das Integral von F keine Rolle spielt. Kann dies für beliebige Integrationswege verallgemeinert werden?

Aufgabe 9.3.

(i) Man zeige, dass die längs der negativen x-Achse geschlitzte Ebene $\mathbb{R}^2 \setminus S$, $S := \{(x, 0) \in \mathbb{R}^2 \mid x \leq 0\}$, sternförmig ist.
(ii) Man entscheide, ob das Vektorfeld $F(x, y) := \frac{1}{x^2+y^2}\binom{-y}{x}$ ein Potenzial in $\mathbb{R}^2 \setminus S$ besitzt, und gebe dieses im Falle der Existenz an.

Aufgabe 9.4. Die Schraubenlinie $\gamma : [0, 2\pi] \to \mathbb{R}^3$ ist durch $\gamma(t) := (t, \sin(t), \cos(t))$ definiert.

(i) Man bestimme für alle $\alpha \geq 0$ das Kurvenintegral $\int_\gamma F_\alpha$ des Vektorfelds $F_\alpha : \mathbb{R}^3 \setminus \{0\} \to \mathbb{R}^3, F_\alpha(x) := x|x|^{-\alpha}$.
(ii) Man bestimme das Kurvenintegral $\int_\gamma G$ des Vektorfelds $G : \mathbb{R}^3 \to \mathbb{R}^3$, $G(x_1, x_2, x_3) := (0, x_1, x_3)$.

(iii) Man entscheide, ob die Vektorfelder F_α und G ein Potenzial besitzen, und gebe dieses im Falle der Existenz an.

Aufgabe 9.5. Es sei $M \subset \mathbb{R}^N$ eine Menge mit $\lambda M \subset M$ für alle $\lambda > 0$ und F ein Vektorfeld auf $\mathbb{R}^N \setminus M$, das die Integrabilitätsbedingung erfüllt. Ferner gebe es ein $\varepsilon > 0$, sodass $|F|$ auf $B_\varepsilon(0) \setminus M$ beschränkt ist. Man zeige: F besitzt ein Potenzial.

Hinweis: Der Satz lässt sich beispielsweise auf die nicht einfach zusammenhängenden Mengen $M = \{(0,0)\}$ im Fall $N = 2$ beziehungsweise $M = \{(x_1, 0, 0) \mid x_1 \in \mathbb{R}\}$ im Fall $N = 3$ anwenden.

Aufgabe 9.6 (siehe [FB00]). Es sei $\Omega \subset \mathbb{C}$ eine offene Menge und $f : \Omega \to \mathbb{C}$ eine Funktion. Die Funktion f wird als **lokal konstant** bezeichnet, wenn zu jedem Punkt $a \in \Omega$ eine Umgebung $U(a)$ existiert (siehe Kap. 2.4), sodass $f|_{U(a)}$ konstant ist.

(i) Man zeige die Äquivalenz folgender Aussagen:
1) f ist lokal konstant in Ω.
2) f ist holomorph auf Ω und für alle $z \in \Omega$ gilt $f'(z) = 0$.
(ii) Sodann folgere man, dass eine auf Ω holomorphe Abbildung, die nur reelle (oder nur rein imaginäre) Funktionswerte hat, lokal konstant in Ω sein muss.[6]
(iii) Ist Ω wegzusammenhängend, so ist jede lokal konstante Funktion f konstant auf Ω.

Aufgabe 9.7. Beweisen Sie den Fundamentalsatz der Algebra mithilfe des Satzes von Liouville.

Aufgabe 9.8 (Abbildungsverhalten holomorpher Funktionen, siehe [FB00]). Es sei $f : \Omega \subset \mathbb{C}, f \neq 0$ eine holomorphe Funktion auf einer wegzusammenhängenden offenen Menge $\Omega \subset \mathbb{C}$. Man zeige: Die Menge $N(f)$ aller Nullstellen von f ist **diskret in** Ω, das heißt, in Ω ist kein Häufungspunkt von $N(f)$ enthalten.

Aufgabe 9.9. Man zeige:

(i) Teilt eine Primzahl p das Produkt ab zweier natürlicher Zahlen $a, b \in \mathbb{N}$, so teilt p auch a oder b **(Lemma von Euklid)**.
(ii) Die Primfaktorzerlegung ist eindeutig.

Hinweis zu (i): Nehmen Sie an, dass p nicht a teilt und betrachten Sie als Erstes die Menge

$$\{e \in \mathbb{N} \mid e = sa + tp, s, t \in \mathbb{Z}\}.$$

---

[6]Hieraus erkennt man zum Beispiel, dass die Funktionen $f(z) = |\cos(z)|$ oder $g(z) = \Im(z)$ auf $\mathbb{C}$ nicht holomorph sein können.

Lineare Algebra

10

Klassischerweise unterteilt sich der Beginn einer formalen Ausbildung in Mathematik in zwei Teilgebiete, nämlich in die Analysis und in die lineare Algebra. Zwar unterscheiden sich die Methoden, die jeweils verwendet werden, erheblich voneinander, aber trotzdem ist es unmöglich vernünftig Analysis zu betreiben ohne gute Kenntnisse in (linearer) Algebra zu haben – dasselbe gilt auch umgekehrt. Nun kann ein Buch, das sich *Analysis – Grundlagen und Exkurse* nennt, selbstredend nicht gleichzeitig eine umfassende Einführung in die lineare Algebra bieten. Dennoch sollen in diesem Kapitel in der gebotenen Knappheit einige wichtige Konzepte aus der linearen Algebra eingeführt werden, die an anderen Stellen dieses Buches von Bedeutung sind. Dabei verzichten wir weitgehend auf Beweise und verweisen den interessierten Leser diesbezüglich auf die einschlägige, äußerst umfangreiche Literatur, beispielsweise [Fis13].

10.1 Lineare Gleichungssysteme

Es gibt verschiedene Möglichkeiten, die Beschäftigung mit linearer Algebra zu motivieren. Die eigentliche Fragestellung im Sinne der Algebra, die der linearen Algebra zugrunde liegt, ist die nach der Lösbarkeit eines linearen Gleichungssystems

$$a_{11}x_1 + a_{12}x_2 + \ldots + a_{1n}x_n = b_1$$
$$a_{21}x_1 + a_{22}x_2 + \ldots + a_{2n}x_n = b_2$$
$$\vdots$$
$$a_{m1}x_1 + a_{m2}x_2 + \ldots + a_{mn}x_n = b_m$$

© Springer-Verlag GmbH Deutschland 2017
A. Hirn, C. Weiß, *Analysis – Grundlagen und Exkurse*,
https://doi.org/10.1007/978-3-662-55538-5_10

mit fest vorgegebenen Koeffizienten $a_{ij} \in \mathbb{R}$ und rechten Seiten $b_k \in \mathbb{R}$ für gewisse Variablen $x_1, \ldots, x_n \in \mathbb{R}$.[1] Ein solches Gleichungssystem nennen wir **unterbestimmt** für $m < n$, **überbestimmt** für $m > n$ und **quadratisch** für $m = n$. Das Gleichungssystem heißt **homogen**, falls $b_1 = \ldots = b_m = 0$ ist und andernfalls **inhomogen**. Man beachte, dass ein homogenes Gleichungssystem immer die triviale Lösung $x_1 = \ldots = x_m = 0$ besitzt, egal wie es bestimmt ist. Im Gegensatz dazu muss ein inhomogenes Gleichungssystem keine Lösung besitzen, wie das folgende Beispiel zeigt:

$$x_1 + x_2 = 2$$
$$x_1 - x_2 = 0$$
$$3x_1 + 5x_2 = 9.$$

Oft ist es nützlich, anstelle des Gleichungssystems die zugehörige **Matrix**

$$\begin{pmatrix} a_{11} & a_{12} & \ldots & a_{1n} \\ a_{21} & a_{22} & \ldots & a_{2n} \\ \vdots & \vdots & \ldots & \vdots \\ a_{m1} & a_{m2} & \ldots & a_{mn} \end{pmatrix}$$

zu betrachten. Dies ist vor allem von dem formalen Standpunkt der Fall, den wir im nächsten Abschnitt einnehmen wollen. Dieser wird uns in die Lage versetzen, zu verstehen, wann ein Gleichungssystem lösbar ist und wann nicht. Aufgrund ihrer Zeilen- und Spaltenzahl wird eine solche Matrix auch $m \times n$-Matrix genannt. Die Gesamtheit aller dieser Matrizen wird mit $\mathbb{R}^{m \times n}$ beziehungsweise für einen allgemeinen Körper $\mathbb{K}$ mit $\mathbb{K}^{m \times n}$ bezeichnet.

10.2   Lineare Abbildungen

Einen anderen Blickwinkel auf die lineare Algebra eröffnet der Standpunkt der linearen Abbildungen. Dieser erweist sich als zielführend für unsere Ursprungsfrage nach der Lösbarkeit von linearen Gleichungssystemen. Lineare Abbildungen sind stets auf sogenannten Vektorräumen definiert, die wir nun einführen wollen.

Definition 10.1. Es sei $\mathbb{K}$ ein Körper mit neutralem Element 0 bezüglich der Addition und 1 bezüglich der Multiplikation. Ein **Vektorraum** ist eine Menge V zusammen mit der inneren Verknüpfung

---

[1] Natürlich macht diese Frage auch für jeden anderen Körper, wie zum Beispiel $\mathbb{C}$, Sinn. Jedoch konzentrieren wir uns hier auf den Sonderfall $\mathbb{R}$, weil dieser Fall für die *reelle* Analysis am wichtigsten ist.

$$+ : V \times V \to V, \quad (v, w) \mapsto v + w,$$

die **Addition** genannt wird, und der äußeren Verknüpfung

$$\cdot : \mathbb{K} \times V \to V, \quad (\lambda, v) \mapsto \lambda \cdot v,$$

die **skalare Multiplikation** genannt wird, sodass die folgenden Eigenschaften gelten:

- Die Menge V zusammen mit der Addition ist eine **abelsche Gruppe** mit neutralem Element $\vec{0}$, auch **Nullvektor** genannt. Dies bedeutet:
  - (i)   Für alle $a, b, c \in V$ gilt das **Assoziativgesetz**, das heißt, $a + (b + c) = (a + b) + c$.
  - (ii) Die $\vec{0}$ ist das **neutrale Element**, das heißt, $a + \vec{0} = \vec{0} + a = a$ für alle $a \in V$.
  - (iii) Zu jedem $a \in V$ existiert ein **inverses Element** $x \in V$, das heißt, $a + x = x + a = \vec{0}$.
  - (iv) Für alle $a, b \in V$ gilt das **Kommutativgesetz**, das heißt, $a + b = b + a$.
- Die skalare Multiplikation ist in folgender Weise mit der Addition verträglich:
  - (i)   Es gilt $(\lambda + \mu) \cdot v = \lambda \cdot v + \mu \cdot v$ für alle $\lambda, \mu \in \mathbb{K}$ und $v \in V$.
  - (ii) Es gilt $\lambda \cdot (v + w) = \lambda \cdot v + \lambda \cdot w$ für alle $\lambda \in \mathbb{K}$ und $v, w \in V$.
  - (iii) Es gilt $\lambda \cdot (\mu \cdot v) = (\lambda \mu) \cdot v$ für alle $\lambda, \mu \in \mathbb{K}$ und $v \in V$.
  - (iv) Es gilt $1 \cdot v = v$ für alle $v \in V$.

Die Elemente eines Vektorraums werden **Vektoren** genannt. Das Standardbeispiel für einen Vektorraum ist der $\mathbb{R}^n$, dessen Elemente n-Tupel reeller Zahlen sind. Ein anderes Beispiel ist der Vektorraum der Folgen in $\mathbb{R}$ oder die L^p-Räume aus Band 2. Ein Vektorraum V, der in einem größeren Vektorraum W enthalten ist, heißt **Untervektorraum** von W. Besitzt ein Vektorraum V zusätzlich eine weitere *innere* Verknüpfung, die man als Multiplikation auffasst, sodass für alle $u, v, w \in V$ und $\lambda \in \mathbb{K}$ gilt

- (i) $(u + v) \cdot w = u \cdot w + v \cdot w$,
- (ii) $u \cdot (v + w) = u \cdot v + u \cdot w$,
- (iii) $\lambda \cdot (u \cdot v) = (\lambda \cdot u) \cdot v = u \cdot (\lambda \cdot v)$,

so ist V eine **Algebra**. Ein Beispiel für eine Algebra, ist der $\mathbb{R}$-Vektorraum $C^0(\mathbb{R})$ der stetigen Funktionen auf $\mathbb{R}$ gemeinsam mit der punktweisen Addition und Multiplikation von Funktionen. Damit kommen wir bereits zum Begriff der linearen Abbildung.

Definition 10.2. Es seien U, V zwei $\mathbb{K}$-Vektorräume. Eine Abbildung $f : U \to V$ heißt **linear**, wenn für alle $v, w \in U$ und $\lambda \in \mathbb{K}$ gilt

$$f(v + \lambda w) = f(v) + \lambda f(w). \tag{10.1}$$

Man beachte, dass die Addition auf der linken Seiten von Gl. (10.1) in U definiert ist und diejenige auf der rechten Seite in V. Ein **Isomorphismus** ist eine bijektive lineare

Abbildung. Dieser besitzt dann automatisch eine Umkehrabbildung, die ebenfalls bijektiv ist. Nun möchten wir lineare Abbildungen in Zusammenhang mit linearen Gleichungssystemen beziehungsweise Matrizen bringen. Dazu benötigen wir den Begriff der Basis eines Vektorraums. Hierbei handelt es sich um ein spezielles Erzeugendensystem des Vektorraums. All diese Begrifflichkeiten sollen nun formal eingeführt werden.

Definition 10.3. Es seien $a_1, \ldots, a_m$ Elemente eines $\mathbb{K}$-Vektorraums V. Dann definieren wir die **lineare Hülle** dieser Elemente als

$$\mathrm{Lin}(a_1, \ldots, a_m) = \left\{ \sum_{i=1}^{m} C_i a_i \mid C_i \in \mathbb{K} \right\}.$$

Stimmt die lineare Hülle von $\{a_1, \ldots, a_m\} \subset V$ mit dem Vektorraum V überein, dann nennt man $\{a_1, \ldots, a_m\}$ ein **Erzeugendensystem** von V.

In den obigen Definitionen darf es sich auch um abzählbar viele Elemente $(a_n)_{n \in \mathbb{N}}$ handeln. Die lineare Hülle besteht dann aber nach wie vor nur aus *endlichen* Summen. Es gibt Vektorräume, die in der Tat nur unendliche Erzeugendensysteme haben, zum Beispiel den Vektorraum der Folgen in $\mathbb{R}$. Der Weg hin zum Begriff der Basis eines Vektorraums führt über folgende Definition:

Definition 10.4. Ein m-Tupel von Vektoren $a_1, \ldots, a_m$ eines $\mathbb{K}$-Vektorraums V heißt **linear abhängig**, falls Elemente $C_1, \ldots, C_m \in \mathbb{K}$ existieren, welche nicht alle null sind, sodass

$$C_1 a_1 + \ldots + C_m a_m = \vec{0}.$$

Andernfalls heißen die Vektoren **linear unabhängig**.

Lineare Abhängigkeit bedeutet also, dass sich ein Vektor durch die anderen linear kombinieren lässt.

Definition 10.5. Eine **Basis** des Vektorraums V ist ein maximales System linear unabhängiger Vektoren.

Wir halten zwei fundamentale Ergebnisse fest.

Satz 10.6. *Je zwei Basen eines endlich erzeugten Vektorraums sind gleich lang.*

Die Länge der Basis heißt **Dimension** des Vektorraums. Existiert eine maximale Anzahl $m < \infty$ von linear unabhängigen Vektoren in V, so bildet V einen m-**dimensionalen** Vektorraum. In diesem Fall bilden je m linear unabhängige Vektoren $\{a_1, \ldots, a_m\}$ eine

Basis in V. Ist eine Basis gewählt, dann lässt sich jedes Element $a \in V$ als Linearkombination der Basisvektoren darstellen, $a = \sum_{i=1}^{m} c_i a_i$. Wenn eine solche Zahl $m < \infty$ nicht existiert, wird V **unendlich-dimensional** genannt.

Satz 10.7 (Basisergänzungssatz). *In einem endlich erzeugten Vektorraum kann jedes System linear unabhängiger Vektoren zu einer Basis ergänzt werden. Insbesondere existiert in jedem endlich erzeugten Vektorraum eine Basis.*

Eine spezielle Basis des $\mathbb{K}^n$ stellt die sogenannte **Standardbasis** dar, die aus n Vektoren $e_1, e_2, \ldots, e_n$ besteht mit

$$e_1 := (1, 0, 0, \ldots, 0), \quad e_2 := (0, 1, 0, \ldots, 0), \quad \ldots, \quad e_n := (0, 0, 0, \ldots, 1).$$

Formaler definiert man die Standardbasis komponentenweise durch (vergleiche Definition 5.23)

$$e_{i,j} := \begin{cases} 1 & \text{für } i = j \\ 0 & \text{für } i \neq j. \end{cases}$$

Mit abstrakter Mengentheorie (Auswahlaxiom, siehe Axiom 1.14) kann sogar gezeigt werden, dass jeder Vektorraum (auch ein unendlich erzeugter) eine Basis besitzt, wenn die Definition 10.5 dahingehend verallgemeinert wird, sich auf die Konvention zu verständigen, dass eine Basis eine Untermenge von V ist, die sowohl V mittels endlicher Linearkombinationen erzeugt als auch linear unabhängig ist.

Jetzt kommen wir zum angekündigten Brückenschlag zu den Matrizen. Es sei dazu eine beliebige lineare Abbildung $f : U \to V$ zwischen zwei endlich-dimensionalen Vektorräumen U und V gegeben. Dann wähle man je eine Basis $x_1, \ldots, x_m$ von U und $y_1, \ldots, y_n$ von V. Weil man jedes Element von V als Linearkombination der y_j schreiben kann, gilt dies insbesondere auch für die Bilder der $f(x_i)$. Mit anderen Worten ist

$$f(x_i) = \sum_{j=1}^{n} a_{ij} y_j \tag{10.2}$$

und die auftretenden Koeffizienten können als Matrix

$$\left(a_{ij}\right)_{i=1,\ldots,m, j=1,\ldots,n} := \begin{pmatrix} a_{11} & \ldots & a_{1n} \\ \vdots & \ldots & \vdots \\ a_{m1} & \ldots & a_{mn} \end{pmatrix}$$

aufgefasst werden. Häufig wird für die Koeffizienten-Matrix die Kurzschreibweise (a_{ij}) verwendet. Verknüpft man zwei lineare Abbildungen $f : U \to V$ mit zugehöriger Matrix

(a_{ij}) und $g : V \to W$ mit Matrix (b_{kl}) so ist, wie man leicht nachrechnet, die Matrix von $g \circ f$ gegeben durch

$$c_{ik} = \sum_j a_{ij} b_{jk}. \tag{10.3}$$

Auf diese Weise wurde gleichzeitig eine Verknüpfung zwischen $m \times q$-Matrizen und $q \times n$-Matrizen definiert. Zudem gilt für die so definierte **Matrizenmultiplikation** das Assoziativgesetz. Bei der praktischen Berechnung eines Matrizenprodukts hilft die Erkenntnis, dass es sich um eine **Zeilen-Spalten-Multiplikation** handelt.

Zu jeder linearen Abbildung werden zwei Vektorräume, nämlich Bild und Kern, assoziiert.

Satz 10.8.

(i) *Ist* $f : V \to W$ *eine lineare Abbildung zwischen zwei Vektorräumen, so ist das* **Bild**

$$\mathrm{Bild}(f) := f(V)$$

  ein Untervektorraum von W.
(ii) *Ist* $f : V \to W$ *eine lineare Abbildung zwischen zwei Vektorräumen, so ist der* **Kern**

$$\mathrm{Kern}(f) := \left\{ a \in V \mid f(a) = \vec{0} \right\}$$

  ein Untervektorraum von V.

Dass eine lineare Abbildung injektiv ist, ist damit gleichbedeutend, dass ihr Kern nur aus $\vec{0}$ besteht (die im übrigen stets im Kern liegt). Damit kommen wir zur Dimensionsformel für lineare Abbildungen, mit deren Hilfe wir im Umkehrschluss allgemeine Aussagen über die Lösbarkeit von linearen Gleichungssystemen treffen können.

Satz 10.9 (Dimensionsformel für lineare Abbildungen). *Es sei* $f : V \to W$ *eine lineare Abbildung zwischen endlich-dimensionalen Vektorräumen. Dann gilt*

$$\dim(V) = \dim(\mathrm{Kern}(f)) + \dim(\mathrm{Bild}(f)).$$

Ist f sogar ein **Endomorphismus**, das heißt $f : V \to V$, dann gilt

$$V = \mathrm{Kern}(f) \oplus \mathrm{Bild}(f),$$

was bedeutet, dass sich jedes $v \in V$ *eindeutig* als Summe eines Elements im Kern von f und eines Elements im Bild von f schreiben lässt. Sind allgemein U_1, U_2 Untervektorräume von V, dann gilt $V = U_1 \oplus U_2$ definitionsgemäß genau dann, wenn

$V = U_1 + U_2 := \{u_1 + u_2 \mid u_1 \in U_1, u_2 \in U_2\}$ und $U_1 \cap U_2 = \{\vec{0}\}$. Das Symbol $\oplus$ wird auch **direkte Summe** genannt.

Interpretiert man die zu f gehörige Matrix wiederum als Gleichungssystem, dann ist das Gleichungssystem genau dann lösbar, wenn die rechte Seite im Bild von f liegt. Die Dimensionsformel 10.9 für Endomorphismen besagt, dass ein quadratisches inhomogenes Gleichungssystem immer eine Lösung besitzt, wenn das zugehörige homogene Gleichungssystem so wenige Lösungen wie möglich, nämlich nur $\vec{0}$, besitzt.

Zu einer Matrix $A = (a_{ij}) \in \mathbb{K}^{n \times m}$ wird die **transponierte Matrix** A^{T} durch $A^{\mathrm{T}} := (a_{ji}) \in \mathbb{K}^{m \times n}$ definiert. Die zu A transponierte Matrix A^{T} erhält man also, indem man die Zeilen und Spalten von A vertauscht. Wir halten einige elementare Eigenschaften der Transposition fest, die sich direkt aus der Definition ergeben. Für $A \in \mathbb{K}^{l \times m}, B, C \in \mathbb{K}^{m \times n}, \lambda \in \mathbb{K}$ gilt

$$(\lambda A)^T = \lambda A^T, \quad (B + C)^T = B^T + C^T, \quad (A^T)^T = A, \quad (AB)^T = B^T A^T.$$

Der **Rang** Rang(A) einer Matrix A ist die maximale Anzahl linear unabhängiger Vektoren in A. Es ist dabei unerheblich, ob die Matrix als eine Ansammlung von Zeilen- oder Spaltenvektoren aufgefasst wird.

Satz 10.10. *Es sei $A \in \mathbb{R}^{m \times n}$ eine Matrix. Dann gilt Rang(A) = Rang(A^T), das heißt, der Zeilenrang ist gleich dem Spaltenrang.*

Eine Teilmenge $M \subset \mathbb{R}^n$ ist genau dann ein m-dimensionaler Untervektorraum, wenn M Lösungsmenge eines linearen Gleichungssystems ist, dessen zugehörige Matrix den Rang $n - m$ hat.

Der wichtigste Spezialfall von Matrizen sind die quadratischen, also $n \times n$-Matrizen. Das neutrale Element bezüglich der Matrizenmultiplikation ist dann die **Einheitsmatrix**

$$E = (\delta_{ij})_{ij}$$

wobei δ_{ij} das Kronecker-Delta (siehe Definition 5.23) bezeichnet

$$\delta_{ij} = \begin{cases} 1 & \text{für } i = j \\ 0 & \text{für } i \neq j. \end{cases}$$

Schränkt man die quadratischen Matrizen auf die invertierbaren Matrizen, das heißt auf die Matrizen A, die ein inverses Element mit $AB = E$ besitzen, ein, so bildet die entstehende Menge zusammen mit der Verknüpfung Matrizenmultiplikation eine nicht-abelsche Gruppe, das heißt, alle Eigenschaften einer abelschen Gruppe außer dem Kommutativgesetz sind erfüllt. Eine quadratische Matrix ist genau dann invertierbar, wenn sie vollen Rang n hat. Diese **allgemeine lineare Gruppe** bezeichnen wir mit GL$_n(\mathbb{K})$.

Beispiel 10.11. Für $A \in GL_n(\mathbb{K})$ gilt $(A^T)^{-1} = (A^{-1})^T$, denn

$$(A^{-1})^T A^T = (AA^{-1})^T = E^T = E \qquad \text{und} \qquad (A^T)^{-1} A^T = E.$$

Also ist $(A^{-1})^T$ die inverse Matrix zu A^T. Diese wird auch mit A^{-T} bezeichnet.

Im nächsten Abschnitt wird ein sehr nützliches Hilfsmittel eingeführt, mit dem entschieden werden kann, ob eine Matrix vollen Rang hat, also in $GL_n(\mathbb{K})$ liegt.

10.3   Determinanten

Bei der Determinante einer Matrix handelt es sich um eine bestimmte ausgezeichnete Multilinearform. Letzteren Begriff führen wir als Erstes ein.

Definition 10.12. Es sei $\mathbb{K}$ ein beliebiger Körper.

(i) Eine Abbildung $f : \mathbb{K}^n \to \mathbb{K}$ heißt **Linearform**, wenn für alle $v, w \in \mathbb{K}^n$ und $\lambda \in \mathbb{K}$ gilt, dass $f(v + \lambda w) = f(v) + \lambda f(w)$.

(ii) Eine Abbildung $f : \mathbb{K}^{n \times n} \to \mathbb{K}$ heißt **alternierende Multilinearform** (vergleiche Definition 8.26), wenn
- die Funktion f eine Linearform in jeder Spalte ist und
- für alle $1 \le i < j \le n$ gilt

$$f(a_1, \ldots, a_i, \ldots, a_j, \ldots, a_n) = -f(a_1, \ldots, a_j, \ldots, a_i, \ldots, a_n).$$

(iii) Die **Determinante** det : $\mathbb{K}^{n \times n} \to \mathbb{K}$ ist eine alternierende Multilinearform mit $f(E) = 1$.

Auf den ersten Blick mag die Definition der Determinante etwas merkwürdig erscheinen, denn es scheint nicht ausgeschlossen zu sein, dass mehrere Determinanten existieren. Dies ist jedoch nicht der Fall.

Satz 10.13. *Ist $f : \mathbb{K}^{n \times n}$ eine beliebige alternierende Multilinearform, dann ist*

$$f(A) = \det(A) f(E).$$

Also ist die Determinante mit der Festlegung $f(E) = 1$ eindeutig bestimmt. Darüber hinaus ist die Determinante eine multiplikative Abbildung, was die folgende Aussage deutlich macht.

Satz 10.14 (Determinantenproduktsatz). *Für alle $A, B \in \mathbb{K}^{n \times n}$ gilt*

$$\det(AB) = \det(A) \det(B).$$

Für $A \in GL_n(\mathbb{K})$ folgt daraus: $\det(A^{-1}) = (\det A)^{-1}$.

Anhand der Determinante lässt sich darüber hinaus leicht entscheiden, ob eine Matrix invertierbar ist.

Satz 10.15. *Eine Matrix $A \in \mathbb{K}^{n \times n}$ ist genau dann invertierbar, wenn $\det(A) \neq 0$ ist.*

Daraus lässt sich schließen, dass im Vektorraum $\mathbb{K}^n$ die n Vektoren $a_1, \ldots, a_n$ genau dann linear abhängig sind, wenn die Determinante der Matrix $(a_1 \ldots a_n)$ gleich null ist.

Folgerung 10.16. Die allgemeine lineare Gruppe $GL_n(\mathbb{K})$ lässt sich wie folgt ausdrücken:

$$GL_n(\mathbb{K}) = \left\{ X \in \mathbb{K}^{n \times n} \mid \det(X) \neq 0 \right\}.$$

Für die praktische Berechnung der Determinante gibt es verschiedene Zugänge, von denen wir als Erstes die Leibnizsche Formel präsentieren wollen. Dazu benötigen wir einige Kenntnisse über Permutationen.

Definition 10.17. Es sei $M = \{1, \ldots, n\}$ eine Menge mit n Elementen. Eine **Permutation** σ ist eine bijektive Abbildung $\sigma : M \to M$. Eine **Transposition** ist eine Permutation, sodass $i, j \in M$ existieren mit $\sigma(i) = j$ und $\sigma(j) = i$ und $\sigma(v) = v$ für $v \neq i, j$.

Die Permutationen bilden eine Gruppe, die als S_n oder **symmetrische Gruppe n-ten Grades** bezeichnet wird. Die innere Verknüpfung (Hintereinanderausführung der Permutationen) wird als Produkt aufgefasst. Insgesamt gibt es $n!$ Permutationen und $\binom{n}{2}$ Transpositionen. Letztere können wegen des folgenden Satzes als Grundbausteine der Permutationen aufgefasst werden.

Satz 10.18. *Jede Permutation σ lässt sich als Produkt von endlich vielen Transpositionen schreiben. Jede Permutation kann entweder als Produkt einer geraden oder als Produkt einer ungeraden Anzahl von Transpositionen geschrieben werden.*

Daher kann für $n \geq 2$ das Vorzeichen einer Permutation $\sigma \in S_n$ als $\text{sgn}(\sigma) = (-1)^m$ definiert werden, wobei m die Anzahl der Transpositionen aus Satz 10.18 ist. Man beachte, dass die Identität das Vorzeichen $+1$ hat und dass $\text{sgn}(\sigma \circ \tau) = \text{sgn}(\sigma)\text{sgn}(\tau)$ gilt. Hiermit ist es nun möglich, die Leibnizsche Formel anzugeben.

Satz 10.19 (Leibnizsche Formel). *Die Determinante einer $n \times n$-Matrix $A = (a_{ij})$ ist gleich*

$$\det(A) = \sum_{\sigma \in S_n} \text{sign}(\sigma) a_{1\sigma(1)} \cdots a_{n\sigma(n)}.$$

Aus der Leibniz-Formel 10.19 für die Determinante lässt sich ableiten, dass die Determinante unter Transposition erhalten bleibt.

Folgerung 10.20. Es gilt $\det(A^T) = \det(A)$.

Für große n ist die Berechnung der Determinante sehr aufwendig. Eine alternative Möglichkeit zu ihrer Bestimmung besteht über ihre sukzessive Berechnung. Dieser Vorgang ist auch unter der Bezeichnung **Entwicklung der Determinante nach einer Spalte/Zeile** bekannt. Für eine gegebene quadratische Matrix

$$A = (a_{kl})_{k,l=1}^n$$

und gegebene $i, j \in \mathbb{N}$ mit $i, j \le n$ wird

$$A'_{ij} := (a_{kl})_{k,l=1, k \ne i, l \ne j}^n \tag{10.4}$$

gesetzt. Die $(n-1) \times (n-1)$-Matrix A'_{ij} entsteht durch Streichung der i-ten Zeile und j-ten Spalte und wird daher **Streichungsmatrix** genannt.

Satz 10.21 (Entwicklungssatz von Laplace). *Ist A eine quadratische Matrix, so gilt für jedes $i \in \{1, \ldots, n\}$*

$$\det(A) = \sum_{j=1}^n (-1)^{i+j} a_{ij} \cdot \det(A'_{ij})$$

(Entwicklung nach der i-ten Zeile) und für jedes $j \in \{1, \ldots, n\}$

$$\det(A) = \sum_{i=1}^n (-1)^{i+j} a_{ij} \cdot \det(A'_{ij})$$

(Entwicklung nach der j-ten Spalte).[2]

Die Determinante eines Endomorphismus, also einer linearen Abbildung $f : V \to V$, ist definiert als die Determinante der zugehörigen Matrix. Diese Definition scheint von der Wahl der Basis von V abzuhängen, jedoch kann gezeigt werden, dass die Determinante einer linearen Abbildung wohldefiniert, das heißt unabhängig von der konkret gewählten Basis, ist.

Eine unmittelbare Anwendung der Determinante sowie der Streichungsmatrix besteht darin, dass sie die Bestimmung der inversen Matrix eines Elements $A \in \mathrm{GL}_n(\mathbb{K})$ zulassen.

---

[2]Benannt nach dem französischen Mathematiker Pierre-Simon Laplace (1749–1827).

Satz 10.22 (Cramersche Regel). *Es sei $A \in GL_n(\mathbb{K})$. Die Matrix $C = (c_{ij})_{i,j=1}^n$ sei durch*

$$c_{ij} := (-1)^{i+j} \det(A'_{ij})$$

definiert. Dann gilt[3]

$$A^{-1} = \frac{1}{\det(A)} C^T.$$

10.4   Eigenwerte und Bilinearformen

Wird ein Endomorphismus $f : V \to V$ bezüglich einer Basis $e_1, \ldots, e_n$ durch eine Diagonalmatrix, das heißt durch eine Matrix, für die alle Einträge, die nicht auf der Diagonalen stehen, gleich $\vec{0}$ sind, dargestellt, so gilt

$$f(e_i) = \lambda_i e_i.$$

In diesem Fall bezeichnen wir die Darstellungsmatrix von f mit $\operatorname{diag}(\lambda_i)$. Diese Beobachtung führt zu folgender Definition:

Definition 10.23. Es sei $f : V \to V$ ein Endomorphismus eines $\mathbb{K}$-Vektorraums V. Ein Vektor $a \in V$ heißt **Eigenvektor** von f, wenn er von $\vec{0}$ verschieden ist und wenn es einen Skalar $\lambda \in \mathbb{K}$ gibt mit

$$f(a) = \lambda a.$$

Den Skalar $\lambda \in \mathbb{K}$ nennt man **Eigenwert** von f. Das **Spektrum** von f ist die Menge der Eigenwerte von f.

Der Vektorraum V sei endlich-dimensional. Das **charakteristische Polynom** eines Endomorphismus $f : V \to V$ ist definiert als das Polynom

$$\chi_f(X) := \det(X \operatorname{Id}_V - f).$$

Ein $\lambda \in \mathbb{K}$ ist genau dann Eigenwert von $f : V \to V$, wenn λ eine Nullstelle des charakteristischen Polynoms ist. Der Vektorraum V besitzt genau dann eine Basis $e_1, \ldots, e_n$ bestehend aus Eigenvektoren von f, wenn das charakteristische Polynom n verschiedene Nullstellen, also die maximal mögliche Anzahl, hat.

Entsprechend verfahren wir in der Matrizensichtweise: Ein Vektor $v \in \mathbb{K}^n$ mit $v \neq \vec{0}$ ist ein Eigenvektor der Matrix $A \in \mathbb{K}^{n \times n}$, wenn er durch A auf ein Vielfaches λv von sich

---

[3]Benannt nach dem schweizerischen Mathematiker Gabriel Cramer (1704–1752).

selbst abgebildet wird: $Av = \lambda v$. Der Skalar $\lambda \in \mathbb{K}$ heißt wiederum Eigenwert von A. Das charakteristische Polynom der Matrix $A \in \mathbb{K}^{n \times n}$ ist durch

$$\chi_A(X) := \det(XE - A)$$

gegeben. Ein $\lambda \in \mathbb{K}$ ist genau dann Eigenwert von A, wenn λ Nullstelle dieses Polynoms ist. Zum Beispiel hat eine $n \times n$-Matrix $A \in \mathbb{C}^{n \times n}$ nach dem Fundamentalsatz der Algebra 4.43 n Eigenwerte $\lambda_i \in \mathbb{C}$, $i = 1, \ldots, n$, welche sich als Lösungen von $\chi_A(X) = 0$ ergeben. Jeder Eigenwert λ_i genügt der Eigenwertgleichung $Av_i = \lambda_i v_i$ mit einem Eigenvektor $v_i \neq \vec{0}$. Diese Eigenvektoren lassen sich in einer Matrix $W := (v_1 \ v_2 \ \ldots \ v_n)$ zusammenfassen. Wenn alle n Eigenvektoren v_i linear unabhängig sind, ist die Matrix W invertierbar. In diesem Fall erfüllt A die Gleichung

$$W^{-1}AW = \mathrm{diag}(\lambda_i), \qquad \mathrm{diag}(\lambda_i) := \begin{pmatrix} \lambda_1 & 0 & \cdots & 0 \\ 0 & \ddots & & \vdots \\ \vdots & & \lambda_{n-1} & 0 \\ 0 & \cdots & 0 & \lambda_n \end{pmatrix}. \tag{10.5}$$

Gl. (10.5) beschreibt eine **Ähnlichkeitstransformation** von A: Die Matrix $\mathrm{diag}(\lambda_i)$ ist eine Diagonalmatrix, auf deren Diagonale sich die Eigenwerte von A befinden, das heißt, A und $\mathrm{diag}(\lambda_i)$ besitzen dieselben Eigenwerte. Allgemein wird eine Matrix **diagonalisierbar** (oder **diagonalähnlich**) genannt, wenn sie ähnlich zu einer Diagonalmatrix ist, das heißt, wenn sie Gleichung (10.5) genügt. Die Matrix W in (10.5) kann als Wechsel der Basis interpretiert werden (**Basiswechsel-Matrix**).

Wir wollen das Konzept der Eigenvektoren nun in Verbindung mit einer weiteren wichtigen Eigenschaft von Matrizen bringen. Für eine Matrix $A = (a_{ij}) \in \mathbb{R}^{n \times n}$ wird die Abbildung

$$\langle \cdot, \cdot \rangle_A : \mathbb{R}^n \times \mathbb{R}^n \to \mathbb{R}, \qquad \langle x, y \rangle_A := x^T A y \tag{10.6}$$

definiert. Offenbar ist $\langle \cdot, \cdot \rangle_A$ in beiden Argumenten linear.

Definition 10.24. Eine Matrix $A \in \mathbb{R}^{n \times n}$ heißt **positiv definit**, falls $x^T A x > 0$ für alle $x \neq \vec{0}$ ist. Sie heißt **positiv semi-definit**, falls $x^T A x \geq 0$ für alle $x \neq \vec{0}$ ist. Entsprechend werden die Begriffe **negativ definit** beziehungsweise **negativ semi-definit** für $<$ beziehungsweise $\leq$ anstelle von $>$ beziehungsweise $\geq$ definiert.

Eine zweidimensionale quadratische Matrix $A \in \mathbb{R}^{2 \times 2}$ mit reellen Eigenwerten λ_1, λ_2 (man beachte, dass die Eigenwerte nicht reell sein müssen) ist positiv definit genau dann, wenn $\lambda_1 > 0$ und $\lambda_2 > 0$ sind beziehungsweise genau dann, wenn $\lambda_1 + \lambda_2 > 0$ und $\lambda_1 \lambda_2 > 0$

gelten. Der allgemeine Zusammenhang zu den Eigenwerten lautet wie folgt: Eine Matrix $A \in \mathbb{R}^{n \times n}$ ist positiv definit genau dann, wenn alle ihre Eigenwerte reell und > 0 sind. Entsprechendes gilt für positiv semi-definit mit ≥ 0 anstelle > 0 und so weiter.

Ein handliches Kriterium zur Feststellung der Definitheit von $A \in \mathbb{R}^{n \times n}$ stellt das **Hauptminorenkriterium** dar. Als **Hauptminor k-ter Ordnung** bezeichnet man die Determinante der $k \times k$-Untermatrix von A, die durch Streichung von Zeilen und Spalten entsteht, sodass genau die ersten k Zeilen und Spalten erhalten bleiben. Das Hauptminorenkriterium besagt dann, dass eine **symmetrische** Matrix $A \in \mathbb{R}^{n \times n}$, das heißt $A^{\mathrm{T}} = A$, genau dann positiv definit ist, wenn alle Hauptminoren von A positiv sind.

Satz 10.25 (Hauptminorenkriterium). *Für eine symmetrische Matrix $A = (a_{ij}) \in \mathbb{R}^{n \times n}$ sind folgende Aussagen äquivalent:*

(i) A ist positiv definit, das heißt $x^T A x > 0$ für alle $x \in \mathbb{R}^n \setminus \{\vec{0}\}$.
(ii) A hat nur positive Hauptminoren, das heißt, für jedes $k \in \mathbb{N}$ mit $1 \leq k \leq n$ gilt

$$\det(a_{ij})_{1 \leq i,j \leq k} > 0.$$

Folgerung 10.26. Eine symmetrische Matrix $A \in \mathbb{R}^{n \times n}$ ist genau dann negativ definit, falls alle ungeraden Hauptminoren negativ und alle geraden Hauptminoren positiv sind, das heißt falls

$$(-1)^k \det(a_{ij})_{1 \leq i,j \leq k} > 0 \qquad \text{für jedes } 1 \leq k \leq n$$

gilt.

Dies folgt sofort aus Satz 10.25, wenn Satz 10.25 auf $-A$ angewendet wird, denn A ist genau dann negativ, wenn $-A$ positiv ist. Abstrahieren wir nun zunächst von den Matrizen, dann lässt sich eine Bilinearform wie folgt beschreiben.

Definition 10.27. Es sei V ein $\mathbb{K}$-Vektorraum. Eine **Bilinearform** ist eine Abbildung $\langle \cdot, \cdot \rangle : V \times V \to \mathbb{K}$ mit folgenden Eigenschaften:

(i) $\langle v_1 + \lambda v_2, w \rangle = \langle v_1, w \rangle + \lambda \langle v_2, w \rangle$ für alle $v_1, v_2, w \in V$ und alle $\lambda \in \mathbb{K}$.
(ii) $\langle v, w_1 + \lambda w_2 \rangle = \langle v, w_1 \rangle + \lambda \langle v, w_2 \rangle$ für alle $v, w_1, w_2 \in V$ und $\lambda \in \mathbb{K}$.

Eine Bilinearform heißt **symmetrisch**, falls $\langle v, w \rangle = \langle w, v \rangle$ für alle $v, w \in V$ gilt.

Ein **Skalarprodukt** (oder **inneres Produkt**) auf einem reellen Vektorraum V ist dann eine positiv definite, symmetrische Bilinearform $\langle \cdot, \cdot \rangle : V \times V \to \mathbb{R}$, das heißt, zusätzlich zu Definition 10.27 muss die Bedingung für Definitheit

$$\langle v, v \rangle \geq 0 \text{ für alle } v \in V \qquad \text{und} \qquad \langle v, v \rangle = 0 \Leftrightarrow v = 0 \qquad (10.7)$$

erfüllt sein. Ist V ein endlich-dimensionaler $\mathbb{R}$-Vektorraum, so ist nach Wahl einer Basis von V jede Bilinearform durch eine Matrix A wie in (10.6) gegeben. Die Bilinearform ist nun positiv definit im Sinne von (10.7) genau dann, wenn die Matrix A positiv definit ist im Sinne von Definition 10.24. Ist die Matrix A positiv definit, so liefert folglich (10.6) ein Skalarprodukt auf V. Für $A = E$ spricht man vom **Standard-Skalarprodukt**.

Satz 10.28. *Zu jeder Linearform $L : \mathbb{R}^n \to \mathbb{R}$ gibt es genau einen Vektor $a \in \mathbb{R}^n$ mit $L(x) = \langle a, x \rangle$ für alle $x \in \mathbb{R}^n$, wobei $\langle \cdot, \cdot \rangle$ das Standard-Skalarprodukt bezeichnet.*

Beweis. Da L eine Linearform ist, genügt es, L auf der Standardbasis des $\mathbb{R}^n$ zu betrachten. Es gilt aber $L(e_i) = a_i$ und damit ist $a \in \mathbb{R}^n$ gefunden. $\qquad\square$

Ähnlich wie eine symmetrische Bilinearform wird eine hermitesche Sesquilinearform definiert, wenn als Grundkörper $\mathbb{K}$ die komplexen Zahlen $\mathbb{C}$ gewählt werden.

Definition 10.29. Es sei V ein $\mathbb{C}$-Vektorraum. Eine Abbildung $\langle \cdot, \cdot \rangle : V \times V \to \mathbb{C}$ heißt **sesquilinear**, falls $\langle \cdot, \cdot \rangle$ im ersten Argument semilinear und im zweiten Argument linear ist:

(i) $\langle v_1 + \lambda v_2, w \rangle = \langle v_1, w \rangle + \overline{\lambda} \langle v_2, w \rangle$ für alle $v_1, v_2, w \in V$ und alle $\lambda \in \mathbb{C}$.

(ii) $\langle v, w_1 + \lambda w_2 \rangle = \langle v, w_1 \rangle + \lambda \langle v, w_2 \rangle$ für alle $v, w_1, w_2 \in V$ und $\lambda \in \mathbb{C}$.

Dabei steht $\overline{\lambda}$ für die komplexe Konjugation. Eine sesquilineare Abbildung wird als **hermitesch** bezeichnet,[4] falls $\langle v, w \rangle = \overline{\langle w, v \rangle}$ für alle $v, w \in V$ ist. Man spricht auch von einer **hermiteschen Sesquilinearform**.

Ein Skalarprodukt auf einem komplexen Vektorraum V ist dann eine positiv definite, hermitesche Sesquilinearform $\langle \cdot, \cdot \rangle : V \times V \to \mathbb{C}$, das heißt, zusätzlich zu Definition 10.29 wird noch (10.7) gefordert. Dass dabei $\langle v, v \rangle$ stets reell ist, folgt sofort daraus, dass $\langle \cdot, \cdot \rangle$ hermitesch ist.

Ein $\mathbb{R}$-Vektorraum zusammen mit einem Skalarprodukt $\langle \cdot, \cdot \rangle$ bildet einen sogenannten **euklidischen Vektorraum**. In einem solchen Vektorraum wird Orthogonalität zweier Vektoren und das orthogonale Komplement eines Teilraums auf folgende Art und Weise definiert.

Definition 10.30. Es sei $(V, \langle \cdot, \cdot \rangle)$ ein euklidischer Vektorraum und U, U' seien Unterräume von V.

---

[4]Benannt nach dem französischen Mathematiker Charles Hermite (1822–1901).

(i) Ist für $u, v \in V$ die Gleichheit $\langle u, v \rangle = 0$ erfüllt, schreibt man $u \perp v$ und nennt u, v **orthogonal zueinander**. Der Ausdruck $U \perp U'$ bedeutet, dass $u \perp u'$ für alle $u \in U$ und $u' \in U'$ ist.

(ii) Die Menge $U^\perp := \{u' \in V \mid u' \perp U\}$ heißt **orthogonales Komplement** von U.

Offenbar ist das orthogonale Komplement $U^\perp$ ein Untervektorraum von V.

Ist $(V, \langle \cdot, \cdot \rangle)$ endlich-dimensional und $U \subset V$ ein Untervektorraum, so hat jedes $v \in V$ eine eindeutig bestimmte Zerlegung $v = u + u'$ mit $u \in U$ und $u' \in U^\perp$.

Satz 10.31. *Ist $(V, \langle \cdot, \cdot \rangle)$ ein euklidischer Vektorraum endlicher Dimension und $U \subset V$ ein Untervektorraum, dann gilt*

$$V = U + U^\perp := \{u + u' \mid u \in U, \ u' \in U^\perp\}, \qquad U \cap U^\perp = \{\vec{0}\},$$

mit anderen Worten, $V = U \oplus U^\perp$. Ferner gilt $(U^\perp)^\perp = U$.

Es sei $f : V \to W$ eine lineare Abbildung zweier euklidischer Vektorräume $(V, \langle \cdot, \cdot \rangle_V)$ und $(W, \langle \cdot, \cdot \rangle_W)$. Die zu f **adjungierte Abbildung** $f^* : W \to V$ wird dann durch

$$\langle f(v), w \rangle_W = \langle v, f^*(w) \rangle_V \qquad \text{für alle } v \in V \text{ und } w \in W \qquad (10.8)$$

definiert. Sind V, W endlich-dimensional, kann gezeigt werden, dass *genau eine* adjungierte Abbildung f^* existiert.

Beispiel 10.32. Betrachtet man $V = \mathbb{R}^m$ und $W = \mathbb{R}^n$ mit dem Standard-Skalarprodukt $\langle \cdot, \cdot \rangle_{\mathbb{R}^m}$ und $\langle \cdot, \cdot \rangle_{\mathbb{R}^n}$ und bezeichnet man die zu f gehörige Matrix mit A und die zu f^* gehörige Matrix mit B, dann geht (10.8) in

$$(Av)^T w = v^T(Bw) \qquad \Leftrightarrow \qquad v^T A^T w = v^T B w$$

über. Weil dies für alle $v \in V$, $w \in W$ gilt, folgt $B = A^T$. Die adjungierte Abbildung entspricht also der transponierten Matrix.

Einige elementare Eigenschaften der adjungierten Abbildung fasst die folgende Proposition zusammen.

Proposition 10.33. *Falls zu einer linearen Abbildung $f : V \to W$ die adjungierte Abbildung $f^* : W \to V$ existiert, dann gilt $(f^*)^* = f$ und*

$$\operatorname{Kern} f^* = (\operatorname{Bild} f)^\perp, \qquad (\operatorname{Kern} f)^\perp = \operatorname{Bild} f^*.$$

Beweis. Für alle $w \in W$, $v \in V$ gelten $\langle f^*(w), v \rangle_V = \langle w, (f^*)^*(v) \rangle_W$ und $\langle v, f^*(w) \rangle_V = \langle f(v), w \rangle_W$, das heißt $(f^*)^* = f$. Nun sei $u \in \mathrm{Kern} f^*$, das heißt $f^*u = 0$. Wegen

$$0 = \langle v, f^*(u) \rangle_V = \langle f(v), u \rangle_W \qquad \forall v \in V$$

ist dies gleichbedeutend mit $u \perp \mathrm{Bild} f$, beziehungsweise $u \in (\mathrm{Bild} f)^\perp$. Ferner folgt damit $\mathrm{Kern} f = \mathrm{Kern}(f^*)^* = (\mathrm{Bild} f^*)^\perp$. $\qquad\qquad\qquad\qquad\qquad\qquad\qquad\qquad\qquad\qquad$ $\Box$

Jetzt werden lineare Abbildungen $f : V \to V$ betrachtet. Ein Endomorphismus $f : V \to V$ heißt **selbstadjungiert**, falls $f^* = f$ gilt.

Satz 10.34 (Spektralsatz für selbstadjungierte Abbildungen im reellen Fall). *Es sei V ein endlich-dimensionaler euklidischer Vektorraum. Zu jeder selbstadjungierten linearen Abbildung $f : V \to V$ existiert eine Basis $e_1, \ldots, e_n$ bestehend aus Eigenvektoren mit*

$$f(e_i) = \lambda_i e_i,$$

und alle Eigenwerte λ_i sind reell.

In Matrixsichtweise bedeutet der Spektralsatz 10.34, dass eine **symmetrische Matrix** $A \in \mathbb{R}^{n \times n}$, das heißt eine Matrix $A \in \mathbb{R}^{n \times n}$ mit $A = A^T$, stets diagonalisierbar ist im Sinne von (10.5), wobei alle Eigenwerte von A reell sind.

Im euklidischen Vektorraum $(V, \langle \cdot, \cdot \rangle)$ steht der Begriff Länge (Norm) von Vektoren zur Verfügung. Denn mit dem Skalarprodukt kann durch

$$\|x\| := \sqrt{\langle x, x \rangle}$$

eine Norm (siehe Definition 2.40) auf dem Vektorraum V definiert werden. Wir betrachten jetzt zwei endlich-dimensionale Vektorräume V, W zusammen mit Normen $\|\cdot\|_1$ und $\|\cdot\|_2$.[5] Eine **Isometrie** ist eine lineare Abbildung, für die zudem

$$\|f(v)\|_2 = \|v\|_1$$

für alle $v \in V$ gilt. Eine Isometrie ist wegen der Positivität der Norm automatisch injektiv. Ist die Abbildung darüber hinaus surjektiv, so spricht man von einem **isometrischen Isomorphismus**. Zwei Vektorräume V und W, zwischen denen ein isometrischer Isomorphismus $f : V \to W$ besteht, können als wesensgleich angesehen und miteinander identifiziert werden, weil via f den Elementen aus V eineindeutig Elemente aus W zugeordnet werden und die Norm dabei erhalten bleibt. Symbolisch wird dies durch $V \cong W$ ausgedrückt. Tatsächlich ist jeder n-dimensionale euklidische Vektorraum V isometrisch isomorph zum $\mathbb{R}^n$.

---

[5]Man beachte, dass nicht jede Norm von einem Skalarprodukt herrührt.

10.5 Polynome

Zur Abrundung dieses Kapitels zur linearen Algebra führen wir nun noch einen zentralen Begriff aus der Algebra ein, die sich, im Gegensatz zur linearen Algebra, nicht mit der Lösung von linearen Gleichungssystemen, sondern mit der Lösung von allgemeineren polynomiellen Gleichungen beschäftigt.

Definition 10.35.

(i) Es seien ein Körper $\mathbb{K}$ und Variablen $X_1, \ldots, X_n$ gegeben. Ein **Monom** ist ein Ausdruck der Form $aX_1^{i_1} \cdots X_n^{i_n}$ mit $i_j \in \mathbb{N}_0$ für alle $j = 1, \ldots, n$ und $a \in \mathbb{K}$.

(ii) Ein **Polynom** ist eine Summe von Monomen, das heißt

$$P(X_1, \ldots, X_n) = \sum_{i_1, \ldots, i_n} a_{i_1, \ldots, i_n} X_1^{i_1} \cdots X_n^{i_n}.$$

Das Maximum der auftretenden Summen $i_1 + \ldots + i_n$ wird **Grad des Polynoms** genannt.

(iii) Ein Polynom heißt **homogen vom Grad** j mit $j \in \mathbb{N}_0$, falls

$$P(\lambda X_1, \ldots, \lambda X_n) = \lambda^j P(X_1, \ldots, X_n).$$

Ein Beispiel für ein homogenes Polynom vom Grad 3 ist $P(X, Y) = 3XY^2 + 5Y^3 - 4X^3$. Die Menge der Polynome P bildet einen (unendlich-dimensionalen) $\mathbb{K}$-Vektorraum und sogar eine Algebra. Wird der Grad der Polynome durch $k \in \mathbb{N}$ beschränkt, so erhalten wir einen endlich-dimensionalen Untervektorraum $P_k \subset P$. Auf P beziehungsweise P_k lassen sich die in diesem Kapitel eingeführten Konzepte anwenden. Zum Beispiel können wir für reelle Polynome in einer Variablen den Ableitungsoperator als Endomorphismus $d : P_k \to P_k$ mit $d(x^n) = nx^{n-1}$ auffassen.

Lösungen der Aufgaben

11

11.1 Aufgaben zu Kap. 2

Lösung von Aufgabe 2.1. Die schräg gegenüber liegenden Eckfelder des Schachbretts, die entfernt wurden, waren entweder beide weiß oder beide schwarz, ohne Einschränkung also beide schwarz. Somit besteht das Schachbrett mit den fehlenden Eckfeldern aus 32 weißen und 30 schwarzen Quadraten. Jeder Dominostein bedeckt immer ein weißes und ein schwarzes Quadrat. Folglich werden die ersten 30 Dominosteine unabhängig von ihrer Anordnung auf dem Schachbrett 30 weiße und 30 schwarze Quadrate überdecken, sodass ein Dominostein und 2 weiße Quadrate übrig bleiben. Weil jeder Dominostein immer ein weißes und ein schwarzes Quadrat überdeckt, aber die übrig gebliebenen Quadrate beide weiß sind, ist es nicht möglich das Schachbrett abzudecken.

Lösung von Aufgabe 2.2. Der Beweis verläuft analog zur Eindeutigkeit der 0 beziehungsweise zur Eindeutigkeit des additiv Inversen. Exemplarisch zeigen wir die Eindeutigkeit des neutralen Elements der Multiplikation. Angenommen es gäbe $1, 1' \in \mathbb{R}$ mit $a1 = a$ und $a1' = a$ für alle $a \in \mathbb{R}$. Dann ist

$$1' \overset{(I.7)}{=} 1'1 \overset{(I.6)}{=} 11' \overset{(I.7)}{=} 1.$$

Lösung von Aufgabe 2.3. (R01) & (R02): Nach (I.4) gilt $(-a) - (-a) = 0$ und $a + (-a) = 0$ mit (I.2), also $(-a) + a = 0$. Weil das Inverse von $-a$ eindeutig bestimmt ist, ist $a = -(-a)$. (R02) wird analog gezeigt vermöge (I.8).

(R03) & (R04): Nach (I.8) gilt $(ab)^{-1}(ab) = 1$. Ferner folgt mit (I.5)–(I.8)

$$(a^{-1}b^{-1})(ab) \overset{(I.6)}{=} (b^{-1}a^{-1})(ab) \overset{(I.5)}{=} b^{-1}(a^{-1}a)b \overset{(I.8)}{=} b^{-1}1b \overset{(I.7),(I.5)}{=} b^{-1}b \overset{(I.8)}{=} 1.$$

© Springer-Verlag GmbH Deutschland 2017
A. Hirn, C. Weiß, *Analysis – Grundlagen und Exkurse*,
https://doi.org/10.1007/978-3-662-55538-5_11

Wegen der Eindeutigkeit des Inversen ergibt sich $(ab)^{-1} = a^{-1}b^{-1}$. Mit den entsprechenden Axiomen der Addition lässt sich (R04) ganz analog herleiten.

(R05): Die Axiome (I.3) und (I.9) implizieren die Identität $a0 = a(0 + 0) = a0 + a0$, aus der durch Addition von $-(a0)$ auf beiden Seiten mit (I.4) die Behauptung $0 = a0$ resultiert.

(R06): Aus $ab = 0$ folgt für $a \neq 0$

$$b \overset{(I.7)}{=} b1 \overset{(I.8)}{=} b(aa^{-1}) \overset{(I.5)}{=} (ba)a^{-1} \overset{(I.6)}{=} (ab)a^{-1} = 0.$$

Für $b \neq 0$ resultiert entsprechend $a = 0$.

(R07): Es gilt $(ab) + (-(ab)) = 0$ und

$$0 \overset{(R05)}{=} a0 \overset{(I.4)}{=} a(b - b) \overset{(I.9)}{=} ab + a(-b).$$

Weil die Inverse von (ab) eindeutig ist, gilt $a(-b) = -(ab)$.

(R08) folgt direkt aus den bereits bekannten Rechenregeln (R07) und (R01):

$$(-a)(-b) \overset{(R07)}{=} -((-a)b) \overset{(R07)}{=} -(-(ab)) \overset{(R01)}{=} ab.$$

(R09): Es ist $0 = 1 + (-1)$. Für $a \neq 0$ gilt daher

$$0 \overset{(I.8),(R04)}{=} (-a)(-a)^{-1} - (aa^{-1}) \overset{(R07)}{=} (-a)(-a)^{-1} + (-a)a^{-1} \overset{(I.9)}{=} (-a)\left((-a)^{-1} + a^{-1}\right).$$

Mit (R06) folgt somit $(-a)^{-1} + a^{-1} = 0$. Addition von $-a^{-1}$ auf beiden Seiten liefert $(-a)^{-1} = -a^{-1}$, wobei (I.4) und (I.3) benutzt wurde.

(R10): Für $c \neq 0$ und $d \neq 0$ gilt

$$\frac{a}{c} + \frac{b}{d} \overset{\text{Def.}}{=} ac^{-1} + bd^{-1} \overset{(I.7)}{=} ac^{-1}1 + bd^{-1}1 \overset{(I.8)}{=} ac^{-1}dd^{-1} + bd^{-1}cc^{-1}$$

$$\overset{(I.5),(I.6),(I.9)}{=} (ad + bc)c^{-1}d^{-1} \overset{(R03)}{=} (ad + bc)(cd)^{-1} \overset{\text{Def.}}{=} \frac{ad + bc}{cd}.$$

(R11): Die Regel (R11) resultiert aus (R03), (R02)

$$\frac{a/c}{b/d} \overset{\text{Def.}}{=} \frac{ac^{-1}}{bd^{-1}} \overset{\text{Def.}}{=} (ac^{-1})(bd^{-1})^{-1} \overset{(R03)}{=} (ac^{-1})\left(b^{-1}(d^{-1})^{-1}\right)$$

$$\overset{(R02)}{=} (ac^{-1})(b^{-1}d) \overset{(I.5),(I.6)}{=} (ad)(c^{-1}b^{-1}) \overset{(R03)}{=} (ad)(bc)^{-1} \overset{\text{Def.}}{=} \frac{ad}{bc}.$$

(R12): Für $c \neq 0$ und $d \neq 0$ ergibt sich

$$\frac{a}{c}\frac{b}{d} \overset{\text{Def.}}{=} (ac^{-1})(bd^{-1}) \overset{(I.5),(I.6)}{=} (ab)(c^{-1}d^{-1}) \overset{(R03)}{=} (ab)(cd)^{-1} \overset{\text{Def.}}{=} \frac{ab}{cd}.$$

(R13) & (R14): Die Behauptungen ergeben sich aus der Monotonie der Addition (II.1). Die Ungleichung $a < b$ ist nach Addition von $-a$ äquivalent zu $a + (-a) < b - a$, nach (I.4) auch zu $0 < b - a$. Addition von $-b$ liefert dann $-b + 0 < -b + b - a$, also $-b < -a$ wegen (I.3) und (I.4). (R14) folgt analog.

(R15): Nach (R14) gilt $c < 0 \Leftrightarrow -c > 0$. Die Monotonie der Multiplikation (II.2) impliziert

$$a < b, \ -c > 0 \ \overset{(II.2)}{\Rightarrow} \ a(-c) < b(-c) \ \overset{(R07)}{\Rightarrow} \ -(ac) < -(bc),$$

womit aus (R13) die Behauptung $bc < ac$ resultiert.

(R16)–(R18): Wir zeigen nur (R16), denn (R17) und (R18) folgen analog. Nach (R14) gilt $-a > 0$ und $-b > 0$. Die Behauptung erschließt sich aus der Monotonie der Multiplikation (II.2):

$$-a > 0 \ \overset{(II.2)}{\Rightarrow} \ (-a)(-b) > 0(-b) \ \overset{(R05),(R08)}{\Rightarrow} \ ab > 0.$$

(R19): Im Fall $a > 0$ ist $aa > a0$ wegen (II.2), also $a^2 > 0$ nach (R05). Im Fall $a < 0$ gilt $-a > 0$. Somit ergibt sich $(-a)(-a) > (-a)0$ aus (II.2). Mit (R05), (R08) folgt $aa > 0$.

(R20): Es ist $1 \neq 0$ und daher $1 = 1 \cdot 1 > 0$ nach (I.7), (R19).

(R21): Es gilt $1 = aa^{-1} > 0$ nach (I.8), (R20). Wäre $a^{-1} < 0$, würde sich ein Widerspruch zu (R17) ergeben.

(R22): Wegen (R21) gilt $a^{-1} > 0$ und $b^{-1} > 0$. Multiplikation von $a > b$ mit a^{-1} impliziert $aa^{-1} > ba^{-1}$, also $1 > ba^{-1}$ nach (I.8). Wird Letzteres mit b^{-1} multipliziert, ergibt sich $b^{-1} > a^{-1}$.

Lösung von Aufgabe 2.4. Es sei $-\infty < S \leq +\infty$ das Supremum der Menge A. Dann ist S obere Schranke von A, das heißt, für alle $x \in A$ gilt $x \leq S$. Angenommen es gäbe ein $k \in \mathbb{R}$ mit $k < S$ und $x < k$ für alle $x \in A$. In diesem Fall ist k eine kleinere obere Schranke von A als S, was ein Widerspruch ist.

Andererseits erfülle S die beiden Eigenschaften (i) und (ii). Aufgrund von (i) ist S eine obere Schranke von A. Wegen (ii) ist S in der Tat die kleinste obere Schranke von A.

Lösung von Aufgabe 2.5. (i) Man setze $a := \sup X$ und $b := \sup Y$. Es gilt $\sup(X + Y) \leq a + b$. Zu zeigen bleibt die Gleichheit. Dazu sei $\varepsilon > 0$. Nach Definition von sup existiert ein $x_0 \in X$ und $y_0 \in Y$, sodass $a - \frac{\varepsilon}{2} < x_0$ sowie $b - \frac{\varepsilon}{2} < y_0$ gelten. Dann folgt $x_0 + y_0 \in X + Y$

und $x_0 + y_0 > a + b - \varepsilon$. Nach Definition von sup ergibt sich daraus $\sup(X + Y) = a + b$. Der Beweis für inf verläuft analog.

(ii) Mit (i) ist $\sup M = 1$ und $\inf M = -1$.

Lösung von Aufgabe 2.6. (i) Induktionsanfang: Die Aussage für $n = 1$ ist richtig. Induktionsannahme: Die Aussage sei richtig für ein n. Induktionsschritt: Zu zeigen ist die Aussage für $n + 1$. Die Induktionsannahme impliziert

$$\sum_{k=1}^{n+1} k = \sum_{k=1}^{n} k + (n + 1) = \frac{n(n + 1)}{2} + (n + 1) = \frac{n(n + 1) + 2(n + 1)}{2} = \frac{(n + 1)(n + 2)}{2}.$$

(ii) Induktionsanfang: Der Fall $n = 1$ ist klar. Induktionsannahme: Angenommen, die Aussage stimmt für ein n. Induktionsschritt: Zu zeigen ist die Aussage für $n + 1$. Die Induktionsannahme impliziert wiederum

$$\sum_{k=1}^{n+1} k^2 = \sum_{k=1}^{n} k^2 + (n + 1)^2 = \frac{1}{6} n(n + 1)(2n + 1) + (n + 1)^2$$

$$= \frac{1}{6}(n + 1)(2n^2 + 7n + 6) = \frac{1}{6}(n + 1)(n + 2)(2n + 3).$$

Lösung von Aufgabe 2.7. (i) Wir führen den Beweis per Induktion: Induktionsanfang: Für $n = 1$ hat M genau die beiden Teilmengen $\emptyset$ und M. Induktionsannahme: Die Aussage sei richtig für n. Induktionsschritt: Es sei M eine $(n + 1)$-elementige Menge. Wir zeichnen ein Element $x \in M$ aus und schreiben $M' = M \setminus \{x\}$. Jede Teilmenge von M enthält entweder x oder sie tut dies nicht. Die 2^n Teilmengen von M' sind genau diejenigen vom zweiten Typ. Hingegen stellen Teilmengen der Form $\{x\} \cup N$ mit $N \subset M'$ die Teilmengen vom ersten Typ dar. Auch hiervon gibt es nach Induktionsannahme 2^n viele. Insgesamt hat M also 2^{n+1} Teilmengen.

(ii) Auch diese Aussage wird per Induktion über n hergeleitet. Induktionsanfang: Für $n = 1$ besitzt M eine 0-elementige Teilmenge, nämlich die leere Menge, und eine 1-elementige Teilmenge, nämlich M. Induktionsannahme: Die Aussage sei korrekt für n. Induktionsschritt: Es sei M eine $(n + 1)$-elementige Menge. Wiederum zeichnen wir ein Element $x \in M$ aus und definieren $M' = M \setminus \{x\}$. Eine beliebige k-elementige Teilmenge $N \subset M$ enthält entweder x oder sie tut es nicht. Falls N eine Menge vom ersten Typ ist, dann gilt $N = \{x\} \cup N'$ mit $N' = N \setminus \{x\}$. Die Menge N' ist eine $(k - 1)$-elementige Teilmenge von M'. Von diesem Typ gibt es nach Induktionsannahme $\binom{n}{k-1}$ Stück. Falls N das Element x nicht enthält, ist N eine k-elementige Teilmenge von M'. Hiervon gibt es nach Induktionsannahme $\binom{n}{k}$ viele. Insgesamt existieren somit

$$\binom{n}{k-1} + \binom{n}{k} \overset{\text{Proposition 2.18}}{=} \binom{n + 1}{k}$$

Teilmengen von M mit k Elementen.

Lösung von Aufgabe 2.8. (i) Jedes Element $x \in M$ kann auf n verschiedene Elemente abgebildet werden. Insgesamt gibt es infolgedessen n^m viele Funktionen $f : M \to N$.
(ii) Wir führen den Beweis per Induktion. Induktionsanfang: Für $n = 1$ gibt es genau eine Funktion $f : M \to N$. Diese ist bijektiv. Induktionsannahme: Die Aussage sei richtig für n. Induktionsschritt: Seien M und N Mengen mit jeweils $n + 1$ Elementen. Wir zeichnen ein Element $x \in M$ aus. Dieses kann auf ein beliebiges Element der $(n + 1)$ Elemente $y \in N$ abgebildet werden. Setzen wir $M' = M \setminus \{x\}$ und $N' = N \setminus \{y\}$, so gibt es nach Induktionsannahme $n!$ bijektive Abbildung $f' : M' \to N'$. Durch Zusammensetzung dieser beiden Teilaussagen sehen wir, dass insgesamt $(n + 1)!$ bijektive Abbildung $f : M \to N$ existieren.

Lösung von Aufgabe 2.9. Ohne Einschränkung sei $k < l$. Es sei $f : \mathbb{N}_{\leq l} \to \mathbb{N}_{\leq k}$ eine beliebige Abbildung. Wir müssen zeigen, dass diese Abbildung nicht bijektiv sein kann und führen dazu einen Widerspruchsbeweis, das heißt, wir nehmen an, dass f bijektiv ist. Wegen der Injektivität von f sind $f(1), \ldots, f(k)$ verschieden und es gilt $f(\{1, \ldots k\}) = \mathbb{N}_{\leq k}$. Deshalb existiert ein $j \in \{1, \ldots, k\}$ mit $f(k + 1) = f(j)$. Dies ist ein Widerspruch.

Lösung von Aufgabe 2.10. Der Hoteldirektor bittet alle Gäste, die bereits im Hotel wohnen, ihre Zimmernummer zu verdoppeln. Das heißt der Gast aus Zimmer 1 zieht in Zimmer 2, derjenige aus Zimmer 2 zieht in Zimmer 4 und so weiter. Dann sind alle Zimmer mit ungeraden Nummern frei und die abzählbar unendlich vielen neuen Gäste können dort einziehen.

Lösung von Aufgabe 2.11. Als Erstes stellen wir fest, dass C_n genau die Elemente x enthält, für deren Darstellung

$$x = \sum_{j=1}^{\infty} d_j 3^{-j}$$

gilt, dass $d_1, \ldots, d_n \in \{0, 2\}$ ist. Also besteht C genau aus den Elementen, bei denen $d_j \in \{0, 2\}$ für alle $j \in \mathbb{N}$ ist. Nehmen wir nun an, dass C abzählbar sei, und führen dies zu einem Widerspruch. Es sei dazu $f : \mathbb{N} \to C$ eine Abzählung von C. Alle Elemente von C tauchen dann in der Liste

$$f(1) = \sum_{j=1}^{\infty} d_{1,j} 3^{-j} \qquad f(2) = \sum_{j=1}^{\infty} d_{2,j} 3^{-j}$$

$$f(3) = \sum_{j=1}^{\infty} d_{3,j} 3^{-j} \qquad f(4) = \sum_{j=1}^{\infty} d_{4,j} 3^{-j} \qquad \ldots$$

auf. Wir setzen jetzt

$$e_j = \begin{cases} 0 & \text{falls } d_{j,j} = 2 \\ 2 & \text{falls } d_{j,j} = 0. \end{cases}$$

Das Element

$$y = \sum_{j=1}^{\infty} e_j 3^{-j}$$

liegt in C, hat aber nach Konstruktion eine Entwicklung, die sich von allen Elementen in der Liste unterscheidet. Dies ist ein Widerspruch und impliziert, dass C überabzählbar ist.

Lösung von Aufgabe 2.12. Der Beweis verläuft völlig analog zur Irrationalität von $\sqrt{2}$: Angenommen es sei $x = \frac{r}{s}$ mit $r, s \in \mathbb{Z}$, $s \neq 0$ und $x^2 = p$ oder mit anderen Worten $r^2 = ps^2$. Ohne Einschränkung sind r und s teilerfremd, das heißt, der Bruch kann nicht weiter gekürzt werden. Weil p die Zahl ps^2 teilt, teilt sie auch die linkte Seite $r^2 = rr$ und damit folgt, dass p schon r teilt. Deswegen ist $r = pk$ mit $k \in \mathbb{N}$. Dann gilt $r^2 = p^2 k^2 = ps^2$ und damit $pk^2 = s^2$. Darum würde aber p auch s teilen im Widerspruch zur Teilerfremdheit von r und s.

Lösung von Aufgabe 2.13. Wir müssen die drei definierenden Eigenschaften einer Metrik nachrechnen.

  (i) Definitheit: Es ist $d(x, y) = \|x - y\| \geq 0$ und $d(x, y) = 0 \Leftrightarrow x = y$ wegen der Positivität der Norm.
 (ii) Symmetrie: Es ist $d(x, y) = \|x - y\| = \|y - x\| = d(y, x)$.
(iii) Dreiecksungleichung: Die Dreiecksungleichung der Norm impliziert

$$d(x, z) = \|x - z\| = \|x - y + y - z\| \leq \|x - y\| + \|y - z\| = d(x, y) + d(y, z).$$

Lösung von Aufgabe 2.14. (i) Wegen $a_k = \overline{a_k}$ für alle $k = 1, \ldots, n$ gilt

$$0 = \overline{0} = \overline{p(z_0)} = \overline{\sum_{k=0}^{n} a_k z_0^k} = \sum_{k=0}^{n} \overline{a_k z_0^k} = \sum_{k=0}^{n} \underbrace{\overline{a_k}}_{=a_k} \overline{z_0}^k = p(\overline{z_0}).$$

(ii) Wir zeigen als Erstes durch Induktion über den Grad, dass ein reelles Polynom n-ten Grades n komplexe Nullstellen besitzt. Für $n = 1$ ist die Aussage trivial. Wir nehmen also an, dass sie für $n - 1$ richtig ist. Nun sei $r(z)$ ein Polynom n-ten Grades. Nach dem Fundamentalsatz der Algebra 2.38 besitzt $r(z)$ eine komplexe Nullstelle z_1. Dann kann $r(z)$

durch $r(z) = (z - z_1)q(z)$ ausgedrückt werden, wobei q ein Polynom vom Grad $n - 1$ ist. Auf q kann die Induktionsannahme angewendet werden, sodass r tatsächlich n Nullstellen hat. Seien also $z_1, \ldots, z_n$ die (komplexen) Nullstellen von p. Nach (i) ist die Anzahl der echt komplexen, das heißt nicht reellen, Nullstellen stets gerade, weil mit z_i immer auch $\overline{z_i}$ eine Nullstelle von p ist. Da die Gesamtzahl der Nullstellen ungerade ist, muss p also mindestens eine reelle Nullstelle besitzen.

Lösung von Aufgabe 2.15. Man wähle drei beliebige Quaternionen

$$a = a_0 + a_1 i + a_2 j + a_3 k$$
$$b = b_0 + b_1 i + b_2 j + b_3 k$$
$$c = c_0 + c_1 i + c_2 j + c_3 k.$$

Unter Verwendung der Hamilton-Regeln (H1)–(H3) aus Abschnitt 2.5 kann in der Tat die Assoziativität durch Nachrechnen gezeigt werden.

11.2 Aufgaben zu Kap. 3

Lösung von Aufgabe 3.1. Es sei $b_n := \frac{a_{n+1}}{a_n}$. Angenommen, $b := \lim_{n \to \infty} b_n$ existiert. Dann gilt

$$b = \lim_{n \to \infty} b_n = \lim_{n \to \infty} \frac{a_{n+1}}{a_n} = \lim_{n \to \infty} \frac{a_n + a_{n-1}}{a_n}$$
$$= \lim_{n \to \infty} \left(1 + \frac{1}{\frac{a_n}{a_{n-1}}}\right) = \lim_{n \to \infty} \left(1 + \frac{1}{b_{n-1}}\right) = 1 + \frac{1}{b},$$

das heißt $b^2 - b - 1 = 0$. Die quadratische Gleichung hat die Lösungen $\frac{1 \pm \sqrt{5}}{2}$. Wegen $b_n \geq 1$ kommt nur $\frac{1 + \sqrt{5}}{2}$ als möglicher Grenzwert infrage. Man zeigt jetzt, dass b_n tatsächlich konvergiert:

$$|b_n - b| = \left|1 + \frac{1}{b_{n-1}} - \left(1 + \frac{1}{b}\right)\right| = \left|\frac{b - b_{n-1}}{b \cdot b_{n-1}}\right| \overset{b_{n-1} \geq 1}{\leq} \frac{1}{b}|b - b_{n-1}|.$$

Eine iterative Anwendung dieser Ungleichung liefert

$$|b_n - b| \leq \left(\tfrac{1}{b}\right)^{n-2}|b - b_2| \to 0 \qquad (n \to \infty)$$

und somit $b_n \to b$ für $n \to \infty$.

Lösung von Aufgabe 3.2. (i) Es sei $\varepsilon > 0$ beliebig. Es gibt $N_a(\varepsilon) \in \mathbb{N}$ und $N_b(\varepsilon) \in \mathbb{N}$, sodass $|a_n - c| < \varepsilon$ für alle $n \geq N_a(\varepsilon)$ und $|b_n - c| < \varepsilon$ für alle $n \geq N_b(\varepsilon)$. Setzt man $N := \max\{N_a(\varepsilon), N_b(\varepsilon)\}$, erhält man folglich

$$c - \varepsilon < a_n \leq c_n \leq b_n \leq c + \varepsilon \qquad \text{für alle } n \geq N.$$

Deswegen ist $|c_n - c| < \varepsilon$ für alle $n \geq N$, also $c = \lim_{n \to \infty} c_n$.

(ii) Gemäß Beispiel 3.8 gilt $\sqrt[n]{n^k} = (\sqrt[n]{n})^k \to 1$ für $n \to \infty$, sowie $\sqrt[n]{n^{-k}} = (\sqrt[n]{n})^{-k} \to 1$ für $n \to \infty$. Daher folgt aus (i) $\lim_{n \to \infty} \sqrt[n]{x_n} = 1$.

Lösung von Aufgabe 3.3. (i) Der Beweis erfolgt mittels der Bernoulli-Ungleichung 2.15

$$x_n^p = x_{n-1}^p \left(1 + \frac{a - x_{n-1}^p}{p x_{n-1}^p}\right)^p \geq x_{n-1}^p \left(1 + p \frac{a - x_{n-1}^p}{p x_{n-1}^p}\right) = a,$$

denn es ist $\frac{a - x_{n-1}^p}{p x_{n-1}^p} \geq -1$ beziehungsweise $a + (p-1) x_{n-1}^p \geq 0$.

(ii) Unter Verwendung von (i) ergibt sich die Monotonie von (x_n) aus

$$x_{n+1} - x_n = \left(1 - \frac{1}{p}\right) x_n + \frac{a}{p x_n^{p-1}} - x_n = -\frac{x_n^p - a}{p x_n^{p-1}} \overset{\text{(i)}}{\leq} 0.$$

(iii) Wegen (i) ist (x_n) nach unten beschränkt und wegen (ii) ist (x_n) monoton fallend, sodass $x := \lim_{n \to \infty} x_n$ nach Satz 3.14 existiert. Durch Übergang zum Limes folgt

$$x = \lim_{n \to \infty} x_n = \lim_{n \to \infty} \left(x_{n-1} + \frac{a - x_{n-1}^p}{p x_{n-1}^{p-1}}\right) = x + \frac{a - x^p}{p x^{p-1}},$$

und somit $a - x^p = 0$. Also ist x die p-te Wurzel aus a, das heißt $x = \sqrt[p]{a}$.

Lösung von Aufgabe 3.4. (i) Zum Beweis von $a_n \leq a_{n+1}$ kann man die Bernoullische Ungleichung 2.15 auf $(1 - \frac{1}{n^2})^n$ anwenden, um für $n \geq 2$

$$\frac{n-1}{n} = 1 - n\frac{1}{n^2} \leq \left(1 - \frac{1}{n^2}\right)^n = \left(\frac{n^2 - 1}{n^2}\right)^n = \left(\frac{n-1}{n}\right)^n \left(\frac{n+1}{n}\right)^n$$

zu erhalten. Daraus folgt $(\frac{n}{n-1})^{n-1} \leq (\frac{n+1}{n})^n$, also $a_{n-1} \leq a_n$. Zum Beweis von $b_{n+1} \leq b_n$ kann analog die Bernoullische Ungleichung 2.15 auf $(1 - \frac{1}{n^2-1})^n$ angewendet werden, um für $n \geq 2$

$$1 + \frac{1}{n} = 1 + n\frac{1}{n^2} < 1 + n\frac{1}{n^2-1} \leq \left(1 + \frac{1}{n^2-1}\right)^n$$

$$= \left(\frac{n^2}{n^2-1}\right)^n = \left(\frac{n}{n-1}\right)^n\left(\frac{n}{n+1}\right)^n = \left(\frac{1}{n-1}+1\right)^n\left(1+\frac{1}{n}\right)^{-n},$$

und damit $b_n = (1 + \frac{1}{n})^{n+1} \leq (1 + \frac{1}{n-1})^n = b_{n-1}$, zu erschließen. Die Behauptung $a_n \leq b_n$ ist offensichtlich.

(ii) Wegen $b_n > 1$ ist (b_n) nach unten beschränkt und wegen $b_{n+1} \leq b_n$ ist (b_n) monoton fallend, weshalb $\lim_{n\to\infty} b_n$ existiert. Aufgrund von $a_n \leq b_1$ ist (a_n) nach oben beschränkt und wegen $a_{n+1} \geq a_n$ monoton wachsend, weshalb (a_n) ebenfalls konvergiert. Die beiden Grenzwerte stimmen überein, weil

$$\lim_{n\to\infty} b_n = \lim_{n\to\infty}\left(1 + \frac{1}{n}\right)^{n+1} = \lim_{n\to\infty}\left(1 + \frac{1}{n}\right)^n\left(1 + \frac{1}{n}\right) = \lim_{n\to\infty} a_n$$

gilt. Die Aussage (iii) ergibt sich aus der Konvergenz von (b_n),

$$\lim_{n\to\infty}\left(1 - \frac{1}{n}\right)^n = \lim_{n\to\infty}\left(\frac{n-1}{n}\right)^n \overset{n\to n+1}{=} \lim_{n\to\infty}\left(\frac{n}{n+1}\right)^{n+1} = \lim_{n\to\infty}\frac{1}{b_n} = \frac{1}{e}.$$

Lösung von Aufgabe 3.5. Es bietet sich an, dieses Problem in allgemeiner Form anzugehen, das heißt n^{n+1} und $(n+1)^n$ zu vergleichen. Es gilt

$$\frac{(n+1)^n}{n^{n+1}} = \frac{1}{n}\left(\frac{n+1}{n}\right)^n = \frac{1}{n}\underbrace{\left(1 + \frac{1}{n}\right)^n}_{\leq e \leq 3} \leq \frac{3}{n}.$$

Also ist $10^{11} > 11^{10}$.

Lösung von Aufgabe 3.6. Es sei (x_n) eine beschränkte Folge in $\mathbb{R}$. Zunächst zeigen wir, dass die Konvergenz von (x_n) impliziert, dass (x_n) genau einen Häufungspunkt besitzt. Ist (x_n) konvergent, das heißt $x_n \to a$ für ein $a \in \mathbb{R}$, so ist a ein Häufungspunkt von (x_n). Angenommen, es existiert ein weiterer Häufungspunkt $b \neq a$. Dann können wir eine Teilfolge (x_{n_k}) von (x_n) auswählen, sodass $x_{n_k} \to b$ für $k \to \infty$. Aus $x_n \to a$ folgt $x_{n_k} \to a$. Wegen der Eindeutigkeit des Grenzwertes ergibt sich daraus der Widerspruch $a = b$. Jetzt zeigen wir die umgekehrte Richtung. Dazu sei (x_n) eine beschränkte Folge in $\mathbb{R}$ mit nur einem Häufungspunkt $a \in \mathbb{R}$. Angenommen, es gilt nicht $x_n \to a$. Somit gibt es eine Zahl $\varepsilon > 0$ und eine Teilfolge (x_{n_k}) von (x_n), sodass $|x_{n_k} - a| \geq \varepsilon$ für alle $k \in \mathbb{N}$. Die Folge (x_{n_k}) ist beschränkt und besitzt nach dem Satz von Bolzano-Weierstraß 3.22 eine konvergente Teilfolge $(x_{n_{k_l}})$, $x_{n_{k_l}} \to b \in \mathbb{R}$ für $l \to \infty$. Weil $|x_{n_{k_l}} - a| \geq \varepsilon$ ist, gilt $|b - a| \geq \varepsilon$, also $b \neq a$. Nun ist $(x_{n_{k_l}})$ auch eine Teilfolge von (x_n), und damit b ein Häufungspunkt von (x_n).

Dies bedeutet, dass (x_n) mindestens zwei Häufungspunkte besitzt, was der Voraussetzung widerspricht.

Ist die Folge (x_n) nicht beschränkt, so kann diese Äquivalenz nicht gelten. Zum Beispiel zeigt dies die Folge

$$x_n = 2^{(-1)^n n} = \begin{cases} 2^n & \text{für gerades } n \\ 2^{-n} & \text{für ungerades } n, \end{cases}$$

die nur den Häufungspunkt 0 hat, aber nicht konvergiert.

Lösung von Aufgabe 3.7. (i) Für $|q| < 1$ ist $\sum_{n=1}^{\infty} nq^n$ absolut konvergent nach dem Wurzel-Kriterium 3.34, denn aufgrund von $|q| < 1$ gilt

$$\sqrt[n]{|nq^n|} = \sqrt[n]{n}|q| \to |q| \in [0, 1) \qquad (n \to \infty).$$

Für $|q| \geq 1$ liegt Divergenz vor, denn wegen

$$\left| \sum_{n=1}^{m+1} nq^n - \sum_{n=1}^{m} nq^n \right| = (m+1)|q|^{m+1} \geq 1 \qquad \text{für alle } m \in \mathbb{N}$$

kann das Cauchy-Kriterium nicht erfüllt werden.

(ii) Es sei $a_n := \sqrt{n+1} - \sqrt{n}$. Es gilt

$$a_n = \frac{(\sqrt{n+1} - \sqrt{n})(\sqrt{n+1} + \sqrt{n})}{\sqrt{n+1} + \sqrt{n}} = \frac{1}{\sqrt{n+1} + \sqrt{n}} \to 0 \qquad (n \to \infty),$$

das heißt, (a_n) ist eine Nullfolge. Ferner gilt $a_{n+1} < a_n$ für alle $n \in \mathbb{N}$, also ist (a_n) monoton fallend. Nach dem Leibniz-Kriterium 3.37 ist $\sum_{n=0}^{\infty}(-1)^n a_n$ konvergent. Jedoch liegt keine absolute Konvergenz vor, weil $\sum \frac{1}{\sqrt{k}}$ nicht konvergiert.

(iii) Die Reihe $\sum_{n=1}^{\infty} \frac{(n!)^2}{(2n)!}$ ist absolut konvergent nach dem Quotienten-Kriterium 3.34, denn

$$\left| \frac{a_{n+1}}{a_n} \right| = \frac{((n+1)!)^2(2n)!}{(2n+2)!(n!)^2} = \frac{n!(n+1)n!(n+1)(2n)!}{(2n)!(2n+1)(2n+2)n!n!} = \frac{n+1}{2(2n+1)} \to \frac{1}{4} \qquad (n \to \infty).$$

Lösung von Aufgabe 3.8. (i) Durch vollständige Induktion zeigen wir

$$s_n := \sum_{k=1}^{n} \frac{1}{k(k+1)} = \frac{n}{n+1}. \tag{11.1}$$

Der Induktionsanfang ist klar. Sei also (11.1) richtig für ein n. Dann folgt

$$s_{n+1} = \sum_{k=1}^{n} \frac{1}{k(k+1)} + \frac{1}{(n+1)(n+2)} = \frac{n}{n+1} + \frac{1}{(n+1)(n+2)} = \frac{n+1}{n+2}.$$

Durch Übergang zum Limes in (11.1) ergibt sich die Behauptung:

$$\sum_{k=1}^{\infty} \frac{1}{k(k+1)} = \lim_{n\to\infty} \frac{n}{n+1} = \lim_{n\to\infty} \frac{1}{1+1/n} = 1.$$

(ii) Wegen $k(k+1) = k^2 + k \le 2k^2$ für $k \ge 1$ gilt

$$\frac{1}{k^n} \overset{n \ge 2}{\le} \frac{1}{k^2} \overset{k \ge 1}{\le} \frac{2}{k(k+1)}. \tag{11.2}$$

Nach (i) konvergiert $\sum_{k=1}^{\infty} \frac{1}{k(k+1)}$, also auch $\sum_{k=1}^{\infty} \frac{2}{k(k+1)}$. Die letzte Reihe ist nach (11.2) eine konvergente Majorante von $\sum_{k=1}^{\infty} \frac{1}{k^n}$.

Lösung von Aufgabe 3.9. (i) Es sei (a_k) eine monoton fallende Nullfolge. Wir nehmen als Erstes an, dass $\sum_{k=1}^{\infty} 2^k a_{2^k}$ konvergiert. Wegen der Monotonie der Folge (a_k) gilt

$$2^k a_{2^k} \ge a_{2^k} + a_{2^k+1} + \ldots + a_{2^k+2^k-1},$$

das heißt, die Folge $b_k = 2^k a_{2^k}$ stellt eine Majorante von (a_k) dar. Aus dem Majorantenkriterium für Reihen 3.33 ergibt sich die Konvergenz von $\sum_{k=1}^{\infty} a_k$.
Andererseits nehmen wir an, dass $\sum_{k=1}^{\infty} 2^k a_{2^k}$ divergiert. Ähnlich wie gerade folgern wir dann aus der Monotonie von (a_k) die Ungleichung

$$2^k a_{2^{k+1}} \le a_{2^k+1} + a_{2^{k+1}-1} + \ldots + a_{2^{k+1}},$$

das heißt, die Reihe $\sum_{k=1}^{\infty} 2^k a_{2^{k+1}}$ ist eine divergente Minorante von $\sum_{k=1}^{\infty} a_k$, denn

$$\sum_{k=1}^{\infty} 2^k a_{2^{k+1}} = \frac{1}{2} \left(\sum_{k=1}^{\infty} 2^{k+1} a_{2^{k+1}} \right) = \infty.$$

(ii) Wir wenden das Cauchysche Verdichtungskriterium auf die Reihe $\sum_{k=1}^{\infty} \frac{1}{k^r}$ an, das heißt, wir betrachten anstelle dessen die Reihe

$$\sum_{k=1}^{\infty} 2^k \frac{1}{(2^k)^r} = \sum_{k=1}^{\infty} \left(2^{1-r} \right)^k.$$

Diese ist nach Beispiel 3.29 genau dann konvergent, wenn $r > 1$ ist.

Lösung von Aufgabe 3.10. Es sei $a := \sum_{n=0}^{\infty} a_n$. Zu zeigen: Jede Umordnung $\sum_{n=0}^{\infty} a_{\tau(n)}$ mit einer bijektiven Abbildung $\tau : \mathbb{N} \to \mathbb{N}$ konvergiert ebenfalls gegen a. Weil $\sum_{n=0}^{\infty} a_n$ absolut konvergiert, existiert zu jedem $\varepsilon > 0$ ein $N \in \mathbb{N}$ mit $\sum_{k=N}^{\infty} |a_k| < \frac{\varepsilon}{2}$. Somit folgt

$$\left| a - \sum_{k=0}^{N-1} a_k \right| = \left| \sum_{k=N}^{\infty} a_k \right| \le \sum_{k=N}^{\infty} |a_k| < \frac{\varepsilon}{2}.$$

Sei $M \in \mathbb{N}$ so groß gewählt, dass

$$\{0, 1, 2, \ldots, N-1\} \subset \{\tau(0), \tau(1), \tau(2), \ldots, \tau(M)\}.$$

Für alle $m \ge M$ gilt die Abschätzung

$$\left| a - \sum_{k=0}^{m} a_{\tau(k)} \right| \le \underbrace{\left| a - \sum_{k=0}^{N-1} a_k \right|}_{< \varepsilon/2} + \left| \sum_{k=0}^{N-1} a_k - \sum_{k=0}^{m} a_{\tau(k)} \right| \le \frac{\varepsilon}{2} + \underbrace{\sum_{k=N}^{\infty} |a_k|}_{< \varepsilon/2} \le \varepsilon,$$

welche nach Übergang zum Limes $m \to \infty$ die Behauptung impliziert. Die absolute Konvergenz von $\sum_{n=0}^{\infty} a_n$ wird durch Anwendung desselben Argumentes auf $\sum_{n=0}^{\infty} |a_n|$ erschlossen.

Lösung von Aufgabe 3.11. Die Idee besteht darin, die alternierende harmonische Reihe geschickt umzuordnen, und zwar folgendermaßen: Es sei $(a_k) = \frac{1}{2k-1}$ die Folge der negativen Beiträge der alternierenden harmonischen Reihe und $(b_k) = \frac{1}{2k}$ die Folge der positiven Beiträge. Wir wissen, dass die Reihe $\sum_{k=1}^{\infty} b_k$ ebenso wie die harmonische Reihe gegen $+\infty$ divergiert, das heißt über jede beliebige Grenze wächst. Es sei nun ein beliebiges $\varepsilon > 0$ gegeben. Wir wählen ein $n_1 \in \mathbb{N}$ derart, dass $-a_1 + \sum_{j=1}^{n_1} b_j > \varepsilon$ ist. Nach der Wahl von n_i definieren wir n_{i+1} induktiv durch die Bedingung, dass $-a_i + \sum_{j=n_i+1}^{n_{i+1}} b_j > \varepsilon$ (dies ist wegen der Divergenz von $\sum_{k=1}^{\infty} b_k$ möglich). Jeder der so gewählten Blöcke nimmt einen Wert $> \varepsilon$ an. Damit ist in der Tat eine bijektive Abbildung $\tau : \mathbb{N} \to \mathbb{N}$ definiert, sodass die umsortierte Reihe divergiert.

Lösung von Aufgabe 3.12. Der Konvergenzradius R von $\sum_{k=1}^{\infty} \frac{z^k}{k}$ ergibt sich als $R = 1$ wegen $R^{-1} = \limsup_{k \to \infty} \sqrt[k]{1/k} = 1$. Also ist $\sum_{k=1}^{\infty} \frac{z^k}{k}$ konvergent für $|z| < 1$ und divergent für $|z| > 1$. Es sei nun $z \in \mathbb{C}$ mit $|z| = 1$. Für $z = 1$ ist die Reihe divergent, $\sum_{k=1}^{\infty} \frac{1}{k} = +\infty$. Für $z \ne 1$ sei $s_n := (1-z) \sum_{k=1}^{n} \frac{z^k}{k}$. Dann gilt für $n, m \in \mathbb{N}, n > m$,

$$s_n - s_{m-1} = (1-z) \sum_{k=m}^{n} \frac{z^k}{k} = \sum_{k=m}^{n} \frac{z^k}{k} - \sum_{k=m}^{n} \frac{z^{k+1}}{k}$$

$$= \sum_{k=m-1}^{n-1} \frac{z^{k+1}}{k+1} - \sum_{k=m}^{n} \frac{z^{k+1}}{k} = \frac{z^m}{m} - \frac{z^{n+1}}{n} + \sum_{k=m}^{n-1} \left(\frac{1}{k+1} - \frac{1}{k} \right) z^{k+1}.$$

Folglich erhält man für $|z| = 1$ die Ungleichung

$$|s_n - s_{m-1}| \leq \frac{1}{m} + \frac{1}{n} - \sum_{k=m}^{n-1} \left(\frac{1}{k+1} - \frac{1}{k}\right) = \frac{2}{m} \to 0 \qquad (m \to \infty)$$

und damit wegen des Cauchy-Kriteriums die Konvergenz von $\lim_{n\to\infty}(1-z)\sum_{k=1}^{n}\frac{z^k}{k}$.

Lösung von Aufgabe 3.13. (i) Man setze $s_k := a_k z^k$ und $t_l := b_l z^l$. Das Cauchy-Produkt berechnet sich als

$$\left(\sum_{k=0}^{\infty} s_k\right) \cdot \left(\sum_{l=0}^{\infty} t_l\right) = \sum_{n=0}^{\infty}\sum_{k=0}^{n} s_k t_{n-k} = \sum_{n=0}^{\infty}\sum_{k=0}^{n} a_k z^k b_{n-k} z^{n-k} = \sum_{n=0}^{\infty}\left(\sum_{k=0}^{n} a_k b_{n-k}\right) z^n,$$

also $c_n = \sum_{k=0}^{n} a_k b_{n-k}$.

(ii) Das Cauchy-Produkt von $\sum_{k=1}^{\infty}(-1)^k \frac{1}{\sqrt{k}}$ mit sich selbst lautet

$$\left(\sum_{k=1}^{\infty}(-1)^k \frac{1}{\sqrt{k}}\right) \cdot \left(\sum_{l=1}^{\infty}(-1)^l \frac{1}{\sqrt{l}}\right) = \sum_{n=1}^{\infty}(-1)^n \left(\sum_{k=1}^{n} \frac{1}{\sqrt{k}} \frac{1}{\sqrt{n-k}}\right).$$

Diese Reihe kann nicht konvergieren, weil $c_n := \sum_{k=1}^{n} \frac{1}{\sqrt{k}} \frac{1}{\sqrt{n-k}}$ wegen

$$c_n = \sum_{k=1}^{n} \frac{1}{\sqrt{k}} \frac{1}{\sqrt{n-k}} \geq n \frac{1}{\sqrt{n}\sqrt{n}} = 1$$

keine Nullfolge ist.

Lösung von Aufgabe 3.14. (i) Wir definieren $A_+ := \limsup_{n\to\infty}|\frac{a_{n+1}}{a_n}|$ und $A_- :=$ $\liminf_{n\to\infty}|\frac{a_{n+1}}{a_n}|$. Man muss zeigen, dass $A_- \leq R^{-1} \leq A_+$ gilt. Im Fall $A_+ = 0$ ist auch $A_- = 0$ und daher $R = \infty$ nach dem Quotienten-Kriterium 3.34. Im Fall $A_+ = \infty$ gilt $R = 0$. In den Grenzfällen ist die Behauptung also richtig. Es sei $0 < A_+ < \infty$. Das Quotienten-Kriterium impliziert, dass für $z \in \mathbb{C}$ mit

$$\limsup_{n\to\infty}\left|\frac{a_{n+1}z^{n+1}}{a_n z^n}\right| < 1 \qquad \Leftrightarrow \qquad A_+ = \limsup_{n\to\infty}\left|\frac{a_{n+1}}{a_n}\right| < \frac{1}{|z|} \qquad \Leftrightarrow \qquad |z| < A_+^{-1}$$

absolute Konvergenz vorliegt. Nach dem Satz von Cauchy-Hadamard 3.46 konvergiert die Potenzreihe für $|z| < R$ und divergiert für $|z| > R$. Daher muss $A_+^{-1} \leq R$ beziehungsweise $R^{-1} \leq A_+$ gelten. Der Beweis von $A_- \leq R^{-1}$ erfolgt indirekt. Angenommen, es sei $0 < R^{-1} < A_-$. Dann gibt es ein $\varrho > 0$ mit

$$0 < \frac{1}{R} < \frac{1}{\varrho} < A_- = \liminf_{n\to\infty}\left|\frac{a_{n+1}}{a_n}\right|.$$

Nach dieser Ungleichung sind alle Häufungspunkte von $(|\frac{a_{n+1}}{a_n}|)$ größer als $1/\varrho$. Somit existiert ein $N \in \mathbb{N}$ mit $|\frac{a_{n+1}}{a_n}| > 1/\varrho$ für alle $n \geq N$. Für $z \in \mathbb{C}$ mit $|z| = \varrho$ divergiert folglich die Potenzreihe $\sum_{n=1}^{\infty} a_n z^n$, weil ihre Glieder wegen

$$1 < \left|\frac{a_{n+1}}{a_n}\right|\varrho = \left|\frac{a_{n+1}z^{n+1}}{a_n z^n}\right|,$$

also $|a_n z^n| < |a_{n+1}z^{n+1}|$, keine Nullfolge bilden. Dies liefert einen Widerspruch zu $\varrho < R$.

(ii) Man wende das Quotienten-Kriterium auf $\sum_{n=1}^{\infty} a_n z^n$ mit $a_n = \frac{n^n}{n!}$ an. Die Folge

$$\left|\frac{a_{n+1}}{a_n}\right| = \left|\frac{(n+1)^{n+1}n!}{(n+1)!n^n}\right| = \left(1 + \frac{1}{n}\right)^n$$

ist nach Aufgabe 3.4 konvergent mit dem Grenzwert e. Analog zu Teil (i) lässt sich die verschärfte Ungleichung

$$\liminf_{n\to\infty}\left|\frac{a_{n+1}}{a_n}\right| \leq \liminf_{n\to\infty}\sqrt[n]{|a_n|} \leq \limsup_{n\to\infty}\sqrt[n]{|a_n|} \leq \limsup_{n\to\infty}\left|\frac{a_{n+1}}{a_n}\right|$$

herleiten (zum Beweis des ersten „$\leq$" muss in obiger Argumentation einfach R durch $R' = (\liminf_{n\to\infty}\sqrt[n]{|a_n|})^{-1}$ ersetzt werden.) Man wertet dies für $a_n = \frac{n^n}{n!}$ aus, um

$$\liminf_{n\to\infty}\left(1 + \frac{1}{n}\right)^n \leq \liminf_{n\to\infty}\frac{n}{\sqrt[n]{n!}} \leq \limsup_{n\to\infty}\frac{n}{\sqrt[n]{n!}} \leq \limsup_{n\to\infty}\left(1 + \frac{1}{n}\right)^n$$

zu erhalten. Wegen $\lim_{n\to\infty}(1 + \frac{1}{n})^n = $ e liefert dies

$$\text{e} \leq \liminf_{n\to\infty}\frac{n}{\sqrt[n]{n!}} \leq \limsup_{n\to\infty}\frac{n}{\sqrt[n]{n!}} \leq \text{e}.$$

Somit existiert $\lim_{n\to\infty}\frac{n}{\sqrt[n]{n!}}$ und $\frac{n}{\sqrt[n]{n!}} \to $ e für $n \to \infty$.

Lösung von Aufgabe 3.15. (i) Auf $\mathbb{Z}$ wird die Relation $>$ definiert durch $m > n :\Leftrightarrow m - n \in \mathbb{N}$. Weil das Vorzeichen eines Bruchs eindeutig bestimmt ist, kann $>$ auf $\mathbb{Q}$ fortgesetzt werden.

(ii) Die Folge $(a_n - a_n)$ nimmt konstant den Wert 0 an und ist somit eine Nullfolge. Ferner ist mit $(a_n - b_n)$ auch $(b_n - a_n)$ eine Nullfolge. Die Summe zweier Nullfolgen ist abermals eine Nullfolge (Satz 3.6). Also handelt es sich in der Tat um eine Äquivalenzrelation.

Lösung von Aufgabe 3.16. Es sei $M \subset \mathbb{R}$ eine nichtleere nach oben beschränkte Menge. Dann existiert ein $b_0 \in \mathbb{Q}$, das eine obere Schranke von M ist. Außerdem wählen wir ein $a_0 \in \mathbb{Q}$, welches keine obere Schranke von M ist. Wir definieren rekursiv $c_n := \frac{a_n+b_n}{2}$ und a_{n+1} durch die Vorschrift, dass a_{n+1} dem Element a_n entspricht, falls c_n eine obere Schranke ist, und sonst c_n. Entsprechend sei b_{n+1} durch die Vorschrift gegeben, dass b_{n+1} dem Element c_n entspricht, falls c_n eine obere Schranke ist, und sonst b_n. Folglich sind (a_n) und (b_n) Cauchy-Folgen und ihr gemeinsamer Limes C stellt eine kleinste obere Schranke von M dar.

Umgekehrt sei (a_n) eine Cauchy-Folge. Durch Umordnung der Folgenglieder (wir benutzen das Auswahlaxiom!) können wir ohne Einschränkung annehmen, dass (a_n) monoton steigend ist. Die Menge $\{a_n\}$ besitzt eine kleinste obere Schranke a. Dabei handelt es sich um den Limes von (a_n).

11.3 Aufgaben zu Kap. 4

Lösung von Aufgabe 4.1. (i) Wir zeigen, $\cup_{j \in J} V_j$ ist offen. Es sei $x \in \cup_{j \in J} V_j$, also $x \in V_j$ für ein $j \in J$. Nun ist V_j offen. Folglich existiert ein $\delta > 0$ mit $B_\delta(x) = \{y \in \mathbb{R}^n \mid |y - x| < \delta\} \subset V_j$. Daher folgt $B_\delta(x) \subset \cup_{j \in J} V_j$. Wir zeigen, $\cap_{j \in J} U_j$ ist abgeschlossen. Jedes U_j lässt sich als Komplement $\mathbb{R}^n \setminus V_j$ einer offenen Teilmenge $V_j \subset \mathbb{R}^n$ ausdrücken. Die Vereinigung aller solcher V_j, $\cup_{j \in J} V_j$, ist offen, wie eben gezeigt. Deren Komplement $\mathbb{R}^n \setminus (\cup_{j \in J} V_j)$ ist abgeschlossen. Also ist auch

$$\bigcap_{j \in J} U_j = \bigcap_{j \in J} \left(\mathbb{R}^n \setminus V_j \right) = \mathbb{R}^n \setminus \left(\bigcup_{j \in J} V_j \right)$$

abgeschlossen. Der Beweis von (ii) verläuft analog: Die einfach zu zeigende Behauptung, dass $\cap_{1 \le j \le m} V_j$ offen ist, verwenden wir zum Beweis, dass $\cup_{1 \le j \le m} U_j$ abgeschlossen ist: Weil $\mathbb{R}^n \setminus U_j$ für jedes j offen ist, ist $\cap_{1 \le j \le m}(\mathbb{R}^n \setminus U_j)$ offen, also auch

$$\mathbb{R}^n \setminus \left(\bigcup_{1 \le j \le m} U_j \right) = \bigcap_{1 \le j \le m} (\mathbb{R}^n \setminus U_j).$$

Daraus folgt, dass $\cup_{1 \le j \le m} U_j$ abgeschlossen ist.

Lösung von Aufgabe 4.2. Für alle $x = \frac{p}{q} \in \mathbb{Q}$ mit teilerfremden p, q ist die Funktion f unstetig, weil es zu beliebigem $\varepsilon < \frac{1}{q}$ und für jedes $\delta > 0$ stets ein $y \in \mathbb{R}$ gibt mit $|x - y| < \delta$, das heißt

$$|f(x) - f(y)| = \frac{1}{q} > \varepsilon.$$

Seien nun $x \in \mathbb{R} \setminus \mathbb{Q}$ und $\varepsilon > 0$ beliebig. Wähle ein $q \in \mathbb{N}$ mit $\frac{1}{q} < \varepsilon$. Es gibt nur endlich viele Paare $(p_i, q_i) \in \mathbb{N}^2$ mit $q_i < q$ und $p_i < q$. Diese Paare stellen alle Punkte $y_i \in [0, 1]$ dar mit $f(y_i) \geq \frac{1}{q}$. Sei nun $\delta > 0$ so klein, dass keiner dieser endlich vielen Punkte im Intervall $I = [x - \delta, x + \delta]$ liegt. Damit gilt für alle $y \in I$

$$|f(x) - f(y)| = |f(y)| < \frac{1}{q} < \varepsilon,$$

das heißt, die Funktion f ist stetig in allen Punkten $x \in \mathbb{R} \setminus \mathbb{Q}$.

Lösung von Aufgabe 4.3. Die Funktion f ist nicht stetig in den Nullpunkt fortsetzbar. Um dies einzusehen, verwenden wir das Folgen-Kriterium für die Stetigkeit aus Satz 4.5: Für die Folge $(x_n, y_n) = (\frac{1}{n}, \frac{1}{n})$ gilt $(x_n, y_n) \to 0$ $(n \to \infty)$ sowie $f(x_n, y_n) = 1$ für alle n. Im Gegensatz dazu ist für die Nullfolge $(x_n, y_n) = (\frac{1}{n}, 0)$ die Funktion stets 0. Weil die Grenzwerte nicht übereinstimmen, kann f nicht stetig in den Nullpunkt fortgesetzt werden.

Lösung von Aufgabe 4.4. Ohne Einschränkung ist $f(a) > a$ und $f(b) < b$, denn sonst hätte f bereits einen Fixpunkt. Man betrachte die Funktion $g : [a, b] \to \mathbb{R}$, $g(x) := f(x) - x$. Weil f stetig ist, ist auch g stetig. Nun gilt $g(a) = f(a) - a > a - a = 0$, und $g(b) = f(b) - b < b - b = 0$. Nach dem Zwischenwertsatz 4.20 existiert folglich ein $x_0 \in [a, b]$ mit $g(x_0) = 0$, beziehungsweise $f(x_0) = x_0$. Für offene Intervalle ist die entsprechende Aussage falsch. Als Gegenbeispiel betrachte man die stetige Funktion $f : (-\infty, \infty) \to (-\infty, \infty)$, $x \mapsto x + 1$, die auf $(-\infty, \infty)$ keinen Fixpunkt besitzen kann.

Lösung von Aufgabe 4.5. Wegen $\lim_{x \to 0} x e^x = 0$ ist f stetig in $x = 0$. Die Stetigkeit in allen anderen Punkten ist klar, denn f ist eine Zusammensetzung stetiger Funktionen. Hingegen ist f nicht gleichmäßig stetig: Sei $\varepsilon = 1$ und $\delta > 0$ beliebig. Wir wählen dann ein $x > 0$ mit $\frac{\delta}{2} e^{x + \frac{\delta}{2}} > 1$. Für $y = x + \frac{\delta}{2}$ ist $|y - x| < \delta$. Somit ist f nicht gleichmäßig stetig, weil

$$|f(x) - f(y)| = \left(x + \frac{\delta}{2}\right) e^{x + \frac{\delta}{2}} - x e^x = x \underbrace{\left(e^{x + \frac{\delta}{2}} - e^x\right)}_{\geq 0} + \frac{\delta}{2} e^{x + \frac{\delta}{2}} \geq \frac{\delta}{2} e^{x + \frac{\delta}{2}} > 1.$$

Lösung von Aufgabe 4.6. (i) Es sei f stetig und $V \subset \mathbb{R}^d$ offen. Wir müssen zeigen, dass $f^{-1}(V)$ offen in $\mathbb{R}^n$ ist, das heißt, dass zu jedem $x_0 \in f^{-1}(V)$ ein $\delta > 0$ existiert, sodass

$$B_\delta(x_0) := \{x \in \mathbb{R}^n \mid |x - x_0| < \delta\} \subset f^{-1}(V).$$

Es sei also $x_0 \in f^{-1}(V)$. Weil $f(x_0) \in V$ und V offen ist, gibt es ein $\varepsilon > 0$ mit $B_\varepsilon(f(x_0)) \subset V$. Nach der Definition der Stetigkeit existiert ein $\delta = \delta(\varepsilon, x_0) > 0$, sodass $|f(x) - f(x_0)| < \varepsilon$

für $x \in \mathbb{R}^n$ mit $|x - x_0| < \delta$. Letzteres bedeutet, dass $f(x) \in B_\varepsilon(f(x_0)) \subset V$ für alle $x \in B_\delta(x_0)$ ist. Also gilt $B_\delta(x_0) \subset f^{-1}(V)$.

Nun zeigen wir die umgekehrte Implikation. Dazu sei $x_0 \in \mathbb{R}^n$ und $\varepsilon > 0$. Wir müssen zeigen, dass f stetig in x_0 ist, das heißt, dass ein $\delta > 0$ existiert mit $|f(x) - f(x_0)| < \varepsilon$ für $x \in \mathbb{R}^n$, $|x - x_0| < \delta$. Weil die Menge $B_\varepsilon(f(x_0))$ offen ist, ist laut Annahme ihr Urbild $f^{-1}(B_\varepsilon(f(x_0)))$ offen. Der Punkt x_0 ist in der offenen Urbildmenge $f^{-1}(B_\varepsilon(f(x_0)))$ enthalten, weshalb ein $\delta = \delta(\varepsilon, x_0) > 0$ existiert mit $B_\delta(x_0) \subset f^{-1}(B_\varepsilon(f(x_0)))$. Letzteres bedeutet, dass $|f(x) - f(x_0)| < \varepsilon$ für $x \in \mathbb{R}^n$ mit $|x - x_0| < \delta$, das heißt, dass f stetig in x_0 ist. Weil x_0 beliebig gewählt war, ist f auf ganz $\mathbb{R}^n$ stetig.

(ii) Wir können (ii) aus (i) folgern, indem wir zum Komplement übergehen: Für jede offene Teilmenge V von $\mathbb{R}^d$ gilt die Identität $f^{-1}(\mathbb{R}^d \setminus V) = \mathbb{R}^n \setminus f^{-1}(V)$. Ist nun C eine abgeschlossene Teilmenge von $\mathbb{R}^d$, so folgt damit

$$f^{-1}(C) = f^{-1}(\mathbb{R}^d \setminus \underbrace{(\mathbb{R}^d \setminus C)}_{\text{offen}}) = \mathbb{R}^n \setminus \underbrace{f^{-1}(\mathbb{R}^d \setminus C)}_{\text{offen nach (i)}}.$$

Lösung von Aufgabe 4.7. (i) Die obere Schranke für $\ln(n+1) - \ln(n)$ ergibt sich durch Anwendung von $\ln$ auf $(1 + \frac{1}{n})^n < \mathrm{e}$:

$$\ln\left(1 + \frac{1}{n}\right)^n < 1 \qquad \Leftrightarrow \qquad \ln\left(\frac{n+1}{n}\right) < \frac{1}{n} \qquad \Leftrightarrow \qquad \ln(n+1) - \ln(n) < \frac{1}{n}.$$

Analog erhält man die untere Schranke von $\ln(n+1) - \ln(n)$, indem man $\ln$ auf $\mathrm{e} < (1 + \frac{1}{n})^{n+1}$ anwendet.

(ii) Weil $a_n := \frac{1}{n \ln(n)}$ eine monoton fallende Nullfolge repräsentiert, folgt aus dem Cauchyschen Verdichtungskriterium 3.38, dass mit

$$\sum_{n=2}^{\infty} 2^n a_{2^n} = \sum_{n=2}^{\infty} 2^n \frac{1}{2^n \ln(2^n)} = \sum_{n=2}^{\infty} \frac{1}{n \ln(2)} = \frac{1}{\ln(2)} \sum_{n=2}^{\infty} \frac{1}{n}$$

auch $\sum_{n=2}^{\infty} a_n = \sum_{n=2}^{\infty} \frac{1}{n \ln(n)}$ divergiert. Genauso ergibt sich für $b_n := \frac{1}{n(\ln(n))^2}$ aus der Konvergenz von

$$\sum_{n=2}^{\infty} 2^n b_{2^n} = \sum_{n=2}^{\infty} 2^n \frac{1}{2^n (\ln(2^n))^2} = \sum_{n=2}^{\infty} \frac{1}{n^2 \ln(2)^2} = \frac{1}{\ln(2)^2} \sum_{n=2}^{\infty} \frac{1}{n^2}$$

die Konvergenz von $\sum_{n=2}^{\infty} b_n = \sum_{n=2}^{\infty} \frac{1}{n(\ln(n))^2}$.

Lösung von Aufgabe 4.8. (i) Weil exp stetig ist, sind auch sinh und cosh als Zusammensetzung von Exponentialfunktionen stetig. Die Funktion $\tanh(x) = \frac{\sinh(x)}{\cosh(x)}$ ist ebenfalls eine Zusammensetzung von Exponentialfunktionen, aber nur dort stetig, wo $\cosh(x) \neq 0$ ist.

(ii), (iii) Diese beiden Aussagen folgen direkt aus der Definition von sinh und cosh:

$$\cosh(z) = \frac{e^z + e^{-z}}{2} = \frac{e^{-z} + e^z}{2} = \cosh(-z),$$

$$\sinh(z) = \frac{e^z - e^{-z}}{2} = -\frac{e^{-z} - e^z}{2} = -\sinh(-z).$$

(iv) Für $z \in \mathbb{C}$ ist nach Definition von cosh und sinh

$$\cosh(z) + \sinh(z) = \frac{e^z + e^{-z}}{2} + \frac{e^z - e^{-z}}{2} = e^z.$$

(v) Eine kurze Rechnung liefert für alle $z \in \mathbb{C}$

$$\cosh(z)^2 - \sinh^2(z) = \left(\frac{e^z + e^{-z}}{2}\right)^2 - \left(\frac{e^z - e^{-z}}{2}\right)^2$$

$$= \frac{e^{2z} + e^{-2z} + 2}{4} - \frac{e^{2z} + e^{-2z} - 2}{4} = 1.$$

(vi) Es seien $z, w \in \mathbb{C}$ beliebig. Wir rechnen dann nach:

$$\cosh(z)\cosh(w) + \sinh(z)\sinh(w) = \frac{e^z + e^{-z}}{2} \cdot \frac{e^w + e^{-w}}{2} + \frac{e^z - e^{-z}}{2} \cdot \frac{e^w - e^{-w}}{2}$$

$$= \frac{e^{z+w} + e^{z-w} + e^{-z+w} + e^{-z-w}}{4}$$

$$+ \frac{e^{z+w} - e^{z-w} - e^{-z+w} + e^{-z-w}}{4}$$

$$= \frac{e^{z+w} + e^{-z-w}}{2} = \cosh(z + w).$$

(vii) Wiederum seien $z, w \in \mathbb{C}$ beliebig. Ganz analog zu (vi) ergibt sich

$$\sinh(z)\cosh(w) + \cosh(z)\sinh(w) = \frac{e^z - e^{-z}}{2} \cdot \frac{e^w + e^{-w}}{2} + \frac{e^z + e^{-z}}{2} \cdot \frac{e^w - e^{-w}}{2}$$

$$= \frac{e^{z+w} + e^{z-w} - e^{-z+w} - e^{-z-w}}{4}$$

$$+ \frac{e^{z+w} - e^{z-w} + e^{-z+w} - e^{-z-w}}{4}$$

$$= \frac{e^{z+w} - e^{-z-w}}{2} = \sinh(z + w).$$

Lösung von Aufgabe 4.9. (i) Mit der Definition von sin und cos ist

$$\cos(z) + i\sin(z) = \frac{e^{iz} + e^{-iz}}{2} + i\frac{e^{iz} - e^{-iz}}{2i} = e^{iz}.$$

(ii) Für $z \in \mathbb{C}$ gilt nach Definition von cos und sin

$$\cos(-z) = \frac{e^{-iz} + e^{iz}}{2} = \frac{e^{iz} + e^{-iz}}{2} = \cos(z),$$

$$\sin(-z) = \frac{e^{-iz} - e^{iz}}{2i} = -\frac{e^{iz} - e^{-iz}}{2i} = -\sin(z).$$

(iii) Für alle $z \in \mathbb{C}$ gilt wegen $i^2 = -1$

$$\cos^2(z) + \sin^2(z) = \left(\frac{e^{iz} + e^{-iz}}{2}\right)^2 + \left(\frac{e^{iz} - e^{-iz}}{2i}\right)^2$$

$$= \frac{e^{2iz} + e^{-2iz} + 2}{4} - \frac{e^{2iz} + e^{-2iz} - 2}{4} = 1.$$

(vi) Auch die Additionstheoreme lassen sich einfach nachrechnen. Für beliebige $w, z \in \mathbb{C}$ ergibt sich

$$\sin(z)\cos(w) + \cos(z)\sin(w) = \frac{e^{iz} - e^{-iz}}{2i} \cdot \frac{e^{iw} + e^{-iw}}{2} + \frac{e^{iz} + e^{-iz}}{2} \cdot \frac{e^{iw} - e^{-iw}}{2i}$$

$$= \frac{1}{2i}\left(\frac{e^{i(z+w)} + e^{i(z-w)} - e^{-i(z-w)} - e^{-i(z+w)}}{2}\right.$$

$$\left. + \frac{e^{i(z+w)} - e^{i(z-w)} + e^{-i(z-w)} - e^{-i(z+w)}}{2}\right)$$

$$= \frac{e^{i(z+w)} - e^{-i(z+w)}}{2i} = \sin(z + w)$$

und ganz analog

$$\cos(z)\cos(w) - \sin(z)\sin(w) = \frac{e^{iz} + e^{-iz}}{2} \cdot \frac{e^{iw} + e^{-iw}}{2} - \frac{e^{iz} - e^{-iz}}{2i} \cdot \frac{e^{iw} - e^{-iw}}{2i}$$

$$= \frac{1}{2}\left(\frac{e^{i(z+w)} + e^{i(z-w)} + e^{-i(z-w)} + e^{-i(z+w)}}{2}\right.$$

$$\left. + \frac{e^{i(z+w)} - e^{i(z-w)} - e^{-i(z-w)} + e^{-i(z+w)}}{2}\right)$$

$$= \frac{e^{i(z+w)} + e^{-i(z+w)}}{2} = \cos(z + w).$$

(vii) Aus (iii) folgt für alle $z \in \mathbb{C}$

$$2 \sin^2\left(\frac{z}{2}\right) = 2\left(1 - \cos^2\left(\frac{z}{2}\right)\right)$$

$$= 2\left(1 - \left(\frac{e^{i\frac{z}{2}} + e^{-i\frac{z}{2}}}{2}\right)^2\right)$$

$$= 2 - \frac{e^{iz} + 2 + e^{-iz}}{2} = 1 - \cos(z).$$

Lösung von Aufgabe 4.10. Man verwende die Definition von cos und Beispiel 3.29

$$\frac{1}{2} + \sum_{k=1}^{n} \cos(kt) = \frac{1}{2} \sum_{k=-n}^{n} e^{ikt} = \frac{e^{-int}}{2} \sum_{k=0}^{2n} e^{ikt} = \frac{e^{-int}}{2} \frac{1 - e^{(2n+1)it}}{1 - e^{it}}$$

$$= \frac{1}{2} \frac{e^{i\left(n+\frac{1}{2}\right)t} - e^{-i\left(n+\frac{1}{2}\right)t}}{e^{i\frac{t}{2}} - e^{-i\frac{t}{2}}} = \frac{\sin((n + \frac{1}{2})t)}{2 \sin(\frac{t}{2})}.$$

Lösung von Aufgabe 4.11. (i) Die Funktionen f und g sind stetig im Nullpunkt, weshalb

$$a_0 = \lim_{i \to \infty} f(x_i) \qquad \text{und} \qquad b_0 = \lim_{i \to \infty} g(x_i)$$

und folglich $a_0 = b_0$ gelten. In der Gleichung $f(x_i) = g(x_i)$ subtrahiert man $a_0 = b_0$ und dividiert durch $x_i \neq 0$, um mit $f_1(x) := \sum_{n=1}^{\infty} a_n x^{n-1}$ und $g_1(x) := \sum_{n=1}^{\infty} b_n x^{n-1}$ die Identität $f_1(x_i) = g_1(x_i)$ für $i = 1, 2, 3, \ldots$ zu erhalten. Die Potenzreihen f_1 und g_1 haben ebenfalls einen positiven Konvergenzradius. Jetzt kann man analog zu oben $x_i \to 0$ streben lassen, um $a_1 = b_1$ zu folgern und so weiter.

(ii) Man vergleicht die Koeffizienten der Reihen für $f(x)$ und $f(-x)$. Beispielsweise müssen diese im Falle einer geraden Funktion nach (i) übereinstimmen.

Lösung von Aufgabe 4.12. (i) Alle Funktionen f_n sind auf ganz $\mathbb{R}$ stetig (als Quotient stetiger Funktionen). Für $x \neq 0$ gilt

$$\lim_{n \to \infty} f_n(x) = \lim_{n \to \infty} \frac{x}{1/n + |x|} = \frac{x}{|x|} = \begin{cases} +1 & \text{für } x > 0 \\ -1 & \text{für } x < 0, \end{cases}$$

und für $x = 0$ ist $\lim_{n \to \infty} f_n(0) = 0$. Folglich konvergiert (f_n) punktweise in $\mathbb{R}$ gegen die (unstetige) Funktion $f(x) := +1$ für $x > 0$, $f(x) := -1$ für $x < 0$, und $f(0) := 0$.

(ii) Die Funktionenfolge (f_n) kann auf $\mathbb{R}$ nicht gleichmäßig konvergieren, da die Grenzfunktion f nicht stetig ist. Auf $\mathbb{R} \setminus \{0\}$ kann (f_n) ebenfalls nicht gleichmäßig konvergieren, denn für alle $n \in \mathbb{N}$ existiert ein $x \in \mathbb{R} \setminus \{0\}$, sodass $|f_n(x) - f(x)| > 1/4$. Zum Beispiel folgt für $x = 1/n$, dass $|f_n(\frac{1}{n}) - f(\frac{1}{n})| = |\frac{1}{2} - 1| = \frac{1}{2}$ ist. Dagegen konvergiert (f_n) gleichmäßig auf $\mathbb{R} \setminus (-\delta, +\delta)$, denn

$$\sup_{|x| \geq \delta} |f_n(x) - f(x)| = \sup_{|x| \geq \delta} \left| \frac{x}{1/n + |x|} - \frac{x}{|x|} \right|$$

$$= \sup_{|x| \geq \delta} \frac{1}{n} \frac{|x|}{(1/n + |x|)|x|} \leq \frac{1}{n} \frac{1}{\delta} \to 0 \quad (n \to \infty).$$

11.4 Aufgaben zu Kap. 5

Lösung von Aufgabe 5.1. Zunächst betrachte man arsinh : $\mathbb{R} \to \mathbb{R}$. Es sei $\operatorname{arsinh}(x) =: y$, das heißt $\sinh(y) = x$. Wegen

$$\frac{d}{dy} \sinh(y) = \frac{d}{dy} \frac{e^y - e^{-y}}{2} = \frac{e^y + e^{-y}}{2} = \cosh(y)$$

ergibt sich mit Satz 5.4 (iv) über die Ableitung der Umkehrfunktion

$$\frac{d}{dx} \operatorname{arsinh}(x) = \frac{1}{\sinh'(\operatorname{arsinh}(x))} = \frac{1}{\cosh(\operatorname{arsinh}(x))}.$$

Mit $\cosh(y)^2 - \sinh(y)^2 = 1$ folgt somit

$$\frac{d}{dx} \operatorname{arsinh}(x) = \frac{1}{\cosh(\operatorname{arsinh}(x))} = \frac{1}{\sqrt{1 + \sinh(\operatorname{arsinh}(x))^2}} = \frac{1}{\sqrt{1 + x^2}}.$$

Ähnlich verifiziert man, dass

$$\frac{d}{dx} \operatorname{arcosh}(x) = \frac{1}{\sqrt{x^2 - 1}}, \qquad \frac{d}{dx} \operatorname{artanh}(x) = \frac{1}{1 - x^2}.$$

Lösung von Aufgabe 5.2. (i) Nach dem Mittelwertsatz der Differentialrechnung 5.7 existiert zu jedem $x \in (0, \infty)$ eine Zwischenstelle $x_0 \in (0, x)$, sodass $\frac{f(x) - f(0)}{x - 0} = f'(x_0)$. Nach Voraussetzung ergibt sich

$$\frac{f(x) - f(0)}{x - 0} = f'(x_0) \to c \quad (x \to 0),$$

das heißt, die Funktion f ist im Punkt 0 von rechts differenzierbar und der rechtsseitige Grenzwert stimmt mit c überein. Analog kann gezeigt werden, dass f im Punkt 0 von links differenzierbar ist und dass der linksseitige Grenzwert ebenfalls c ist. Daher ist f im Punkt 0 differenzierbar mit $f'(0) = c$.

(ii) Mittels Induktion wird verifiziert, dass für alle $k \in \mathbb{N}$ ein Polynom p_k existiert mit

$$f^{(k)}(x) := \begin{cases} p_k\left(\frac{1}{x}\right)e^{-\frac{1}{x^2}} & \text{für } x \neq 0 \\ 0 & \text{für } x = 0. \end{cases}$$

Induktionsanfang: Für $k = 0$ ist nichts zu zeigen. Die Behauptung sei richtig für ein $k \in \mathbb{N}$. Für den Induktionsschritt $k \to k + 1$ werden zwei Fälle unterschieden: Für $x \neq 0$ gilt

$$f^{(k+1)}(x) = \frac{\mathrm{d}}{\mathrm{d}x}\left(p_k\left(\tfrac{1}{x}\right)e^{-\frac{1}{x^2}}\right) = \underbrace{\left(-p'_k\left(\tfrac{1}{x}\right)\tfrac{1}{x^2} + 2p_k\left(\tfrac{1}{x}\right)\tfrac{1}{x^3}\right)}_{=:p_{k+1}(1/x)} e^{-\frac{1}{x^2}}.$$

Für $x = 0$ kann (i) angewendet werden: Mit der Induktionsannahme $f^{(k)}(x) = 0$ und

$$f^{(k+1)}(x) \overset{x \neq 0}{=} p_{k+1}\left(\tfrac{1}{x}\right)e^{-\frac{1}{x^2}} \to 0 \qquad (x \to 0)$$

folgert man aus (i), dass $f^{(k)}$ im Punkt 0 differenzierbar ist mit $f^{(k+1)}(0) = 0$.

Lösung von Aufgabe 5.3. Beispielsweise legen wir die Taylor-Koeffizienten der Potenzreihe $\sum_{n=0}^{\infty} a_n x^n$ durch die Vorschrift

$$a_n := \begin{cases} 0 & \text{für ungerade } n \\ (-1)^k k! & \text{für gerade } n = 2k \end{cases}$$

fest. Unter Verwendung des Quotienten-Kriteriums aus Folgerung 3.34 erschließen wir für $x \neq 0$ die Divergenz der Reihe

$$\left| \frac{(-1)^{k+1}(k+1)!x^{2(k+1)}}{(-1)^k k! x^{2k}} \right| = |(k+1)x^2| \to \infty, \qquad (k \to \infty).$$

Die genannte Potenzreihe ist in der Tat die Taylorreihe einer Funktion, nämlich diejenige von

$$f(x) = \int_0^\infty \frac{1}{1 + tx^2}e^{-t}\mathrm{d}t$$

in $x_0 = 0$. Zur Definition von f wird das Integral verwendet, das wir erst in Kap. 6 einführen.

Lösung von Aufgabe 5.4. (i) Nach der Regel von l'Hospital 5.11 existiert der Grenzwert, der sich nach

$$\lim_{x \to 0} \frac{e^x - 1}{x} = \lim_{x \to 0} \frac{e^x}{1} = 1$$

berechnet. Alternativ kann dies mit der Reihendarstellung von exp nachgewiesen werden.

(ii) Durch zweimalige Anwendung der Regel von l'Hospital 5.11 ergibt sich hier, dass der Grenzwert existiert und sich folgendermaßen berechnet:

$$\lim_{x \to 0} \left(\frac{1}{\sin(x)} - \frac{1}{x} \right) = \lim_{x \to 0} \frac{x - \sin(x)}{\sin(x)x}$$

$$= \lim_{x \to 0} \frac{1 - \cos(x)}{\cos(x)x + \sin(x)} = \lim_{x \to 0} \frac{\sin(x)}{2\cos(x) - \sin(x)x} = 0.$$

Lösung von Aufgabe 5.5. Das Restglied in der Taylor-Formel (Satz 5.25) kann für alle $x \in I$ mit $|x - x_0| \leq \delta$ und ein $x_1 \in (x_0, x)$ (beziehungsweise $x_1 \in (x, x_0)$) durch

$$\left| (R_{n,x_0})f(x) \right| = \frac{1}{(n+1)!} \left| f^{(n+1)}(x_1) \right| \left| x - x_0 \right|^{n+1}$$

$$\leq \frac{1}{(n+1)!} C(n+1)! r^{-(n+1)} \delta^{n+1} = C \left(\frac{\delta}{r} \right)^{n+1}$$

abgeschätzt werden, weshalb $(R_{n,x_0})f(x) \to 0$ für $n \to \infty$ gilt.

Lösung von Aufgabe 5.6. (i) Mit $f(x) := \ln(1 + x)$ gilt

$$f^{(n)}(x) = (-1)^{n-1}(n-1)!(1+x)^{-n} \qquad (n \in \mathbb{N}).$$

Daher folgt mit Aufgabe 5.5 für $|x| < 1$ die Gleichheit

$$f(x) = \sum_{n=0}^{\infty} \frac{1}{n!} f^{(n)}(0) x^n = \sum_{n-1}^{\infty} (-1)^{n-1} \frac{1}{n} x^n.$$

Die Konvergenz im Fall $x = 1$ ergibt sich aus dem Abelschen Grenzwertsatz 5.19.

(ii) Die Funktionalgleichung für ln impliziert

$$\ln(x) = \ln \left(a \left(1 + \frac{x-a}{a} \right) \right) = \ln(a) + \ln \left(1 + \frac{x-a}{a} \right).$$

Man wende (i) auf $\ln(1 + \frac{x-a}{a})$ an, um (ii) zu erhalten.

Lösung von Aufgabe 5.7. Wegen $f^{(k)}(x_0) = 0$ für $k = 1, \ldots, n-1$ gilt nach dem Satz von Taylor 5.25

$$f(x) = f(x_0) + \frac{1}{n!} f^{(n)}(x_0)(x - x_0)^n + r(x)(x - x_0)^n$$

$$= f(x_0) + \left(\frac{1}{n!} f^{(n)}(x_0) + r(x) \right) (x - x_0)^n$$

mit $r(x) \to 0$ für $x \to x_0$. Angenommen, es ist $f^{(n)}(x_0) > 0$. In einer Umgebung von x_0 besitzen dann $f(x) - f(x_0)$ und $(x - x_0)^n$ das gleiche Vorzeichen. Wenn n gerade ist, gilt $(x - x_0)^n > 0$ und somit $f(x) - f(x_0) > 0$. In dem Fall liegt infolgedessen ein lokales Minimum in x_0 vor. Wenn n hingegen ungerade ist, gilt $f(x) - f(x_0) < 0$ für $x < x_0$, und $f(x) - f(x_0) > 0$ für $x > x_0$, sofern x nahe bei x_0 ist. In diesem Fall kann in x_0 kein Extremum vorliegen.

Lösung von Aufgabe 5.8. Es gilt $f(x) = x^x = e^{x \ln(x)}$. Die Ableitungen von $f(x)$ sind

$$f'(x) = e^{x \ln(x)}(x \tfrac{1}{x} + \ln(x)) = e^{x \ln(x)}(1 + \ln(x))$$
$$f''(x) = e^{x \ln(x)}(1 + \ln(x))^2 + e^{x \ln(x)} \tfrac{1}{x}.$$

Die Ableitung $f'(x)$ hat eine Nullstelle bei $\tfrac{1}{e}$, welche ein Kandidat für ein Extremum darstellt. Wegen $f''(\tfrac{1}{e}) > 0$ liegt in $\tfrac{1}{e}$ ein striktes Minimum vor.

11.5 Aufgaben zu Kap. 6

Lösung von Aufgabe 6.1. Die Funktion f sei ungerade und stetig. Mit den elementaren Eigenschaften des Integrals und der Substitutionsregel ergibt sich

$$\int_{-b}^{+b} f(x)\,dx = \int_{-b}^{0} f(x)\,dx + \int_{0}^{+b} -f(-x)\,dx = \int_{-b}^{0} f(x)\,dx + \int_{0}^{-b} f(x)\,dx = 0.$$

Lösung von Aufgabe 6.2. (i) Wählt man die Zerlegung $Z_n := \{\tfrac{a}{n}j \mid j = 0, 1, \ldots, n\}$ von $[0, a]$ in $n \in \mathbb{N}$ äquidistante Intervalle I_j mit dem Inhalt $|I_j| = \tfrac{a}{n}$, erhält man mit Aufgabe 2.6 (ii) als Obersumme

$$\overline{S}_{Z_n} = \sum_{j=1}^{n} \left(\frac{a}{n}j\right)^2 |I_j| = \frac{a^3}{n^3} \sum_{j=1}^{n} j^2 = \frac{a^3}{n^3}\left(\frac{n^3}{3} + \frac{n^2}{2} + \frac{n}{6}\right) = \frac{a^3}{3} + \frac{a^3}{2n} + \frac{a^3}{6n^2}$$

und somit $\overline{S}_{Z_n} \to \tfrac{a^3}{3}$ für $n \to \infty$. Also folgt $\int_0^a x^2\,dx = \tfrac{a^3}{3}$.

(ii) Wählt man die Zerlegung $Z_n := \{a^{j/n} \mid j = 0, 1, \ldots, n\}$ von $[1, a]$ in Intervalle I_j, $j = 1, \ldots, n$, mit dem Inhalt $|I_j| = a^{j/n} - a^{(j-1)/n}$, kann man die Obersumme

$$\overline{S}_{Z_n} = \sum_{j=1}^{n} \frac{1}{a^{(j-1)/n}} |I_j| = \sum_{j=1}^{n} \frac{1}{a^{(j-1)/n}} a^{(j-1)/n}\left(a^{1/n} - 1\right) = \frac{a^{1/n} - 1}{1/n}$$

berechnen. Mit der Regel von l'Hospital 5.11 folgert man

$$\lim_{x \to 0, x \neq 0} \frac{a^x - 1}{x} = \lim_{x \to 0, x \neq 0} \frac{e^{x \ln(a)} - 1}{x} = \lim_{x \to 0, x \neq 0} \frac{\ln(a)e^{x \ln(a)}}{1} = \ln(a)$$

und damit $\overline{S}_{Z_n} \to \ln(a)$. Folglich ergibt sich $\int_1^a \tfrac{1}{x}\,dx = \ln(a)$.

Lösung von Aufgabe 6.3. Die Funktion ist integrierbar: Es ist unmittelbar ersichtlich, dass für jede Zerlegung Z die Untersumme $\underline{S}_Z(f)$ stets gleich 0 ist. Sei nun $\varepsilon > 0$ beliebig. Wähle ein $q \in \mathbb{N}$ mit $\frac{1}{q} < \frac{\varepsilon}{2}$. Dann gibt es nur $m \in \mathbb{N}$ rationale Punkte in $[0, 1]$, die einen Zähler $< q$ haben. Um diese m Punkte werden jeweils Intervalle der Breite $\frac{\varepsilon}{2m}$ gelegt und deren Randpunkte in die Zerlegung Z aufgenommen. Der Obersummen-Beitrag der Intervalle, die einen der m Punkte enthalten, ist damit maximal $\frac{\varepsilon}{2}$. In den verbleibenden Intervallen beträgt das Supremum der Funktion maximal $\frac{\varepsilon}{2}$. Somit gilt die Abschätzung $\overline{S}_Z(f) < \varepsilon$. Weil ε beliebig war, folgt die Behauptung.

Lösung von Aufgabe 6.4: (i) Es sei $g(x) := \max\{x, 0\}$. Wegen $g(x) = \frac{x+|x|}{2}$ gilt

$$|g(x) - g(y)| = \left| \frac{x - y + |x| - |y|}{2} \right| \leq \frac{|x - y|}{2} + \frac{||x| - |y||}{2} \leq \frac{|x - y|}{2} + \frac{|x - y|}{2} = |x - y|,$$

und daher ist g Lipschitz-stetig und insbesondere gleichmäßig stetig. Weil $f \in \mathcal{R}(I)$ ist, ist $g \circ f \in \mathcal{R}(I)$ nach Satz 6.9 (ii).

(ii) Die Funktion $h(y) := 1/y$, $|y| \geq \delta$, hat eine beschränkte Ableitung: $|h'(y)| = 1/|y^2| \leq 1/\delta^2$ für alle y mit $|y| \geq \delta$. Daraus folgt die Lipschitz-Stetigkeit von h. Weil jede Lipschitz-stetige Funktion auch gleichmäßig stetig ist, erhalten wir $h \circ f \in \mathcal{R}(I)$ mit Satz 6.9 (ii).

Lösung von Aufgabe 6.5. Bei $\int \tan(x)\,dx$ impliziert die Substitution $y := \cos x$, $\frac{dy}{dx} = -\sin(x)$:

$$\int \tan(x)\,dx = \int \frac{\sin(x)}{\cos(x)}\,dx = -\int \frac{1}{y}\,dy = -\ln(|y|) = -\ln(|\cos(x)|).$$

Bei $\int x\sqrt{1 + x^2}\,dx$ impliziert die Substitution $y := 1 + x^2$, $\frac{dy}{dx} = 2x$:

$$\int x\sqrt{1 + x^2}\,dx = \int \frac{1}{2}y^{\frac{1}{2}}\,dy = \frac{1}{2}\frac{2}{3}y^{\frac{3}{2}} = \frac{1}{3}\left(1 + x^2\right)^{\frac{3}{2}}.$$

Bei $\int \sqrt{x^2 - 1}\,dx$ impliziert die Substitution $x = \cosh(y)$, $\frac{dx}{dy} = \sinh(y)$:

$$\int \sqrt{x^2 - 1}\,dx = \int \sqrt{\cosh^2(y) - 1}\,\sinh(y)\,dy = \int \sinh^2(y)\,dy$$

wegen $\cosh^2(y) - \sinh^2(y) = 1$. Das Integral $\int \sinh^2(y)\,dy$ berechnet sich als

$$\int \sinh^2(y)\,dy = \int \frac{1}{4}\left(e^y - e^{-y}\right)^2\,dy = \int \left(\frac{1}{4}\left(e^{2y} + e^{-2y}\right) - \frac{1}{2}\right)\,dy$$

$$= \frac{1}{8}\left(e^{2y} - e^{-2y}\right) - \frac{y}{2} = \frac{1}{2}\frac{e^y + e^{-y}}{2}\frac{e^y - e^{-y}}{2} - \frac{y}{2} = \frac{1}{2}\cosh(y)\sinh(y) - \frac{y}{2}.$$

Folglich ergibt sich für $\int \sqrt{x^2 - 1}\,dx$ nach Rücksubstitution

$$\int \sqrt{x^2 - 1}\, dx = \frac{1}{2}\cosh(y)\sinh(y) - \frac{y}{2} = \frac{1}{2}x\sqrt{x^2 - 1} - \frac{1}{2}\text{arcosh}(x).$$

Bei $\int \frac{x^2}{\sqrt{1+x^2}}\, dx$ impliziert die Substitution $x = \sinh(y)$, $\frac{dx}{dy} = \cosh(y)$:

$$\int \frac{x^2}{\sqrt{1 + x^2}}\, dx = \int \frac{\sinh^2(y)}{\sqrt{1 + \sinh^2(y)}}\cosh(y)\, dy = \int \sinh^2(y)\, dy$$

$$= \frac{1}{2}\sinh(y)\cosh(y) - \frac{y}{2} = \frac{1}{2}x\sqrt{1 + x^2} - \frac{1}{2}\text{arsinh}(x).$$

Lösung von Aufgabe 6.6. Gemäß dem Hinweis müssen $A + B = 0$ und $-2A - B = 1$ gelten, was auf $A = -1$ und $B = 1$ führt. Daraus folgt für $\xi > 3$

$$\int_3^\xi \frac{dx}{(x - 1)(x - 2)} = \int_3^\xi \frac{-1}{x - 1}\, dx + \int_3^\xi \frac{1}{x - 2}\, dx = \ln\left(\frac{\xi - 2}{\xi - 1}\right) + \ln(2).$$

Weil ln stetig ist, ergibt sich $\int_3^\infty \frac{dx}{(x-1)(x-2)} = \lim_{\xi \to \infty} \ln\left(\frac{\xi-2}{\xi-1}\right) + \ln(2) = \ln(2)$.

Lösung von Aufgabe 6.7. (i) Im Fall $n \geq 2$ impliziert partielle Integration

$$\int (\sin x)^n\, dx = -\int (\sin x)^{n-1}\frac{d}{dx}\cos x\, dx$$

$$= -(\sin x)^{n-1}\cos x + \int (n - 1)(\sin x)^{n-2}\cos^2(x)\, dx$$

$$= -(\sin x)^{n-1}\cos x + \int (n - 1)(\sin x)^{n-2}\left(1 - \sin^2(x)\right)\, dx$$

und somit

$$\int (\sin x)^n\, dx = -\frac{1}{n}(\sin x)^{n-1}\cos x + \frac{n - 1}{n}\int (\sin x)^{n-2}\, dx.$$

Analog ergibt sich

$$\int (\cos x)^n\, dx = \frac{1}{n}(\cos x)^{n-1}\sin x + \frac{n - 1}{n}\int (\cos x)^{n-2}\, dx.$$

(ii) Mit $J_n := \int_0^{\pi/2}(\sin(x))^n\, dx$ erhalten wir $J_0 = \pi/2$, $J_1 = 1$ und $J_n = \frac{n-1}{n}J_{n-2}$ für $n \geq 2$. Induktiv resultiert daraus

$$J_{2n} = \frac{2n - 1}{2n}J_{2n-2} = \frac{2n - 1}{2n}\frac{2n - 3}{2n - 2}J_{2n-4} = \ldots = \prod_{k=1}^n \frac{2k - 1}{2k}\frac{\pi}{2}$$

$$J_{2n+1} = \frac{2n}{2n + 1}J_{2n-1} = \frac{2n}{2n + 1}\frac{2n - 2}{2n - 1}J_{2n-3} = \ldots = \prod_{k=1}^n \frac{2k}{2k + 1}.$$

Weil $(\sin x)^{2n} \geq (\sin x)^{2n+1} \geq (\sin x)^{2n+2}$ für alle $x \in [0, \pi/2]$ ist, folgt

$$1 = \frac{J_{2n}}{J_{2n}} \geq \frac{J_{2n+1}}{J_{2n}} \geq \frac{J_{2n+2}}{J_{2n}}.$$

Wegen $\frac{J_{2n+2}}{J_{2n}} = \frac{2n+1}{2n+2} \to 1$ für $n \to \infty$ ergibt sich

$$\frac{2}{\pi} \prod_{k=1}^{n} \frac{2k \cdot 2k}{(2k+1)(2k-1)} = \frac{J_{2n+1}}{J_{2n}} \to 1 \qquad (n \to \infty).$$

(iii) Aus (i) folgt für $I_n := \int_0^{\pi/2} (\cos(x))^n \, dx$ die Rekursionsformel

$$I_n = \frac{n-1}{n} I_{n-2}. \tag{11.3}$$

Wegen $I_0 = \frac{\pi}{2}$ und $I_1 = 1$ erschließen wir aus (11.3) induktiv die Gleichungen

$$I_{n-1} I_n = \frac{\pi}{2n}, \qquad I_{2n} = \frac{\pi}{2} \frac{1}{2^{2n}} \binom{2n}{n}, \qquad I_{2n+1} = \frac{2^{2n}}{2n+1} \binom{2n}{n}^{-1}.$$

Weil

$$\frac{n}{n+1} \overset{(11.3)}{=} \frac{I_{n+1}}{I_n} \frac{I_n}{I_{n-1}} < \frac{I_{n+1}}{I_n} < 1$$

ist, gilt daher

$$1 < \frac{I_{2n}}{I_{2n+1}} = \pi \left(n + \frac{1}{2}\right) \binom{2n}{n}^2 2^{-4n} < 1 + \frac{1}{2n}.$$

Wir ziehen die Wurzel und erhalten durch Limesbildung

$$\lim_{n \to \infty} 2^{-2n} \sqrt{n} \binom{2n}{n} = \frac{1}{\sqrt{\pi}}.$$

Lösung von Aufgabe 6.8: Mit dem Integral-Mittelwert von f auf $[a,b]$,

$$\mu(f) := \frac{1}{b-a} \int_a^b f(x) \, dx,$$

und folgender Abschätzung

$$\left(\inf_{x \in [a,b]} f(x)\right)(b-a) \leq \int_a^b f(x) \, dx \leq \left(\sup_{x \in [a,b]} f(x)\right)(b-a)$$

ergibt sich $\inf f([a,b]) \leq \mu(f) \leq \sup f([a,b])$. Weil f stetig ist, gibt es aufgrund des Zwischenwertsatzes 4.20 ein $x_0 \in [a,b]$ mit $\mu(f) = f(x_0)$.

Lösung von Aufgabe 6.9. (i) Verwendet man die Substitution $y := tx$ und den Fundamentalsatz der Differential- und Integralrechnung 6.15, erhält man die Behauptung (i):

$$x \int_0^1 f'(tx)\,dt = x \int_0^x f'(y)\frac{dy}{x} = \left[f(y)\right]_0^x = f(x) - f(0).$$

(ii) Der Beweis erfolgt durch Induktion nach n. Induktionsanfang: Der Fall $n = 1$ wurde in (i) abgehandelt. Angenommen, die Behauptung ist richtig für $n - 1$, also

$$f(x) = \sum_{k=0}^{n-2} \frac{f^{(k)}(0)}{k!} x^k + \underbrace{\frac{x^{n-1}}{(n-2)!} \int_0^1 (1-t)^{n-2} f^{(n-1)}(tx)\,dt}_{=:R_{n-1}(x)}.$$

Partielle Integration impliziert die folgende Identität für das Restglied $R_{n-1}(x)$,

$$R_{n-1}(x) = -x^{n-1} \int_0^1 \frac{d}{dt}\left(\frac{(1-t)^{n-1}}{(n-1)!}\right) f^{(n-1)}(tx)\,dt$$

$$= -x^{n-1}\left(\left[\frac{(1-t)^{n-1}}{(n-1)!} f^{(n-1)}(tx)\right]_{t=0}^{t=1} - x \int_0^1 \frac{(1-t)^{n-1}}{(n-1)!} f^{(n)}(tx)\,dt\right)$$

$$= \frac{f^{(n-1)}(0)}{(n-1)!} x^{n-1} + x^n \int_0^1 \frac{(1-t)^{n-1}}{(n-1)!} f^{(n)}(tx)\,dt = \frac{f^{(n-1)}(0)}{(n-1)!} x^{n-1} + R_n(x),$$

und folglich die Behauptung für n:

$$f(x) = \sum_{k=0}^{n-2} \frac{f^{(k)}(0)}{k!} x^k + R_{n-1}(x) = \sum_{k=0}^{n-1} \frac{f^{(k)}(0)}{k!} x^k + R_n(x).$$

Lösung von Aufgabe 6.10. (i) Partielle Integration liefert für $w \neq 0$

$$g(w) = \int_a^b f(x)\frac{d}{dx}\left(-\frac{\cos(wx)}{w}\right) dx = \left[-f(x)\frac{\cos(wx)}{w}\right]_a^b + \frac{1}{w}\int_a^b f'(x)\cos(wx)\,dx.$$

Wegen der Stetigkeit von f und f' auf $[a, b]$ existiert eine Konstante $C > 0$ mit $|f(x)| \leq C$ und $|f'(x)| \leq C$ für alle $x \in [a, b]$. Daraus folgt

$$|g(w)| \leq \frac{2C}{|w|} + \frac{C(b-a)}{|w|} \to 0 \qquad (|w| \to \infty).$$

(ii) Der Fundamentalsatz der Differential- und Integralrechnung 6.15 impliziert

$$\sum_{k=1}^n \frac{\sin(kx)}{k} = \sum_{k=1}^n \int_\pi^x \frac{d}{dt}\frac{\sin(kt)}{k}\,dt = \sum_{k=1}^n \int_\pi^x \cos(kt)\,dt = \int_\pi^x \sum_{k=1}^n \cos(kt)\,dt.$$

Nach Aufgabe 4.10 gilt $\frac{1}{2} + \sum_{k=1}^n \cos(kt) = \dfrac{\sin\frac{(2n+1)t}{2}}{2\sin\frac{t}{2}}$ und somit

$$\sum_{k=1}^{n} \frac{\sin(kx)}{k} = \int_{\pi}^{x} \sum_{k=1}^{n} \cos(kt)\, dt = \int_{\pi}^{x} \frac{\sin \frac{(2n+1)t}{2}}{2 \sin \frac{t}{2}}\, dt - \frac{x-\pi}{2}.$$

Definiert man für $0 < x < 2\pi$ die Funktion

$$g_n(x) := \int_{\pi}^{x} f(t) \sin \frac{(2n+1)t}{2}\, dt, \qquad f(t) := \frac{1}{2 \sin \frac{t}{2}},$$

dann folgt nach (i) $\lim_{n \to \infty} g_n(x) = 0$ und damit $\sum_{k=1}^{\infty} \frac{\sin(kx)}{k} = -\frac{x-\pi}{2}$.

(iii) Nach Satz 4.53 ist die Reihe $f(x) := \sum_{k=1}^{\infty} \frac{\cos(kx)}{k^2}$ gleichmäßig konvergent. Wenn wir diese Reihe gliedweise differenzieren, erhalten wir die Reihe $-\sum_{k=1}^{\infty} \frac{\sin(kx)}{k}$, welche nach (ii) für jedes $\delta > 0$ gleichmäßig auf $[\delta, 2\pi - \delta]$ gegen $\frac{x-\pi}{2}$ konvergiert. Wegen Satz 5.14 gilt dann für alle $x \in (0, 2\pi)$

$$f'(x) = \frac{x-\pi}{2} \qquad \Rightarrow \qquad f(x) = \left(\frac{x-\pi}{2} \right)^2 + C = \sum_{k=1}^{\infty} \frac{\cos(kx)}{k^2}$$

für ein $C \in \mathbb{R}$. Wegen der Stetigkeit von f muss die letzte Gleichung auf ganz $[0, 2\pi]$ gelten. Die Integrationskonstante C kann man dadurch bestimmen, dass man die letzte Gleichung von 0 bis 2π integriert:

$$\int_{0}^{2\pi} \left(\frac{x-\pi}{2} \right)^2 dx + 2\pi C = \int_{0}^{2\pi} \left(\sum_{k=1}^{\infty} \frac{\cos(kx)}{k^2} \right) dx.$$

Eine Vertauschung von Reihenbildung und Integration ist nach Folgerung 6.11 legitim (gleichmäßige Konvergenz) und es gilt $\int_{0}^{2\pi} \cos(kx)\, dx = 0$ für alle $k \in \mathbb{N}$, woraus sich

$$\left[\frac{2}{3} \left(\frac{x-\pi}{2} \right)^3 \right]_{0}^{2\pi} + 2\pi C = \sum_{k=1}^{\infty} \int_{0}^{2\pi} \frac{\cos(kx)}{k^2}\, dx = 0$$

und somit $C = -\pi^2/12$ herleitet.

Lösung von Aufgabe 6.11. (i) Man setze $F(\alpha) := \int_{a}^{\alpha} f(x)\, dx$. Der Grenzwert $\lim_{\alpha \to \infty} F(\alpha)$ existiert nach dem Cauchy-Kriterium genau dann, wenn es zu jedem $\varepsilon > 0$ ein $\xi > a$ gibt mit $|F(\beta) - F(\alpha)| < \varepsilon$ für $\alpha, \beta \geq \xi$. Die Differenz $F(\beta) - F(\alpha)$ ist aber nichts anderes als

$$F(\beta) - F(\alpha) = \int_{a}^{\beta} f(x)\, dx - \int_{a}^{\alpha} f(x)\, dx = \int_{\alpha}^{\beta} f(x)\, dx.$$

(ii) Der Integrand $\frac{\sin(x)}{x}$ kann im Nullpunkt $x = 0$ stetig mit dem Wert 1 fortgesetzt werden, denn nach der Regel von l'Hospital 5.11 gilt $\lim_{x \to 0} \frac{\sin(x)}{x} = \lim_{x \to 0} \frac{\cos(x)}{1} = 1$. Folglich existiert $\int_{0}^{\beta} \frac{\sin(x)}{x}$ für jedes $\beta > 0$. Ferner gilt für $0 < \alpha < \beta$ durch partielle Integration

$$\left| \int_\alpha^\beta \frac{\sin(x)}{x}\, dx \right| = \left| \left[-\frac{\cos(x)}{x} \right]_\alpha^\beta - \int_\alpha^\beta \frac{\cos(x)}{x^2}\, dx \right|$$

$$\leq \frac{1}{\beta} + \frac{1}{\alpha} + \int_\alpha^\beta \frac{1}{x^2}\, dx \leq \frac{3}{\alpha} \to 0 \qquad (\alpha \to \infty).$$

Nach Teil (i) und $\frac{\sin(x)}{x} \in \mathcal{R}([0,\alpha])$ ergibt sich die Existenz von $\int_0^\infty \frac{\sin(x)}{x}\, dx$.

Lösung von Aufgabe 6.12. (i) Weil eine Treppenfunktion f auf $[a,b]$ beschränkt und stetig bis auf eine Menge von Inhalt 0 ist, gilt $f \in \mathcal{R}([a,b])$ nach Satz 6.9 (i). Ist $f : [a,b] \to \mathbb{R}$ eine Regelfunktion, dann existiert eine Folge $(f_k) \subset \mathcal{R}([a,b])$ von Treppenfunktionen, sodass $f_k \to f$ gleichmäßig konvergiert für $k \to \infty$. Nach Satz 6.9 (iii) gehört dann auch f zu $\mathcal{R}([a,b])$.

(ii) Für $f : [a,b] \to \mathbb{R}$, $x \in [a,b]$, und $\delta > 0$ definiere man die Größen

$$\Delta_\delta(f,x) := \sup\left\{ |f(x)-f(y)| \mid |x-y| < \delta,\ y \in [a,b] \right\},$$
$$\Delta(f,x) := \inf\left\{ \Delta_\delta(f,x) \mid \delta > 0 \right\}.$$

Die Stetigkeit von f in x ist zu $\Delta(f,x) = 0$ äquivalent, und für $\delta_1 \leq \delta_2$ gilt $\Delta_{\delta_1}(f,x) \leq \Delta_{\delta_2}(f,x)$. Wir müssen zeigen, dass die Menge

$$M := \left\{ x \mid f \text{ ist nicht stetig in } x \right\} = \left\{ x \mid \Delta(f,x) > 0 \right\} = \bigcup_{n \in \mathbb{N}} \left\{ x \mid \Delta(f,x) > 1/n \right\}$$

höchstens abzählbar viele Punkte enthält. Dazu genügt es zu beweisen, dass die Menge $\left\{ x \mid \Delta(f,x) > 1/n \right\}$ für jedes $n \in \mathbb{N}$ abzählbar ist (Satz 2.25). Nach Voraussetzung ist f eine Regelfunktion, dass heißt, es gibt eine Folge (f_j) von Treppenfunktionen, sodass $f_j \to f$ gleichmäßig für $j \to \infty$. Sei $n \in \mathbb{N}$. Wir können ein $j \in \mathbb{N}$ wählen mit $\sup_{x \in [a,b]} |f(x) - f_j(x)| < \frac{1}{4n}$. Es seien $a = x_0 < x_1 < \ldots < x_N = b$ die Zerlegungspunkte der Treppenfunktion f_j (also die Punkte, an denen f_j unstetig ist). Weil f_j auf allen Intervallen (x_{k-1}, x_k) stetig ist, gibt es ein $\delta_j > 0$ mit

$$\Delta_{\delta_j}(f_j, x) \leq \frac{1}{4n} \qquad \forall x \in [a,b] \setminus \bigcup_{k=0}^N \{x_k\}. \tag{11.4}$$

Nun sei $x \in \{x \mid \Delta(f,x) > 1/n\}$. Dann existiert ein $y \in [a,b]$ mit $|x-y| < \delta_j$ und

$$\frac{1}{n} \leq |f(x)-f(y)| \leq |f(x)-f_j(x)| + |f_j(x)-f_j(y)| + |f_j(y)-f(y)|$$

$$\leq \frac{1}{4n} + \Delta_{\delta_j}(f_j,x) + \frac{1}{4n}.$$

Diese Ungleichung wird in Anbetracht von (11.4) nur dann erfüllt, wenn $x \in \cup_k \{x_k\}$ gilt.

Lösung von Aufgabe 6.13. (i): Wir definieren Treppenfunktionen $\varphi_u, \varphi_o : [z, +\infty) \to [0, +\infty)$,

$$\varphi_o(x) := f(n) \text{ für } n \le x < n+1, \qquad \varphi_u(x) := f(n+1) \text{ für } n \le x < n+1$$

(vergleiche Abb. 6.2). Weil f monoton fallend ist, gilt $\varphi_u \le f \le \varphi_o$. Diese Ungleichung wird über das Intervall $[z, m]$, $m \in \mathbb{N}$, integriert, um die Ungleichungskette

$$\sum_{n=z+1}^{m} f(n) = \int_z^m \varphi_u(x)\, dx \le \int_z^m f(x)\, dx \le \int_z^m \varphi_o(x)\, dx = \sum_{n=z}^{m-1} f(n)$$

zu erhalten. Falls f auf $[z, \infty)$ integrierbar ist, das heißt, falls $\int_z^\infty f(x)\, dx < \infty$ ist, dann ist $\sum_{n=z+1}^{\infty} f(n)$ konvergent, $\sum_{n=z+1}^{\infty} f(n) < \infty$. Falls umgekehrt $\sum_{n=z}^{\infty} f(n)$ konvergent ist, dann ist für $m \to \infty$ die Folge der Integralwerte $\int_z^m f(x)\, dx$ beschränkt und monoton wachsend (wegen $f \ge 0$), also konvergent (Satz 3.14).

(ii): Die Funktion $f(x) = x^{-\sigma}$ mit $\sigma > 0$ ist auf $[1, \infty)$ positiv und monoton fallend. Nach dem Integralkriterium aus Aufgabenteil (i) mit $z = 1$ ergibt sich unmittelbar die Behauptung:

$$\int_1^m x^{-\sigma}\, dx = \begin{cases} \frac{1 - m^{1-\sigma}}{\sigma - 1} & \text{für } \sigma \ne 1 \\ \ln m & \text{für } \sigma = 1 \end{cases} \longrightarrow \begin{cases} \frac{1}{\sigma - 1} & \text{für } \sigma > 1 \\ \infty & \text{für } \sigma \le 1. \end{cases}$$

11.6 Aufgaben zu Kap. 7

Lösung von Aufgabe 7.1. Wenn eine Funktion U mit $U'(x) = -f(x)$ existiert, dann gilt

$$0 = \frac{d^2 x}{dt^2} - f(x) = \frac{d^2 x}{dt^2} + U'(x).$$

Multiplikation mit $\frac{dx}{dt}$ und die Kettenregel implizieren

$$0 = \frac{d^2 x}{dt^2} \frac{dx}{dt} + U'(x) \frac{dx}{dt} = \frac{1}{2} \frac{d}{dt} \left(\frac{dx}{dt} \right)^2 + \frac{d}{dt} U(x).$$

Lösung von Aufgabe 7.2. Die allgemeine Lösung y_h der homogenen Gleichung

$$y_h' - \frac{1}{x} y_h = 0$$

lässt sich durch Separation der Variablen gewinnen:

$$\int \frac{dy_h}{y_h} = \int \frac{dx}{x} \quad \Rightarrow \quad \ln |y_h| = \ln |x| + \tilde{C} \quad \Rightarrow \quad |y_h| = |x| e^{\tilde{C}} \quad \Rightarrow \quad y_h(x) = Cx.$$

Zur Bestimmung einer partikulären Lösung machen wir den Ansatz

$$y_p(x) = C(x)x \quad \Rightarrow \quad y_p'(x) = C'(x)x + C(x).$$

Wenn wir y_p in die Differentialgleichung einsetzen, erhalten wir

$$C'(x) = \sin(x) \quad \Rightarrow \quad C(x) = -\cos(x).$$

Damit ergibt sich die partikuläre Lösung

$$y_p(x) = C(x)x = -\cos(x)x$$

und folglich die allgemeine Lösung

$$y(x) = y_h(x) + y_p(x) = \big(C - \cos(x)\big)x.$$

Wegen $y(\pi) = 0$ folgt $C = -1$. Somit löst $y(x) = -(1 + \cos(x))x$ das Anfangswertproblem.

Lösung von Aufgabe 7.3. (i) Mit der Substitution $u = y^{1-\alpha}$, $u' = (1-\alpha)y^{-\alpha}y'$, erhalten wir die folgende transformierte Differentialgleichung

$$u' = (1-\alpha)y^{-\alpha}y' = (1-\alpha)y^{-\alpha}\big(f(t)y + g(t)y^\alpha\big)$$
$$= (1-\alpha)f(t)y^{1-\alpha} + (1-\alpha)g(t) = (1-\alpha)f(t)u + (1-\alpha)g(t).$$

(ii) Mit $u = y^{-1}$ geht $y' = y + ty^2$ auf $u' = -u - t$ über. Die homogene Gleichung $u'_h = -u_h$ hat die Lösung $u_h(t) = ce^{-t}$, $c \in \mathbb{R}$. Die inhomogene Gleichung kann mittels des Ansatzes $u_p = c(t)e^{-t}$ (Variation der Konstanten) gelöst werden:

$$u'_p = c'(t)e^{-t} - c(t)e^{-t} = -c(t)e^{-t} - t = -u_p - t$$

$$\Rightarrow \quad c'(t) = -te^t \quad \Rightarrow \quad c(t) = -\int \tau e^\tau \, d\tau = -te^t + e^t.$$

Die Lösung von $u' = -u - t$ ergibt sich zu $u = u_h + u_p = 1 - t + ce^{-t}$. Rücktransformation liefert $y = (1 - t + ce^{-t})^{-1}$, $c \in \mathbb{R}$. Die Anfangsbedingung $y(0) = 1/2$ legt die Konstante c fest, also $c = 1$, sodass sich die Lösung $y(t) = (1 - t + e^{-t})^{-1}$ ergibt.

Lösung von Aufgabe 7.4. Äquivalente Darstellung in Matrixform:

$$\begin{pmatrix} x_1 \\ x_2 \end{pmatrix}' = \begin{pmatrix} -2 & -1 \\ 2 & 0 \end{pmatrix} \cdot \begin{pmatrix} x_1 \\ x_2 \end{pmatrix}.$$

Die Eigenwerte der Matrix ergeben sich aus der charakteristischen Gleichung

$$0 = \det \begin{pmatrix} -2 - \lambda & -1 \\ 2 & -\lambda \end{pmatrix} = (-2 - \lambda)(-\lambda) + 2 = \lambda^2 + 2\lambda + 2,$$

das heißt, $\lambda_{1,2} = -1 \pm i$. Ein Eigenvektor $v_1 = (a, b)^T$ zu $\lambda_1 = -1 + i$ lautet

$$0 = \begin{pmatrix} -2 - \lambda_1 & -1 \\ 2 & -\lambda_1 \end{pmatrix} \cdot \begin{pmatrix} a \\ b \end{pmatrix} = \begin{pmatrix} -1 - i & -1 \\ 2 & 1 - i \end{pmatrix} \cdot \begin{pmatrix} a \\ b \end{pmatrix} \quad \Rightarrow v_1 = \begin{pmatrix} a \\ b \end{pmatrix} = \begin{pmatrix} -1 \\ 1 + i \end{pmatrix}.$$

Somit erhält man den komplexen Fundamentallösungsvektor

$$z_1(t) = e^{\lambda_1 t} v_1 = e^{(-1+i)t} \begin{pmatrix} -1 \\ 1+i \end{pmatrix}.$$

Diesen zerlegt man in Real- und Imaginärteil

$$z_1(t) = e^{-t} e^{it} \begin{pmatrix} -1 \\ 1+i \end{pmatrix} = e^{-t} (\cos t + i \sin t) \begin{pmatrix} -1 \\ 1+i \end{pmatrix}$$

$$= e^{-t} \begin{pmatrix} -\cos t \\ \cos t - \sin t \end{pmatrix} + i e^{-t} \begin{pmatrix} -\sin t \\ \sin t + \cos t \end{pmatrix}.$$

Damit ergibt sich die allgemeine Lösung

$$\begin{pmatrix} x_1 \\ x_2 \end{pmatrix} = C_1 e^{-t} \begin{pmatrix} -\cos t \\ \cos t - \sin t \end{pmatrix} + C_2 e^{-t} \begin{pmatrix} -\sin t \\ \sin t + \cos t \end{pmatrix}, \qquad C_1, C_2 \in \mathbb{R}.$$

Wegen $\Re(\lambda_{1,2}) < 0$ ist das System asymptotisch stabil.

Lösung von Aufgabe 7.5. Es sei $f(t, y) := y^{1/4}$. Wegen $f(t, y) \geq 0$ folgt $y'(t) \geq 0$ und daher $y(t) \geq y(0) = 1$ für alle $t \geq 0$. Weil $f(t, y)$ für $y \geq 1$ Lipschitz-stetig ist, muss die Lösung y eindeutig sein. Diese lautet $y(t) = (\frac{3}{4}t + 1)^{4/3}$. Soll jetzt $y(0) = 0$ gelten, ergeben sich die unendlich vielen Lösungen $y_c : [0, \infty) \to \mathbb{R}$, $c \geq 0$, mit $y_c(t) = (\frac{3}{4}t - \frac{3}{4}c)^{4/3}$ für $t > c$ und $y_c = 0$ sonst. Es sei bemerkt, dass die Funktion $f(t, y) = y^{1/4}$ im Nullpunkt $y = 0$ nicht Lipschitz-stetig ist.

Lösung von Aufgabe 7.6. (i) Weil nach Annahme $f(t, \cdot)$ lokal Lipschitz-stetig ist, existiert eine (eindeutig bestimmte) lokale Lösung y. Also gibt es ein $T > 0$ mit $y'(t) = f(t, y)$ für $t \in [t_0, t_0 + T]$ und $y(t_0) = y_0$. Auf dem Existenzintervall ergibt sich durch Multiplikation der Differentialgleichung mit $y(t) |y(t)|^{-1}$

$$\left\langle y'(t), \frac{y(t)}{|y(t)|} \right\rangle - \left\langle f(t, y(t)), \frac{y(t)}{|y(t)|} \right\rangle = 0$$

für alle $t \in [t_0, t_0 + T]$. Mit der Kettenregel kann dies äquivalent als

$$\frac{\mathrm{d}}{\mathrm{d}t} |y(t)| - \frac{\langle f(t, y(t)) - f(t, 0), y(t) \rangle}{|y(t)|} = \frac{\langle f(t, 0), y(t) \rangle}{|y(t)|}$$

formuliert werden. Die Monotonie-Bedingung (7.32) impliziert folglich

$$\frac{\mathrm{d}}{\mathrm{d}t} |y(t)| + \lambda |y(t)| \leq \frac{\langle f(t, 0), y(t) \rangle}{|y(t)|} \leq |f(t, 0)|$$

für alle $t \in [t_0, t_0 + T]$. Wenn man diese Ungleichung über $[t_0, s]$ integriert, erhält man

$$|y(s)| \leq |y_0| + \int_{t_0}^{s} |f(t, 0)| \, \mathrm{d}t$$

für jedes $s \in [t_0, t_0 + T]$. Mit der Funktion $g(s) := |y_0| + \int_{t_0}^{s} |f(t, 0)| \, dt$ gilt also

$$|y(s)| \leq \max_{t \in [t_0, t_0 + T]} g(t) < +\infty \qquad \forall s \in [t_0, t_0 + T],$$

denn g ist stetig. Somit bleibt die lokale Lösung y auf jedem Existenzintervall durch die stetige Funktion g beschränkt. Also kann keine der lokalen Lösungen y auf einem beschränkten Existenzintervall unbeschränkte Funktionswerte annehmen, weshalb nach dem Satz 7.40 von der Maximallösung eine (globale) Lösung auf ganz $[t_0, \infty)$ existiert.

(ii) Für den Beweis von (ii) multiplizieren wir die Differentialgleichung mit der Lösung $y(t)$, um

$$\langle y', y \rangle = \langle f(t, y), y \rangle \qquad \Leftrightarrow \qquad \frac{1}{2}\frac{d}{dt}|y|^2 - \langle f(t, y), y \rangle = 0$$

$$\Leftrightarrow \qquad \frac{1}{2}\frac{d}{dt}|y|^2 - \langle f(t, y) - f(t, 0), y - 0 \rangle = \langle f(t, 0), y \rangle$$

zu erhalten. Indem wir die Monotonie-Eigenschaft von f ausnutzen und die Ungleichung $ab \leq \frac{a^2 + b^2}{2}$, $a, b \in \mathbb{R}$, anwenden, erschließen wir die Abschätzung

$$\frac{1}{2}\frac{d}{dt}|y|^2 + \lambda|y|^2 \leq |f(t, 0)||y| \leq \frac{1}{2\lambda}|f(t, 0)|^2 + \frac{\lambda}{2}|y|^2,$$

also $\frac{d}{dt}|y|^2 + \lambda|y|^2 \leq \frac{1}{\lambda}|f(t, 0)|^2$. Letzteres impliziert

$$\frac{d}{dt}\left(e^{\lambda(t-t_0)}|y|^2\right) = e^{\lambda(t-t_0)}\left(\frac{d}{dt}|y|^2 + \lambda|y|^2\right) \leq \frac{1}{\lambda}e^{\lambda(t-t_0)}|f(t, 0)|^2.$$

Indem wir dies über $[t_0, t]$ integrieren und $y(t_0) = y_0$ beachten, folgern wir

$$e^{\lambda(t-t_0)}|y|^2 - |y_0|^2 \leq \frac{1}{\lambda}\int_{t_0}^{t} e^{\lambda(\tau-t_0)}|f(\tau, 0)|^2 \, d\tau$$

und dann durch Umstellen der Terme und Verwendung von

$$\int_{t_0}^{t} e^{\lambda(\tau-t_0)}d\tau = \frac{e^{\lambda(t-t_0)} - 1}{\lambda}$$

die zu beweisende Behauptung:

$$|y|^2 \leq e^{-\lambda(t-t_0)}|y_0|^2 + \frac{1}{\lambda}e^{-\lambda(t-t_0)}\int_{t_0}^{t} e^{\lambda(\tau-t_0)}|f(\tau, 0)|^2 \, d\tau$$

$$\leq e^{-\lambda(t-t_0)}|y_0|^2 + \frac{1}{\lambda}e^{-\lambda(t-t_0)}\sup_{s \in [t_0, t]}|f(s, 0)|^2 \int_{t_0}^{t} e^{\lambda(\tau-t_0)} \, d\tau$$

$$\leq e^{-\lambda(t-t_0)}|y_0|^2 + \frac{1}{\lambda^2}\sup_{s \in [t_0, t]}|f(s, 0)|^2 \qquad \forall t \geq t_0.$$

Lösung von Aufgabe 7.7. Die rechte Seite $f(t, y) = \sin(y) - y$ erfüllt eine globale Lipschitz-Bedingung, denn nach dem Mittelwertsatz gilt

$$|f(t, y) - f(t, x)| \leq |\sin(y) - \sin(x)| + |y - x| \leq \left(\sup_{\xi} |\cos(\xi)| + 1 \right) |y - x| \leq 2|y - x|$$

für alle $t, x, y \in \mathbb{R}$. Daher existiert in Anbetracht von Satz 7.28 eine eindeutig bestimmte Lösung $y(t)$ für alle $t \in [0, \infty)$. Wir behaupten, dass y auf $[0, \infty)$ beschränkt bleibt. Dazu multiplizieren wir die Differentialgleichung mit der Lösung $y(t)$, um

$$y'y = \sin(y)y - y^2 \qquad \Leftrightarrow \qquad \frac{1}{2} \frac{d}{dt} y^2 + y^2 = \sin(y)y$$

zu erhalten. Mit der Ungleichung $ab \leq \frac{a^2 + b^2}{2}$, $a, b \in \mathbb{R}$, ergibt sich folglich

$$\frac{1}{2} \frac{d}{dt} y^2 + y^2 \leq \frac{1}{2} \sin^2(y) + \frac{1}{2} y^2 \qquad \Rightarrow \qquad \frac{1}{2} \frac{d}{dt} y^2 + \frac{1}{2} y^2 \leq \frac{1}{2} \sin^2(y) \leq \frac{1}{2}.$$

Jetzt können wir analog zu Aufgabe 7.6 verfahren, um die gleichmäßige Beschränktheit von y auf $[0, \infty)$ zu verifizieren.

Lösung von Aufgabe 7.8. Der Beweis erfolgt per Induktion. Für $n = 2$ ist

$$\det \begin{pmatrix} 1 & 1 \\ \lambda_1 & \lambda_2 \end{pmatrix} = \lambda_2 - \lambda_1.$$

Wir nehmen an, dass die Aussage für $n - 1$ korrekt ist. Weil die Determinante eine alternierende Multilinearform ist, dürfen wir das λ_n-fache der vorletzten Zeile der Matrix von der letzten abziehen ohne den Wert der Determinante zu verändern, das heißt,

$$\det(A) = \det \begin{pmatrix} 1 & \cdots & 1 & 1 \\ \lambda_1 & \cdots & \lambda_{n-1} & \lambda_n \\ \vdots & \vdots & \vdots & \vdots \\ \lambda_1^{n-2} & \cdots & \cdots & \lambda_n^{n-2} \\ (\lambda_1 - \lambda_n)\lambda_1^{n-2} & \cdots & (\lambda_{n-1} - \lambda_n)\lambda_{n-1}^{n-2} & 0 \end{pmatrix}.$$

Anschließend ziehen wir das λ_n-fache der vorvorletzten von der vorletzten Zeile ab, ohne dass sich das Ergebnis ändert. Dies ergibt

$$\det(A) = \det \begin{pmatrix} 1 & \cdots & 1 & 1 \\ \lambda_1 & \cdots & \lambda_{n-1} & \lambda_n \\ \vdots & \vdots & \vdots & \vdots \\ (\lambda_1 - \lambda_n)\lambda_1^{n-3} & \cdots & (\lambda_{n-1} - \lambda_n)\lambda_{n-1}^{n-3} & 0 \\ (\lambda_1 - \lambda_n)\lambda_1^{n-2} & \cdots & (\lambda_{n-1} - \lambda_n)\lambda_{n-1}^{n-2} & 0 \end{pmatrix}.$$

Diesen Prozess setzen wir iterativ fort, um

$$\det(A) = \det \begin{pmatrix} 1 & \cdots & 1 & 1 \\ \lambda_1 - \lambda_n & \cdots & \lambda_{n-1} - \lambda_n & 0 \\ \vdots & \vdots & \vdots & \vdots \\ (\lambda_1 - \lambda_n)\lambda_1^{n-3} & \cdots & (\lambda_{n-1} - \lambda_n)\lambda_{n-1}^{n-3} & 0 \\ (\lambda_1 - \lambda_n)\lambda_1^{n-2} & \cdots & (\lambda_{n-1} - \lambda_n)\lambda_{n-1}^{n-2} & 0 \end{pmatrix}$$

zu erschließen. Nach dem Laplaceschen Entwicklungssatz 10.21 entwickeln wir die Determinante nach der letzten Spalte, um

$$\det(A) = (-1)^{n+1} \det \begin{pmatrix} \lambda_1 - \lambda_n & \cdots & \lambda_{n-1} - \lambda_n \\ \vdots & \vdots & \vdots \\ (\lambda_1 - \lambda_n)\lambda_1^{n-3} & \cdots & (\lambda_{n-1} - \lambda_n)\lambda_{n-1}^{n-3} \\ (\lambda_1 - \lambda_n)\lambda_1^{n-2} & \cdots & (\lambda_{n-1} - \lambda_n)\lambda_{n-1}^{n-2} \end{pmatrix}$$

zu erhalten. In der $(n-1) \times (n-1)$-Matrix befindet sich in der k-ten Spalte bei jedem Eintrag der Faktor $(\lambda_k - \lambda_n)$. Wegen der Linearität der Determinante dürfen wir diesen nach vorne ziehen, also

$$\det(A) = (-1)^{n+1} \prod_{k<n} (\lambda_k - \lambda_n) \det \begin{pmatrix} 1 & \cdots & 1 \\ \lambda_1 & \cdots & \lambda_{n-1} \\ \vdots & \ddots & \vdots \\ \lambda_1^{n-2} & \cdots & \lambda_{n-1}^{n-2} \end{pmatrix}.$$

Durch Anwendung der Induktionsannahme auf die rechte Seite ergibt sich schließlich die Behauptung

$$\det(A) = (-1)^{n+1} \prod_{k<n} (\lambda_k - \lambda_n) \prod_{i,j=1,\, i<j}^{n-1} (\lambda_j - \lambda_i)$$

$$= \prod_{k<n} (\lambda_n - \lambda_k) \prod_{i,j=1,\, i<j}^{n-1} (\lambda_j - \lambda_i)$$

$$= \prod_{i,j=1,\, i<j}^{n} (\lambda_j - \lambda_i).$$

11.7 Aufgaben zu Kap. 8

Lösung von Aufgabe 8.1: Auf $\mathbb{R}^2 \setminus \{0\}$ ist f stetig und beliebig oft differenzierbar. Bei Annäherung an den Nullpunkt strebt $f(x,y)$ gegen 0,

$$|f(x,y)| \leq \frac{xy}{\sqrt{x^2+y^2}} \leq \frac{1}{2} \frac{x^2+y^2}{\sqrt{x^2+y^2}} = \frac{\sqrt{x^2+y^2}}{2} \to 0 \qquad (x,y) \to (0,0),$$

weshalb f stetig in $0 \in \mathbb{R}^2$ ist. Weil f entlang der Koordinatenachsen verschwindet, also $f(\cdot, 0) = 0$ und $f(0, \cdot) = 0$, ist f in $0 \in \mathbb{R}^2$ partiell differenzierbar mit

$$\frac{\partial f}{\partial x}(0,0) = \frac{\partial f}{\partial y}(0,0) = 0.$$

Den einzigen Kandidaten für das Differential von f in 0 repräsentiert der Gradient $\nabla f(0,0) = (0,0)$. Es gilt aber für $x = y \to 0$

$$\frac{|f(x,y) - f(0,0) + \langle \nabla f(0,0), (x,y) \rangle|}{|(x,y)|} = \frac{|xy|}{x^2 + y^2} \overset{x=y}{=} \frac{x^2}{2x^2} = \frac{1}{2} \not\to 0,$$

weshalb f im Nullpunkt nicht differenzierbar sein kann. Die Funktion f ist also nicht differenzierbar, obwohl die partiellen Ableitungen existieren.

Lösung von Aufgabe 8.2: Ohne Einschränkung kann man annehmen, dass $\ell = 0$ und $f(0) = 0$ gelten, denn sonst kann f durch $\tilde{f} := f - \ell - f(0)$ ersetzt werden. Es ist zu zeigen, dass

$$\limsup_{|y| \to 0, y \neq 0} \frac{|f(y)|}{|y|} = 0 \tag{11.5}$$

zutrifft. Angenommen, (11.5) gelte nicht. Dann gibt es ein $\varepsilon > 0$ und eine Folge $(y_n) \subset \mathbb{R}^n \setminus \{0\}$ mit $|y_n| \to 0$, sodass $\frac{|f(y_n)|}{|y_n|} > \varepsilon$ für alle $n \in \mathbb{N}$ ist. Man setze

$$z_n := \frac{y_n}{|y_n|} \in \partial B_1(0) = \{z \in \mathbb{R}^n \mid |z| = 1\}.$$

Aufgrund der Kompaktheit von $\partial B_1(0)$ kann nach Definition 4.16 ohne Einschränkung geschlossen werden, dass die Folge (z_n) gegen ein $z_0 \in \partial B_1(0)$ konvergiert, $z_n \to z_0$ (sonst geht man zu einer Teilfolge über). Weil f Lipschitz-stetig ist, folgt nun mit der Lipschitz-Konstante $L > 0$

$$\begin{aligned} \frac{\varepsilon}{2} &\leq \frac{|f(y_n)|}{|y_n|} = \frac{|f(z_n |y_n|)|}{|y_n|} \\ &\leq \frac{|f(z_n |y_n|) - f(z_0 |y_n|)|}{|y_n|} + \frac{|f(z_0 |y_n|)|}{|y_n|} \leq L|z_n - z_0| + \frac{|f(z_0 |y_n|)|}{|y_n|}. \end{aligned} \tag{11.6}$$

Wegen $\ell = 0$ gilt $\lim_{h \to 0, h > 0} \frac{f(hz_0)}{h} = 0$. Somit strebt die rechte Seite von (11.6) gegen 0 für $n \to \infty$, was den gewünschten Widerspruch liefert.

Lösung von Aufgabe 8.3: Für beliebige $(a,b), (a, b') \in B$ muss $f(a,b) = f(a, b')$ gezeigt werden. Dazu setzt man für $t \in [0,1]$

$$g(t) := t \begin{pmatrix} a \\ b' \end{pmatrix} + (1-t) \begin{pmatrix} a \\ b \end{pmatrix}, \qquad g(0) = \begin{pmatrix} a \\ b \end{pmatrix}, \qquad g(1) = \begin{pmatrix} a \\ b' \end{pmatrix}.$$

Weil B konvex ist, gilt $g([0, 1]) \subset B$. Mit der Kettenregel 8.11 kann man für alle $t \in [0, 1]$

$$(f \circ g)'(t) = \frac{\partial f}{\partial x_1}(g(t)) \underbrace{\frac{\partial g_1}{\partial t}(t)}_{=0} + \frac{\partial f}{\partial x_2}(g(t)) \underbrace{\frac{\partial g_2}{\partial t}(t)}_{=0}$$

erschließen, folglich $(f \circ g)'(t) = 0$. Daher muss $f \circ g$ konstant auf $[0, 1]$ sein und speziell $f(g(0)) = f(g(1))$ gelten.

Lösung von Aufgabe 8.4: Die ersten partiellen Ableitungen von $f(x, y)$ lauten

$$\frac{\partial f}{\partial x}(x, y) = -400x(y - x^2) - 2(1 - x), \qquad \frac{\partial f}{\partial y}(x, y) = 200(y - x^2)$$

und die zweiten partiellen Ableitungen ergeben sich als

$$\frac{\partial^2 f}{\partial x^2}(x, y) = -400(y - x^2) + 800x^2 + 2, \qquad \frac{\partial^2 f}{\partial x \partial y}(x, y) = -400x, \qquad \frac{\partial^2 f}{\partial y^2}(x, y) = 200.$$

Die Bedingung $\nabla f(x, y) = 0$ ist äquivalent zu dem Gleichungssystem

$$-400x(y - x^2) - 2(1 - x) = 0, \qquad 200(y - x^2) = 0.$$

Die zweite Gleichung führt auf $y = x^2$ und mit Hilfe der ersten Gleichung ergibt sich $x = 1$ und $y = 1$. Als möglicher Extremalpunkt kommt $(x_0, y_0) = (1, 1)$ infrage. Die Hesse-Matrix

$$H_f(x_0, y_0) = \begin{pmatrix} \frac{\partial^2 f}{\partial x^2}(1, 1) & \frac{\partial^2 f}{\partial x \partial y}(1, 1) \\ \frac{\partial^2 f}{\partial y \partial x}(1, 1) & \frac{\partial^2 f}{\partial y^2}(1, 1) \end{pmatrix} = \begin{pmatrix} 802 & -400 \\ -400 & 200 \end{pmatrix}$$

ist positiv definit nach Satz 10.25, denn es gelten $\frac{\partial^2 f}{\partial x^2}(1, 1) = 802 > 0$ und

$$\det\left(H_f(1, 1)\right) = \det \begin{pmatrix} 802 & -400 \\ -400 & 200 \end{pmatrix} = 400 > 0.$$

Somit liegt im Punkt $(x_0, y_0) = (1, 1)$ ein Minimum vor.

Lösung von Aufgabe 8.5: Die ersten partiellen Ableitungen von $f(x, y)$ lauten

$$\frac{\partial f}{\partial x}(x, y) = e^{-x^2 - y^2} - 2x^2 e^{-x^2 - y^2}, \qquad \frac{\partial f}{\partial y}(x, y) = -2xy e^{-x^2 - y^2}$$

und die zweiten partiellen Ableitungen ergeben sich als

$$\frac{\partial^2 f}{\partial x^2}(x,y) = -6xe^{-x^2-y^2} + 4x^3 e^{-x^2-y^2}$$

$$\frac{\partial^2 f}{\partial y^2}(x,y) = -2xe^{-x^2-y^2} + 4xy^2 e^{-x^2-y^2}$$

$$\frac{\partial^2 f}{\partial x \partial y}(x,y) = -2ye^{-x^2-y^2} + 4x^2 y e^{-x^2-y^2}.$$

An einer Extremstelle muss $\nabla f(x,y) = 0$ gelten. Letzteres ist äquivalent zu

$$e^{-x^2-y^2} - 2x^2 e^{-x^2-y^2} = 0, \qquad -2xy e^{-x^2-y^2} = 0.$$

Die erste Gleichung führt auf $1 - 2x^2 = 0$, das heißt $x_{1,2} = \pm\frac{1}{\sqrt{2}}$. Als mögliche Extremal-punkte kommen $(x_1, y_1) = \left(\frac{1}{\sqrt{2}}, 0\right)$ und $(x_2, y_2) = \left(\frac{-1}{\sqrt{2}}, 0\right)$ infrage. Die Hesse-Matrix an der Stelle (x_1, y_1),

$$H_f(x_1, y_1) = \begin{pmatrix} \frac{\partial^2 f}{\partial x^2}\left(\frac{1}{\sqrt{2}}, 0\right) & \frac{\partial^2 f}{\partial x \partial y}\left(\frac{1}{\sqrt{2}}, 0\right) \\ \frac{\partial^2 f}{\partial y \partial x}\left(\frac{1}{\sqrt{2}}, 0\right) & \frac{\partial^2 f}{\partial y^2}\left(\frac{1}{\sqrt{2}}, 0\right) \end{pmatrix} = \begin{pmatrix} -\frac{4}{\sqrt{2}} e^{-\frac{1}{2}} & 0 \\ 0 & -\frac{2}{\sqrt{2}} e^{-\frac{1}{2}} \end{pmatrix},$$

ist negativ definit (Folgerung 10.26), denn es gelten $\frac{\partial^2 f}{\partial x^2}\left(\frac{1}{\sqrt{2}}, 0\right) < 0$ und $\det\left(H_f\left(\frac{1}{\sqrt{2}}, 0\right)\right) > 0$. Somit liegt im Punkt $(x_1, y_1) = \left(\frac{1}{\sqrt{2}}, 0\right)$ ein Maximum vor. Die Hesse-Matrix an der Stelle (x_2, y_2),

$$H_f(x_2, y_2) = \begin{pmatrix} \frac{\partial^2 f}{\partial x^2}\left(\frac{-1}{\sqrt{2}}, 0\right) & \frac{\partial^2 f}{\partial x \partial y}\left(\frac{-1}{\sqrt{2}}, 0\right) \\ \frac{\partial^2 f}{\partial y \partial x}\left(\frac{-1}{\sqrt{2}}, 0\right) & \frac{\partial^2 f}{\partial y^2}\left(\frac{-1}{\sqrt{2}}, 0\right) \end{pmatrix} = \begin{pmatrix} \frac{4}{\sqrt{2}} e^{-\frac{1}{2}} & 0 \\ 0 & \frac{2}{\sqrt{2}} e^{-\frac{1}{2}} \end{pmatrix},$$

ist positiv definit nach Satz 10.25, denn es sind $\frac{\partial^2 f}{\partial x^2}\left(\frac{-1}{\sqrt{2}}, 0\right) > 0$ und $\det\left(H_f\left(\frac{-1}{\sqrt{2}}, 0\right)\right) > 0$. Daher liegt im Punkt $(x_2, y_2) = \left(\frac{-1}{\sqrt{2}}, 0\right)$ ein Minimum vor.

Lösung von Aufgabe 8.6: Die Funktion f ist beliebig oft differenzierbar mit $\frac{\partial f}{\partial x}(x,y) = ye^{xy}$, $\frac{\partial f}{\partial y}(x,y) = xe^{xy}$ und

$$H_f(x,y) = \begin{pmatrix} \frac{\partial^2 f}{\partial x^2}(x,y) & \frac{\partial^2 f}{\partial y \partial x}(x,y) \\ \frac{\partial^2 f}{\partial x \partial y}(x,y) & \frac{\partial^2 f}{\partial y^2}(x,y) \end{pmatrix} = \begin{pmatrix} y^2 e^{xy} & (1+xy)e^{xy} \\ (1+xy)e^{xy} & x^2 e^{xy} \end{pmatrix}.$$

Damit lautet das Taylor-Polynom $T_0^2 f$ von f mit Entwicklungspunkt 0

$$(T_0^2 f)(x,y) = f(0,0) + df(0,0)\begin{pmatrix} x \\ y \end{pmatrix} + \frac{1}{2} d^2 f(0,0)\left[\begin{pmatrix} x \\ y \end{pmatrix}, \begin{pmatrix} x \\ y \end{pmatrix}\right] = 1 + xy.$$

Die Eigenwerte von $d^2 f(0,0)$ ergeben sich als ± 1. Somit ist $d^2 f(0,0)$ indefinit und f besitzt kein Extremum in $(0,0)$, sondern einen Sattelpunkt.

11.8 Aufgaben zu Kap. 9

Lösung von Aufgabe 9.1: Im Beweis des (mehrdimensionalen) Mittelwertsatzes 8.15 ersetze man die konvexe Verbindung der Punkte p und q durch α. Die weiteren Schritte können analog übernommen werden.

Lösung von Aufgabe 9.2: Die Wege α und β haben denselben Anfangs- und Endpunkt. Das Wegintegral entlang α berechnet sich gemäß

$$\int_\alpha \langle F, \mathrm{d}x \rangle = \int_0^1 F(\alpha(t))\alpha'(t)\,\mathrm{d}t = \int_0^1 \left\langle \begin{pmatrix} 3t^2 + 6t \\ 6t + t^2 \\ 2t^2 \end{pmatrix}, \begin{pmatrix} 1 \\ 1 \\ 1 \end{pmatrix} \right\rangle \mathrm{d}t = \int_0^1 \left(6t^2 + 12t \right) \mathrm{d}t = 8$$

und stimmt mit dem Wegintegral entlang β, das sich analog berechnet, überein:

$$\int_\beta \langle F, \mathrm{d}x \rangle = \int_0^1 F(\beta(t))\beta'(t)\,\mathrm{d}t = \int_0^1 \left\langle \begin{pmatrix} 3t^2 + 6t^2 \\ 6t + t^6 \\ 2t^5 \end{pmatrix}, \begin{pmatrix} 1 \\ 2t \\ 3t^2 \end{pmatrix} \right\rangle \mathrm{d}t = \int_0^1 \left(21t^2 + 8t^7 \right) \mathrm{d}t = 8.$$

Es gilt rot $F = 0$. Folgerung 9.13 impliziert, dass $\oint_\gamma \langle F, \mathrm{d}x \rangle = 0$ für alle stückweisen C^1-Schleifen. Wie der Beweis von Satz 9.7 zeigte, folgt dann für zwei beliebige stückweise C^1-Wege α und β mit demselben Anfangs- und Endpunkt:

$$0 = \oint_{\alpha\beta^{-1}} \langle F, \mathrm{d}x \rangle = \int_\alpha \langle F, \mathrm{d}x \rangle - \int_\beta \langle F, \mathrm{d}x \rangle \quad \Rightarrow \quad \int_\alpha \langle F, \mathrm{d}x \rangle = \int_\beta \langle F, \mathrm{d}x \rangle.$$

Lösung von Aufgabe 9.3: (i) Man wähle $p = (1,0)$ und $q = (x,y) \in \mathbb{R}^2 \setminus S$ beliebig, aber fest. Man muss zeigen, dass die Verbindungsstrecke

$$\overline{pq}(t) := (1-t) \begin{pmatrix} 1 \\ 0 \end{pmatrix} + t \begin{pmatrix} x \\ y \end{pmatrix}, \qquad t \in [0,1], \tag{11.7}$$

ganz in $\mathbb{R}^2 \setminus S$ enthalten ist. Für $x > 0$ ist $\overline{pq}([0,1]) \subset \mathbb{R}^2 \setminus S$ trivial. Sei also $x \le 0$. Angenommen, es existiert ein $\tilde{t} \in [0,1]$ mit $\overline{pq}(\tilde{t}) \notin \mathbb{R}^2 \setminus S$, also $\overline{pq}(\tilde{t}) = (z,0) \in S$ für ein $z \le 0$. Nach (11.7) gilt dann $\tilde{t}y = 0$ und somit $\tilde{t} = 0$ wegen $y \ne 0$. Dies führt auf $z = 1$, was $(z,0) \in S$ widerspricht.

(ii) Das Vektorfeld F erfüllt die Integrabilitätsbedingung

$$\frac{\partial F_1}{\partial y} = \frac{\partial}{\partial y} \frac{-y}{x^2 + y^2} = \frac{-(x^2 + y^2) + 2y^2}{(x^2 + y^2)^2} = \frac{y^2 - x^2}{(x^2 + y^2)^2} = \frac{\partial F_2}{\partial x}.$$

Weil $\mathbb{R}^2 \setminus S$ sternförmig (also einfach zusammenhängend) ist, besitzt F auf $\mathbb{R}^2 \setminus S$ nach Folgerung 9.13 ein Potenzial V mit

$$\frac{\partial V}{\partial x} = F_1 = \frac{-y}{x^2 + y^2}, \qquad \frac{\partial V}{\partial y} = F_2 = \frac{x}{x^2 + y^2}.$$

Durch Integration ergibt sich das Potenzial $V \in C^1(\mathbb{R}^2 \setminus S, \mathbb{R})$ als

$$V(x,y) = \begin{cases} -\arctan(\frac{x}{y}) + \frac{\pi}{2} & \text{falls } x < 0, \ y > 0 \\ -\arctan(\frac{x}{y}) - \frac{\pi}{2} & \text{falls } x < 0, \ y < 0 \\ \arctan(\frac{x}{y}) & \text{falls } x > 0. \end{cases}$$

Lösung von Aufgabe 9.4:   (i) Für $\int_\gamma F_\alpha$ erhalten wir

$$\int_\gamma \langle F_\alpha(x), dx \rangle = \int_0^{2\pi} \langle F_\alpha(\gamma(t)), \gamma'(t) \rangle \, dt$$

$$= \int_0^{2\pi} \frac{1}{(t^2 + 1)^{\alpha/2}} \left\langle \begin{pmatrix} t \\ \sin t \\ \cos t \end{pmatrix}, \begin{pmatrix} 1 \\ \cos t \\ -\sin t \end{pmatrix} \right\rangle dt$$

$$= \int_0^{2\pi} \frac{t}{(t^2 + 1)^{\alpha/2}} \, dt = \begin{cases} \frac{1}{2} \ln(4\pi^2 + 1) & \text{für } \alpha = 2 \\ \frac{(4\pi^2 + 1)^{1-\alpha/2} - 1}{2 - \alpha} & \text{für } \alpha \neq 2. \end{cases}$$

(ii) Analog ergibt sich für $\int_\gamma G$:

$$\int_\gamma \langle G(x), dx \rangle = \int_0^{2\pi} \langle G(\gamma(t)), \gamma'(t) \rangle \, dt = \int_0^{2\pi} \left(t \cos(t) - \cos(t) \sin(t) \right) dt$$

$$= \left[\cos(t) + t \sin(t) + \frac{1}{2} \cos^2(t) \right]_0^{2\pi} = 0.$$

(iii) Da G wegen $\frac{\partial G_1}{\partial x_2} = 0 \neq 1 = \frac{\partial G_2}{\partial x_1}$ nicht der Integrabilitätsbedingung genügt, kann G kein Potenzial besitzen. Dagegen erfüllt F_α wegen rot $F_\alpha = 0$ die Integrabilitätsbedingung. Weil darüber hinaus $\mathbb{R}^3 \setminus \{0\}$ einfach zusammenhängend ist, existiert ein Potenzial V_α mit $F_\alpha = \nabla V_\alpha$. Es gilt $V_\alpha = \frac{1}{2-\alpha} |x|^{2-\alpha}$ für $\alpha \neq 2$ und $V_\alpha = \ln |x|$ für $\alpha = 2$.

Lösung von Aufgabe 9.5:   Nach Satz 9.7 genügt es zu zeigen, dass $\oint_\gamma \langle F, dx \rangle = 0$ für alle geschlossenen stückweise C^1-Wege γ in $\mathbb{R}^N \setminus M$ ist. Es sei also $\gamma : [0,1] \to \mathbb{R}^N \setminus M$ eine solche Schleife. Weil γ stetig und $[0,1]$ kompakt ist, gilt nach dem Satz von Weierstraß 4.24

$$0 < m := \max_{t \in [0,1]} |\gamma(t)| < +\infty.$$

Man setze $\tilde{\gamma}(t) := \gamma(t) \frac{\varepsilon}{m}$. Es ist $\tilde{\gamma} \in B_\varepsilon(0)$ für alle $t \in [0,1]$ und $\gamma, \tilde{\gamma}$ sind homotop. Bezeichnet $L(\tilde{\gamma})$ die Länge von $\tilde{\gamma}([0,1])$, dann gilt

$$\left| \int_\gamma \langle F, dx \rangle \right| = \left| \int_{\tilde{\gamma}} \langle F, dx \rangle \right| \leq L(\tilde{\gamma}) \max_{x \in B_\varepsilon(0) \setminus M} |F(x)| < +\infty.$$

Für beliebiges $s \in (0, 1]$ definiere man den Weg $\tilde{\gamma}_s := s\tilde{\gamma}$, der zu $\tilde{\gamma}$, also auch zu γ, homotop ist. Daher folgt

$$\left| \int_\gamma \langle F, \mathrm{d}x \rangle \right| = \left| \int_{\tilde{\gamma}_s} \langle F, \mathrm{d}x \rangle \right| \leq L(\tilde{\gamma}_s) \max_{x \in B_\varepsilon(0) \backslash M} |F(x)| = s L(\tilde{\gamma}) \max_{x \in B_\varepsilon(0) \backslash M} |F(x)|$$

und dann $| \int_\gamma \langle F, \mathrm{d}x \rangle | \to 0$ für $s \to 0$.

Lösung von Aufgabe 9.6: (i) Es ist nur 2) $\Rightarrow$ 1) zu zeigen. Die Funktion $f = u + iv$ sei holomorph. Mit $h \in \mathbb{R} \backslash \{0\}$ gilt dann speziell

$$f'(z) = \lim_{h \to 0} \frac{f(z+h) - f(z)}{h} = \lim_{h \to 0} \frac{u(z+h) - u(z)}{h} + i \lim_{h \to 0} \frac{v(z+h) - v(z)}{h},$$

$$f'(z) = \lim_{h \to 0} \frac{f(z+ih) - f(z)}{ih} = \frac{1}{i} \lim_{h \to 0} \frac{u(z+ih) - u(z)}{h} + \lim_{h \to 0} \frac{v(z+ih) - v(z)}{h},$$

also $f' = \frac{\partial u}{\partial x} + i \frac{\partial v}{\partial x} = \frac{1}{i} \frac{\partial u}{\partial y} + \frac{\partial v}{\partial y}$. Deswegen folgt $\frac{\partial u}{\partial x} = \frac{\partial v}{\partial y}$ und $\frac{\partial v}{\partial x} = -\frac{\partial u}{\partial y}$ (Cauchy-Riemannsche Differentialgleichungen). Ist nun $f'(z) = 0$ für alle $z \in \Omega$, dann gilt $\frac{\partial u}{\partial x}(z) = \frac{\partial u}{\partial y} = 0$ und $\frac{\partial v}{\partial x} = \frac{\partial v}{\partial y} = 0$ für alle $z \in \Omega$. Aus der reellen Analysis folgt somit (Aufgabe 8.3), dass u und v lokal konstant in Ω sind. Also ist auch $f = u + iv$ lokal konstant auf Ω.

(ii) Angenommen, $f = u + iv$ nehme nur reelle Werte an. In dem Fall ist $v = 0$, weshalb die Ableitung f' verschwindet (nach den Cauchy-Riemannschen Differentialgleichungen). Also ist f lokal konstant.

(iii) Es sei $f : \Omega \to \mathbb{C}$ lokal konstant. Angenommen, f ist nicht konstant. Dann gibt es Punkte $z, w \in \Omega$ mit $f(z) \neq f(w)$. Weil Ω wegzusammenhängend ist, kann z mit w durch eine stückweise C^1-Kurve $\alpha : [0, 1] \to \Omega$ verbunden werden. Da α stetig ist, ist auch $g(t) := f(\alpha(t))$ lokal konstant. Also muss g auf $[0, 1]$ konstant sein, was aber $g(0) = f(z) \neq g(w) = g(1)$ widerspricht.

Lösung von Aufgabe 9.7: Es sei $p(z) = a_0 + a_1 z + \ldots + a_n z^n$ mit $a_0, \ldots, a_n \in \mathbb{C}$ und $a_n \neq 0$ ein beliebiges Polynom. Es existieren dann ein $R > 0$ und ein $C > 0$ derart, dass

$$|p(z)| \geq C|z|^n$$

für alle z mit $|z| > R$. ist Angenommen, p hätte keine Nullstelle. In diesem Fall können wir die Funktion $1/p : \mathbb{C} \to \mathbb{C}$ betrachten. Für alle z mit $|z| > R$ gilt

$$\left| \frac{1}{p(z)} \right| \leq \frac{1}{C|z|^n} \leq \frac{1}{CR^n}.$$

Ferner nimmt $|1/p(z)|$ als stetige Funktion auf dem Kompaktum $\overline{B_R(0)}$ nach dem Satz von Weierstraß 4.24 ihr Maximum an. Folglich ist $1/p(z)$ eine auf ganz $\mathbb{C}$ beschränkte Funktion und damit wegen des Satzes von Liouville 9.24 konstant. Dies ist ein Widerspruch.

Lösung von Aufgabe 9.8: Angenommen, $N(f)$ sei nicht diskret in Ω. Dann gibt es ein $a \in \Omega$, sodass a Häufungspunkt von $N(f)$ ist. Weil f holomorph ist, kann man f um a in eine Potenzreihe

$$f(z) = \sum_{k=0}^{\infty} a_k(z-a)^k, \qquad |z-a| \leq \delta, \qquad a_k \in \mathbb{C},$$

entwickeln ($\delta > 0$). Weil a Häufungspunkt ist, gibt es in jeder Umgebung um a Punkte $z \neq a$ mit $f(z) = 0$. Die Stetigkeit von f impliziert $a_0 = f(a) = 0$. Dieselbe Schlussweise kann nach Multiplikation mit $(z-a)^{-1}$ auf

$$\frac{f(z)}{z-a} = a_1 + a_2(z-a) + a_3(z-a)^2 + \dots$$

angewendet werden, um $a_1 = 0$ zu folgern und so weiter. Wir erschließen $a_k = 0$ für $k = 0, 1, 2, \dots$, und damit $f = 0$ auf $B_\delta(a)$. Die Menge

$$A = \{z \in \Omega \mid z \text{ ist Häufungspunkt von } N(f)\}$$

ist somit eine offene Teilmenge von Ω. Die Menge

$$B = \{z \in \Omega \mid z \text{ ist kein Häufungspunkt von } N(f)\}$$

ist per Definition eine offene Teilmenge von Ω. Weil A und B offen sind, ist die Funktion $g : \Omega \to \mathbb{C}, g(z) := 1$ für $z \in A$ und $g(z) := 0$ für $z \in B$, lokal konstant. Nach Voraussetzung ist Ω wegzusammenhängend und daher g konstant (Aufgabe 9.6 (iii)). Wegen $A \neq \emptyset$ folgt $B = \emptyset$, also $f = 0$. Dies steht jedoch im Widerspruch zur Annahme $f \neq 0$.

Lösung von Aufgabe 9.9: (i) Angenommen, p teilt ab, aber nicht a.

1. Schritt: Wir betrachten die Menge der Zahlen

$$\{e \in \mathbb{N} \mid e = sa + tp, s, t \in \mathbb{Z}\}.$$

Diese besitzt nach Satz 2.10 ein kleinstes Element, welches mit d bezeichnet werde. Wir zeigen nun als Hilfsaussage, dass d sowohl p als auch a teilt und somit $d = 1$ gilt. Angenommen, d teilt nicht a. Division mit Rest liefert eine Darstellung der Form $a = qd + r$ mit $r < d$. Durch Einsetzen von $d = sa + tp$ und Umstellen der Gleichung ergibt sich $r = (1 - qs)a - (qt)p$, was ein Widerspruch zur Minimalität von d ist. Analog lässt sich für p verfahren.

2. Schritt: Weil p und a teilerfremd sind, gibt es gemäß dem ersten Schritt ganze Zahlen $s, t \in \mathbb{Z}$ mit $sa + pt = 1$. Durch Multiplikation mit b erhalten wir $bsa + bpt = b$. Laut Annahme existiert ein $c \in \mathbb{Z}$ mit $ab = cp$. Einsetzen liefert $p(cs + bt) = b$, das heißt p teilt b.

(ii) Angenommen, es gibt natürliche Zahlen, die unterschiedliche Zerlegungen in Primfaktoren zulassen. Wiederum gibt es gemäß Satz 2.10 eine kleinste solche Zahl n. Diese kann selbst nicht prim sein. Ferner können zwei Zerlegungen von n keinen gemeinsamen Primfaktor p besitzen, weil sonst n/p auch diese Eigenschaft hätte im Widerspruch zur Minimalität von n. Also gilt $n = p_1 a = p_2 b$ mit $p_1 \neq p_2$ und $a \neq b$. Wegen des Lemmas von Euklid teilt dann allerdings p_1 die Zahl b, was abermals einen Widerspruch darstellt. Damit ist die Behauptung bewiesen.

Literatur

[Alb07] P. Albrecht, *Grundprinzipien der Finanz- und Versicherungsmathematik: Grundlagen und Anwendungen der Bewertung von Zahlungsströmen*, Schäffer-Poeschel, 2007.

[BF91] M. Barner, F. Flohr, *Analysis 1*, de Gruyter, 1991.

[BFL07] G. Behnke, T. Fließ, H. Löwe, *Mathematische Modelle für den Zerfall von Bierschaum*, Mathematikinformation **46** (2007), 57–72.

[CZ07] M. Caplinski, T. Zastawniak,, *Mathematics for Finance: An Introduction to Financial Engineering*, Springer, 2007.

[Coh63] P. Cohen, *The Independence of the Continuum Hypothesis*, Proceedings of the National Academy of Sciences of the United States of America1 **50** (1963), Nr. 6, 1143–1148.

[Coh64] P. Cohen, *The Independence of the Continuum Hypothesis, II*, Proceedings of the National Academy of Sciences of the United States of America1 **51** (1964), Nr. 1, 105–110.

[Dev89] R. Devaney, *An Introduction to Chaotic Dynamical Systems*, Addison-Wesley, 1989.

[Dev12] K. Devlin, *The Joy of Sets: Fundamentals of Contemporary Set Theory*, Springer, 2012.

[Ebb03] II.-D. Ebbinghaus, *Einführung in die Mengenlehre*, Springer Spektrum, 2003.

[Ebb92] H.-D. Ebbinghaus, H. Hermes, F. Hirzebruch, M. Koecher, M. Mainzer, J. Neukirch, A. Prestel, R. Remmert, *Zahlen*, Springer, 1992.

[Fil09] D. Filipovic, *Term-Structure Models: A Graduate Course*, Springer, 2009.

[Fis13] G. Fischer, *Lineare Algebra*, Springer Spektrum, 2013.

[For11] O. Forster, *Analysis 1. Differential- und Integralrechnung einer Veränderlichen*, Springer, 2011.

[FB00] E. Freitag, R. Busam, *Funktionentheorie 1*, Springer, 2000.

[Göd44] K. Gödel, *The Consistency of the Continuum-Hypothesis*, Princeton University Press, 1944.

[HNW93] E. Hairer, S. P. Norsett, G. Wanner, *Solving Ordinary Differential Equations I: Nonstiff Problems*, Springer, 1993.

[HW96] E. Hairer, G. Wanner, *Solving Ordinary Differential Equations II: Stiff and Differential-Algebraic Problems*, Springer, 1996.

[Kap99] R. Kaplan, *Die Geschichte der Null*, Piper, 1999.

[KH97] A. Katok, B. Hasselblatt, *Introduction to the Modern Theory of Dynamical Systems*, Cambridge University Press, 1997.

[Lor96] F. Lorenz, *Einführung in die Algebra*, Spektrum Akademischer Verlag, 1996.

[Met98] W. Metzler, *Nichtlineare Dynamik und Chaos: Eine Einführung*, Teubner, 1998.

[Ran06] R. Rannacher, *Einführung in die Numerische Mathematik*, Vorlesungsskriptum, 2006.

[Ran10a] R. Rannacher, *Analysis I*, Vorlesungsskriptum, 2010.

© Springer-Verlag GmbH Deutschland 2017
A. Hirn, C. Weiß, *Analysis – Grundlagen und Exkurse*,
https://doi.org/10.1007/978-3-662-55538-5

[Ran10b] R. Rannacher, *Analysis II*, Vorlesungsskriptum, 2010.

[Ran14] R. Ranancher, *Numerische Mathematik I*, Vorlesungsskriptum, 2014.

[RM03] A. Reid, C. Maclachlan, *The Arithmetic of Hyperbolic 3-Manifolds*, Springer, 2003.

[SW16] J. Sondow, E. Weisstein, *Riemann Zeta Function*, MathWorld – A Wolfram Web Resource.

[Ver96] F. Verhulst, *Nonlinear Differential Equations and Dynamical Systems*, Springer, 1996.

[WR94] A. N. Whitehead, B. Russell, *Principia Mathematica*, Bd. 593, Suhrkamp Taschenbuch Wissenschaft, 1994.

[Wil11] F. Wille, *Humor in der Mathematik*, Vandenhoeck & Ruprecht, 2011.

Stichwortverzeichnis

© Springer-Verlag GmbH Deutschland 2017
A. Hirn, C. Weiß, *Analysis – Grundlagen und Exkurse*,
https://doi.org/10.1007/978-3-662-55538-5

Springer

Willkommen zu den Springer Alerts

Jetzt anmelden!

- Unser Neuerscheinungs-Service für Sie:
  aktuell *** kostenlos *** passgenau *** flexibel

Springer veröffentlicht mehr als 5.500 wissenschaftliche Bücher jährlich in gedruckter Form. Mehr als 2.200 englischsprachige Zeitschriften und mehr als 120.000 eBooks und Referenzwerke sind auf unserer Online Plattform SpringerLink verfügbar. Seit seiner Gründung 1842 arbeitet Springer weltweit mit den hervorragendsten und anerkanntesten Wissenschaftlern zusammen, eine Partnerschaft, die auf Offenheit und gegenseitigem Vertrauen beruht.

Die SpringerAlerts sind der beste Weg, um über Neuentwicklungen im eigenen Fachgebiet auf dem Laufenden zu sein. Sie sind der/die Erste, der/die über neu erschienene Bücher informiert ist oder das Inhalts-verzeichnis des neuesten Zeitschriftenheftes erhält. Unser Service ist kostenlos, schnell und vor allem flexibel. Passen Sie die SpringerAlerts genau an Ihre Interessen und Ihren Bedarf an, um nur diejenigen Informa-tion zu erhalten, die Sie wirklich benötigen.

Mehr Infos unter: springer.com/alert

A14445 | Image: Tashatuvango/iStock